中央高校教育教学改革基金(本科教学工程)资助

模拟电路

MONI DIANLU

主　编　郝国成

副主编　张祥莉　赵　娟　王广君
王　巍　葛　健　舒邦久
李杏梅　杨　越　马　丽

前　言

模拟电路是重要的电类专业基础课程，其内容多且实践性较强，是通信工程、电子信息工程、测控技术与仪器和自动化等专业的必修课。由于本课程的学习需要电路分析、高数、复变函数、线性代数等内容作为基础，同时，还涉及了模拟信号的整个处理过程，包括器件选型、信号特点、电路组成、分析方法、性能指标等多方面内容，往往使人感觉到一定的难度。电子科学技术发展迅速，新器件、新产品和新方法层出不穷，不断更新，但这些都需要模拟电路作为基础支撑，理解和掌握模拟电子技术及其电路设计是电子信息类相关专业的必备基础能力。

模拟电路的关键词是“放大”，核心是如何放大模拟信号，以及如何更好地实现放大模拟信号，包括小幅度的信号放大和大幅度的功率放大。

本教材的主要内容围绕“放大”展开，主要包括：①实现放大的器件及其构成材料，半导体、半导体二极管、三极管、场效应管、集成运算放大器，如第二章；②基础放大电路及其应用，三极管放大电路、场效应管放大电路、集成运算放大电路和乘法器电路，了解其构成及特点，介绍放大电路的组成及相应的分析方法和过程，如第三章和第七章；③放大电路的频率特性分析，如何求解放大电路的上下截止频率，如第四章；④实现更稳定的放大，优化放大电路的多种指标，采取负反馈等方式，如第五章；⑤面对大信号的功率放大电路，如第六章；⑥由放大器可以构成其他具体的应用功能电路，可称之为信号的模拟运算和处理电路，如电压比较器和多种典型的波形发生电路，数学的加、减、乘、除等简单的运算电路，电路当中的有效值、均方根、多种表达式关系等特殊功能电路，在第八章和第九章介绍；⑦直流稳压电源，这是放大电路的能量来源和保证正常放大的基础，在本书的第十章予以简单介绍。每一章都附有相应的习题，用于加深和巩固章节内容，促进各知识点的理解及掌握。

通过本书的学习，希望能使读者进一步理解模拟电路的相关知识，既能掌握每个章节的具体知识点，又能逐步理解和体会各种放大单元的原理及实现。能够将分离的知识点串联在一起，明白其问题的提出，及其解决的逻辑关系，熟练地分析电路指标需求，掌握由简单到复杂的模拟电路设计方法和技能。培养分析问题和解决问题的能力，为以后深入学习各种电子技术课程打好基础。

本书引用了许多学者和专家的著作及教材，也参照了大量的论文研究成果，在此表示衷心的感谢。同时要感谢中国地质大学（武汉）教务处“中央高校教育教学改革基金（本科教学工程)资助”。另外感谢中国地质大学出版社的许多领导和编辑老师,为这本教材付出辛勤的劳动。

本书由郝国成主编。马丽编写第一章及部分课后习题;赵娟编写第二章;张祥莉编写第三章;王广君编写第四章;郝国成编写第五章;舒邦久编写第六章;葛健编写了第七章;李杏梅编写第八章;王巍编写第九章;杨越编写第十章。郝国成完成了全书的统稿工作。张友纯审阅了全稿,并提出了许多宝贵意见。锅娟、李飞、冯思权、张必超、张雅冰、凌斯奇、王盼盼、任梦宇、张晓轩和黄瑞杰等做了大量的资料整理、图表绘制和编辑工作,在此表示感谢。

由于编者水平有限,时间仓促,书中的错误和疏漏在所难免,殷切希望使用本教材的师生及读者给予批评指正。

编　者

2019 年 12 月于武汉

目　录

第一章　绪论

模拟电路(analog circuit)泛指处理模拟信号的电子电路。“模拟”二字主要指电压(或电流)对于真实物理量成比例的线性再现。模拟电路涉及内容较多,从半导体二极管、三极管、场效应管等分立元件,到运算放大器等集成电路器件;从元件性能分析,到单元电路的传输特性分析;从电路参数计算到近似模型估计;等等。由于模拟信号本身的连续性特点,函数取值为无限多个,信息变化规律直接反映在模拟信号的幅度、频率和相位的变化上,所以,要求模拟电路具有较高的不失真性能。概括来说,初级模拟电路主要讨论的问题是放大以及如何更好地实现放大。下面从模拟电路的处理对象——模拟信号、模拟电路的分类和构成、模拟电路的分析 3 个方面,简要介绍模拟电路的相关内容。为了便于叙述,本书对电流、电压的符号作如下规定:用大写字母带大写下标表示直流电压及电流(如 U_{BE}、I_E 等);用小写字母带小写下标表示交流电压及电流(如 u_{be}、i_b 等);用小写字母带大写下标表示直流和交流在内的总的瞬时电压及电流(如 u_{BE}、i_E 等);用大写字母带小写下标表示正弦交流有效值电压及电流(如 U_{be}、I_e 等)。

第一节　模拟信号

模拟信号是用来表征自然界中连续变化的物理量的信号,其信号的幅度(或频率、相位)随时间作连续变化,通常指在时间和幅度上均连续变化且表示信息的电信号,如可表示温度、湿度、压力、长度、电流、电压等。数字信号可简单理解为在幅度取值上离散的、时间上不连续的信号。如图 1-1 所示,图 1-1(a)为数字信号,图 1-1(b)为模拟信号。

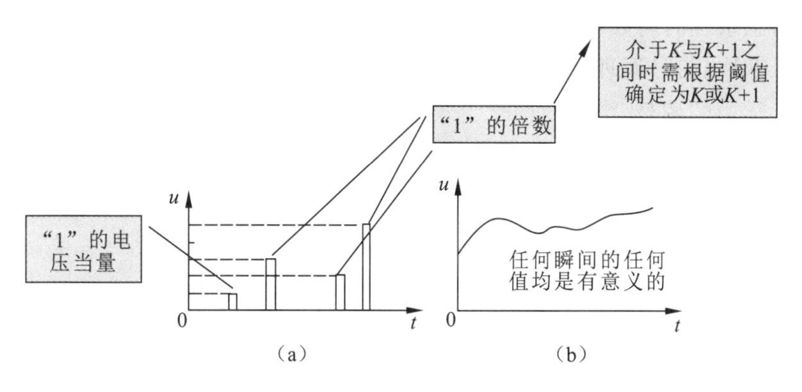

图 1-1　数字信号(a)与模拟信号(b)

模拟信号具有分辨率高和不存在量化误差的优点。在理想情况下，模拟信号具有无穷大的分辨率。同时，与数字信号相比，模拟信号尽可能逼近自然界物理量的真实值，信息密度更高。某些情况下，模拟信号处理比数字信号处理更为简单，不需要模数转换过程(analog digital converter，ADC，A/D)和数模转换过程(digital analog converter，DAC，D/A)，可以直接通过模拟电路组件(如三极管放大、运算放大器等)实现。

第二节　模拟电路的分类和构成

一、模拟电路的分类

模拟电路是电子电路系统的基础单元之一，主要用来实现对模拟信号的放大、滤波、变换、运算、传输、测量、显示、调制、解调及模拟信号的发生、振荡和电源产生等功能。

从工作频率的角度，模拟电路可分为低频模拟电路和高频模拟电路。对于高频电路，需考虑分析指标、工作状态及负载需求等，高频模拟电路又称为通信电子线路。本书中主要介绍低频模拟电路，不涉及高频模拟电路内容。

模拟电路可分为标准模拟电路(通用模拟电路)和专用模拟电路两大类。标准模拟电路包括放大器、接口电路、数据转换器、比较器、稳压器和基准电路等，专用模拟电路通常指具有特定功能的集成电路。

按照元器件分类，模拟电路可分为集成元件电路和分立元器件电路。按照放大信号的幅度，分为小信号线性放大(电压或电流单个分量)和大信号的功率放大(电压和电流的乘积)。

二、模拟电路的构成

模拟电路由多种特定功能单元电路组合连接而成，是对模拟信号进行处理的电路。图1-2为电子信息系统的构成框图，虚线框部分为模拟电子电路部分。信号处理的流程包括但不限于信号获取、信号调理、信号加工、功率驱动和负载等环节，根据不同的需求，还会对这个流程进行适当的调整、增添或简化。

(1)信号获取：通过各种传感器或接收装置，检测和接收信源目标物理量转换而成的电信号。有时，目标物理量比较微弱，同时会混入较大的背景噪声，使传感器输出的电信号受到较大的干扰，所以还需要对传感器获取的信号进行后续的调理处理。

(2)信号调理：属于信号的预处理单元，主要目的是调理、规整传感器输出的信号，利于后续的加工和功率放大。根据具体情况，可包括隔离、滤波、阻抗匹配、放大等环节，将信号整理到合适的指标，便于后续的加工单元进一步处理。

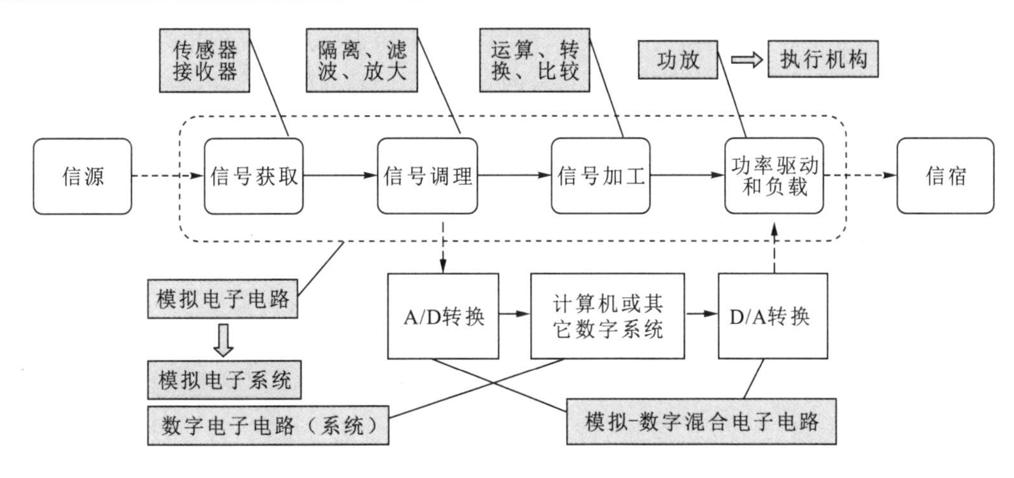

图 1－2　电子信息系统的构成框图

(3)信号加工：是模拟电路的重要单元，完成电路设计初衷的核心功能，可包括各种运算过程，如加法、减法、乘法、除法、指数、对数、积分、微分、有效值等数学运算，也可以完成类似多项式的复杂数学公式运算。信号加工还可以实现电压/电流之间的转换、比较、波形变换等多种功能。

(4)功率驱动和负载：功率放大器，简称“功放”，是指在给定失真率条件下，向负载输出较大功率的放大电路。很多电子系统设备中，要求放大电路能够带动某种负载，如广播通信发射机输出单元、音响系统驱动扬声器发声、驱动仪表指针偏转、自动控制系统中的执行机构等。功放所用的有源器件主要是晶体管(双极型晶体管或场效应晶体管)，在工作频率很高或要求输出功率很大等场合，也使用电子管(包括大功率发射电子管)；在微波段使用行波管。功放按其有源器件的工作点不同可分为甲(A)类、甲乙(AB)类、乙(B)类、丙(C)类、丁(D)类等。应用场合不同，性能要求不同，电路的构成与工作类型也不同。常用的有线性功放、谐振功放、宽带功放电路等。为提高输出功率，可采用功率合成技术。

总之，在模拟电路系统中，最基本的处理是对信号的放大，有功能和性能各异的放大电路。

第三节　模拟电路分析

模拟信号是关于时间的函数，是一个连续变化的量，模拟信号的电压(或电流)是对于客观物理量成比例的线性再现。例如语音信号，在未经系统调制之前，声音被话筒转换成电压信号，电压幅度的高低直接反映了音量大小，声音的频率(音调)就是电信号的频率。

由于模拟信号的独特性，其函数取值连续且可为无限多个，需要传输的信息改变时，模拟信号的波形也改变，信息变化规律直接反映在模拟信号的幅度、频率和相位的变化上。所以，要求模拟电路在处理小信号的电压和电流时，其放大电路的指标要求较多：较大的放大倍数、较小的失真度(系数)、适当的输入输出电阻、符合要求的频率带宽以及放大倍数的稳定性等。

模拟电路的分析涉及到的内容较多，大多根据功能和指标需求完成电路的设计。根据电路功能的不同，可以从电路的完整性、信号的流向，设计和分析单元功能电路。针对电路中的性能指标，讨论放大倍数、输入输出电阻、频带宽度、静态工作点等不同参数。可以采用图解法、解析法等不同方法分析直流通路、交流通路、多级放大倍数等，也可以采用计算机软件辅助分析模拟电路。

一、电路的完整性分析

简单地说，电路的完整性是指信号从输入端，经过各通路单元，尽量无损地到达输出端。从电路结构来看，电路的各单元要素须是齐备的，如三极管放大电路，需要同时具备直流通路和交流通路，即直流通路可以提供合适的工作点，交流通路能够使目标交流信号有效地进入三极管，并有效地从三极管取出放大后的信号。完整的电路能够提供放大电路完整且合适的各要素，如电源、偏置、输入电阻、输出电阻、低损耦合等齐备电路单元。

通过分析电路的完整性，可以进一步了解电路的各个模块功能，明确信号的处理流程方向，有利于调试和排查问题。

二、单元功能电路

电路中看似杂乱无章的各种元器件，都有明确的用处，若干个元件组合在一起，构成特定的电路功能单元，多个功能单元电路进而组成整个电路系统。

一般来讲，晶体管、集成电路是各单元电路的核心元器件。因此，可以晶体管或集成电路等主要元器件为核心标志，按照信号处理的流程方向将电路图分解为若干个单元电路，并据此画出电路原理方框图，电路原理方框图有助于我们掌握和分析电路图。如果电路是多级放大电路，每个放大器件是一个核心元件，电阻、电容等多个器件围绕该放大器，组成放大功能的单元电路。所以，在分析看似复杂的模拟电路时，可以尝试按照分解的思想，寻找放大器所构成的单元功能电路，逐层地理解和分析电路，同时掌握常见的电路单元形式，如电流镜恒流源、偏置电路、直流电源单元、整流电路、桥式电路、反馈网络等，可帮助快速分析复杂电路。主要的单元功能电路如下。

1. 信号放大及运算电路

(1)放大电路：用于放大信号的电压、电流等单个指标量。

(2)运算电路：完成信号运算功能，如加、减、乘、除、积分、微分、对数、指数等。

2. 信号转换电路

用于将电流信号转换成电压信号，或将电压信号转换为电流信号；将直流信号转换为交流信号，或将交流信号转换为直流信号；将直流电压转换成与之成正比的频率等。

3. 滤波电路

用于信号的提取或变换，或有目的地分离信号，或去除干扰噪声。

4. 信号发生电路

用于产生正弦波、矩形波、三角波、锯齿波或某一个表达式信号。

5. 能量转换电路

(1)功率放大电路:实现信号的功率放大功能。

(2)电源电路:将 220V/50Hz 交流电转换成不同输出电压和电流的直流电,作为各种电子线路的供电电源。

三、直流分析

放大电路正常工作,首先必须有直流通路(加直流电源),直流电源有两个作用:一是给放大单元提供正确的偏置,使其工作在放大状态(如使晶体三极管发射结正偏、集电结反偏);二是为输出信号提供能量,信号通过放大电路使输出电压或电流得到放大,即信号功率得到放大。其次,必须有一个使信号通过放大器件(如三极管、场效应管或运算放大器)输入端到负载的交流通路。图 1-3 即为共射极阻容耦合放大电路及其直流通路。

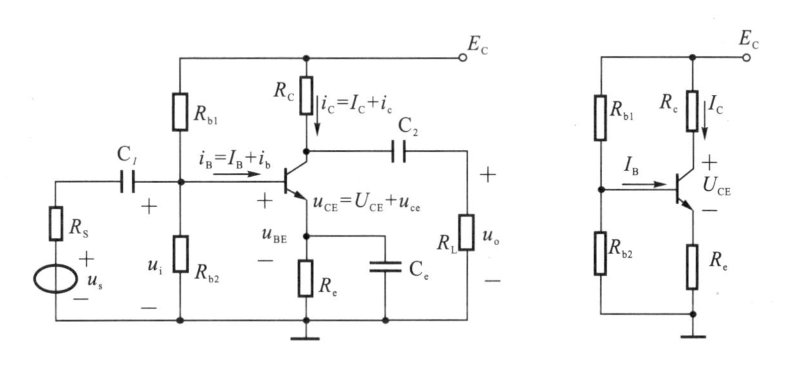

图 1-3 共射极阻容耦合放大电路及其直流通路

电路通过耦合元件前后连接,耦合元件起到隔离直流、耦合交流的作用。隔离直流是为了使信号源或负载的接入不影响对三极管的正确偏置,耦合交流是要使交流信号尽可能无损失地通过,因此一般选用大容量耦合电容。而对于运算放大器电路,由于其特殊结构,信号直接接入不会对运算放大器内的偏置发生影响,故不需要电容耦合。由于分立元件组成的基本放大电路是组成各类放大电路和运算放大器的基础,所以对分立元件基本放大器进行分析,不但对掌握基本放大器工作原理、理解信号放大过程是必须的,而且对帮助理解其他各类放大器的工作原理也是很有必要的。

【例】 判断图 1-4 所示电路是否具有电压放大作用?

解:图 1-4(a)由于 C_1 隔直流的作用,无输入直流通路;图 1-4(b)由于 C_1 的旁路作用使得输入信号电压无法加入;图 1-4(c)由于没有 R_c,只有信号电流,无信号电压输出(输出信号电压无法取出)。

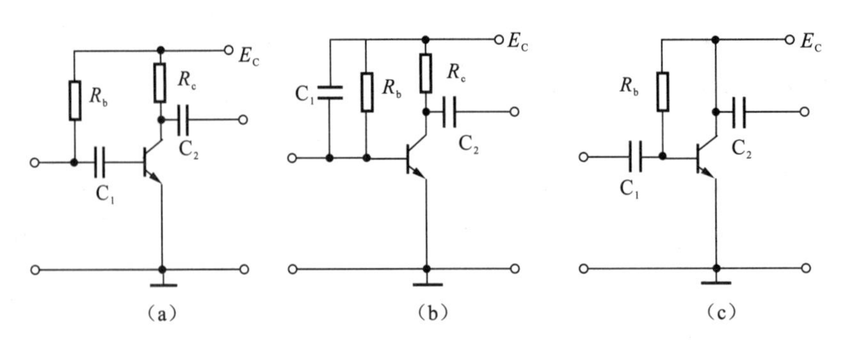

图 1-4　三极管放大电路

在实际电路中，交流通路与直流通路共存于同一电路中，它们既相互联系，又存在区别。直流等效分析法，就是对被分析电路的直流系统进行单独分析的一种方法，在进行直流等效分析时，完全不考虑电路对输入交流信号的处理功能，只考虑由电源直流电压直接引起的静态直流电流、电压以及它们之间的相互关系。

进行直流等效分析时，首先应绘出直流等效电路图。绘制直流等效电路图时应遵循以下原则：电容器一律按开路处理，能忽略直流电阻的电感器应视为短路，不能忽略电阻成分的电感器可等效为电阻。取降压退耦后的电压作为等效电路的供电电压；把反偏状态的半导体二极管视为开路。

放大电路直流分析又称为静态分析，主要解决静态偏置是否正确和静态工作点是否恰当的问题。对于运算放大器组成的放大电路来说，由于在器件设计过程中保证了在给定外加直流电压条件下静态工作点是正确的，因此只要外加直流电压在给定范围内，就无须进行静态分析。因此，只对分立元件电路进行静态分析。这部分将在第三章的三极管放大电路部分详述。

四、动态分析

动态分析是在静态分析的基础上进行的，即在 Q 点（Quiescent，表示静态工作点）已知的前提下展开的，动态分析的目的是计算电路的指标参数（如放大倍数、输入电阻、输出电阻等），可采用图解法和解析法，具体见第三章三极管放大电路部分。进行动态分析时，需把电路中的交流系统从电路分离出来，进行单独分析，也称为交流等效电路分析法。交流等效分析时，首先应绘出交流等效电路图。绘制交流等效电路图应遵循以下原则：把电源视为短路，把交流旁路的电容器一律看成短路，把隔直耦合器一律看成短路。图 1-5 为图解法所示的三极管输出特性曲线。

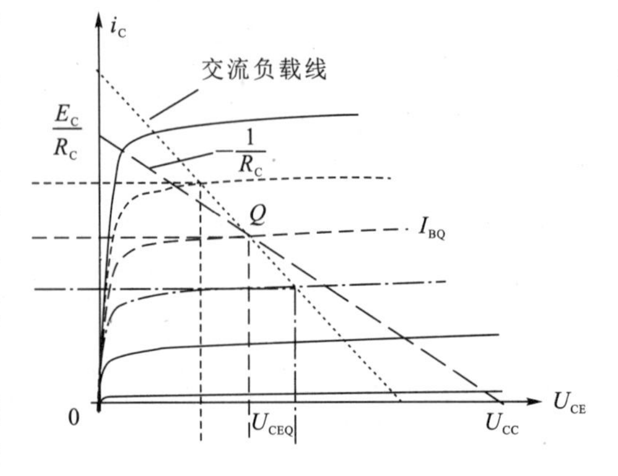

图 1-5　三极管输出特性曲线

进行动态分析时，对三极管放大电路，往往需要画上输出特性曲线，来帮助分析和计算电路的放大倍数、动态范围等参数，如图 1－5 所示。动态范围是表征放大器放大能力的一个重要指标。通常把最大的不失真输出信号的幅值称为放大电路的动态范围，它与静态工作点密切相关。

五、失真分析

对放大电路，除要求其输出电压尽可能大外，还要求输出不失真。但由于三极管为非线性器件，当工作点不合适或输出信号过大时，就会产生失真。工作点偏高，引起饱和失真；工作点偏低，引起截止失真。图 1－6 为三极管共射极放大电路的饱和失真图，图中输入波形出现了失真。由于这种失真是工作点进入饱和区引起的，故称为饱和失真。输出电压波形和电流波形都会产生削平现象。

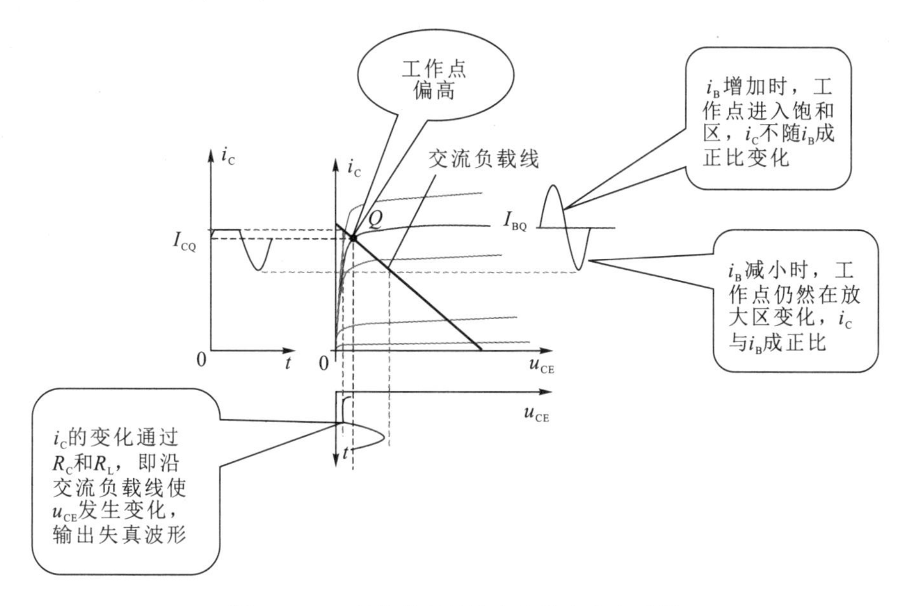

图 1－6　三极管共射极放大电路饱和失真图

六、电子设计自动化

电子设计自动化(Electronics Design Automation，简称 EDA)是以计算机为工具，融合计算机技术、应用电子技术、信息处理及智能化技术而实现电子产品自动设计的技术。EDA 技术手段的出现，极大地提高了电路设计的效率和可操作性，减轻了设计者的劳动强度。利用各种 EDA 工具，电子设计师可以首先脱离具体的电子元器件，在构建实际硬件电路之前，将电子产品从电路设计、仿真验证、性能分析、绘制 PCB 版图到电子系统方案的可行性这整个过程在计算机仿真平台上自动处理完成，提高设计效率，降低电路设计的错误率，增加电子产品及其性能的可靠性。EDA 应用广泛，在机械、电子、通信、航空航天、化工、矿产、生物、医学、军事等各个领域都能见到 EDA 深度参与的身影。EDA 设计可分为系统级、电路级及物理实现级,图 1-7 为 EDA 技术的应用范畴图。

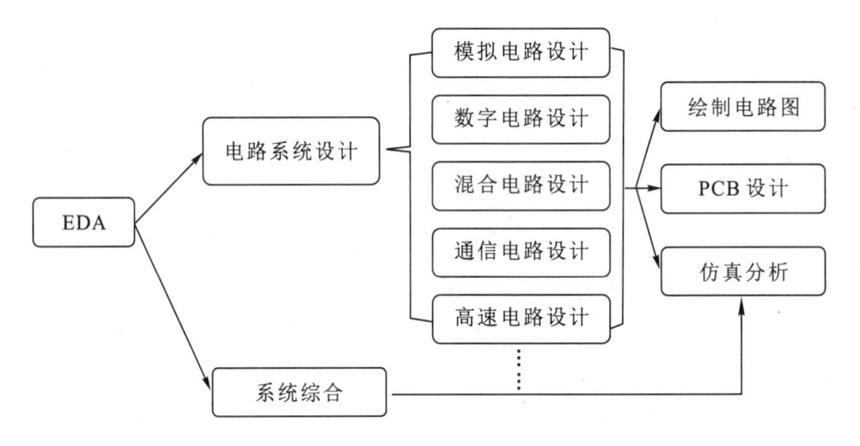

图 1-7　EDA 技术应用范畴图

EDA 工具种类繁多,包括 EWB、PSPICE、OrCAD、PCAD、Altium Designer、Viewlogic、PADS、Graphics、Design Compiler、LSILogic、Cadence、MicroSim 等。这些工具都有较强的功能,可用于多个方面,例如很多软件都可以进行电路设计与仿真,同时可以进行 PCB 自动布局布线,可输出多种格式文件与第三方软件接口。按主要功能或主要应用场合,EDA 工具分为电子电路设计与仿真工具、PCB 设计软件、IC 设计软件、PLD 设计工具及其他 EDA 软件。

1. 电子电路设计与仿真分析软件

电子电路设计与仿真工具包括 SPICE/PSPICE、EWB、Multisim 等。

(1)SPICE(Simulation Program With Integrated Circuit Emphasis)。SPICE 软件是由美国加州大学推出的电路分析仿真软件,是 20 世纪 80 年代世界上应用最广的电路设计软件。1984 年,美国 MicroSim 公司推出了基于 SPICE 的微机版 PSPICE(Personal-SPICE),1998 年被定为美国国家标准。SPICE 软件是功能强大的模拟电路和数字电路的混合仿真 EDA 软件,可以进行多种电路仿真、激励建立、温度与噪声分析、模拟控制、波形输出、数据输出,能方便地显示模拟电路与数字电路的仿真结果。

(2)EWB(Electronic Work Bench)。EWB 是加拿大交互图像技术有限公司(Interactive Image Technologies)在 20 世纪 90 年代初推出的电路仿真软件。EWB 以 SPICE3F5 为软件核心,用于模拟电路和数字电路的混合仿真,可以直接从屏幕上看到各种电路的输出波形。EWB 是一种小巧但仿真功能较为强大的软件,提供了万用表、示波器、信号发生器、扫频仪、逻辑分析仪、数字信号发生器、逻辑转换器等仿真仪器仪表。EWB 器件库中包含了较多种类的晶体管元器件、集成电路和数字门电路芯片,器件库中没有的元器件,还可以由外部模块导入。在众多的电路仿真软件中,EWB 容易上手,界面直观,易学易用,原理图和各种工具都在同一个窗口内,方便更换元器件或改变元器件参数,是学习电路设计的好帮手。EWB 建立在 SPICE 的基础上,具有以下特点:①模仿实验室工作台,在主界面直接创建电路,拖取元器件和仪器,绘制电路图;②软件仪器的控制面板和操作方式与实物相似,能实时显示测量结果和波形;③EWB 软件带有丰富的电路元件库,提供直流、交流等多种分析方法。

(3)Multisim。Multisim 是美国国家仪器(NI)有限公司推出的电路仿真工具,适用于各种复杂的模拟/数字电路的设计工作。NI 公司提出“把实验室装进 PC 机中”的理念,可实现模拟器件和数字器件建模及仿真、电路的构建及仿真、系统的组成及仿真、仪表仪器原理及制造仿真、PCB 的设计及制作。各个版本的 Multisim 软件至少包含:构建仿真电路、仿真电路环境,Multi MCU(单片机仿真)、FPGA、PLD,CPLD 等仿真、通信系统分析与设计的模块,PCB 设计模块、快速自动布线、强制向量和密度直方图等组块。

NI Multisim 软件具有直观的捕捉和强大的仿真功能,能够快速、轻松、高效地对电路进行设计和验证,可以立即创建具有完整组件库的电路图,并利用工业标准 SPICE 模拟器模仿电路行为,借助 SPICE 分析和虚拟仪器,能在设计流程中提前对电路设计进行验证,从而缩短建模循环。

2. PCB 设计软件

PCB(Printed - Circuit Board)设计软件种类很多,如 Altium Designer、OrCAD、Viewlogic、PowerPCB、Cadence PSD、Mentor Graphices 的 Expedition PCB、Zuken CadStart、Winboard/Windraft/Ivex-SPICE、PCB Studio、TANGO 等。目前在我国用得最多应属 Altium Designer。

Altium Designer 是 Altium 公司在 20 世纪 80 年代末推出的 CAD 工具,是 PCB 设计者的首选软件。Altium Designer 是完整的全方位电路设计系统,包含了电路原理图绘制、模拟电路与数字电路混合信号仿真、多层印刷电路板设计(包含印刷电路板自动布局布线)、可编程逻辑器件设计、图表生成、电路表格生成、支持宏操作等功能,并具有 Client/Server(客户/服务器)体系结构,同时还兼容一些其他设计软件的文件格式,如 OrCAD、PSPICE、EXCEL 等。Altium Designer 软件功能强大、界面友好、使用方便,但它最具代表性的是电路设计和 PCB 设计。

3. 其他 EDA 软件

(1)VHDL 语言。超高速集成电路硬件描述语言(VHSIC Hardware Deseription Languagt,简称 VHDL),是 IEEE 的一项标准设计语言。它源于美国国防部提出的超高速集成电路(Very High Speed Integrated Circuit,简称 VHSIC)计划,是 ASIC 设计和 PLD 设计的一种主要输入工具。Verilog HDL。Verilog HDL 是 Verilog 公司推出的硬件描述语言,在 ASIC 设计方面功能强大。

(2)FPGA 开发软件。主要的 FPGA 开发软件包括 Intel 公司的 Quartus Prime 和 XiLinx 公司的 ISE 和 Vivado,以及用于仿真的 Modelsin 软件。存 FPGA 开发软件中,提供了完整的 FPGA 开发工具,能够实现 FPGA 的全流程开发,如设计输入、编译、仿真、综合和布局布线等。

(3)其他 EDA 软件,如用于微波电路设计、电力载波工具、工艺流程控制等领域的专用工具。

1. 什么是模拟信号和数字信号？
2. 模拟电路的分析方法有哪些？
3. EDA 指的是什么？有哪些常用电路仿真软件？
4. 三极管放大电路中的直流通路和交流通路的画法区别？
5. 模拟电路的分类有哪些？

第二章　常用半导体器件

知识要点

1. 了解半导体的特征，本征半导体的特点、导电原理、杂质半导体的形成及其特点。

2. 理解PN结的形成、伏安特性和单向导电性能。

3. 熟悉半导体二极管的伏安特性、主要参数及简单应用。

4. 熟悉稳压二极管的伏安特性、稳压原理及主要参数。

5. 理解双极性三极管的电流放大原理和伏安特性，熟悉主要参数。

6. 理解理想集成运算放大器的主要特点，了解其主要参数，掌握理想运算放大器的两种输入方式。

第一节　半导体基础知识

一、半导体材料的特点

半导体器件(semiconductor device)是利用半导体材料的特性来完成特定功能的电子器件。半导体材料的导电性能介于导体与绝缘体之间，常用的材料有硅、锗或砷化镓，可做成整流器、振荡器、发光器、放大器、测光器等器件，用来产生、控制、接收、变换、放大信号和进行能量转换。为了与集成电路相区别，半导体元器件也称为分立器件。绝大部分二端器件(即晶体二极管)的基本结构是一个PN结。半导体器件通常根据不同的半导体材料，采用不同的工艺和几何结构，已研制出种类繁多、功能用途各异的多种晶体二极管。晶体二极管的频率覆盖范围可从低频波、高频波、微波、毫米波、红外波直至光波。三端器件一般是有源器件，典型代表是各种晶体管(又称晶体三极管)。晶体管又可以分为双极型晶体管和场效应晶体管两类。

物质按其导电能力可分为3种，即导体、绝缘体和半导体。导体，就是容易导电的物质，如金、银、铜、铝等；绝缘体就是很难导电的物质，如陶瓷、云母、塑料、橡胶等；而导电能力介于导体和绝缘体之间的物质称为半导体，如硅和锗等。严格地说，导体、半导体和绝缘体的划分是以物质的电阻率ρ来确定的。电阻率小于$1\times10^{-3}\Omega\cdot cm$的为导体；电阻率大于$1\times10^{8}\Omega\cdot cm$的为绝缘体；在这两者之间的就为半导体。

半导体得到广泛应用的原因，不是它的导电性能在导体和绝缘体之间，而是它的导电性能在外界某种因素作用下会发生显著变化，具体表现在以下3个方面：

(1)掺杂性。半导体的电阻率可以因掺入微量的杂质而发生显著的变化，利用这种特性可以改变和控制半导体的电阻率，制成各种半导体器件。

(2)热敏性。一些半导体对温度的变化非常敏感，温度的变化可以使其电阻率发生明显的变化，利用这种特性可以做成各种热敏元件，如热敏电阻、温度传感器等。

(3)光敏性。在光照下，一些半导体的电阻率可以发生明显变化，有的甚至可以产生电动势，利用这些特性可以做成各种光电晶体管、光电耦合器和光电池。

二、常用半导体器件的种类

常用半导体器件的种类繁多，本章仅介绍几种常见的模拟电路基本元器件：晶体二极管、双极性晶体三极管、场效应晶体管。

1. 晶体二极管

晶体二极管可以看作是一个外加封装的PN结，其基本结构是一块P型半导体和一块N型半导体形成一个PN结，并在交界面处保持晶体的连续性。PN结具有单向导电性，所以，二极管具有正向导通、反向截止的特点。此外，PN结的空间电荷区还可等效为一个电容的作用，该电容容值随着外加电压的变化而变化，可由此制作成变容二极管，用在高频的调制电路中。利用PN结的单向导电性，可制成应用在多种领域内的二极管：整流二极管、检波二极管、变频二极管、变容二极管、开关二极管、稳压二极管等常用的二极管元器件。

2. 双极型晶体三极管

双极型三极管可以简单地看作由两个PN结构成，一个PN结称为发射结，另一个称为集电结，可分为NPN型和PNP型两类。双极型三极管的工作电流由多子和少子共同组成，因此称为双极型晶体管。在应用时，通过给两个结加上不同极性的电压(称之为偏置电压)，使晶体三极管可处于4种不同的状态，根据实际需要来进行选择。如三极管常采用的放大状态为发射结正向偏置、集电极反向偏置。三极管可连接成不同的放大组态，包括共射极(CE)、共基极(CB)和共集电极3种形式。在最为常用的共发射极电路中，微小的基极电流变化可以控制较大的集电极电流变化，再通过输出端的负载，将电流转化为电压输出，完成“放大”效应，所以，双极型晶体管是电流控制型器件。

3. 场效应晶体管

场效应晶体管是电压或电场控制型器件，特点是输入电阻很高，温度特性好。它依靠一块薄层半导体受横向电场影响而改变电阻，形成受控制的半导体导电沟道，工作电流为多子漂移，常称为单极性晶体管。接在导电沟道两端的两个电极称为源极和漏极，控制横向电场的电极称为栅极。根据栅的结构，场效应晶体管可以分为3种：①结型场效应管（用PN结构成栅极）；②MOS场效应管（用金属-氧化物-半导体构成栅极）；③MES场效应管（用金属与半导体接触构成栅极）。其中MOS场效应管使用最广泛，尤其在大规模集成电路的应用中。

第二节　本征半导体与杂质半导体

物质的导电性能决定于原子的结构。导体一般为低价元素，它们的最外层电子易挣脱原子核的束缚成为自由电子，在外电场的作用下产生定向移动，形成电流。高价元素或高分子物质（如橡胶）最外层电子受原子核束缚力很强，很难成为自由电子，所以导电性能很差，为绝缘体。常用的半导体材料硅和锗均为四价元素，它们的最外层电子既不像导体那样容易挣脱原子核的束缚，也不像绝缘体那样被原子核束缚得很紧，因而其导电性能介于导体和绝缘体之间。

在形成晶体结构的半导体中，人为地掺入特定的杂质元素时，导电性能具有可控性。并且，在光照和热辐射条件下，其导电性还有明显的变化。这些特殊的性质决定了半导体可以制成各种电子器件。

一、本征半导体

本征半导体是指不含杂质的、纯净的、具有晶体结构的半导体。硅和锗是用得最多的本征半导体，它们都是四价元素，原子最外层有4个价电子。由原子理论得知，当外层有8个价电子时，原子才处于稳定状态。因此，硅或锗在组成单晶时，每个原子都要从四周相邻原子取得4个价电子，以达到稳定状态。这样每两个原子共用一对价电子，形成共价电子对，这种结构称为共价键结构。图2-1是共价键的二维结构示意图。

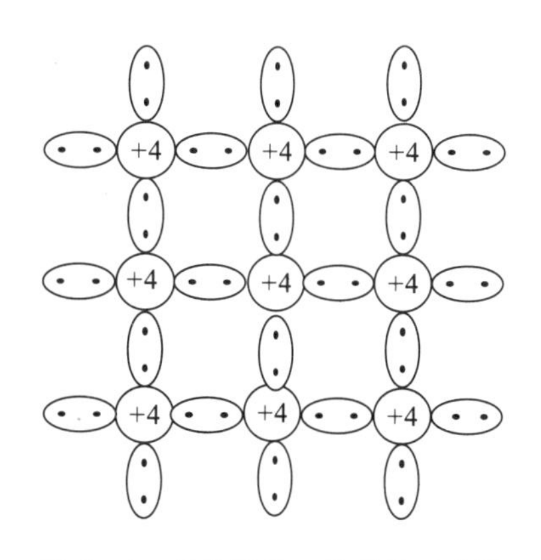

图2-1　共价键的二维结构示意图

共价键内的两个电子称为束缚电子，在绝对温度$T=0\mathrm{K}$，且无外界其他因素激发时，价电子全部束缚在共价键内，随着温度的上升，少数价电子受热激发得到能量，当价电子获得的能量足够大时，便能挣脱原子束缚，而成为自由电子。

在没有外加电场的情况下，自由电子作无规律的运动。另一方面，价电子离开共价键后，在该共价键处留下一个空位，这一空位称为“空穴”，如果相邻共价键中的价电子移动到有空位的共价键中，在原来的位置上产生一个新的空穴，这种情况相当于空穴在移动，在没有外加电场的情况下，这种移动也是杂乱无章的。

在有外加电场时，自由电子和空穴都在电场的作用下作定向运动，这种运动叠加在原来的无规则运动的基础上，对外部就显现出电流。自由电子和空穴的运动方向相反，但由于它们的电性也相反，因此对外部显现的电流是相加的。

半导体在热激发下产生自由电子和空穴对的现象称为本征激发。不难看出，在本征半导体中，每出现一个自由电子就必然伴随着出现一个空穴，二者成对产生，我们称为电子-空穴对。实际上，除了电子-空穴对的产生外，还存在一个逆过程，就是电子-空穴对的复合。因为自由电子也会释放能量而进入有空位的共价键，这时将同时消失一个自由电子-空穴对，也就是说，在半导体中电子-空穴对的产生和复合是同时存在的，在一定的温度下，产生数和复合数相等，达到动态平衡。自由电子和空穴都是载运电流的粒子，统称为载流子。在一定温度下，本征半导体中载流子的浓度是一定的，并且自由电子与空穴的浓度相等。当环境温度升高时，热运动加剧，挣脱共价键束缚的自由电子增多，空穴也随之增多，即载流子的浓度升高，因而必然使得导电性能增强。反之，当环境温度降低时，载流子的浓度降低，因而导电性能变差。可见，本征半导体载流子的浓度是环境温度的函数。理论分析表明，本征半导体载流子的浓度如公式(2-1)所示。

$$n_i = p_i = K_1 T^{\frac{3}{2}} e^{\frac{-E_{GO}}{(2kT)}} \tag{2-1}$$

式中，n_i 和 p_i 分别表示自由电子和空穴的浓度(cm^{-3})；T 为热力学温度(K)；k 为玻尔兹曼常数(8.63×10^{-5} eV/K)；E_{GO} 为 0K 时破坏共价键所需的能量(eV)，又称禁带宽度(硅为 1.21eV，锗为 0.785eV)；K_1 为与半导体材料载流子有效质量、有效能级密度有关的常量(硅为 $3.87\times10^{16}cm^{-3}\cdot K^{-3/2}$，锗为 $1.76\times10^{16}cm^{-3}\cdot K^{-3/2}$)。

理论和实验证明：随着温度的升高，电子-空穴对的产生急剧增加，其增加的速度比指数率还要快，说明温度对本征半导体的导电能力有显著的影响。

二、杂质半导体

在本征半导体中，人为地掺入少量其他元素(杂质)，可以使半导体的导电性能发生显著改变，掺入杂质的半导体称为杂质半导体，根据掺入杂质性质的不同，可分为电子型半导体和空穴型半导体两种，即 N 型半导体和 P 型半导体。

(一)N 型半导体

在本征半导体中掺入少量五价元素，使每一个五价元素取代一个四价元素在晶体中的位置，可以形成 N 型半导体。常用掺杂的五价元素有磷、砷和锑。图 2-2 是一个磷原子取代一个锗原子后晶体的二维结构示意图，由图可见磷原子有 5 个价电子，其中 4 个与锗原子结合成共价键，余下的一个不在共价键之内，磷原子对它的束缚力较弱，稍受激发就可成为自由电子。由于磷原子很容易贡献出一个自由电子，故称为“施主杂质”。

磷原子提供一个自由电子后，其本身由于失去电子而成为正离子，但并不产生新的空穴，因为磷原子周围的共价键中没有空位。这与本征半导体成对地产生载流子是不同的。

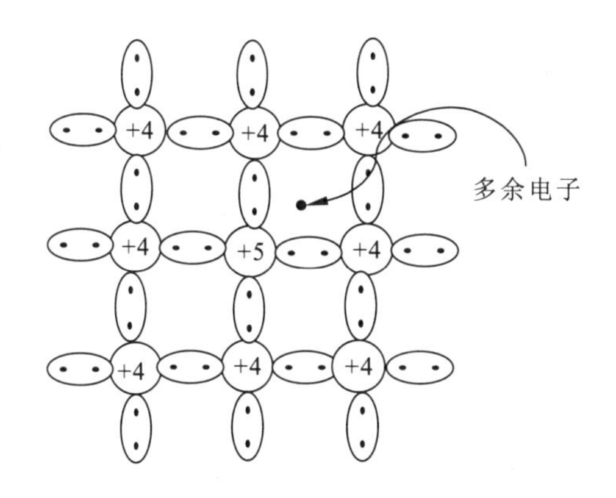

图 2-2　N 型半导体共价键的二维结构示意图

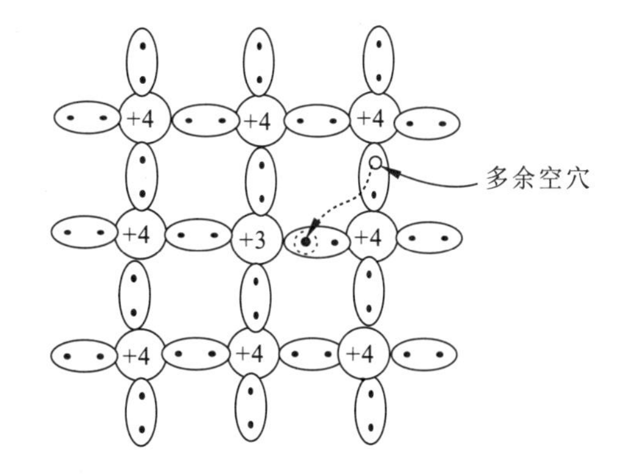

图 2-3　P 型半导体共价键的二维结构示意图

掺杂后，半导体的载流子由两部分组成，一部分是由本征激发产生的电子-空穴对，另一部分则是由于掺入磷原子后由磷原子提供的大量的自由电子。因此，这种杂质半导体的载流子以自由电子为主，故称为电子型半导体(或称为 N 型半导体)。自由电子因此而称为"多数载流子"(简称多子)，而空穴则称为"少数载流子"(简称少子)。

(二)P 型半导体

在本征半导体中掺入少量三价元素，可以形成 P 型半导体。常用于掺杂的三价元素有铟、铝和硼。图 2-3 是一个硼原子取代一个锗原子后晶体的二维结构示意图，由图可见硼原子只有 3 个价电子，这 3 个价电子只能和相邻的 3 个锗原子结合成共价键，余下的一个相邻的锗原子的共价键不完整，就有一个价电子的空位虚位以待，邻近锗原子的价电子很容易在稍受激发后过来填补这个空位，因而产生一个空穴，锗原子也由于得到一个价电子而成为负离子。硼原子由于能提供一个空位接受邻近的锗原子的价电子而产生一个空穴，故称为"受主杂质"。

掺入三价元素后，半导体中的载流子除了有由本征激发产生的电子-空穴对以外，还有大量的由三价元素提供空位接受邻近的锗原子的价电子而产生的空穴，因此这种杂质半导体的载流子以空穴为主，故称为 P 型半导体。空穴也就称为"多数载流子"，而自由电子则称为"少数载流子"。

通过以上分析可知，半导体中有两种载流子：自由电子和空穴。当 $T>0K$ 时，载流子作热运动，各向机会相等，不形成电流，但在一定条件下会产生规则的运动而产生电流，即由扩散运动产生的扩散电流和由漂移运动产生的漂移电流。

所谓扩散运动是由于载流子为一种可以自由移动的带电粒子，当这些载流子浓度分布不均匀时，就会产生一种扩散力，使载流子朝着趋向均匀分布的方向产生扩散运动。载流子扩散运动而产生的电流称为扩散电流。显然，载流子浓度分布越不均匀，扩散力就越大，形成的扩散电流就越大，这就是说，扩散电流与载流子浓度的梯度成正比。

所谓漂移运动，是指载流子在电场力的作用下所作的运动，载流子漂移运动形成的电流称为漂移电流。显然，电场越大，漂移电流越大，即漂移电流与电场强度成正比。

(三)PN 结

1. PN 结的形成

在一块本征半导体的两边掺以不同的杂质，使其一边形成 P 型半导体，另一边形成 N 型半导体，则在它们的交界处就产生了电子和空穴的浓度差，电子和空穴都要从浓度高的地方向浓度低的地方扩散，即 P 区的一些空穴要向 N 区扩散，N 区的一些电子要向 P 区扩散，如图 2－4(a)所示。

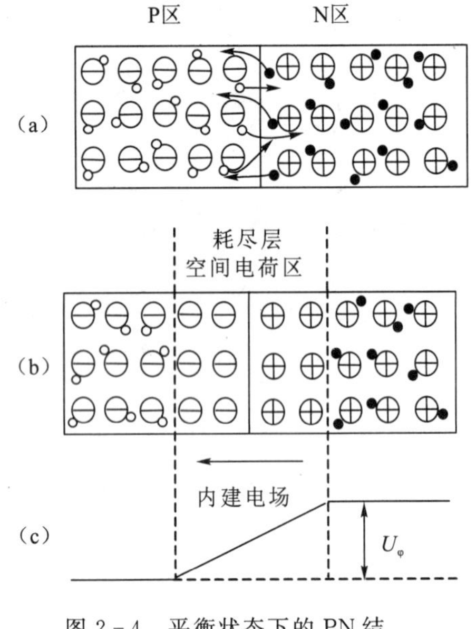

图 2－4　平衡状态下的 PN 结

由于载流子的扩散运动，破坏了 P 区和 N 区交界面原有的电中性。P 区失去空穴而留下负离子[图 2－4(b)中用 ⊖ 表示]，N 区失去电子而留下正离子[图 2－4(b)中用 ⊕ 表示]。通常称这些不能运动的正、负离子为空间电荷，它们集中在 P 区和 N 区交界的两边，形成一个空间电荷区，或称为势垒区，这就是 PN 结。

在空间电荷区，由于正、负离子各占一边而产生了由 N 区指向 P 区的电场，这个电场称为内建电场。显然，N 区的电位要比 P 区高，高出的数值用 U_φ 表示，称为接触电位差，又称为势垒高度，如图 2－4(c)所示。U_φ 的数值一般小于 1V。

内建电场是由于多数载流子的扩散而产生的，而内建电场建立后由于电场力的作用使它一方面要阻止多数载流子向对方扩散，另一方面它又要使少数载流子产生漂移运动。扩散和漂移这两种运动方向相反，由于多数载流子扩散到对方就成为少数载流子，所以漂移运动相当于将扩散到对方的一部分多数载流子拉回到原区间。开始时，空间电荷区不大，内建电场小，使得多数载流子的扩散大于少数载流子的漂移，随着这种情形的继续，空间电荷区增大，内建电场加强，进一步阻止多数载流子的扩散和加大少数载流子的漂移，最后使得多数载流子的扩散和少数载流子的漂移相等，达到动态平衡。在无外界电场或其他激励情况下，PN 结没有电流。当 P 区与 N 区杂质浓度相等时，负离子区与正离子区的宽度相等，称为对称 PN 结；而当两边杂质浓度不同时，浓度高的一侧的离子区宽度低于浓度低的一侧，称为不对称 PN 结；两种结的外部特性是相同的。由于在空间电荷区内的载流子已经耗尽，故空间电荷区又称为耗尽层。

2. PN 结的特性

PN 结在不同的运用状态下具有不同的特性，了解这些特性对于理解和运用二极管和三极管具有十分重要的作用。

1)PN 结的单向导电性

如果给 PN 结外加直流电压，电源的正极接 P 区，负极接 N 区，如图 2－5 所示，由图可见，外加电压的极性和势垒电势的极性相反。P 区的空穴在正极性电压的作用下趋向势垒区，N 区的电子在负极性电压作用下也趋向势垒区，从而导致势垒区负、正离子层变薄，势垒高度降低。势垒高度的降低，破坏了原有的平衡，使得较多的多数载流子越过势垒区扩散到对方，形成较大的扩散电流。这种情况下的外加电压称为正向电压，正向电压下的电流称为正向电流。显然，正向电流随着正向电压的增大而增大。

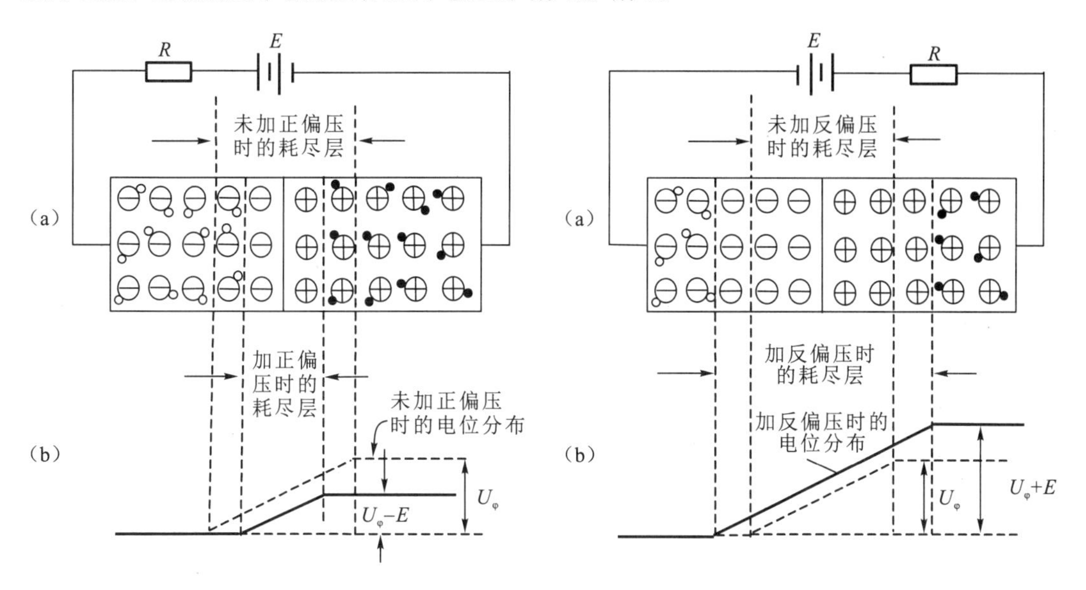

图 2－5　外加正向直流电压下的 PN 结　　　图 2－6　外加反向直流电压下的 PN 结

如果将外加直流电压的负端接 P 区，正端接 N 区，如图 2－6 所示，这时外加直流电压的极性和势垒电势的极性相同。在外加电压作用下，P 区的空穴趋向电源负极，N 区的电子趋向电源正极，于是势垒区的正、负离子增多，势垒区加厚，势垒增高。势垒增高破坏了原有的平衡，进一步抑制多数载流子的扩散，少数载流子的漂移大于多数载流子的扩散，形成漂移电流。这种情况下的外加电压称为反向电压，反向电压作用下的漂移电流称为反向电流。由于反向电流是本征激发产生的少数载流子形成的，因此它要比正向电流小得多。反向电流有两个特点：一是在一定温度下，本征激发的少数载流子的浓度是定值，所以反向电流基本上不随外加反向电压发生变化，被称为反向饱和电流；二是由于温度的变化，本征激发的少数载流子将发生浓度变化，所以反向电流受温度影响较大。

2）PN 结的击穿特性

如上所述，PN 结反向运用时，反向电流基本上不随电压变化而变化。但当 PN 结上加的反向电压超过一定限度时，反向电流将急剧增加，这种现象称为 PN 结的击穿。PN 结的击穿有雪崩击穿和齐纳击穿两种。

（1）雪崩击穿（碰撞击穿）。当反向电压足够高时，空间电荷区的电场较强，通过空间电荷区的电子和空穴在电场的作用下加速获得很大的动能，于是有可能和晶体结构中的外层电子碰撞而使其脱离原子的束缚。被撞出来的载流子在获得一部分能量之后，又可以去碰撞其他的外层电子，这种连锁反应就造成了载流子数目突然急剧增加，犹如雪崩那样，所以这种击穿称为雪崩击穿或碰撞击穿。

(2)齐纳击穿(隧道击穿)。当反向电压足够高时,空间电荷区的电场强度达到 1×10^5 V/cm 以上时,可把共价键中的电子拉出来,产生电子-空穴对,使载流子数目突然增多,产生击穿现象,称为齐纳击穿。

引起击穿的电压称为击穿电压(用 U_Z 表示)。雪崩击穿一般在 6V 以上,齐纳击穿一般在 6V 以下,而击穿电压在 6V 左右时则常兼有这两种击穿。应当指出,PN 结的击穿破坏了 PN 结的单向导电性,应用时须避免。但击穿并不意味着 PN 结的损坏,只要电流的增长受到限制,就不至于造成 PN 结内部发热以致烧毁,这种现象是可逆的,即当外加电压拆除后,器件的特性可以恢复。

3)PN 结的电容效应

由前面分析可知,PN 结两端加电压,PN 结内就存在电荷的变化,这说明 PN 结存在电容效应。PN 结存在两种电容:势垒电容 C_T 和扩散电容 C_D。电容将限制器件的工作频率,这是一个十分重要的问题。

(1)势垒电容 C_T。它是由耗尽层内电荷储存作用引起的。如前所述,势垒区内有不能移动的正、负离子,当外加电压变化时,势垒区内的电荷量也要改变,引起电容效应,因此称为势垒电容,用 C_T 表示。势垒电容与普通电容不同,它的电容量随外加电压的改变而改变,并不呈线性关系,分析表明它们的关系如公式(2-2)所示。

$$C_T=\frac{K}{(U_\varphi-U)^\gamma} \tag{2-2}$$

式中,K 为一常数;U_φ 为 PN 结的势垒电压;U 为 PN 结上的外加电压(正向电压时 $U>0$,反向电压时 $U<0$);γ 取值范围为 1/3 ~ 4,其值取决于 PN 结的结构。

(2)扩散电容 C_D。PN 结正向运用时,除了存在势垒电容外,还存在一个扩散电容。这是由于 PN 结在正向运用时,多数载流子扩散到对方,将吸引对方区域里相反性质的载流子到其附近,它们并不立即复合,而是有一定的寿命,这就出现了另一种电荷储存效应,也就是电容效应。由于它是载流子扩散引起的,故称为扩散电容,用 C_D 表示。

一般说来,PN 结在正向运用时,势垒电容和扩散电容并存,扩散电容要大些,起主要作用;反向运用时,只有势垒电容。

4)PN 结的温度特性

由于半导体中的本征激发载流子数目随温度急剧变化,使得 PN 结的特性对温度十分敏感。由本征激发所产生的载流子在温度升高时增多,故反向饱和电流随温度升高而增大。温度每升高 1℃,反向饱和电流增加约 7%。因为 $(1.07)^{10}=2$,故温度每升高 10℃,反向饱和电流增加一倍。

温度升高使半导体的本征激发载流子增大,而本征激发的载流子在各自的区间是少数载流子,它们在 PN 结内建电场的作用下作漂移运动,跨越势垒区进入对侧。P 区的电子进入 N 区,将使 N 区势垒层的正离子层减薄,而 N 区的空穴进入 P 区,也将使 P 区势垒层的负离子层减薄。势垒层减薄,使势垒区的电位差减小,有利于扩散电流的增大。理论和实验表明:温度每升高 1℃,势垒降低约 2mV,对锗和硅这两种材料差不多。势垒下降表现为当外加正向电压不变时,PN 结的正向电流将随温度的升高而增大。

第三节　半导体二极管

二极管是一个 PN 结，故二极管具有上述 PN 结的特性，前面我们定性地介绍了一个理想的 PN 结的特性。但实际的二极管的特性，与理想 PN 结的特性有所不同，下面我们将较为详细地介绍实际的二极管的特性。

定量地说明一个电子器件的特性，一般来说有 3 种方法：特性曲线图示法、解析式表示法、参数表示法。这 3 种表示法各有优缺点，可以互相补充。

一、符号及特性曲线

图 2－7(a)为二极管的符号，标正号的引线端和 P 区相连，称为二极管的正极；标负号的引线端和 N 区相连，称为负极。

图 2－7(b)为二极管伏安特性曲线，由图可以看出，该曲线有以下特点：

(1)在正向电压的作用下，当正向电压较小时，电流很小。而当正向电压超过某一值(开启电压 U_r，图中所示为锗管，该值为 0.2V，对硅管约为 0.6V)时，电流很快增大。

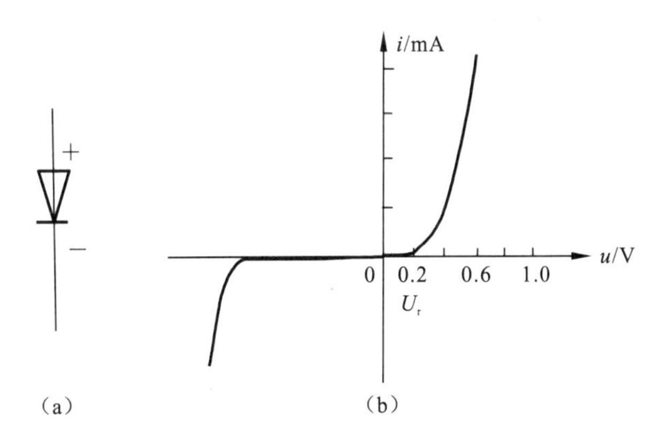

图 2－7　二极管的符号(a)和伏安特性曲线(b)

(2)在反向电压的作用下，当反向电压不大时，反向电流为很小的反向饱和电流，且随反向电压的增大而稍有增加，但变化不大。当反向电压超过某一值时，反向电压急剧增加。

由图 2－7(b)可见，正向特性在小电流范围内比较符合指数规律。电流较大时，曲线几乎接近直线。这是因为大电流时，PN 结耗尽层的电阻比结外半导体的体电阻以及电极接触电阻小，而体电阻和接触电阻均为线性电阻，故此时伏安关系接近线性关系。反向特性电压不超过某一值时的斜度，是因为 PN 结有漏电阻存在，而当电压超过某一值时，电流急剧增加，则是由反向击穿引起的。

在图 2－7 所示的伏安特性中，PN 结的电流与电压的关系为：$I=I_S(e^{\frac{q}{kT}U}-1)$，$q$ 为电子的电荷量，其值为 1.602×10^{-19}C；k 为波尔兹曼常数(1.380×10^{-23}J/K)；T 为绝对温度值(293K，20℃)，所以$\frac{q}{kT}=\frac{1}{26}(\mathrm{mV})^{-1}$，令 $U_T=\frac{kT}{q}$，常称为热电压。所以 $I=I_S(e^{U/T}-1)$，U 为外加电压，有正负之分。

当 $U>100$mV 时，$e^{U/U_T}\gg1$，$I=I_Se^{U/U_T}$；当 $U<-100$mV 时，$e^{U/U_T}\ll1$，$I\ll-I_S$，即反向

电流与外加电压 U 无关，而为恒定值 $-I_S$。

二、二极管等效电阻

二极管是一个非线性电阻，其等效电阻有直流电阻和微变电阻（交流电阻）之分，所谓直流电阻就是二极管端电压与流过的电流之比，如图 2-8(a)所示；所谓微变电阻就是在工作点上微小的电压变化引起微小的电流变化二者变化量比值，如图 2-8(b)所示的$\frac{\Delta u}{\Delta i}$。很显然，有两点是应该注意的，一是二极管为一个非线性元件，它的直流和微变等效电阻不是一个常数，都与其工作点有关；二是在同一工作点上，直流电阻和微变电阻是不同的。

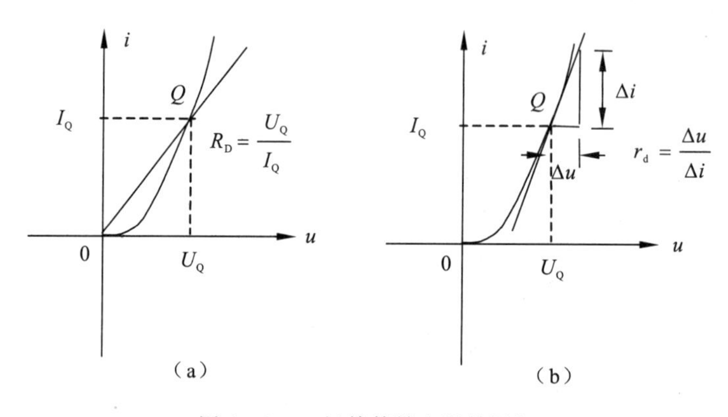

图 2-8　二极管等效电阻的图解

微变电阻还可从式(2-3)导出，即

$$\frac{1}{r_d}=\frac{\Delta i}{\Delta u}=\frac{di}{du}=\frac{I_S}{U_T}e^{u/U_T} \tag{2-3}$$

式中，U_T 常温下为 26mV；I_S 为二极管反向饱和电流；r_d 为二极管等效交流电阻。

将式(2-3)所示的电流简化，可得

$$\frac{1}{r_d}=\frac{I_Q}{U_T} \tag{2-4}$$

式中，I_Q 为 Q 点的工作流。

在室温下，$U_T=26$mV，于是当外加正向电压大于 100mV 时，室温下的微变电阻值为

$$r_d=26/I_Q \tag{2-5}$$

可见，r_d 与工作点电流 I_Q 的值成反比。

应该指出，式(2-5)只适用于理想的 PN 结，对于实际的二极管，其特性与理想的 PN 结有所不同，这里不再一一赘述。

三、二极管的主要参数

器件的参数是说明器件特性的数据，它是根据使用要求提出来的，也是在使用中选择器

件的依据。二极管低频运用时的主要参数及其意义如下：

(1)最大允许整流电流 I_{OM}。I_{OM}是在电阻性负载的半波整流电路中允许通过二极管的最大直流电流。若工作电流超过此电流，二极管会过热，导致二极管失效或烧毁。

(2)最高反向工作电压 U_{RM}。U_{RM}是允许加到二极管(非稳压管)上的最高反向电压值。该数值应小于反向击穿电压，使用中不应超出 U_{RM}，以免电路中缺少适当的限流电阻时发生击穿，造成器件损坏。通常取 U_{RM}为击穿电压的一半。

(3)最大允许功耗 P_{DM}。流过二极管的电流与二极管两端的电压的乘积是二极管的功率，该功率转换为热能，故称为功耗。如果二极管的实际功率 P_D 超过了最大允许功耗 P_{DM}，二极管就会因过热而损坏。

(4)最高工作频率 f_M。f_M 是二极管工作的上限截止频率。超过此值，由于结电容的作用，二极管将不能很好地体现单向导电性。

四、二极管近似及常见电路

(一)二极管的折线化近似

二极管是一个非线性器件，所以二极管电路的精确计算比较繁琐。在工程分析中一般将二极管特性曲线作近似处理，使问题得到简化。在不考虑击穿特性的情况下，二极管特性曲线一般有 4 种不同程度的近似，由此可得 4 种不同近似程度的等效电路，如图 2-9 所示，在电路分析时可根据实际情况进行选择。

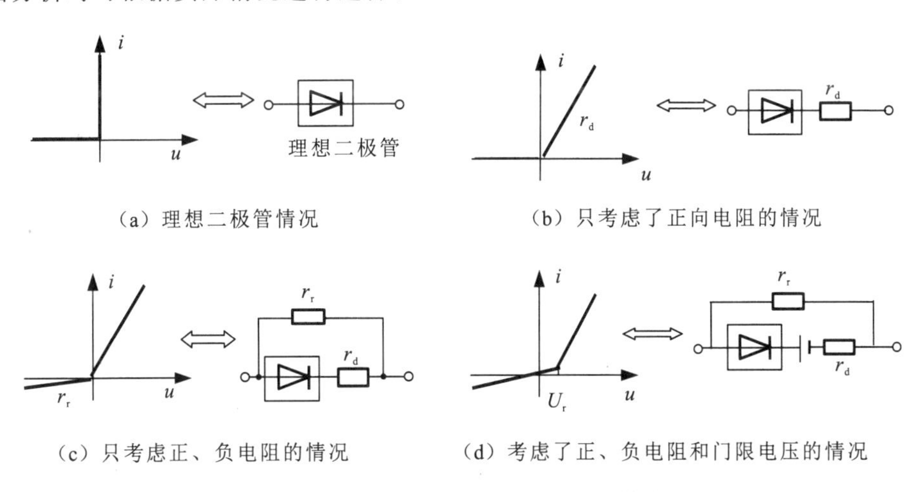

图 2-9　二极管特性曲线的折线近似及等效电路

(二)二极管应用电路举例

1. 整流电路

如图 2-10(a)所示电路为二极管半波整流电路，设 V_D 为理想二极管，当输入电压 u_i 在正半周时，V_D 导通，可视为短路，此时 $u_o=u_i$；当输入电压 u_i 为负半周时，V_D 截止，可视为开路，此时 $u_o=0$。于是就可得 u_o 波形，如图 2－10(b)所示。

2. 门电路

图 2－11 是由二极管组成的与门电路，设 V_{D1}、V_{D2} 均为理想二极管，则分析可知，该电路中只要有一路输入为低电平，输出即为低电平；只有全部输入为高电平时，输出才为高电平，这在逻辑电路中称为“与”逻辑。

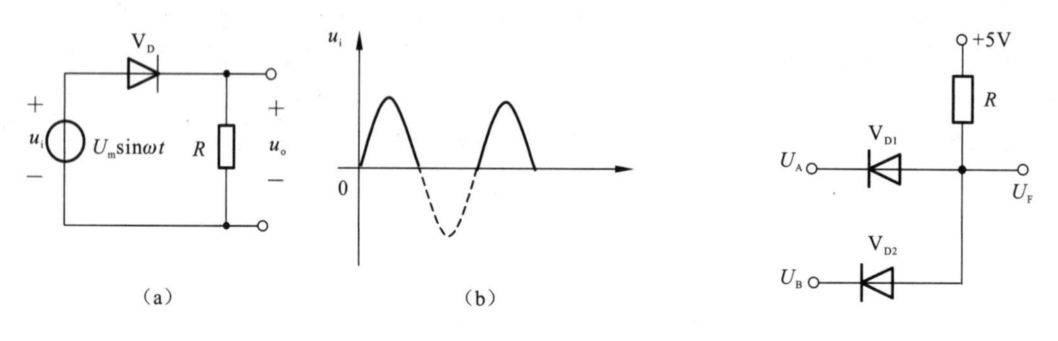

图 2－10　二极管半波整流电路(a)及输出波形(b)

图 2－11　二极管与门电路

3. 二极管限幅电路

图 2－12(a)为二极管限幅电路。设 V_D 为理想二极管，当 V_D 导通时，V_D 可看作是一段导线，这时 $u_o(t)=u_i(t)$；当 V_D 截止时，V_D 可看作是开路，于是 $u_o(t)=5V$。那么什么时候二极管导通，什么时候二极管截止呢？由于二极管的正极接＋5V，所以只有当二极管的负极电位低于＋5V 时，二极管才导通，否则就截止。所以，当 $u_i(t)>5V$ 时，输出波形就限幅了，如图 2－12(b)所示。

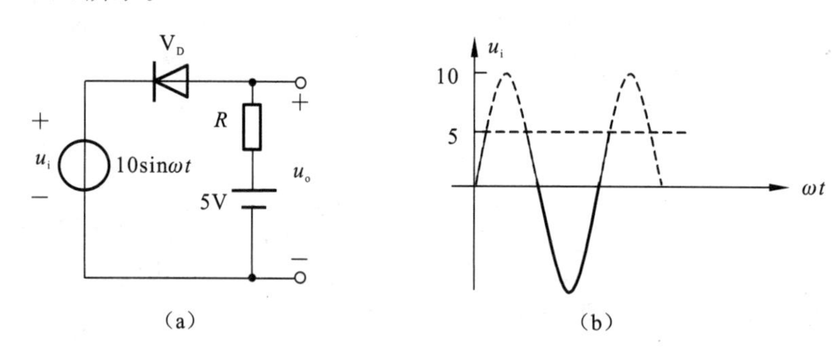

图 2－12　二极管限幅电路(a)及输出波形(b)

五、稳压二极管

稳压管也是一种二极管，它是利用 PN 结的反向击穿特性进行工作的，只是它的反向特性曲线比一般的二极管更陡一些。稳压管在稳压电路等一些电子电路中得到了广泛的应用。图 2－13 给出了稳压管的伏安特性及符号。

稳压管的主要参数如下：

(1)稳定电压 U_Z。U_Z 就是 PN 结的击穿电压，它随工作点电流和温度的不同而略有变化。对于同一型号的稳压管来说，稳压值有一定的分散性。

(2)稳定电流 I_Z。I_Z 为稳压管工作时的参考电流值，它通常有一定的范围。当工作电流小于 I_{Zmin} 时，稳压效果将受影响；当工作电流大于 I_{Zmax} 时，稳压管将过热而损坏。

(3)动态电阻 r_Z。r_Z 是稳压管两端电压变化与电流变化的比值，如图 2-14 所示，即

$$r_Z=\frac{\Delta U_Z}{\Delta I_Z} \tag{2-6}$$

这个数值随工作电流的不同而有所改变。通常工作电流越大，动态电阻就越小，稳压性能就越好。

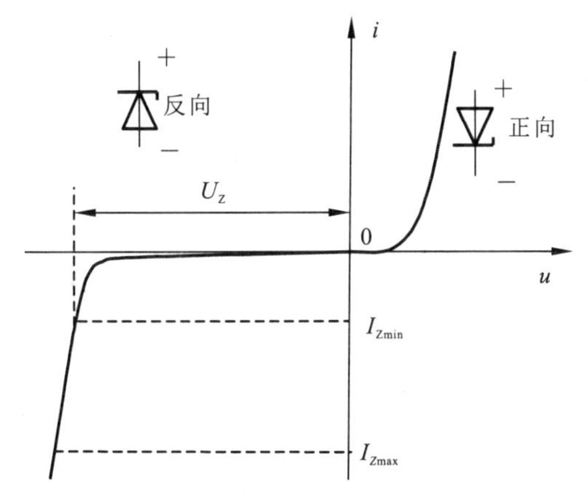

图 2-13　稳压管的伏安特性及符号

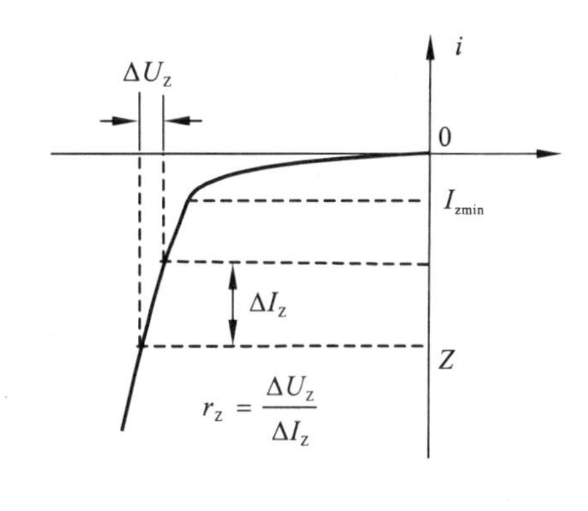

图 2-14　稳压管动态电阻

(4)电压温度系数 α_Z。α_Z 是用来说明稳定电压受温度变化影响的系数。不同型号的稳压管有不同的温度系数，且有正负之分。一般来说，稳压值低于 4V 的稳压管，α_Z 为负值；稳压值高于 6V 的稳压管，α_Z 为正值；稳压值介于 4～6V 之间的稳压管，α_Z 可能是正的，也可能是负的。因此可以将正、负电压温度系数的稳压管合理搭配使用，以提高稳压效果。

(5)额定功耗 P_Z。P_Z 是保证稳压管正常工作允许的最大功率，超过 P_Z 将会使稳压管过热损坏。

常见的稳压管稳压电路如图 2-15 所示。图中稳压管并接在负载 R_L 两端，故 $U_o=U_Z$。该稳压电路稳定输出电压的原理可描述如下：

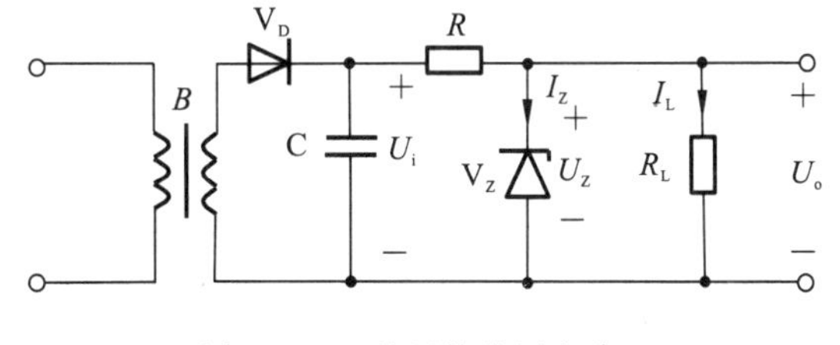

图 2-15　稳压管稳压电路

当 R_L 一定，设 U_i 增大，则 U_Z 和 U_o 都要增大，但稳压管两端电压只要有少许增大，就会造成 I_Z 急剧增加，这时限流电阻 R 上的压降 $(I_Z+I_L)R$ 就会显著增加，从而使输入电压增加的绝大部分落在 R 上，于是 U_o 的变化就非常小。同样地，若 U_i 减小或 R 变化，也可以看出 U_o 的变化也很小，输出电压基本稳定。

六、其他特殊二极管

1. 光电二极管

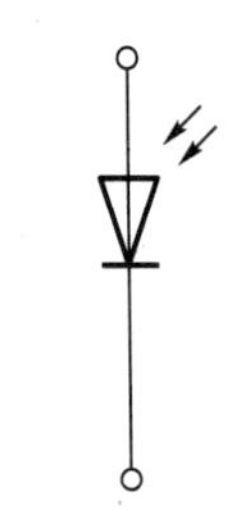

图 2－16　光电二极管的符号

光电二极管的特点是 PN 结的面积大，管壳上有透光的窗口便于接受光照，光电二极管的符号如图 2－16 所示。

光电二极管必须在反向运用状态下工作，这是由于二极管加反向电压，在无光照的条件下，它和普通二极管一样，反向电流很小，这时的电流称为暗流。有光照时，半导体共价键中的价电子获得能量，产生的电子-空穴对增多，导电能力加强，反向电流增大，并且在一定的反向电压范围内反向电流与光照强度成正比。

光电二极管的性能主要从以下几个方面考虑：

(1)光谱特性。光电器件并不是对所有光谱的光具有相同的敏感度，而是对某一波长范围内的光的光照具有较好的响应，对于这一范围外的光的光照响应却较差，比如典型的红外光电二极管对红外光响应较好，而对蓝光、紫光的响应却较差。

(2)光照特性。光电流与照射光强度之间的曲线关系称为光照特性，也称为光电特性。一般来说，光电二极管的光照特性曲线是非线性的，但其特性曲线越接近直线，光照特性就越好。

(3)频率特性。频率特性表示光电流与入射光强度变化频率的关系。当光强度高速变换时，由于光生载流子在管内扩散或漂移的速度跟不上光强的变化，使光电转化作用变弱，产生的光电流减小，因此光电流的大小还与光强变化的频率有关。

光电二极管可以用作光的检测。当 PN 结的面积较大时，可以做成光电池。

2. 发光二极管

发光二极管简称 LED，其符号如图 2－17 所示。发光二极管内部的基本单元仍然是一个 PN 结。当外加正向电压时，P 区的空穴扩散到 N 区，N 区的电子复合；N 区的电子扩散到 P 区，P 区的空穴复合。在电子与空穴复合的过程中，有一部分能量以光的形式发出，使二极管发光。发光二极管的光谱范围比较窄，其波长也与所用材料有关。

发光二极管主要用作显示器件。除单独使用外，还可以做成数码管或阵列显示器。

将发光二极管和光电二极管组合起来可以构成二极管型光电耦合器，如图 2－18 所示。它以光为媒介实现电信号的传递。光电耦合器可用来传递模拟信号，也可作开关器件使用。它具有抗干扰、隔噪声、速度快、耗能少、寿命长等优点。由于发光器件和光敏器件相互电绝缘，所以常用在信号单方向传输，且需要电路间电气绝缘场合中输入回路和输出回路之间的耦合，在一些常见的数字控制系统中应用比较广泛。

3. 变容二极管

利用 PN 结的势垒电容随外加反向电压的变化而变化的特性可制成变容二极管，其符号和特性如图 2－19 所示。变容二极管的容量很小，为皮法数量级，它有一定的电容变化范围，主要用于高频场合，例如电调谐、调频信号的产生等。

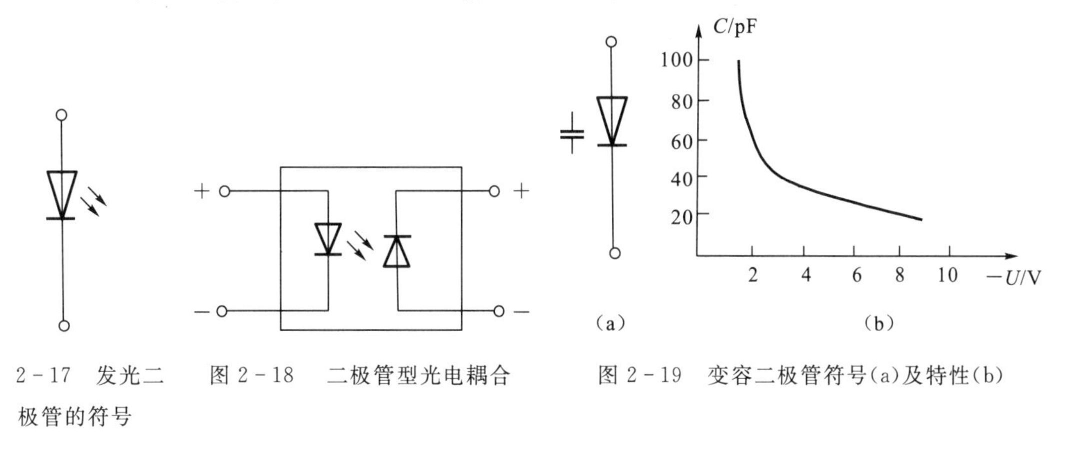

2-17 发光二极管的符号　　图 2-18 二极管型光电耦合　　图 2-19 变容二极管符号(a)及特性(b)

第四节 晶体三极管

一、晶体三极管的结构及符号

晶体三极管中有两种带有不同极性电荷的载流子参与导电，故称之为双极型晶体管(BJT)。晶体三极管的结构示意图和符号如图 2-20 所示，它是在一块半导体(锗或硅)上通过掺杂的方法制成两个紧挨着的 PN 结，并引出 3 个电极而制成的。晶体管的两个 PN 结将半导体分成 3 个区，即发射区、基区和集电区，相应的 3 个电极分别是发射极、基极和集电极。在图中，为了简单，3 个区画成同样大小，实际上，基区很薄，发射区的面积比集电区的面积小。发射极用 E 表示，基极用 B 表示，集电极用 C 表示；发射极上箭头的指向为正常工作情况下电流的流向；发射区和基区之间的 PN 结称为发射结，也称为 E 结，集电区和基区之间的 PN 结称为集电结，也称为 C 结。需要说明的是，虽然发射区和集电区使用同一种半导体材料制成，但由于它们的掺杂浓度不同，结的结构不同，因此并不是对称的，在使用时发射极和集电极一般是不能对调使用的。

二、晶体三极管的放大原理

要使晶体管具有放大作用，在制造晶体管时，必须使发射区重掺杂且多数载流子浓度高；基区很薄且轻掺杂，集电区面积大；并且必须将发射结正偏，集电结反偏。图 2-21 是一个 NPN 型三极管在放大状态工作时载流子的传输示意图，在图中，E_E使反射结正偏，E_C使集电结反偏，基极 B 接地，即共基极接法。下面介绍放大原理。

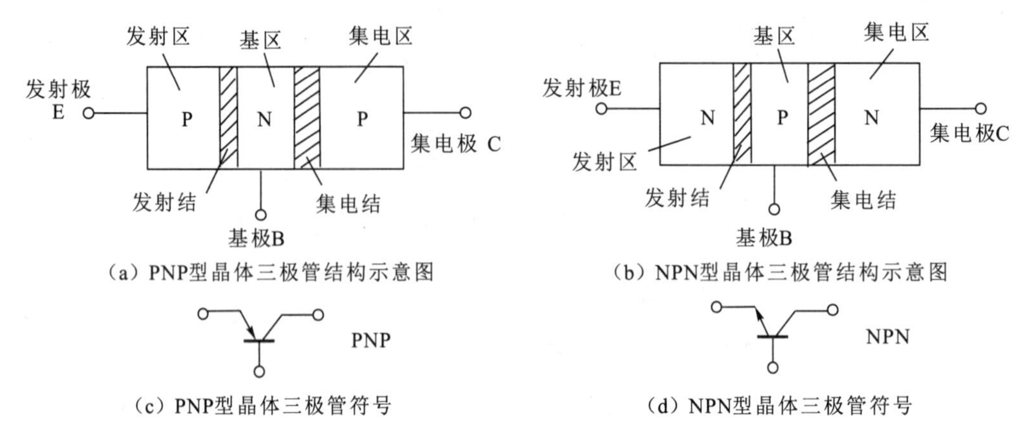

图 2-20　晶体三极管的结构与符号

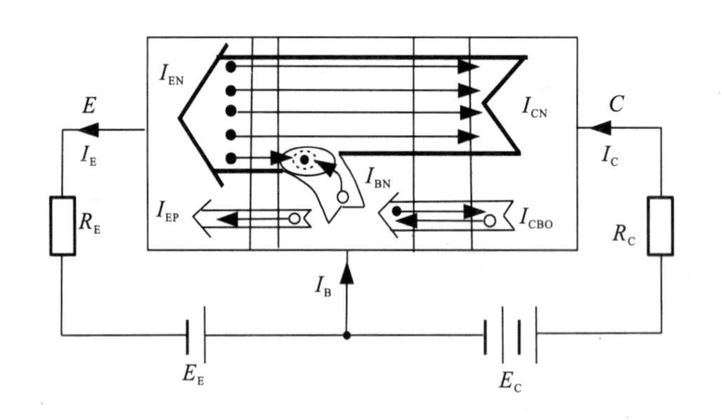

图 2-21　载流子的传输过程及电流分配原理

1. 载流子的传输过程

(1)发射区向基区注入电子。由于发射结正偏，势垒降低，于是扩散电流增加。即发射区的多数载流子(电子)在正偏的驱动下，源源不断地越过发射结扩散到基区，如图中的 I_{EN}。与此同时，基区的多数载流子空穴也会扩散到发射区，形成 I_{EP}。这两部分电流方向相同，所以发射极总电流为

$$I_E = I_{EN} + I_{EP} \tag{2-7}$$

由于发射区高掺杂，一般掺杂浓度比基区高出百倍以上，所以，$I_E \approx I_{EN}$。三极管发射区高掺杂就是为了提高 I_E/I_{EN} 值，因为 I_{EP} 对放大是没有贡献的。这种因发射极正偏而产生的电流称为注入电流。

(2)电子在基区的扩散与复合。从发射区注入到基区的电子，首先在基区的发射结边缘积累起来，使基区出现电子浓度差，并维持电子继续向集电结方向扩散。在扩散途中，有些电子因与空穴相遇而复合，形成基极电流 I_{BN}。由于基区很窄又是低掺杂，复合机会很小，所以 I_{BN} 只占很小的比例。

(3)集电极收集电子。从发射区注入的电子，通过基区复合掉一部分，绝大部分扩散到

集电结的边缘。之后,在集电结反偏电场的作用下,迅速飘移到集电区,最终被集电极收集,形成 I_{CN}。

以上只说明了载流子运动的主要部分,即发射区电子的运动。实际上,当集电结反偏时,还有集电区和基区的少数载流子漂移运动,即还有反向漏电流 I_{CBO} 通过集电结。根据图 2-21 可以写出以下表达式

$$I_B = I_{BN} + I_{EP} - I_{CBO} \tag{2-8}$$

$$I_C = I_{CN} + I_{CBO} \tag{2-9}$$

$$I_E = I_B + I_C \tag{2-10}$$

由以上分析可知,在三极管内电子和空穴都参与导电,所以三极管又称为双极型晶体管,用 BJT 来表示。

2. 共基极的电流分配关系

共基极接法的三极管,其输入端电流为 I_E,输出端电流为 I_C。要使输入电流 I_E 尽可能多地转化为输出电流 I_C,就要求增大 I_C 中的电流 I_{CN} 在 I_E 中的比例。因此,通常把 I_{CN} 与 I_E 的比值称为共基极直流电流放大系数,记作 $\bar{\alpha}$,即

$$\bar{\alpha} = \frac{I_{CN}}{I_E} = \frac{I_C - I_{CBO}}{I_E} \tag{2-11}$$

上式还可以写作

$$I_C = \bar{\alpha} I_E + I_{CBO} \tag{2-12}$$

此式称为共基极电流传输方程。它全面地描述了晶体管在放大区各电极之间电流的分配关系。式中 I_E 是可控的量,它受发射结正偏电压的控制;I_{CBO} 与发射结正偏电压无关,只受温度的影响,通常满足 $I_C \gg I_{CBO}$,尤其是硅管 I_{CBO} 甚小可略。因此,I_C 几乎与 I_E 成比例地变化,式(2-12)可近似为

$$\bar{\alpha} = \frac{I_C}{I_E} \tag{2-13}$$

一般 $\bar{\alpha}$ 在 0.95～0.99 之间,此值越大,表征三极管的放大能力越高。

3. 三极管的放大作用

从式(2-12)或式(2-13)可以看出,如果有一信号控制 I_E 的变化,而 I_C 又与 I_E 同步变化,这时若使 I_C 流过适当大的负载电阻,则产生的输出电压就可大于输入信号电压,这就实现了信号的放大。

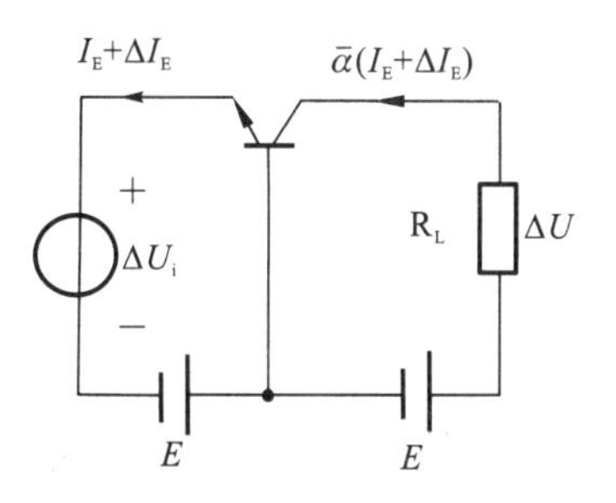

图 2-22 共基极放大器

图 2-22 是共基极接法的放大电路原理图,输入信号 ΔU_i 使发射结的正偏电压为$(\Delta U_i + V_{EE})$,ΔU_i 使发射极电流发生变化,产生 ΔI_E,而 ΔI_E 又使集电极电流产生相应的$(\bar{\alpha}\Delta I_E)$,输出端的信号电压为 $\Delta U_o = \bar{\alpha}\Delta I_E R_L$,只要 R_L 取足够大,就可使 $|\Delta U_o| > |\Delta U_i|$,即实现了信号的放大。这里所说的放大是指输出电压增量与输入电压增量的比值。

4. 共射接法的电流分配关系

将发射极接地，基极作为输入，集电极作为输出，就成为共射极放大器。为了满足放大功能，此时发射结必须正偏，集电结必须反偏，如图 2－23 所示电路中 V_{EE} 和 V_{CC} 及 R_L 就是满足上述偏置而设定的。

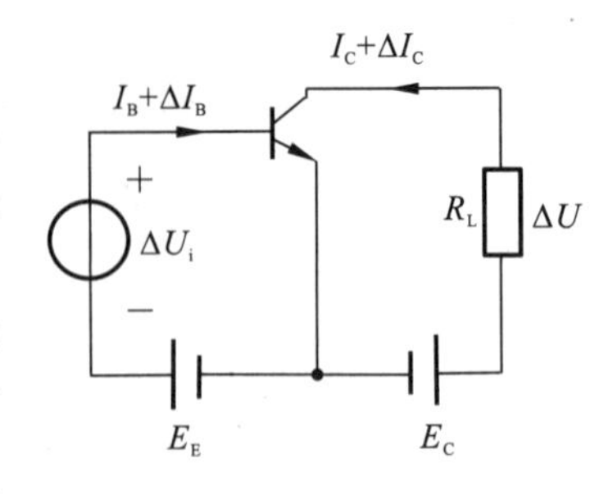

图 2－23　共射极放大器

共射接法和共基接法中载流子的运动规律是完全一样的。所以各电极之间的电流分配仍然没有改变，因此可以用共基接法的电流分配关系得出共射接法的电流分配关系。从式(2－10)和式(2－13)可得

$$I_C=\bar{\beta}I_B+(1+\bar{\beta})I_{CBO}=\bar{\beta}I_B+I_{CEO} \tag{2-14}$$

$$\bar{\beta}=\frac{\bar{\alpha}}{1-\bar{\alpha}} \tag{2-15}$$

$$I_{CEO}=(1+\bar{\beta})I_{CBO} \tag{2-16}$$

式(2－14)就是共射放大电路的电流传输方程。$\bar{\beta}$ 表征共射接法的电流放大系数，$\bar{\beta}$ 值在几十至一百及以上。可见共射接法有很强的电流放大作用。

当输入回路串入交流信号 ΔU_i 时，正偏发射结受 ΔU_i 控制，极容易产生相应的变化电流 ΔI_B，而传输到集电极时为 $\Delta I_C=\bar{\beta}\Delta I_B$。将带有输入信息的 ΔI_C 通过合适的负载电阻 R_C，即可得到放大很多倍的输出信号电压。

三、三极管伏安特性曲线

描述三极管各电极之间电流与电压关系的曲线称为特性曲线。了解晶体管特性曲线是进行晶体管电路分析和使用晶体管的基础。对于 BJT 三极管有输入与输出两组特性曲线。这些特性曲线可从器件厂家的产品手册中获得，也可通过专用的晶体管特性测试仪测试得到。

下面介绍应用最广泛的共射接法的输入特性曲线和输出特性曲线。其特性曲线测试原理如图 2－24 所示。

1. 共射接法的输入特性曲线

共射输入特性曲线是指以集电极与发射极之间输出电压 u_{CE} 为参变量，输入电流 i_B 与输入电压 u_{BE} 之间的关系曲线，即

$$i_B=f_1(u_{BE},u_{CE}) \tag{2-17}$$

典型的输入特性曲线如图 2－25 所示，它有以下特点：

(1)$u_{CE}=0$ 时，i_B-u_{BE} 曲线和普通二极管的特性相似。这是因为 $u_{CE}=0$ 时，$u_{BC}=u_{BE}$，此时二极管相当于并接在一起的二极管，其开启电压也与二极管相同。

(2)$u_{CE}>1$V 时，i_B-u_{BE} 曲线与 $u_{CE}=0$ 时相比，特性右移，且不同 u_{CE} 的曲线基本重合。右移是由于此时集电极处于反向偏置，发射区注入到基区的电子大部分被集电区收集，基区复合减小，因而在相同的 u_{BE} 条件下 i_B 将降低；u_{CE} 继续增大时，曲线应该继续右移，当 u_{CE} 大

到一定值后，u_{BE}不变，集电极的反向电压已将注入到基区的电子基本上收集到集电极，再增加 u_{CE}，i_B 基本不变，故曲线基本重合。

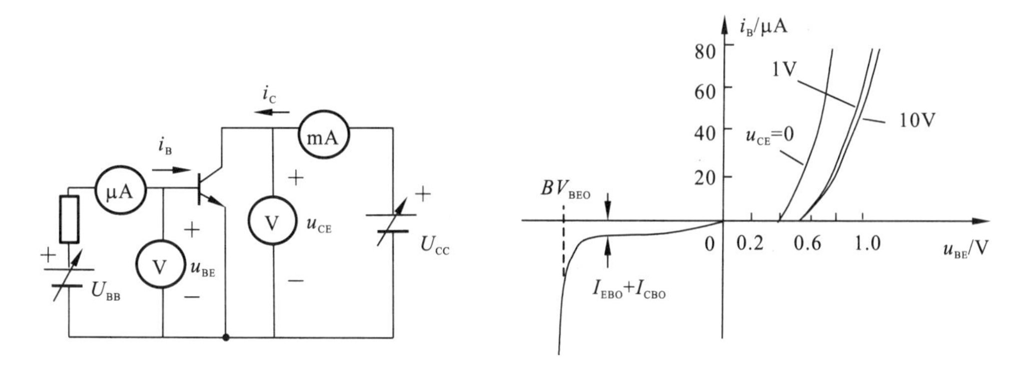

图 2-24　共射接法特性曲线测试原理图

图 2-25　输入特性曲线

2. 共射接法输出特性曲线

输出特性曲线是指以输入电流 i_B 为参变量，输出集电极电流 i_C 和集电极与发射极之间电压 u_{CE}的关系曲线，即

$$i_C = f_2(i_B, u_{CE}) \tag{2-18}$$

其特性曲线如图 2-26 所示。按照晶体管的工作情况，可把输出特性曲线分为 3 个区域，即截止区、放大区和饱和区。

1)截止区

当发射结反向运用，集电结也反向运用时，晶体管处于截止区。实际上只要 $0 < u_{BE} < u_{BEO}$(门限电压)，就能使发射区停止发射电子，$i_E = 0$。这时基极电流 $i_B = -I_{CBO}$，集电极电流 $i_C = I_{CBO}$。通常以 $i_B = -I_{CBO}$这一条曲线作为放大区与截止区之间的界限。

2)放大区

当发射结正向运用，集电结反向运用时，晶体管处于放大区。放大区就是截止区以上近似水平的那部分曲线。放大区特性曲线有以下特点：

(1)在维持 u_{CE}一定的条件下，基极电流增加一个很小的数值 Δi_B，集电极电流将增加一个很大的数值 Δi_C。如图 2-26 所示，可以用一个参数来描述 Δi_C 和 Δi_B 之间的数量关系。令

$$\beta = \left.\frac{\Delta i_C}{\Delta i_B}\right|_{u_{CE}=\text{常数}} \tag{2-19}$$

式中，β 为共射交流电流放大系数。

(2)输出特性有一定倾斜。这表明 u_{CE}对集电极电流 i_C 有一定的影响。从曲线可以看出，i_C 越大，倾斜越大。如果我们将输出特性向左延伸，与横轴相交，可得 U_A(图 2-26)。U_A 称为厄立电压，其典型值一般在 50～100V 之间。

3)饱和区

饱和区是指特性曲线上升部分。这时发射结和集电结都处于正向偏置，三极管失去了

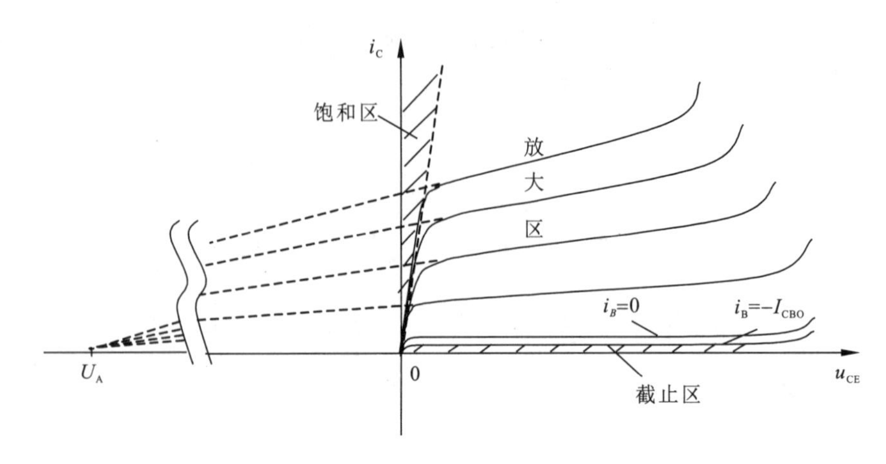

图 2-26　共射接法的输出特性曲线

放大作用。饱和时集电极与发射极之间的压降用 U_{CES} 表示，小功率硅管 U_{CES} 约为 0.5V，小功率锗管 U_{CES} 约为 0.3V，而大功率管 U_{CES} 为 1～3V。

3. 三极管的运用状态

由于三极管有两个 PN 结，每个 PN 结又有两种偏置，故三极管可以有 4 种运用状态。如表 2-1 所示。

表 2-1　三极管的 4 种运用状态

运用状态 / 集电结 / 发射结	正向运用	反向运用
正向运用	饱和状态	放大状态
反向运用	反向放大状态	截止状态

在以上 4 种工作状态中，放大状态在模拟电路中用得很多，是本书要重点讨论的内容之一。在脉冲数字电路中用得最多的是饱和状态和截止状态，可以看作是开关的导通与截止。反向放大状态相当于把集电极与发射极对调使用，在原理上来说，与放大状态没有本质的区别，但由于在制作掺杂时，晶体管的实际结构是不对称的，因此反向运用时其放大性能比正常放大要差得多，故很少使用。

四、三极管的主要参数

晶体管的参数是表征晶体管性能和描述晶体管安全运用范围的数据，也是选用晶体管的基本依据。下面介绍几种主要参数。

1. 极限参数

(1)集电极最大允许电流 I_{CM}。集电极电流 I_C 过大，β 要下降，通常把 β 下降到 β 最大值的 2/3(有的厂家规定为 1/2)时的 I_C 之称为 I_{CM}。当电流超过 I_{CM}时，三极管不一定烧坏，但其性能将显著下降。

(2)集电极最大允许功耗 P_{CM}。晶体管工作时，集电结上加有较高电压并有电流流过，因此集电结上要消耗一定的功率，称为集电结功耗，即 $P_C = I_C U_{CE}$。集电极功耗越大，结的温度将越高，为了使结的温度不超过最大允许温度 T_M，需要给晶体管规定一个集电结功耗的限额 P_{CM}。$P_C = P_{CM}$在输出特性曲线上划出了一条双曲线，在这条曲线下方的区域是安全的。

(3)反向击穿电压。常用的反向击穿电压有：①BV_{CBO}——发射极开路时，集电结的反向击穿电压；②BV_{CEO}——基极开路时，集电极与发射极间反向击穿电压。

2. 电流放大系数

共射接法电流放大系数有直流 $\bar{\beta}$ 和交流 β，两者定义有差别，在放大区，$\bar{\beta}$ 一般比 β 略小一些，但在实际使用时一般不进行严格的区分，而是认为 $\beta \approx \bar{\beta}$。以后不再特别声明时，这两个符号可以通用。

共基接法电流放大系数 $\bar{\alpha}$ 和 α 与共射接法电流放大系数一样，在没有特别声明时，二者也认为是通用的。

3. 极间反向电流

极间反向饱和电流主要有：

(1)集电极-基极间反向饱和电流 I_{CBO}，即发射极开路时，集电极的反向电流。

(2)集电极-发射极穿透电流 I_{CEO}，即基极开路时，集电极与发射极间加上一定反向电压时的集电极电流。式(2-16)表示了 I_{CEO}与 I_{CBO}的关系。

实际工作时，由于 I_{CEO}和 I_{CBO}受温度影响较大，故要求它们越小越好。

4. 晶体管的温度特性

晶体管参数与温度密切相关，了解参数随温度变化的规律对电路设计是很重要的。

(1)温度对 I_{CBO}的影响，温度升高，I_{CBO}增加，温度每升高 10℃，I_{CBO}约增加一倍。

(2)温度对 U_{BE}的影响，当温度升高时，对于正偏发射结，若保持正向电流 I_E 不变，则正偏电压 U_{BE}必须要减小，无论是硅管还是锗管，温度每升高 1℃，U_{BE}要减小 2～2.5mV。

(3)温度对 β 的影响，温度升高会使晶体管的 β 增大，工程上是以温度每升高 1℃，β 值增加自身的 0.5%～1%来计算。

第五节　场效应管

场效应管(FET)是用电场来控制输出电流的半导体器件。它的特点是输入电阻非常高($1\times10^7 \sim 1\times10^{15}\Omega$)，控制端基本上不需要电流，而且温度特性较好，抗辐射能力强，工艺简单，便于集成，因此得到广泛应用。场效应管分为结型管(JFET)和绝缘栅管(MOSFET)两种。由于场效应管的工作电流是由多子漂移运动形成的，少子电流极小，通常只靠一种载流子导电，所以场效应管又称为单极型晶体管。

一、结型场效应管

结型场效应管有N沟道和P沟道两种。图2-27(a)为N沟道结型场效应管的结构示意图，它是在一块N型硅条的两侧分别制成两个P^+区。两个P^+区并联后引出的电极为栅极(Gate,G)，在硅条的两端分别引出源极(Source,S)和漏极(Drain,D)，在源极与漏极之间是N型半导体沟道。

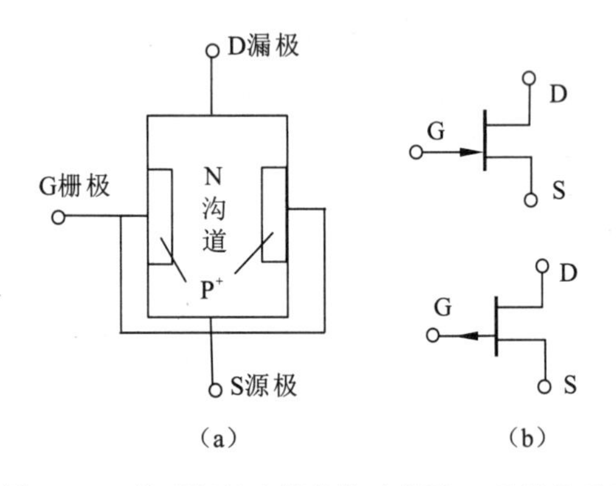

图2-27　结型场效应管结构示意图(a)及符号(b)

1. 工作原理

结型场效应管具有两个P^+N结，工作时，这两个结都处于反偏，P^+N的耗尽层主要伸向低掺杂的N型侧。控制反偏的大小，就能改变沟道的宽窄，从而使输出电流也相应变化，实现用电场控制输出电流的目的。

1)栅偏压为零($u_{GS}=0$)时，i_D与u_{DS}的关系

利用图2-28(a)电路，将偏压置零($u_{GS}=0$)，然后将u_{DS}从零逐渐增大，漏极电流也随之增加。这时两个P^+N在源、漏两端承受的偏压是不一样的，在源极端基本上是零偏压，在漏极端则为较大的偏压，致使空间电荷区(耗尽层)在源、漏两端的厚薄不一样。

当u_{DS}增大到某一值时，首先在漏端出现沟道预夹断(两侧耗尽层相接)，如图2-28(a)所示。再增加u_{DS}，则i_D基本上不再增加，如图2-28(b)所示。这时的漏极电流I_{DSS}称为饱和电流。这是因为沟道夹断后，如果再增加u_{DS}，只能使沟道的夹断区域向源极方向延伸，而夹断区域是空间电荷区，电阻很大，u_{DS}的增加部分基本上被夹断区域消耗，故i_D基本上不变。另一方面，沟道的夹断并不能使i_D为零，这是因为空间电荷区的电场使N区的电子作漂移运动，维持了电流的流通。

2)负栅压($u_{GS}<0$)时，i_D与u_{DS}的关系

负栅压使两个P^+N结都反偏，两个耗尽层变宽，沟道变窄，因而使预夹断要早一些，即较小的u_{DS}就使沟道发生预夹断，也就是i_D在小于I_{DSS}时就发生预夹断。而且，u_{GS}的负压越

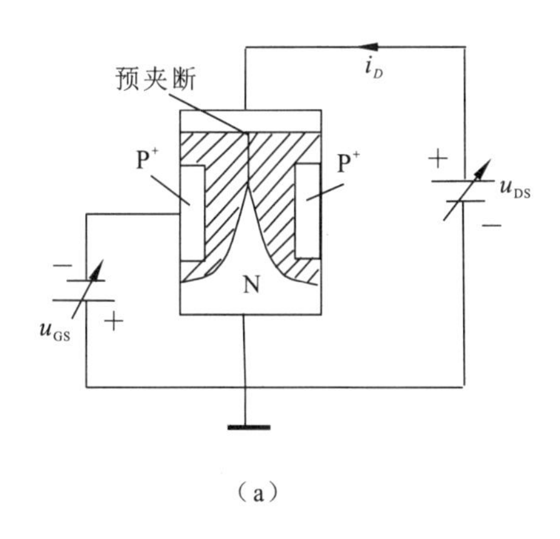

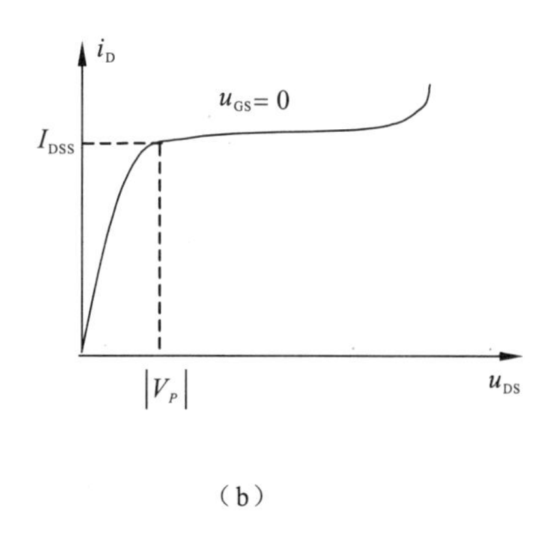

图 2－28　N 沟道结型管的工作原理

大,预夹断发生得就越早,预夹断时的 i_D 就越小,直至 u_{GS} 使沟道全夹断,i_D 基本上为零。全夹断时的 u_{GS} 称为夹断电压,用 V_P 表示。因此,改变 u_{GS} 就可以控制 i_D 的变化。

2. 伏安特性曲线

1)输出特性曲线

输出特性曲线是以栅源电压 u_{GS} 为参变量,描述 i_D 与 u_{DS} 之间关系的曲线,即

$$i_D = f(u_{DS})\big|_{u_{GS}=\text{常数}} \tag{2-20}$$

图 2－29 是 N 沟道结型场效应管的共源输出特性,它与晶体管共射极输出特性很相似。在输出特性曲线上也可以分为不同的工作区。下面讨论可变电阻区、放大区、截止区和击穿区的情况。

(1)可变电阻区(也称非饱和区,$u_{DS} < u_{GS} - V_P$。由上面的分析可知,当 u_{DG} 等于 $|V_P|$ 时沟道产生预夹断,当 $u_{DS} < u_{GS} - V_P$ 时,由于 u_{DG} 小于 $|V_P|$,沟道没有被夹断,相当于一个电阻,电流 i_D 不受 u_{GS} 控制,而是随 u_{DS} 的增加而增加,近似成正比。由于 u_{GS} 可以控制沟道的宽窄,也就是可以控制电阻的大小,故这一区域称为可变电阻区。可变电阻的范围在几十欧至几兆欧之间。

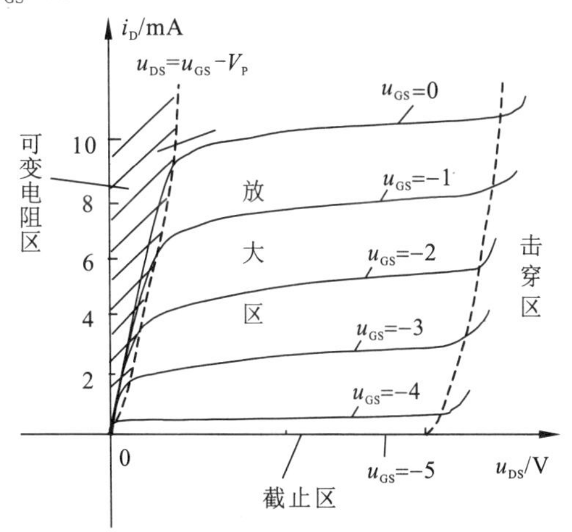

图 2－29　N 沟道结型场效应管的输出特性曲线

(2)放大区(也称饱和区,$u_{DS} > u_{GS} - V_P$)。这时,场效应管漏端被夹断,不再随 u_{DS} 的增加而增加,而是恒定不变。当 u_{GS} 变化时($V_P < u_{GS} < 0$),使沟道发生预夹断的电压 u_{DS} 将发生变化,i_D 也将随之变化,即 u_{GS} 可以控制漏极电流 i_D 的变化,因此这一区域称为放大区。放大区与可变电阻区的分界线(图 2－29 中的虚线)称为夹断线,它表示在不同的 u_{GS} 下,输出特性曲线上漏端夹断点的连线,对应的 u_{DS} 可表示为

$$u_{DS}=u_{GS}-V_P \tag{2-21}$$

漏端夹断后，u_{DS}对 i_D 几乎没有影响，这时 i_D 只受 u_{GS}控制，与 u_{GS}的关系为

$$i_D=I_{DSS}\left(1-\frac{u_{GS}}{V_P}\right)^2 \tag{2-22}$$

(3)截止区($u_{GS}<V_P$)。当 $u_{GS}<V_P$ 时，结型场效应管的两个 P^+N 结的耗尽层处处相联结，致使整个沟道全部被夹断，失去了提供载流子的空间，即使加上 u_{DS}也无电流流通。$i_D=0$，称为截止区，在图 2-29 中 $u_{GS}=-4V$ 曲线下方为截止区。

(4)击穿区。从输出特性曲线还可以看到，当 u_{DS}增大到某一值时，i_D 开始急剧上升，这便发生了漏源击穿，此时的击穿电压为漏源击穿电压，记作 $V_{(BR)DS}$。漏源击穿实质上是发生在栅漏间 PN 结的雪崩击穿。栅压越低，沟道越窄，反向击穿电压 $V_{(BR)DS}$就越低。

此外，栅源间 PN 结反向电压超过某值时，也会发生雪崩击穿，称为栅源击穿，用 $V_{(BR)GS}$表示。

2)转移特性

因为场效应管是电压控制器件，其输入端基本上没有电流输入，所以不讨论它的输入特性。我们感兴趣的是输入电压 u_{GS}对输出电流 i_D 的控制作用，即转移特性。转移特性可表示为

$$i_D=f(u_{GS})\big|_{u_{DS}=\text{常数}} \tag{2-23}$$

利用测量的方法，当固定一个 u_{DS}值时，便可测得一条 i_D 随 u_{GS}变化的曲线，如图 2-30 所示。在放大区，不同的 u_{DS}值，所得的转移特性曲线差别不大，所以工程上往往用一条曲线来近似。转移特性还可以用表示 i_D 与 u_{GS}关系的式(2-22)来描述。在式(2-22)中，只要知道 I_{DSS}和 V_P 值，便可以将特性曲线画出来。

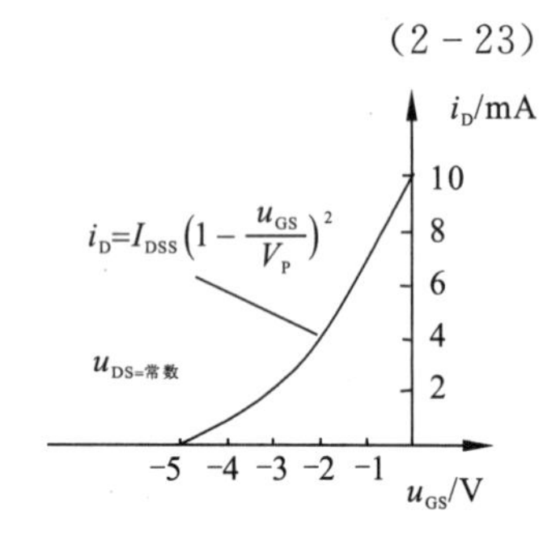

图 2-30 N 沟道 JFET 的转移特性曲线

应当指出，为保证结型场效应管栅源间的耗尽层加反向电压，对于 N 沟道管，$u_{GS}\leqslant 0$；对于 P 沟道管，$u_{GS}\geqslant 0$。

二、绝缘栅场效应管

实际工作的结型管，其栅源间为反偏的 PN 结，总存在着一定的反偏电流。栅源间的输入电阻虽可达 $1\times10^8\sim1\times10^{12}\,\Omega$，但在有的应用场合仍显不够，且反偏电流对温度变化较为敏感。绝缘栅场效应管可以弥补这些不足，它比结型场效应管温度稳定性好，集成化工艺简单，被广泛应用于大规模和超大规模集成电路中。

绝缘栅场效应管的栅极与半导体材料相互绝缘，所以它的输入电阻极高。栅源间的输入电阻可高达 $10^{15}\,\Omega$，目前应用最广泛的是 MOS 场效应管，它的栅极由金属(Metal)构成，绝缘层由氧化物 SiO_2(Oxide)构成，而导电沟道由半导体(Semiconductor)构成。MOS 场效应管也分 N 沟道和 P 沟道两种，每种又因沟道产生的条件不同而分为增强型和耗尽型。

1. N 沟道增强型 MOS 场效应管(NMOS)

N 沟道增强型 MOS 场效应管的结构如图 2-31(a)所示。它以一块低掺杂 P 型硅为衬底。用扩散工艺制造两个高掺杂的 N^+ 区，装上两个金属电极后，分别作为漏极 D 和源极 S。在衬底生成极薄的一层 SiO_2 绝缘层，然后在两个 N^+ 区之间的绝缘层上覆盖一层铝作为栅极 G。衬底引出电极用 B 表示，这样就形成了 N 沟道增强型 MOS 场效应晶体管，其电路符号如图 2-31(b)所示。

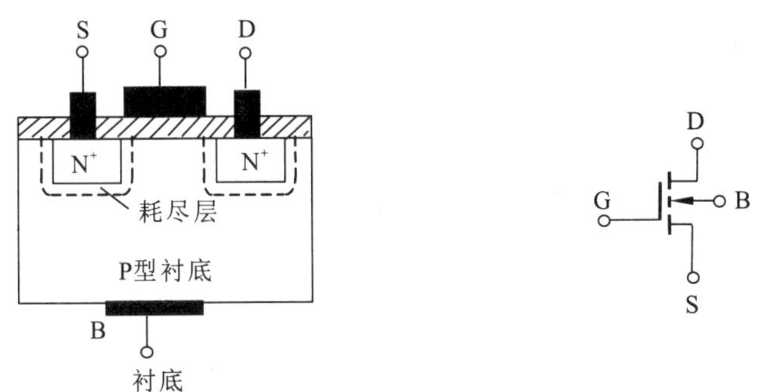

(a) N沟道增强型MOS场效应管结构图　(b) N沟道增强型MOS场效应管电路符号

图 2-31　N 沟道增强型 MOS 场效应管

1)工作原理

结型场效应管是通过栅源电压来改变栅源间 PN 结的势垒宽度，从而控制沟道的导电能力。MOS 管虽然也用栅源电压来控制沟道的导电能力，但是沟道的形成机理与结型管不同。下面讨论增强型 MOS 管沟道的形成和栅极的控制作用。

(1)导电沟道的形成。使用中，常将 MOS 管的源极和衬底短接，如果栅源间不加电压，而漏源间加正电压时($u_{GS}=0$，$u_{DS}>0$)，漏极与衬底之间的 PN 结处于反偏，所以漏源极之间没有电流通过(只有微小的反偏电流)。可见，增强型 MOS 场效应管在零偏时不导电。

为了讨论方便，暂令漏源电压为零($u_{DS}=0$)，只在栅源间外加可调的正栅压($u_{GS}>0$)，接法如图 2-32 所示。图中金属栅极与 P 型衬底之间，相当一个平板电容器，在正栅压作用下，便产生垂直于衬底表面的电场，这个电场是排斥空穴并吸引电子的，当栅压较低时($u_{GS}<V_{TH}$)，该电场首先赶跑表面的空穴，使得表面层变成耗尽层。这时两个 N^+ 区之间是耗尽层，所以漏源极间不能导电。

当正栅压足够大时，即 $u_{GS}>V_{TH}$时，在较强电场的作用下，开始将深层的电子吸引到表面层来，使表面层的电子浓度迅速增大，这一层中电子变成了多数载流子，具有 N 型半导体的特征。通常将 P 型半导体表面出现的 N 型层称为反型层。这个反型层(N 层)把两个 N^+ 区连通起来，形成一个从源极到漏极的 N 型导电沟道(简称 N 沟道)。这种靠增强栅源电压而形成导电沟道的 MOS 管，称为增强型 MOS 管，开始形成导电沟道的最小栅源电压称为开启电压，记作 V_{TH}(图 2-33)。

(2)u_{GS}对 i_D 的控制作用。当沟道形成后，进一步加大 u_{GS}可以使导电沟道加宽。所以，u_{GS}不仅可以产生导电沟道，还可以控制沟道的导电能力，进而可以控制 i_D。

实际上，漏源电压 u_{DS} 也会对导电沟道产生影响。当沟道形成后，固定 u_{GS}，这时沟道从源端到漏端的电位分布是逐渐升高的。在漏端因加正电压，电场将附近的电子拉走，致使沟道在漏端窄、源端宽，如图 2-34 中的 OA 所示。进一步加大 u_{DS}，使沟道中更多的电子被拉

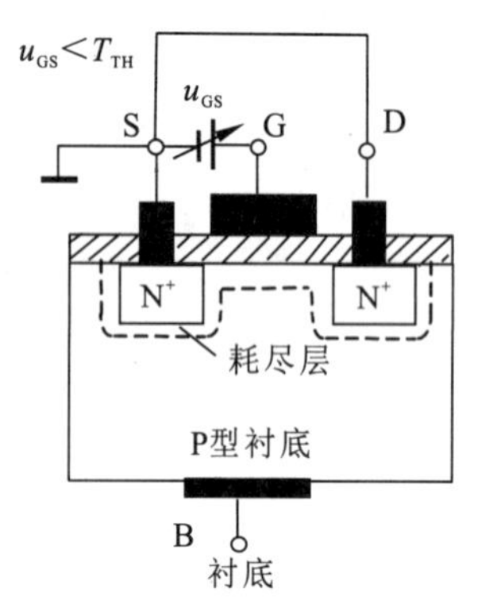

图 2-32　衬底表面出现耗尽层

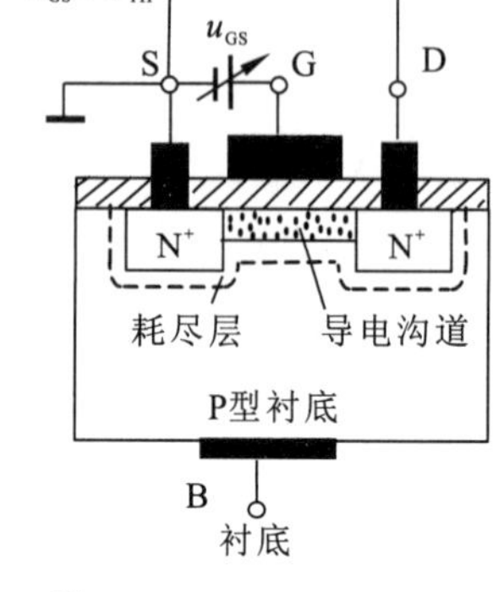

图 2-33　反型层的形成

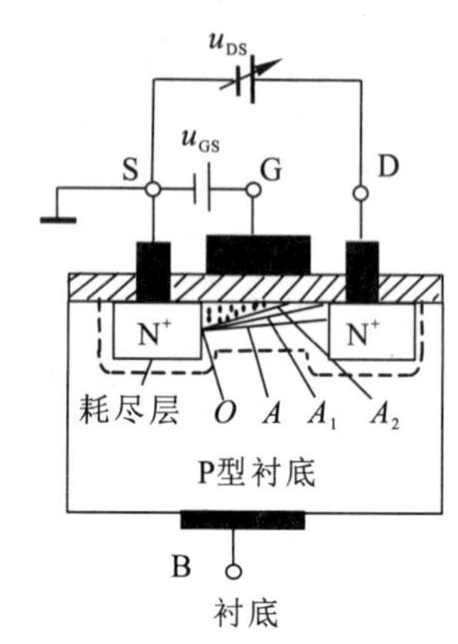

图 2-34　u_{DS} 对沟道的影响

走，当 $u_{DS}=u_{GS}-V_{TH}$ 时，沟道为 OA_1 所示，这时沟道产生预夹断。当 $u_{DS}<u_{GS}-V_{TH}$ 时，i_D 随 u_{DS} 增加较快；当 $u_{DS}>u_{GS}-V_{TH}$ 时，再增加 u_{DS}，只能使空间电荷区增加（如 OA_2 所示），i_D 基本不再增加。

显然，在 $u_{DS}>u_{GS}-V_{TH}$ 时，i_D 只受 u_{GS} 控制。

2）特性曲线

N 沟道增强型 MOS 场效应管的输出特性与转移特性分别示于图 2-35(a)和(b)。在输出特性曲线上，同样可以分成 4 个区域，即可变电阻区、放大区、截止区、击穿区。

图 2-35 中的两种特性曲线是可以相互转换的，图 2-35(b)的转移特性以及图 2-35(a)的放大区可表示为

$$i_{D2}=i_{D1}\left(1-\frac{u_{GS1}-u_{GS2}}{u_{GS1}-V_{TH}}\right)^2,u_{GS}>V_{TH},u_{DS}>u_{GS}-V_{TH} \tag{2-24}$$

式中，i_{D1} 是对应于某一栅压 u_{GS} 的 i_D 值。

2. N 沟道耗尽型场效应管

耗尽型 MOS 管也分 P 沟道和 N 沟道两种。N 沟道耗尽型 MOS 管与 N 沟道增强型 MOS 管的结构基本相同，主要区别是这类场效应管的栅绝缘层（SiO_2）中掺入了适量的正离子，使得在零栅压（$u_{GS}=0$）时，在正离子作用下，已经出现了 N 型导电沟道。当正栅压（$u_{GS}>0$）时，沟道变宽；当负栅压（$u_{GS}<0$）时，沟道变窄，只有 u_{GS} 负到一定程度时，沟道才消失，此时 $u_{GS}=V_P$，称为夹断电压，V_P 本身是负值。所以耗尽型 MOS 管与结型管相似，不同之处是 N 沟道结型管工作在负栅压，而 N 沟道耗尽型 MOS 管除工作在负栅压外，还可以工作在零栅压或正栅压，具有更广泛的灵活性。

N 沟道耗尽型 MOS 管的特性曲线及电路符号如图 2-36 所示。转移特性曲线及输出特性曲线的放大区仍可用结型管的解析式(2-22)来描述，其参数的物理含义也同结型管一

样。实际上有时也认为结型管是耗尽型管的一种。

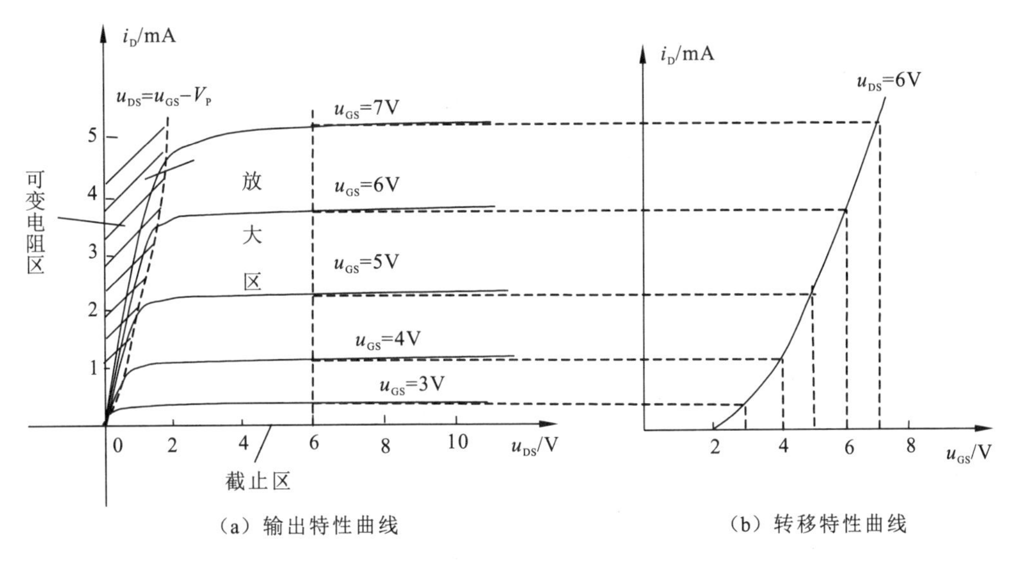

（a）输出特性曲线　　（b）转移特性曲线

图 2－35　N 沟道增强型 MOS 场效应管的特性曲线

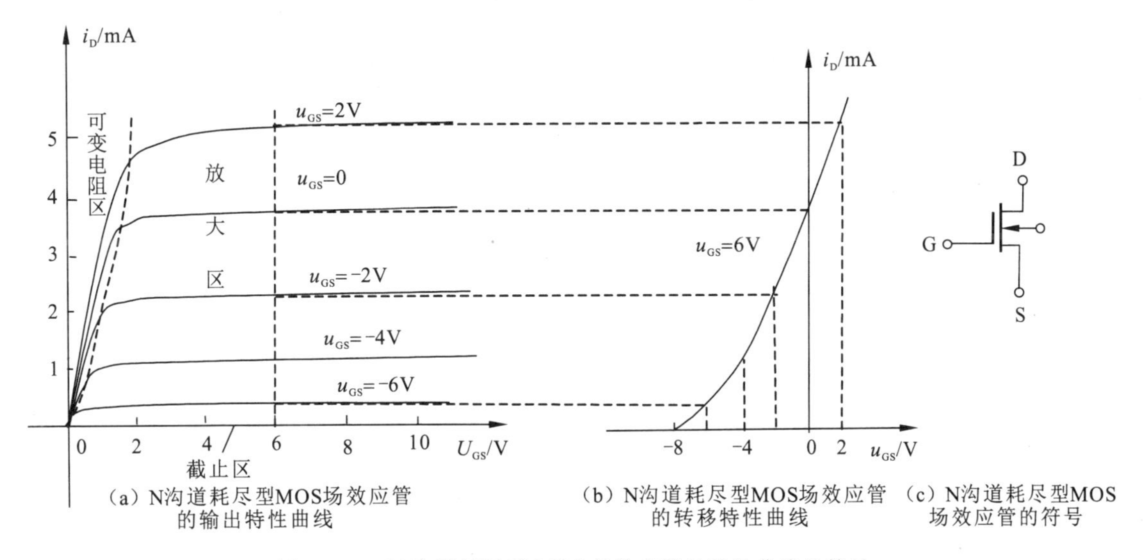

（a）N沟道耗尽型MOS场效应管的输出特性曲线　（b）N沟道耗尽型MOS场效应管的转移特性曲线　（c）N沟道耗尽型MOS场效应管的符号

图 2－36　N 沟道耗尽型 MOS 场效应管的特性曲线及符号

3. P 沟道 MOS 管(PMOS)

P 沟道 MOS 管也有两种，即增强型和耗尽型。增强型 PMOS 管在工作时，为了在漏源极之间形成 P 沟道，栅源极之间电压 u_{GS} 必须为负值，而且漏源极电压 u_{DS} 及漏极电流 i_D 也与 NMOS 管的相反。

为了便于使用，现将各种类型的场效应管的特性曲线及电路符号列在表 2－2 中。

表 2－2 各种类型的场效应管的特性曲线及电路符号

类型		符号	偏压极性		阈值电压	输出特性	转移特性
			u_{GS}	u_{DS}			
结型 N 沟道		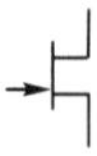	－	＋	$V_P<0$	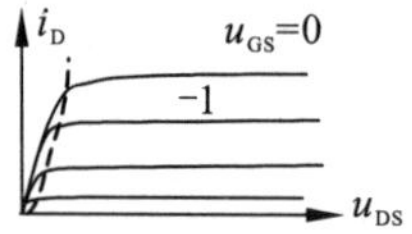 i_D $u_{GS}=0$ －1 u_{DS}	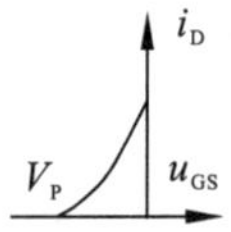 i_D V_P u_{GS}
结型 P 沟道		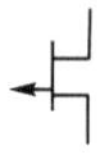	＋	－	$V_P>0$	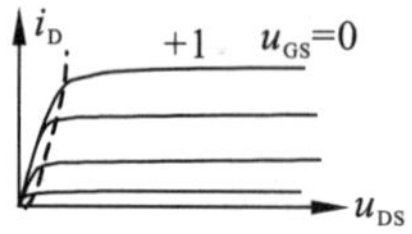 i_D ＋1 $u_{GS}=0$ u_{DS}	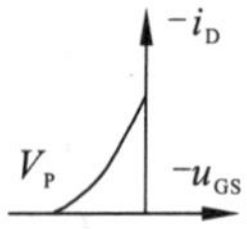 $-i_D$ V_P $-u_{GS}$
NMOS	耗尽型	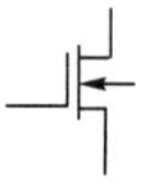	＋ 0 －	＋	$V_P<0$	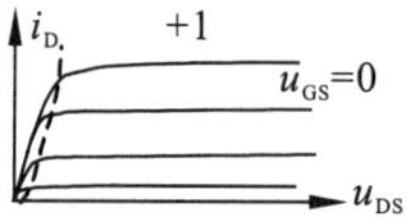 i_D ＋1 $u_{GS}=0$ u_{DS}	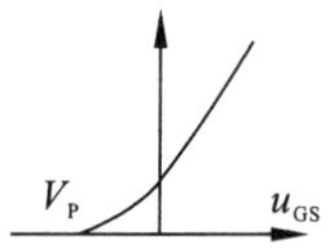 V_P u_{GS}
	增强型	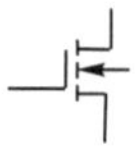	＋	＋	$V_{TH}>0$	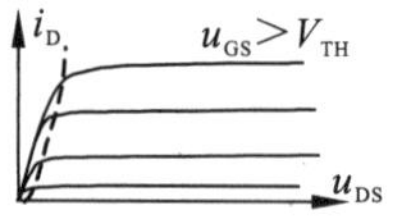 i_D $u_{GS}>V_{TH}$ u_{DS}	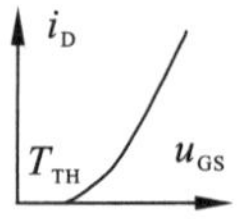 i_D T_{TH} u_{GS}
PMOS	耗尽型	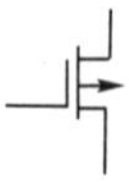	＋ 0 －	－	$V_P>0$	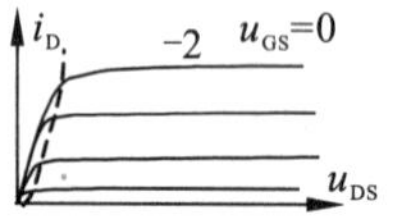 i_D －2 $u_{GS}=0$ u_{DS}	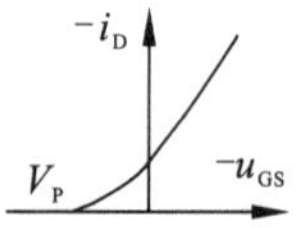 $-i_D$ V_P $-u_{GS}$
	增强型	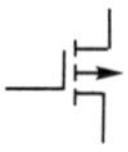	－	－	$V_{TH}<0$	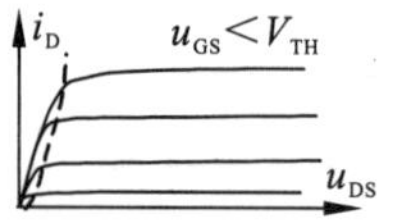 i_D $u_{GS}<V_{TH}$ u_{DS}	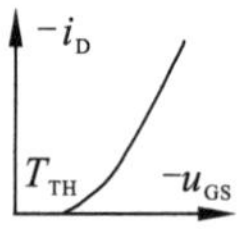 $-i_D$ T_{TH} $-u_{GS}$

三、场效应管的主要参数

1. 直流参数

(1)夹断电压 V_P。夹断电压 V_P 为 u_{DS} 固定时，使耗尽型场效应管(JFET、MOSFET)漏极电流减小到某一微小值(测试使用 $i_D \approx 1\mu A$)时的栅源电压值。

(2)开启电压 V_{TH}。开启电压 V_{TH} 为 u_{DS} 固定时，使增强型场效应管开始导电的栅源电压值。

(3)饱和漏极电流 I_{DSS}。饱和漏极电流 I_{DSS} 为在 $u_{GS}=0$ 的情况下，对于耗尽型场效应

管，当 $u_{DS} \geqslant |V_P|$ 时的 i_D 值。通常规定 $u_{GS}=0$，$u_{DS}=10\text{V}$ 时测出的漏极电流为饱和漏极电流 I_{DSS}。

(4)直流输入电阻 R_{GS}。漏源极短路时栅极直流电压 U_{GS} 与栅极直流电流 I_G 的比值为直流输入电阻 R_{GS}。结型场效应管的直流输入电阻通常在 $1\times10^8 \sim 1\times10^{12}\,\Omega$ 之间，绝缘栅场效应管的直流输入电阻在 $1\times10^{10} \sim 1\times10^{15}\,\Omega$ 之间。

2. 交流参数

(1)跨导 g_m。在 u_{DS} 为常数时，漏极电流的微变量与栅源电压的微变量比值，即

$$g_m = \left.\frac{di_D}{du_{GS}}\right|_{u_{DS}=\text{常数}} \tag{2-25}$$

跨导的单位为西(S)。跨导的大小反映栅源电压 u_{GS} 对漏极电流 i_D 控制能力的强弱。由于转移特性为非线性特性，所以 g_m 大小与工作点位置密切相关。在知道工作点后，g_m 可根据式(2-25)和式(2-22)/式(2-24)(耗尽型/增强型)求得。

(2)输出电阻 r_{ds}。在恒流区，当 u_{GS} 为常数时，u_{DS} 的增量与 i_D 的增量之比，即

$$r_{ds} = \left.\frac{du_{DS}}{di_D}\right|_{u_{GS}=\text{常数}} \tag{2-26}$$

在放大区，场效应管的输出特性曲线越平坦，r_{ds} 就越大，一般在几万欧至十万欧之间。

(3)极间电容。场效应管的 3 个电极之间存在着极间电容，即 C_{GS}、C_{DG} 和 C_{DS}。其中，C_{GS} 和 C_{DG} 的数值一般为 1～3pF，C_{DS} 为 0.1～1pF。场效应管在高频条件下应用时，要考虑极间电容的影响。

3. 极限参数

(1)栅源击穿电压 BV_{GS}。栅极与沟道之间的 PN 结反向击穿时的栅源电压。

(2)漏源极击穿电压 BV_{DS}。使 PN 结发生雪崩击穿，i_D 开始急剧上升时的 u_{DS} 值。由于加到栅漏之间 PN 结上的反向偏压为 u_{GS}，所以 u_{GS} 越负，BV_{DS} 越小。

(3)最大漏极电流 I_{DM}。I_{DM} 是场效应管正常工作时漏极电流的上限值。

(4)最大功耗 P_{DM}。P_{DM} 取决于场效应管允许的温升。P_{DM} 确定后，便可在场效应管的输出特性上画出临界的最大功耗线；再根据 I_{DM} 和 BV_{DS}，便可得到场效应管的安全工作区。

四、场效应管与晶体三极管的比较

场效应管与三极管相比，存在着以下不同：

(1)场效应管是利用多数载流子导电的器件，称为单极型半导体，温度性能较好，并具有零温度系数工作点；而三极管由于有少数载流子参与导电，其温度特性较差。

(2)场效应管是电压控制器件，输入电阻很高；而晶体三极管为电流控制器件，输入电阻较低。

(3)正常工作时，三极管的发射极和集电极不能互换；而场效应管的源极和漏极可以互换，当然衬底与源极在管内短接和增加了二极管保护电路的除外。

(4)场效应管在小电流、小电压工作时，即工作在可变电阻区，可以等效为一受栅压控制

的可变电阻器，被广泛用于自动增益控制和电压控制衰减器等场合中。

(5)BJT 具有跨导大、电压增益高、非线性失真小、性能稳定等优点，在分立元件电路和小规模集成电路中占有优势。

此外，BJT、JFET 和 MOSFET 相比：①在噪声方面，JFET 最低，MOSFET 次之，BJT 最差。②在功耗方面，MOSFET 最低，JFET 次之，BJT 最高。且由于 MOSFET 便于集成，故 MOSFET 适合制造大规模、超大规模集成电路。

第六节　集成运算放大器

集成运算放大器是采用半导体制造工艺将大量的晶体管、二极管、电阻、电容等电路元件及其电路连线制作在一小块硅单晶上，形成一种高增益的直流放大器，其最初功能是用于模拟运算，而今已发展成为一种通用性能很强的功能部件。集成运算放大器可按性能指标分为两类：通用集成运算放大器和专用集成放大器(低功耗、低漂移、高精度等)。

一、集成运算放大器的基本特点

1. 集成运算放大器的外部特征

集成运算放大器的符号如图 2-37 所示，是一个多端器件，有两个输入端、一个输出端和两个对称电源端。图中与“－”相对应的输入端称为反相输入端，而与“＋”相对应的输入端称为同相输入端。所谓同相或反相都是相对于输出电压 u_o 而言的。输入、输出电压都是以地为参考的。具有两个相反极性的输入端大大扩展了集成运算放大器的应用范围。

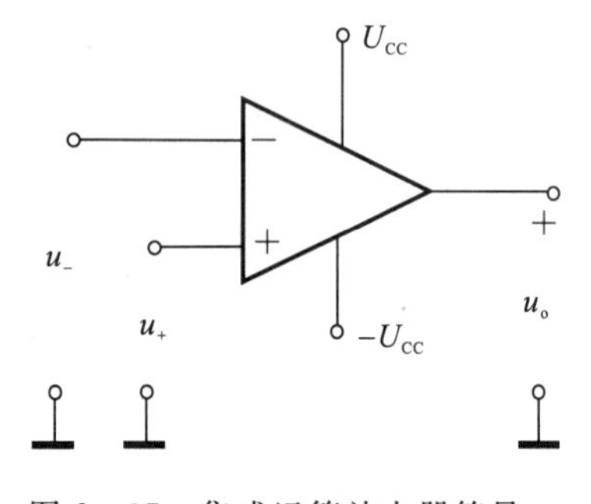

图 2-37　集成运算放大器符号

以上所述的 5 个端子是基本的，也是原理性的。实际的集成运算放大器有的还具有失调电压调整端子、相位补偿端子、外偏置端子等附加端子。但在大多数分析中，往往不需要将附加端子一一给出。

2. 集成运算放大器的输入方式

集成运算放大器有两种基本输入方式，即差模输入方式和共模输入方式。

1)差模输入

当两个输入端信号电压大小相等、极性相反时，即 $u_+=-u_-=\frac{u_{id}}{2}$，这种输入方式为差模输入，如图 2-38(a)所示。

2)共模输入

当两个输入端信号电压大小相等、极性相同时，即 $u_+=u_-=u_{ic}$，这种输入方式为共模输入，如图 2-38(b)所示。

当运算放大器的两个输入端接入任意信号时，可将它们分解为一对差模信号和一对共模信号，即

$$u_{id}=\frac{u_{+}-u_{-}}{2} \tag{2-27}$$

$$u_{ic}=\frac{u_{+}+u_{-}}{2} \tag{2-28}$$

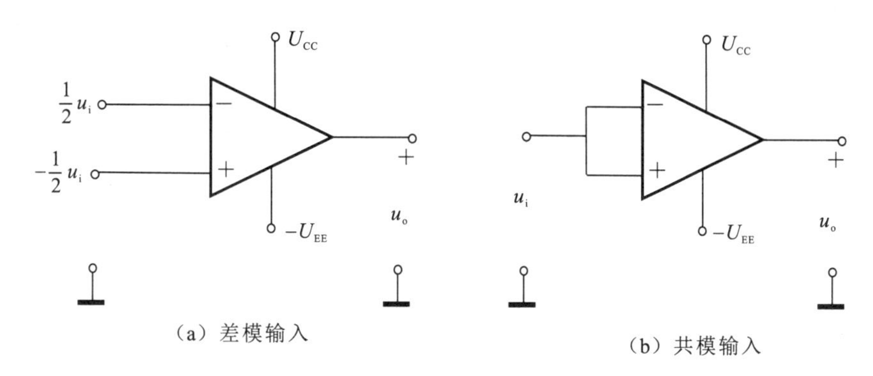

图 2-38　运算放大器的两种输入方式

例如，当 $u_{+}=10\sin\omega t$(mV)，$u_{-}=4\sin\omega t$(mV)，则有

$$u_{id}=6\sin\omega t$$

$$\frac{u_{id}}{2}=3\sin\omega t$$

$$u_{ic}=7\sin\omega t$$

其分解结果如图 2-39 所示。

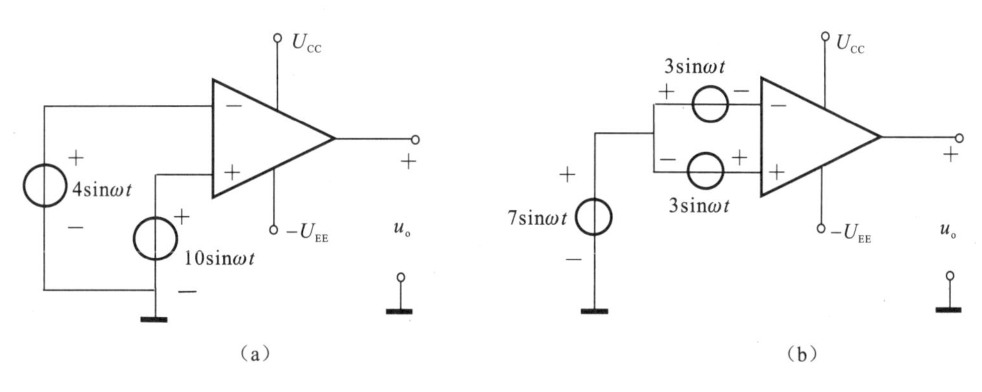

图 2-39　运算放大器任意接入时信号的分解

3. 运算放大器的主要参数

评价实际运算放大器性能的参数多达 30 多种，下面仅介绍常用的主要参数，有的参数在后续章节中作进一步介绍。

(1)差模开环电压增益 A_{ud}：差模开环电压增益是当输入差模信号时运算放大器的输出电压的变化量与输入电压变化量之比，即

$$A_{ud}=\frac{u_o}{u_{id}} \tag{2-29}$$

或

$$A_{ud}(dB)=20\lg\frac{u_o}{u_{id}}dB \tag{2-30}$$

实际运算放大器的差模电压增益是频率的函数，其手册中的差模开环电压增益均指直流或低频开环电压增益。目前，大多数集成运算放大器的直流差模电压开环增益均大于 80dB。

(2)共模电压增益 A_c。共模电压增益是指当输入共模信号时，运算放大器输出电压的变化量与输入电压变化量的比值，即

$$A_c=\frac{u_o}{u_i} \tag{2-31}$$

共模电压增益也是频率的函数。

(3)共模抑制比 CMRR。共模抑制比是差模开环电压增益与共模电压增益之比的绝对值，即

$$CMRR=\left|\frac{A_{ud}}{A_c}\right| \tag{2-32}$$

若用分贝表示，则有

$$CMRR(dB)=20\lg\left|\frac{A_{ud}}{A_c}dB\right| \tag{2-33}$$

显然，共模抑制比也是频率的函数，手册中给出的参数均指直流或低频时的 CMRR，它们一般在 80dB 以上。

(4)差模输入阻抗 Z_{id}。差模输入阻抗由差模输入电阻 R_{id} 和差模输入电容 C_{id} 构成。在低频时仅指差模输入电阻 R_{id}。手册中所给的参数均指差模输入电阻。

对于双极型晶体管作为输入极的运算放大器，其差模输入电阻为几十千欧到几兆欧；对于场效应管作为输入级的运算放大器，其差模输入电阻一般在 $1\times10^9\,\Omega$ 以上。

(5)共模输入阻抗 Z_{ic}。当输入共模信号时，共模输入电压的变化量与共模输入电流的变化量的相量之比，称为共模输入阻抗。在低频时表现为共模输入电阻 R_{ic}，其典型值在 $1\times10^8\,\Omega$ 以上。

(6)输出阻抗 Z_o。在低频时 Z_o 就是运算放大器的输出电阻 R_o。一般为几十欧至几百欧。

(7)最大差模输入电压 U_{idm}：它是运算放大器两个输入端所允许的最大电压差。超过这个电压，运算放大器的输入端将发生击穿，从而使运算放大器的输入特性显著恶化，甚至可能使运算放大器永久损坏。

(8)最大共模输入电压 U_{icm}。它是运算放大器两个输入端在共模输入时所允许的最大输入电压。超过这个电压，运算放大器的共模抑制能力将显著下降，甚至不能正常工作。过大的共模电压也会使运算放大器发生永久性损坏。

(9)额定输出电压 U_{om}。U_{om} 是指在特定的负载条件下，运算放大器能输出的最大不失真电压幅度。一般与电源电压相差 1～2V。

(10)静态功耗 P_o。静态功耗定义为运算放大器空载和没有输入信号的情况下,电源供给运算放大器的直流功率。它等于全部电源电压(正电源与负电源绝对值之和)与静态电流的乘积。

二、理想运算放大器

由于集成运算放大器具有一系列的优良性能,在各种工程应用中,一般情况下可以把主要性能参数理想化,即按理想运算放大器进行分析。

1. 理想运算放大器得主要特点

理想运算放大器具有以下特点:①差模开环电压增益 $A_{ud}\to\infty$;②差模输入电阻 $R_{id}\to\infty$;③输出电阻 $R_o\to 0$;④共模抑制比 CMRR→∞;⑤干扰和噪声都不存在。

理想运算放大器的符号如图 2-40 所示。

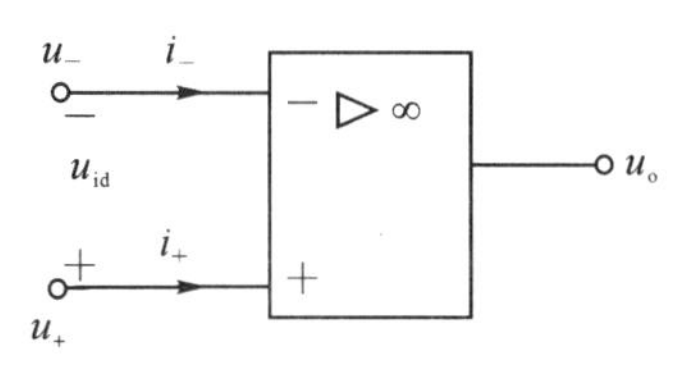

图 2-40　理想运算放大器符号

2. 理想运算放大器的特性

根据理想运算放大器的理想化条件,可以得到理想运算放大器的特性。

1)输入特性

$$i_+=i_-=0 \tag{2-34}$$

2)传输特性

$$-U_{sat}<u_o<U_{sat},u_{id}=0 \tag{2-35}$$

$$u_o=U_{sat}\frac{|u_{id}|}{u_{id}},u_{id}\neq 0 \tag{2-36}$$

理想运算放大器的传输特性曲线可分为两个工作区间,即线性放大区和饱和区(图 2-41)。当理想运算放大器在线性放大区工作时,$u_{id}=0$,亦即 $u_+=u_-$;当 $u_{id}\neq 0$ 时,运算放大器在饱和区工作,亦即

$$u_{id}>0 \text{ 时},u_o=U_{sat}$$

$$u_{id}<0 \text{ 时},u_o=-U_{sat}$$

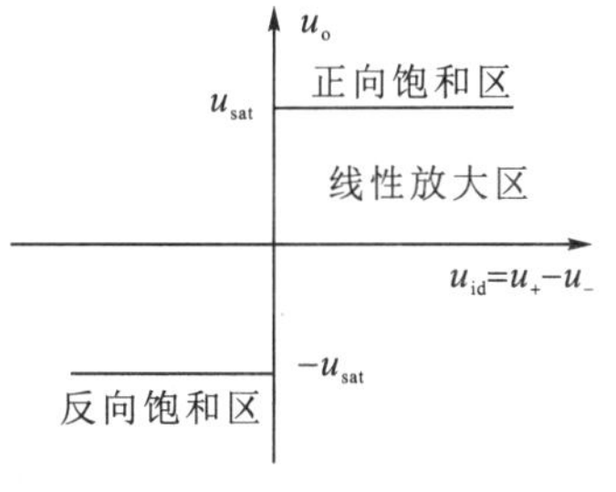

图 2-41　理想运算放放大器传输特性

理想运算放大器不管是在线性区还是在饱和区工作,它们都有 $i_+=i_-=0$。

1. 说明 PN 结形成的工作原理。
2. 什么是 PN 结击穿现象?击穿有哪两种?击穿是否意味着 PN 结坏了?为什么?
3. 若 PN 结在室温 27℃时,其反向电流为 1μA,试估计在 0℃和 60℃时的反向电流。

4. 二极管的直流电阻和交流电阻有何不同？如何在伏安特性上表示？

5. 设二极管的端电压为U,则二极管的电流方程是什么？

6. 一个变容二极管,在反偏电压$U_R=-10V$时,其电容值为60pF,若内建电位差$U_\varphi=0.73V$,$\gamma=1/2$,求电容量为120pF时的反向电压值。

7. 已知二极管的$I_S=0.1nA$,室温下$U_T=26mV$,试求出二极管两端电压U_D为0.7V时的直流电阻R_D和交流电阻r_d。

8. 二极管电路如图2-42所示,设二极管正向电阻为零,反向电阻为无穷大,当外加电压为$u_s=40\sin314t$(V)时,试画出输出电压u_o波形;若输出电阻$R_L=100\Omega$时,试求出负载电流的平均值。

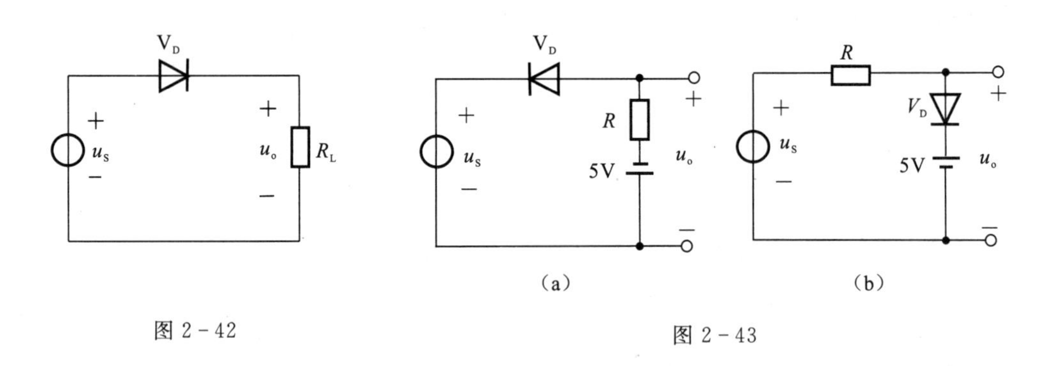

图2-42　　图2-43

9. 在图2-43的限幅电路中,若输入信号为$u_s=10\sin314t$,二极管为理想器件(导通电阻为零),试画出输出电压u_o的波形。

10. 电路如图2-44所示,其输入电压u_{11}和u_{12}的波形如图所示,二极管导通电压$u_0=0.7V$。试画出输出电压u_o的波形,并标出幅值。

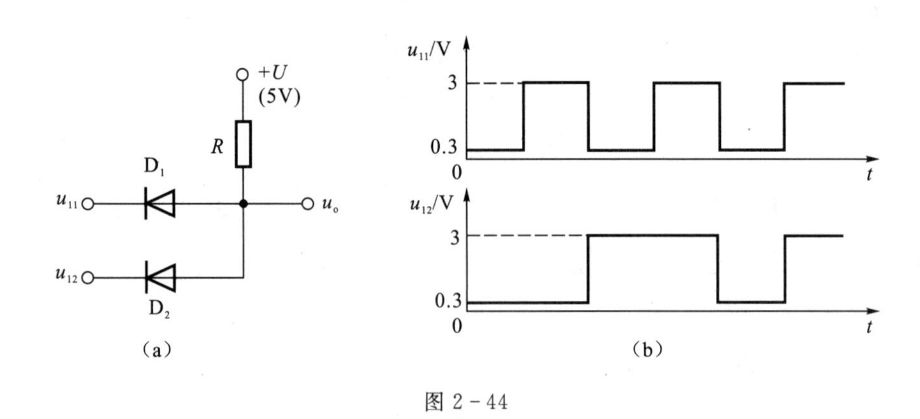

图2-44

11. 设图2-45中的二极管正向电压为0.7V,分别求电阻上的电流I_a、I_b、I_c。

12. 在图2-46中,稳压管V_{W1}和V_{W2}的稳压值分别为6V和7V,且工作在稳压状态,由此可知输出电压U_o为多少？

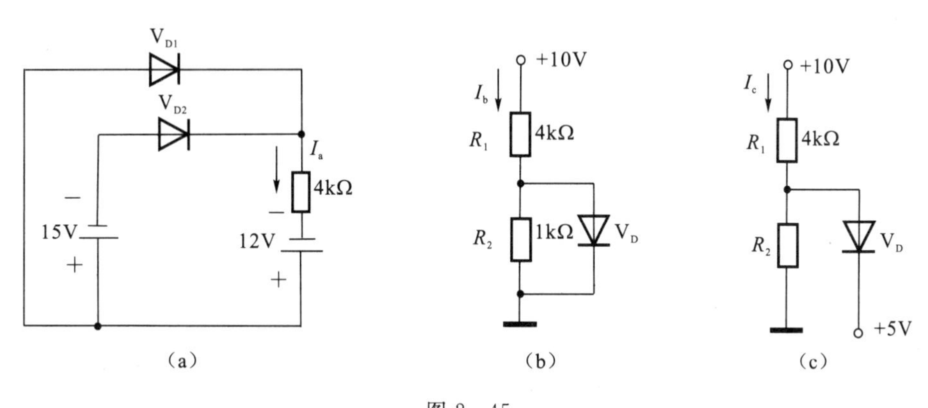

图 2-45

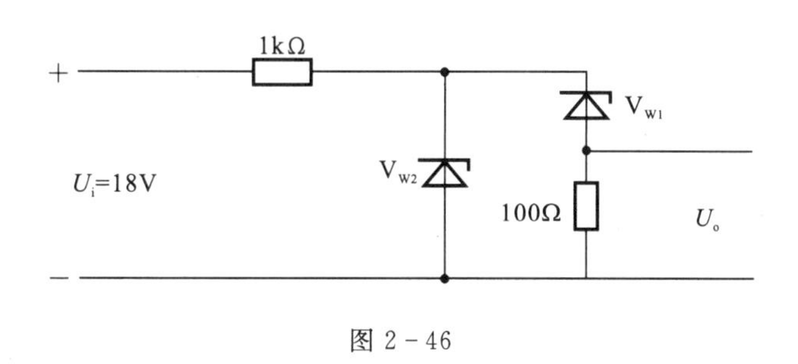

图 2-46

13. 稳压电路如图 2-47 所示，其中稳压管的稳定电压 $U_z=6V$，最大允许电流 $I_{max}=40mA$，最小允许电流 $I_{min}=5mA$，负载电阻$R_L=300\Omega$，若电源电压在 11～15V 之间波动，求限流电阻 R 的最大值和最小值。

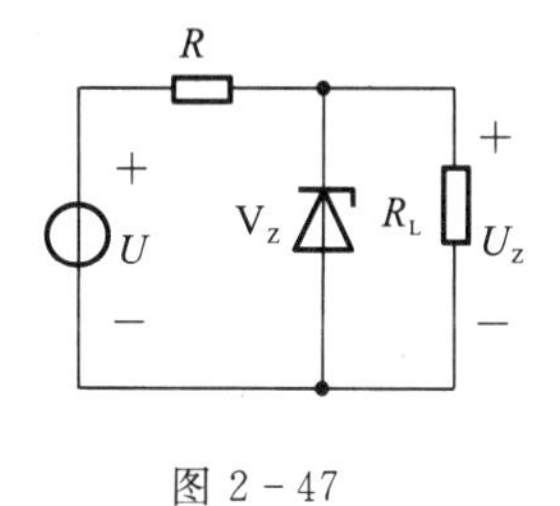

图 2-47

14. 电路如图 2-48 所示，设二极管为理想二极管，试确定各输出电压，并求出 I_R。

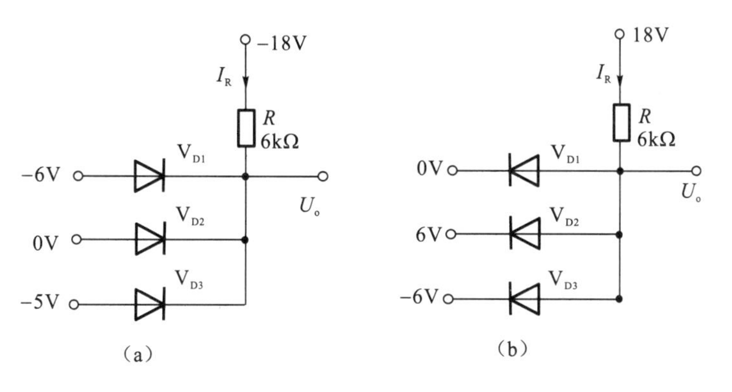

图 2-48

15. 现有两只稳压管，它们的稳定电压分别为 6V 和 8V，正向导通电压为 0.7V。试问：

(1)若将它们串联相接，则可以得到几种稳压值？各为多少？

(2)若将它们并联相接，则可以得到几种稳压值？各为多少？

16. 在图 2-49 所示的稳压电路中，已知 $R=1\text{k}\Omega$，稳压管的稳定电压 $U_Z=6\text{V}$，试求：

(1)当 $E=5\text{V}$ 时，I_R、U_o 为多少？

(2)当 $E=10\text{V}$ 时，I_R、U_o 为多少？

17. 已知稳压管的稳定电压 $U_Z=6\text{V}$，稳定电流的最小值 $I_{zmin}=5\text{mA}$，最大功耗 $P_{zmax}=150\text{mW}$。试求如图 2-50 中所示电路中电阻 R 的取值范围。

18. 在图 2-51 所示的稳压电路中，稳压管的稳定电压 U_{Z1} 和 U_{Z2} 分别为 6V 和 3V，稳压管的正向压降为 0.5V，当外加电压 $u_S=10\sin 314t$ 时，试画出输出电压的波形。

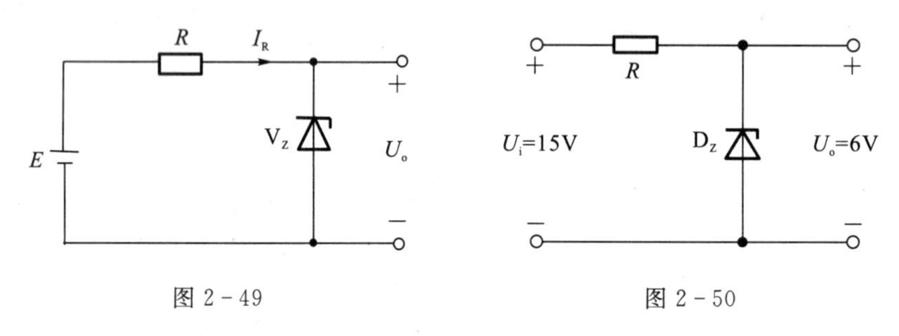

图 2-49　　　　图 2-50

19. 如图 2-52 所示电路中稳压管的稳定电压 $U_Z=6\text{V}$，最小稳定电流 $I_{zmin}=5\text{mA}$，最大稳定电流 $I_{zmax}=25\text{mA}$。

(1)分别计算 U_1 为 10V、15V、35V 3 种情况下输出电压 U_o 的值；

(2)若 $U_1=35\text{V}$ 时负载开路，则会出现什么现象？为什么？

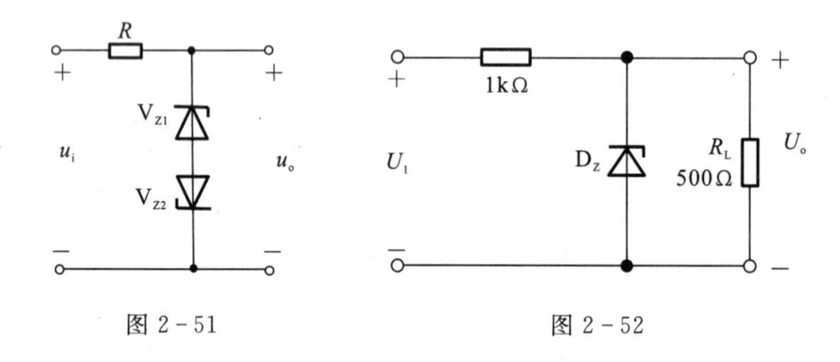

图 2-51　　　　图 2-52

20. 在如图 2-53 所示的电路中，发光二极管导通电压 $U_D=1.5\text{V}$，正向电流在 5～15mA 时才能正常工作。试问：

(1)开关 S 在什么位置时发光二极管才能发光？

(2)R 的取值范围是多少？

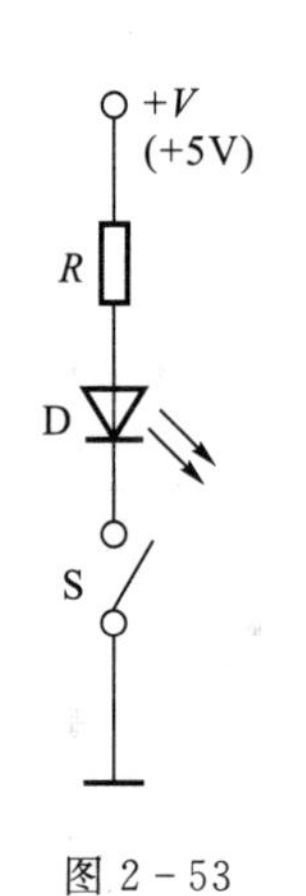

图 2-53

21. 电路如图 2-54 所示，已知 $U_{CC}=9\text{V}$，$u_{BE}=0.7\text{V}$，放大区中，$\bar{\beta}=100$，$I_{CBO}=1\text{nA}$，进入饱和区时，认为 $u_{CE}=0.2\text{V}$：

(1)求当 $R_B=200\text{k}\Omega$，$R_C=1\text{k}\Omega$ 时的 I_B、I_C 和 U_{CE} 值，并指出三极管工作在哪个区；

(2)当 $R_B=20\text{k}\Omega$，$R_C=1\text{k}\Omega$ 时的 I_B、I_C 和 U_{CE} 值，并指出三极管工作在哪个区；

(3)当 $R_B=200\text{k}\Omega$,$R_C=10\text{k}\Omega$ 时的 I_B、I_C 和 U_{CE} 值,并指出三极管工作在哪个区;

(4)当 $R_B\to\infty$,$R_C=10\text{k}\Omega$ 时的 I_B、I_C 和 U_{CE} 值,并指出三极管工作在哪个区。

22. 电路及元件参数如图 2-55 所示,$u_{BE}=0.7\text{V}$,试指出当 $\bar{\beta}=50$、120 及电源极性接反这 3 种情况时,三极管各工作在哪个区。

23. 有两个晶体管,一个的 $\beta=200$,$I_{CEO}=200\mu\text{A}$;另一个的 $\beta=100$,$I_{CEO}=10\mu\text{A}$,其他参数大致相同,你认为应选用哪个晶体管?为什么?

24. 如图 2-56 所示,测得放大电路中 6 个晶体管的直流电位数值,请在圆圈中画出晶体管子符号,并分别说明它们是硅管还是锗管。

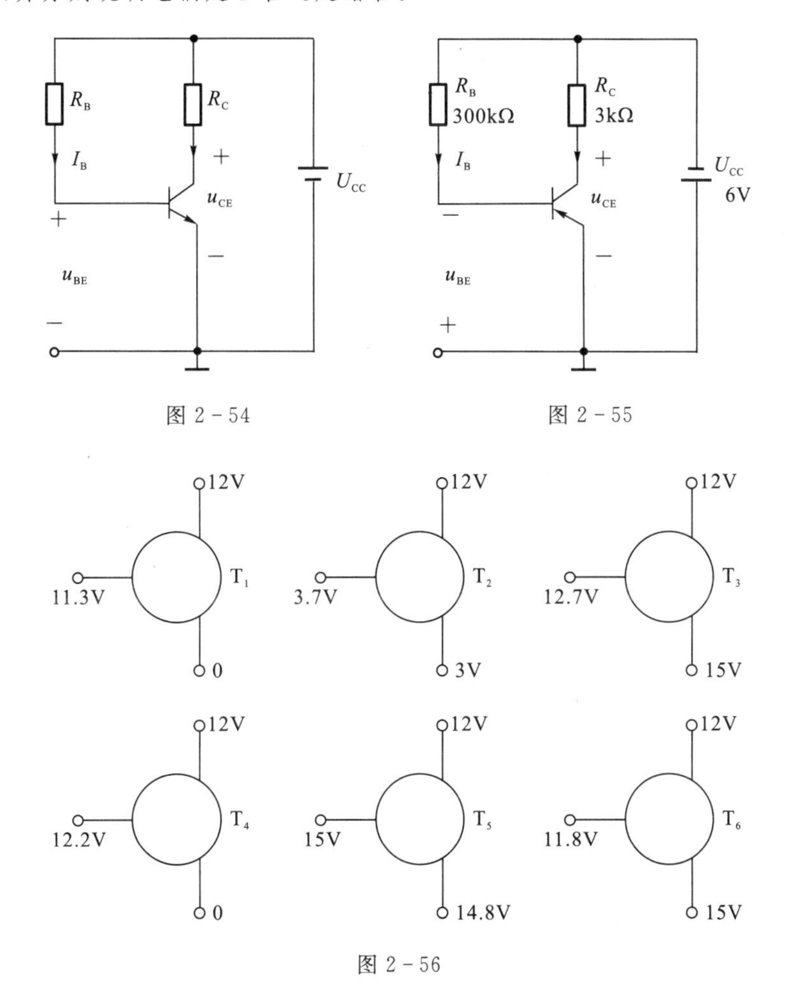

图 2-54　　　　图 2-55

图 2-56

25. 测得工作在放大区的几个三极管三个电极电位 U_1、U_2、U_3 分别为下列各组数值,判断它们是 PNP 管还是 NPN 管,是硅管还是锗管,并确定 E、B、C 极。

(1)$U_1=3.5\text{V}$,$U_2=2.8\text{V}$,$U_3=9\text{V}$;

(2)$U_1=2.5\text{V}$,$U_2=2.3\text{V}$,$U_3=9\text{V}$;

(3)$U_1=3.5\text{V}$,$U_2=8.3\text{V}$,$U_3=9\text{V}$;

(4)$U_1=3.5\text{V}$,$U_2=8.8\text{V}$,$U_3=9\text{V}$。

26. 已知场效应管的输出特性如图 2-57 所示：

(1)求 V_{TH}；

(2)画出 $u_{DS}=3V$ 和 $u_{DS}=8V$ 时的转移特性曲线。

27. 场效应管恒流电路如图 2-58 所示，已知 $I_{DSS}=5mA$，$V_P=2V$，$R=2k\Omega$，求 I_D。

28. 已知某结型场效应管的 $I_{DSS}=2mA$，$U_{GS(off)}=-4V$，试画出它的转移特性曲线和输出特性曲线，并近似画出预夹断轨迹。

29. 已知放大电路中一个 N 沟道场效应管三个极 1、2、3 的电位分别为 4V、8V、12V，场效应管工作在恒流区。试判断它可能是哪种场效应管(结型管、MOS 管、增强型、耗尽型)，并说明 1、2、3 与 G、S、D 的对应关系。

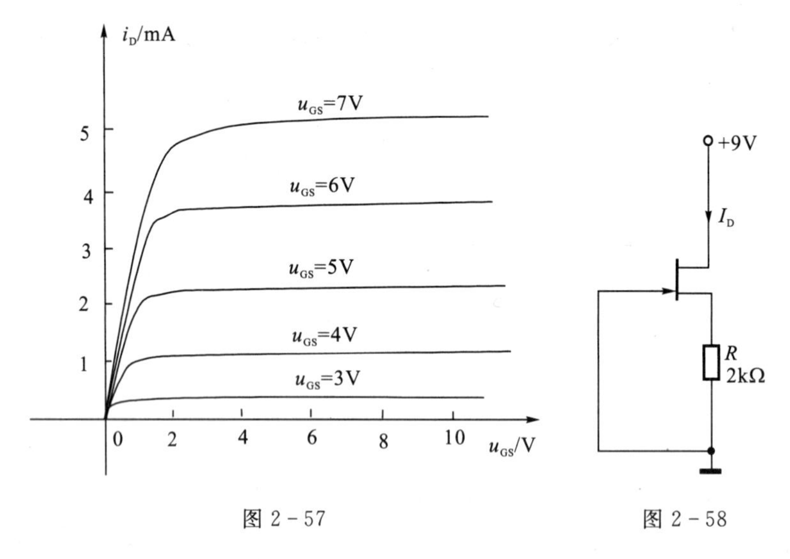

图 2-57　　　　图 2-58

30. 已知场效应管的输出特性曲线如图 2-59 所示，画出它在恒流区的转移特性曲线。

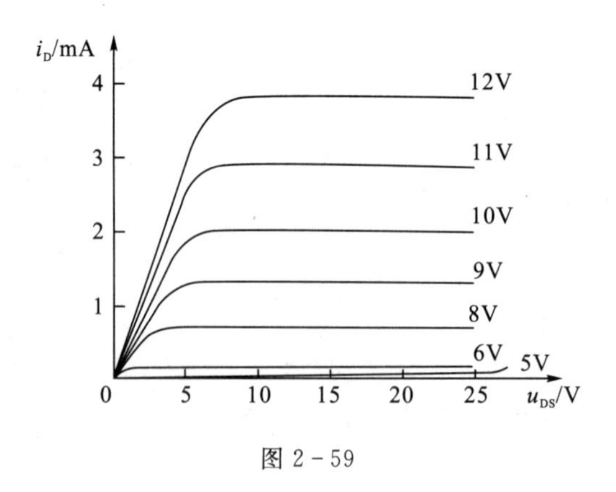

图 2-59

31. 分别判断图 2-60 所示电路中的场效应管是否有可能工作在恒流区。

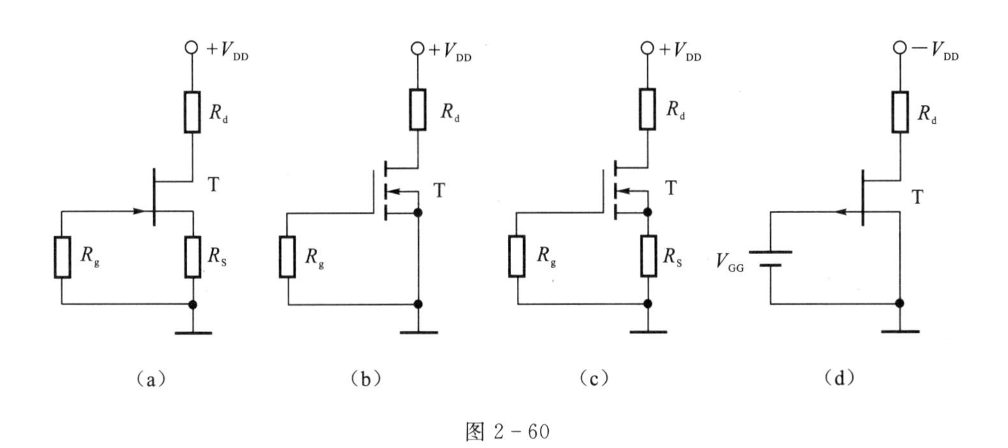

图 2-60

32. 试比较 PNP、NPN 晶体三极管和不同类型的场效应管分别工作在放大区、截止区以及饱和区(变阻区)的偏置电压有何不同。

33. 什么是差模输入方式?什么是共模输入方式?如果运算放大器的两个输入端的输入电压分别为 $u_{+}=15\sin\omega t\,\text{mV}$,$u_{-}=3\sin\omega t\,\text{mV}$,试求差模信号和共模信号分别是多少?

34. 理想运算放大器在线性工作时,其输入电压($u_{id}=u_{+}-u_{-}$)是多少?当输入电压不为零时,输出电压 u_o 是多少?

第二章 基本放大电路

知识要点

1. 放大电路的性能指标和电路组成。

2. 3种基本组态放大电路。

3. 放大电路的静态分析，稳定静态工作点的偏置电路。

4. 放大电路的动态分析、主要性能指标和传输特性。

5. 放大器的基本分析方法：图解法和微变等效电路法。

6. 场效应管放大电路性能指标分析。

7. 运算放大器放大电路性能指标分析。

8. 多级放大电路。

重点：放大电路的工作原理；3种组态放大电路的静态和动态指标的计算；运算放大器放大电路性能指标分析。

在模拟电路的设计中，不可避免地需要对采集得到的信号进行放大。比如，在一些微弱信号检测电路中，各种类型的传感器采集到的电压信号不过只有几毫伏甚至几微伏，直接对这样的信号进行分析和处理是非常困难的，必须将其放大到一定的电压范围才能进行后续的处理；再比如，歌唱家表演时需要对声音信号进行功率放大，获得更大的能量输出，才能让歌唱家唱出的歌声被演出大厅里的听众听到。所以，放大意味着电信号幅度的增大或者输出交流能量的增加。在这些例子中，我们发现不管是放大器使信号电压幅度增大还是使输出功率增加，都意味着必须把其他形式的能量转换成我们所需要的能量。因此，在设计放大电路的过程中，都需要一种能够控制能量转换的元件起核心作用。这种能够实现将直流电源的能量转换成交流电信号的能量从负载端输出的核心元件，称为放大器。由放大器组成，并能够把原始的信号放大到需要大小的电路模块称为放大电路。

本章和之后的功率放大电路，共同构成了交流小信号放大电路的基础。交流是指待放大信号通常是频率较低的交流信号，这时电磁波波长远远大于电路中的元件尺寸，因此适用于集中参数的电路模型；小信号则是指信号的幅度很小，在信号输入的完整周期内，放大器都可认为是属于线性工作区，因此不需要考虑电路参数的变化，也不会有新的频率成分对电路产生影响。所有的放大，都意味着在负载端交流信号的能量获得了提升。BJT 管和场效应管就是常见的具有能量转换控制能力的放大器，其中 BJT 管从 20 世纪中叶发明以来，即得到广泛的应用，直到今天仍是应用最为广泛的放大器件。本章将以 BJT 为主要研究对象向读者讲述放大电路设计的有关知识。考虑到随着中、大规模集成电路的日益普及，场效应管的制作工艺更易于集成，本章将对场效应管的放大原理进行简单的介绍，以方便读者查阅和参考。

第一节　放大的概念

通常，我们把“放大”限定为两层意思，一是物体本身膨胀变大，二是“映射”放大。前者是自身的发展和形变，如生物的发育、吹大的气球、字体的缩放等；后者的映射放大，则指在一定控制条件下的线性或非线性的比例映射，不是本身变大，只是看到的输出结果是输入的比例关系，如距离光源不同位置的影子与本体的关系、放大镜放大微小物体看到的形象等。本章的放大电路体现的就是“映射”放大，是输出与输入的比例控制关系。

放大电路的基本功能是将信号不失真地“放大”到所需的大小，即只有在不失真的情况下放大才有意义。晶体管和场效应管是放大电路的核心元件，只有它们工作在合适的区域，即设置合适的直流偏置，才能使输出量与输入量始终保持线性关系，电路才不会产生失真。由于任何稳态信号都可以分解为若干频率正弦信号（谐波）的叠加，所以放大电路常以正弦波作为工作信号。放大电路的分类较多：

(1)按器件可分为晶体管放大器、场效应管放大器、电子管放大器和集成放大器。

(2)按用途可分为电流放大器、电压放大器和功率放大器。

(3)按工作频率可分为低频放大器、高频放大器和超高频放大器，而低频放大器又可分为音频放大器、直流放大器和宽带放大器。

(4)按工作状态可分为甲(A)类放大器、乙(B)类放大器、甲乙(AB)类放大器、丙(D)类放大器等。

本章主要讨论低频放大器，它具有较宽的频率范围，由于所带负载不能采用谐振回路，故又称为非谐振放大器。

作为放大器基础，本章将讨论放大电路的主要性能指标、放大器的组成和基本放大器的工作原理、基本分析方法。

严格地讲，放大电路与放大器是有区别的，放大器应是指电子设备，但有时候这两个名词是混用的，均指放大电路。输入电压与电流、输出电压与电流的参考方向可如图 3－1 所示。

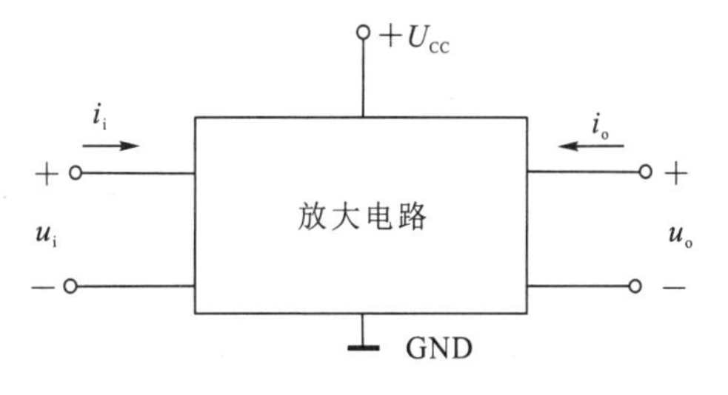

图 3－1　电压与电流参考方向的规定

放大电路一般视为二端网络，如图 3－1 所示，输入信号 u_i 送入放大器，控制直流电源 U_{CC} 按照 u_i 的规律将直流能量转换为输出信号 u_o，即经常表述为：u_i 经过放大电路的放大，在输出端得到输出信号 u_o，放大电路放大的本质是能量的控制和转换，是在输入信号作用下，通过放大电路将直流电源的能量转换成负载所获得的能量，使负载从电源获得的能量大于信号源（即输入信号）所提供的能量。能够控制能量的元件，即元件可用含有受控源的模型来等效，称为有源元件，在放大电路中必须存在有源元件，如晶体管、场效应管、运算放大器等。

第二节　放大电路的组成及性能指标

一、放大电路的组成

放大电路一般由 4 个部分组成，即能够起放大作用的核心放大元件、提供直流偏置和能量的直流电源（U_{CC}）、提供待放大交流信号的信号源（u_S、R_S）、负载（R_L）及耦合元件（C_1、C_2）。其中放大单元可以是晶体三极管、场效应管、运算放大器。除此之外要使放大电路能正常工作，放大电路各部分还应遵循以下原则：

（1）直流电源要能够给放大单元提供正确的偏置，使放大元件工作在放大状态（如使晶体三极管发射结正偏、集电结反偏）。放大元件的本质是将直流电源的能量转换成放大的交流信号的能量加以输出，因此直流电源要保证输出信号能够获得足够的能量。

（2）必须有一个使信号通过放大器件（如三极管、场效应管或运算放大器）输入端到负载的交流通路。对于晶体三极管和场效应管组成的放大电路，电容 C_1、C_2 起到隔离直流、耦合交流的作用：隔离直流是为了使信号源或负载的接入不影响对三极管的正确偏置；耦合交流是要使交流信号尽可能无损失地通过。因此，一般选用容量较大的电容作为耦合电容。而对于运算放大器组成的放大电路来说，由于其特殊结构，信号直接接入不会对运算放大器内的偏置发生影响，故不需要电容耦合。

由于分立元件组成的基本放大电路是组成各类放大电路和运算放大器的基础，所以对分立元件基本放大器的分析，不但对掌握基本放大器工作原理、理解信号放大过程是必须的，而且对帮助理解其他各类放大器的工作原理也是很有必要的。

常见的放大电路组成如图 3－2(b)～(d)所示。

二、放大电路的主要指标

对于任意输入信号，放大电路均可以看成一个两端口网络，左边为输入端口，右边为输出端口，如图 3－3 所示。判断一个放大电路的性能，需要对放大电路进行分析，而放大电路的指标是衡量一个放大器性能优劣的尺度。常用的放大电路主要性能指标如下。

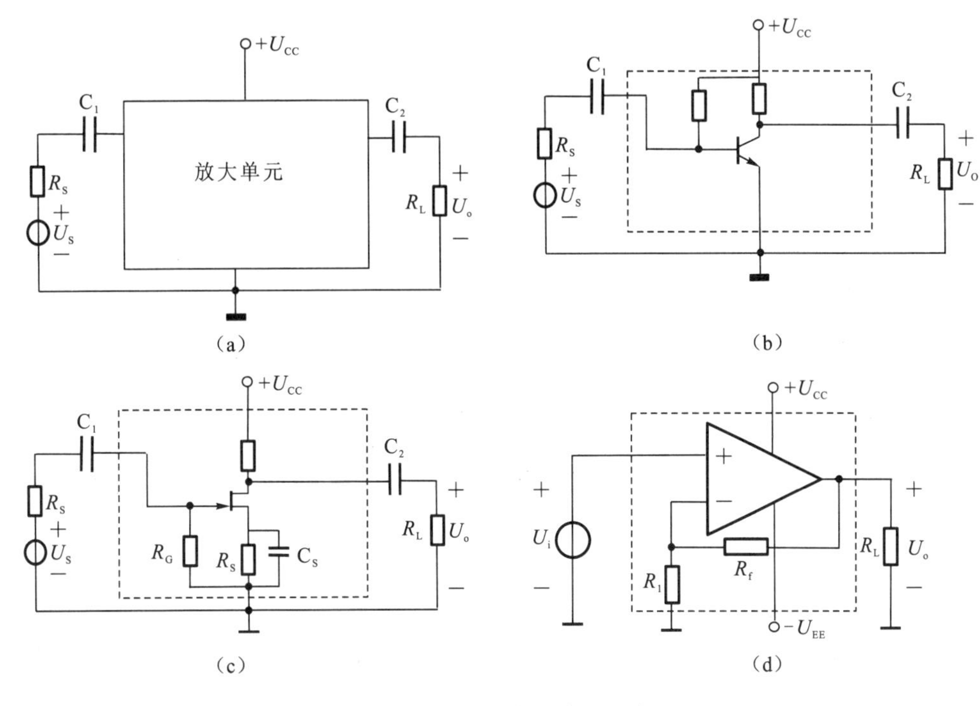

图 3－2　放大电路的组成

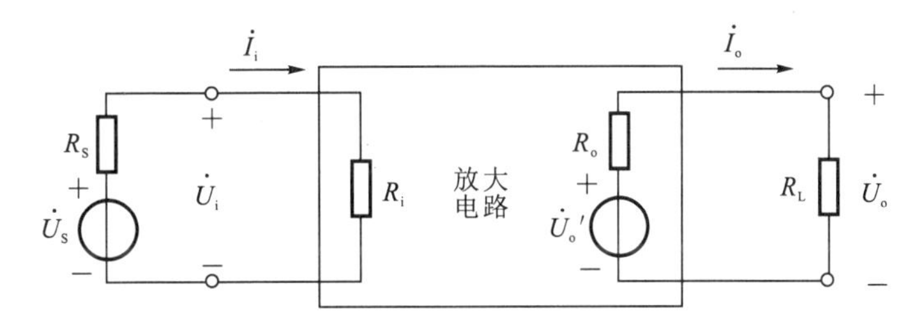

图 3－3　晶体管的输入、输出特性

1. 放大倍数(增益)

(1)电压放大倍数。放大器输出电压的有效值相量与输入电压的有效值相量之比称为电压放大倍数,用 $\dot{A}_u$ 表示,即

$$\dot{A}_u=\frac{\dot{U}_o}{\dot{U}_i} \tag{3－1}$$

若考虑信号源内阻 R_S 的影响,如图 3－4(a)所示,则常用源电压放大倍数 $\dot{A}_{us}$表示,即

$$\dot{A}_{us}=\frac{\dot{U}_o}{\dot{U}_S}=\frac{\dot{U}_i}{\dot{U}_S}\frac{\dot{U}_o}{\dot{U}_i}=\frac{Z_i}{Z_i+R_S}\dot{A}_u \tag{3－2}$$

式中,Z_i 为放大器的输入阻抗。

(2)电流放大倍数。放大器的输出电流有效值相量与输入电流有效值相量之比称为电流放大倍数,用 $\dot{A}_i$ 表示,即

$$\dot{A}_i = \frac{\dot{I}_o}{\dot{I}_i} \tag{3-3}$$

若考虑信号源内阻的影响，如图 3－4(b)所示，则常用源电流放大倍数表示，即

$$\dot{A}_{is} = \frac{\dot{I}_o}{\dot{I}_S} = \frac{\dot{I}_i}{\dot{I}_S}\frac{\dot{I}_o}{\dot{I}_i} = \frac{R_S}{Z_i + R_S}\dot{A}_i \tag{3-4}$$

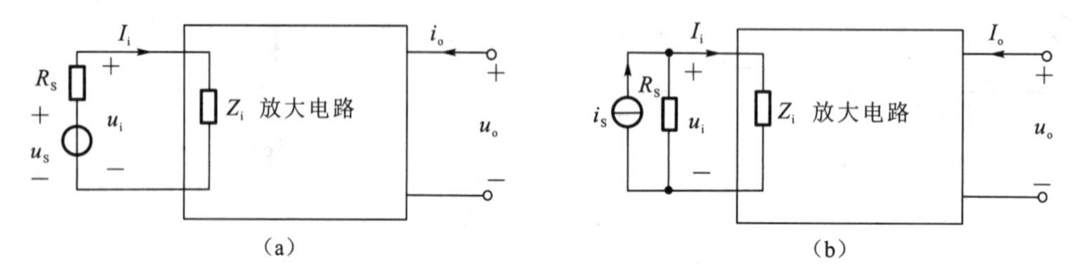

图 3－4　信号源带有内阻的放大电路

(3)功率放大倍数。放大器输出功率与输入功率之比称为功率放大倍数，用 G_P 表示，即

$$G_P = \frac{P_o}{P_i} = \frac{|\dot{U}_o \dot{I}_o|}{|\dot{U}_i \dot{I}_i|} = |\dot{A}_u \dot{A}_i| \tag{3-5}$$

显然，放大倍数是无量纲的量，但在工程上，为了方便，常用分贝(dB)作为单位

$$G_P(\text{dB}) = 10\ \lg G_P$$

$$A_u(\text{dB}) = 20\ \lg|\dot{A}_u|$$

$$A_i(\text{dB}) = 20\ \lg|\dot{A}_i| \tag{3-6}$$

一般来说，以分贝(dB)为单位的放大倍数称为增益，不过习惯上常将两个词混用。

2. 输入阻抗和输出阻抗

放大器处于信号源与负载之间，因此对信号源而言，放大器是它的负载，这个等效负载阻抗就定义为放大器的输入阻抗；对于放大器的负载来说，放大器可等效为一个信号源，这个信号源内阻就为放大器的输出阻抗。

放大器的输入阻抗定义为

$$Z_i = \frac{\dot{U}_i}{\dot{I}_i} \tag{3-7}$$

如果电路中所有的电抗性元件均不予考虑，那么输入阻抗就可用输入电阻来表示

$$R_i = \frac{U_i}{U_o} \tag{3-8}$$

放大器的输出阻抗是将负载断开后，信号源为零时，从输出端看进去的等效阻抗，可用戴维南定理来求，即

$$Z_o = \left.\frac{\dot{U}_o}{\dot{I}_o}\right|_{\dot{U}_S=0} \tag{3-9}$$

同样，如果电路中所有电抗性元件均不予以考虑，则输出阻抗即为输出电阻。

3. 非线性失真

由于具有放大作用的电子器件一般都是非线性器件，只有当信号很小时，才可以近似地

认为是线性的。因此信号经过放大器后，必然产生某种程度的失真。当输入单一频率的正弦信号时，严格地讲，输出信号将是一个周期性的非正弦波，根据信号分析理论，输出信号可分解为基波及各次谐波分量，基波频率和输入信号频率相同，为有用信号，谐波分量就是由电子器件的非线性引起的。显然，谐波成分比例越大，失真就越大。这种因电子器件非线性特性引起的新的谐波分量的失真称为非线性失真。

工程上常将谐波功率与基波功率之比定义为非线性失真系数，用 γ 来表示，即

$$\gamma=\sqrt{\frac{\sum P_k}{P_1}}\quad (k=2,3,4,\cdots) \tag{3-10}$$

式中，P_1 为基波功率，P_k 为 k 次谐波功率。

4. 频带特性

由于放大器中含有电抗元件，所以放大倍数将随信号频率变化，即

$$\dot{A}=A(j\omega)=A(\omega)e^{j\varphi(\omega)} \tag{3-11}$$

式中，$A(\omega)$ 为 $\dot{A}$ 的模，称为放大器的幅频特性；$\varphi(\omega)$ 为 $\dot{A}$ 的相角，称为放大器的相频特性。两者统称为频率特性。

图 3-5 是放大器典型的频率响应曲线。由图可以看出，在中频区（通频带内），$BW=(\omega_h-\omega_l)$，$A(\omega)$ 基本上为常数，$\varphi(\omega)$ 基本上为零；而在高频区或低频区，$A(\omega)$ 和 $\varphi(\omega)$ 随频率变化较大。这样，当有较宽频率范围的信号通过放大器时，各个频率成分之间原有的大小比例关系和相位均发生了变化，也就是发生了所谓的频率失真。频率失真与非线性失真不同，它不产生新的频率成分，而是改变了各个频率成分原有相互间的大小比例关系和相位，又称为线性失真。

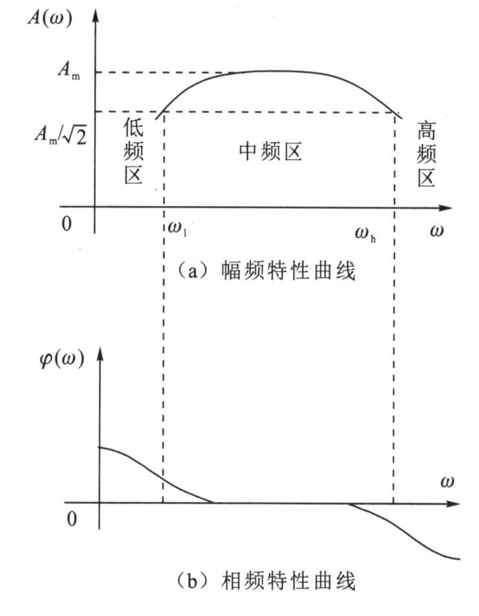

（a）幅频特性曲线

（b）相频特性曲线

图 3-5　放大器的频率响应曲线

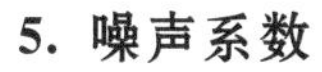

5. 噪声系数

放大器的噪声因子 F_N 定义为

$$F_N=\frac{(P_S/P_N)_i}{(P_S/P_N)_o} \tag{3-12}$$

$$N_F(\text{dB})=10\lg F_N \tag{3-13}$$

式中，$(P_S/P_N)_i$、$(P_S/P_N)_o$ 分别为输入、输出信号功率与噪声功率的比值。一般地，$F_N>1$，这是由于构成放大器的元件如电阻、晶体三极管、场效应管及集成放大器等都会产生噪声，使得输出信号的信噪比 $(P_S/P_N)_o$ 小于输入信号的信噪比 $(P_S/P_N)_i$。为了放大微弱信号，要求放大器特别是前置放大器的内部噪声尽可能低。

6. 最大不失真输出电压

最大不失真输出电压定义为当输入电压再增大就会使输出波形产生非线性失真时的输出电压。实测时，需要定义非线性失真系数的额定值（如 10%），输出波形的非线性失真系数

刚刚达到此额定值时的输出电压即为最大不失真输出电压。一般以有效值 U_{omax} 表示，也可以用峰-峰值 $U_{opp}=2\sqrt{2}U_{omax}$ 表示。

7. 最大输出功率与效率

在输出信号不失真的情况下，负载上能够获得的最大功率称为最大输出功率 P_{omax}。此时，输出电压达到最大不失真输出电压。直流电源能量的利用率称为效率 η，设电源消耗的功率为 P_V，则效率 η 等于最大输出功率 P_{omax} 与 P_V 之比，即

$$\eta=\frac{P_{omax}}{P_V} \tag{3-14}$$

第三节　BJT 的结构和等效模型

一、BJT 的结构和载流子分配关系

BJT 管是一种双极结型结构的掺杂工艺静态半导体晶体管，“双极”指的是正负两种类型的载流子(空穴和电子)共同参与导电的过程。与 BJT 相反，包含结型和绝缘栅型在内的场效应管虽然也具有放大能力，但只有一种载流子参与导电，因此属于单极型结构。BJT 管因为有 3 个分离的电极，即发射极、基极和集电极，因此也常被称为晶体三极管。图 3－6 为常见的 BJT 晶体管封装及其管脚分布。

BJT 管为什么会具有放大能力呢？这必须从 BJT 的内部构造说起。BJT 是由 3 个掺杂半导体区域构成的，这 3 个区分别被称为基区(A)、发射区(B)和集电区(C)。这 3 个掺杂半导体区域并非结构相同，而是各有特点：基区很薄，掺杂浓度最低；发射区掺杂浓度最高；集电区面积最大。BJT 内部结构如图 3－7 所示。

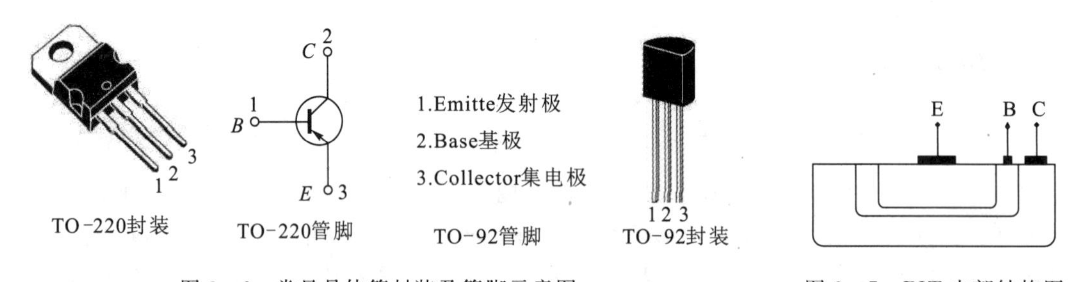

图 3－6　常见晶体管封装及管脚示意图　　　图 3－7　BJT 内部结构图

为什么要这样设计呢？我们以 NPN 型半导体为例来说明。在之前的 PN 结的有关介绍中曾经提到，掺杂半导体中多数载流子的浓度与掺杂工艺有密切关系，掺杂浓度越高，多数载流子的数目越多。发射区掺杂浓度高，可以保证发射区有足够多的多数载流子参与导电。

当发射结正偏时，发射区浓度很高的多数载流子在正向电场的作用下源源不断地通过扩散运动到达基区，其中一小部分到达基区的多数载流子(自由电子)与基区本身的多数载

流子(空穴)复合，当基区多数载流子数量因复合而减小后，又能够在正向偏置电场的作用下从基极激发出新的多数载流子，从而形成相当稳定的复合电流，称为基极电流；因为基区很薄，掺杂浓度最低，故与基区多数载流子复合所形成的电流 I_b 也很小。

而绝大多数从发射区扩散到基区的多数载流子汇聚到集电结，并因为其极性与基区少数载流子的极性相同，故在集电结反偏的情况下，这部分多数载流子被充当为基区的"少数载流子"而通过少数载流子的漂移运动越过集电结到达了集电区。因集电区面积很大，所以其收集电荷的能力很强，从而形成了较大的电流 I_c。图 3-8 为 BJT 内部载流子分配示意图。

研究表明，发射区多数载流子所形成的 I_c 和 I_b 存在着明显的比例关系，这种关系被称为多数载流子的电流分配特性。可以简单地认为，当 BJT 同时满足发射结正偏、集电结反偏的情况下，这种发射区多数载流子的电流分配关系可以使晶体管具备当基极有较小电流的情况下，集电极产生很大的电流输出的特点。BJT 的通用符号如图 3-9 所示。

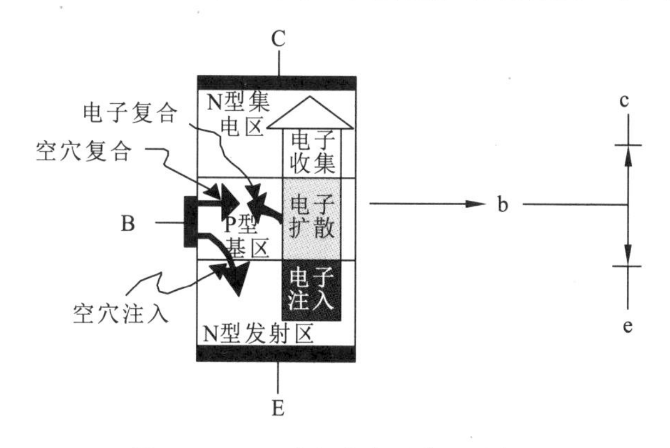

图 3-8　BJT 内部载流子分配示意图

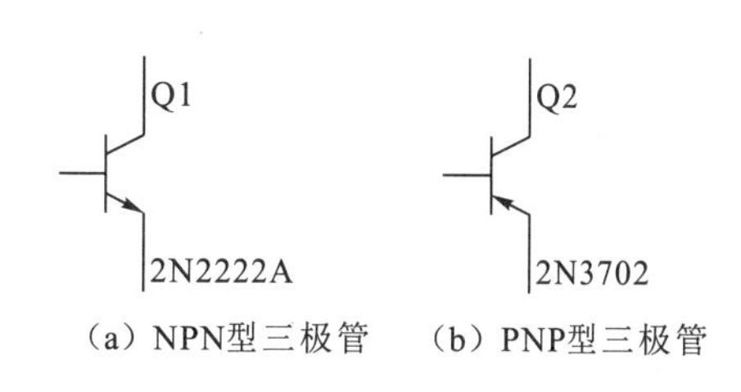

(a) NPN型三极管　(b) PNP型三极管

图 3-9　三极管的通用符号

二、BJT 微变等效模型

1. BJT 等效的物理模型

为了进一步地理解 BJT 的特性，我们需要了解 BJT 等效的物理模型。图 3-10 为 BJT 等效的物理模型。

这个相对完整的物理模型是对 BJT 等效电路模型化后的结果。在不同的信号环境下，模型可以作不同程度的简化。比如，在低频(信号频率在 1MHz 以下)时，BJT 的电容效应不明显，模型中的等效电容可忽略不计，但在高频(100MHz 以上)时，电容效应便不可忽略。在中间的频段，要依据输入信号的大小和电路设计用途酌情考虑。

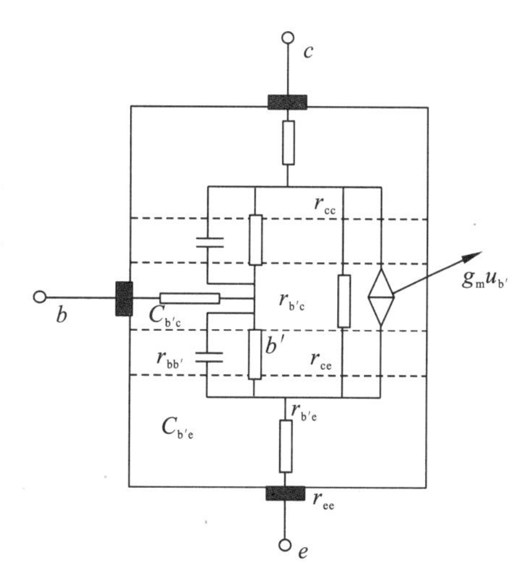

图 3-10　BJT 等效物理模型

2. 晶体管 H 参数微变等效模型

在电路分析过程中，直接利用 BJT 等效物理模型是不合适的。利用电路分析的方法，将 BJT 看作是一个二端口网络，从而获得 BJT 等效网络模型，如图 3－11 所示，规定两个端口电压与电流的参考方向，当输入信号频率较低、信号幅度很小时，利用二端口网络的 H 参数等效模型是非常有利于分析的。

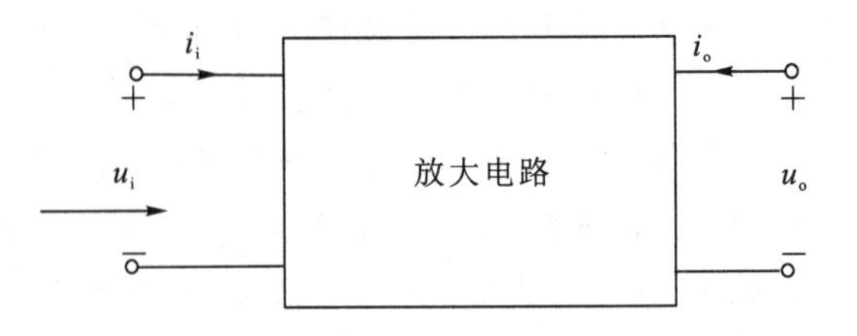

图 3－11　电压与电流参考方向的规定

在晶体管共射接法的情况下，输入、输出特性的电流、电压关系如图 3－12 所示。

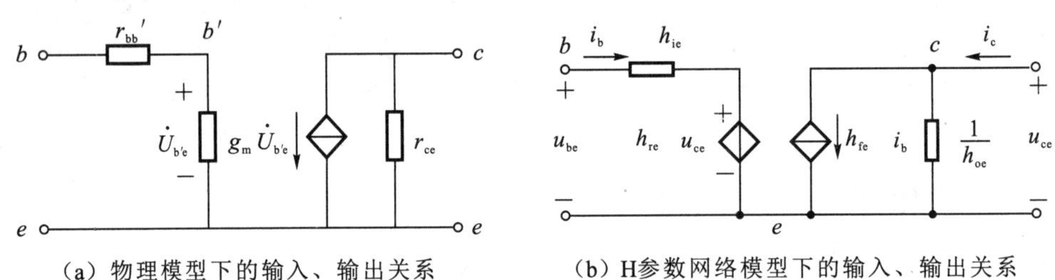

(a) 物理模型下的输入、输出关系　　(b) H参数网络模型下的输入、输出关系

图 3－12　晶体管共射接法的情况下输入、输出特性的电流、电压关系

$$\begin{cases} u_{BE}=f_1(i_B,u_{CE}) \\ i_C=f_2(i_B,u_{CE}) \end{cases} \tag{3-15}$$

对式(3－15)微分

$$\begin{cases} du_{BE}=\dfrac{\partial u_{be}}{\partial i_b}di_B+\dfrac{\partial u_{BE}}{\partial u_{CE}}du_{CE} \\ di_C=\dfrac{\partial i_C}{\partial i_b}di_B+\dfrac{\partial i_C}{\partial u_{CE}}du_{CE} \end{cases} \tag{3-16}$$

定义

$$\begin{cases} h_{ie}=\dfrac{\partial u_{BE}}{\partial i_B}=\dfrac{du_{BE}}{di_B}\Bigg|_{du_{CE}=0} & (\text{单位为 }\Omega) \\ h_{re}=\dfrac{\partial u_{BE}}{\partial u_{CE}}=\dfrac{du_{BE}}{du_{CE}}\Bigg|_{di_B=0} & (\text{无量纲}) \\ h_{fe}=\dfrac{\partial i_C}{\partial i_B}=\dfrac{di_C}{di_B}\Bigg|_{du_{CE}=0} & (\text{无量纲}) \\ h_{oe}=\dfrac{\partial i_C}{\partial u_{CE}}=\dfrac{di_C}{du_{CE}}\Bigg|_{di_B=0} & (\text{单位为 S}) \end{cases} \tag{3-17}$$

在小信号时，式(3－16)可写为

$$\begin{cases} u_{be}=h_{ie}i_B+h_{re}u_{CE} \\ i_c=h_{fe}i_B-h_{oe}u_{CE} \end{cases} \tag{3-18}$$

对于交流信号，上式写成有效值形式

$$\begin{cases} u_{BE}=h_{ie}I_b+h_{re}u_{CE} \\ I_c=h_{fe}I_b-h_{oe}U_{CE} \end{cases} \tag{3-19}$$

根据式(3-18)或式(3-19)可得微变等效电路如图3-12所示。

在图3-12(b)中，h_{ie}为晶体管共射输入电阻r_{be}，为输入特性曲线工作点处斜率的倒数，与工作点有关，可用下式近似计算

$$h_{ie}=r_{be}=r_{bb'}+\frac{26}{I_{BQ}} \tag{3-20}$$

h_{fe}即共射电流放大倍数β；h_{re}为共射输入开路时的电压反馈系数，表示输出电压对输入端的影响；h_{oe}为共射输出电阻的倒数，为输出特性曲线工作点斜率的倒数。如果忽略h_{re}和h_{oe}的影响，并以r_{be}替换h_{ie}，共射电流放大倍数β替换h_{fe}，则晶体管H参数微变等效电路如图3-13所示，亦称为β参数等效模型。

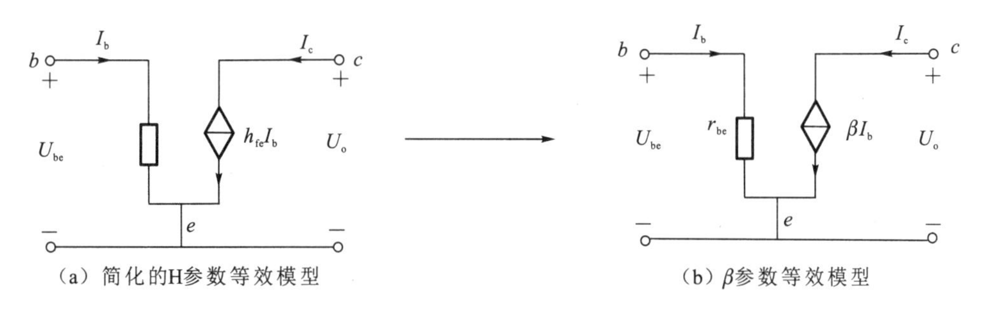

图3-13　晶体管H参数和β参数微变等效电路模型

第四节　放大电路的分析方法

当一个放大电路设计完成之后，需要掌握一定的电路分析方法才能够获得衡量电路优劣的性能指标，要使一个放大电路实现其性能指标，前提是放大元件有正确的静态偏置。

在低频小信号的情况下，放大电路满足线性电路分析的条件，为了简化电路的分析，可以利用叠加原理，采用图解法和解析法，分别分析直流电路单独作用下的响应和交流信号单独作用下的响应。其中，对直流电路的分析称为静态分析，对交流信号的分析称为动态分析。对于由分立元件组成的放大电路来说，在分析其性能指标之前须进行静态分析，分析静态偏置是否正确，静态工作点是否恰当。由分立元件组成的放大电路，包括了分析静态工作点的静态分析和分析性能指标的动态分析；而对于运算放大器组成的放大电路来说，在器件集成过程中保证了在给定外加直流电压条件下静态工作点的正确，因此只要外加直流电压在给定范围内，不需再进行静态分析。静态分析和动态分析都可以利用图解法及解析法进行，解析法通常作为精确计算放大指标的手段，而图解法具有直观和清晰的描述特点，可很好地辅助分析放大问题。

一、直流通路与交流通路

在分立元件组成的放大电路中，直流电源与外输入交流信号源同时工作，各自作用不同，直流电源提供整个系统的能量来源，交流信号则通常作为待放大的信号。由于直流和交流两种信号形式的存在，电路即存在相应等效的直流分析和交流分析，因此电路中的静态电流、电压和动态电流、电压总是同时存在。用来分析直流信号的等效电路称为直流通路，用来分析交流信号的电路则称为交流通路。

在等效直流通路和交流通路时，直流电源、电容、电感等电抗元件的处理各有不同，直流量所流经的通路与交流信号所流经的通路也不完全相同。由此，为了讨论电路是否正常工作，是否能够实现放大功能，常把直流电源对电路的作用和输入信号对电路的作用区分开来，各自等效成直流通路和交流通路。

（一）直流通路

直流通路是研究放大电路中针对直流信号的等效电路，即静态电流流经的通路，此时直流电源起作用。

1. 直流通路的主要功能

（1）分析电路是否能够正常工作。

（2）用于研究静态工作点是否合适。

（3）为后续的交流动态分析提供必要的参数计算。

2. 直流通路的等效原则

（1）直流电源保留。直流电源有两个作用：一是给放大单元提供正确的偏置，使其工作在放大状态；二是为输出信号提供能量。

（2）耦合电容、旁路电容开路。耦合元件起到隔离直流、耦合交流的作用，隔离直流是为了使信号源或负载的接入不影响对三极管的正确偏置；耦合交流是要使交流信号尽可能无损失地通过。因此，一般选用大容量耦合电容。

（3）电感线圈视为短路（一般忽略线圈电阻），变压器初级线圈与次级线圈之间开路。

（4）外输入的交流信号源视为短路，信号源频率 $\omega=0$。

图 3-14 为阻容耦合共射极放大电路及其等效的直流通路。

（二）交流通路

交流通路是指在外输入信号源的作用下，交流信号在放大电路中的流经通路，这是放大电路的动态特性的主要分析依据。交流通路的等效原则如下：

（1）大容量电容，如耦合电容、旁路电容视为短路。

（2）直流电源视为与地短路，V_{CC} 直接接地。

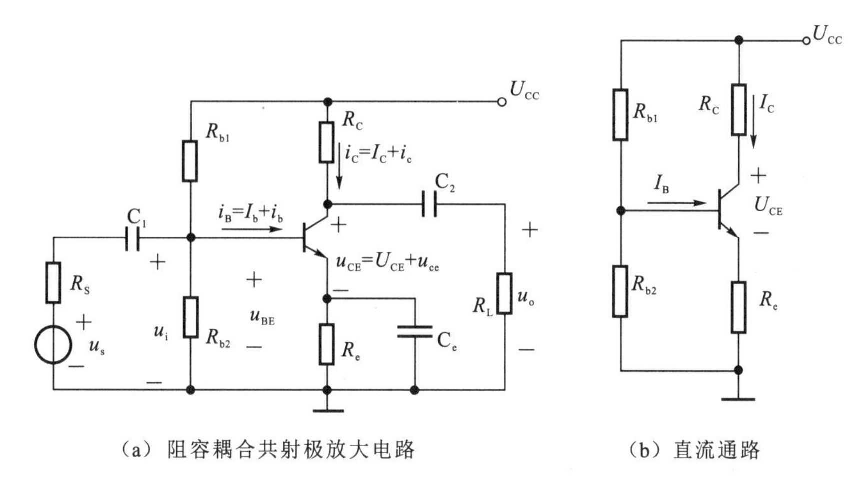

（a）阻容耦合共射极放大电路　　（b）直流通路

图 3－14　阻容耦合共射极放大电路及其等效的直流通路

如图 3－15 所示为共射放大电路，其中图 3－15(a)为完整的原始电路，包含交流通路和直流通路；图 3－15(b)为图 3－15(a)的交流通路，图 3－15(b)中直流电源 V_{CC} 短路，直接接地，因而集电极电阻 R_C 与负载 R_L 一起，并联在晶体管的集电极和发射极之间。

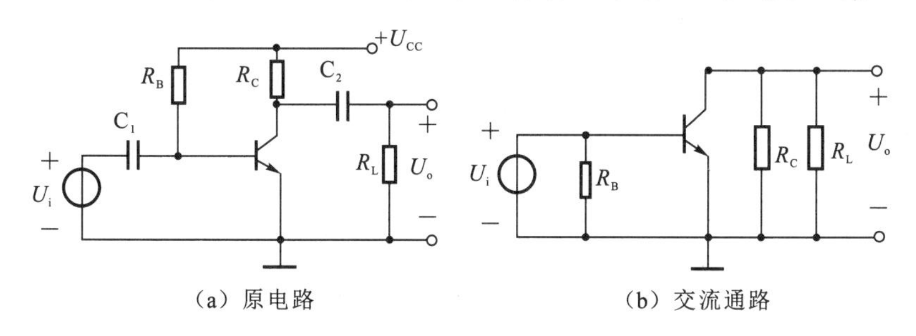

（a）原电路　　（b）交流通路

图 3－15　基本共射放大电路和交流通路

二、图解法

图解法是一种非常直观的电路分析方法，简便明了，且能够清晰地看出电路各点电压、电流的变化情况。图解法既可以用于直流通路的分析，也可以用于交流通路的分析。下面以图 3－16 所示电路为例，介绍图解法。

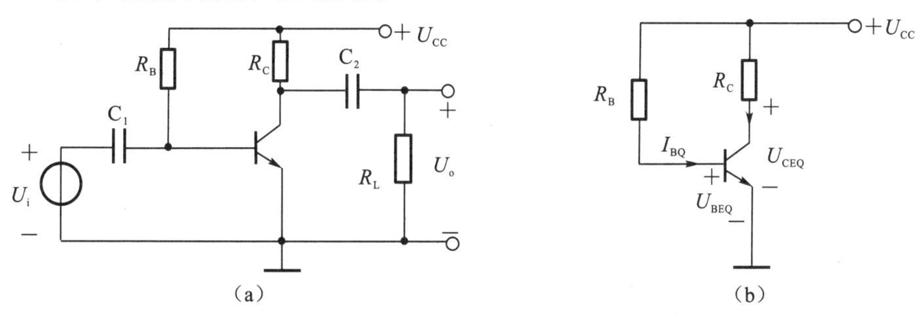

（a）　　（b）

图 3－16　三极管基本放大电路(a)及直流通路(b)

(一)三极管放大电路的静态分析

静态分析主要是为了找出电路的直流偏置点，也称为静态工作点 Q。当输入信号变化范围很小时，非线性的输入特性曲线可认为是以 Q 点处曲线一阶导数为斜率的折线，输入电流随输入电压的变化发生规律线性变化。

图解法的步骤为：画出直流通路，分别写出输入、输出回路的外部条件方程，即直流负载线方程，在输入、输出特性曲线的伏安平面上分别画出输入、输出回路负载线，其交点就是静态工作点。Q 值包括 4 个直流量：U_{BEQ}、U_{CEQ}、I_{BQ}、I_{CQ}，即输入端和输出端各 2 个。

仍以图 3-16 所示电路为例，对于图 3-16(b)的直流通路，在输入回路，其三极管直流负载线方程为

$$u_{BE}=U_{CC}-i_B R_B \tag{3-21}$$

如果已知三极管输入特性曲线，则将式(3-21)表示的直线画入特性曲线的 i_B-u_{BE}平面上，则其交点 Q 对应的坐标就是所求的 U_{BEQ}和 I_{BQ}，如图 3-17(a)所示。

对于输出回路，由图 3-16(b)也可得到其直流负载线方程

$$u_{CE}=U_{CC}-i_C R_C \tag{3-22}$$

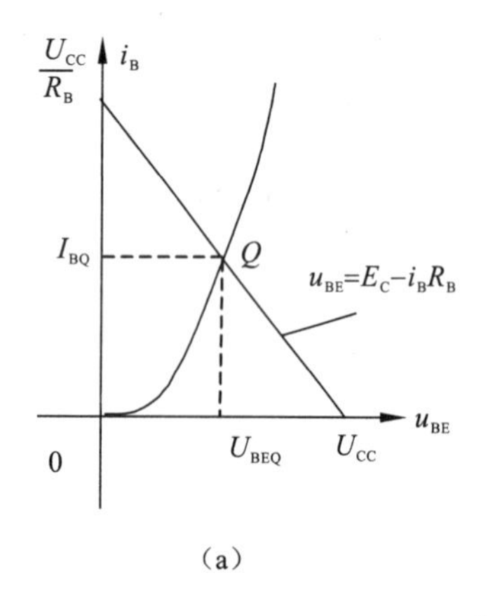

(a)

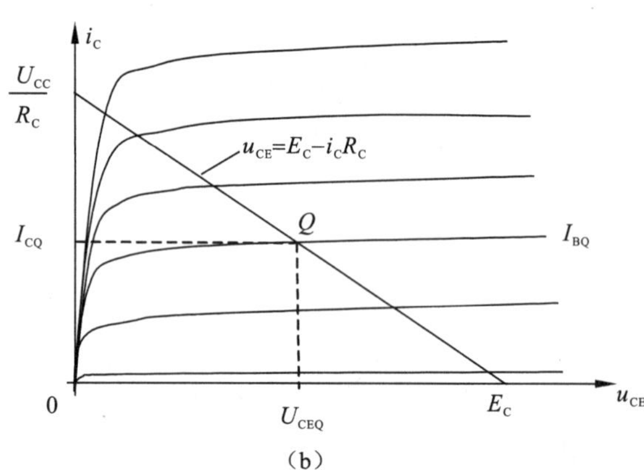

(b)

图 3-17 静态分析图解法

将式(3-22)表示的直线画在三极管输出特性曲线的 i_C-u_{CE}平面上，该直线与 I_{BQ}所对应的那条输出特性曲线的交点 Q 就是所求的静态工作点，如图 3-17(b)所示。交点 Q 对应的坐标即为所求的 I_{CQ}和 U_{CEQ}。

(二)三极管放大电路的动态分析

三极管放大电路的动态分析是求解放大电路性能指标的关键途径，是在静态分析 Q 点已知的基础上进行的。动态分析的目的是分析输出信号如何随着输入信号的变化而变化，定性地求解放大倍数、输入电阻、输出电阻。在已知输入信号波形的情

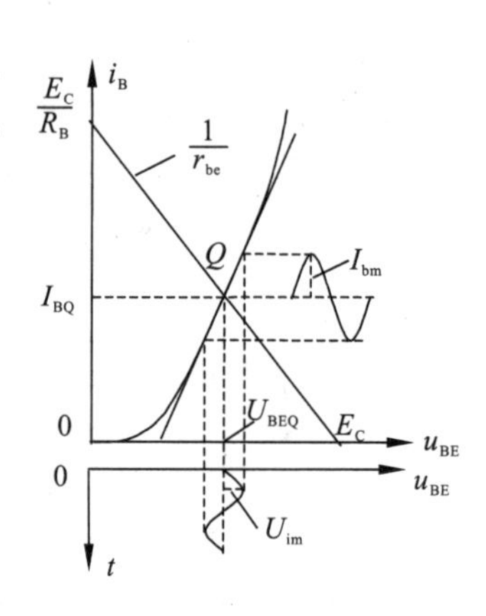

图 3-18 输入特性波形

况下，同样可通过在输入、输出特性曲线上作图画出输出电流和电压信号的波形。

三极管的动态特性分析也分为输入回路和输出回路，称之为交流特性分析。

1. 输入回路的交流分析

输入回路交流分析主要是分析输入交流信号 u_i 引起的输入基极电流 i_B 的变化规律。

仍以图 3－16(a)电路为例，在设置好静态工作点后，设输入到放大器的交流信号为 $u_i=U_m\sin\omega t$，则基极到发射极两端的电压是静态工作点电压 U_{BEQ} 和 u_i 之和，即

$$u_{BE}=U_{BEQ}+U_m\sin\omega t \tag{3-23}$$

首先找到静态工作点 Q 点，将 Q 点向下作垂线，将 u_i 波形画到输入特性曲线上，即可得到 i_b 波形，如图 3－18 所示。在输入信号幅度 U_m 较小的情况下，u_{BE} 在 U_{BEQ} 附近小范围变化，输入特性曲线在这个小范围内可近似为直线，其斜率的倒数为 r_{be}。可得

$$i_b=\frac{u_i}{r_{be}}=\frac{u_{be}}{r_{be}}=I_{bm}\sin\omega t \tag{3-24}$$

式中，$I_{bm}=U_{im}/r_{be}$，于是得

$$i_B=I_{BQ}+I_{bm}\sin\omega t \tag{3-25}$$

2. 输出回路的交流分析

在获得基极电流的变化规律之后，由三极管集电极电流与基极电流的正比关系可得集电极电流波形，如图 3－19(a)所示，即

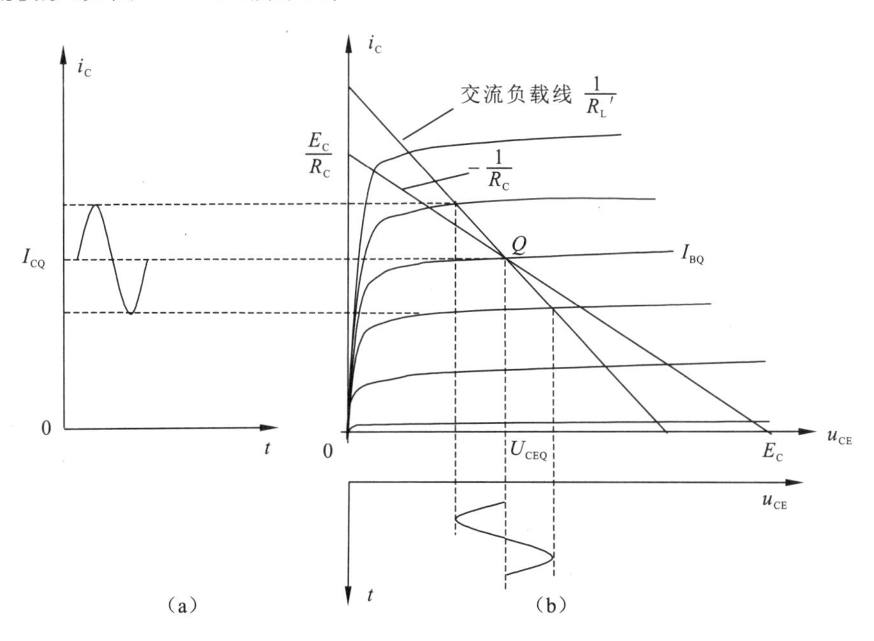

图 3－19　输出回路交流分析图解法

$$i_C=I_{CQ}+I_m\sin\omega t=I_{CQ}+i_c \tag{3-26}$$

由于 C_2 对交流信号可看作短路，故 i_C 的交流分量 i_c 将通过 R_C 和 R_L，所以由图 3－19(a)可知 u_{ce} 会随着 i_C 的变化呈现如下变化规律：

$$u_{CE}=U_{CEQ}+u_{ce}=U_{CEQ}-i_cR_L' \quad (3-27)$$

其中：

$$R_L'=R_C /\!/ R_L \quad (3-28)$$

输出回路的交流负载线由式(3-27)确定，其斜率为$-1/R_L'$，由于i_c为0时，u_{ce}也为零，这时，$i_C=I_{CQ}$，$u_{CE}=U_{CEQ}$，所以斜率为$-1/R_L'$的交流负载线一定经过静态工作点Q，因此可画出交流负载线如图3-19(b)所示。

画出交流负载线后，可根据i_C波形画出u_{CE}波形，如图3-20(b)所示。

由图3-18和图3-19可知，当输入信号u_i为正弦波时，u_{BE}、i_B、i_C和u_{CE}均为直流分量加交流分量(正弦波)，如图3-20所示。

由图3-20可知，输出电压与输入电压相位相反，即反相。只要恰当地选择放大器各参数，就可以使输出电压振幅U_{cem}大于输入电压振幅U_{im}，实现电压放大。

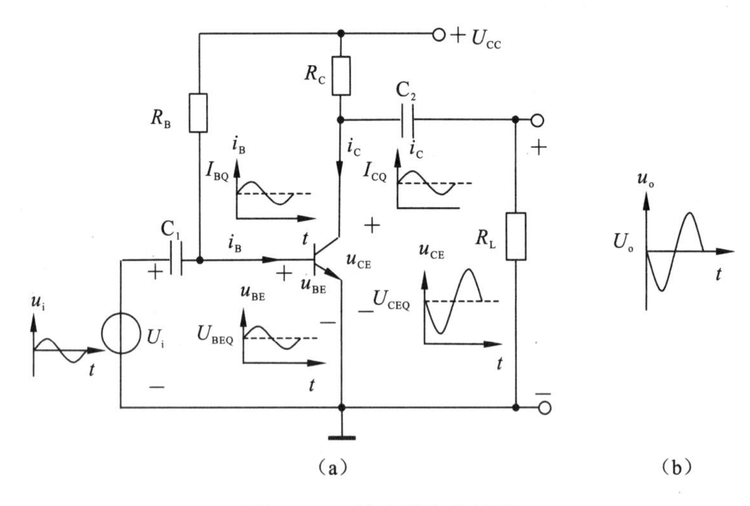

图3-20 放大器各点波形

(三)放大电路的非线性失真

对放大电路，除要求其输出电压尽可能大外，还要求输出不失真。但由于三极管为非线性器件，当工作点不合适或输出信号过大时，就会产生失真，如图3-21所示，由图不难看出，工作点电流I_C较大，Q点位置偏高，基极电流i_B增大时，放大器容易进入饱和区，i_C不能与i_B成正比地增加，所以输入信号较大时，三极管工作状态易进入饱和区，产生饱和失真，如图3-21(a)所示；工作点电流I_C较小，Q点位置偏低，输入信号较大时，三极管工作状态易进入截止区，产生截止失真，如图3-21(b)所示。

我们把最大的不失真输出信号的幅值称为放大电路的动态范围，它与静态工作点密切相关。动态范围是表征放大器放大能力的一个重要指标。由图3-22可知，忽略截止($I_E=0$)时集基极间的反向饱和电流I_{CBO}产生的U_{CBO}，则放大电路的动态范围为

$$\begin{aligned}U_{om}&=\min[(U_{CEQ}-u_{CES}),(U_{CEmax}-U_{CBO}-U_{CEQ})] \quad (3-29)\\&=\min[(U_{CEQ}-u_{CES}),I_{CEQ}R_L']\end{aligned}$$

式中，u_{CES}为集电极与发射极间的饱和电压，一般为0.3V左右。

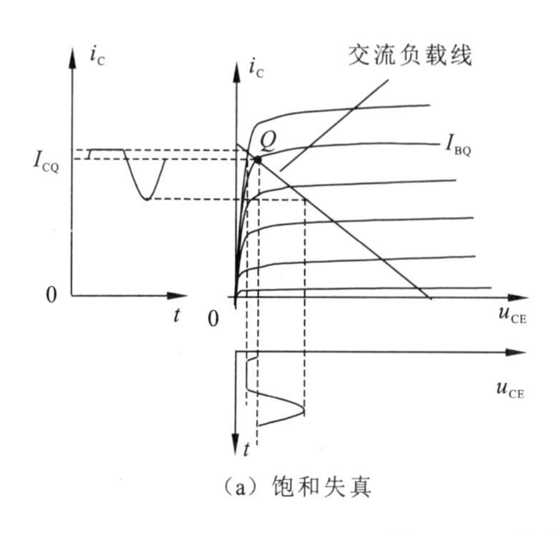

(a) 饱和失真

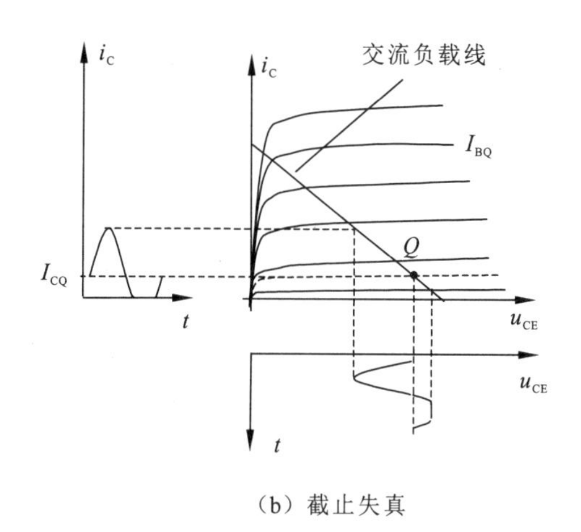

(b) 截止失真

图 3-21 饱和失真与截止失真

电路的最大不失真输出电压取决于静态工作点 Q 的位置，由式(3-29)和图 3-22可以看出，要使放大电路有较大的动态范围，工作点 Q 应该设置在交流负载线的中间位置(通过调整 I_{BQ} 来实现)。

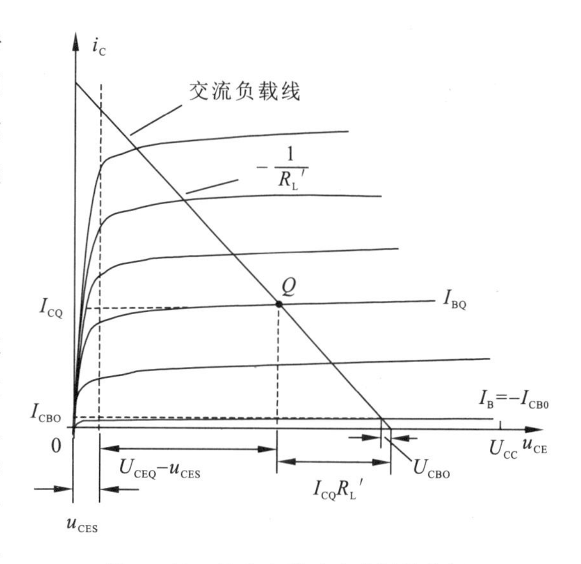

图 3-22 放大电路动态范围的分析

(四)静态工作点的稳定

放大器的性能与静态工作点参数的大小，即 Q 所在的位置密切相关。在设计放大电路时，除了要求有一个合适的静态工作点外，还要求静态工作点能够稳定。若设计电路时，没有考虑 Q 点的稳定性，则容易出现非线性失真。仍以图 3-16 所示电路为例，在图 3-16(b)所示直流通路中，我们可得

$$I_{BQ}=\frac{U_{CC}-U_{BE}}{R_B}\approx\frac{U_{CC}}{R_B} \tag{3-30}$$

假设 $U_{CC}\gg U_{BE}$，可见该电路基极电流是固定不变的，所以被称为固定偏置电路。这种电路的静态工作点电流 I_{CQ} 受温度影响较大，因而很不稳定。根据上一章介绍的晶体管温度特性，当温度变化时，晶体管的参数(U_{BEO}、β、I_{CBO})将发生变化。例如，当温度升高时，U_{BEO} 将减小，I_{CBO} 增大，β 增大，这些因素均使工作点电流 I_{CQ} 升高。在图 3-23 中，虚线表示温度升高后的输出特性曲线。如果电路其他参数不变，静态工作点就从 Q 点移至 Q'，使信号很容易进入饱和区，产生饱和失真；反之，当温度降低时，有可能使工作点下移，使信号产生截止失真。显然，固定偏置电路不能够使静态工作点稳定。

图 3-24(a)所示的分压式偏置电路就可以比较好地使静态工作点稳定。该电路的直流

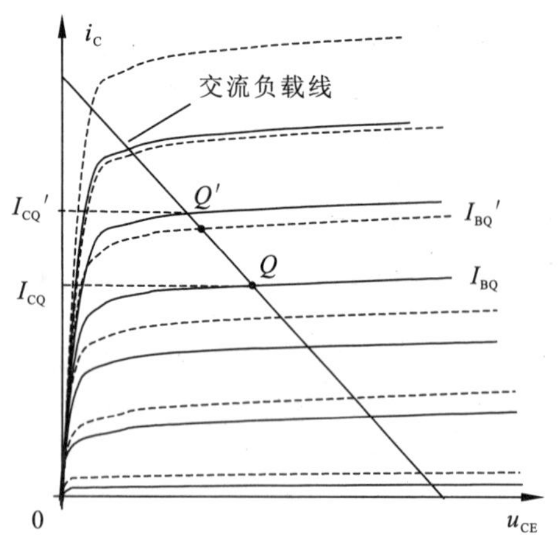

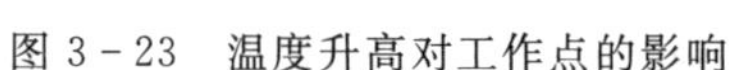
图 3-23　温度升高对工作点的影响

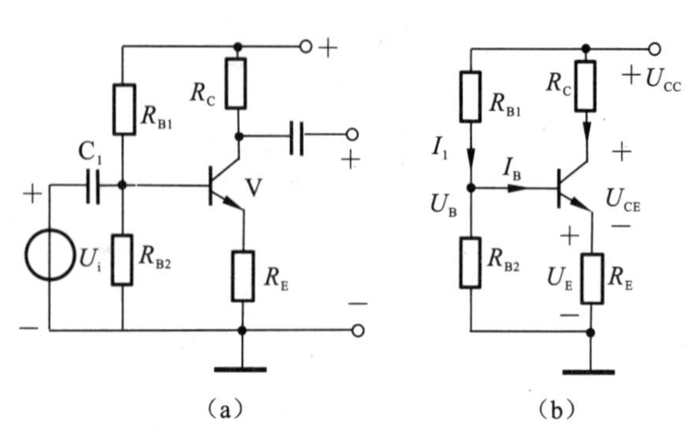

图 3-24　分压式偏置电路

通路，如图 3-24(b)所示，如果 $I_1 \gg I_B$，则可以得到

$$U_B \approx \frac{R_{B2}}{R_{B1}+R_{B2}} U_{CC} \tag{3-31}$$

因此

$$I_{CQ} \approx I_{EQ} \approx \frac{U_B - U_{BE}}{R_E} \approx \frac{U_B}{R_E} \tag{3-32}$$

上式中，假设 $U_B \gg U_{BE}$，这时 I_{CQ} 只取决于外电路 U_{CC} 和 R_{B1}、R_{B2}、R_E，而与晶体三极管参数无关。而影响静态工作点稳定的就是晶体三极管参数随温度的变化，所以分压式偏置电路稳定了工作点。

分压式偏置电路稳定静态工作点的过程是：当温度升高，I_{CQ} 增大，即 I_{EQ} 也增大，U_E($U_E=I_{EQ}R_E$)也随之升高，由于 U_B 不变，所以 U_{BE} 减小，I_{BQ} 减小，I_{CQ} 也减小，从而保持不变。上述过程可用下面的流程表示。

$$T\uparrow \to I_{CQ}\uparrow \to I_{EQ}\uparrow \to U_E\uparrow \to U_{BE}\downarrow \to I_{BQ}\downarrow \to I_{CQ}\downarrow$$

分压式偏置电路之所以能够稳定静态工作点，是由于引入发射极电阻 R_E，它将工作点的变化转换为调整发射结两端的电压，从而调整了静态工作点。这是一种负反馈。关于负反馈将在后面介绍。

分压式偏置电路不仅能够稳定由温度变化引起的静态工作点的变化，而且还能在使用不同参数的晶体管时使工作点基本不发生变化。

(五)图解法的应用特点

在分析晶体管放大电路时，图解法是很好的辅助分析手段，利用输入和输出特性曲线，可以直观形象地反映晶体管的工作状态，以及晶体管所提供的静态工作点 Q 是否满足要求，电路是否稳定等。然而，三极管的特性曲线需要事先给出，或者预先测量得知，同时，由于作图的原因，图解法在进行定量分析时存在误差较大的问题。通常绘制的晶体管放大电路的特性曲线是低频或中频的曲线图，即简化模型，如电容的通交流、阻直流作用，没有考虑电路中晶体管的高频影响。因此，图解法多适用于分析输出幅值比较大而工作频率不太高的情况，作为解析法的补充，还可分析放大电路的 Q 点位置、最大不失真输出电压和可能存在的非线性失真情况等问题。

【例 3－1】 在如图 3－26 所示基本共射放大电路中，由于电路参数的改变使静态工作点产生如图 3－25 所示的变化。试问：

(1)当静态工作点从 Q_1 移到 Q_2、从 Q_2 移到 Q_3、从 Q_3 移到 Q_4 时，分别是因为电路的哪个参数变化造成的？这些参数是如何变化的？

(2)当电路的静态工作点分别为 $Q_1 \sim Q_4$ 时，从输出电压的角度来看，哪种情况下最易产生截止失真？哪种情况下最易产生饱和失真？哪种情况下最大不失真输出电压 U_{om} 最大？其值约为多少？

(3)电路的静态工作点为 Q_4 时，集电极电源 V_{CC} 的值为多少伏？集电极电阻 R_c 为多少千欧？

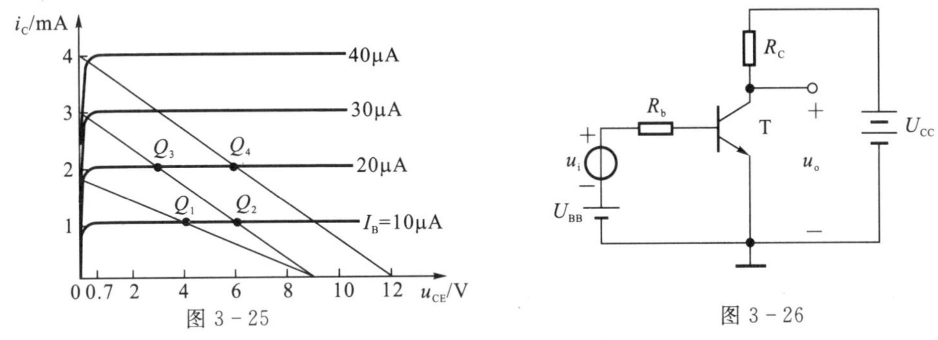

图 3－25　　　　图 3－26

解：(1)静态工作点 Q_1、Q_2 与 u_{CE} 交点相同，即直流供电电压 U_{CC} 相同，Q_1 移到 Q_2 的原因是减小了 R_C 电阻值。Q_2t 移到 Q_3 是减小了电阻 R_b，Q_3 移到 Q_4 是增大了 U_{CC}。

(2)Q_2 最容易产生截止失真，Q_3 最易产生饱和失真。Q_4 动态范围最大，最大不失真电压为 5.3V。

(3)此时 U_{CC} 为 12，R_C 为 3kΩ。

三、解析法

由上节可知，图解法是比较好的辅助分析方法，在了解放大电路的静态工作点 Q 时，直观明了，指明了电路的问题和调试的方向。但对于复杂的电路，图解法由于其局限性，使用繁锁，误差较大，难以得到精确的数值解，无法获得输入电阻、输出电阻、放大倍数等关键电路指标。因此，常用小信号的混合参数等效模型(H 参数等效模型)进行电路分析，这种方法称为解析法。同样，解析法也分为直流分析(静态分析)和动态分析(交流分析)两部分。

1. 放大电路的静态分析

静态分析的过程是：已知晶体管的参数 β，在得到放大器的直流通路后，可以估算出放大电路的静态工作点。一般来说，当晶体三极管工作在放大状态时，U_{BEQ} 变化很小，可以近似

为常数，即

$$U_{BE硅管}\approx 0.6\sim 0.8V，常取 U_{BEQ硅管}\approx 0.6V$$

$$U_{BE锗管}\approx 0.1\sim 0.3V，常取 U_{BEQ锗管}\approx 0.2V$$

所以，静态分析要计算的变量主要是 I_{BQ}、I_{CQ}和 U_{CEQ}。

要对放大电路进行静态分析，必须先得到其直流通路，然后在直流通路上进行分析。下面通过实例来说明。

【例 3-2】 固定偏置放大电路如图 3-27(a)所示。已知 $R_B=200k\Omega$，$R_C=3k\Omega$，$U_{CC}=12V$，$\beta=50$，试计算该电路的静态工作点(设晶体管为硅管，$U_{BE}=0.6V$)。

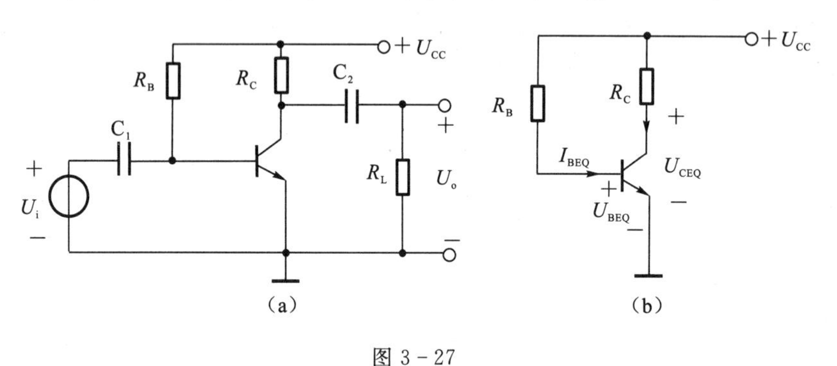

图 3-27

解：根据固定偏置电路的画法，得到直流通路如图 3-27(b)所示。计算基极电流 I_{BQ}，然后计算 I_{CQ}和 U_{CEQ}。

由直流通路输入回路

$$I_{BQ}=\frac{U_{CC}-U_{BEQ}}{R_B}=\frac{12-0.6}{200}=57(\mu A)$$

一般情况下，I_{CBO}忽略不计，故有

$$I_{CQ}=\beta I_{BQ}=50\times 0.057=2.85(mA)$$

再由图 3-27(b)直流通路的集电极输出回流可得

$$U_{CEQ}=U_{CC}-I_{CQ}R_C=12-2.85\times 2=6.3(V)$$

【例 3-3】 分压偏置电路如图 3-28(a)所示，试计算其静态工作点。

解：先得到直流通路如图 3-28(b)所示。根据分压式电路特点，用戴维南等效电路求 U_B，如图 3-28(c)所示。

$$U_B=\frac{R_{B2}}{R_{B1}+R_{B2}}U_{CC}$$

$$R_B=R_{B1}/\!/R_{B2}$$

由输入回路可得

$$I_{BQ}R_B+U_{BE}+I_ER_E=U_B$$

由于 $I_E=(1+\beta)I_B$，故可得

$$I_{BQ}=\frac{U_B-U_{BE}}{R_B+(1+\beta)R_E}$$

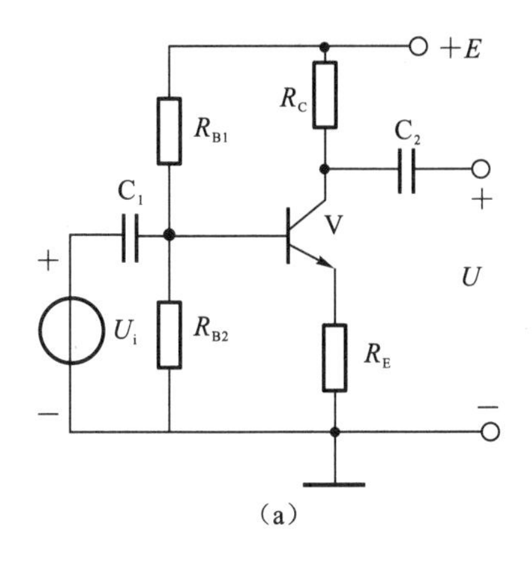

(a)

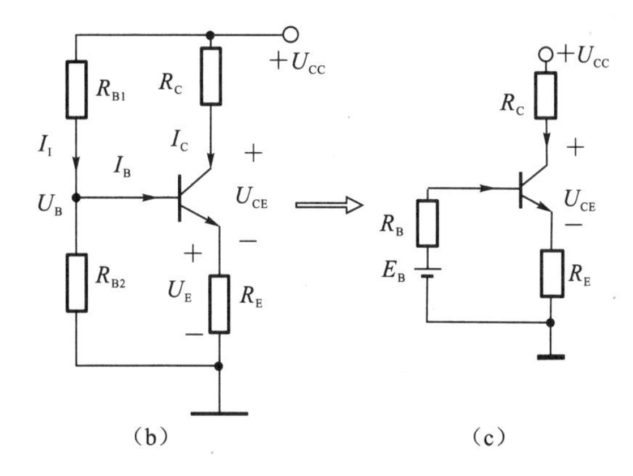

(b)　(c)

图 3-28

$$I_{CQ}=\beta I_{BQ}$$

$$U_{CEQ}=U_{CC}-R_C I_{CQ}-R_E I_{EQ}\approx U_{CC}-(R_C+R_E)I_{CQ}$$

分压式偏置电路静态工作点也可以近似计算，先计算 U_B、$I_{EQ}(I_{CQ})$，然后再计算 I_{BQ}、U_{CEQ}。

2. 放大电路的动态分析

小信号时的动态分析的解析法一般是建立在微变等效电路的基础上的。因为在小信号时，只要工作点设置得合适，各电极电流与电压增量之间就可以近似为线性关系，因而可以用线性等效电路来取代三极管。对于分立元件的放大电路，在得到微变等效电路之前还应该先得到放大电路的交流通路。放大电路动态分析的步骤为：

(1)静态分析，计算出静态工作点得到动态分析等效电路所需的参数值，如果这些参数已经给出，则这一步可不需要。

(2)从放大电路得到交流通路，由于在中频时，耦合电容和旁路电容的容抗较小，可认为短路；而直流电源由于交流电流流过不会产生交流电压，所以在交流通路中直流电源对交流信号而言相当于短路，即对地短路。

(3)从交流通路得到微变等效电路，也就是将放大器件用它的微变等效电路替换。

(4)交流分析，根据放大电路各指标的定义在微变等效电路的基础上进行分析。

下面通过实例加以说明。

【例 3-4】 如图 3-27(a)所示固定偏置放大电路，设 $r_{bb'}=200\Omega$，$R_L=3k\Omega$，其余各元件参数与例 3-2 相同，忽略 h_{re} 和 h_{oe}，试计算电压放大倍数 A_u、输入电阻 R_i 和输出电阻 R_o。

解：(1)利用例 3-1 中计算得到的结果，即 $I_{BQ}=57\mu A$，有

$$h_{ie}=r_{be}=r_{bb'}+\frac{26}{I_{BQ}}=200+\frac{26\times10^{-3}}{57\times10^{-6}}=656(\Omega)$$

(2)交流通路。将耦合电容 C_1、C_2 短路，直流电压源为零(对地短路)，得到交流通路，如图 3-29(a)所示。

(3)微变等效电路。将图 3-29(a)的等效电路替换交流通路的晶体管得到微变等效电路,如图 3-29(b)所示。

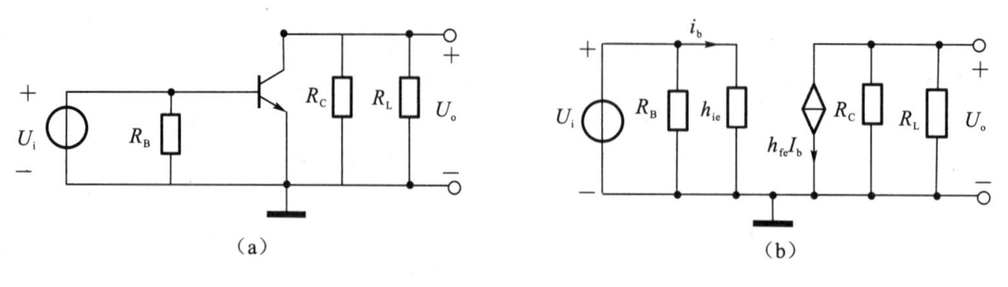

图 3-29

(4)动态分析:

由图 3-29(b)可得

$$U_i = I_b h_{ie}$$

$$U_o = -h_{fe}R_L' = -\beta R_L',(R_L' = R_C /\!/ R_L)$$

所以

$$A_u = \frac{U_o}{U_i} = -\frac{\beta R_L'}{h_{ie}} = -\frac{50 \times 1.5 \times 10^3}{656} \approx -114$$

$$R_i = \frac{U_i}{I_i} = R_B /\!/ h_{ie} \approx h_{ie} = 656(\Omega)$$

根据输出电阻定义,将负载 R_L 断开,信号源 U_i 为零,从输出端看进去的等效电阻为 $R_o = R_C = 3\text{k}\Omega$。

第五节　3 种常用的放大电路性能指标计算

一、常用基本放大电路

晶体管有 3 个电极,也就是 3 个端,放大电路有输入、输出 2 个端口 4 个端子,所以晶体管作为放大元件时,其中必有一个端子是输入、输出端口的公共端。根据作为公共端的电极不同,晶体管放大电路可分为共发射极放大电路、共基极放大电路和共集电极放大电路,如图 3-30 所示。这 3 种放大电路性能不同,在电路中所起的作用也不相同。

图 3-30 中(a)、(b)、(c)分别是晶体管共发射极、共基极、共集电极放大电路,其中图 3-30(a)和图 3-30(b)中旁路电容 C_E 和 C_B 对交流短路,故相应的电极接地就是公共端。

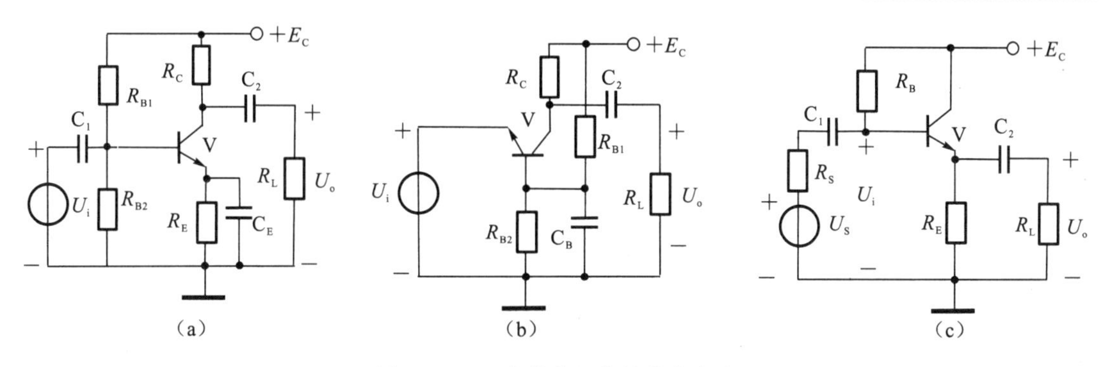

图 3－30　3 种基本组态的放大电路

二、3 种组态电路性能指标分析

按照图 3－13 的 β 参数小信号模型，画出图 3－30 中的 3 种电路的微变等效电路如图 3－31所示。

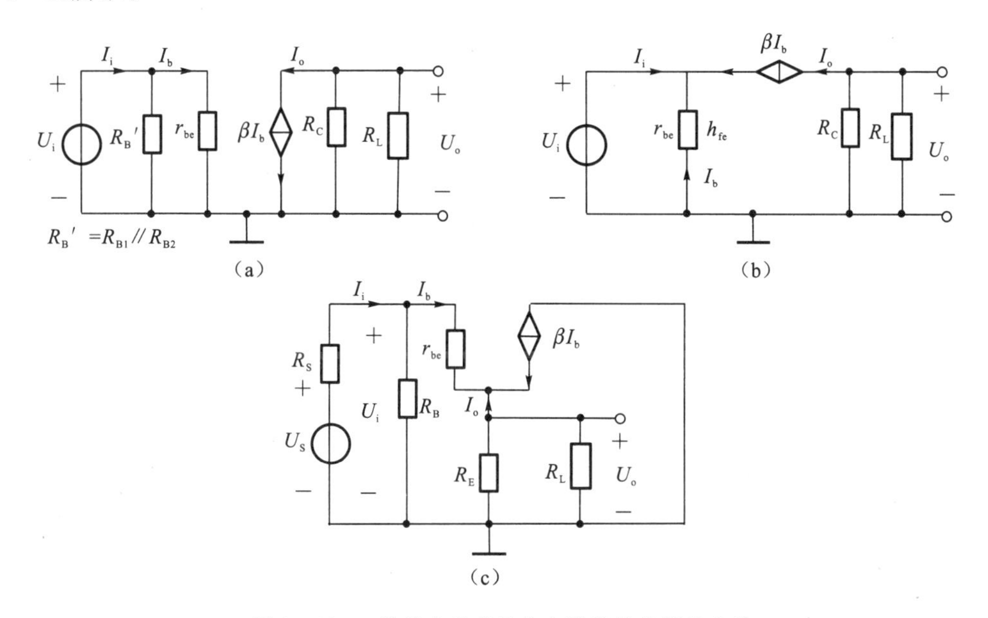

图 3－31　3 种基本组态放大电路的微变等效电路

1.3 种组态电路分析

1)共射放大电路

由图 3－31(a)，根据各指标的定义可得

(1)电流放大倍数 A_i

$$A_i=\frac{I_o}{I_i}=\frac{\beta I_b}{I_b}=\beta \tag{3-33}$$

(2)电压放大倍数 A_u

$$A_u=\frac{U_o}{U_i}=\frac{-\beta I_b R_L'}{I_b r_{be}}=-\frac{\beta R_L'}{r_{be}}\qquad (其中\ R_L'=R_C /\!/ R_L) \tag{3-34}$$

(3)输入电阻 R_i

$$R_i=\frac{U_i}{I_i}=\frac{\beta I_b}{I_b}=r_{be} \tag{3-35}$$

(4)输出电阻 R_o

将负载电阻 R_L 断开,信号源 U_i 为零,从输出端看进去的等效电阻为

$$R_o=R_C \tag{3-36}$$

2)共基放大电路

对于共基放大电路,由图 3-31(b)同样可得

(1)电流放大倍数 A_i

$$A_i=\frac{I_o}{I_i}=-\frac{\beta I_b}{(1+\beta)I_b}=-\frac{\beta}{(1+\beta)}=-\alpha \tag{3-37}$$

(2)电压放大倍数 A_u

$$A_u=\frac{U_o}{U_i}=\frac{\beta I_b R_L'}{I_b r_{be}}=\frac{\beta R_L'}{r_{be}} \quad (\text{其中 } R_L'=R_C /\!/ R_L) \tag{3-38}$$

(3)输入电阻 R_i

$$R_i=\frac{U_i}{I_i}=\frac{I_b r_{be}}{(1+\beta)I_b}=\frac{r_{be}}{1+\beta} \tag{3-39}$$

(4)输出电阻 R_o

将信号源定为零,I_b 为零,受控电流源为零,开路,故在负载电阻开路时从输出端看进去的电阻

$$R_o=R_c \tag{3-40}$$

3)共集放大电路

对于共集放大电路,由图 3-31(c)可得

(1)电流放大倍数 A_i

$$A_i=\frac{I_o}{I_i}=-\frac{(1+\beta)I_b}{I_b}=-(1+\beta) \tag{3-41}$$

(2)电压放大倍数 A_u

$$A_u=\frac{U_o}{U_i}=\frac{-I_o R_L'}{r_{be}I_b+(-I_o R_L')}=\frac{(1+\beta)I_b R_L'}{r_{be}I_b+(1+\beta)I_b R_L'}=\frac{(1+\beta)R_L'}{r_{be}+(1+\beta)R_L'} \tag{3-42}$$

式中,$R_L'=R_E /\!/ R_L$。

(3)输入电路 R_i

$$R_i=\frac{U_i}{I_i}=\frac{r_{be}I_b+(1+\beta)I_b R_L'}{I_b}=r_{be}+(1+\beta)R_L' \tag{3-43}$$

(4)输出电阻 R_o

根据输出电阻的定义,可以得到共集放大电路输出电阻的计算电路如图 3-32 所示,图中由于 $R_B \gg R_S$,故忽略 R_B。

由图可得

$$I_2=(1+\beta)I_b+\frac{U_2}{R_E}$$

而
$$I_b=\frac{U_2}{R_S+r_{be}}$$

所以
$$I_2=\frac{(1+\beta)}{R_S+r_{be}}U_2+\frac{U_2}{R_E}$$

则
$$R_o=\frac{R_S+r_{be}}{1+\beta}/\!/R_E\approx\frac{R_S+r_{be}}{1+\beta}\qquad(3-44)$$

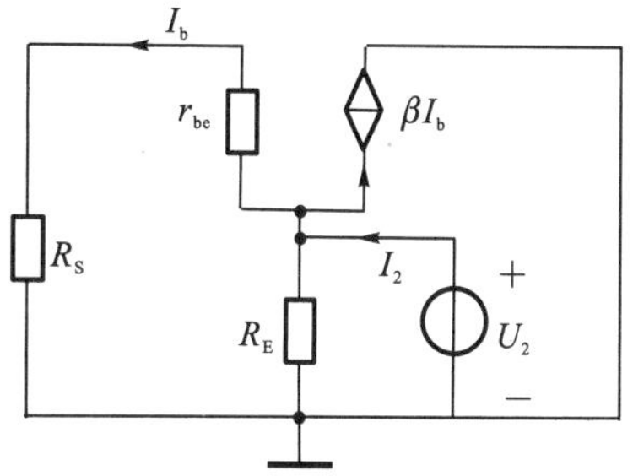

图 3-32　计算共集放大电路输出电阻

2. 性能分析比较

将以上3种基本组态的晶体管放大电路计算结果作一比较，在晶体管参数和各元件都相同的条件下，可以得出：

(1)共射放大电路电流、电压放大倍数均较高，因而功率放大倍数最大，输入、输出电阻适中，故使用最广泛。

(2)共基放大电路电压放大倍数高，但电流放大倍数小于1，输入电阻最小，作为电压放大器使用较少，但它可以较好地改善放大电路的高频特性，故在高频放大电路中使用较多。

(3)共集放大电路从射极输出，电压放大倍数小于1(接近于1)，经常被称为射极输出器或射极跟随器。这种电路电流放大倍数高，有一定的功率放大作用，而且输入电阻高，输出电阻低，具有广泛的用途，经常被作为放大电路的输入级、输出级和中间隔离级使用。

第六节　多级放大电路

在实际应用中，单级放大电路在放大倍数上不能满足要求，因此经常采用多级放大电路。图3-33为多级放大电路的组成框图，其中，输入级和中间放大级属于小信号放大电路，输出级为大信号放大电路，本节只讨论小信号放大电路，大信号放大就是功率放大，将在后面介绍。而分立元件组成的放大电路，就存在着级间耦合和多级放大电路的计算问题。

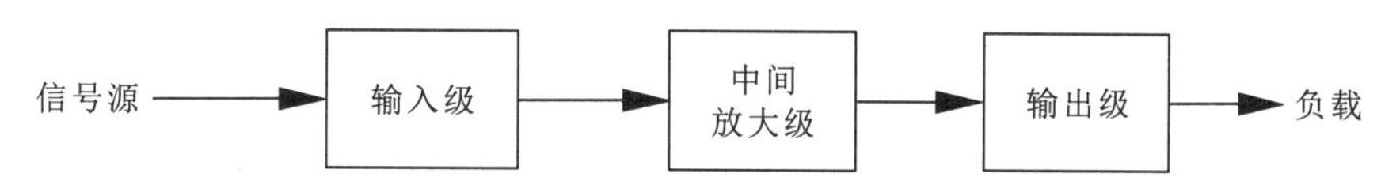

图 3-33　多级放大电路的组成框图

一、多级放大电路的耦合方式

耦合方式就是指采用不用的方式或元器件，将前后级连接起来。对于分立元件的放大电路来说，耦合电路，就是要能使信号顺利通过。

1. 电容耦合

如图3-34所示是电容耦合放大电路，它通过电容 C_2 将第一级和第二级连接起来。这种耦合方式的优点是:第一,由于电容 C_2 的隔直作用,使前后级的静态工作点互不影响,这样给设计、调试静态工作点带来方便;第二,当电容足够大,在信号的频率范围内阻抗足够小,可使信号顺利通过。所以这种耦合方式经常被使用,但是对于变化缓慢或直流信号而言,这种耦合方式是不适用的。

2. 直接耦合

直接耦合放大电路(图 3-35)的优点是耦合简单,在任何频率的信号场合都可以使用。但是,它的缺点是静态工作点会相互影响,给静态工作点的设计和调试带来不便。图 3-35 中,如果没有稳压管 V_D,则 V_1 集电极电压 $U_{C1}=U_{BE2}=0.7V$,使 V_1 管容易工作在饱和区。所以在 V_2 发射极加以稳压管 V_D,就可以抬高 V_1 集电极偏置电压,使其有一个合适的工作点。

在变化缓慢或直流信号以及集成运算放大器内部不能使用电容耦合的场合都采用直接耦合方式,由运算放大器组成的放大电路由于不存在静态工作点相互影响的问题,因此也是采用这种耦合方式。

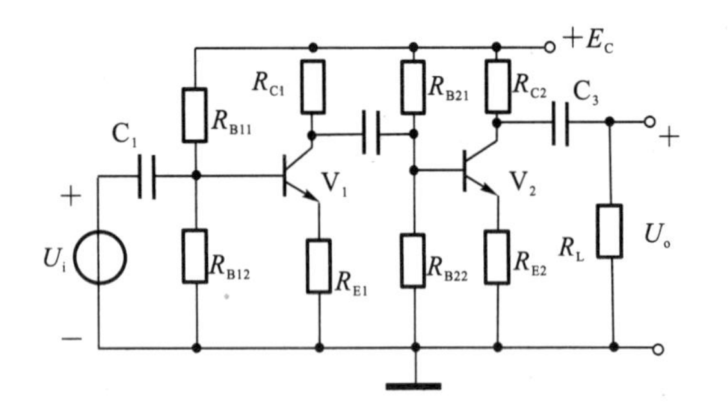

图 3-34 电容耦合放大电路

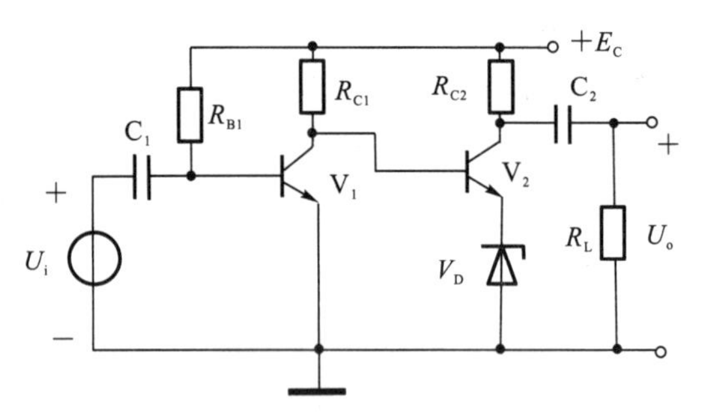

图 3-35 直接耦合放大电路

3. 变压器耦合

变压器也具有隔直流、耦交流的作用,因此,变压器也可以作为耦合电路。如图 3-36 所示电路就是变压器耦合放大电路。变压器耦合的优点是可以阻抗变换,便于功率匹配,在大功率场合经常采用变压器耦合方式。但是,变压器体积大、质量重、频率特性差,所以应用不广。

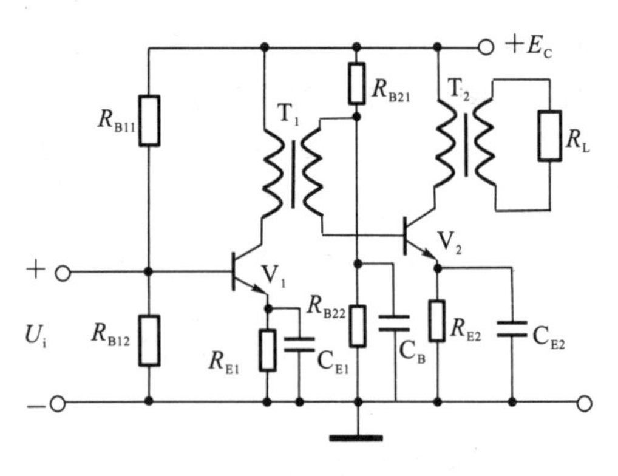

图 3-36 变压器耦合放大电路

二、多级放大电路性能指标的计算

图 3-37 是多级放大电路原理框图,由图可知

$$R_i=\frac{U_i}{I_i}=R_{i1} \tag{3-45}$$

即多级放大电路的输入电阻就是第一级的输入电阻。

由于前一级的输出电压就是后一级的输入电压，所以有

$$A_u=\frac{u_o}{u_i}=\frac{u_{o1}}{u_i}\times\frac{u_{o2}}{u_{o1}}\times\cdots\times\frac{u_o}{u_{o(n-1)}}=A_{u1}A_{u2}\cdots A_{un} \tag{3-46}$$

而输出电阻为最后一级输出电阻

$$R_o=R_{on} \tag{3-47}$$

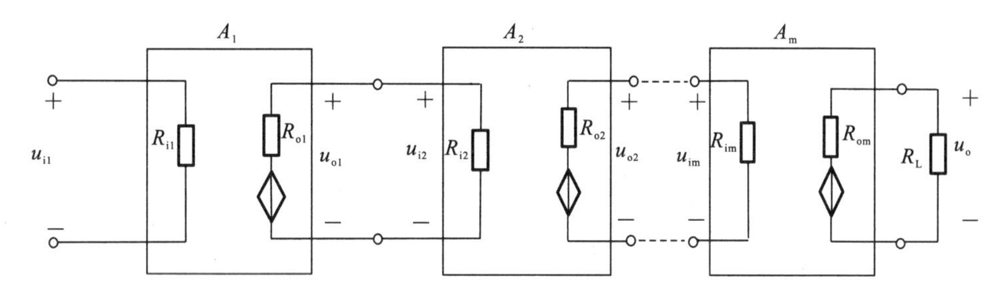

图 3－37　多级放大电路原理框图

对于分立元件组成的放大电路，由于其输出电阻较大，当加上负载后，放大电路的实际输出电压将会减小，因而放大倍数也将下降，这就是负载效应。当放大电路后面接有另一放大电路时，后一级放大电路就是前一级放大电路的负载，也会有负载效应，这时后一级的输入电阻即视为前一级的负载电阻。因此在实际计算时，必须先求出后一级的输入电阻，作为前一级的负载计算前一级的电压放大倍数。

同样地，由于前一级放大电路也是一个信号源，其输出电阻就是信号源的内阻。这一问题在计算后一级是射极输出器的放大电路的输出电阻时要特别注意。

对于运算放大器组成的放大电路，由于其输出电阻近似为零，故在计算每一级放大倍数时没有负载效应，故可以独立地进行。

【例 3－5】 两级放大电路如图 3－38 所示，已知：$\beta=60$，$r_{be}=900\Omega$，其余各参数如图所示。试计算电压增益和输入、输出电阻。

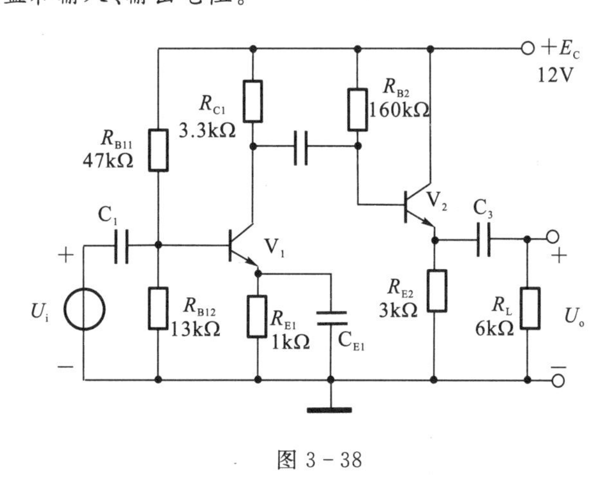

图 3－38

解：先计算各级输入电阻。

第一级为共射放大电路，输入电阻为

$$R_{i1}=R_{B11}//R_{B12}//r_{be1}=47//13//0.9\approx0.83(\text{k}\Omega)$$

第二级为共集放大电路（射极输出器），输入电阻为

$$R_{i2}=R_{B2}//[r_{be2}+(1+\beta)(R_E//R_L)]=160//[0.9+61\times2]\approx69.5(\text{k}\Omega)$$

所以整个电路的输入电阻

$$R_i=R_{i1}=0.83(\text{k}\Omega)$$

电压放大倍数

$$A_{u1}=-\frac{\beta(R_{C1}//R_{i2})}{r_{be1}}=-\frac{60(3.3//69.5)}{0.9}\approx-206$$

$$A_{u2}=\frac{(1+\beta)(R_E//R_L)}{r_{be2}+(1+\beta)(R_E//R_L)}=\frac{61\times(3//6)}{0.9+61\times(3//6)}\approx0.99$$

所以 $$A_u=A_{u1}\cdot A_{u2}=-206\times0.99\approx-204$$

由于最后一级是射极输出器，其输出电阻与信号源内阻有关，而信号源内阻就是前一级放大器的输出电阻，所以应计算 R_{o1}

$$R_{o1}=R_{C1}=3.3(\text{k}\Omega)$$

$$R_o=R_{o2}=R_{E2}//\frac{R_{o1}//R_{B2}+r_{be2}}{1+\beta}=3//\frac{(3.3//160)+0.9}{61}\approx0.066(\text{k}\Omega)=660(\Omega)$$

【例 3-6】 由运算放大器组成的两级放大电路如图 3-39 所示，试计算电压增益。

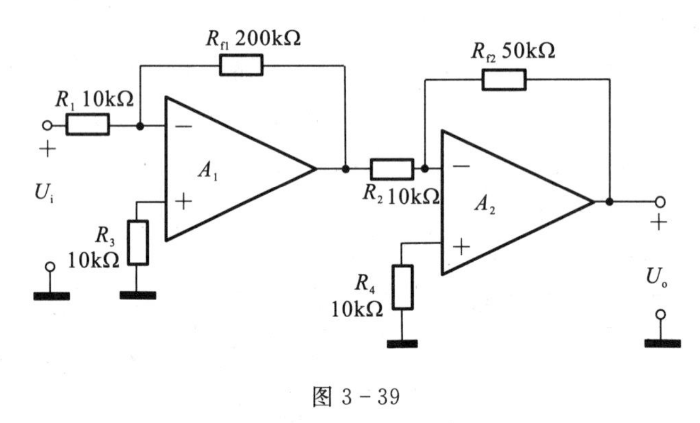

图 3-39

解：由于运算放大器的输出电阻为零，所以，由运算放大器组成的放大电路没有负载效应，每一级放大电路电压增益都可独立计算。由图 3-36 可知，这两级都是反相放大器，可得

$$A_{u1}=\frac{-R_{f1}}{R_1}=-20$$

$$A_{u2}=-\frac{R_{f2}}{R_2}=-5$$

所以 $$A_u=A_{u1}\cdot A_{u2}=100$$

可见，由运算放大器组成的放大电路的计算要比分立元件组成的放大电路的计算容易得多。

习题三

1. 分别改正图 3-40 所示各电路中的错误，使它们可能放大正弦波信号，要求保留电路原来的共射接法。

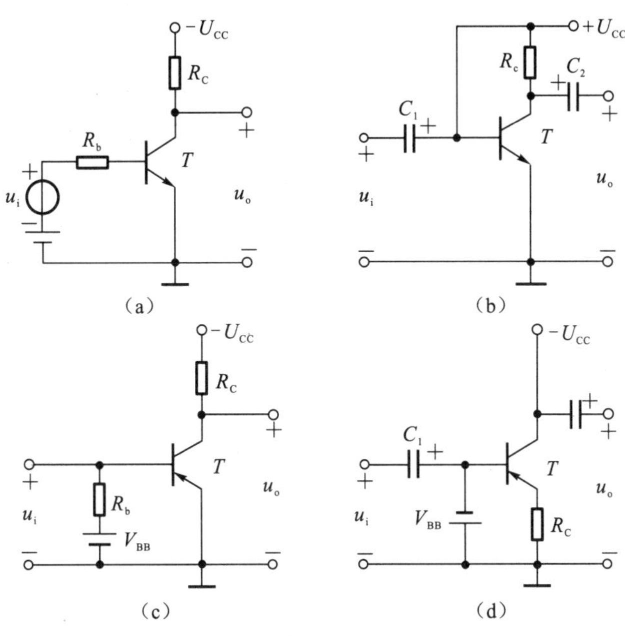

图 3-40

2. 试分析如图 3-41 所示电路中，哪些可以正常地放大交流信号，哪些不能？并说明理由。

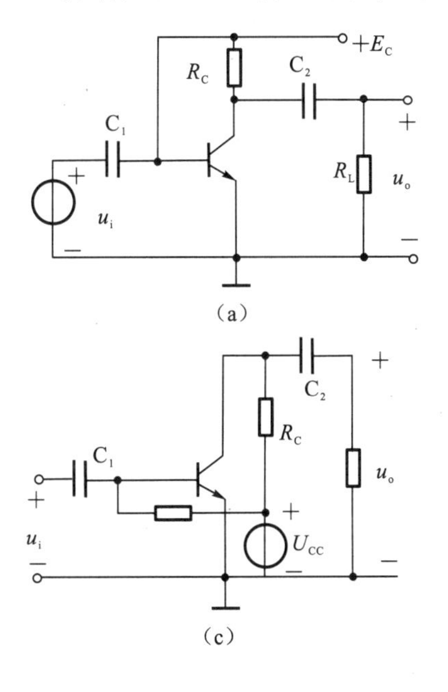

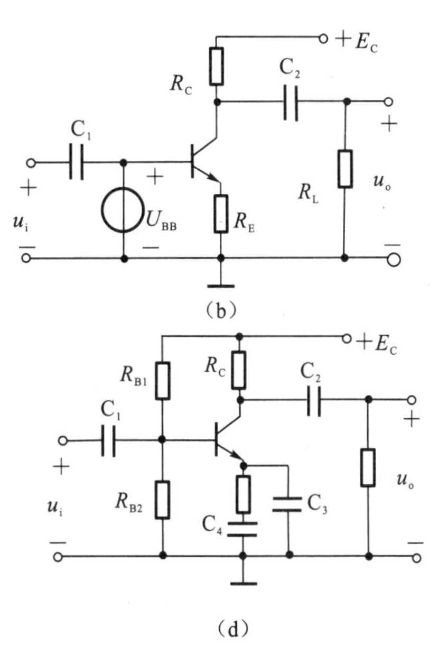

图 3-41

3. 画出图 3-42 所示各电路直流通路和交流通路,设图中所有电容对交流信号可视为短路。

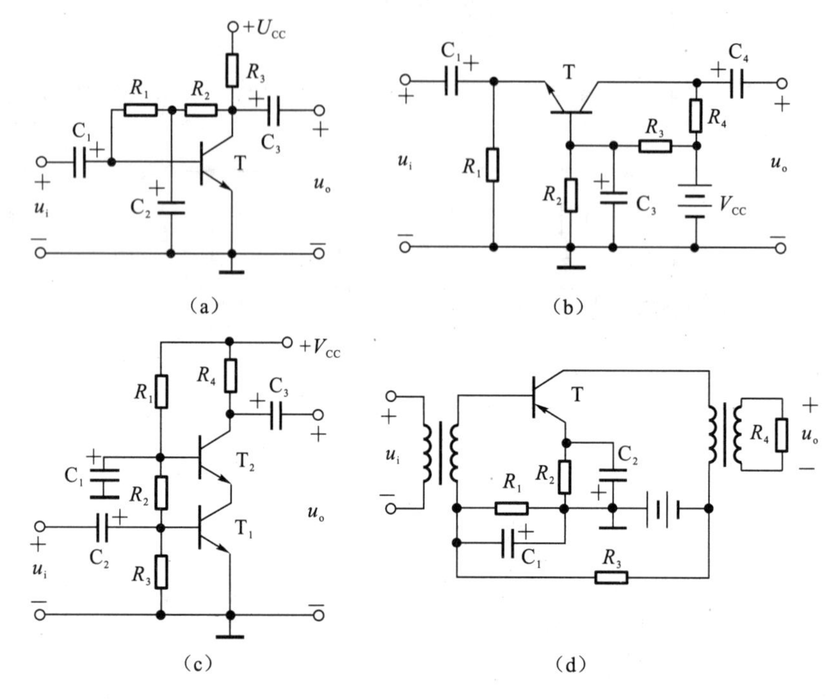

图 3-42

4. 放大电路如图 3-43 所示,图 4-43(b)是晶体管的输出特性曲线,设 $u_{BE}=0.6V$,试用图解法求 I_{CQ}和 U_{CEQ}以及输出电压的动态范围。

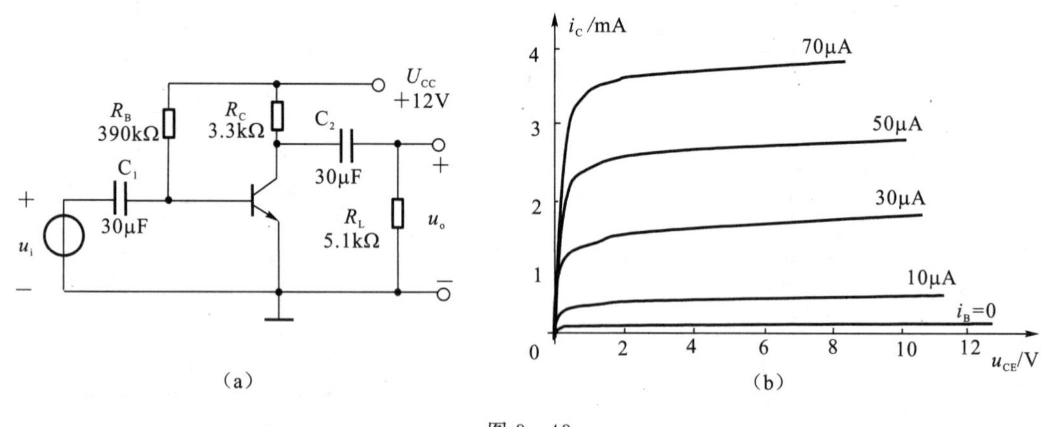

图 3-43

5. 放大电路如图 3-43 所示,若晶体管 $\beta=50$,$I_{CBO}\approx0$,试计算:

(1)I_{CQ}和 U_{CEQ};

(2)令 $R_B=470k\Omega$,其他条件不变,重求 I_{CQ}和 U_{CEQ};

(3)令 $R_C=5.1k\Omega$,其他条件同(1)不变,重求 I_{CQ}和 U_{CEQ}。

6. 分别判断图 3-44 所示的两电路分别是共射、共集、共基放大电路中的哪一种，并写出 Q、A_u、R_i 和 R_e 的表达式。

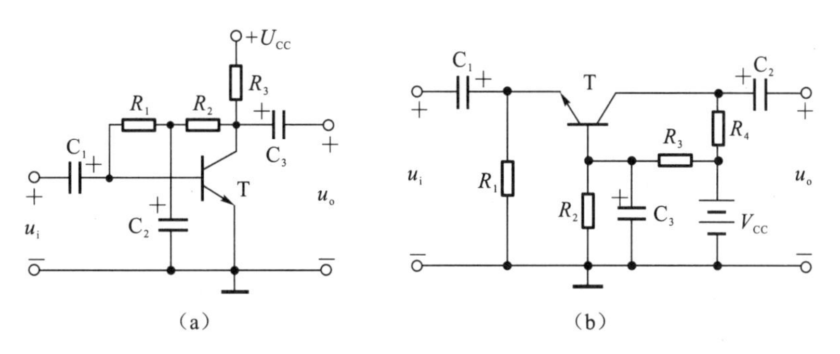

图 3-44

7. 在图 3-45 所示的电路中，已知晶体管的 $\beta=80$，$r_{be}=1\text{k}\Omega$，$U_1=20\text{mV}$。静态时 $U_{BEQ}=0.7\text{V}$，$U_{CEQ}=4\text{V}$，$I_{BQ}=20\mu\text{A}$。判断下列结论是否正确，在对的括号里面打√，否则打×。

(1)$\dot{A}_i=-\dfrac{4}{20\times10^{-3}}=-200$(　　)；　(2)$\dot{A}_u=-\dfrac{4}{0.7}\approx-5.71$(　　)；

(3)$\dot{A}_u=-\dfrac{80\times5}{1}=-400$(　　)；　(4)$\dot{A}_i=-\dfrac{80\times2.5}{1}=-200$(　　)；

(5)$R_i=\dfrac{20}{20}=1\text{k}\Omega$(　　)；　(6)$R_i=\dfrac{0.7}{0.02}=35\text{k}\Omega$(　　)；

(7)$R_i=3\text{k}\Omega$(　　)；　(8)$R_i=1\text{k}\Omega$(　　)；

(9)$R_o=5\text{k}\Omega$(　　)；　(10)$R_o=2.5\text{k}\Omega$(　　)；

(11)$U_a=20\text{mV}$(　　)；　(12)$U_a=60\text{mV}$(　　)。

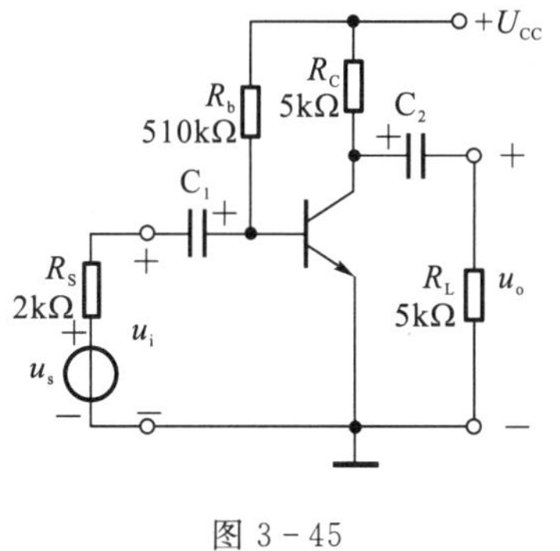

图 3-45

8. 在图 3-46 所示的电路中，已知晶体管 $\beta=120$，$U_{BE}=0.7\text{V}$，饱和管压降 $U_{CES}=0.5\text{V}$。下列情况下，用直流电压表测晶体管的集电极电位，应分别为多少？

(1)正常情况；

(2)R_{b1} 短路；

(3)R_{bt} 开路；

(4)R_{b2} 开路；

(5)R_{b2}短路；

(6)R_e 短路。

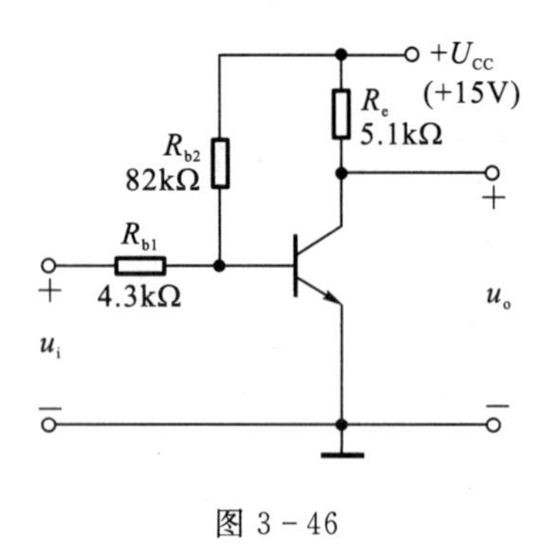

图 3－46

9. 若将图 3－47 所示电路中的 NPN 型管换成 PNP 型管，其他参数不变，则为使电路正常放大，电源应作如何变化？Q 点、A_u、R_1 和 R_e 会不会发生变化？如变化，如何变化？若输出电压波形底部失真，则说明电路产生失真，如何消除？

10. 射极输出器电路如图 3－47 所示，已知晶体管参数为：$\beta=50$，$I_{CBO}=0$，$r_{bb'}=50\Omega$，r_{ce} 忽略不计，$U_{BE}=0.7V$，试画出微变等效电路，并求其静态工作点 I_{CQ}、I_{BQ}和 U_{CEQ}以及中频时的 R_i、A_u和 R_o。

11. 已知图 3－48 所示电路中晶体管的 $\beta=100$，$r_{be}=1.4k\Omega$。

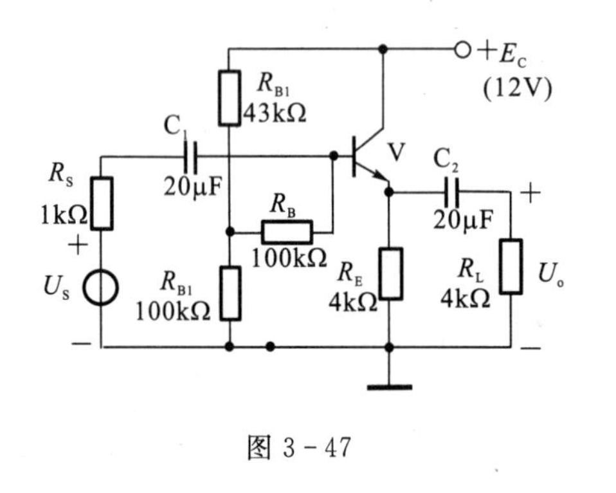

图 3－47

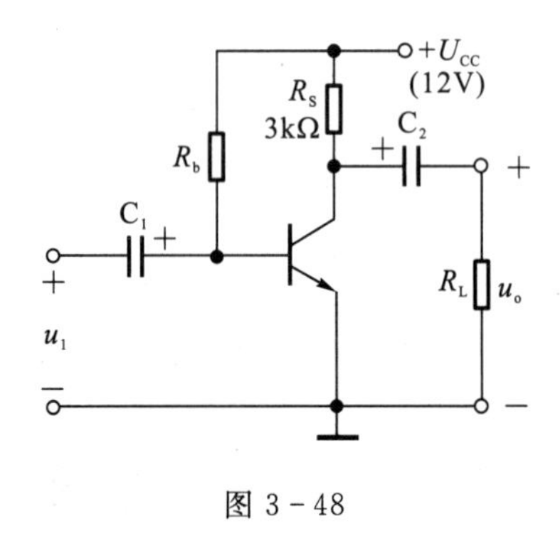

图 3－48

(1)现已测得静态管压降 $U_{CEQ}=6V$，估计 R_b 约为多少千欧？

(2)若测得 $\dot{U}_i$ 和 $\dot{U}_o$的有效值分别为 1mV 和 100mV，则负载电阻 R_L 约为多少千欧？

12. 电路如图 3－49 所示，晶体管的 $\beta=100$，$r_{bb'}=100\Omega$。

(1)求电路的 Q 点、A_u、R_i 和 R_o；

(2)若改用 $\beta=200$ 的晶体管，则 Q 点如何变化？

(3)若电容 C_g 开路，则将引起电路的哪些动态参数变化？如何变化？

13. 电路如图 3－50 所示，晶体管的 $\beta=80$，$r_{be}=1k\Omega$。

(1)求出 Q 点；

(2)分别求出 $R_L=\infty$和 $R_L=3k\Omega$ 时电路的 A_u、R_i 和 R_o。

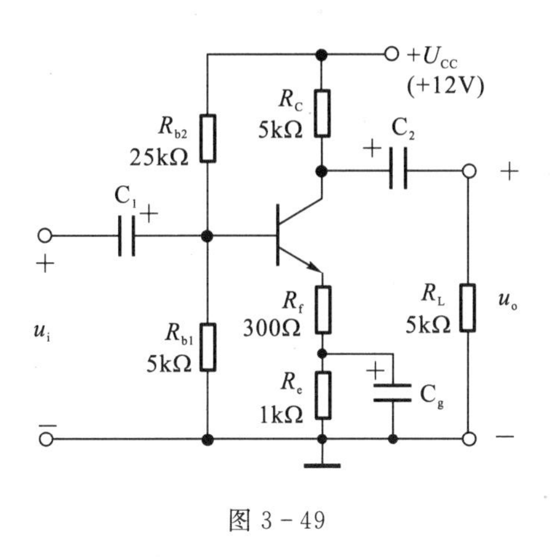

图 3-49

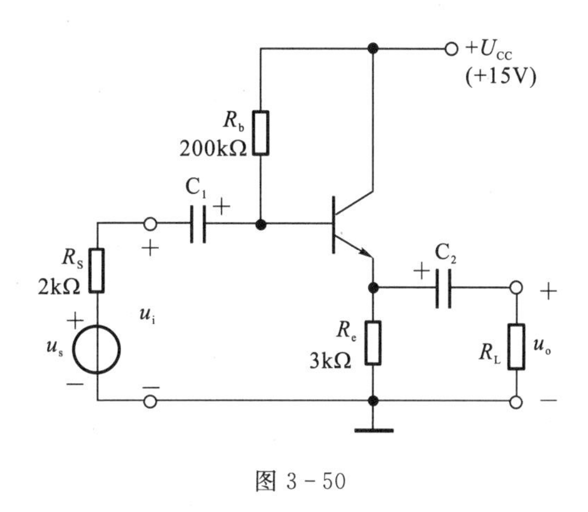

图 3-50

14. 电路如图 3-51 所示，晶体管的 $\beta=60$，$r_{be}=100\Omega$。

(1)求解 Q 点，A_u、R_i 和 R_o；

(2)设 $U=10mV$(有效值)，求 U_i、U_o；若 C_3 开路，求 U_i、U_o。

15. 放大电路如图 3-52 所示，设 $U_{BE}=0.6V$，$I_{CBO}\approx 0$，$U_{CES}=0.3V$，试计算 I_{CQ} 和 U_{CEQ}，再求其输出动态范围。

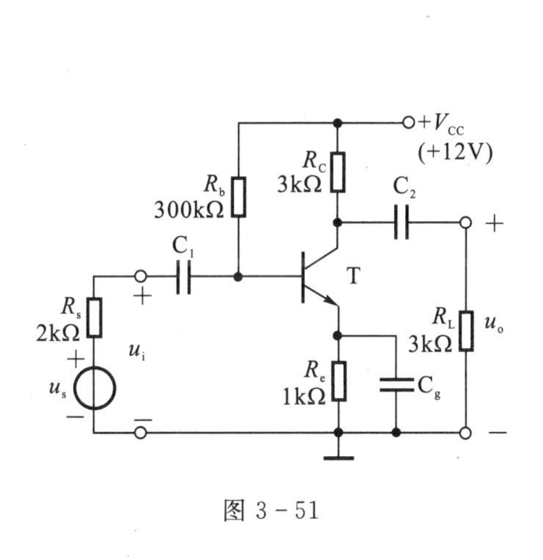

图 3-51

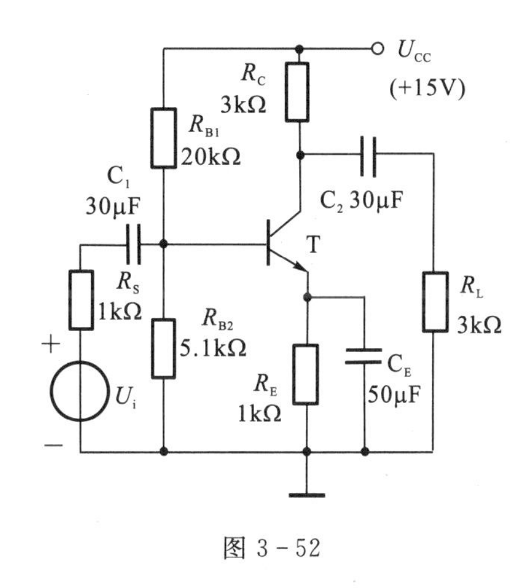

图 3-52

16. 电路如图 3-52 所示，但元件参数为：$R_{B1}=56k\Omega$，$R_{B2}=12k\Omega$，$R_E=1.3k\Omega$，$R_L=3.6k\Omega$，$U_{CC}=12V$，$R_S=1k\Omega$，$U_{BE}=0.7V$，$I_{CBO}=0$，$r_{bb'}=100\Omega$，$\beta=50$，$r_{ce}\approx\infty$，试求：

(1)中频时 R_i、A_u、A_{us} 和 R_o；

(2)当 $r_{ce}=57k\Omega$ 时，重复计算(1)。

17. 射极输出器电路如图 3-53 所示，已知晶体管参数为：$\beta=50$，$I_{CBO}=0$，$r_{bb'}=50\Omega$，r_{ce} 忽略不计，$U_{BE}=0.7V$，试画出微变等效电路，并求其静态工作点 I_{CQ}、I_{BQ} 和 U_{CEQ} 以及中频时的 R_i、A_u 和 R_o。

18. 某共基极电路如图 3-54 所示：

(1)计算静态工作点 I_{CQ}、I_{BQ} 和 U_{CEQ}；

(2)画出微变等效电路,并写出 R_i、A_u 和 R_o 的表达式。

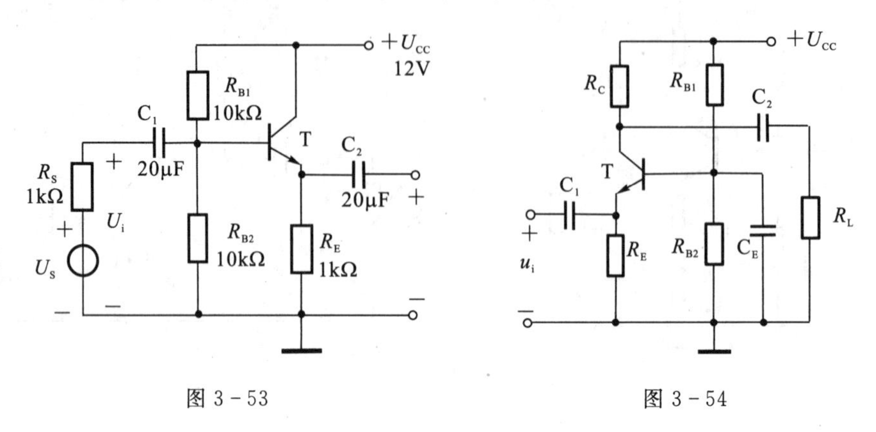

图 3-53　　　　图 3-54

19. 图 3-55 中的哪些接法可以构成复合管?标出它们等效管的类型(如 NPN 型、PNP 型、N 沟道结型……)及管脚(b、e、c、d、g、s)。

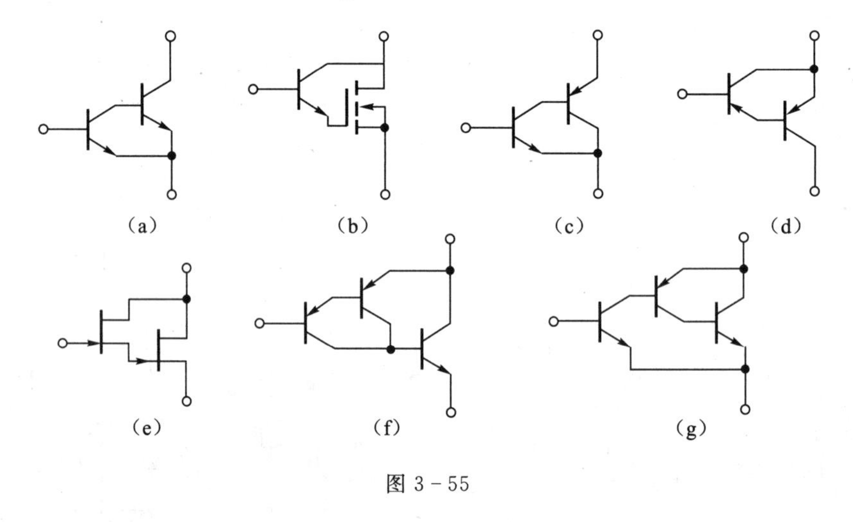

图 3-55

20. 在如图 3-56 所示电路中,已知场效应管 $I_{DSS}=8\text{mA}$,$V_P=-3\text{V}$,试计算静态工作点 I_{DQ}、U_{DSQ}、U_{GSQ},并求电压放大倍数 A_u(假设耦合电容足够大)。

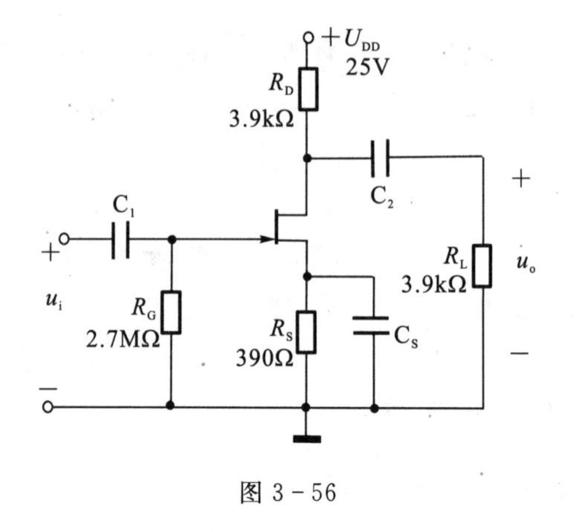

图 3-56

21. 图 3－57 为场效应管源极输出器，已知场效应管工作点处的跨导 $g_m=1\text{ms}$，试求电压放大倍数 A_u、输入电阻 r_i 及输出电阻 r_o。

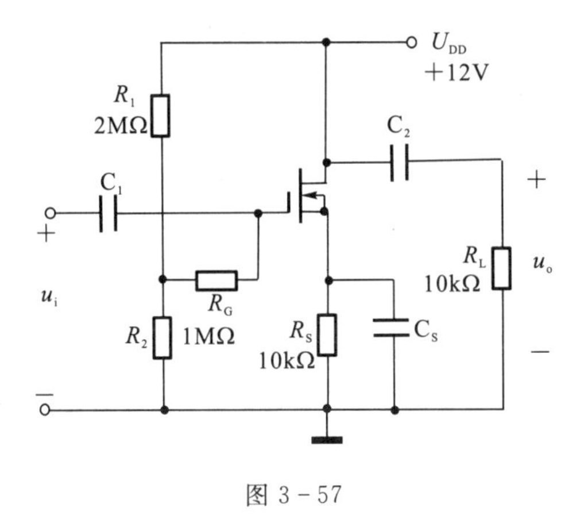

图 3－57

22. 图 3－58 为一共射-共基组合电路，设两管参数为：$r_{bb1'}=r_{bb2'}=100\Omega$，$r_{b'e1}=1.5\text{k}\Omega$，$r_{b'e2}=1.3\text{k}\Omega$，$\beta_1=60$，$\beta_2=50$，$I_{CBO1}$、$I_{CBO2}$ 均可忽略不计，$U_{BE1}=U_{BE2}=0.7\text{V}$，且 R_1、R_2 和 R_3 中的电流远大于两管基极电流。试估算 V_1 和 V_2 两管的静态工作点 I_{CQ1}、I_{CQ2} 和 U_{CEQ1}、U_{CEQ2}。并求出该放大电路的输入电阻 R_i 和电压放大倍数 A_u。

23. 电路如图 3－59 所示，已知 V_1 的 $g_m=3\text{ms}$，r_{ds} 的影响可以忽略不计，V_2 的 $\beta_1=60$，$r_{be}=1\text{k}\Omega$，$r_{b'e}$、r_{ce} 也可忽略不计，试求中频时的 R_i、R_o 和 A_u。

24. 由运算放大器组成放大电路如图 3－60 所示，试求出电压放大倍数 A_u 和输入电阻 R_i。

25. 电路如图 3－61 所示，当 R_W 从 0 到 10kΩ 变化时，试求电压放大倍数 A_u 的变化范围。

26. 电路如图 3－62 所示，试导出电压增益 A_u，并计算输入电阻 R_i。

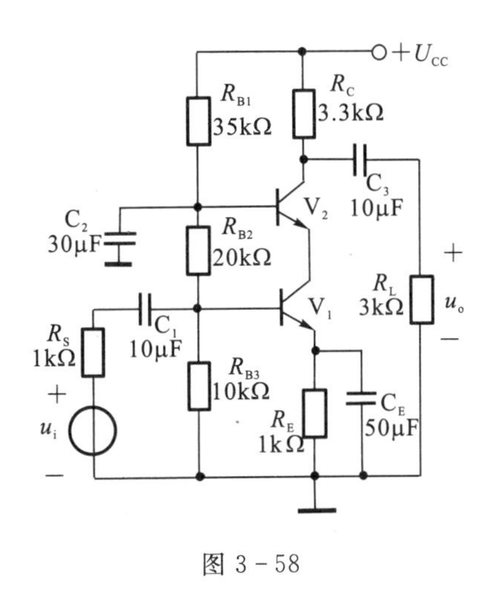

图 3－58

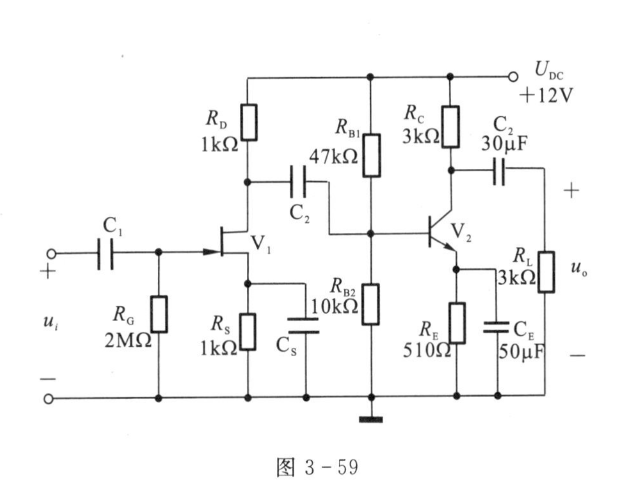

图 3－59

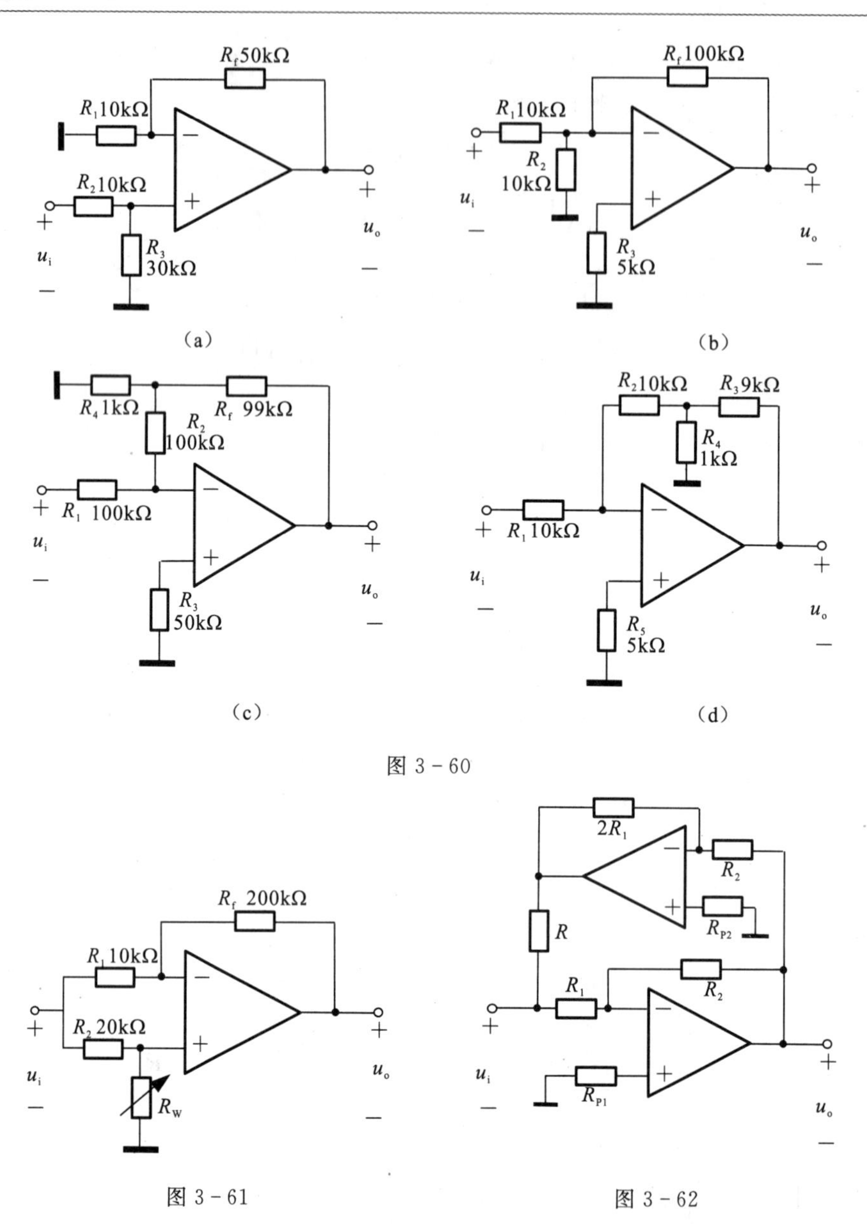

图 3-60

图 3-61

图 3-62

27. 图 3-63 为一种增益可调的差动仪表放大电路，其增益可用可变电阻(R_2/k)来调整，k 是调节系数，试导出其增益 A_u 的表达式。

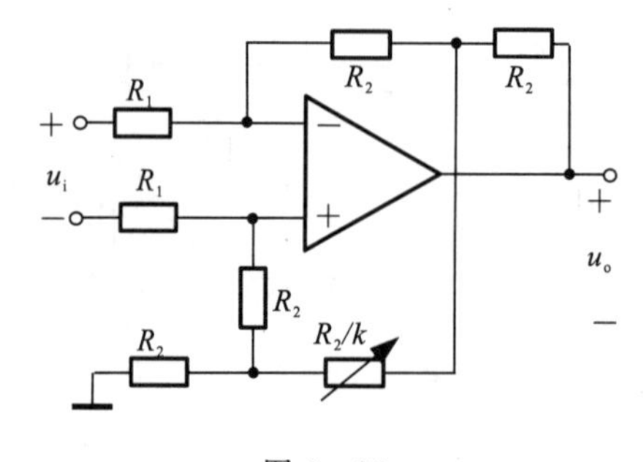

图 3-63

28. 放大电路如图 3－64 所示，试求出电路的电压增益 A_u。

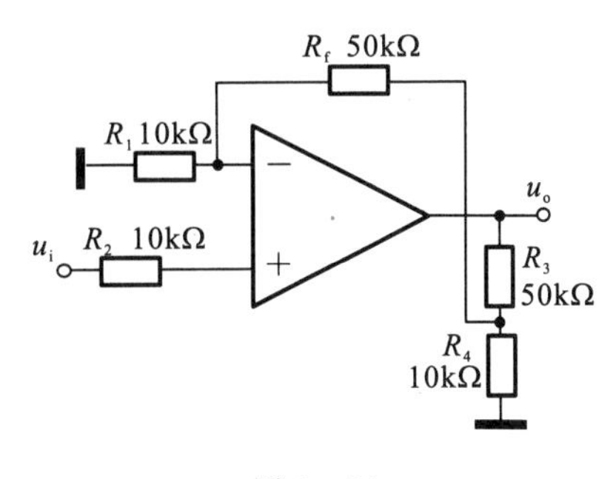

图 3－64

第四章 放大器的频率响应

知识要点

1. 放大器频率响应,带宽。
2. 线性失真与非线性失真。
3. 幅频特性和相频特性。
4. 波特图及其画法。
5. 晶体三极管高频等效电路
6. 多级放大器。

在放大电路中,存在耦合、旁路或滤波功能的电容、电感等线性动态元件,非线性放大器件三极管存在极间等效电容,这些线性与非线性的元器件组合在一起,使得放大电路对不同频率输入信号的响应也不同,放大特性也有所区别。放大电路对信号不同频率的特性称为频率响应或频率特性。通常,放大器的放大倍数是频率的函数,而放大器的频率响应主要有放大电路的幅频特性和相频特性。幅频特性表示放大电路的增益与信号频率的关系,相频特性表示放大电路输出信号与输入信号相位之差在不同信号频率下的关系。根据放大器的频率响应可以比较直观地评价系统复现信号的能力和过滤噪声的特性。

第一节 基本概念

一、放大器的线性失真

1. 线性失真与非线性失真

对于信号及功率放大需求,放大器的主要任务是保证尽可能地不失真放大,最大程度地抑制噪声和干扰,尤其是电路本身元器件产生的波形畸变。但是在信号放大过程中,失真总是难免的。在仅考虑电路本身结构及元器件的影响,不考虑外输入信号混入噪声的前提下,信号在放大过程中的失真可分为两种：一种是非线性失真，它是由晶体管的静态工作点不合适，或输入信号幅度过大，使晶体管工作在非线性部分所引起的；另一种是线性失真，它是信号通过线性时不变系统，由各谐波分量的大小比例发生变化引起的频率失真，或各谐波分量初始相位的延时不相等所引起的相位失真（图 4－1）。

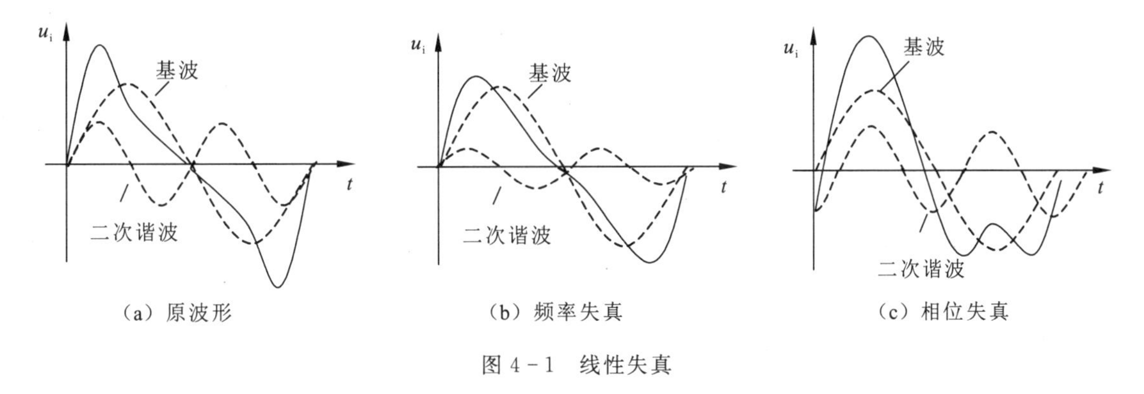

（a）原波形　（b）频率失真　（c）相位失真

图 4－1　线性失真

从频率角度线性失真和非线性失真的区别在于：非线性失真在输出信号中有新的频率成分产生，而线性失真则没有新的频率成分出现。

2. 线性系统不失真传输的条件

由于线性失真是信号通过线性系统时，输出信号各谐波分量的大小比例与输入信号相比发生了变化，或输出信号相对于输入信号的各谐波分量的初始位置的延时不一致引起的，所以，线性系统不失真传输的条件是：

（1）放大倍数与频率无关，即要求放大倍数 $A_u(j\omega)$ 的幅频特性 $A_u(\omega)$ 是一常数。

（2）放大器对各频率分量的滞后时间 t_0 相同，即要求放大器的相频特性 $\varphi(\omega)$ 正比于角频率 ω。

不失真传输时的放大器幅频、相频特性曲线如图 4－2 所示。

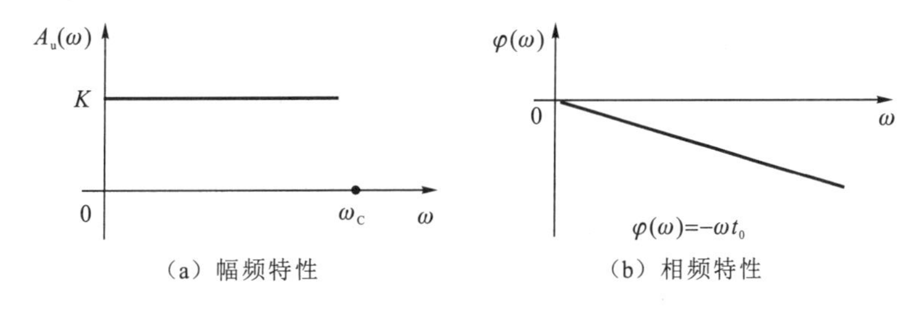

（a）幅频特性　（b）相频特性

图 4－2　放大器不失真传输的幅频特性和相频特性

二、幅频特性与相频特性

一般地，放大器的放大倍数是频率的函数，即

$$A(j\omega)=A(\omega)e^{j\varphi(\omega)} \tag{4-1}$$

式中，$A(\omega)$为放大倍数的幅频特性，$\varphi(\omega)$为相频特性，这两者统称为频率特性或频率响应。如式(4-2)所示，$H(j\omega)$为理想低通滤波器的传输函数，$\varphi(\omega)$为相频特性函数，ω_C 为截止频率，$0-\omega_C$ 为理想低通滤波器的通频带，简称频带。ω 在 $0-\omega_C$ 的低频通带内，传输的信号无失真。

$$H(j\omega)=\begin{cases} e^{-j\omega t_0} & |\omega|<\omega_C \\ 0 & \text{其他} \end{cases} \tag{4-2}$$

即

$$|H(j\omega)|=\begin{cases} 1 & |\omega|<\omega_C \\ 0 & \text{其他} \end{cases} \tag{4-3}$$

$$\varphi(\omega)=-\omega t_0$$

图 4-3 为低通滤波器的幅频特性和相频特性曲线，虚线为理想低通滤波器频率响应特性，实线为近似理想的可实现的低通滤波器频率响应特性。

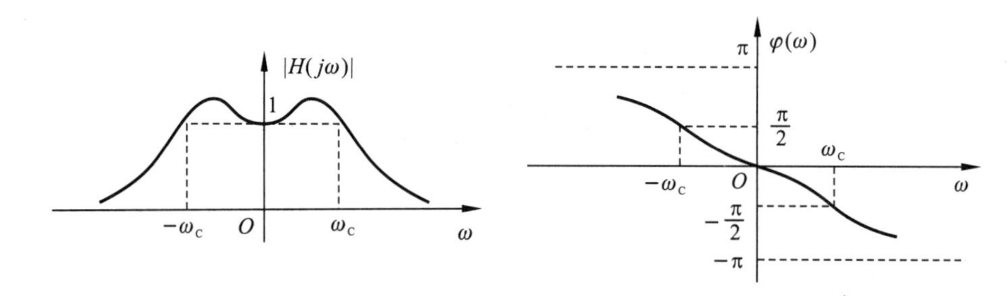

图 4-3　低通滤波器的幅频特性与相频特性

三、放大器的频率响应

1. 研究放大器频率响应的必要性

在分立元件或集成器件构成的放大电路中，广泛存在电抗元件，而电抗元件具有选频功能。根据这些电抗元件的参数及位置，当不同频率的信号输入电路时，电路会呈现不同的放大能力及通过性，具体表现为放大倍数的不一致、输出信号的相位超前或滞后于输入信号。换句话说，任何一个搭建好的电路，都具有自己独特的频率响应特性，即有自己的频率响应带宽。所以，在设计放大电路时，需要根据信号的特点和放大的需求，了解电路的通频带，确定电路的上截止频率和下截止频率，以便不失真地放大信号。如果放大器的频率响应设计得不正确，将会出现前述的频率响应失真，即产生幅频特性失真和相频特性失真。

在第三章中，为了简化参数计算，对三极管放大器的混合参数模型进行了适当的等效，忽略了三极管极间电容的影响，即认为：对于低频和高频信号，极间电容都不存在(开路)，实际讨论的是三极管放大电路的中频放大特性。当输入信号频率发生较大变化时，放大电路的频率特性分析也要随之变化。信号频率减小时，耦合电容的容抗逐渐增大，不能再被当作短路；信号频率不断增大时，三极管极间电容也不能当作开路处理，其容抗逐渐增加到与附近的电阻值可以相比拟时，就要考虑极间电容的直通效应，从而出现了三极管的高频等效电路。所以，本章将从频带通过性的角度，讨论放大电路的频率响应特性，尤其是三极管电路的上、下截止频率的求解，以及三极管的高频等效模型。

2. 通频带/带宽

通频带用于衡量放大电路对不同频率信号的放大能力。通常情况下，实际信号一般都包含多种频率成分而占有一定的频率范围，或者说占有一定的频带，放大电路只适用于放大某一个特定频率范围内的信号。电路的通频带需要大于或等于信号的频带，使信号的频带落在电路的上、下截止边界频率之间，那么，由电路的选频作用引起的幅频失真就被认为是允许的，输入信号具有良好的通过性。放大电路上、下截止边界频率之间的频率范围称为电路的通频带。一般规定：在电路的通用谐振曲线上，比值不小于 0.707 的频率范围是放大电路的通频带，并以 BW 表示，也称之为半功率点带宽。图 4－4 为带宽示意图，$BW=\omega_2-\omega_1$，ω_0 为中心频率。

在第三章分析阻容放大器时，忽略了耦合电容对频率的影响，认为电容对于交流信号为短路，对于直流信号为断路，计算出的放大倍数是一个常数。但是，当频率降低时，耦合电容和旁路电容的阻抗就会增大，放大倍数就会降低。同样，当频率升高时，三极管的极间电容就会起作用，导致放大倍数降低，这时放大倍数就是频率的函数。

电容耦合放大器的典型频率响应曲线如图 4－5 所示。图中整个频率特性曲线近似被分为 3 个频段，即中频段、低频段和高频段。在中频段，由于三极管极间电容可视为开路，三极管的电路模型可用纯电阻电路模型来表示，而外电路的耦合电容和旁路电容可视为短路，所以在中频段，放大倍数几乎与频率没有关系而保持恒定。在低频段，随着频率的降低，耦合电容和旁路电容的容抗逐渐增大，放大倍数逐渐降低。在高频段，随着频率的增加，器件的极间电容的容抗逐渐变小，分流的作用逐渐增大，放大倍数逐渐下降。

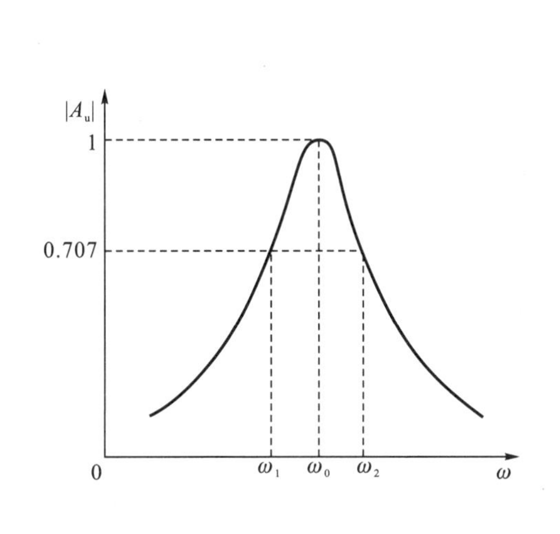

图 4－4　带宽示意图

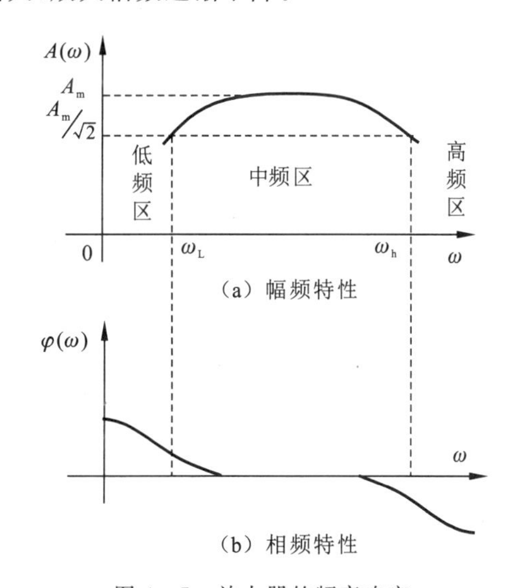

图 4－5　放大器的频率响应

当增益随频率变化，降到中频增益的 $1/\sqrt{2}$ 时，所对应的频率在低频段定义为下限频率 $\omega_L(f_L)$（或称为低频截止频率），在高频段定义为上限频率 $\omega_h(f_h)$（或称为高频截止频率）。

放大电路上限频率 ω_h 与下限频率 ω_L 之差称为通频带或称为带宽 BW，如式(4－4)所示。

$$BW=\omega_h-\omega_L \tag{4-4}$$

为了简便计算，在分析放大电路的频率特性时，总是在 3 个频段里分别得到相应的放大电路的中频特性、低频特性和高频特性，然后得到总的频率特性。放大电路的中频特性不需要考虑电抗元件的影响，其分析方法在第三章已经介绍，下面主要介绍高频段和低频段的分析方法。

第二节　频率特性的分析方法

针对放大电路的频率特性分析，目前常采用两种方法：相量法和复频率法。

在相量法中，电阻、电容和电感用阻抗表示，分别是 R、$1/j\omega C$ 和 $j\omega L$，其分析方法就是在各频段的微变等效电路上先建立放大电路的相量模型，然后求出各频段增益的频率特性 $A_{uh}(j\omega)$ 和 $A_{ul}(j\omega)$，即可得到放大电路的整个频率特性。相量法所使用的数学工具是傅氏变换。

而在复频率法中，电阻、电容和电感用复阻抗表示，分别是 R、$1/sC$ 和 sL，其分析方法就是将各频段的微变等效电路中的元件用复阻抗表示，然后得到增益的传输函数，进而得到频率特性。复频率法所用数学工具是拉氏变换。复频率法除了可以得到放大电路的频率特性外，还具有以下优点：

(1)复频率法能够引出零极点概念，而这些零极点的分布能唯一地确定网络的频率特性。

(2)零极点的分布决定系统的稳定性，因此复频率法便于讨论放大器的频率稳定性。

(3)零极点的分布能够决定网络的时域特性。

由于相量法在电路分析课程已经学习，下面主要讨论复频率法。

在电抗元件分别用各自的复阻抗表示以后，我们可以得到网络传输函数的一般表达式

$$A(s)=\frac{X_o(s)}{X_i(s)}=\frac{b_m s^m+b_{m-1}s^{m-1}+\cdots+b_0}{a_n s^n+a_{n-1}s^{n-1}+\cdots+a_0} \tag{4-5}$$

式中，$X_o(s)$ 为网络输出量的复频域表示；$X_i(s)$ 为网络输入量的复频域表示。

若求出式(4－5)中的零点和极点，则上式还可表示为

$$A(s)=K\frac{(s-Z_1)(s-Z_2)\cdots(s-Z_m)}{(s-P_1)(s-P_2)\cdots(s-P_n)} \tag{4-6}$$

式中，$K=b_m/a_n$，称为标尺因子，是常数；Z_m 为传输函数的零点，是传输函数的分子多项式的根；P_n 为传输函数的极点，是传输函数的分母多项式的根。

在得到网络函数以后，就很容易得到系统的频率特性。若令 $s=j\omega$，则可得到系统的稳态频率特性为

$$A(s)=K\frac{(j\omega-Z_1)(j\omega-Z_2)\cdots(j\omega-Z_m)}{(j\omega-P_1)(j\omega-P_2)\cdots(j\omega-P_n)}=A(\omega)e^{j\varphi(\omega)} \tag{4-7}$$

其中幅频特性为

$$A(\omega)=K\frac{|j\omega-Z_1||j\omega-Z_2|\cdots|(j\omega-Z_m)|}{|j\omega-P_1||j\omega-P_2|\cdots|j\omega-P_n|} \tag{4-8}$$

相频特性为

$$\varphi(\omega)=(\theta_{Z1}+\theta_{Z2}+\cdots+\theta_{Zm})-(\theta_{P1}+\theta_{P2}\cdots+\theta_{Pn}) \tag{4-9}$$

式中，θ_{Zm}为因子$(j\omega-Z_i)$的相角；θ_{Pn}为因子$(j\omega-P_n)$的相角。

【例 4-1】 试求如图 4-6 所示的低通滤波器和高通滤波器的传输函数和频率特性。

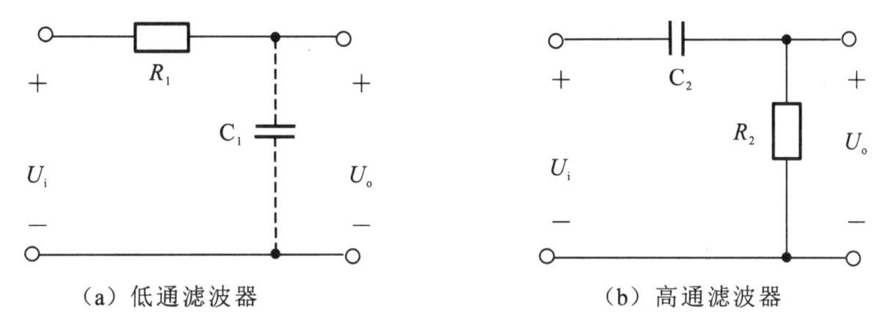

图 4-6 低通和高通滤波器

解： 由图 4-6(a)可得低通滤波器传输函数

$$A_u(s)=\frac{U_o(s)}{U_i(s)}=\frac{\dfrac{1}{sC_1}}{R_1+\dfrac{1}{sC_1}}=\frac{1}{1+sR_1C_1}$$

此低通滤波器传输函数有一个极点，即

$$P=-\frac{1}{R_1C_1}$$

令 $s=j\omega,\omega_h=\dfrac{1}{R_1C_1}=\dfrac{1}{\tau_1}$，于是低通滤波器的频率特性为

$$A_u(j\omega)=\frac{\dot{U}_o}{\dot{U}_i}=\frac{1}{1+\dfrac{j\omega}{\omega_h}}$$

其幅频特性为

$$A_u(\omega)=\frac{1}{\sqrt{1+\left(\dfrac{\omega}{\omega_h}\right)^2}}$$

相频特性为

$$\varphi_u(\omega)=-\arctan\frac{\omega}{\omega_h}$$

同样，由图 4-6(b)可得高通滤波器传输函数为

$$A_u(s)=\frac{U_o(s)}{U_i(s)}=\frac{R_2}{R_2+\dfrac{1}{sC_2}}=\frac{sR_2C_2}{1+sR_2C_2}=\frac{1}{1+\dfrac{1}{sR_2C_2}}$$

此高通滤波器传输函数有一个极点，即

$$P=-\frac{1}{R_2C_2}$$

令 $s=j\omega, \omega_L=\frac{1}{R_2C_2}=\frac{1}{\tau_2}$，于是高通滤波器的频率特性为

$$A_u(j\omega)=\frac{\dot{U}_o}{\dot{U}_i}=\frac{\frac{j\omega}{\omega_L}}{1+\frac{j\omega}{\omega_L}}=\frac{1}{1+\frac{\omega_l}{j\omega}}$$

其幅频特性为

$$A_u(\omega)=\frac{1}{\sqrt{1+\left(\frac{\omega_L}{\omega}\right)^2}}$$

相频特性为

$$\varphi_u(\omega)=\frac{\pi}{2}-\arctan\frac{\omega}{\omega_L}$$

从上例可知，低通滤波器的高频截止频率 ω_h 和高通滤波器的低频截止频率 ω_L 均是电路的时间常数的倒数，或者说这两个截止频率均是各自传输函数的极点的负数。

第三节　波特图

一、波特图定义及特点

波特图(Bode)是系统频率响应的一种图示方法，波特图由幅值-频率图和相角-频率图组成，两者都按频率的对数坐标绘制，故波特图也常称为对数坐标图。波特图是由贝尔实验室的荷兰裔科学家亨 Bode 在 1940 年提出的。

波特图的特点如下：

(1)波特图可显示系统的极点、零点的个数及位置，可以了解不同频率下系统增益的大小及相位位置，可以看出增益及相位随频率变化的趋势，进而判断系统的稳定性。

(2)波特图表明了一个电路网络对不同频率信号的放大能力，可以将低频和高频同时在坐标图里显示，拓宽了频率响应的视野。在电子电路中，若要同时表示一个网络的低频和高频响应，那么横轴(频率轴)会很长；同时，放大电路的放大倍数可能相差很大，使得纵轴(增益)也很长。因此，一个频率响应图里往往是不规则的庞大的曲线，而波特图则有效地解决了这个问题。

(3)横坐标的频率为指数形式，而不是线性递增，更符合人体感官对自然界的应激反应。例如，人耳对声音的敏感程度与对数效应成正比。

(4)纵坐标表示放大倍数，根据分贝的定义，为以 10 为底的对数的 20 倍。这样纵坐标的值大概 0～120dB 就足够了，很容易在图中看出放大的分贝数，同时将放大倍数的乘积化

为了加减运算。相频特性的纵轴以角度来标注。

(5)响应曲线的折线近似，幅频特性以各标准因子的两段折线近似叠加，相频特性以各标准因子的三段近似叠加。这样处理会产生一定的误差，在截断频率处，真实值与估计值有3dB的误差，但这种折线近似的优点是简法明了、易于掌握、绘制容易。

二、波特图的画法

波特图是描述系统频率特性的常用方法。在波特图中，横坐标采用频率的对数刻度或10倍频率，纵坐标幅度用dB[即 $20\ \lg A(\omega)$]表示，相角 $\varphi(\omega)$ 用线性刻度表示。由于在阻容耦合和直接耦合放大器中，传输函数一般为一阶因子，故下面主要讨论一阶因子的波特图画法。

【例4-2】 画出一阶惯性因子$\dfrac{1}{1+s/\omega_h}$的波特图。

解： 该因子为标准形式的因子，本书将所有常数项为1的因子称为标准形式的因子，在画任何传输函数的波特图时，都要将它的每一个因子化为标准形式。

由题可得到该因子幅频特性的分贝表示和相频特性分别为

$$20\ \lg A(\omega)=-20\ \lg\sqrt{1+\left(\frac{\omega}{\omega_h}\right)^2}$$

$$\varphi(\omega)=\arctan\frac{\omega}{\omega_h}$$

1)幅频特性渐近线波特图

(1)当 $\omega\ll\omega_h$ 时，

$$20\ \lg A(\omega)=-20\ \lg\sqrt{1+\left(\frac{\omega}{\omega_h}\right)^2}\approx-20\ \lg 1=0$$

这是一条与横坐标重合的直线，即零分贝线。

(2)当 $\omega\gg\omega_h$ 时，

$$20\ \lg A(\omega)=-20\ \lg\sqrt{1+\left(\frac{\omega}{\omega_h}\right)^2}\approx-20\ \lg\frac{\omega}{\omega_h}(\text{dB})$$

这是一条斜线，其斜率为−20dB/10dec(−20dB/dec)，与零分贝线交于 $\omega=\omega_h$ 处。

由上述两条直线构成的折线，就是幅频特性的渐近线波特图，如图4-7实线所示，交点频率 ω_h 也称为转折频率。

2)相频特性渐近线波特图

(1)当 $\omega\leqslant0.1\omega_h$ 时，$\varphi_h=0°$；

(2)当 $\omega\geqslant10\omega_h$ 时，$\varphi_h=-90°$；

(3)当 $\omega=\omega_h$ 时，$\varphi_h=-45°$；

(4)当 $0.1\omega_h\leqslant\omega\leqslant10\omega_h$ 时，相频特性就是一条斜线，其斜率为−45°/10dec。

相频特性渐近线波特图如图4-7下半部分所示。

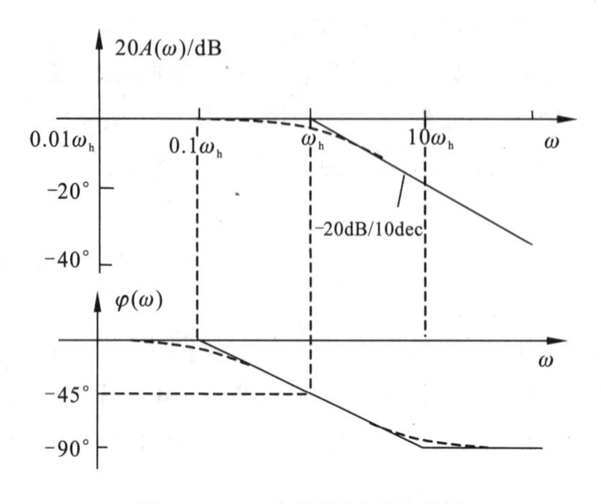

图 4－7　一阶惯性因子波特图

3)误差分析

对于幅频特性，最大误差应该是两条折线的交点处，即 $\omega=\omega_h$ 处，这时，$A(\omega_h)=\frac{1}{\sqrt{2}}=0.707$，因此在波特图上应该是 $20\lg A(\omega_h)=20\lg\left(\frac{1}{\sqrt{2}}\right)\approx-3(\text{dB})$，而在幅频渐近线波特图中，此处值为零，因此最大误差约为－3dB，如图 4－7 中虚线所示。

对于相频特性，同样分析可知，最大误差发生在 3 条折线的交点处，即 $\omega=0.1\omega_h$ 和 $\omega=10\omega_h$ 处，其最大误差约为 5.7°，如图 4－7 中虚线所示。

修正后的波特图如图 4－7 中的虚线所示。

其他因子的渐近线波特图也可根据上述方法近似而得，可参照画出。

【例 4－3】 试绘出传输函数为

$$A(s)=\frac{10^3 s(s+10)}{(s+100)(s+1000)}$$

的渐近线波特图。

解：从传输函数来看，该系统有两个零点和两个极点，两个零点分别在原点和－10 位置，两个极点分别处在－100 和－1000 位置。首先令 $s=j\omega$，并将其化为标准形式

$$A(j\omega)=\frac{10^3 j\omega(j\omega+10)}{(j\omega+100)(j\omega+1000)}=10^{-1}\frac{j\omega(1+j\omega/10)}{(1+j\omega/10^2)(1+j\omega/10^3)}$$

从上式可以看出，该传输函数的频率响应由 5 个因子组成，即

(1)常数因子 10^{-1}；

(2)微分因子 $j\omega$；

(3)$(1+j\omega/10)$比例微分因子；

(4)$(1+j\omega/10^2)^{-1}$一阶惯性因子；

(5)$(1+j\omega/10^3)^{-1}$一阶惯性因子。

上述每一因子对波特图的贡献列于表 4－1 中，每一因子的波特图和整个频率特性的波特图如图 4－8 所示。

表 4-1 例 4-3 中各因子对波特图的画法

因子	幅频波特图贡献	相频波特图贡献
10^{-1}	$20\lg[10^{-1}]=-20$(dB)(常数),如虚线①	无相移
$j\omega$	通过 $\omega=1$ 点,20dB/dec 的斜率,如虚线②	$+90°$(常数),如虚线②
$\left(1+\frac{j\omega}{10}\right)$	2 条渐近线:0dB 线和斜率为 20dB/dec 线,交点为 $\omega=10$,如虚线③	3 条渐近线:0°线、斜率为 $+45°$/dec 线和 90°线,交点分别在 $\omega=1$ 和 $\omega=10$,如虚线③
$\left(1+\frac{j\omega}{10^2}\right)^{-1}$	2 条渐近线:0dB 线和斜率为 -20dB/dec 线,交点为 $\omega=10^2$,如虚线④	3 条渐近线:0°线、斜率为 $-45°$/dec 线和 $-90°$线,交点分别在 $\omega=10$ 和 $\omega=10^3$,如虚线④
$\left(1+\frac{j\omega}{10^3}\right)^{-1}$	2 条渐近线:0dB 线和斜率为 -20dB/dec 线,交点为 $\omega=10^3$,如虚线⑤	3 条渐近线:0°线、斜率为 $-45°$/dec 线和 $-90°$线,交点分别在 $\omega=10^2$ 和 $\omega=10^4$,如虚线⑤

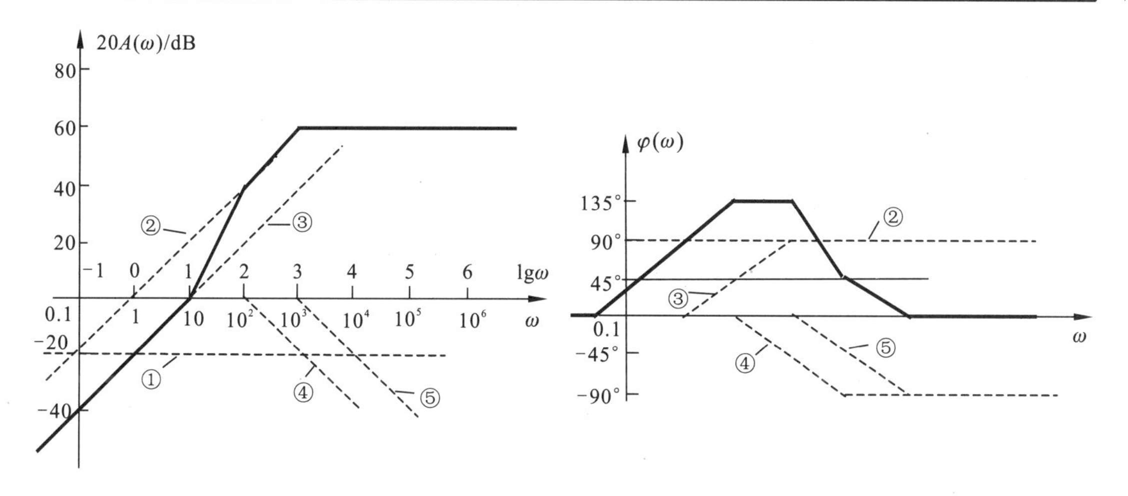

图 4-8 例 4-3 波特图

第四节 高、低通滤波器截止频率与零极点的关系

当传输函数的零极点确定以后,系统的截止频率也就唯一地确定了。下面分 3 种情况讨论高、低通滤波器的截止频率与传输函数的关系。

1. 单极点

从例 4-1 可知,不论是高通滤波器还是低通滤波器,如果系统仅有一个极点,则滤波器的截止频率就等于这个极点的负数,亦即波特图的转折频率。

2. 主导极点

如果一个高通滤波器或一个低通滤波器有几个单的实数极点，其主导极点就是对滤波器截止频率起决定作用的那个极点。

对于二阶低通滤波器，当传输函数的两个极点满足$|P_{l2}|>4|P_{l1}|$时，从图 4-9(a)所示渐近线波特图可以看出，当极点 P_{l2} 引起特性曲线下降时，极点 P_{l1} 已经引起波特图下降了 $20\lg4=12(\text{dB})$（设$|P_{l2}|=4|P_{l1}|$），也就是说，这时曲线下降早已超过了 3dB。由此可见，极点 P_{l2} 对截止频率基本不起作用，所以，截止频率主要由绝对值较小的极点 P_{l1} 确定，即：低通滤波器的上限截止频率 $\omega_h\approx|P_{l1}|$，P_{l1} 就是主导极点。对于二阶以上的低通滤波器，只要绝对值最小的极点的绝对值小于任何其他极点绝对值的 1/4，则这个极点就是主导极点，低通滤波器的上限截止频率就由这个极点决定，就等于这个极点的绝对值。

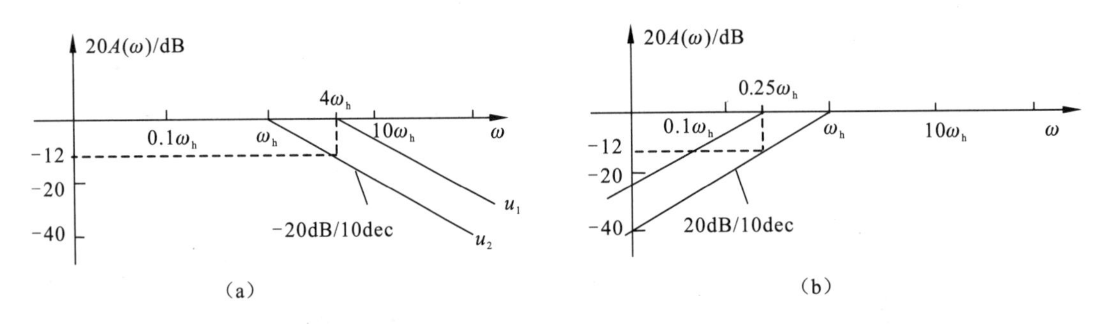

图 4-9　主导极点的作用

对于二阶高通滤波器，当传输函数的两个极点满足$|P_{h1}|>4|P_{h2}|$时，从图 4-9(b)所示渐近线波特图可以看出，当极点 P_{h2} 引起特性曲线下降时，极点 P_{h1} 已经引起波特图下降了 $20\lg4=12(\text{dB})$（设$|P_{h1}|=4|P_{h2}|$），也就是说，这时曲线下降早已超过了 3dB。由此可见，极点 P_{h2} 对截止频率基本不起作用，所以，截止频率主要由绝对值较大的极点 P_{h1} 确定，即：高通滤波器的下限截止频率 $\omega_l\approx|P_{h1}|$，P_{h1} 就是主导极点。对于二阶以上的高通滤波器，只要绝对值最大的极点的绝对值大于任何其他极点绝对值的 4 倍，则这个极点就是主导极点，高通滤波器的下限截止频率就由这个极点决定，其下限截止频率就等于这个极点的绝对值。

3. 非主导极点近似

当系统各极点相距很近时，这时不存在主导极点。可采用下述方法近似计算 ω_l 和 ω_h。例如，一个二阶无零点低通滤波器的幅频特性为

$$A(\omega)=\frac{A_m}{\sqrt{1+(\omega/\omega_{P1})^2}\sqrt{1+(\omega/\omega_{P2})^2}}\tag{4-10}$$

式中，$\omega_{P_1}(\omega_{P_2})=|\omega_{P_{l1}}|(|\omega_{P_{l2}}|)$为一阶因子转折频率，根据低通滤波器上限截止频率的定义，当 $\omega=\omega_h$ 时，$A(\omega_h)=A_m/\sqrt{2}$，于是有

$$\sqrt{1+(\omega_h/\omega_{P1})^2}\sqrt{1+(\omega_h/\omega_{P2})^2}=\sqrt{2}\tag{4-11}$$

忽略高阶小项，可以得到上限截止频率近似为

$$\omega_h=\frac{1}{\sqrt{(1/\omega_{P1})^2+(1/\omega_{P2})^2}}\tag{4-12}$$

推广到 n 阶无零点低通系统，可有

$$\omega_h=\frac{1}{\sqrt{(1/\omega_{P1})^2+(1/\omega_{P2})^2+\cdots+(1/\omega_{Pn})^2}} \tag{4-13}$$

同样推导，可得零点在原点的 n 阶高通系统的下限截止频率为

$$\omega_l=\sqrt{\omega_{P1}{}^2+\omega_{P2}{}^2+\cdots+\omega_{Pn}{}^2} \tag{4-14}$$

一般来说，对于直接耦合放大电路或阻容耦合放大电路，在低频段其等效电路是零点在原点的高通系统，而在高频段其等效电路是无零点低通系统。因此以上的分析对于这些放大电路的频率分析是适用的。

4. 采用时间常数法求极点

当我们求高通滤波器和低通滤波器的极点时，可以避开传输函数的列写及求解，只需根据网络的时间常数就可以求出其极点，从而确定其截止频率。

(1)低通滤波器用开路时间常数法求极点。开路时间常数是指在求某个电容的时间常数时，令其他电容开路，在得出从该电容两端看进去的等效电阻后，求该电容和此等效电阻的乘积。放大电路的高频等效电路就是一个低通滤波器，因此在得到放大器的高频等效电路后就可用开路时间常数法求出所有电容所对应的时间常数，由于一个时间常数对应一个系统极点，即：$P_n=-1/\tau_n$，所以可以分别根据单极点、主导极点和非主导极点 3 种情况确定上限截止频率 ω_h。

(2)高通滤波器用短路时间常数法求极点。短路时间常数是指在求某个电容的时间常数时，令其他电容短路，在得出从该电容两端看进去的等效电阻后，求该电容和此等效电阻的乘积。放大电路的低频等效电路就是一个高通滤波器，因此在得到放大器的低频等效电路后就可用短路时间常数法求出所有电容所对应的时间常数，同样得到每一个极点：$P_n=-1/\tau_n$，可以分别根据单极点、主导极点和非主导极点 3 种情况确定下限截止频率 ω_l。

第五节　晶体三极管高频等效电路

在高频段，PN 结的电容效应再也不能忽略不计，这时晶体三极管等效电路必然和中频等效电路不一致，同时也必须有一些高频参数来描述其高频特性。

一、晶体管高频混合π型等效电路

在晶体管高频等效电路中，每一个参数都可以近似地和器件内部的一个物理过程相联系，现在我们从放大状态下晶体管各极电压、电流间的物理关系导出混合 π 型等效电路。

如图 4-10(a)所示，发射区、集电区和基区都有体电阻 $r_e{}'$、$r_c{}'$和 $r_{bb'}$，但是，$r_e{}'$和 $r_c{}'$一般都小于 10Ω，可以忽略不计，而 $r_{bb'}$ 通常有几十欧到几百欧。当发射结加有信号电压时，从发射结到基区就产生多数载流子的扩散运动，这些载流子的扩散运动一方面形成扩散电流，描

述发射结的信号电压产生扩散电流这一物理关系，用发射结电阻 $r_{b'e}$ 来表示；另一方面形成扩散电容，同时发射结空间电荷区还将产生势垒电容，发射结的这两部分电容用 $C_{b'e}$ 来表示。当发射结正向偏置时，势垒电容和扩散电容相比可忽略不计。

由于集电结反偏，这时在集电结有两种载流子运动：一个是集电区和基区少数载流子的漂移运动，产生了集电结反向饱和电流。这种在集电结反偏电压作用下的反向电流就用集电结反偏电阻 $r_{b'c}$ 来描述，这时在集电结的结电容主要是势垒电容 $C_{b'c}$。另一个是集电区收集从发射区扩散过来的载流子的运动，这部分载流子形成的电流 I_{cn} 由于受扩散电容的影响已经不服从低频时基区电流分配规律，即 $I_{cn} \neq \beta I_{bn}$，而是正比于发射结两端的电压 $u_{b'e}$，即 $I_{cn}=g_m U_{b'e}$。因此，可以得到晶体管高频混合 π 型等效电路如图 4-10(b)所示。

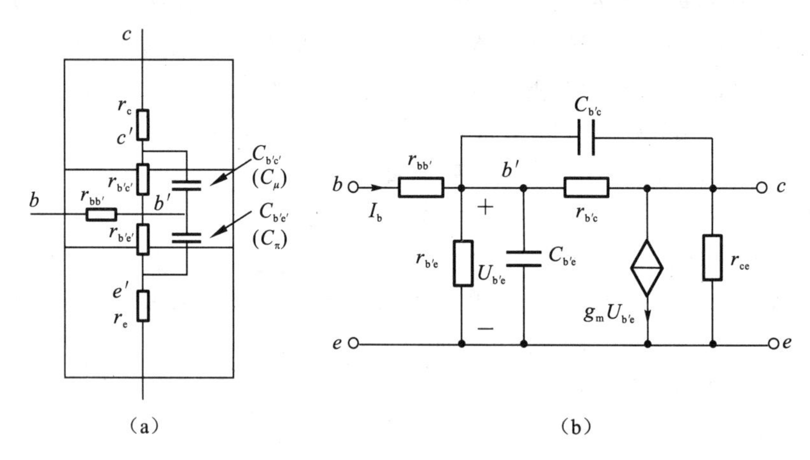

图 4-10　晶体管高频混合 π 型等效电路

在一般情况下，集电结等效电阻 $r_{b'c}$ 由于其值较大，可视为开路。

下面讨论 g_m 与电流放大系数 h_{fe} 的关系。在中频时，结电容视为开路，这时，由图 4-10 可知，$I_b=\dfrac{U_{b'e}}{r_{b'e}}$，对照图 3-13(b)，两个受控电流源应该相等，即

$$g_m U_{b'e}=h_{fe} I_b \tag{4-15}$$

因此可得

$$g_m=\frac{h_{fe} I_b}{U_{b'e}}=\frac{h_{fe}}{r_{b'e}}=\frac{\beta_o}{r_{b'e}} \tag{4-16}$$

式中，β_o 为中频时电流放大系数。

二、晶体管的高频参数

1. 共射截止频率 f_β

晶体管的短路电流放大系数 $\beta(h_{fe})$ 是说明晶体管放大能力的一个重要参数，共射截止频率 f_β 是说明晶体管的短路电流放大系数 $\beta(h_{fe})$ 频率特性的一个指标，它定义为当频率增高使 β 下降到中频的 0.707 倍时的频率。下面对 β 的高频特性进行分析，便可得到 f_β。

由于 β 是短路参数，将图 4-10(b)输出端短路，并考虑到 $g_m \gg \omega C_{b'e}$，有

$$\beta=\frac{I_c}{I_b}=\frac{g_m U_{b'e}}{\frac{U_{b'e}}{r_{b'e}}+j\omega(C_{b'e}+C_{b'c})U_{b'e}}=\frac{g_m r_{b'e}}{1+j\omega(C_{b'e}+C_{b'c})r_{b'e}} \tag{4-17}$$

将式(4-16)代入式(4-17)，便得

$$\beta=\frac{\beta_o}{1+j\omega(C_{b'e}+C_{b'c})r_{b'e}} \tag{4-18}$$

因此根据 f_β 的定义可得

$$f_\beta=\frac{1}{2\pi(C_{b'e}+C_{b'c})r_{b'e}} \tag{4-19}$$

2. 特征频率 f_T

当频率到达 f_β 时，晶体管仍然有较大的放大能力，为此定义特征频率 f_T，所谓特征频率就是当 β 下降到 1 时所对应的频率。

根据式(4-18)和式(4-19)可得

$$|\beta|=\frac{\beta_o}{\sqrt{1+(f/f_\beta)^2}} \tag{4-20}$$

当 $|\beta|=1$ 时，并考虑到这时 $f \gg f_\beta$，可得

$$f_T=\beta_o f_\beta \tag{4-21}$$

或

$$f_T=\frac{\beta_o}{2\pi(C_{b'e}+C_{b'c})r_{b'e}}=\frac{g_m}{2\pi(C_{b'e}+C_{b'c})}\approx\frac{g_m}{2\pi C_{b'e}} \tag{4-22}$$

为了保证实际电路在较高工作频率时仍然有较大的电流放大系数，在选择晶体管时，必须使其特征频率

$$f_T > 3f_{max} \tag{4-23}$$

式中，f_{max} 为输入信号的最高频率。

三、混合 π 型等效电路的单向化

为了简化计算，除了将 $r_{b'c}$ 和 r_{ce} 视为开路外，还可将晶体管高频混合 π 型等效电路中的 $C_{b'c}$ 单向化，如图 4-11 所示。单向化的原则是使流过 $C_{b'c}$、C_{M1} 和 C_{M2} 的电流相等。

为了方便推导，不失一般性，假设 c、e 端接有负载电阻 R_L'，对于图 4-11(a)，$C_{b'c}$ 两端的电压为

$$U_{b'c}=U_{b'e}-(-g_m U_{b'e} R_L')=U_{b'e}(1+g_m R_L') \tag{4-24}$$

所以流过 $C_{b'c}$ 的电流为

$$I_{b'c}=sC_{b'c}U_{b'e}(1+g_m R_L') \tag{4-25}$$

对于图 4-11(b)，流过 C_{M1} 和 C_{M2} 的电流分别为

$$I_{M1}=sC_{M1}U_{b'e} \tag{4-26}$$

$$I_{M2}=-sC_{M2}U_{b'e}g_m R_L'/(1+sC_{M2}R_L') \tag{4-27}$$

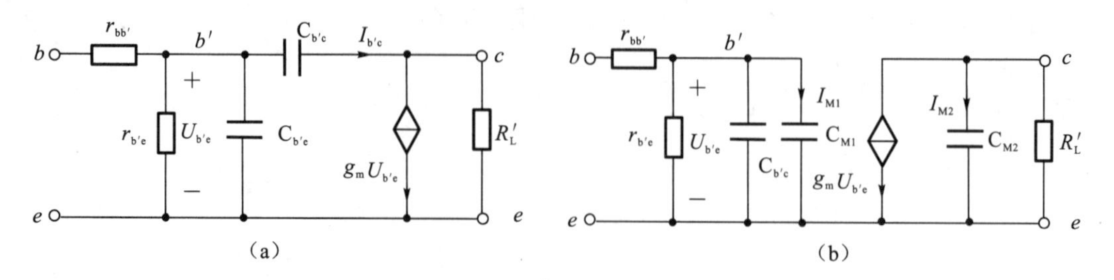

图 4-11　混合 π 型等效电路的单向化

在一般情况下，$sC_{M2}R_L' \ll 1$，所以有

$$I_{M2} \approx sC_{M2}U_{b'e}g_mR_L' \tag{4-28}$$

分别比较式(4-26)、式(4-25)和式(4-28)可得

$$C_{M1} = (1+g_mR_L')C_{b'c} \tag{4-29}$$

$$C_{M2} = (1+1/g_mR_L')C_{b'c} \approx C_{b'c} \tag{4-30}$$

由于这是根据密勒定理等效的，所以这两个电容又称为密勒电容。

第六节　运算放大器与场效应管的高频等效电路

一、通用型运算放大器的高频等效电路

在第一章，我们给出了运算放大器的一些直流参数。但是，一个实际的运算放大器里集成了许多具有结电容的二极管、三极管，甚至还有补偿电容。所以，运算放大器的放大能力也与频率有关。

为了简便，在建立通用运算放大器的高频等效电路时，仅考虑放大倍数 A 和差模输入阻抗是非理想的，而其他特性都是理想化的。根据后面式(4-31)所示的单极点低通传输函数，可以得到运算放大器的高频等效电路如图 4-12 所示。

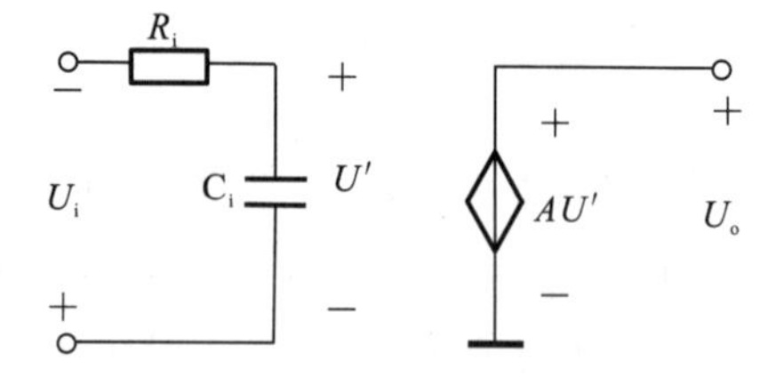

图 4-12　运算放大器的高频等效电路

图中 R_i 和 C_i 的乘积等于运算放大器的 -3dB 带宽 ω_b 的倒数，即

$$\omega_h = \frac{1}{R_iC_i} \tag{4-31}$$

或

$$f_b = \frac{\omega_h}{2\pi} = \frac{1}{2\pi R_iC_i} \tag{4-32}$$

根据图 4-12 所示等效电路可得

$$A(s)=\frac{U_o}{U_i}=\frac{A}{1+sR_iC_i}$$

可见，上式与式(4－31)运算放大器的频率特性是一致的。

二、通用型运算放大器的动态参数

1. －3dB 带宽 f_b 或(ω_b)

通用型集成运算放大器经过补偿，一般为单极点低通传输函数，即

$$A(s)=\frac{A_0}{1+s/\omega_b} \tag{4-33}$$

其响应特性为

$$A(jf)=\frac{A_0}{1+jf/f_b} \tag{4-34}$$

f_b 就是运算放大器高频等效电路的截止频率，或低通滤波器的带宽。运算放大器增益的幅频特性和相频特性波特图如图 4－13 所示。

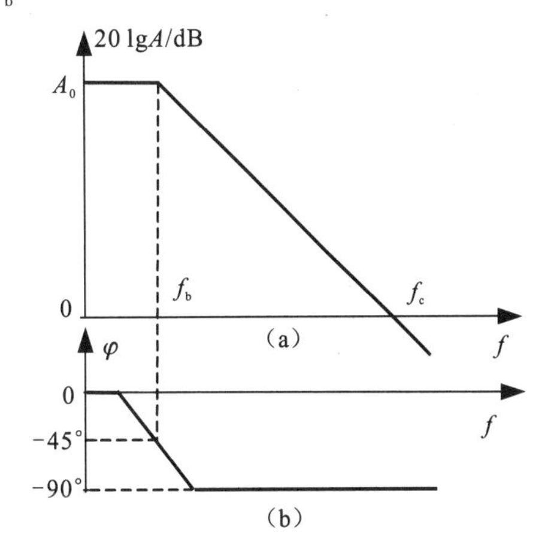

图 4－13　运算放大器幅频特性(a)和相频特性(b)

2. 单位增益带宽 f_c

单位增益带宽是指使运算放大器的放大倍数为 1 时的频率。根据式(4－34)，运算放大器的幅频特性为

$$A(f)=\frac{A_0}{\sqrt{1+(f/f_h)^2}} \tag{4-35}$$

当 $A(f)=1$ 时，有

$$f_c=\sqrt{A_0^2-1}\,f_h\approx A_0f_h \tag{4-36}$$

因此，f_c 近似为零频时运算放大器增益 A_0 和－3dB带宽 f_b 之积($f_b=f_h$)。

通用运算放大器的－3dB 带宽 f_b 和单位增益带宽 f_c 都不高，例如 F007 的 $f_b=10\text{Hz}$，$A_0=1\times10^5$(即为 100dB)，$f_c=1\times10^5\times10=1\times10^6\text{Hz}=1\text{MHz}$。

f_b 和 f_c 都是小信号参数，实际上，在大信号情况下，为保证信号不失真，运算放大器输出信号的变化速率也将有一定的要求。

3. 上升速率 SR

上升速率是指在额定负载的大信号状态下放大器输出电压的最大变化速率。即

$$\text{SR}=\left|\frac{\mathrm{d}u_o}{\mathrm{d}t}\right|_{\max} \tag{4-37}$$

在线性运用时，运算放大电路的放大倍数不同，SR 是不一样的，因此规定放大电路在单位增益条件下运算放大器的最大上升速率为 SR 的指标值。

4. 满功率带宽 f_p

当输入信号的频率升高，幅度增大时，则输出信号的变化率也随之增大，但输出信号的变化率以上升速率为极限，当输出信号的变化率达到此极限后，再增高输出信号频率或输出信号幅度，输出信号将因变化速率跟不上而产生失真。满功率带宽 f_p 就是输出电压在某一额定值 U_{om}（通常比电源电压低 2～3V）条件下，输出波形失真系数不超过某一值（如 1%）的频率。

显然，满功率带宽 f_p 与上升速率 SR 有一定关系。

设输出电压为

$$u_o = U_{om}\sin\omega t$$

其电压变化率为

$$\frac{du_o}{dt} = \omega U_{om}\cos\omega t$$

最大变化率发生在 $\omega t=0$ 或 π 处

$$\left.\frac{du_o}{dt}\right|_{max} = \omega U_{om}$$

此值以 SR 为极限，则有

$$\omega U_{om} = SR$$

故可由上式确定满功率带宽 f_p 与上升速率 SR 的关系

$$f_p = \frac{\omega_p}{2\pi} = \frac{SR}{2\pi U_{om}} \tag{4-38}$$

一般来说，输出信号大小的不同，其不失真输出所允许的最高工作频率也不同，输出信号越大，不失真输出所允许的最高工作频率就越低。而 f_p 则是在额定大信号时输出不失真所允许的最高工作频率。

三、场效应管的高频等效电路

参考晶体三极管高频等效电路，得到场效应管的高频等效电路如图 4-14 所示。

图 4-14 中，C_{gs} 为栅极到源极之间的电容，C_{gd} 为漏极到栅极之间的电容。对结型场效应管来说，C_{gs} 和 C_{gd} 是 PN 结反向时的势垒电容，为1～10pF。对于绝缘栅型场效应管 C_{gs} 还应包含“沟道电容”。这是由于绝缘栅型场效应管的沟道积累的电荷在栅压变化时将发生变化，相当于电容在充放电。场效应管高频等效电路的单向化与晶体管高频等效电路的单向化一样，这里不再赘述。

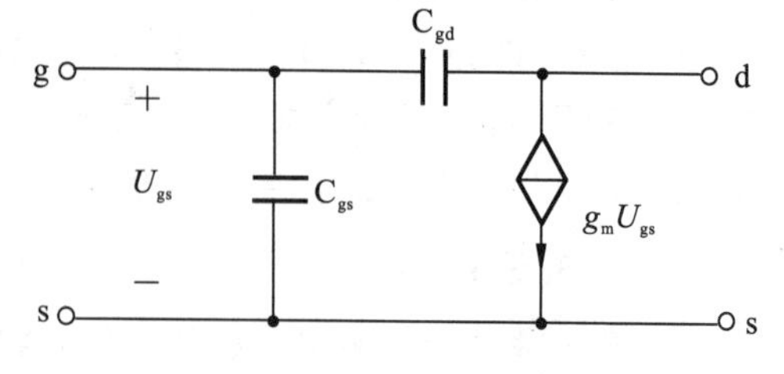

图 4-14 场效应管高频等效电路

第七节　放大电路频率响应举例

【例 4-4】 试分析图 4-15 所示电路的频率特性。已知 $R_S=R_L=h_{ie}=1k\Omega$，$R_C=2k\Omega$，$R_B=R_{B1}/\!/R_{B2}=6k\Omega$，$h_{fe}=50$，$C_1=2\mu F$，$C_2=10\mu F$，$C_{b'e}=100pF$，$C_{b'c}=3pF$，$r_{bb'}=100\Omega$。

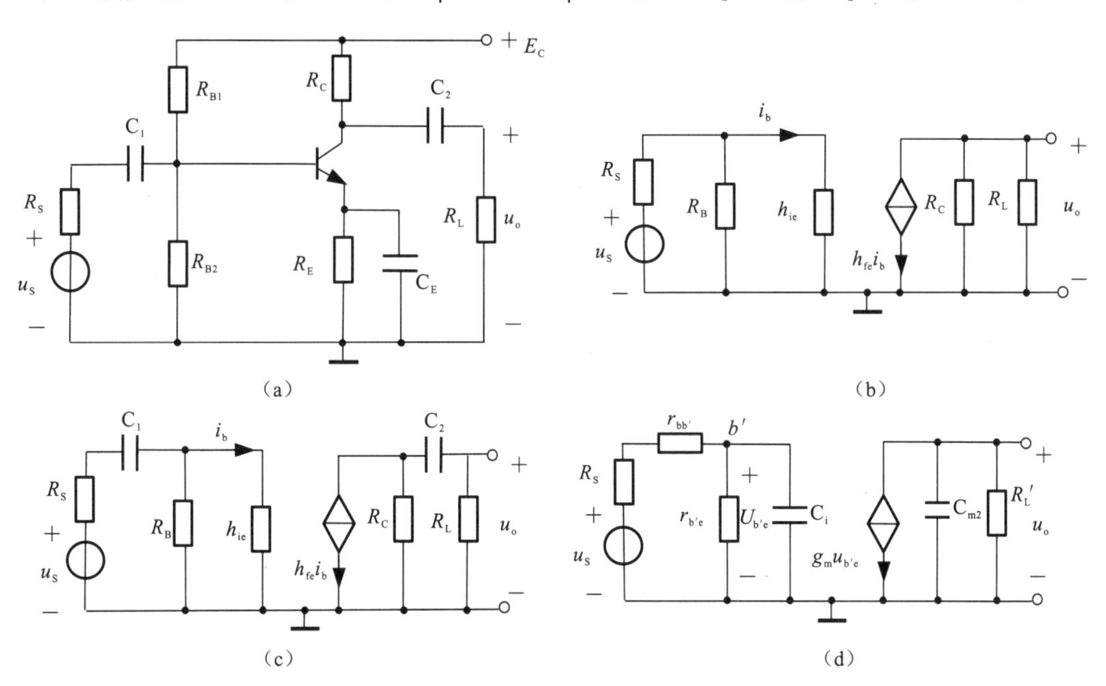

图 4-15　晶体管放大电路频率特性分析

(1)中频分析。在中频区，所有电容的影响均可忽略不计，其等效电路如图 4-15(b)所示。

由图不难求出中频区的的电压放大倍数

$$A_{usm}=\frac{u_o}{u_S}=\frac{u_o}{u_i}\times\frac{u_i}{u_S}=\frac{R_i}{R_S+R_i}\times\frac{-h_{fe}R_L'}{h_{ie}}$$

式中
$$R_i=R_B/\!/h_{ie}=R_{B1}/\!/R_{B2}/\!/h_{ie}\approx 857(\Omega)$$
$$R_L'=R_C/\!/R_L=667(\Omega)$$

所以
$$A_{usm}=-15.4$$

或
$$20\lg A_{usm}=23.75$$

(2)低频段分析。在低频段，晶体管的结电容可视为开路，设 C_E 容量很大，容抗很小，仍认为短路。其等效电路如图 4-15(c)所示。

这时 C_1 和 C_2 的短路时间常数分别为

$$\tau_{s1}=(R_S+R_B/\!/h_{ie})C_1=3.75(ms)$$

$$\tau_{s2}=(R_C+R_L)C_2=60(\text{ms})$$

相对应的低频段的两个极点为：$P_{l1}=-267$ 和 $P_{l2}=-16.7$，所以 P_{l1} 是主导极点。低频截止频率为 $\omega_l=|P_{l1}|=267(\text{rad/s})$，或 $f_l=\dfrac{267}{2\pi}=42.5(\text{Hz})$。所以低频段的频率特性为

$$A_{usl}(jf)=\left(\frac{-15.4}{1+\dfrac{42.5}{fj}}\right)$$

(3)高频段分析。在高频段，C_1、C_2 和 C_E 为短路，其单向化的高频等效电路如图 4-15(d)所示。其中，$C_i=C_{b'e}+C_{M1}$，这时 C_i 和 C_{M2} 的开路时间常数分别是

$$\tau_{o1}=[(R_S'+r_{bb'})/\!/r_{b'e}]C_i=0.99\times10^{-7}(\text{s})$$

$$\tau_{o2}=R_L'C_{M2}=2\times10^{-12}(\text{s})$$

其中，$R_S'=R_S/\!/R_B$，$C_i=C_{b'e}+C_{M1}$，$C_{M1}=C_{b'c}(1+g_mR_L')$，$g_m=h_{fe}/r_{b'e}$，$r_{bb'}=r_{be}-r_{b'e}$，$C_{M1}\approx C_{b'c}$。

相对应的高频段的两个极点为：$P_{h1}=-1.01\times10^7$ 和 $P_{h2}=-5\times10^{11}$，可见 P_{h1} 是主导极点。高频截止频率 $\omega_h=|P_{h1}|=1.01\times10^7(\text{rad/s})$，或 $f_h=\dfrac{1.01\times10^7}{2\pi}=1.6(\text{MHz})$。所以，高频段的频率特性为

$$A_{ush}(jf)=\frac{-15.4}{1+\dfrac{jf}{1.6\times10^6}}$$

放大器的整个频率特性曲线波特图如图 4-16 所示。

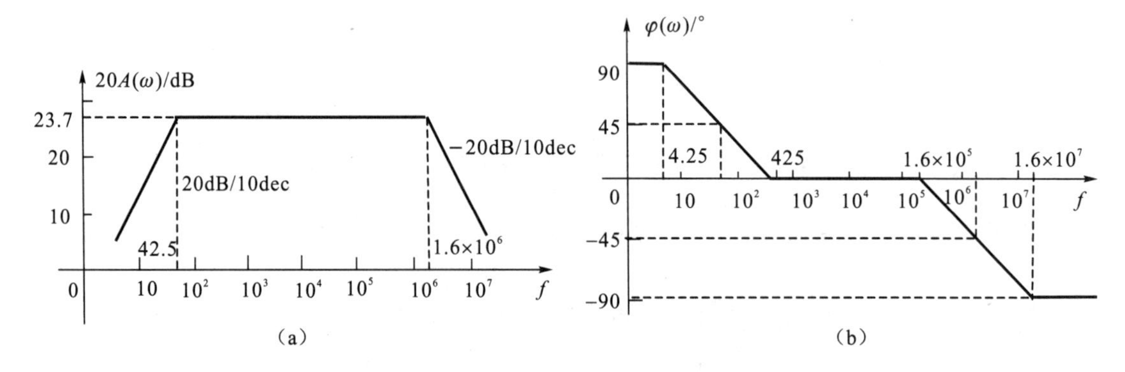

图 4-16

【例 4-5】 一个结型场效应管放大器如图 4-17 所示。已知 $I_{DSS}=8\text{mA}$，$V_p=-4\text{V}$，$r_{ds}=20\text{k}\Omega$，$C_{gd}=1.5\text{pF}$，$C_{ds}=5.5\text{pF}$，试计算 A_{um}、f_l 和 f_h。

解：由结型场效应管的特性和图 4-17 所示电路可得

$$I_{DQ}=I_{DSS}\left(1-\frac{U_{GSQ}}{U_P}\right)^2$$

和 $$U_{GSQ}=-I_{DQ}R_S$$

解得 $I_{DQ}=0.5\text{mA}$，$U_{GSQ}=-3\text{V}$，$g_m=\dfrac{di_D}{du_{GS}}\bigg|_{u=U_{GSQ}}=1(\text{ms})$

(1)在中频段。

$$A_{um} = -g_m(r_{ds} // R_D // R_L) \approx -2.22$$

(2)在低频段。图 4-17(b)是低频等效电路,图中 C_1 的时间常数远大于 C_2 的时间常数,故将 C_1 视为短路。因此可得 C_2 的时间常数为

$$\tau_2 = (r_{DS} // R_D + R_L)C_2$$

故可得其下限截止频率为

$$f_l = \frac{1}{2\pi(r_{DS} // R_D + R_L)C_2} \approx 176(\text{Hz})$$

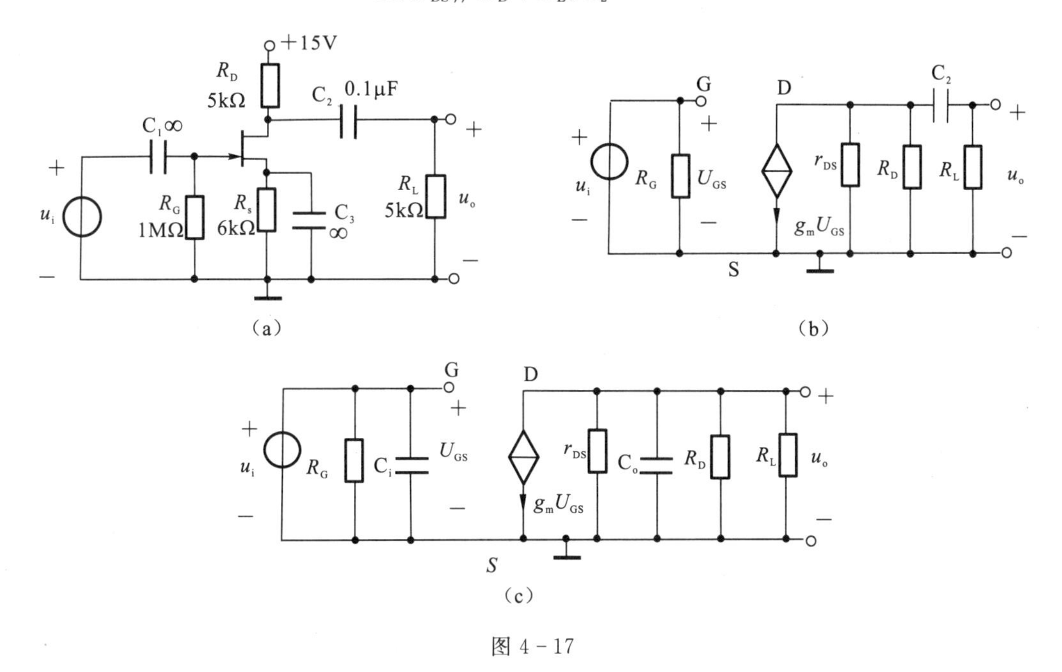

图 4-17

(3)在高频段。图 4-17(c)是高频等效电路,在输入端由于 C_i 与恒流源并联,R_G 很大,所以对频率特性无影响。在输出端,其密勒电容为

$$C_{M2} = (1 + 1/g_m R_L')C_{gd} \approx 2.17(\text{pF})$$

其输出总电容为

$$C_o = C_{ds} + C_{M2} = 7.67(\text{pF})$$

因此可得其高频截止频率为

$$f_h = \frac{1}{2\pi(r_{DS} // R_D // R_L)C_o} \approx 8.68(\text{MHz})$$

【例 4-6】 同相输入放大电路如图 4-18(a)所示,已知 $A = 10^5$,$f_b = 10\text{Hz}$,$R_F = 100\text{k}\Omega$,$R_1 = 10\text{k}\Omega$,试求频率特性和 f_h。

解:放大电路的低频等效电路和高频等效电路如图 4-18(b)、(c)所示。

对于低频情况,由于无电容耦合,故和中频情况是一样的。由图 4-18(b)可知

$$U = (U_+ - U_-) = -U' = -\frac{U_o}{A_u}$$

$$I_1=\frac{-(U_i-U)}{R_1}=\frac{-(U_i-U_o/A_u)}{R_1},I_f=\frac{-(U_i-U-U_o)}{R_f}=\frac{-(U_i-U_o/A_u-U_o)}{R_f}$$

由于 $I_1=I_f$，可得

$$A_{um}=\frac{U_o}{U_i}=\frac{(R_1+R_f)A}{R_1+R_f+AR_1}\approx 10$$

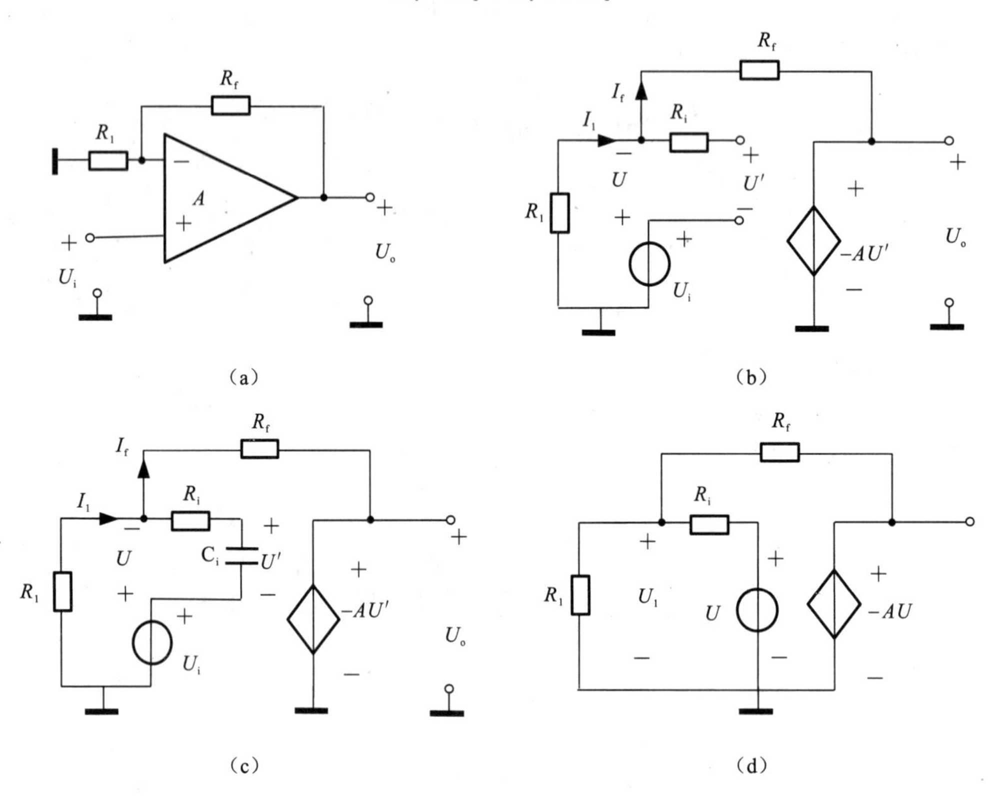

图 4-18　运算放大电路频率分析

对于高频情况，先求时间常数，将信号源 U_i 短路，电容 C 开路，从开路端看进去的等效电阻的电路如图 4-18(d)所示。

用节电法先求 U_1，

$$\left(\frac{1}{R_1}+\frac{1}{R_f}+\frac{1}{R_i}\right)U_1-\frac{1}{R_i}U-\frac{-AU}{R_f}=0$$

考虑到 R_i 是运算放大器的输入电阻，其值远大于 R_1 和 R_f，可得

$$U_1=-\frac{AR_1U}{R_1+R_f}$$

所以

$$I=\frac{U-U_1}{R_i}=\frac{U+\dfrac{AR_1}{R_1+R_f}}{R_i}=U\frac{R_1+R_f+AR_1}{(R_1+R_f)R_i}$$

$$R_{eq}=\frac{R_1+R_f}{R_1+R_f+AR_1}R_i$$

$$\tau=R_{eq}C_i=\frac{R_1+R_f}{R_1+R_f+AR_1}R_iC_i=\frac{R_1+R_f}{R_1+R_f+AR_1}\frac{1}{\omega_b}$$

$$f_h=\frac{\omega_h}{2\pi}=\frac{R_1+R_f+AR_1}{R_1+R_f}\frac{\omega_b}{2\pi}\approx 1\times 10^5(\text{Hz})$$

所以其频率特性为

$$A(jf)=\frac{10}{1+jf/10^5}$$

多级放大器的频率特性分析，在得到了放大电路的中频、低频和高频等效电路后，根据主导极点和非主导极点的理论，其分析方法与单级放大电路是一样的，这里不再赘述。

第八节　宽带放大器

有些时候，要放大的信号既含有变化极快的成分，也含有变化缓慢的成分，要想不失真地放大这样的信号，就要求放大器具有很宽的通频带。当带宽超过几十兆赫兹时，就成为宽带放大器。展宽通频带除了要选择上限频率高的有源器件外，还要在电路设计上做一些工作。

一、共射-共基组合电路

图 4-19 为共射-共基组合电路的交流通路。共基极的输入阻抗成为共射极的负载。由于共基极电路有很低的输入阻抗，使得前级(共射级)的负载阻抗减小了许多，其密勒电容也就大为降低，从而使共射级的上截止频率得到提高。而共基极组态电路的上截止频率比共射极组态要高得多。这一混合组态连接电路的上截止频率取决于共射极。下面通过一个实例来验证上述理论。

【例 4-7】 共射-共基电路如图 4-19 所示，设 V_1、V_2 两管参数相同，$r_{bb'}=100\Omega$，$r_{b'e}=1.2\text{k}\Omega$，$C_{b'e}=21.5\text{pF}$，$\beta=60$。使用开路时间常数法求上限截止频率 f_h 和源增益 A_{us}。

上图中密勒电容 C_{M1} 由于共射极放大倍数较小可忽略不计，$C_{i1}=C_{b'e1}=C_{b'e}$。

根据图 4-19(a)可计算

$$A_{u1}=\frac{-\beta_1 R_{i2}}{r_{be1}}=-\frac{\beta_1 r_{be2}/\beta_2}{r_{be1}}=-1$$

$$A_{u2}=\frac{\alpha_2 R_L'}{r_{e2}}=\frac{\alpha_2 R_L'}{r_{be2}/\beta_2}=\frac{\alpha\beta R_L'}{r_{be}}$$

式中，$\beta_1=\beta_2=\beta$，$r_{be1}=r_{be2}=r_{be}$，$\alpha=\beta/(1-\beta)$。

所以

$$A_{us}=-\frac{\alpha\beta R_L'}{r_{be}}=\frac{-60\times 0.984\times 2}{1.3}=-84.3$$

根据图 4-19(b)可得 3 个开路时间常数

$$\tau_{1o}=C_{i1}[r_{b'e1}/\!/(R_S+r_{bb'1})]=3.68\times 10^{-9}(\text{s})$$

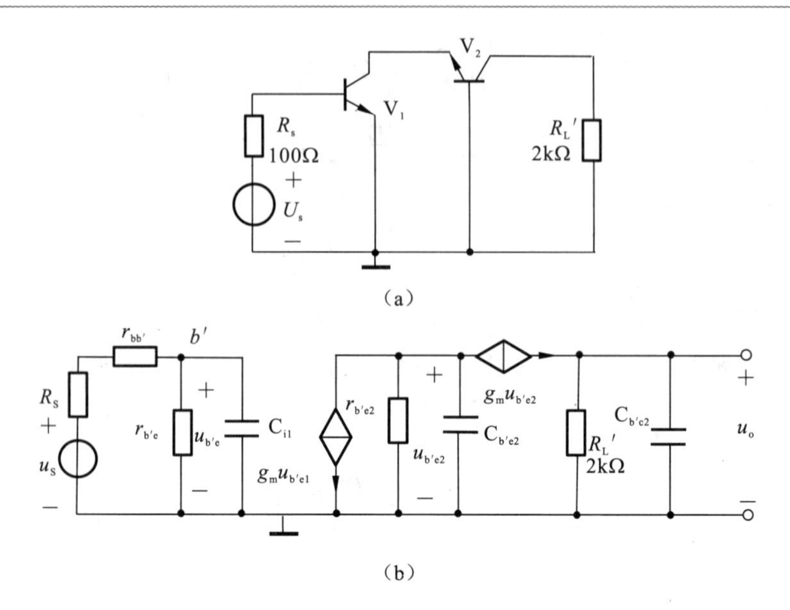

图 4－19　共射-共基组合电路频率分析

$$\tau_{2o}=C_{b'e2}\left(\frac{r_{b'e2}}{1+g_m r_{b'e2}}\right)=0.42\times10^{-9}(s)$$

$$\tau_{3o}=C_{b'c2}R_L{}'=10\times10^{-9}(s)$$

3 个转折频率为：$\omega_1=\frac{1}{\tau_{1o}}=2.72\times10^8(rad/s)$，$\omega_2=\frac{1}{\tau_{2o}}=2.38\times10^9(rad/s)$和 $\omega_3=\frac{1}{\tau_{3o}}=1\times10^8(rad/s)$。由于这 3 个极点都较相近，根据非主导极点情况截止频率算法有

$$\omega_h=\frac{1}{\sqrt{(1/\omega_1)^2+(1/\omega_2)^2+(1/\omega_3)^2}}\approx93.7\times10^6(rad/s)$$

$$f_h=\frac{\omega_h}{2\pi}\approx14.9(MHz)$$

从以上分析可见，共射-共基混合电路两级放大器只有一级的电压放大倍数，也就是说，这种组合的放大器是付出一个相同器件的代价来换取通频带的扩宽。

二、共射-共集组合电路

图 4－20(a)为两级共射放大电路的交流通路，在电路中，由于 R_{C1} 较大，后一级的输入回路电容(包括密勒电容)的时间常数也较大，因而对放大器的高频特性影响较大。为了解决这一问题，图 4－20(b)为电路在两个共射极之间插入一个共集级，可以使得这一时间常数有较大的下降，从而提高上限截止频率。

共射-共集电路能提高上限截止频率是由于共集极的输出阻抗小。在图 4－20(a)中，V 的输入电容直接接在 V_1 的集电极，而 R_{C1} 较大，故时间常数较大；在图 4－20(b)中，V 的输入电容接在共集极的输出端，而共集极的输出电阻较小，其输出接近恒压源，使得 V 输入电容的时间减小。在 V_2 的输入回路，其时间常数近似为 $\tau_2=C_{b'e2}r_{b'e2}$，也比较小。因此，整个

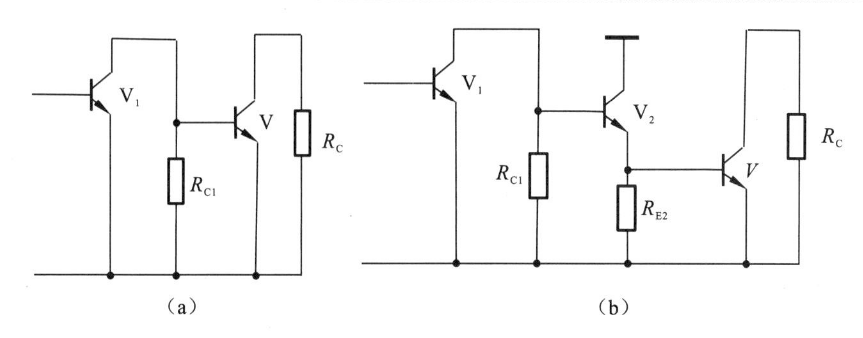

图 4－20　共射-共集组合电路

放大电路的上截止频率取决于 V_1 的输入回路的时间常数。

应该指出，共射-共集组合电路可以适用于 V_1 的负载是容性负载的放大电路（如 V），但不适用于感性负载。

三、MAX 4450/4451 带宽放大器

MAX 4450/4451 是集成宽带放大器的典型产品。它的封装引脚如图 4－21 所示，由图 4－21(b)可知，MAX 4451 是一个双运算放大器芯片。下面对它的主要参数和典型应用作一介绍。

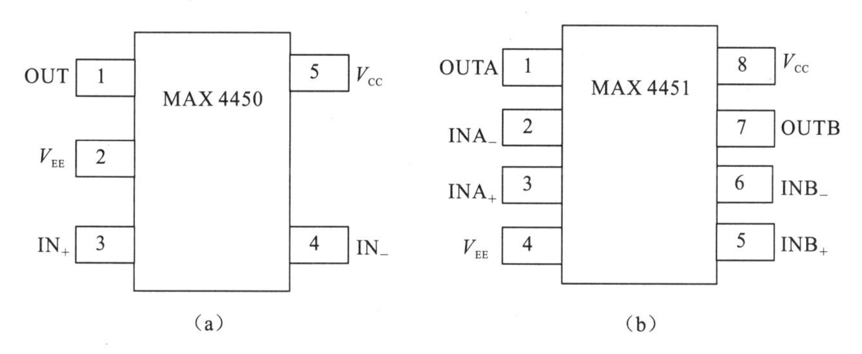

图 4－21　MAX 4450/4451 引脚图

1. 典型参数

MAX 4450/4451 的主要参数值如表 4－2 所示。

表 4－2　MAX 4450/4451 的主要参数典型值

类型	参数	条件	最小值	典型值	最大值	单位
直流参数	输入失调电压	共模输入 $V_{CM}=2.5V$		4	26	mV
	输入电压温度系数			8		uA/℃
	输入偏置电流	共模输入 $V_{CM}=2.5V$		6.5	20	uA
	输入失调电流	共模输入 $V_{CM}=2.5V$		0.5	4	uA

续表 4－2

类型	参数	条件	最小值	典型值	最大值	单位
直流参数	输入阻抗	差模($-1<U_{id}<1$)		70		kΩ
		共模($-0.2<U_{ic}<2.75$)		3		MΩ
	共模抑制比	共模($V_{EE}-0.2V<U_{ic}<V_{CC}-2.25$)	70	95		dB
	开环增益	$0.5V<U_o<4.5$，$R_L=150\Omega$	48	58		
	输出电流	$R_L=50\Omega$ 流出	45	70		
		流入	25	50		
	开环输出电阻			8		Ω
	工作电压	V_{CC}到V_{EE}	4.5		11	
	静态电流			6.5	9	
交流参数	小信号－3dB带宽	$U_o=100mV$		210		MHz
	全功率带宽	$U_o=2V$		175		MHz
	转换速率	$U_o=2V$(阶跃)		485		V/μs
	输入电容			1		pF
	输出阻抗			1.5		Ω

2. 典型应用

MAX 4450/4451 的引脚功能说明如表 4－3 所示。

表 4－3　MAX 4450/4451 引脚功能说明

引脚		符号	功能
MAX 4450	MAX4451		
1	—	OUT	运算放大器输出
2	4	V_{EE}	负电源或地(单电源供电)
3	—	IN_+	同相输入
4	—	IN_-	反相输入
5	8	V_{CC}	正电源
—	1	OUTA	运算放大器 A 输出
—	2	INA_-	运算放大器 A 反相输入
—	3	INA_+	运算放大器 A 同相输入
—	7	OUTB	运算放大器 B 输出
—	6	INB_-	运算放大器 B 反相输入
—	5	INB_+	运算放大器 B 同相输入

MAX 4450/4451 典型应用是同相放大和反相放大。应用电路如图 4-22 所示。

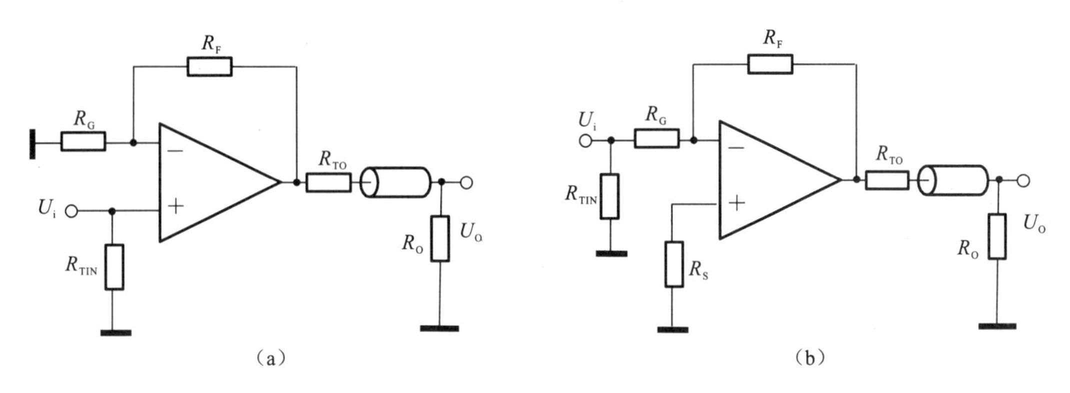

图 4-22　MAX 4450/4451 的典型应用

在同相放大和反相放大的典型应用中，在不同的放大倍数下，元件参数一般采用如表 4-3所示的推荐值。

表 4-3　不同放大倍数各个元件参数推荐值

元件	增益									
	+1	−1	+2	−2	+5	−5	+10	−10	+25	−25
R_F(Ω)	24	500	500	500	500	500	500	500	500	1200
R_G(Ω)	∞	500	500	250	124	100	56	50	20	50
R_S(Ω)	—	0	—	0	—	0	—	0	—	0
R_{TIN}(Ω)	49.9	56	49.9	62	49.9	100	49.9	∞	49.9	∞
R_{TO}(Ω)	49.9	49.9	49.9	49.9	49.9	49.9	49.9	49.9	49.9	49.9
小信号−3dB 带宽	210	100	95	50	25	25	11	15	5	10

$R_L=R_{TO}+R_o$；R_{TO}和 R_{TIN}是作为 50Ω 系统应用的，对于 75Ω 系统，$R_{TO}=75\Omega$；R_{TIN}则由下式计算

$$R_{TIN}=\frac{75}{1-75/R_G}(\Omega) \tag{4-39}$$

习题四

1. 什么是线性失真？它是怎样引起的？它与非线性失真有何区别？对于一个放大电路，不产生线性失真要满足什么条件？

2. 说明共发射极混合 π 型等效电路各参数的物理意义，并分析工作点电流或工作点电压对这些参数的影响。

3. 分析一个放大电路的频率特性,为什么要分3个频段进行分析?在3个频段里,放大电路的频率特性有什么特点?

4. 设放大电路的低频区电压增益函数为

$$A_u(s)=\frac{-10^4(s+20)}{(s+100)(s+1000)}$$

试画出幅频和相频特性渐近波特图,并求出下限截止频率 f_l。

5. 设放大电路的高频区电压增益函数为

$$A_u(s)=\frac{2\times10^7(s+5\times10^8)}{(s+10^8)(s+10^{10})}$$

试画出幅频和相频特性渐近波特图,并求出下限频率 f_h。

6. 什么是主导极点,在用时间常数法求传输函数极点时,高通滤波器和低通滤波器的时间常数的求法有什么不同?

7. 三极管手册上,$I_C=1.5\text{mA}$ 时,低频参数为 $r_{be}=1.2\text{k}\Omega$,$\beta=60$;高频参数为 $f_T=100\text{MHz}$,$C_{b'c}=5\text{pF}$,试求混合π型参数。

8. 电路及元件参数如图4-23所示,三极管参数为 $h_{fe}=60$,$r_{bb'}=80\Omega$,$r_{b'e}=1.2\text{k}\Omega$,$C_{b'c}=5\text{pF}$,$f_T=300\text{MHz}$,若 R_{B1}、R_{B2}、$r_{b'c}$ 和 r_{ce} 很大,可以忽略不计,求:

(1)中频源电压增益 A_{usm};

(2)上、下限截止频率 f_h 和 f_l。

9. 电路和参数同题8,当信号源内阻 $R_S=0$ 和 $R_S=5\text{k}\Omega$ 时,求:

(1)中频源电压增益 A_{usm};

(2)上限截止频率 f_h。

10. 在图4-24所示电路中,设 $r_{bb'}=100\Omega$,$C_{b'c}=5\text{pF}$,$h_{fe}=60$,$f_T=80\text{MHz}$,$U_{BE}=0.6\text{V}$。

(1)试计算上、下限截止频率 f_h 和 f_l;

(2)若要调整电容 C_1、C_E 使 f_l 降到200Hz以下,应该调整哪个电容?调整到多少?

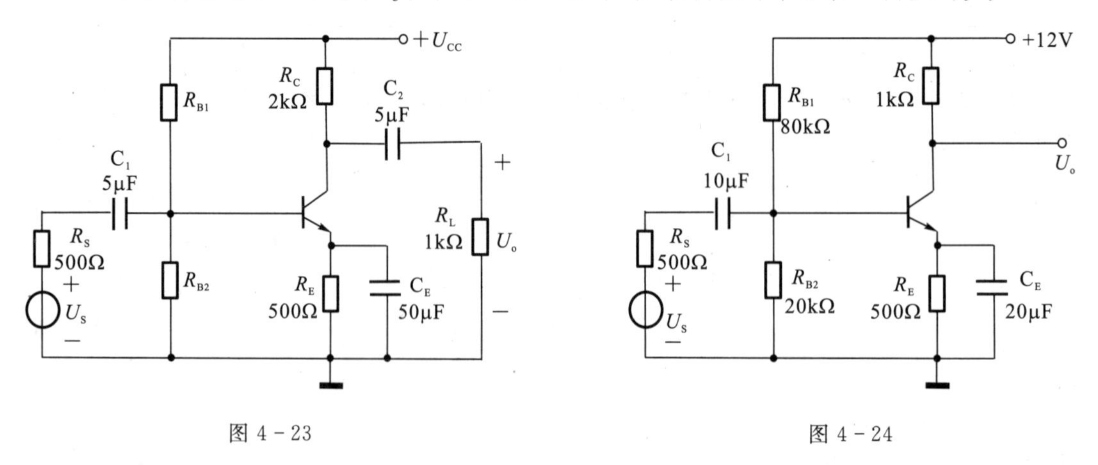

图4-23　　　　图4-24

11. 电路如图4-25所示,已知 $g_m=3\text{ms}$,$r_{ds}=36\text{k}\Omega$,$C_{gd}=3\text{pF}$,$C_{gs}=6\text{pF}$,$C_{ds}\approx0$,试计算上、下限截止频率 f_h 和 f_l。

12. 共漏放大电路如图 4－26 所示，已知 $g_m=2\text{ms}$，$r_{ds}=40\text{k}\Omega$，$C_{gs}=4\text{pF}$，$C_{gd}=3\text{pF}$，$C_{ds}\approx0$，试计算上、下限截止频率 f_h 和 f_l。

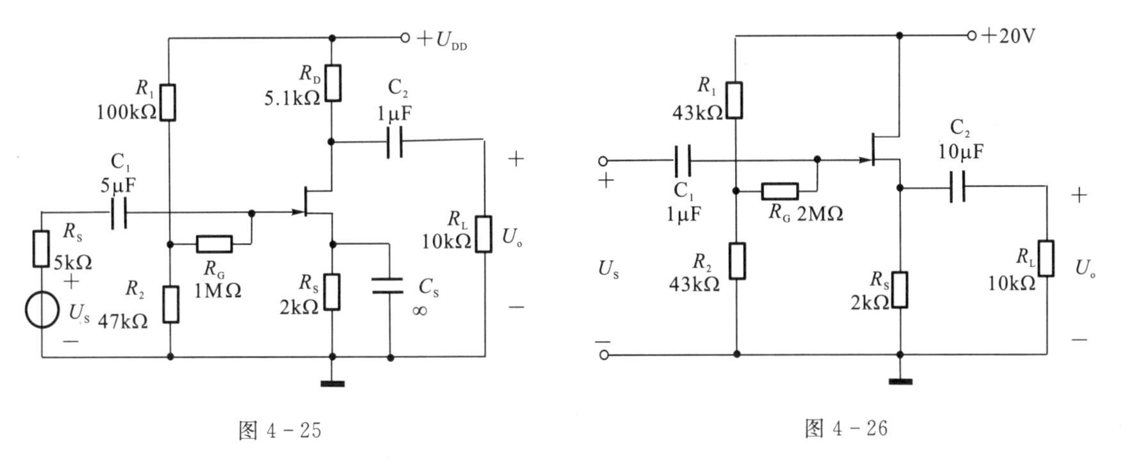

图 4－25　　　　图 4－26

13. 共发-共集组合电路及元件参数如图 4－27 所示，已知两管的参数相同，$h_{fe}=60$，$r_{bb'}=100\Omega$，$r_{b'e}=1.2\text{k}\Omega$，$C_{b'c}=10\text{pF}$，$C_{b'c}=3\text{pF}$，设 R_{B1}、R_{B2} 以及 r_{ce} 可以忽略不计，试计算：

(1)中频源电压增益 A_{usm}；

(2)上限截止频率 f_h。

14. 运算放大电路如图 4－28 所示，已知运算放大器开环增益 $A_{u0}=1\times10^6$，－3dB 带宽 $f_b=20\text{Hz}$，其他电路参数如图所示，试计算电路的上限截止频率 f_h。

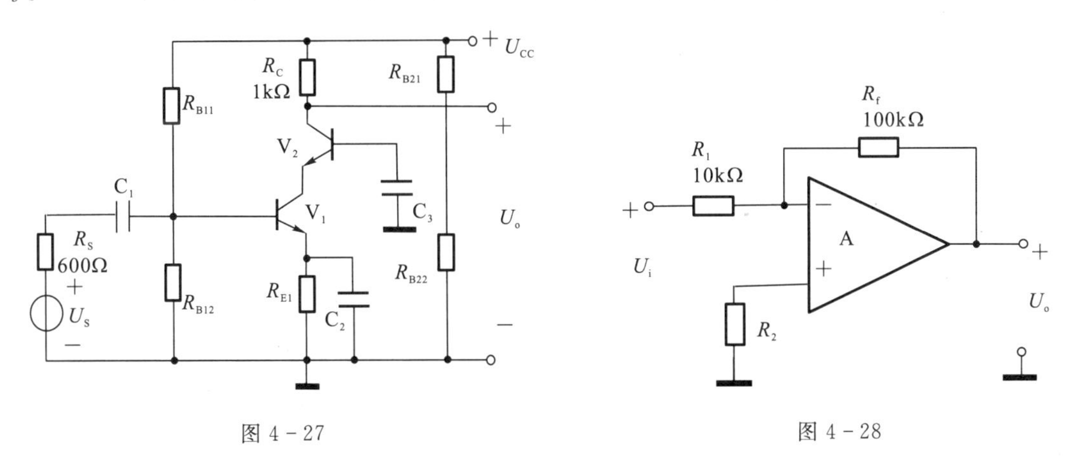

图 4－27　　　　图 4－28

15. 已知 F007 的转换速率 SR＝0.5V/μs，在电源电压为 15V 时能给出不失真电压振幅为 13V，试计算满功率带宽 f_p。

16. 已知 F007 的转换速率 SR＝0.5V/μs，F317 的转换速率 SR＝70V/μs，如果要求得到幅值分别为 1V、10V 不失真输出电压，试计算用这两种运算放大器组成的放大器的输入信号的最高频率 f_{max} 分别是多少？

17. 为什么说在容性负载和放大器之间加入一级共集电极电路(共射-共集组合电路)可使放大器的高频截止频率增加？

18. 某放大电路中 $\dot{A}_V$ 的对数幅频特性如图 4-29 所示。

(1)试求该电路的中频电压增益 $|\dot{A}_{VM}|$，上限频率 f_h、下限频率 f_l；

(2)当输入信号的频率 $f=f_l$ 或 $f=f_h$ 时，该电路实际的电压增益是多少分贝？

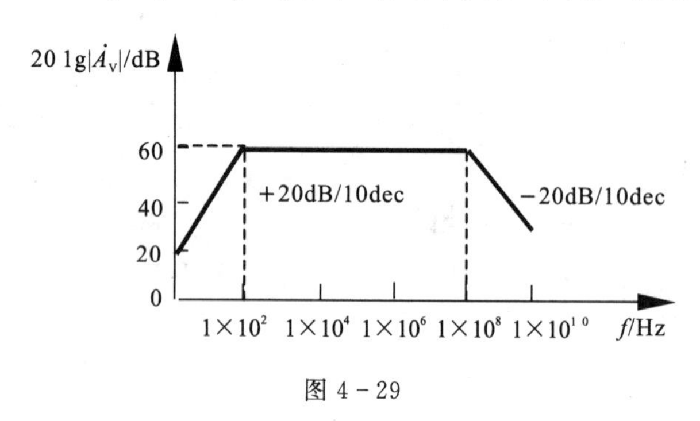

图 4-29

19. 已知某放大电路电压增益的频率特性表达式为

$$\dot{A}_V=\frac{100j\,\dfrac{f}{10}}{\left(1+j\,\dfrac{f}{10}\right)\left(1+j\,\dfrac{f}{10^5}\right)}\text{（式中 } f \text{ 的单位为 Hz）}$$

试求该电路的上、下限频率，中频电压增益，以及输出电压与输入电压在中频区的相位差。

20. 一个放大电路的增益函数为

$$A(s)=10\,\frac{s}{s+2\pi\times10}\cdot\frac{1}{1+\dfrac{s}{2\pi}\times10^6}$$

试绘出它的幅频响应波特图，并求出中频增益、下限频率 f_l 和上限频率 f_h 及增益下降到 1 时的频率。

21. 一单级阻容耦合共射放大电路的通频带是 50Hz～50kHz，中频电压增益 $|\dot{A}_{VM}|=$ 40dB，最大不失真交流输出电压范围是 −3～+3V。

(1)若输入一个 $10\sin(4\pi\times10^3t)$(mV)的正弦波信号，输出波形是否会产生频率失真和非线性失真？若不失真，则输出电压的峰值是多大？$\dot{U}_o$ 与 $\dot{U}_i$ 间的相位差是多少？

(2)若 $u_i=40\sin(4\pi\times25\times10^3t)$(mV)，重复回答(1)中的问题；

(3)若 $u_i=10\sin(4\pi\times50\times10^3t)$(mV)，输出波形是否会失真？

22. 电路如图 4-30 所示，已知 BJT 的 $\beta=50$，$r_{be}=0.72\text{k}\Omega$。

(1)估算电路的下限频率 f_l；

(2)$|\dot{U}_{im}|=40\text{mV}$，且 $f=f_l$，则 $|\dot{U}_{im}|$ 为多少？$\dot{U}_o$ 与 $\dot{U}_i$ 间的相位差是多少？

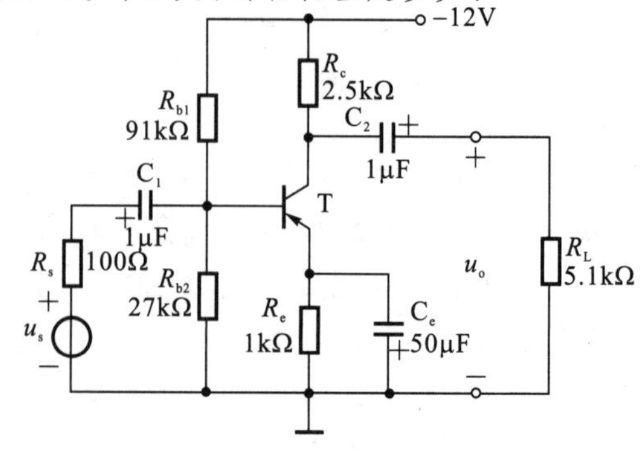

图 4-30

23. 一高频 BJT，在 $I_{CQ}=1.5\text{mA}$ 时，测出其低频 H 参数为：$r_{be}=1.1\text{k}\Omega$，$\beta_o=50$，特征频率 $f_T=100\text{MHz}$，$C_{b'c}=3\text{pF}$，试求混合 π 形参数 g_m、$r_{b'e}$、$r_{bb'}$、$C_{b'e}$。

24. 电路如图 4-30 所示，BJT 的 $\beta=40$，$C_{b'c}=3\text{pF}$，$C_{b'e}=100\text{pF}$，$r_{bb'}=100\Omega$，$r_{b'e}=1\text{k}\Omega$。

(1)画出高频小信号等效电路，求上限频率 f_h；

(2)R_l 提高 10 倍，问中频区电压增益、上限频率及增益-带宽积各变化多少倍？

25. 电路如图 4-31 所示（射极偏置电路），设信号源内阻 $R_S=5\text{k}\Omega$，电路参数为：$R_{b1}=33\text{k}\Omega$，$R_{b2}=22\text{k}\Omega$，$R_c=3.9\text{k}\Omega$，$R_e=4.7\text{k}\Omega$，$R_L=5.1\text{k}\Omega$，在 R_e 两端并接一电容 $C_e=50\mu\text{F}$，$V_{CC}=5\text{V}$，$I_{EQ}\approx0.33\text{mA}$，$\beta_o=120$，$r_{ce}=300\text{k}\Omega$，$r_{bb'}=50\Omega$，$f_T=700\text{MHz}$ 及 $C_{b'c}=1\text{pF}$。求：

(1)输入电阻 R_i；

(2)中频区电压增益 $|\dot{A}_{VM}|$；

(3)上限频率 f_h。

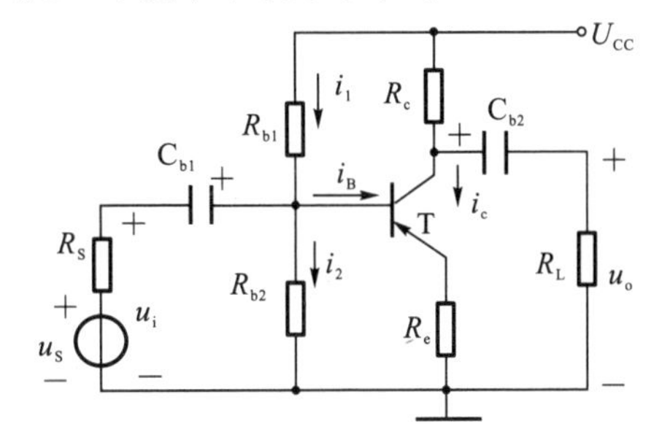

图 4-31

26. 在题 25 所述放大电路中，$C_{b1}=C_{b2}=1\mu\text{F}$，射极旁路电容 $C_e=10\mu\text{F}$，求下限频率。

27. 图 4-32 所示为一个一阶低通滤波器电路，设 A 为理想运算放大器，试推导电路的传递函数，并求出其-3dB 截止角频率 ω_h。

28. 在图 4-33 所示的低通滤波电路中，设 $R_1=10\text{k}\Omega$，$R_f=5.86\text{k}\Omega$，$R=100\text{k}\Omega$，$C_1=C_2=0.1\mu\text{F}$，试计算截止角频率 ω_h 和通带电压增益，并画出其波特图。

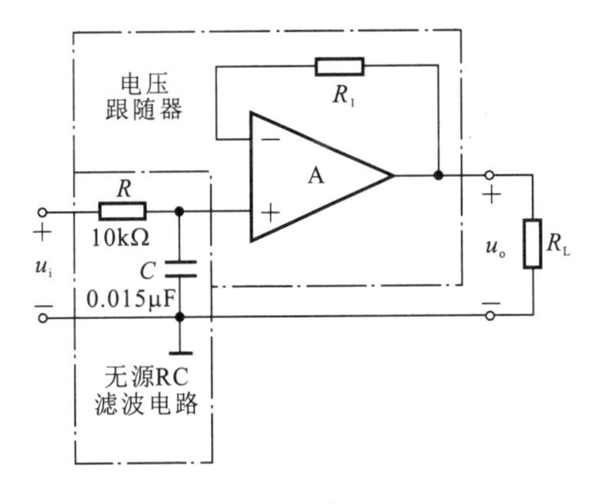

图 4-32

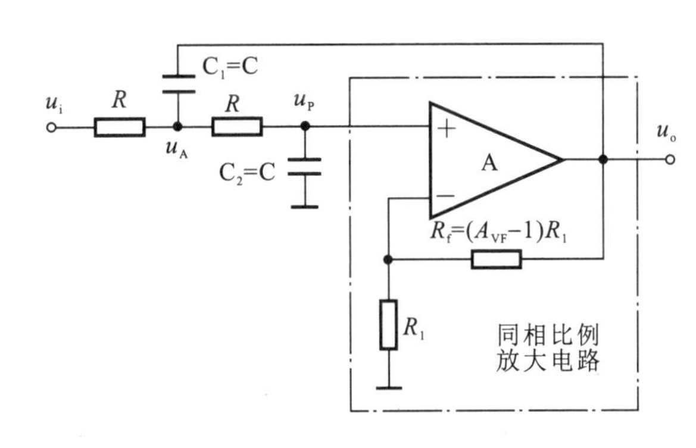

图 4-33

第五章 负反馈放大电路

知识要点

1. 负反馈的基本概念。
2. 负反馈类型的判断。
3. 负反馈的 4 种基本组态及其对放大电路性能的影响。
4. 反馈放大电路的稳定性分析。
5. 根据要求设计负反馈电路。
6. 深度负反馈放大电路增益的估算方法。

在各种基本放大电路和实用电路中，为了改善某一个或几个指标性能，常需要引入特定的反馈类型。负反馈是模拟电路设计中的重要环节，可以明显改善各类型放大电路的多个性能指标。掌握负反馈的基本概念、判断方法以及深反馈的工程计算，是本课程非常重要的基础要求。本章首先介绍反馈的基本概念、反馈的分类、等效框图和判断方法；然后讨论负反馈对放大电路的性能影响，负反馈放大电路的分析和计算；最后探讨负反馈放大电路的稳定性及其判断方法。本章属于概念和应用层面的基础内容，要求能够充分理解，熟练掌握。

第一节 反馈——常见的电路构成部分

通常，要使输出信号达到质量要求，可通过引入反馈的方式来适当地调控放大器，使之满足系统性能指标。所谓反馈，就是对放大电路的输出信号进行采样，将一部分或全部输出信号以某种形式送回到放大电路输入端，进而影响有效输入信号(净收入信号)，达到稳定输出、改善放大器性能指标的效果。

一、反馈电路

在各种放大电路中，反馈电路(尤其是负反馈电路)是最常见的构成单元。

如图 5-1 所示为分压式偏置放大电路，在前面第二章讨论放大电路静态工作点稳定的问题时已述及，该电路就是利用反馈电路获得稳定的静态工作点。分压式偏置电路稳定静态工作点的过程是：当环境温度（T）上升，参数 I_{CQ} 增大，I_{EQ} 随之增大，则 $U_E(U_E=I_ER_E)$ 必然升高。由于基极电位 U_B 不变，加到基极和发射极之间的电压 U_{BE} 随着 U_E 增大而减小，从而使 I_{BQ} 减小，I_{CQ} 也减小，直至它们基本不随温度而改变，从而保持静态工作点的稳定。该过程表示如下

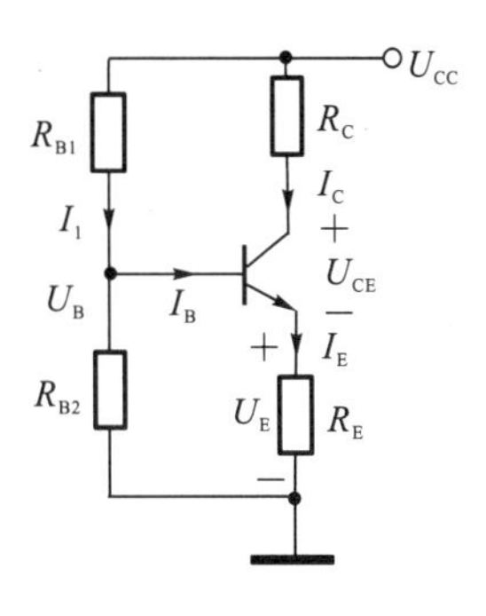

图 5-1　分压式偏置电路

$$T\uparrow\rightarrow I_{CQ}\uparrow\rightarrow I_{EQ}\uparrow\rightarrow U_E\uparrow\rightarrow U_{BE}\downarrow\rightarrow I_{BQ}\downarrow\rightarrow I_{CQ}\downarrow$$

图 5-1 的分压偏置电路中，发射极电阻 R_E 将工作点在直流负载线的上下位置变化，转换为调整发射结两端电压 U_{BE} 的变化，从而较好地稳定了静态工作点。由于是通过输出电流 I_C 的变化影响了输入电压 U_{BE} 的变化，所以亦称之为电流负反馈。

二、形成反馈的条件

含有反馈的放大电路称为反馈放大电路，或反馈放大器。一般来说，是否存在有效的反馈通路是判断是否存在反馈的条件。可通过以下两种方式判断反馈通路是否存在：

(1)根据电路的连接方式判断，即是否存在连接形式上的“闭合回路”。

(2)通过输出信号是否在输入端有体现来判断。

容易出现的错误是仅仅根据形式的“无连接”就判断没有反馈。

三、反馈的构成

图 5-2 是反馈放大电路原理方框图。X_i 为外输入信号，X_o 为电路对外输出信号，X_f 是通过反馈网络 B 对输出信号 X_o 的取样信号，即输出端信号回送到输入端的反馈信号。X_Σ 为净输入信号，或称为有效输入信号。X_Σ 为反馈信号 X_f 与外输入信号 X_i 的矢量求和，将 X_Σ 送入基本放大器 A 的输入端，经过 A 的放大，产生输出信号 X_o。

反馈的信号传输流：外输入信号→反馈比较→净输入信号→基本放大器→输出信号→通过反馈网络采样（取样）→反馈网络输出反馈信号→反馈信号与外输入信号比较→净输入信号→基本放大器，如此往复循环。上述工作过程形成一个“闭环”的信号传输流，其功能相当于调整或校正了外输入信号，使进入核心的基本放大器的信号通过反馈网络 B 对输出信号采样，再经过基本放大器输入端的比较调整，即外输入信号与反馈信号的矢量求和，完成对外输入信号的控制输出。

由图 5-2 可知，假设 X_f 极性为负号，基本放大器 A 的净输入信号 X_Σ 为

$$X_\Sigma=X_i-X_f \tag{5-1}$$

基本放大器的开环增益为 A，反馈网络的反馈系数为 B，则其相互关系为

$$X_o=AX_\Sigma \tag{5-2}$$

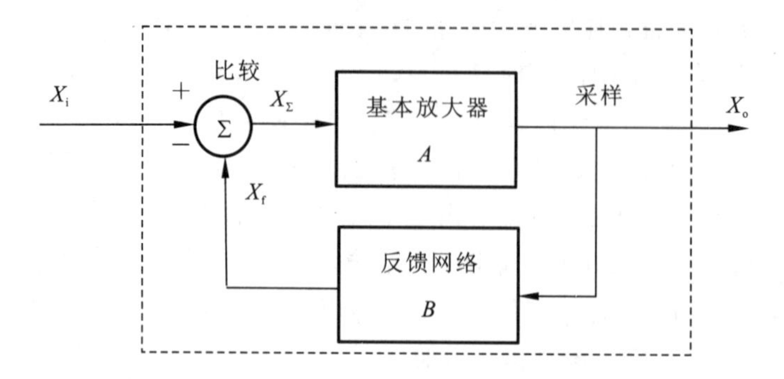

图 5-2　反馈放大电路原理方框图

$$X_f = BX_o \tag{5-3}$$

含反馈的放大电路整体增益(又称闭环增益)A_f 为

$$A_f = \frac{X_o}{X_i} = \frac{X_o}{X_f + X_\Sigma} = \frac{1}{\dfrac{X_f}{X_o} + \dfrac{X_\Sigma}{X_o}} = \frac{1}{B + \dfrac{1}{A}} = \frac{A}{1+AB} \tag{5-4}$$

定义反馈放大电路的反馈深度 F 为

$$F = 1 + AB \tag{5-5}$$

反馈深度 F 是一个重要的指标,可以用来判断反馈的性质及强弱。

当 $F=1+AB>1$ 时,放大器增益 A_f 减小,$A_f<A$,为负反馈。

当 $F=1+AB<1$ 时,放大器增益 A_f 增大,$A_f>A$,为正反馈。

当 $F=1+AB=0$ 时,放大器增益 A_f 在理论上趋于无穷大,放大器自激振荡。

电路处于负反馈状态时,反馈深度 F 总是大于 1;F 值越大,则负反馈越强,放大器的闭环增益 A_f 下降得越多,即 A_f 值越小。

四、反馈放大电路实例

图 5-3 是一个简单的含有反馈的放大电路实例,图中反馈网络 B 由 R_f 和 R 构成,R_f 的作用是对输出电压信号 U_o 取样,在 R 上得到反馈信号 U_f,U_f 为反馈电压,在与外输入信号 U_i 进行比较后得到放大器的净输入信号 U_Σ,然后送入放大器 A 进行放大。

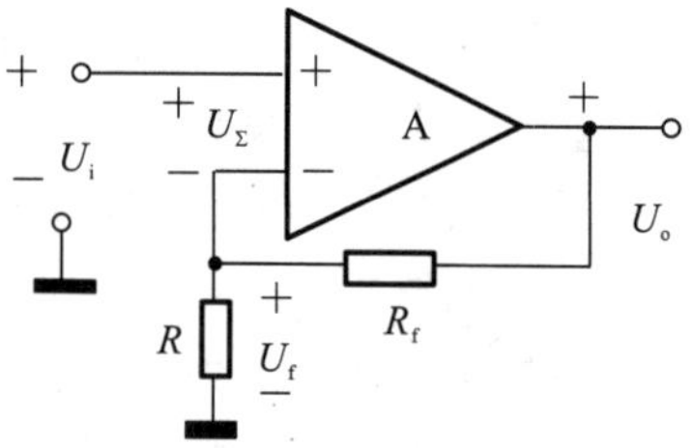

图 5-3　含反馈的放大电路

其中

$$U_i = U_\Sigma + U_f \tag{5-6}$$

$$A = \frac{U_o}{U_\Sigma} \tag{5-7}$$

$$A_f = \frac{U_o}{U_i} \tag{5-8}$$

$$B = \frac{U_f}{U_o} = \frac{R}{R+R_f} \tag{5-9}$$

五、反馈放大电路中的信号极性

在反馈电路分析中，为了更好地判断反馈类型等，需要引入信号的极性。假设放大电路的输入为正弦信号，信号瞬时值对地有一个正向的变化，即对地的极性为正，在图中用符号"＋"表示；信号瞬时值对地产生负向的变化，即对地的极性为负，在图中用符号"－"表示。信号依次通过基本放大电路和采样反馈电路，根据基本放大电路的极性变化，判断反馈到输入端的信号极性：反馈信号的极性为正，用符号"⊕"表示；反馈信号的极性为负，用符号"⊖"表示。反馈电路中的信号极性，通常用来判断正、负反馈，即为瞬时极性判别法，将在后面介绍。

第二节　反馈的分类

不同的反馈形式对于放大电路性能的影响是有较大区别的，对反馈类型的准确判断是非常有必要的。电路是否含有反馈？反馈量是什么？正反馈还是负反馈？电压反馈还是电流反馈？串联反馈还是并联反馈？交流反馈还是直流反馈，或者交直流反馈都有？这些内容需要熟练掌握。

根据反馈信号对输入信号的不同影响，可将反馈分为正反馈和负反馈：负反馈多用于改善电路的性能；正反馈多用于高频振荡信号产生电路。按照输出端的取样对象分类，反馈可分为电压反馈和电流反馈：在输出端，反馈信号对输出电压信号取样，则是电压反馈，稳定量为输出电压信号；反馈信号对输出电流信号取样，则是电流反馈，稳定量为输出电流信号。按反馈信号至输入端的连接方式分类，反馈可分为串联反馈和并联反馈：在输入端，取样信号反馈到输入端与输入信号串联比较，为串联反馈，以电压的形式串联比较；取样信号反馈到输入端与输入信号并联比较，为并联反馈，以电流的形式并联比较。根据电路中电容器所在的位置及输出信号包含的成分，可将反馈分为交流反馈、直流反馈和交直流反馈（交流与直流反馈都存在）：直流反馈通常用于稳定放大电路的静态工作点；交流反馈用来改善电路的性能指标，是放大电路的核心部分。

按上述不同的分类形式，可组合成 4 种不同类型的负反馈，即电压串联负反馈、电流串联负反馈、电压并联负反馈和电流并联负反馈。4 种不同负反馈组态的方框图如图 5－4 所示。

1. 电压串联负反馈电路

在如图 5－4(a)中所示的电路中，全部的输出电压作为反馈电压，而大多数电路均采用电阻分压的方式将输出电压的一部分作为反馈电压，如图 5－5 所示。电路各点电位的瞬时极性如图中所标注。由图可知，反馈到输出端的反馈信号为 u_f，即为 R，电阻两端电压

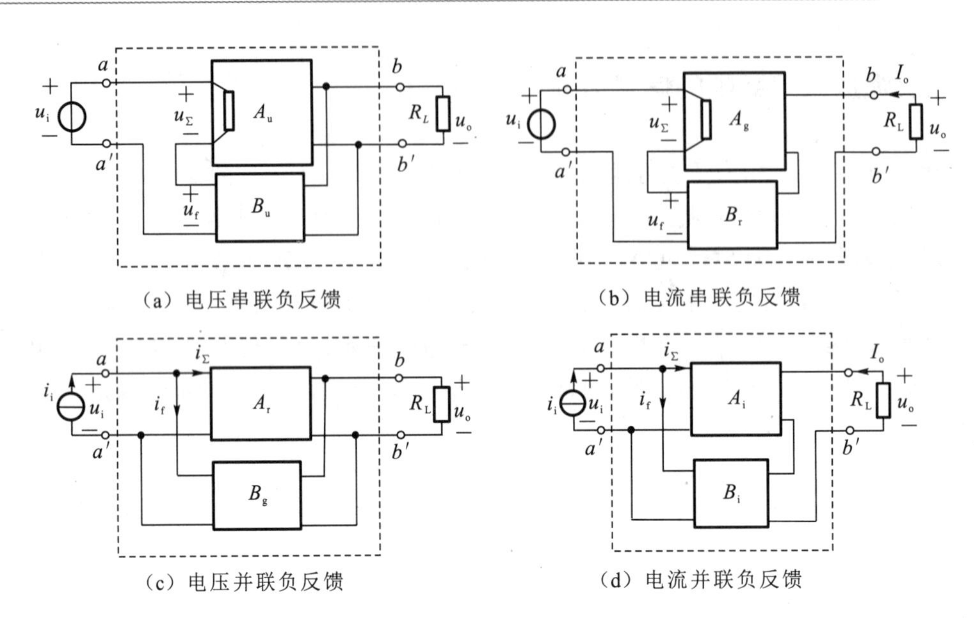

（a）电压串联负反馈

（b）电流串联负反馈

（c）电压并联负反馈

（d）电流并联负反馈

图 5－4　4 种负反馈组态连接框图

$$u_f=\frac{R_1}{R_1+R_2}\cdot u_o \tag{5-10}$$

表明反馈量取自于输出电压 u_o，且正比于 u_o，在与输入电压 u_i 求差后放大，故电路引入了电压串联负反馈。

2. 电流串联负反馈电路

在如图 5－5 所示电路中，若将负载电阻 R_L 接在 R_2 处，则 R_L 中就可得到稳定的电流，如图 5－6(a)所示，习惯上常画成如图 5－6(b)所示形式。电路中相关电位及电流的瞬时极性和电流流向如图中所标注。由图可知，反馈量

$$u_f=i_oR_1 \tag{5-11}$$

表明反馈量取自于输入电流 i_o，通过 R_1 转换为反馈电压 u_f，并与输入电压 u_i 求差后放大，故电路引入了电流串联负反馈。

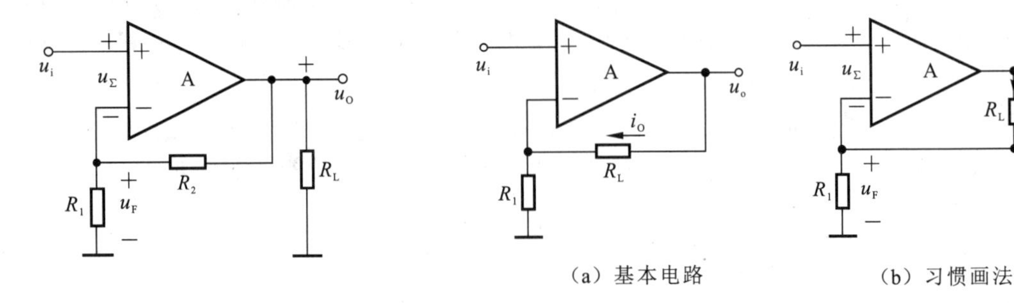

（a）基本电路

（b）习惯画法

图 5－5　电压串联负反馈电路

图 5－6　电流串联负反馈电路

3. 电压并联负反馈电路

在如图 5-7 所示电路中，相关电位及电流的瞬时极性和电流流向如图中所标注。由图可知，反馈量

$$i_f = -\frac{u_o}{R} \tag{5-12}$$

表明反馈量取自于输出电压 u_o，且转换为反馈电流 i_f，并将与输入电流 i_i 求差后放大，故电路引入了电压并联负反馈。

4. 电流并联负反馈电路

在如图 5-8 所示电路中，各支路电流的瞬时极性如图中所标注。由图可知，反馈量

$$i_f = -\frac{R_2}{R_1 + R_2} \cdot i_o \tag{5-13}$$

表明反馈量取自于输出电流 i_o，且转换为反馈电流 i_f，并将与输入电流 i_i 求差后放大，故电路引入了电流并联负反馈。

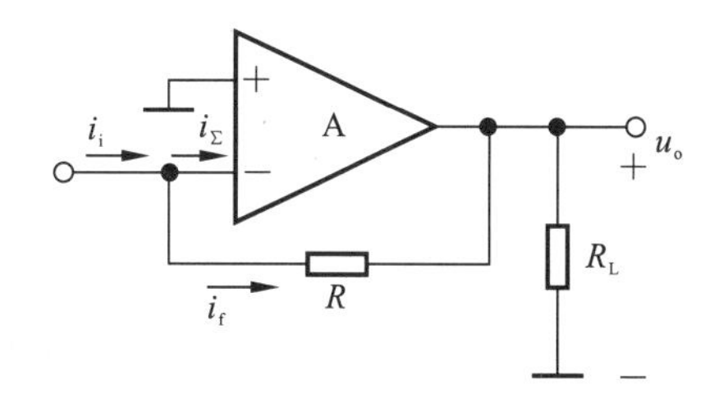

图 5-7 电压并联负反馈电路

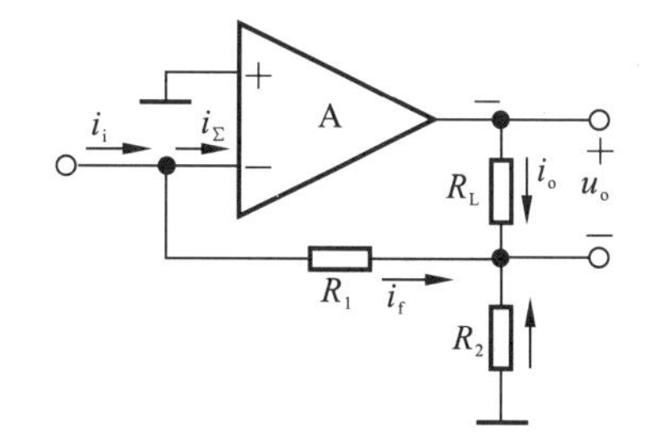

图 5-8 电流并联负反馈电路

由上述 4 个电路可知，串联负反馈电路所加信号源均为电压源，这是因为若加恒流源，则电路的净输入电压将等于信号源电流与集成运算放大器输入电阻之积，而不受反馈电压的影响；同理，并联负反馈电路所加信号源均为电流源，这是因为若加恒压源，则电路的净输入电流将等于信号源电压除以集成运算放大器输入电阻，而不受反馈电流的影响。换言之，串联负反馈适用于输入信号为恒压源或近似恒压源的情况，而并联负反馈适用于输入信号为恒流源或近似恒流源的情况。

由于电压负反馈电路中 $\dot{X}_o = \dot{U}_o$，电流负反馈电路中 $\dot{X}_o = \dot{I}_o$；串联负反馈电路中，$\dot{X}_i = \dot{U}_i$，$\dot{X}_\Sigma = \dot{U}_\Sigma$，$\dot{X}_f = \dot{U}_f$；并联负反馈电路中，$\dot{X}_i = \dot{I}_i$；$\dot{X}_\Sigma = \dot{I}_\Sigma$，$\dot{X}_f = \dot{I}_f$；因此，不同的反馈组态，$\dot{A}$、$\dot{F}$ 和 $\dot{A}_f$ 的物理意义不同，量纲也不同，电路实现的控制关系不同，因而功能也就不同，如表 5-1 所示。

表 5-1 4 种组态负反馈放大电路的比较

反馈组态	$\dot{X}_i \dot{X}_f \dot{X}_\Sigma$	$\dot{X}_o$	$\dot{A}$	$\dot{F}$	$\dot{A}_f$	功能
电压串联	$\dot{U}_i \dot{U}_f \dot{U}'_\Sigma$	$\dot{U}_o$	$\dot{A}_{uu} = \frac{\dot{U}_o}{\dot{U}_\Sigma}$	$\dot{F}_{uu} = \frac{\dot{U}_f}{\dot{U}_o}$	$\dot{A}_{uuf} = \frac{\dot{U}_o}{\dot{U}_i}$	$\dot{U}_i$ 控制 $\dot{U}_o$ 电压放大

续表 5-1

反馈组态	$\dot{X}_i\dot{X}_f\dot{X}_\Sigma$	$\dot{X}_o$	$\dot{A}$	$\dot{B}$	$\dot{A}_f$	功能
电流串联	$\dot{U}_i\dot{U}_f\dot{U}_\Sigma$	$\dot{I}_o$	$\dot{A}_{iuf}=\frac{\dot{I}_o}{\dot{U}_\Sigma}$	$\dot{F}_{ui}=\frac{\dot{U}_f}{\dot{I}_o}$	$\dot{A}_{iuf}=\frac{\dot{I}_o}{\dot{U}_i}$	$\dot{U}_i$ 控制 $\dot{I}_o$ 电压转换成电流
电压并联	$\dot{I}_i\dot{I}_f\dot{I}_\Sigma$	$\dot{U}_o$	$\dot{A}_{uif}=\frac{\dot{U}_o}{\dot{I}_\Sigma}$	$\dot{F}_{iu}=\frac{\dot{I}_f}{\dot{U}_o}$	$\dot{A}_{uif}=\frac{\dot{U}_o}{\dot{I}_i}$	$\dot{I}_i$ 控制 $\dot{U}_o$ 电流转换成电压
电流并联	$\dot{I}_i\dot{I}_f\dot{I}_\Sigma$	$\dot{I}_o$	$\dot{A}_{iif}=\frac{\dot{I}_o}{\dot{I}_\Sigma}$	$\dot{F}_{ii}=\frac{\dot{I}_f}{\dot{I}_o}$	$\dot{A}_{iif}=\frac{\dot{I}_o}{\dot{I}_i}$	$\dot{I}_i$ 控制 $\dot{I}_o$ 电流放大

表 5-1 说明，负反馈放大电路的放大倍数具有广泛的含义，而且环路放大倍数$\left(\text{环路增益 } AB=\frac{X_f}{X_\Sigma}\right)$在 4 种组态中均无量纲。

第三节　反馈的判断

反馈类型的判断非常重要，是后续分析或计算的基础，反馈的判断包含输出端的电压/电流反馈、输入端的串联/并联反馈、观察电容影响的交直/变直反馈、瞬时极性法的正/负反馈。

一、反馈类型的判断

反馈类型的判断，主要指电压反馈与电流反馈的判别、串联反馈与并联反馈的判别。根据上面的介绍，我们知道：

(1)在输出端，将输出端短路，使输出电压为零，若反馈网络输入端接地，反馈消失，即为电压反馈，否则为电流反馈。

(2)在输入端，将放大器输入端短路(U_i 为零，$U_S\neq 0$)，反馈网络输出端接地，即为并联反馈，否则为串联反馈。

1. 电压反馈与电流反馈的判别

电压反馈与电流反馈的区别在于基本放大电路的输出回路与反馈网络的连接方式不同。负反馈电路中的反馈量不是取自输出电压就是取自输出电流。因此，只要令负反馈放大电路的输出电压 u_o 为零，若反馈量也随之为零，则说明电路中引入了电压负反馈；若反馈量依然存在，则说明电路中引入了电流负反馈。

图 5-9 给出了 4 种不同类型的反馈电路。在输出端，将各放大器输出端短路，即令 u_o 为零。则图 5-9(a)、(c)的反馈网络输入端 R_f 接地，R_f 不能获取输出信号，反馈信号消失，

而在图 5-9(b)、(d)中,R_f 没有接地,R_f 仍能获取输出信号,故图 5-9(a)、(c)为电压反馈,图 5-9(b)、(d)为电流反馈。

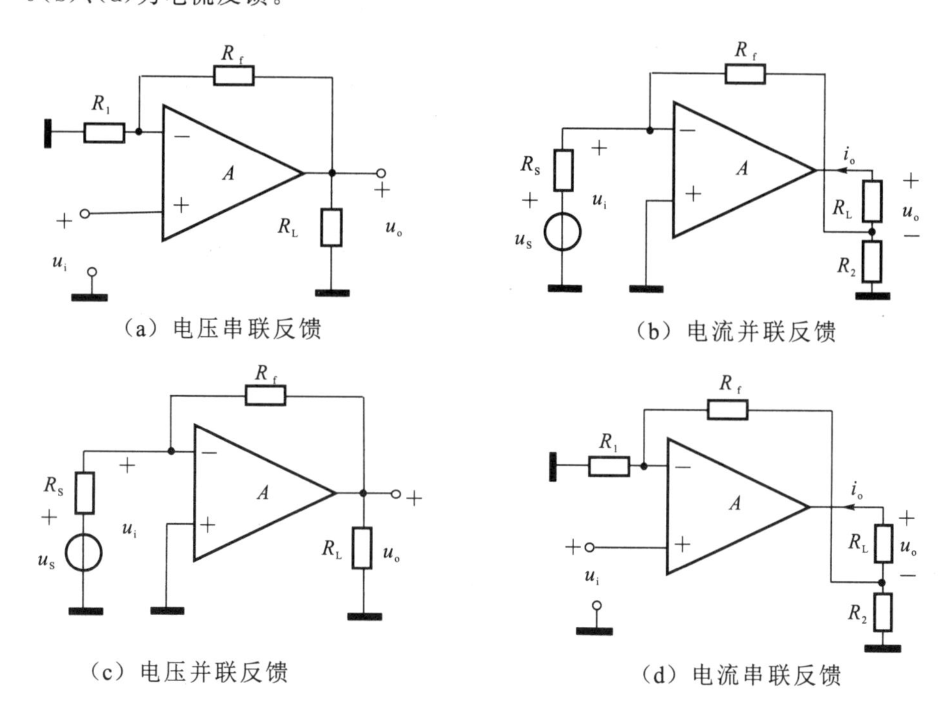

图 5-9　放大器类型的判别

2. 串联反馈与并联反馈的判别

串联反馈与并联反馈的区别,在于基本放大电路的输入回路与反馈网络的连接方式不同。若反馈信号为电压量,与输入电压求差而获得净输入电压,则为串联反馈;若反馈信号为电流量,与输入电流求差后获得净输入电流,则为并联反馈。

图 5-9 中,在输入端,将各放大器的输入端短路,使 u_i 为 0,则图 5-9(b)、(c)的反馈网络输出端接地,反馈回来的信号不能送入到基本放大器,而图 5-9(a)、(d)反馈回来的信号照样送入到基本放大器中,所以图 5-9(b)、(c)为并联反馈,图 5-9(a)、(d)为串联反馈。

从电路连接形式上判别反馈类型的方法可总结为:

(1)反馈网络连接在基本放大器的信号输入端就是并联反馈,否则就是串联反馈。

(2)反馈网络直接连接在放大电路输出端就是电压反馈,否则就是电流反馈。

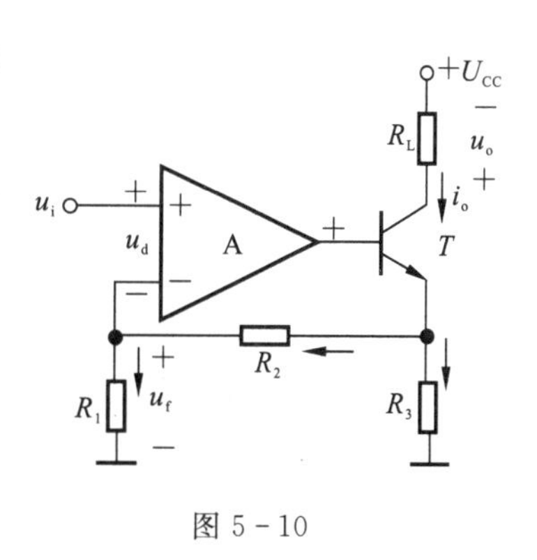

图 5-10

【例 5-1】 试分析如图 5-10 所示电路中有无引入负反馈;若有,请说明引入的是何种反馈组态。

解: 设输入电压 u_i 对地为“+”,集成运算放大器的输出端电位(即晶体管 T 的基极电位)为“+”,因此集电极电流(即输出电流 i_o)的流向如图中所标注。i_o 通过 R_3 和 R_2 所在分路分流，在 R_1 上获得反馈电压 u_f，u_f 的极性为上“+”下“−”，使集成运算放大器的净输入电压 u_d 减小，故电路中引入的是负反馈。

根据 u_i、u_f 和 u_d 的关系，说明电路引入的是串联反馈。令输出电压 $u_o=0$，即将 R_L 短路，因 i_o 仅受 i_B 的控制而依然存在，u_f 和 i_o 的关系不变，故电路中引入的是电流反馈。所以，电路中引入了电流串联负反馈。

【例 5-2】 试分析图 5-11 所示电路图中引入了哪种组态的负反馈。

解：在假设输入电压 u_i 对地为“+”的情况下，电路中各点的电位如图中所标注，在电阻 R_2 上获得反馈电压 u_f。u_f 使差分放大电路的净输入电压（即 T_1 管和 T_2 管的基极电位之差）变小，故电路中引入了串联反馈，同时也是负反馈。

令输出电压 $u_o=0$，即将 T_3 管的集电极接地，将使 u_f 为零，故电路中引入了电压负反馈。

可见，该电路中引入了电压串联负反馈。

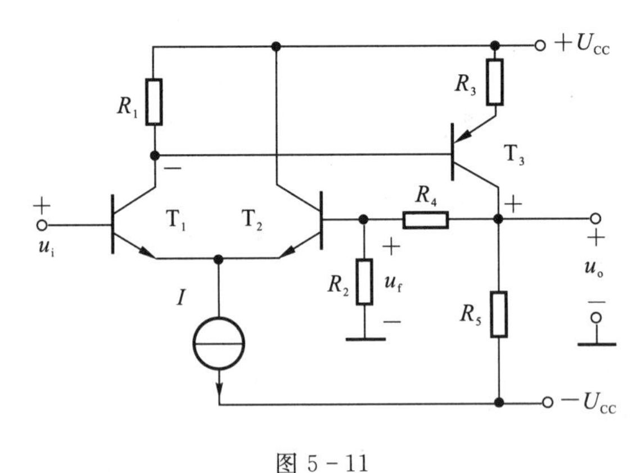

图 5-11

3. 正、负反馈的判别

一般采用瞬时极性判别法进行正、负反馈的判别。在图 5-12 所示电路中，反馈网络由电阻构成，假设 u_i 为正，即放大器反相端电压为正，则输出电压为负，这时，I_i、I_f 和 I_Σ 的实际方向均与参考方向相同，所以 $I_\Sigma=I_i-I_f$，为负反馈。

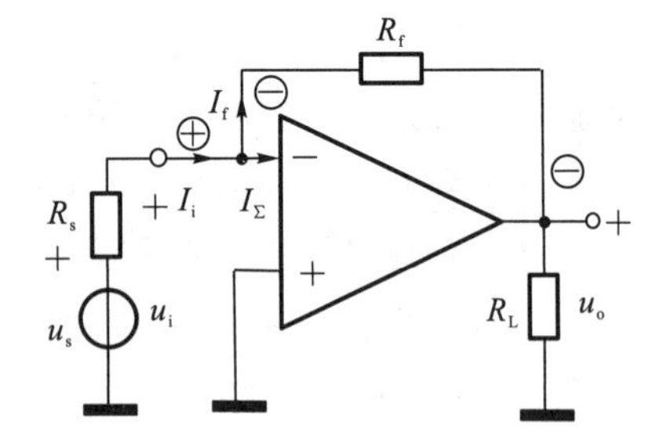

图 5-12　负反馈的判断

下面从电路连接形式上讨论正、负反馈的判别方法。

对于电压反馈，从图 5-9(a)、(c)可知，如果反馈网络是无源网络[图 5-9(a)、(c)为电阻网络]，只有反馈信号连接到放大电路的反相输入端才能使净输入信号减小，此时才是负反馈。

对于电流反馈，则要讨论反馈网络是否接入到输出回路的负载侧。在如图 5-9(b)、(d)所示的放大电路中，反馈网络输入到输出回路的负载侧（R_f 与 R_L 关联），反馈信号连接到放大电路的反相端可使净输入信号减小，所以为负反馈放大电路。一般来说，由集成运算放大器组成的电流反馈放大电路，反馈信号必须接入到放大器的反相输入端才是负反馈。

因此对于无源反馈网络的放大电路，根据反馈网络接入放大器输入端的不同来判断正、负反馈的方法为：

(1)对于电压反馈，反馈信号接入到放大器反相端为负反馈，否则为正反馈。

(2)对于电流反馈，如果反馈网络接到输出回路的负载侧，则反馈信号接入放大器反相端为负反馈，否则为正反馈；如果反馈网络没有接到输出回路的负载侧，则反馈信号接入放大器同相端为负反馈，否则为正反馈。

图 5－13 为两种放大器类型的负反馈连接形式，可以简单总结为："同端异号"和"异端同号"。

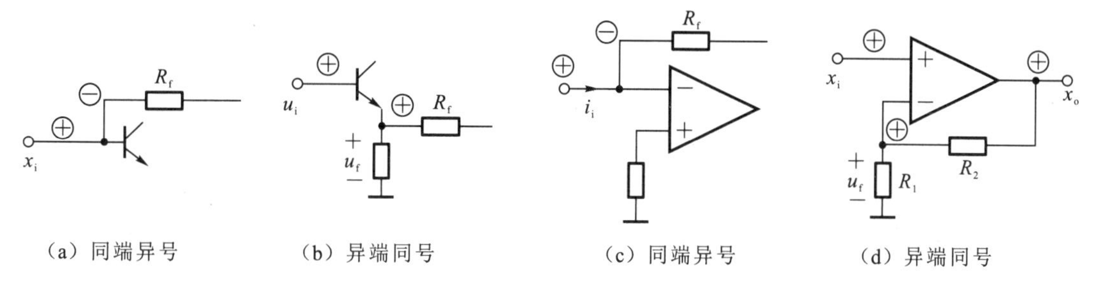

图 5－13　负反馈连接方式

第四节　负反馈的作用

放大电路中引入了负反馈后，其性能会得到多方面的改善，比如可以稳定放大倍数、改变输入电阻和输出电阻、展宽频带、减小非线性失真等。

一、稳定放大倍数

放大倍数的稳定性是放大器的一个重要指标。我们一般用放大倍数的相对变化量来定义放大倍数的稳定性。

当放大电路引入深度负反馈时，$A_f \approx \dfrac{1}{B}$，A_f 几乎仅取决于反馈网络，而反馈网络通常由电阻、电容组成，因而可获得很好的稳定性。

在中频段，$\dot{A}_f$、$\dot{A}$ 和 $\dot{F}$ 均为实数，由(5－4)可得(5－14)

$$\frac{\mathrm{d}|A_f|}{|A_f|}=\frac{1}{1+AB}\frac{\mathrm{d}|A|}{|A|}=\frac{1}{F}\frac{\mathrm{d}|A|}{|A|} \tag{5-14}$$

由于负反馈时 $F>1$，因此闭环增益的相对变化量小于开环增益的相对变化量。引入负反馈提高了放大倍数的稳定性，而且，反馈越深，放大倍数的稳定性越好。对于深度负反馈，$F \gg 1$，则有

$$A_f=\frac{A}{F}=\frac{A}{1+AB}\approx\frac{1}{B} \tag{5-15}$$

可见，在深度负反馈下，闭环增益几乎与开环增益无关，也就是说，闭环增益几乎不受开环增益变化的影响，因此，增益稳定性得到了极大的提高。

二、改变输入、输出电阻

在放大电路中引入不同组态的负反馈将，会对输入电阻和输出电阻产生不同的影响。

1. 对输入电阻的影响

输入电阻是从放大电路输入端看进去的等效电阻，因此负反馈对输入电阻的影响取决于基本放大电路与反馈网络在电路输入端的连接方式，即取决于电路引入的是串联反馈还是并联反馈。

1）串联负反馈增大输入电阻

图 5-14 表示串联负反馈的框图。根据输入电阻的定义，基本放大电路的输入电阻为

$$R_i=\frac{U_\Sigma}{i_i} \tag{5-16}$$

而整个电路的输入电阻为

$$R_{if}=\frac{U_i}{i_i}=\frac{U_\Sigma+U_f}{i_i}=\frac{U_\Sigma+ABU_\Sigma}{i_i}=\frac{U_\Sigma(1+AB)}{i_i} \tag{5-17}$$

从而得出串联负反馈放大电路输入电阻 R_{if} 的表达式为

$$R_{if}=(1+AB)R_i=FR_i \tag{5-18}$$

表明输入电阻增大到 R_i 的 F 倍。

2）并联负反馈减小输入电阻

图 5-15 表示并联负反馈的框图。根据输入电阻的定义，基本放大电路的输入电阻为

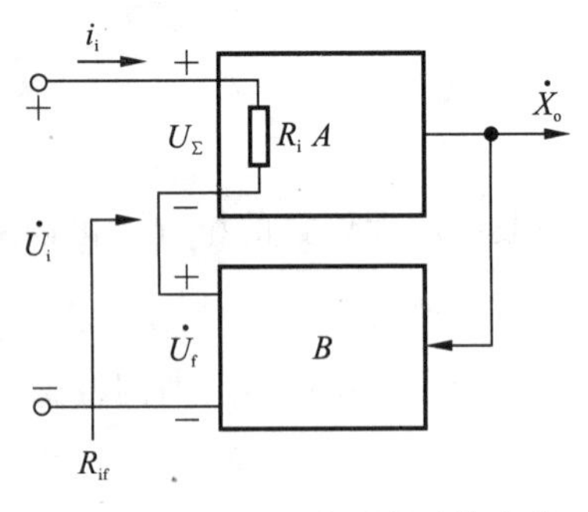

图 5-14　串联负反馈电路

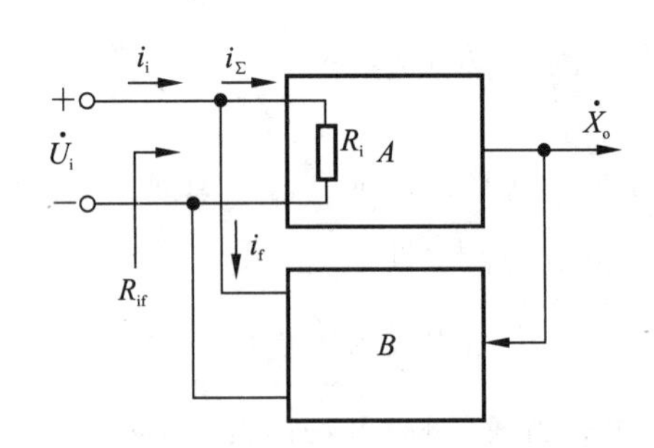

图 5-15　并联负反馈电路

$$R_i=\frac{U_i}{i_\Sigma} \tag{5-19}$$

整个电路的输入电阻为

$$R_{if}=\frac{U_i}{i_i}=\frac{U_i}{i_\Sigma+i_f}=\frac{U_i}{i_\Sigma+ABi_\Sigma}=\frac{U_i}{(1+AB)i_\Sigma} \tag{5-20}$$

从而得出并联负反馈放大电路输入电阻 R_{if} 的表达式为

$$R_{if}=\frac{R_i}{1+AB}=\frac{R_i}{F} \tag{5-21}$$

上式说明，并联负反馈使输入电阻减小到基本放大器输入电阻的 $\frac{1}{F}$。

由此可见，串联负反馈可以使输入电阻增大，而并联负反馈可以使输入电阻减小。所以负反馈是改变输入电阻的一个重要手段。

2. 对输出电阻的影响

输出电阻是从放大电路输出端看回放大器的等效电阻，因而负反馈对输出电阻的影响，取决于基本放大电路与反馈网络在放大电路输出端的连接方式，即取决于电路引入的是电压反馈还是电流反馈。

1)电压负反馈减小输出电阻

电压负反馈的作用是稳定输出电压，根据戴维南等效电压负反馈的作用可以减少输出电阻。图 5-16 表示电压负反馈的框图。根据输出电阻的定义，将信号源置零($X_i=0$)，在输出端加交流电压 u_o，产生电流 i_o，则电路等效的输出电阻为

$$R_{of}=\frac{U_o}{I_o} \tag{5-22}$$

U_o 作用于反馈网络，得到反馈量 $X_f=BU_o$，$-X_f$ 又作为净输入量作用于基本放大电路，产生输出电压为 $-ABU_o$。基本放大电路的输出电阻为 R_o，因为在基本放大电路中已考虑了反馈网络的负载效应，所以可以不必重复考虑反馈网络的影响，因而 R_o 中的电流为 I_o，其表达式为

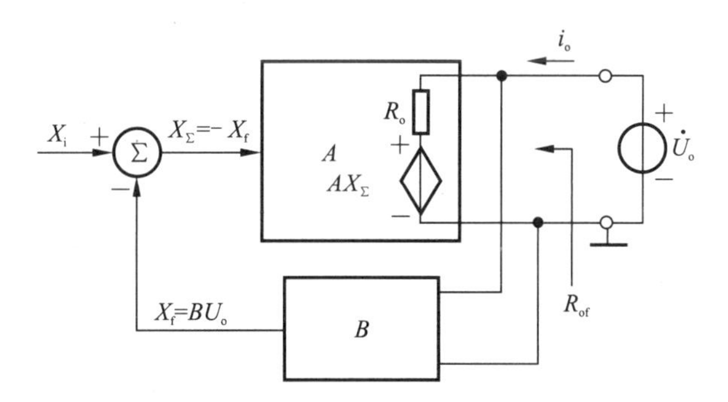

图 5-16　电压负反馈电路

$$i_o=\frac{U_o-(-ABU_o)}{R_o}=\frac{(1+AB)U_o}{R_o} \tag{5-23}$$

将上式代入式(5-22)，得到电压负反馈放大电路输出电阻的表达式

$$R_{of}=\frac{R_o}{1+AB}=\frac{R_o}{F} \tag{5-24}$$

表明引入负反馈后输出电阻仅为其基本放大电路输出电阻的 $\frac{1}{F}$。当($1+F$)趋于无穷大时，R_{of} 趋于零，此时电压负反馈电路的输出具有恒压源特性。

2)电流负反馈增大输出电阻

电流负反馈稳定输出电流,根据诺顿等效,提高恒流特性,则增大输出电阻。

图 5-17 表示电流负反馈的框图。令 $X_i=0$,在输出端断开负载电阻并加交流电压 U_o,产生电流 I_o,则电路的等效输出电阻如(5-22)所示,$R_{of}=\frac{U_o}{I_o}$,反馈网路 B 的输出为:

$$X_f=BX_o=BI_o\dot{\approx}-X_\Sigma \tag{5-25}$$

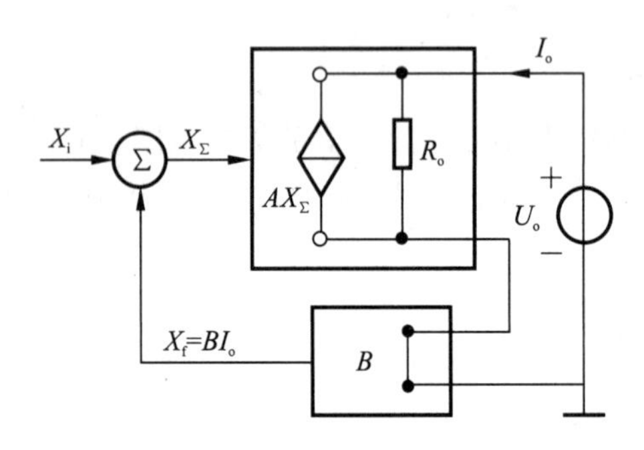

图 5-17　电流负反馈电路

I_o 作用于反馈网络,得到反馈量 $X_f=BI_o$,$-X_f$ 又作为净输入量作用于基本放大电路,所产生的输出电流为 $-ABI_o$。R_o 为基本放大电路的输出电阻,由于在基本放大电路中已经考虑了反馈网络的负载效应,所以可以认为此时作用于反馈网络的输入电压为零,即 R_o 上的电压为 U_o。因此,流入基本放大电路的电流 I_o 为

$$I_o=\frac{U_o}{R_o}+AX_\Sigma=\frac{U_o}{R_o}-AX_f=\frac{U_o}{R_o}-ABI_o \tag{5-26}$$

将上式代入式(5-25),便得到电流负反馈放大电路输出电阻表达式

$$R_{of}=(1+AB)R_o=FR_o \tag{5-27}$$

说明 R_{of}增大到 R_o 的$(1+AB)$倍。当$(1+AB)$趋于无穷大时,R_{of}也趋于无穷大,电路的输出等效为恒流源。

综上,引入不同采样类型的负反馈可以影响输出电阻的大小,电流负反馈可以输出增大电阻,电压负反馈可以减小输出电阻。

三、展宽频带

放大电路的通频带是衡量放大电路性能的重要指标之一。引入负反馈以后,闭环增益减小,由于增益带宽乘积为常数,所以在效果上,展宽了负反馈放大电路的通频带。下面以低通滤波器为例。

低通滤波器的开环频率特性为

$$A_u(jf)=\frac{A_u}{1+jf/f_h} \tag{5-28}$$

假设反馈网络为纯电阻网络，B 为实数，则引入负反馈后的闭环增益频率特性为

$$A_{\mathrm{uf}}(jf)=\frac{A_{\mathrm{u}}(jf)}{1+A_{\mathrm{u}}(jf)B}=\frac{\dfrac{A_{\mathrm{u}}}{1+j\dfrac{f}{f_{\mathrm{h}}}}}{1+\dfrac{A_{\mathrm{u}}B}{1+j\dfrac{f}{f_{\mathrm{h}}}}}=\frac{A_{\mathrm{u}}}{1+j\dfrac{f}{f_{\mathrm{h}}}+A_{\mathrm{u}}B}=\frac{\dfrac{A_{\mathrm{u}}}{1+A_{\mathrm{u}}B}}{\dfrac{1+A_{\mathrm{u}}B}{1+A_{\mathrm{u}}B}+j\dfrac{f}{f_{\mathrm{h}}(1+A_{\mathrm{u}}B)}}$$

$$=\frac{A_{\mathrm{uf}}}{1+\dfrac{jf}{f_{\mathrm{h}}(1+A_{\mathrm{u}}B)}} \tag{5-29}$$

式中，$A_{\mathrm{uf}}=A_{\mathrm{u}}/(1+A_{\mathrm{u}}B)$为闭环增益。由上式可知，引入负反馈后，闭环放大电路的带宽为

$$\mathrm{BW_f}=(1+A_{\mathrm{u}}B)f_{\mathrm{h}}=(1+A_{\mathrm{u}}B)BW \tag{5-30}$$

BW 为低通滤波器的带宽，近似等于 f_{h}，BW_{f} 为带反馈的带宽。引入负反馈后，低通滤波器的带宽展宽了$(1+AB)$倍。在例(4-6)中运算放大器开环增益 A_{u} 为 1×10^5，开环截止频率 f_{b} 为 100Hz。引入负反馈后，闭环增益 A_{uf} 为 10，而这时的上限截止频率 f_{h} 展宽为 100kHz。即引入负反馈的增益带宽乘积不变。而通频带的展宽也可理解为牺牲了放大器增益，即

$$\mathrm{BW_f}\times A_{\mathrm{uf}}=(1+A_{\mathrm{u}}B)f_{\mathrm{h}}\times\frac{A_{\mathrm{u}}}{(1+A_{\mathrm{u}}B)}=A_{\mathrm{u}}f_{\mathrm{h}}=A_{\mathrm{u}}\times\mathrm{BW} \tag{5-31}$$

四、减小非线性失真

放大器工作在大信号时，由于器件本身的冲线性特点，不可避免地产生非线性失真。引入负反馈，可以一定程度上减弱这种非线性失真，其原理相当于引入预失真，将输出的失真波形反馈至输入端，叠加后产生一个失真的信号送入基本放大器，如图 5-18 所示。

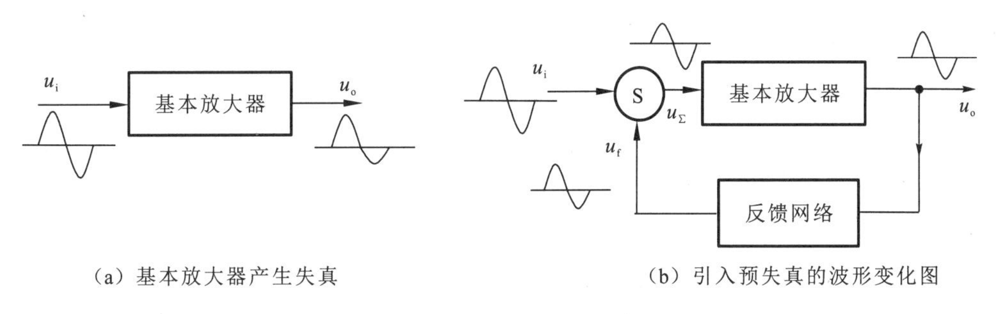

(a) 基本放大器产生失真　　(b) 引入预失真的波形变化图

图 5-18　负反馈改善非线性失真原理图

在图 5-18(a)中，输出电压正、负半周波形不相等，正半周大，负半周小，这说明基本放大器对信号的放大能力是正半周强而负半周弱，出现非线性失真。在图 5-18(b)中，反馈网络对失真电压取样，反馈电压也是失真的电压，正半周大，负半周小。当反馈电压 u_{f} 与输入电压 u_{i} 项比较后，得到 $u_{\Sigma}=u_{\mathrm{i}}-u_{\mathrm{f}}$ 的波形是正半周小，负半周大，由于基本放大器的放大能力为正半周强而负半周弱，因此输出电压波形的正、负半周基本相同，改善了非线性失真。

负反馈改善非线性失真是通过负反馈而产生一个预失真信号来实现的，这种预失真信号来自于输出信号的失真，因此负反馈只能改善放大器的非线性失真，而不能消除。负反馈改善非线性失真的效果与反馈深度有关，反馈越深，改善效果越好。在深度负反馈时，$A_f \approx 1/B$，放大电路的输出几乎与基本放大电路无关，基本放大电路的非线性失真也就得到了抑制。

五、引入负反馈的一般原则

引入合适的负反馈可以改善放大电路的性能，针对不同的需求，应引入不同类型的负反馈：

(1)稳定直流量，如稳定静态工作点，应引入直流负反馈。

(2)稳定交流量，应引入交流负反馈。

(3)稳定输出电压，应引入电压负反馈；输入输出电流，应引入电流负反馈。

(4)减小 R_o，应引入电压负反馈；增大 R_o，应引入电流负反馈。

(5)提高 R_i，应引入串联负反馈；减小 R_i，应引入并联负反馈。

以上只是一般原则，有时需要综合考虑。

第五节　深度负反馈的近似计算

由第三章和第四章可知，放大电路的计算有时并不容易，尤其是三极管等分立元件，如果是多级放大电路，分析其静态、动态，再画直流通路、交流通路、微变等效电路等一系列过程，较为繁琐，也易出错。引入负反馈后，负反馈放大电路可以采用等效电路的方法进行分析，但是计算较为复杂。在工程上，对于深度负反馈电路也一般采用近似方法。对于深度负反馈，如反馈深度 $F \geqslant 10$，则放大电路的闭环增益 A_f 可视为由反馈系数 B 决定。对于不同类型的反馈，A_f 和 B 的含义各不相同，通常我们需要计算的是闭五电压放大倍数 A_{uf}。

深度负反馈的计算过程为：

(1)判断负反馈类型，写 X_i、X_f、X_o 的具体量，如电压负反馈，则 $X_o=U_o$，电流负反馈，则 $X_o=I_o$；串联负反馈，则 X_i、X_f 分别为 U_i、U_f；并联负反馈，则 X_i、X_f 分别为 I_i，I_f。

(2)写出 $A_f \approx \dfrac{1}{B}$，寻找并判定负反馈网络 B，通常为电阻网络。

(3)计算 $B=\dfrac{X_f}{X_o}$，注意 B 的量纲，首先考虑 B 为分流、分压 VAR 等关系。

(4)计算闭环电压放大倍数 $A_{uf}=\dfrac{U_o}{U_i}=K$，$A_f=\dfrac{K}{B}$，其中，$K$ 为引入 A_f 之后计算关系的剩余量表示。

一、电压串联负反馈

【例 5-3】 如图 5-19 所示的电压串联负反馈放大器，在深度负反馈条件下，试计算电路的闭环电压增益。

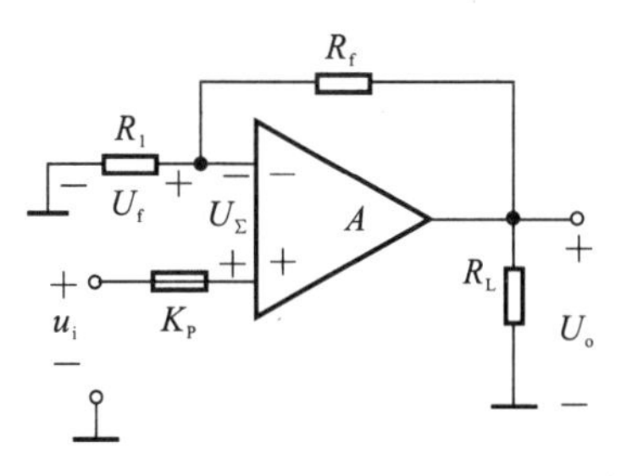

图 5-19　电压串联负反馈

解： 在深度负反馈条件下，电压串联负反馈的闭环增益为

$$A_{uf}=\frac{u_o}{u_i}\approx\frac{1}{B_u}$$

图中，反馈电压 U_f 为 R_1 两端电压，而不是 R_f 两端电压。由于串联负反馈使放大电路输入电阻增大，放大电路输入端可近似为“虚断”这与运放本身的性质吻合。反馈系数 B_u 可写为：

$$B_u=\frac{u_f}{u_o}=\frac{R_1}{R_1+R_f}$$

所以

$$A_{uf}\approx\frac{1}{B_u}=\frac{R_1+R_f}{R_1}=1+\frac{R_f}{R_1}$$

这一结果与理想运放的常规计算相同，即采用“两虚”方式来求解：“虚短”($u_+=u_-$)和“虚断”($I_-=I_+=0$)，反面不再重复赘述。

二、电流并联负反馈

【例 5-4】 如图 5-20 所示的电流并联负反馈放大器，在深度负反馈条件下，试计算闭环电压增益。

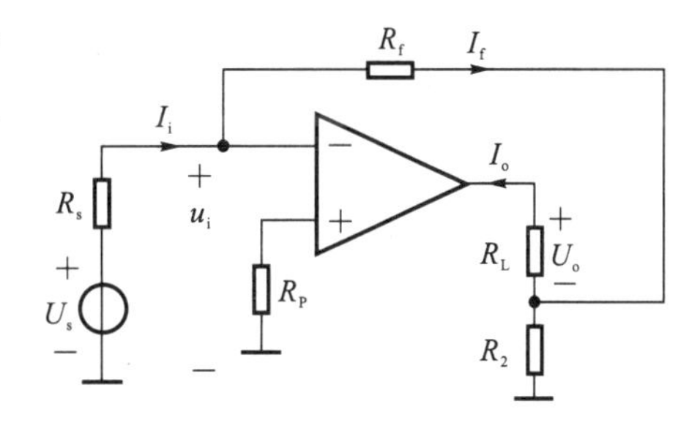

图 5-20　电流并联负反馈

解： 在深度负反馈条件下，电流并联负反馈的闭环增益为

$$A_{if}=\frac{I_o}{I_i}\approx\frac{1}{B_i}$$

由于并联负反馈使放大电路输入电阻减小，放大器输入端可近似为“虚短”，所以有

$$B_i=\frac{I_f}{I_o}=\frac{R_2}{R_2+R_f}$$

所以

$$A_{if}=\frac{I_o}{I_i}\approx\frac{1}{B_i}=\frac{R_2+R_f}{R_2}=1+\frac{R_f}{R_2}$$

在输出端，$U_o=-I_oR_L$；在输入端，可近似为“虚短”，$I_i=\frac{U_S}{R_S}$。放大电路闭环电压增益可为

$$A_{uf}=\frac{u_o}{u_S}=\frac{-I_oR_L}{I_iR_S}=-A_{if}\frac{R_L}{R_S}=-\left(1+\frac{R_f}{R_2}\right)\frac{R_L}{R_S}$$

三、电压并联负反馈

【例 5－5】 如图 5－21 所示的电压并联负反馈放大器，在深度负反馈条件下，试计算闭环电压增益。

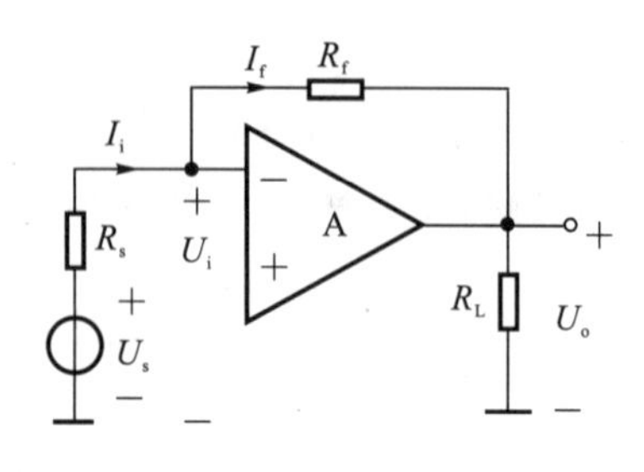

图 5－21 电压并联负反馈

解：在深度负反馈条件下，电压并联负反馈的闭环增益为

$$A_{rf}=\frac{u_o}{I_i}\approx\frac{1}{B_g}$$

由于并联负反馈使放大电路输入电阻减小，放大器输入端可近似为“虚短”，所以有

$$B_g=\frac{I_f}{u_o}=-\frac{1}{R_f}$$

所以
$$A_{rf}=\frac{u_o}{I_i}=\frac{1}{B_g}=-R_f$$

在输入端，由于可近似为“虚短”，所以 $I_i=\frac{U_S}{R_S}$。放大电路闭环电压增益为

$$A_{uf}=\frac{u_o}{u_S}=\frac{u_o}{I_iR_S}=A_{rf}\frac{1}{R_S}=-\frac{R_f}{R_S}$$

四、电流串联负反馈

【例 5－6】 如图 5－22 所示的电流串联负反馈放大器，在深度负反馈条件下，试计算闭环电压增益。

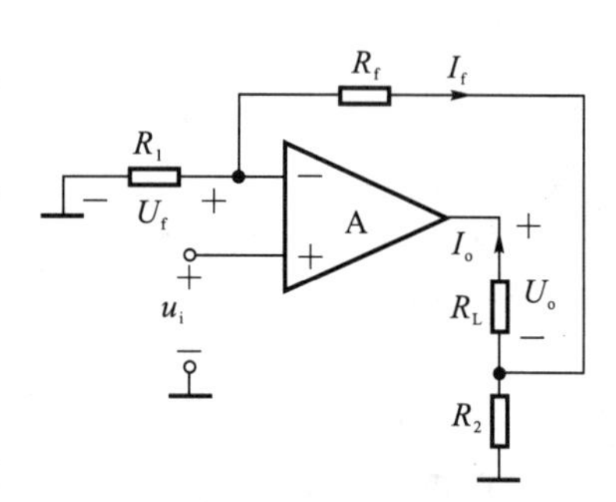

图 5－22 电流串联负反馈

解：在深度负反馈条件下，电流串联负反馈的闭环增益为

$$A_{gf}=\frac{I_o}{U_i}\approx\frac{1}{B_r}$$

由于串联负反馈使放大电路输入电阻增大，放大电路输入端可近似为“虚开”，U_f 为 R_1 两端电压，$U_f=-I_f\cdot R_1$，I_f 与 I_o 为分流关系，即 R_1 与 R_f 串联，再与 R_2 并联

$$I_f=\frac{R_2}{R_1+R_f+R_2}\cdot I_{of}$$

$$\therefore U_f=-I_f\cdot R_1=\frac{R_2I_oR_1}{-R_1+R_f+R_L}$$

$$B_r=\frac{U_f}{I_o}=-\frac{R_1R_2}{R_1+R_2+R_f}$$

$$A_{gf}\approx\frac{1}{B_r}=-\frac{R_1+R_2+R_f}{R_1R_2}$$

在输出端，$U_o=-I_oR_L$，所以有

$$A_{uf}=\frac{U_o}{U_i}=\frac{-I_oR_L}{U_i}=-A_{gf}R_L=\frac{(R_1+R_2+R_f)R_L}{R_1R_2}$$

对于分立元件组成的放大电路，也可进行类似的近似计算。在近似计算中，要注意到：对于串联反馈，放大电路输入端“虚开”；对于并联反馈，放大电路输入端“虚短”。在有些深度负反馈的电路分析中，“虚短”与“虚断”同时存在。

【例 5－7】 带有反馈的放大电路如图 5－23 所示，试判断反馈类型，并近似计算闭环电压增益。

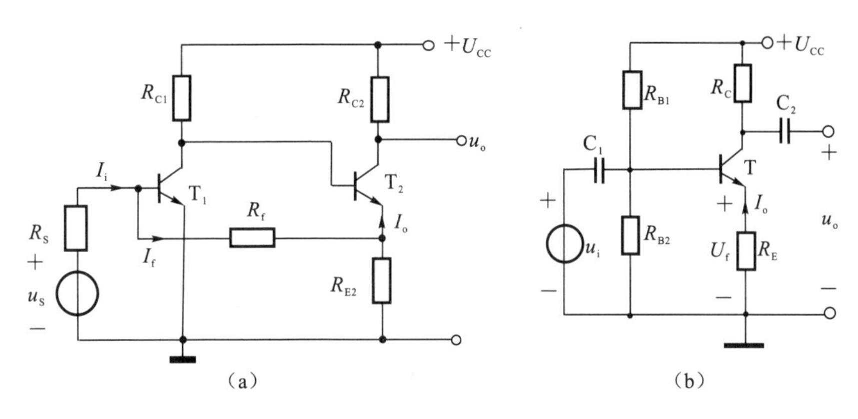

图 5－23　反馈放大电路

解：(1)确定等效放大器同相输入端和反相输入端。

根据三极管基极与集电极电压相位关系可知，对于图 5－23(a)来说，V_1 基极与放大电路输出端电压同相，故 V_1 基极是同相输入端，而发射极则是反向输入端。对于图 5－23(b)来说，显然基极是反相输入端，发射极是同相输入端。

(2)确定反馈类型。

对图 5－23(a)来说，在输入端由于反馈电阻接于放大器信号输入端，故为并联反馈；在输出端，由于反馈电阻没有接于放大电路输出端，故为电流反馈；另外，由于反馈网络没有接到输出回路负载侧，而反馈网络接入到放大器的同相输入端，故为负反馈，所以图 5－23(a)所示电路为电流并联负反馈电路。

对于图 5－23(b)来说，输出电流 I_o 通过 R_E 产生反馈电压，R_E 就是反馈网络。可见反馈网络没有接到信号输入端，为串联反馈；同样反馈网络也没有接到信号输出端，为电流反馈。根据正、负反馈判断规则，由于电流反馈的反馈网络没有接到输出回路的负载侧，而在放大器输入端，反馈网络接入到放大器同相端，故为负反馈。所以图 5－23(b)所示电路为电流串联负反馈电路。

(3)按深度负反馈计算电压增益。

对于图 5－23(a)所示的电路，由于是电流并联负反馈，所以闭环增益为

$$A_{if}=\frac{I_o}{I_i}\approx\frac{1}{B_i}$$

对于并联负反馈，放大器输入端可近似为“虚短”，所以有

$$B_i=\frac{I_f}{I_o}=\frac{R_{E2}}{R_{E2}+R_f}$$

所以

$$A_{if}=\frac{I_o}{I_i}=\frac{1}{B_i}=\frac{R_{E2}+R_f}{R_{E2}}=1+\frac{R_f}{R_{E2}}$$

在输出端，$U_o=I_oR_{C2}$，在输入端，由于可近似为“虚短”，所以 $I_i=\frac{U_s}{R_s}$。所以放大电路闭环电压增益为

$$A_{uf}=\frac{U_o}{U_s}=\frac{I_oR_{C2}}{I_sR_s}=A_{if}\frac{R_{C2}}{R_s}=\left(1+\frac{R_f}{R_{E2}}\right)\frac{R_{C2}}{R_s}$$

对于图 5-23(b)电路，由于是电流串联负反馈，所以闭环增益如下

$$A_{if}=\frac{I_o}{U_i}\approx\frac{1}{B_g};\quad B_g=\frac{U_f}{I_o}=-R_E$$

在输出端，$U_o=I_oR_C$，在输入端，由于可近似为“虚短”，$U_{be}\approx0$，所以 $U_i=U_f=-I_oR_E$。故放大电路闭环电压增益为

$$A_{uf}=\frac{U_o}{U_i}=\frac{I_oR_C}{-R_EI_o}=-\frac{R_C}{R_E}$$

由上例可知，采用深度负反馈来近似计算电路的闭环电压增益，减少了画各种等效电路的复杂之处，大大简化了分析过程和计算步骤，是非常方便的工程计算方法之一。

第六节　反馈放大电路的稳定性

负反馈可以改善放大电路多方面的性能，通常反馈越深，性能改善得越好。但同时，如果电路的设计不合理，反馈过深，那么在输入量为零时，输出会产生具有一定频率和一定幅值的信号，这种现象称为自激振荡。此时，电路不能正常放大，不具有稳定性。

一、自激振荡产生的原因和条件

1. 自激振荡产生的原因

负反馈放大电路的一般表达式为

$$\dot{A}_f=\frac{\dot{A}}{1+\dot{A}\dot{B}} \tag{5-32}$$

在中频段中，由于 $\dot{A}\dot{B}=0$，$\dot{A}$ 和 $\dot{B}$ 的相角 $\varphi_A+\varphi_B=2n\pi$（$n$ 为整数），因此净输入量 $\dot{X}_\Sigma$、外输入量 $\dot{X}_i$ 和反馈量 $\dot{X}_f$ 之间的关系为

$$|\dot{X}_\Sigma|=|\dot{X}_i|-|\dot{X}_f| \tag{5-33}$$

在低频段，因为耦合电容、旁路电容的存在，$\dot{A}\dot{B}$ 将产生超前相移；在高频段，因为半导体元件极间电容的存在，$\dot{A}\dot{B}$ 将产生滞后相移；在中频段，相位关系用（$\varphi_A{}'+\varphi_B{}'$）来表示。当某

一频率 f_0 的信号使附加相移 $\varphi_A'+\varphi_B'=n\pi$($n$ 为奇数)时,反馈量 $\dot{X}_f$ 与中频段相比,产生超前或滞后 180°的附加相移,因而使净输入量

$$|\dot{X}_\Sigma|=|\dot{X}_i|+|\dot{X}_f| \tag{5-34}$$

于是输出量$|\dot{X}_o|$也随之增大,反馈的结果使放大倍数增加。

若在输入信号为零时(图 5-24(a)),因为某种电扰动(如合闸通电),其中含有频率为 f_0,使 $\varphi_A'+\varphi_B'=\pm\pi$,由此产生了输出信号 $\dot{X}_o$;则根据式(5-34),$|\dot{X}_i|$的增加,使得$|\dot{X}_o|$将不断增大,其过程如下图 5-24(b):

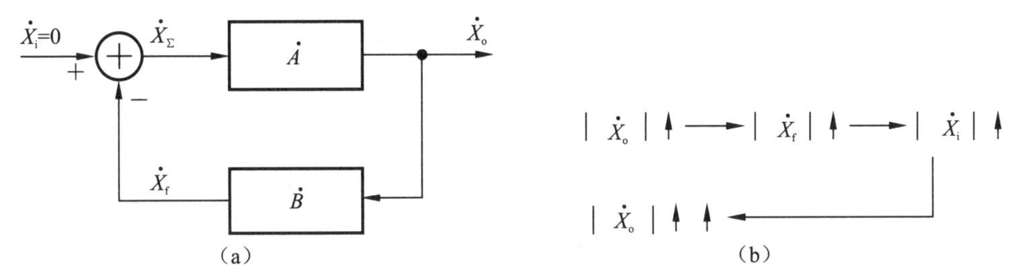

图 5-21　负反馈放大电路的自激振荡

由于半导体器件的非线性特性,若电路最终达到动态平衡,即反馈信号(也就是净输入信号)维持着输出信号,而输出信号又维持着反馈信号,它们互相依存,则称电路产生了自激振荡。此时,$|1+AB|=0$,$A_f\to\infty$。

可见,电路产生自激振荡时,输出信号有其特定的频率 f_0 和一定的幅值,且振荡频率 f_0 必在电路的低频段或者高频段。而电路一旦产生自激振荡将无法正常放大,称电路处于不稳定状态。

2. 自激振荡的平衡条件

从图 5-24 可以看出,在电路产生自激振荡时,由于 $\dot{X}_o$ 与 $\dot{X}_f$ 相互维持,所以 $\dot{X}_o=\dot{A}\dot{X}_\Sigma=-\dot{A}\dot{B}\dot{X}$,即

$$\dot{A}\dot{B}=-1 \tag{5-35}$$

可写成模及相角形式

$$\begin{cases}|\dot{A}\dot{B}|=1\\ \varphi_A+\varphi_B=(2n+1)\pi(n\text{ 为整数})\end{cases} \tag{5-36}$$

上式称为自激振荡的平衡条件,分为幅值平衡条件和相位平衡条件,简称幅值条件和相位条件。只有同时满足上述两个条件,电路才会产生自激振荡。在起振过程中,$|\dot{X}_o|$只有一个从小到大的过程,故起振条件为

$$|\dot{A}\dot{B}|>1 \tag{5-37}$$

二、反馈放大电路稳定性判据

由前面的分析可知,引入负反馈以后,放大电路的许多性能都得以改善,而且反馈越深,性能改善越明显。但是负反馈的引入有可能使放大电路不能稳定地工作,即有可能引起自

激振荡，而且反馈越深，这种可能性越大。利用负反馈放大电路环路增益的频率特性可以判断电路闭环是否产生自激振荡，即电路是否稳定。

1. 判断方法

如图 5－25 所示为两个电路环路增益的频率特性，从图中可以看出它们均为直接耦合放大电路。设满足自激振荡相位条件的频率为 f_0，满足幅值条件的频率为 f_c。

在图 5－25(a)所示曲线中，使 $\varphi_A+\varphi_B=-180°$ 的频率为 f_0，使 $20\lg|\dot{A}\dot{B}|=0\text{dB}$ 的频率为 f_c。因为当 $f=f_0$ 时，$20\lg|\dot{A}\dot{B}|>0\text{dB}$，即 $|\dot{A}\dot{B}|>1$，说明满足式(5－37)所示的起振条件。所以，具有图 5－25(a)所示环路增益频率特性的放大电路，闭环后必然产生自激振荡，振荡频率为 f_0。

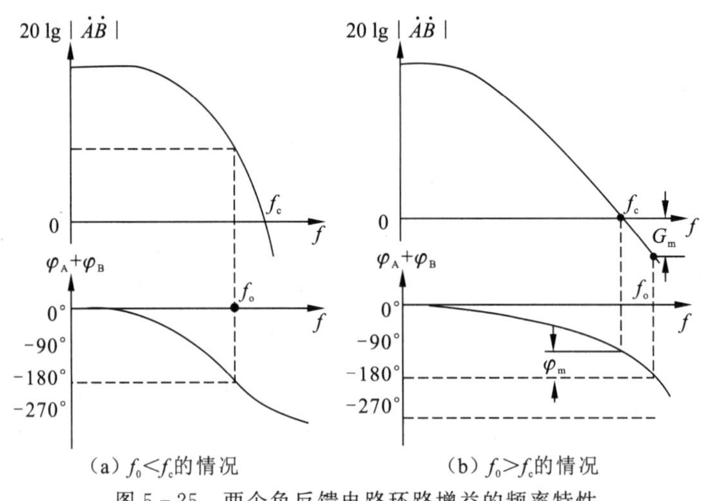

图 5－25　两个负反馈电路环路增益的频率特性

在图 5－25(b)所示曲线中，使 $\varphi_A+\varphi_B=-180°$ 的频率为 f_0，使 $20\lg|\dot{A}\dot{B}|=0\text{dB}$ 的频率为 f_c。因为当 $f=f_0$ 时，$20\lg|\dot{A}\dot{B}|<0\text{dB}$，即 $|\dot{A}\dot{B}|<1$，说明不满足式(5－37)所示的起振条件。所以具有图 5－25(b)所示环路增益频率特性的放大电路闭环后不可能产生自激振荡。

综上所述，在已知环路增益频率特性的条件下，判断负反馈放大电路是否稳定的方法如下：

(1)若不存在 f_0，则电路稳定。

(2)若存在 f_0，且 $f_0<f_c$，则电路不稳定，必然产生自激振荡；若存在 f_0，但 $f_0>f_c$，则电路稳定，不会产生自激振荡。

2. 稳定裕度

稳定裕度，表征了远离自激的程度，是衡量稳定性能好坏的质量指标。对于一个稳定的负反馈系统，不仅要求不进入自激状态，而且要求远离自激状态，以保证在外界条件变化时也能使系统稳定地工作。

虽然根据负反馈放大电路稳定性的判断方法，只要 $f_0>f_c$ 电路就稳定，但是为了使电路具有足够的可靠性，还需规定电路具有一定的稳定裕度。

1)幅值裕度

定义 $f=f_0$ 时所对应的 $20\lg|\dot{A}\dot{B}|$ 的值为幅值裕度 G_m，如图 5－25(b)所示幅频特性曲

线中所标注，G_m 的表达式为

$$G_m = 20\ \lg|\dot{A}\dot{B}|_{f=f_0} \tag{5-38}$$

稳定的负反馈放大电路的 $G_m<0$，而且 $|G_m|$ 愈大，电路愈稳定。通常认为 $G_m \leqslant -10\text{dB}$，电路就具有足够的幅值稳定裕度。

2）相位裕度

定义 $f=f_c$ 时的 $|\varphi_A+\varphi_B|$ 与 180°的差值为相位裕度 φ_m，如图 5-25(b)所示幅频特性曲线中所标注，φ_m 的表达式为

$$\varphi_m = 180° - |\varphi_A+\varphi_B|_{f=f_c} \tag{5-39}$$

稳定的负反馈放大电路的 $\varphi_m>0$，而且 φ_m 愈大，电路愈稳定。通常认为 $\varphi_m>45°$，电路就具有足够的相位稳定裕度。

综上所述，只有当 $G_m \leqslant -10\text{dB}$ 且 $\varphi_m>45°$时，才认为负反馈放大电路具有可靠的稳定性。

【例 5-8】 一个负反馈电路，若基本放大器的频率特性为 $A(jf)=\dfrac{1\times10^5}{(1+jf/10^5)(1+jf/10^6)(1+jf/10^7)}$，试判断反馈系数为 $B_1=0.000\ 1$ 和 $B_2=0.01$ 时，负反馈是否稳定，如果系统稳定，试求稳定裕度。

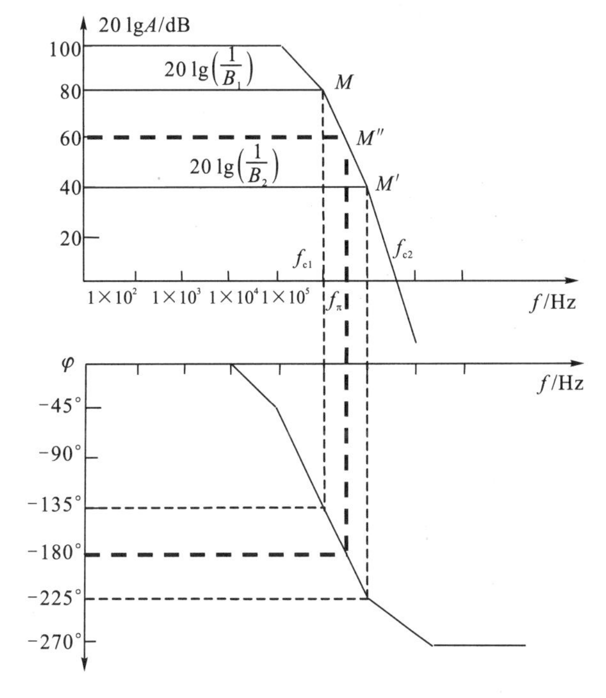

图 5-26　利用波特图判断系统稳定

解：图 5-26 基本放大器的幅频特性和相频特性波特图，画出 $B_1=0.000\ 1$ 和 $B_2=0.01$ 时的幅频特性波特图。图中，当反馈系数为 $B_2=0.01$ 时，见 M' 线，$\varphi_A(f_{c1})=-225°$，系统不稳定；当 $B_1=0.0001$ 时，见 M 线，$\varphi_A(f_{c2})=-135°$，系统稳定。

图 5-26 中，当 $B_1=0.000\ 1$ 时，相位裕度 $\varphi_m=180°-135°=45°$；幅值裕度 $G_m=60-80=-20(\text{dB})$。

通过以上分析可知，多极点的负反馈电路，反馈越深，系统就越不易稳定。进一步分析可知，从幅频特性波特图来看，当 $20\ \lg A(f)$ 与 $20\ \lg\left(\dfrac{1}{B}\right)$ 交点于 $20\ \lg A(f)$ 线的 -20dB/dec 线段时，系统是稳定的；当 $20\ \lg A(f)$ 与 $20\ \lg\left(\dfrac{1}{B}\right)$ 交点于 $20\ \lg A(f)$ 线的 -60dB/dec 线段时，系统是不稳定的；如果交点于 -40dB/dec 线段，则系统可能稳定，也可能不稳定。即 M 点上方为 20dB/dec，系统稳定 $M=M'$ 区间为 40dB/dec，则分为 M—M' 区间系统稳定，M''—M' 区间系统不稳定。即 M 点上方为 20dB/dec，系统稳定；M' 下方为 60dB/dec，系统不稳定；M—M' 区间为 40dB/dec，则分为 M—M' 区间系统稳定，M''—M' 区间，系统不稳定。

因此，单极点和双极点系统是稳定的，三极点系统有可能不稳定。

三、反馈放大器的相位补偿

引入负反馈可以改善放大器的性能，但是过深的负反馈却使系统可能不稳定，因此增加反馈深度往往受到稳定性的限制，而采用相位补偿技术可以较好地解决这一问题。

从幅频特性上来看，相位补偿的目标就是要使 $20\ \lg A(f)$ 与 $20\ \lg\left(\frac{1}{B}\right)$ 交点尽量在 $20\ \lg(f)A$ 线的 -20dB/dec 线段区间。

1. 滞后补偿

所谓滞后补偿，就是在基本放大电路中插入一个 RC 电路，使其频率特性相位滞后，达到稳定负反馈放大器的目的。

1）主导极点补偿

在放大器中，时间常数最大的极点就是主导极点。主导极点补偿，就是在时间常数最大的回路里并接电容，使其时间常数更大，这样主导极点变得更低，结果使 $20\ \lg A(f)$ 与 $20\ \lg(1/B)$ 交点尽量在 $20\ \lg A(f)$ 线的 -20dB/dec 线段，如图 5－27 所示。

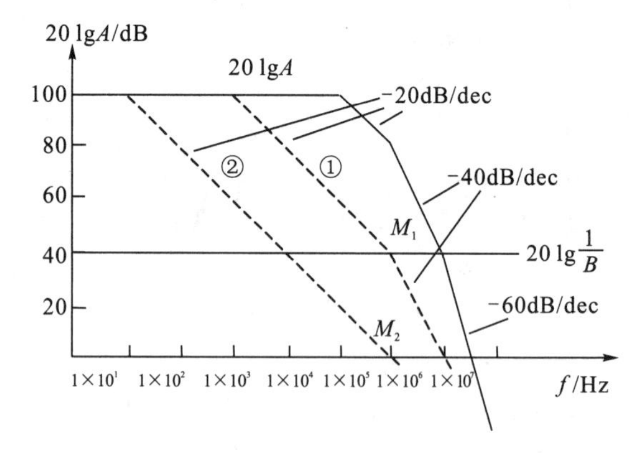

图 5－27　主导极点补偿的幅频特性

主导极点补偿的实现方法如图5－28所示。对于运算放大器[图5－28(a)]，如果内部没有补偿，一般都设置了补偿端子。图中补偿电容为 C_{φ}，补偿前的主导极点时间常数为 $\tau=\frac{1}{RC}$，对于分立元件，C 为主导极点回路的等效电容[图 5－28(b)的 T_2 级的输入回路]。

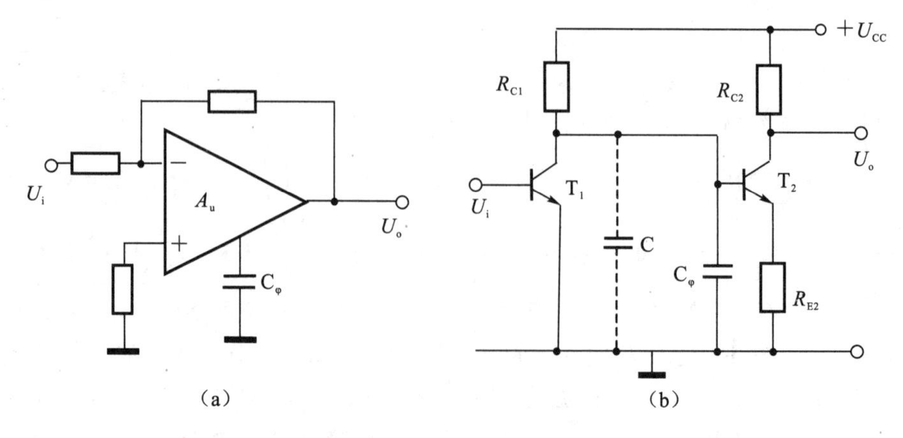

图 5－28　主导极点补偿的电路

图 5－28(b)中，补偿后主导极点的时间常数为 $\tau'=\frac{1}{R(C+C_\varphi)}$。这时新的主导极点对应的转折频率为

$$f_c=\frac{1}{2\pi R(C+C_\varphi)} \tag{5-40}$$

这种补偿的缺点是主导极点变得更低，使系统通频带变窄。

2)极零点补偿

由于主导极点补偿导致主导极点下降太多，系统通频带降低。而采用极零点补偿则不同，该方法对主导极点补偿的同时，增加一个零点。这个零点的值尽量等于第二极点的值，如果相等，就相当于将第二个极点抵消了。这种方法可以使 3 个极点的系统变为双极点系统，使系统稳定。

极零点补偿的幅频特性如图 5－29 所示，图中，假设增加的零点与第二个极点抵消，系统成为二极点系统，如虚线所示。

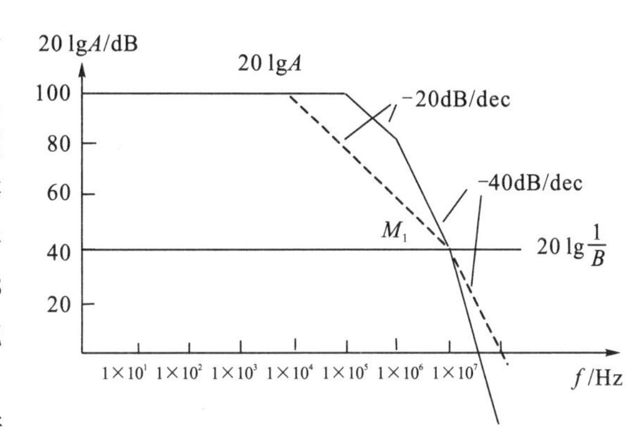

图 5－29　极零点补偿的幅频特性

极零点补偿的实现方法见图 5－30。图中补偿电容为 C_φ，补偿电阻为 R_φ，C_1、R_1 为主导极点回路等效电容和电阻。

图 5－30(d)是补偿回路等效电路，适当地选择 C_φ，使 $C_\varphi \gg C_1$，则可得

$$A_{RC}(s)=\frac{U_o}{U_i}=\frac{R_\varphi+\frac{1}{sC_\varphi}}{R_1+R_\varphi+\frac{1}{sC_\varphi}}=\frac{1+sR_\varphi C_\varphi}{1+s(R_1+R_\varphi)C_\varphi} \tag{5-41}$$

补偿后的主导极点对应的转折频率为

$$f_c=\frac{1}{2\pi(R_1+R_\varphi)C_\varphi} \tag{5-42}$$

新增的零点转折频率为

$$f_z=\frac{1}{2\pi R_\varphi C_\varphi} \tag{5-43}$$

由上可知，极零点可在不使主导极点下降太多的条件下使系统稳定。

2. 超前补偿

超前补偿是在第二个极点回路里引入一个零点，抵消第二个极点，改善系统的稳定性。这时系统的主导极点频率不受影响，系统的通频带将不发生变化。

其补偿方法如图 5－31 所示。

图 5－31(b)是图 5－31(a)的第二个极点回路等效电路，从图中不难得到

$$A(s)=\frac{U_o}{U_i}=\frac{R_{i2}}{R_\varphi+R_{i2}}\frac{1+sR_\varphi C_\varphi}{1+s(R_\varphi /\!/ R_{i2})(C_{i2}+C_\varphi)} \tag{5-44}$$

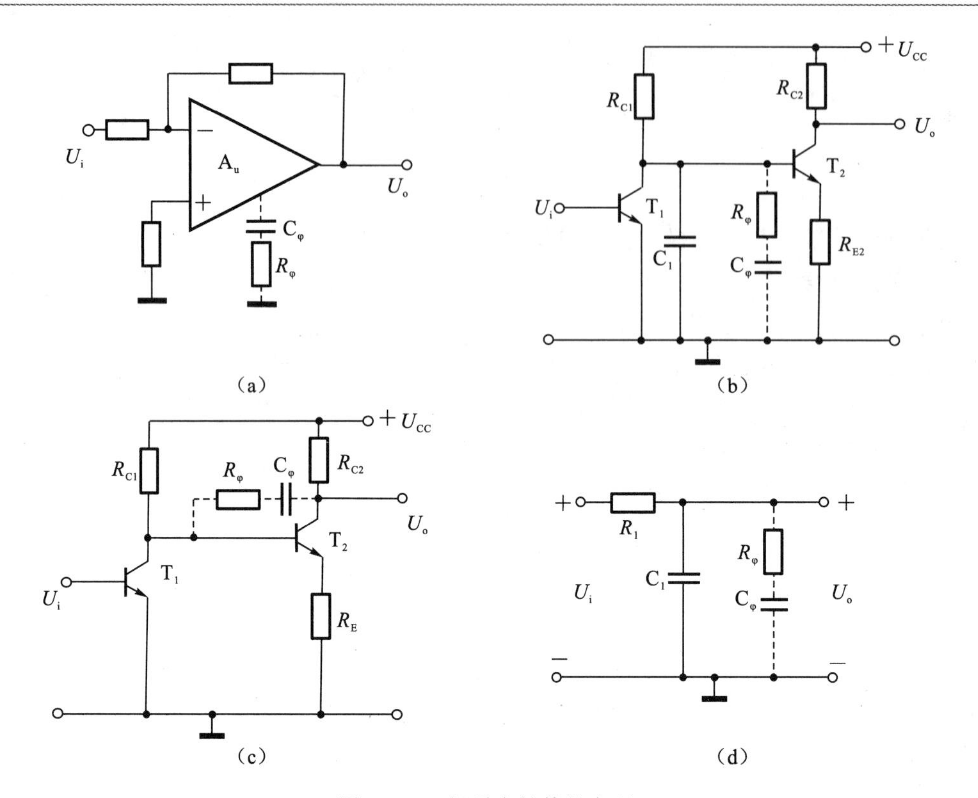

图 5-30　极零点补偿的实现

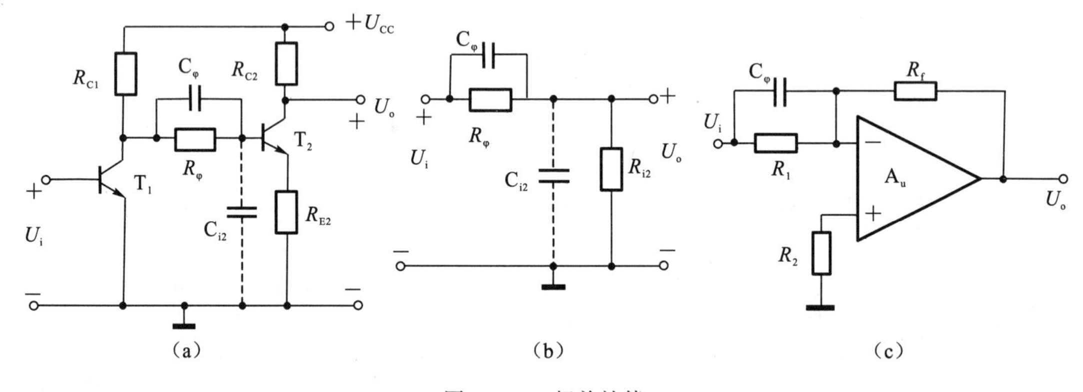

图 5-31　超前补偿

当满足 $R_{\varphi}C_{\varphi}=R_{i2}C_{i2}$，上式可以简化为

$$A(s)=\frac{R_{i2}}{R_{\varphi}+R_{i2}}\frac{(1+sR_{\varphi}C_{\varphi})(R_{\varphi}+R_{i2})}{R_{\varphi}+R_{i2}+sR_{\varphi}R_{i2}(C_{\varphi}+C_{i2})}=\frac{R_{i2}}{R_{\varphi}+R_{i2}} \tag{5-45}$$

这时，$\frac{U_o}{U_i}$与频率无关，即第二个极点完全被增加的零点抵消了。

从图 5-31(c)可得

$$A(s)=\frac{U_o}{U_i}=\frac{R_f(1+sR_1C_{\varphi})}{R_1} \tag{5-46}$$

由此，选择适合的 C_{φ} 就可以抵消第二个极点。

由于这种补偿是增加了一个零点，而零点在相位上是超前的，所以称为超前补偿。通常 $R_{\varphi}\gg R_{i2}$，$C_{\varphi}\gg C_{i2}$，使得零点转折频率小于极点转折频率，即零点在前，极点在后，故又称为零极点补偿。

习题五

1. 什么是反馈？什么是负反馈？怎样区分 4 种不同类型的反馈？

2. 负反馈对放大电路有哪些影响？在改善电路的某些性能时又付出了哪些代价？

3. 试说明为了实现以下几个方面的要求，它们分别应采用何种负反馈。

(1)要求输入电阻大，输出电阻小。

(2)要求输入电阻大，输出电流稳定。

(3)电流源输入，要求输出电压稳定。

(4)电流源输入，要求输出电流稳定。

4. 对于图 5－32 所示的反馈电路，试判定各电路给定反馈电路的反馈类型。

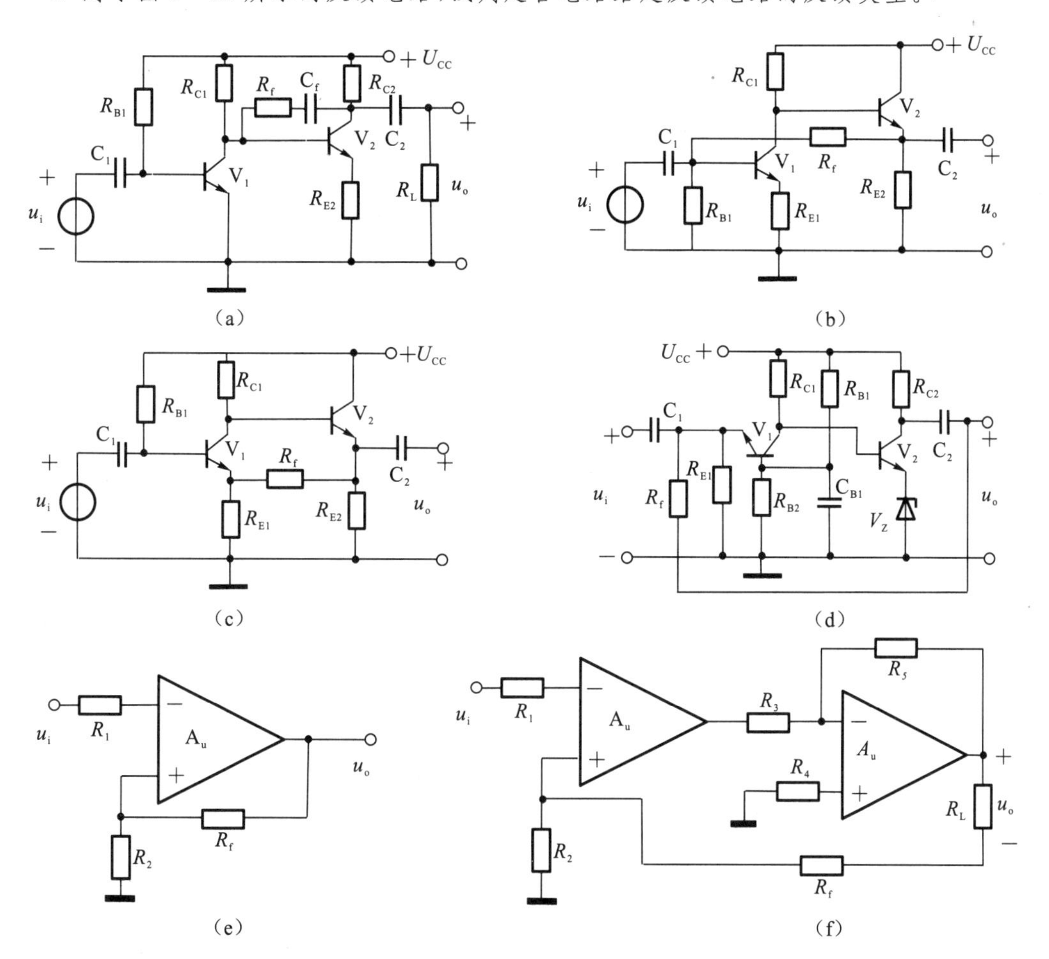

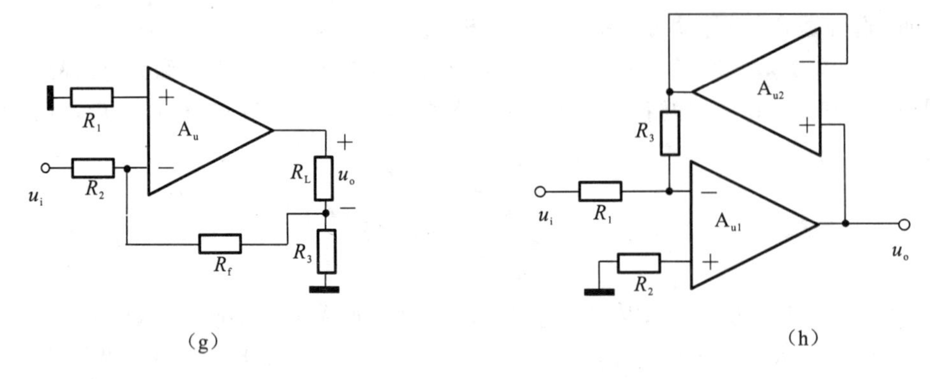

图 5-32

5. 判断图 5-33 所示各电路是否引入了反馈，是直流反馈还是交流反馈，是正反馈还是负反馈。设图中所有电容对交流信号均可视为短路。

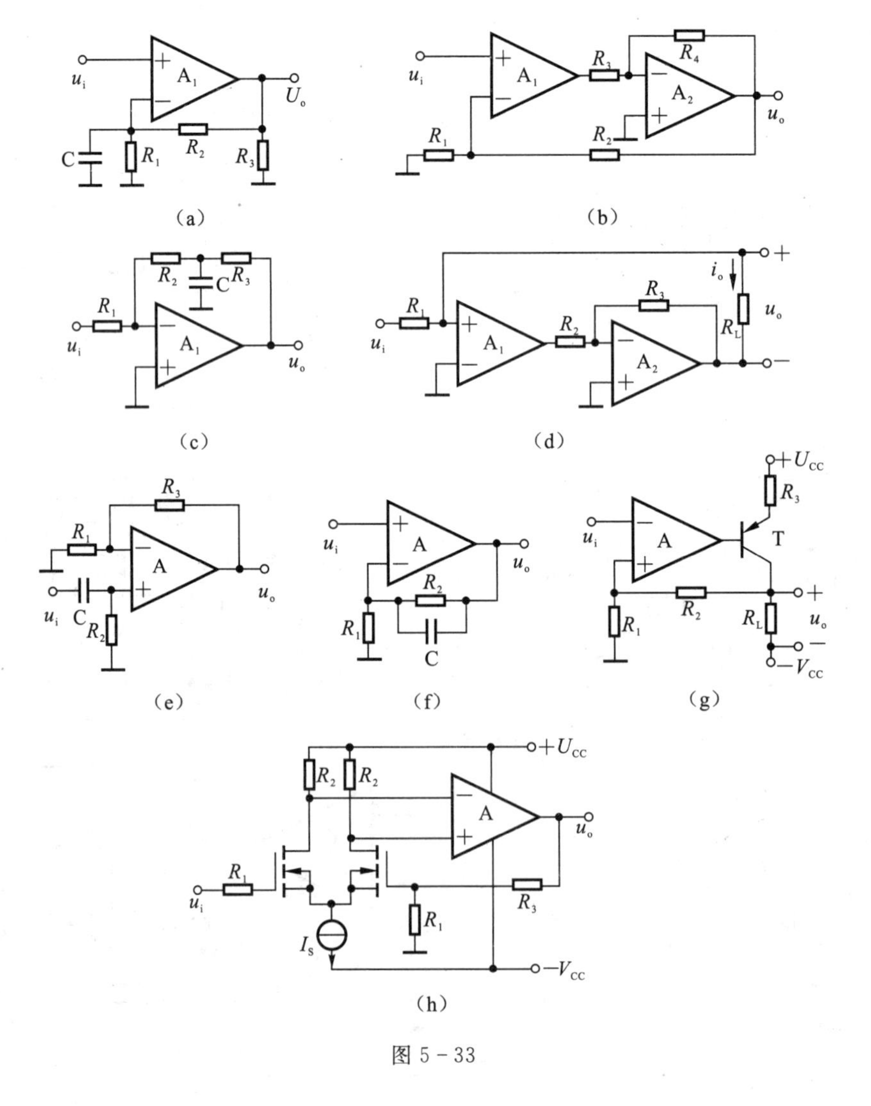

图 5-33

6. 分别判断图 5-33(d)～图 5-33(h)所示各电路中引入了哪种组态的交流负反馈，并计算反馈系数。

7. 分别判断图 5-33(d)～图 5-33(h)所示各电路中因引入了交流负反馈使得输入电阻和输出电阻所产生的变化，只需说明是增大还是减小。

8. 分别估算图 5-33(d)～图 5-33(h)所示各电路在理想运算放大器条件下的电压放大倍数。

9. 判断图 5-34 所示各电路中是否引入了反馈；若引入了反馈，则判断是正反馈还是负反馈；若引入了交流负反馈，则判断是哪种组态的负反馈，并求出反馈系数和深度反馈条件下的电压放大倍数。设图中所有电容对交流信号均视为短路。

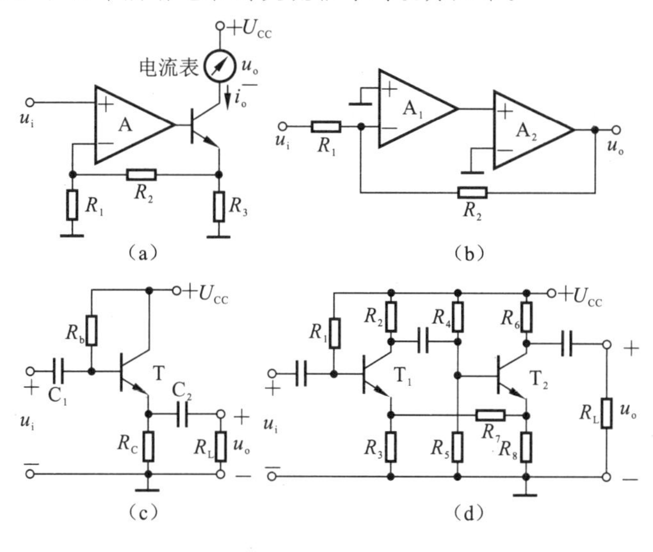

图 5-34

10. 电路如图 5-35 所示。

(1)尝试正确接入信号源和反馈，使电路的输入电阻增大、输出电阻减小；

(2)若 $|\dot{A}_u| = \dfrac{U_o}{U_i} = 20$，则 R_f 应取多少千欧？

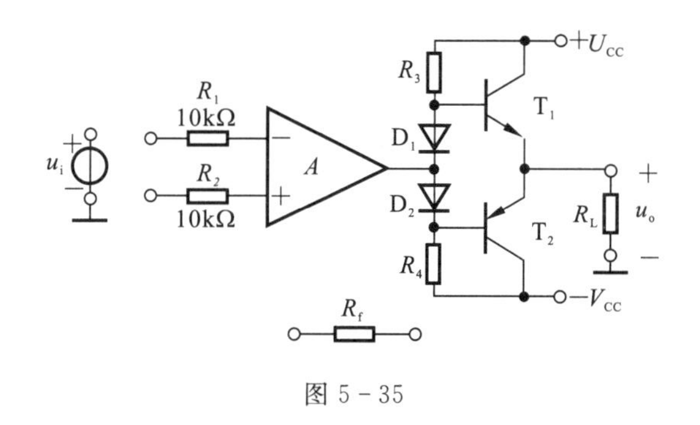

图 5-35

11. 电路如图 5－36 所示。

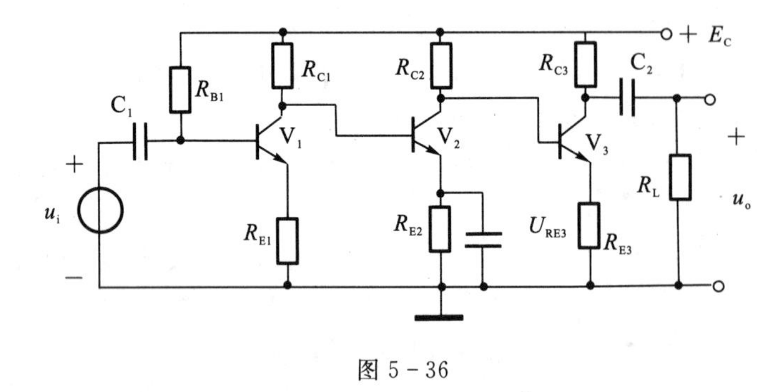

图 5－36

(1)如果要增大输入电阻,应该引入何种负反馈?试画出反馈电路。

(2)如果要使输出电压稳定应该引入何种负反馈?试画出反馈电路。

12. 图 5－37 所示电路中,如果要实现电流负反馈,试给出反馈电路的连接。

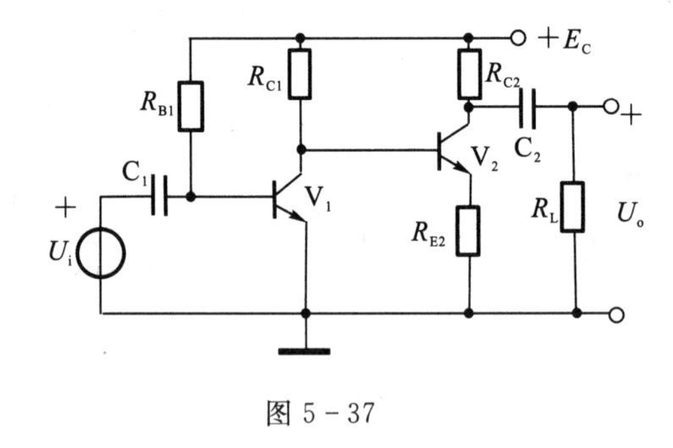

图 5－37

13. 指出下列说法是否正确?为什么?

(1)既然深度负反馈条件下,放大电路的闭环增益 $A_f \approx \frac{1}{B}$,与基本放大电路的放大器件无关,那么,放大器件的参数就没有什么实际意义。

(2)用示波器观察放大电路输出波形产生了非线性失真,此时引入负反馈,可以看到输出波形的幅度明显下降,且波形不失真,这能否说明负反馈消除了非线性失真?

14. 已知一个负反馈放大电路的 $A=1\times10^5$,$F=2\times10^{-3}$。

(1)A_f 为多少?

(2)若 A 的相对变化率为 20%,则 A_f 的相对变化率为多少?

15. 对于图 5－38 所列电路:

(1)指出反馈类型。

(2)试按深度负反馈计算电压增益 A_{uf}。

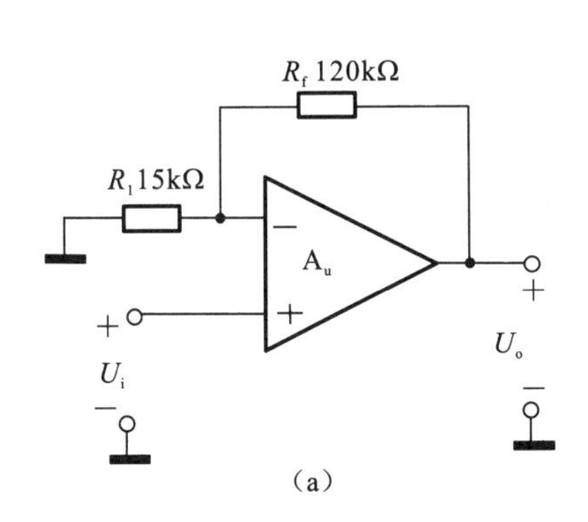

(a)

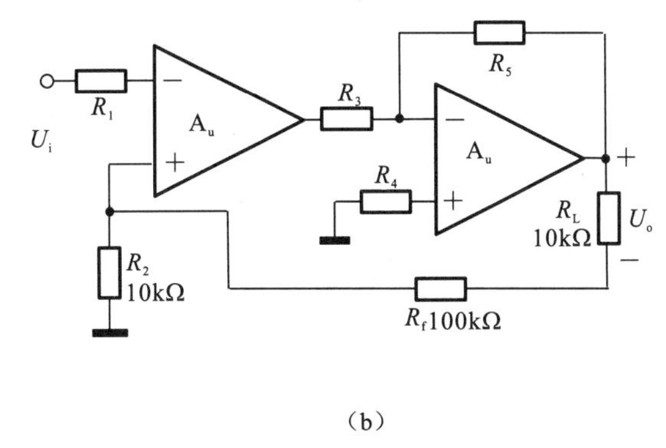

(b)

图 5 - 38

16. 电路如图 5 - 39 所示。

(1)指出反馈类型；

(2)试按深度负反馈计算电压增益 A_{uf}。

17. 电路如图 5 - 40 所示。

(1)试通过引入合适的交流负反馈，使输入电压 u_i 转成稳定的输出电流 i_L；

(2)当 u_i=0～5V 时，i_L=0～10mA，则反馈电阻 R_F 应取多少？

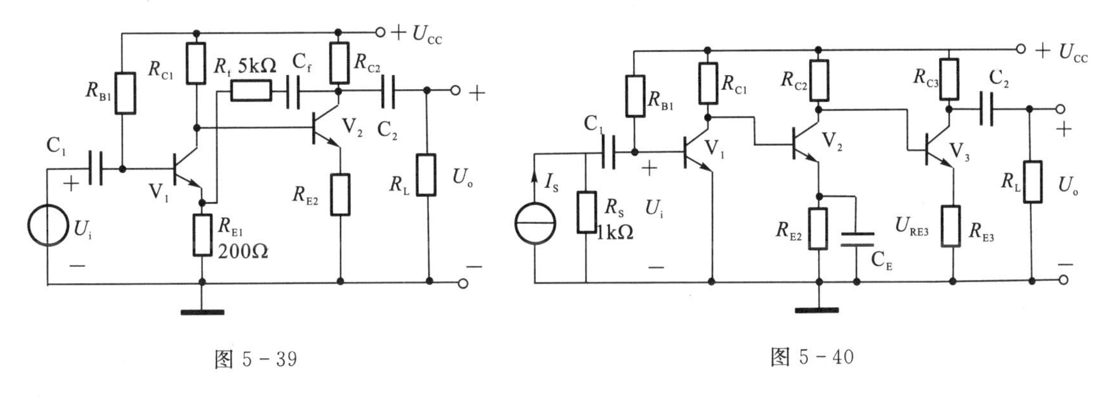

图 5 - 39　　　　图 5 - 40

18. 电路如图 5 - 41 所示，要求输出电压稳定，应该采取何种类型的负反馈？如果要求放大器电压增益 A_{uf} 为 20，试设计反馈电路。

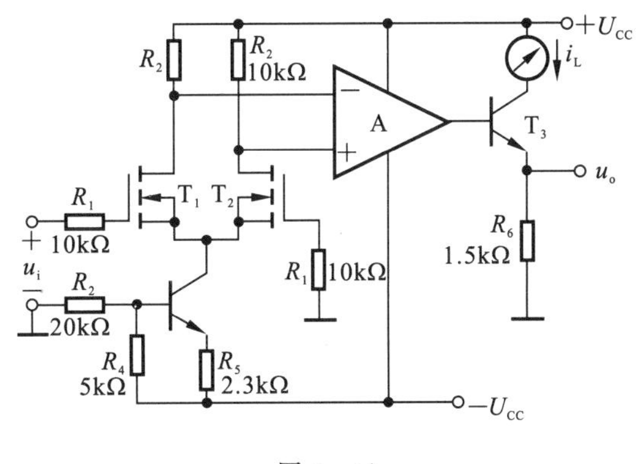

图 5 - 41

19. 负反馈电路在什么条件下产生自激？利用频率特性波特图如何判断负反馈电路的自激？

20. 放大电路波特图如图 5－42(b)所示。

(1)判断该电路是否会产生自激振荡？简述理由。

(2)若电路产生了自激振荡，则采取什么措施消振？要求在图 5－42(a)中画出来。

(3)若仅有一个 50pF 电容，分别接在 3 个三极管的基极和地之间均未能消振，则将其接在何处有可能消振？为什么？

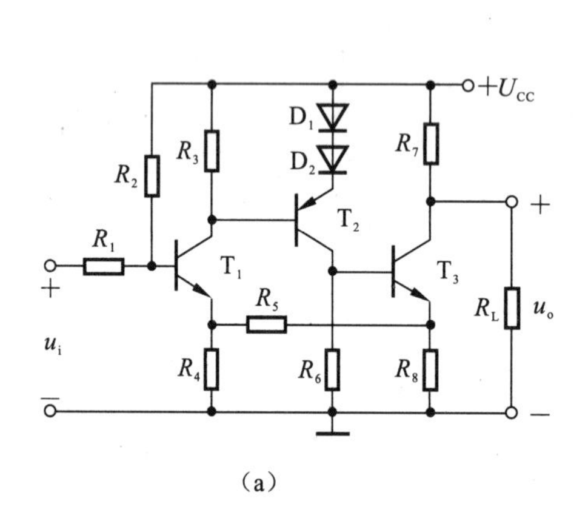

(a)

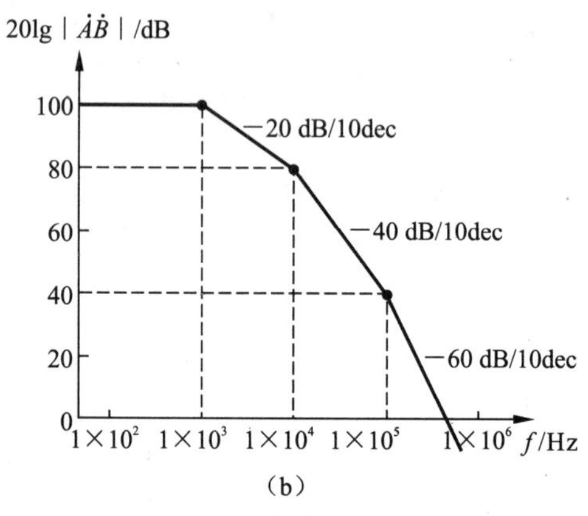

(b)

图 5－42

21. 稳定裕度有何意义？什么是增益裕度和相位裕度？在频率特性波特图中如何计算？

22. 负反馈放大器的基本放大电路的幅频、相频特性波特图如图 5－43所示。

(1)反馈系数 $B=0.1$，试判断该放大器是否稳定？

(2)如果要使其相位稳定裕度为 45°，反馈系数 B 应该为何值？

23. 三极点负反馈放大器，其开环中频增益为 $A_m=60\text{dB}$，3 个开环极点对应的角频率分别为 $\omega_{P1}=10^6\text{rad/s}$，$\omega_{P2}=1\times10^7\text{rad/s}$，$\omega_{P3}=1\times10^8\text{rad/s}$，当反馈系数为 $B=0.01$ 时，试使用开环波特图计算幅值裕度 G_m 和相位裕度 φ_m。

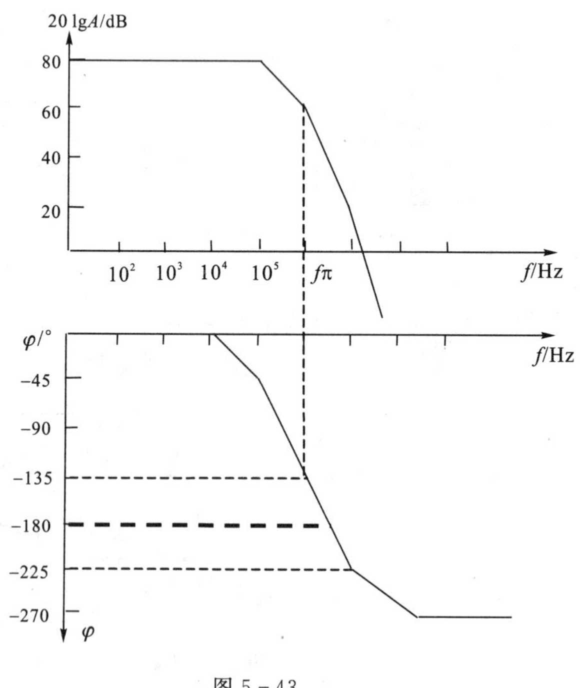

图 5－43

24. 试比较主导极点补偿、极零点补偿和零极点补偿3种相位补偿方法对放大器带宽的影响。

25. 基本放大电路的中频电压增益 $A_m=80\text{dB}$，3个开环极点对应的频率分别为 $f_{P1}=1\text{MHz}$，$f_{P2}=5\text{MHz}$，$f_{P3}=20\text{MHz}$，其最小极点所在回路的输出电阻为5kΩ，为了保证反馈后能稳定工作，采用主导极点补偿。

(1)要求闭环中频增益 $A_m=20\text{dB}$，求所需最小补偿电容 C_φ 值；

(2)要求闭环中频增益 $A_m=0$，求所需最小补偿电容 C_φ 值。

26. 当反馈网络为图5-44所示的几种形式时，试分别说明它们各自对放大电路的幅频特性有何影响(例如高频段、中间频段和低频段是增强还是削弱)。

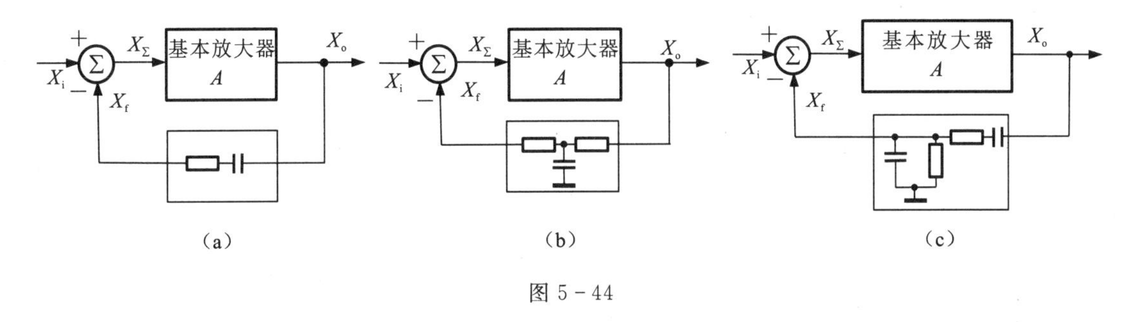

图5-44

第六章 功率放大器

知识要点

1. 低频功率放大电路的分类及特点。
2. 乙类互补对称功率放大器的工作原理。
3. OCL 电路组成、工作原理及指标计算。
4. 交越失真的产生及消除方法。
5. 复合管的构成及特点。
6. OTL 电路的组成、工作原理及指标计算。
7. 集成功率放大器。

功率放大器顾名思义就是能够驱动较重负载的放大电路，能够向外提供较大输出功率的放大电路，简称功放。功率放大电路与电压放大电路、电流放大电路没有本质的区别。放大电路的实质都是能量转换电路。不过，功率放大与电压、电流放大虽然都是放大，但是却有不同的特点和指标要求。例如，电压放大电路主要关心负载能否得到不失真的电压信号，其主要指标为电压增益、输入阻抗和输出阻抗等，输出的功率并不一定大；而功率放大电路是以输出尽可能大的功率为主要指标的放大电路。由于功率 $P=IV$，为了向负载提供足够大的输出功率，必须使输出信号电压大、输出信号电流大，还要求放大电路的输出电阻与负载匹配，输出功率不失真或失真较小。在电压放大中通常是小信号的线性（近似）放大，而功率放大通常是在大信号状态下工作，因此，功率放大电路包含着一系列在电压放大电路中没有出现过的问题。功率放大电路的指标主要有输出功率、效率、非线性失真及功放管的散热问题等。

第一节　功率放大器的主要特点及指标

一、功率放大器的主要特点

功率放大器一般是直接和负载相联，它的任务就是要输出足够大的功率以驱动负载工作，这就决定了功率放大器中的三极管工作在大信号状态，并且要求有尽可能大的功率输出，与以电压放大为目的、工作在小信号状态的放大电路相比，有着一些特殊的问题。

1. 非线性失真

功率放大电路通常在大信号状态下工作，不可避免地使信号动态范围超出晶体管的线性工作区域，导致输出信号产生非线性失真。而且功放管输出功率越大，非线性失真往往越严重，输出功率与非线性失真构成一对主要矛盾。当然，不同的应用环境对输出功率与非线性失真的指标要求不一样，有的侧重非线性失真的指标（如电声设备），有的侧重输出功率的指标（如工业控制设备）。因此减小非线性失真，成为功率放大器的一个重要问题。

2. 阻抗匹配

为了使负载能够获取尽可能大的功率，要求功率放大电路输出功率足够大；功放管一般都工作在接近极限状态，集电极的电压和电流的动态范围都可能很大。这就要求功率放大器的输出电阻与合适的负载电阻 R_L 相匹配，达到既可以得到适当的输出功率又可以减小非线性失真的目的。

3. 转换效率

转换效率是负载所能得到的功率放大电路最大输出功率与电源提供的直流功率之比。一般来说，功率放大电路输出功率越大，电源消耗的直流功率越大。要提高效率，就要在一定的输出功率的前提下，减小直流功耗。

4. 功率器件的安全运行

在功率放大电路中，功放管器件经常工作在接近极限条件，既要承受高电压，又要流过大电流，很容易由于设计不当或者使用条件发生变化，导致其功放管的工作状态超过极限参数而损坏。为了充分发挥晶体管的作用，在实际应用电路中常常加以保护措施，以防止功放管过电压、过电流和过热而损坏。功放管的安全使用应注意功放管的二次击穿以及功放管的散热问题。

二、功率放大器的主要指标

功率放大器的主要指标有输出功率（P_O）、额定输出功率（P_{RMS}）、最大输出功率（P_{OM}）、电源供给功率(P_E)、集电极功耗(P_C)、效率(J)、频率响应、失真系数、动态范围,其中最重要的为最大输出功率和转换效率。

1. 输出功率 P_O

输出功率是指功放电路输送给负载的功率。在输入为正弦波且输出基本不失真的条件下,输出功率是交流功率,常记为 $P_o=I_oV_o$,I_o 和 V_o 均为交流有效值。

以音频功率放大电路为例,一个音频功放电路,都可以简化为如图 6-1 所示的语音功放的电路结构。它一般有正负电源供电、放大器本体、输入信号 u_i 以及负载电阻 R_L 等几个部分。其中,为了保证扬声器在静默时不存在直流电流,隔直电容 C_{out} 被置于放大器输出端和负载电阻之间。为了方便计算效率和输出功率,一般均默认输入信号为单一频率正弦波。由于全部信号均以一个周期重复,因此所有的积分均以一个正弦波周期进行。

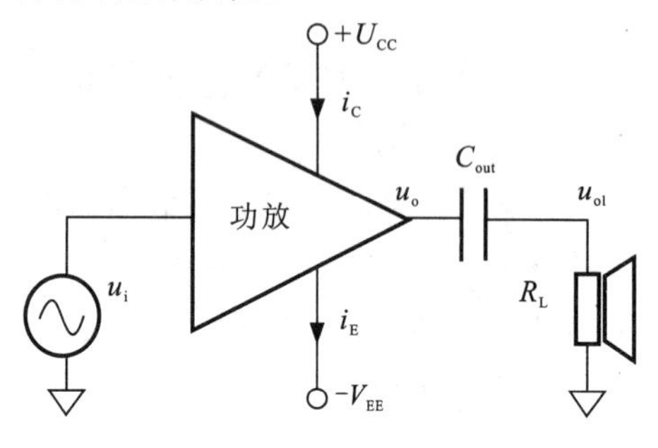

图 6-1 语音功放的电路结构

当输出信号为一个单一频率正弦波,理想的功放输出也是一个同频正弦波,但幅度由功放本体决定,因此输出波形为

$$u_{ol}(t)=U_{om}\sin\omega t$$

其中,U_{om} 为输出的正弦波幅度。此时,可得输出功率为

$$P_o=\frac{1}{2\pi}\int_0^{2\pi}\frac{|u_{ot}^2(t)|}{R_L}\mathrm{d}\omega t=\frac{U_{om}^2}{2\pi R_L}\int_0^{2\pi}\sin^2(\omega t)\mathrm{d}\omega t=\frac{U_{om}^2}{2\pi R_L}\int_0^{2\pi}\frac{1-\cos(2\omega t)}{2}\mathrm{d}\omega t$$

$$=\frac{U_{om}^2}{2\pi R_L}\times\frac{1}{2}\times 2\pi-\frac{U_{om}^2}{2\pi R_L}\int_0^{2\pi}\cos(2\omega t)\mathrm{d}\omega t$$

$$=\frac{U_{om}^2}{2\pi R_L}-0=\frac{U_{om}^2}{2\pi R_L}$$

也可以按照有效值标准定义求解,得到相同的结论

$$P_o=\frac{U_{orms}^2}{R_L}=\frac{\left(\frac{\sqrt{2}}{2}U_{om}\right)^2}{R_L}=\frac{U_{om}^2}{2R_L} \tag{6-1}$$

2. 额定输出功率 P_{RMS}

额定输出功率指在一定的谐波范围内功放长期工作所能输出的最大功率(严格说是正弦波信号)。经常把谐波失真度为1%时的平均功率称为额定输出功率。很显然规定的失真度前提不同时,额定功率数值将不相同。

3. 最大输出功率 P_{OM}

最大输出功率 P_{OM} 是在电路参数确定的情况下,负载可以获得的最大交流功率。当不考虑失真大小时,功放电路的输出功率可远高于额定功率,还可输出更大数值的功率,它能输出的最大功率称为最大输出功率,前述额定输出功率与最大输出功率是两种不同前提条件下的输出功率。

4. 电源供给功率 P_E

电源供给功率是指电源提供给功率放大器的整个功率。在一般情况下，由于功放管的集电极电流远大于其他电流，所以，电源供给功率主要由电源电压和集电极电流的平均值的乘积来确定。

5. 集电极功耗 P_C

集电极功耗是指每个集电极的损耗功率。在一般情况下，集电极功耗 P_C 为电源供给功率与放大器输出功率之差，即

$$P_C = P_E - P_{out} \tag{6-2}$$

6. 效率 η

功率放大器的效率定义为功率放大器输出功率 P_{out} 和直流电源供给的直流功率 P_E 的比值，用 η 表示，即

$$\eta = \frac{P_o}{P_E} \times 100\% \tag{6-3}$$

由式(6－2)和式(6－3)可见，在输出功率相同的情况下，效率越高，功放管集电极损耗就越小，因此要防止管耗过大致使功率管发热损坏。提高效率也是一个重要问题。

7. 频率响应

频率响应反映功率放大器对信号各频率分量的放大能力，对于音频功率放大器的频率响应范围要求应不低于人耳的听觉频率范围。在理想情况下，音频功率放大器的工作频率范围为 20～20kHz。国际规定一般音频功放的频率范围是 40～16kHz±1.5dB。

8. 失真系数

功率放大器的失真主要是非线性失真。这里要指出的是，对于小信号状态下工作的电压放大器，由于信号较小，其非线性失真不是很大，在一般情况下失真问题不予考虑。但是对于功率放大器，由于它一般在大信号状态下工作，所以非线性失真问题比其他放大器更为突出，因而非线性失真系数一般也就成为功率放大器的一个非常重要的指标。

引起波形失真的原因除了非线性失真外，还有线性失真、互调失真、瞬态失真等。

9. 动态范围

放大器不失真的放大最小信号与最大信号电平的比值就是放大器的动态范围。实际运用时，该比值使用 dB 来表示两信号的电平差，高保真放大器的动态范围应大于 90dB。

第二节　功率放大电路的分类及特点

一、功率放大电路的分类

按照功率放大电路的导通角，即功放电路对输入信号的导通程度，可以将功率放大电路分为以下几类，其中导通角的定义如图 6-2 所示。

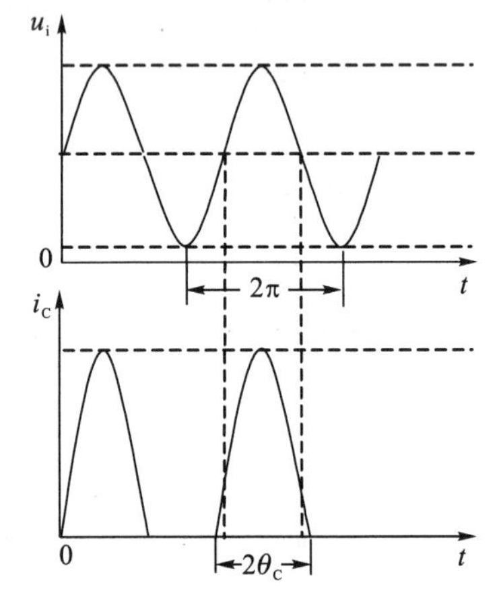

图 6-2　导通角的定义

1. 甲类放大电路

通过三极管的放大作用学习可知，在电压放大电路中，为了减小非线性失真，必须为放大器设置适当的工作点，三极管在输入信号的整个周期内都在工作，这种工作方式通常称为甲类放大。用输出特性曲线描述甲类放大典型的工作状态如图 6-3(a)所示。

甲类放大电路的工作点设置及输出电流波形如图 6-3(a)所示，其特点为：

(1)工作点 Q 在整个信号周期内都处于放大区，静态工作点基本在负载线的中间。

(2)在输入信号的整个周期内，三极管都有电流通过。

(3)导通角为 180°。

其缺点为：

(1)效率较低，即使在理想情况下，效率只能达到 50%。

(2)由于有 I_{CQ} 的存在，无论有没有信号，电源始终不断地输送功率，其大小基本不变。当没有信号输入时，这些功率全部消耗在晶体管和电阻上，并转化为热量形式耗散出去；当有信号输入时，其中一部分转化为有用的输出功率。因此信号越小，效率越低。

甲类放大电路通常用于小信号电压放大器(如第二章所述各类放大器)，也可以用于小功率的功率放大器。

甲类功率放大器是音乐放大器的理想选择，它能提供非常平滑的音质，音色圆润温暖，高音透明开扬，这些优点足以补偿它的缺点，图 6-4 为一例简单的甲类功率放大器。

图 6-4 中的这种电路存在很多问题，首先 R_C 必须很小，至少应该小于负载电阻，也就是扬声器的电阻值，一般为 8Ω，才能保证与负载相比，电路具有足够小的输出阻抗。假如 R_C 取 4Ω，为了保证 U_{CEQ} 处于电源电压 20V 的中点附近，也就是 10V 左右，R_C 上需要流过 2.5A 的静态电流。此时，无论有无信号输入，电路都消耗着至少 20V×2.5A＝50W 的静态功耗。另一个方面，A 类(甲类)功放在放大音频信号时也有其自身的优点，尤其对于小信号，A 类功放具有较高的保真度，因此这种电路在高端的音频设备中会有较多的使用。

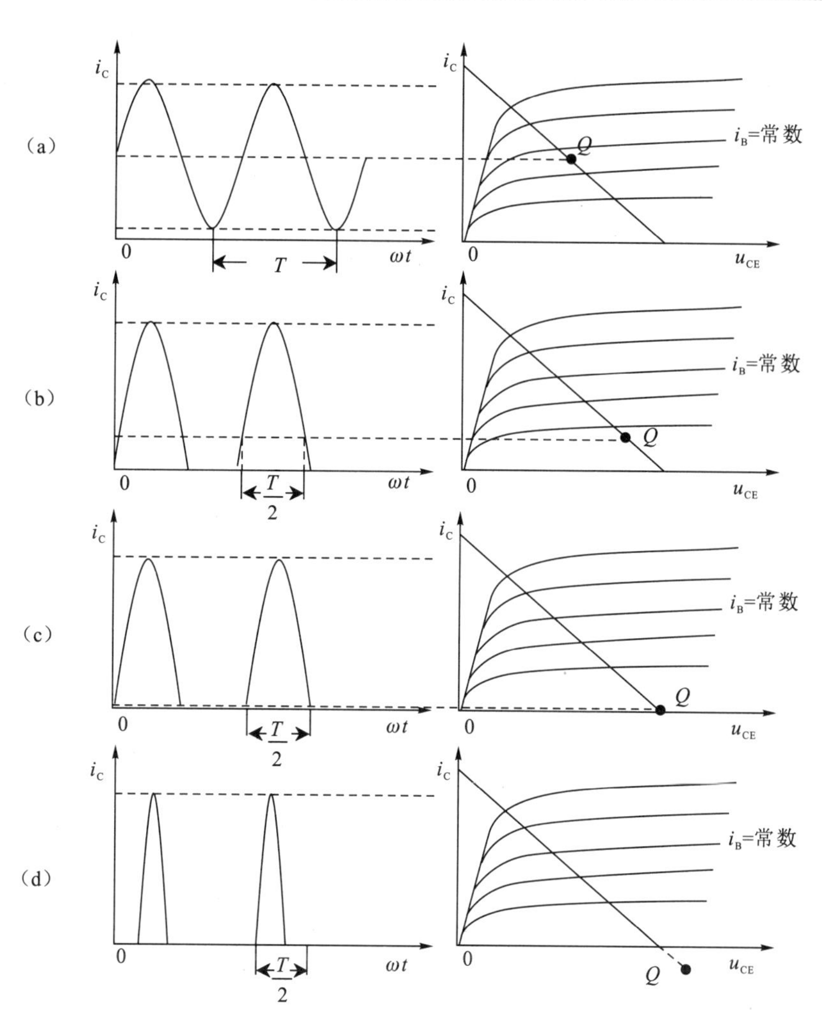

图 6－3 放大器工作状态的类型

2. 乙类放大电路

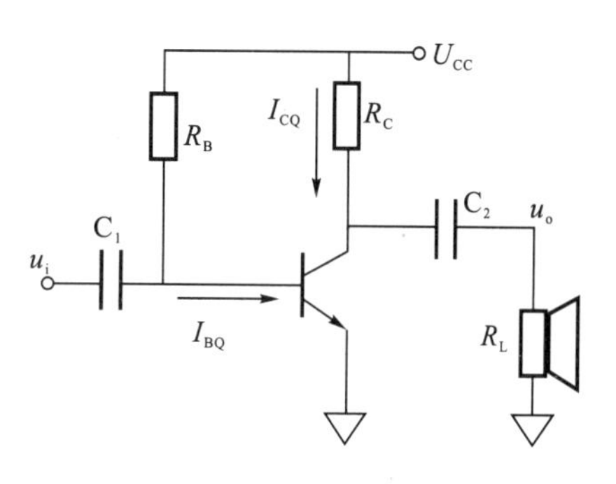

图 6－4 最简单的甲类功率放大器

乙类放大器的工作点设置及输出电流波形如图 6－3(b)所示，其特点为：

(1)静态工作点 Q 处于输出特性曲线的横轴上。

(2)输入信号的半个周期内有电流流过三极管，导通角为 90°。

(3)由于 $I_{CQ}=0$，使得没有信号时，管耗很小，从而效率提高。

其缺点为波形被切掉一半失真严重。

图 6－5(a)、(b)为乙类功放电路的结构图与输入输出波形图(实线波形为输入正弦波，虚线是输出波形)。在输入信号静默时，两个晶体管的基极电位为 0V，它不足以打通任何一个晶体管的 BE 结，因此两个晶体管均处于截止状态，电源不提供电流，负载电压为 0V。当

输入信号为正弦波的正半周，且输入电压高于 0.7V 时，Q_1 被打通，输出电压约为输入电压减去 0.7V；当输入信号为正弦波的负半周，且输入电压低于 −0.7V 时，Q_2 被打通，输出电压约为输入电压加上 0.7V。遗憾的是，当输入电压介于 −0.7V～0.7V 之间时，两个晶体管均处于临界或者彻底的不导通状态，输出电压近似为 0V，会造成输出波形的变形。在乙类功放中，每个晶体管负责处理输入信号的半个周期，其导通角近似为 180°。

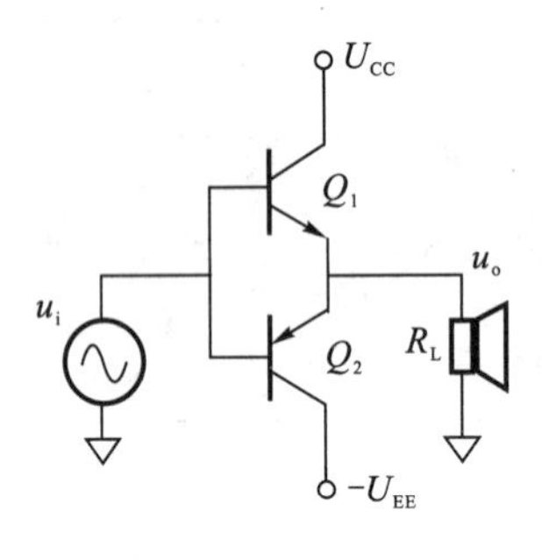

(a) 乙类功放的结构

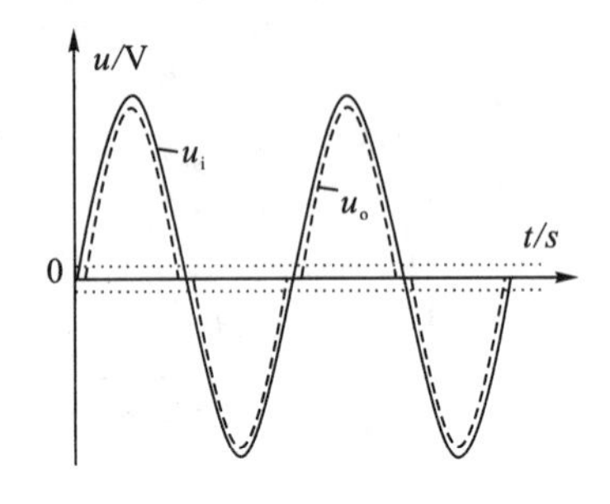

(b) 输入输出波形图

图 6－5　乙类功放电路及波形

3. 甲乙类放大电路

甲乙类放大电路的工作点设置及输出电流波形如图 6－3(c)所示，其特点为：

(1)静态工作点 Q 处于放大区与截止区的临界点位置。

(2)输入信号的大半个周期内有电流流过三极管，导通角大于 90°而小于 180°。

(3)由于存在较小的 I_{CQ}，所以效率较乙类低，较甲类高。

甲乙类放大电路的缺点为波形被切掉一部分，失真严重。

4. 丙类放大电路

丙类放大电路常用于高频功率放大，其工作点设置及输出电流波形如图 6－3(d)所示，其特点为：

(1)静态工作点 Q 处于截止区。

(2)仅有输入信号的小半个周期内有电流流过三极管，导通角小于 90°。

(3)效率高，丙类功放的最高效率可达 85%～90%。

丙类放大电路的缺点：

(1)波形被切掉大部分，严重失真。

(2)应用时要求特殊形式的负载，需要谐振选频，不适用于低频。

甲类、乙类、甲乙类和丙类 4 种放大器又称为 A 类、B 类、AB 类和 C 类放大器。这 4 类功放的效率满足：$\eta_{甲}<\eta_{甲乙}<\eta_{乙}<\eta_{丙}$。

乙类放大电路、甲乙类放大电路突出的特点是减小了静态功耗，提高了效率，但都会出现比较严重的非线性失真。若既要提高效率降低静态功耗，又要减小非线性失真，需要在电路设计或电路结构上采取措施，如采用对称的推挽功放结构。

此外，还有丁类功率放大器，可由两个晶体管组成，晶体管在整个工作过程中，只工作在两种状态:一种状态是饱和导通,流出大电流而C、E之间压降近似为零,导致其功耗近似为零;另一种状态是截止状态,流出电流为零,而C、E之间承受很高的电压,导致其功耗仍为零。控制系统根据输入信号大小,控制晶体管的饱和、截止周期,以形成不同的占空比,输出环节对不同占空比的方波实施低通滤波,以获得与输入信号成正比的模拟光滑信号。晶体管丁类放大器有电流开关型和电压开关型两种电路。丁类(D类)功放的优点是谐波输出较小,效率高;缺点是频率上限易受到限制。

【例6-1】 在甲类、乙类和甲乙类放大电路中,放大管的导通角分别等于多少?它们中哪一类放大电路效率最高?

解:在输入正弦信号情况下,通过三极管的电流 i_C 不出现截止状态(即导通角 $\theta=2\pi$)的称为甲类;在正弦信号一个周期中,三极管只有半个周期导通($\theta=\pi$)的称为乙类;导通时间大于半周而小于全周($\pi<\theta<2\pi$)的称为甲乙类。其中工作于乙类的放大电路效率最高,在双电源的互补对称电路中,理想情况下最高效率可达78.5%。

二、功率放大电路与负载的连接方式

功率放大电路是以功率输出和提高功率转换效率为目的的电路,常见与负载的连接方式有以下几种类型:

(1)无输出电容的功率放大电路——OCL电路(Output Capacitor Less)。OCL电路是一种输出级与扬声器之间无电容而直接耦合的功放电路,频响特性比OTL好,也是高保真功率放大器的基本电路。

(2)无输出变压器的功率放大电路——OTL电路(Output Transformer Less)。OTL电路是一种输出级与扬声器之间采用电容耦合的无输出变压器功放电路,其大容量耦合电容对频响也有一定影响,是高保真功率放大器的基本电路。它的缺点是体积大、效率低以及低频和高频特性均较差。

(3)变压器耦合电路。变压器耦合电路是一种传统的功率放大电路,它存在效率低、失真大、频响曲线难以平坦等缺点,在高保真功率放大器中已较少使用。

(4)桥式平衡功率放大电路——BTL电路(Balanced Transformer Less)。BTL电路是一种平衡无输出变压器功放电路,其输出级与扬声器之间以电桥方式直接耦合,因而又称为桥式对称功放电路,也是高保真功率放大器的基本电路。

第三节　乙类互补推挽功率放大电路(OCL电路)

在放大电路中有共射极、共基极、共集电极3种组态,对比3种组态放大电路的主要性能指标,结合功率放大电路要求输出功率要大、效率高、非线性失真小、带负载能力强、直接和负载相连等特点,功率放大电路一般由共集电极组态构成。

一、电路基本工作原理

放大电路在乙类状态工作，可以提高效率、减小管耗，但输入信号的半个波形被削掉了，只能输出半个周期的波形，会产生严重的非线性失真。如果选用两只特性完全相同的晶体管，构成乙类放大状态工作的放大电路。两只晶体管轮流工作、交替导通，一只晶体管在输入信号正半周期导通，另一只晶体管在输入信号负半周期导通，然后在负载上合成完整的信号波形，这样输出效率与非线性失真的矛盾就可以解决了。

图 6－6(a)为互补推挽功率放大电路。T_1 为 NPN 型晶体管，T_2 为 PNP 型晶体管，采用$\pm U_{CC}$两组电源同时供电；两个晶体管的基极和发射极相互连接在一起，分别与 R_L 组成射极输出器电路。信号从基极输入，从发射极输出，R_L 为负载。该电路可以看成由两个上下对称、独立的射极输出器组合而成。

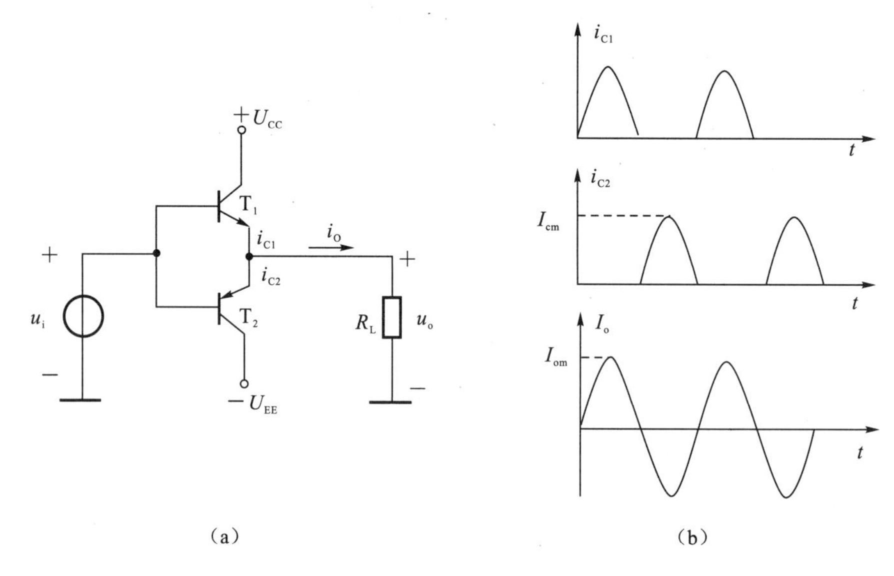

图 6－6　互补推挽功率放大电路

为便于分析，假设晶体管发射结 $b-e$ 间的开启电压可以忽略不计，发射结加正向电压导通，零偏置或加反向电压截止。其工作过程为：静态时，由于两晶体管特性一致，正负双电源对称供电，所以发射极电位为零，电路不需要接输出电容；两管基极的静态电位为零，发射结零偏置，静态工作电流 $I_{CQ}=0$，T_1、T_2 处于截止状态；当输入信号为正半周时，T_1 发射结正偏而导通，T_2 发射结反偏而截止，T_1 为射极输出器，R_L 上可以得到正半周信号；当输入信号为负半周时，T_2 发射结正偏而导通，T_1 发射结反偏而截止，T_2 为射极输出器，在 R_L 上可以得到下半周信号。这样，在输入信号一个周期里，T_1、T_2 交替导通，轮流工作，相互补充，在负载 R_L 上合成了一个完整的输出波形。两只性能相同、类型不同的晶体管 T_1、T_2 交替工作，互为补充，故称为乙类互补推挽功率放大电路。

T_1、T_2 集电极电流 i_{C1}、i_{C2}和负载电流 i_o 工作波形如图 6－6(b)所示。

二、技术指标分析与计算

图 6-7 为互补推挽电路图解分析，由图分析可知，在忽略 T_1 和 T_2 的发射结导通压降的情况下，输入信号的正半周 T_1 导通，输入信号的负半周 T_2 导通，由于 T_1 和 T_2 均构成射极输出器电路，所以乙类互补对称功率放大器的输出电压 u_o 就等于输入电压 u_i。根据以上分析，乙类互补对称功率放大器的输出功率、效率、管耗、电源供给功率等各项重要指标均可求出。

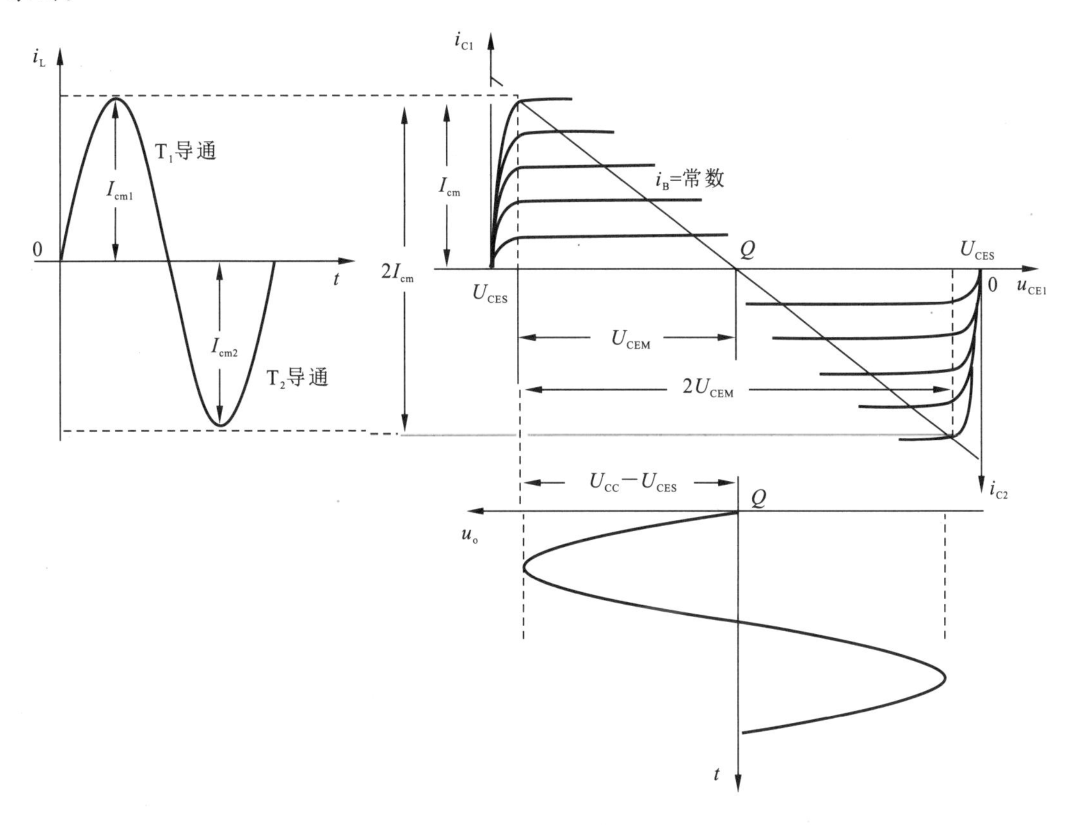

图 6-7　互补对称电路图解分析

1. 输出功率 P_o

输出功率是输出电压有效值 U_o 与输出电流有效值 I_o 的乘积，乙类放大器的输出功率是指两管的合成输出功率，由图 6-6 和图 6-7 可得

$$P_o=I_oU_o=\frac{I_{om}}{\sqrt{2}}\frac{U_{cem}}{\sqrt{2}}=\frac{I_{cm}}{\sqrt{2}}\frac{U_{cem}}{\sqrt{2}}=\frac{1}{2}\cdot\frac{U_{om}^2}{R_L} \tag{6-4}$$

定义电压利用系数

$$\xi=\frac{U_{cem}}{U_{CC}} \tag{6-5}$$

又由于

$$U_{cem}=U_{om}=I_{Lm}R_L=I_{cm}R_L=I_{om}R_L$$

所以有

$$P_o=\frac{1}{2}I_{cm}U_{cem}=\frac{1}{2}\frac{U_{cem}^2}{R_L}=\frac{\xi^2U_{CC}^2}{2R_L} \tag{6-6}$$

可见输出功率 P_o 除了与负载电阻、电源电压有关外，还与电压利用系数有关，也就是与输入信号电压 u_i 有关。输入电压越大，电压利用系数越大，输出功率就越大。

2. 最大输出功率 P_{om}

设饱和管压降 $U_{CES1}=-U_{CES2}=U_{CES}$，当管压降下降到饱和压降时，输出电压达到最大值，即 $U_{om}=U_{CC}-U_{CES}$，所以，最大不失真输出电压的有效值为

$$U_{om}=\frac{U_{CC}-U_{CES}}{\sqrt{2}} \tag{6-7}$$

当电压利用系数 $\xi=1$ 时，输出功率最大，即

$$P_{om}=\frac{U_{om}^2}{R_L}=\frac{(U_{CC}-U_{CES})^2}{R_L}\approx\frac{1}{2}\cdot\frac{U_{CC}^2}{R_L} \tag{6-8}$$

上式表明，当输入信号幅度等于电源电压时，电压利用系数最大，这时输出功率也最高。实际上，由于晶体管饱和压降的存在，为使输出电压不出现失真，输入信号电压的幅度不可能达到电源电压，这时输出电压幅值最大，为 $U_{CC}-U_{CES}$。因此实际输出的最大功率比式(6－10)得出的结果要小。

3. 电源供给功率 P_E

先求每个功放管集电极电流的平均值。根据图 6－6(b)i_{C1} 或 i_{C2} 的波形图可得每管集电极电流平均值为

$$\bar{I}_C=\frac{1}{2\pi}\int_0^{2\pi}i_c\mathrm{d}\omega t=\frac{1}{2\pi}\int_0^{\pi}I_{cm}\sin\omega t\,\mathrm{d}\omega t=\frac{I_{cm}}{\pi} \tag{6-9}$$

在负载获得最大交流功率时，电源所提供的平均功率是平均电流与电源电压的乘积，所以，两组电源提供的直流功率 P_E 为

$$P_E=2\bar{I}_CU_{CC}=\frac{2I_{cm}U_{CC}}{\pi}=\frac{2U_{CEM}}{\pi R_L}U_{CC}\approx\frac{2}{\pi}\cdot\frac{U_{CC}^2}{R_L} \tag{6-10}$$

也可写成

$$P_E=2\bar{I}_CU_{CC}=\frac{2I_{cm}U_{CC}}{\pi}=\frac{2U_{CEM}}{\pi R_L}U_{CC}=\frac{2}{\pi}\cdot\frac{(U_{CC}-U_{CES})}{R_L}U_{CC}=\frac{2}{\pi}\cdot\frac{U_{CC}^2}{R_L}\cdot\xi \tag{6-11}$$

由此可见，乙类功率放大器电源提供的功率与输入信号的幅度成正比(即与 ξ 成正比)。当没有输入信号时，电源不消耗功率。当输入信号增加到 $\xi=1$ 时，P_E 最大，为

$$P_{Emax}=\frac{2U_{CC}^2}{\pi R_L} \tag{6-12}$$

乙类功率放大器电源供给的功率随着输入信号大小而变化，而甲类功率放大器电源供给功率与信号无关，由此乙类工作状态效率高。

4. 集电极功耗 P_C

根据式(6－2)集电极功耗为电源供给功率与输出功率之差，而乙类对称功率放大器两管轮换工作，所以每管集电极功耗为

$$P_C=\frac{1}{2}(P_E-P_o)=\frac{U_{CC}^2}{R_L}\left(\frac{\xi}{\pi}-\frac{\xi^2}{4}\right) \tag{6-13}$$

或

$$P_C=\frac{1}{2}(P_E-P_o)=\frac{1}{R_L}\left(\frac{U_{CC}U_{om}}{\pi}-\frac{U_{om}{}^2}{4}\right) \tag{6-14}$$

从上式可以看出，功放管集电极功耗与输出电压是二次函数关系，存在着一个极值，这个极值是功放管选择的依据之一。

5. 效率 $\boldsymbol{\eta}_C$

根据式(6－3)效率的定义，结合式(6－5)和式(6－9)可得

$$\eta_C=\frac{P_o}{P_E}=\frac{\dfrac{U_{CC}^2\xi^2}{2R_L}}{\dfrac{2U_{CC}^2\xi}{\pi R_L}}=\frac{\pi}{4}\xi \tag{6-15}$$

$$\eta=\frac{P_o}{P_E}=\frac{\pi}{4}\frac{U_{om}}{U_{CC}} \tag{6-16}$$

忽略饱和管压降，当 $\xi=1$ 时，有

$$\eta_{max}=\frac{\pi}{4}\approx 78.5\%$$

由此可见，乙类互补功率放大器的效率与输入信号的大小成正比，在极限情况下可达78.5%。但是在实际应用中，输入信号大小总是在变化的，所以其效率一般在60%左右。

三、交越失真及其改进

1. 交越失真

由两个射极输出器构成的乙类互补推挽功率放大电路在理想情况下才能得到如图 6－6、图 6－7 所示的输出信号波形。实际上，由于功放管没有直流偏置，只有当输入信号 $|u_i|=|u_{BE}|>|U_{BE(on)}|$ ($U_{BE(on)}$为发射结开启电压)时，晶体管才能导通并进入放大区，射极输出器的输出端才有放大跟随的作用。而当输入信号 $|u_i|\leqslant|U_{BE(on)}|$时，$T_1$、$T_2$ 两个功放由于发射结反偏，晶体管都是截止的，负载 R_L 中无电流流过，出现了一段死区。在图 6－8 中，波形在横轴交越处出现了失真，表示输入正弦信号电压时，输出电流 i_L 的波形在正、负半周交接处出现了波形的失真。这种因静态工作点过低而在两管轮换导通时出现的失真称为交越失真。信号的幅度越小，交越失真的损失占比越大。

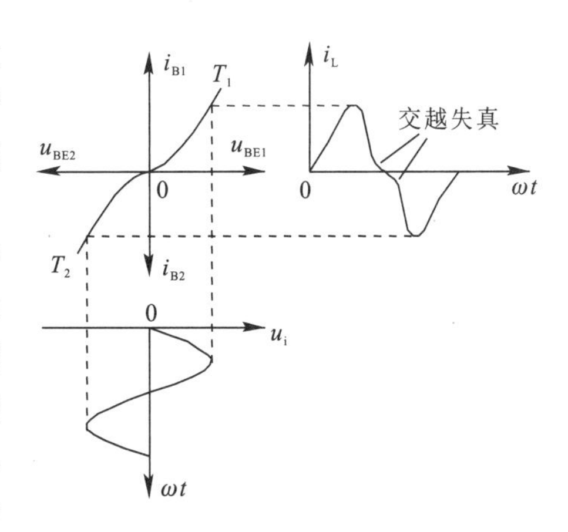

图 6－8　交越失真示意图

【例 6-2】 一单电源互补对称电路如图 6-9 所示，设 T_1、T_2 的特性完全对称，u_i 为正弦波，$U_{CC}=12V$，$R_L=8\Omega$。试回答下列问题。

（1）静态时，电容 C_2 两端电压应是多少？调整哪个电阻能满足这一要求？

（2）动态时，若输出电压 u_o 出现交越失真，应调哪个电阻？如何调整？

（3）若 $R_1=R_3=1.1k\Omega$，T_1 和 T_2 的 $\beta=40$，$|U_{BE}|=0.7V$，$P_{CM}=400mW$，假设 D_1、D_2、R_2 中任意一个开路，将会产生什么后果？

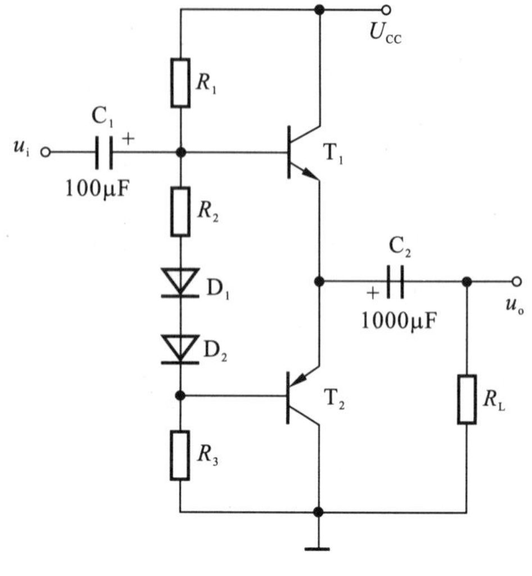

图 6-9

解：（1）静态时，C_2 两端电压应为 $U_{C2}=\frac{1}{2}U_{CC}=6V$，调整 R_1 或 R_3 可满足这一要求。

（2）若 u_o 出现交越失真，可增大 R_2。

（3）若 D_1、D_2 或 R_2 中有一个开路，则由于 T_1、T_2 的静态功耗为

$$P_{T1}=P_{T2}=\beta I_B U_{CE}=\beta\cdot\frac{U_{CC}-2|U_{BE}|}{R_1+R_3}\cdot\frac{U_{CC}}{2}$$

$$=40\times\frac{12V-2\times0.7V}{2.2k\Omega}\times\frac{12V}{2}=1156mW$$

即

$$P_{T1}=P_{T2}\gg P_{CM}$$

所以会烧坏功放管。

2. 交越失真的消除——甲乙类双电源互补推挽功率放大电路

如图 6-6 所示的乙类互补推挽功率放大电路有两个的缺陷：一个是在静态输入为零的情况下会产生交越失真，另一个是在大电流、大功率条件下工作时对功放管没有保护措施。因此必须对基本电路进行改进。

根据前面的分析，要减小或消除交越失真，必须避免三极管 T_1、T_2 进入截止区，使有信号输入时工作在放大区。如图 6-10 所示，可分别给两个放大管加上一定的正偏电压 U_{BEQ}，使三极管工作在甲乙类状态。由图可见，R_1 上的压降就是 T_1 和 T_2 两管的偏置电压，只要 R_1 选择合适，就可使两管工作点设置在截止区与放大区的临界点，处于微导通，工作在甲乙类状态，从而既可以避免两管进入死区工作，又不至于由于工作点设置太高影响功放电路的效率，电路基本上可以线性地放大信号。

两个功放管有了适当的正向偏置电压 U_{BEQ} 后的合成输入（转移）特性曲线如图 6-11 所示。由图可见，加入 U_{BEQ} 后，两条输入（转移）特性曲线的横坐标应在 $U_{BE}=U_{BEQ}$ 处重合，输入（转移）特性曲线底部弯曲部分将互相抵消，合成输入（转移）特性曲线变成直线，从而消除交越失真。

由于给功放管设置了适当的静态偏置，使得功放管的导通角大于 90°，所以如图 6-10 所示电路称为甲乙类互补对称功率放大电路。当然，为了充分发挥甲乙类互补对称功率放

大电路的效率，设置功放管的静态偏置电流时不能太大，微导通即可。对小功率管，静态偏置电流一般可设置在 1～3mA 之间(双管)，而对大功率管($P_{CM}>1W$)而言，则为 10mA 至几十毫安。

图 6－10 的电路中 T_3 是推动级，进一步放大输出信号电压，使 T_1 和 T_2 输出更大功率。电容 C 的作用是使两个功放管的基极交流电位保持一致。

还有其他一些电路可以给两功放管适当的静态偏置，以减少或消除交越失真，如图 6－12所示。

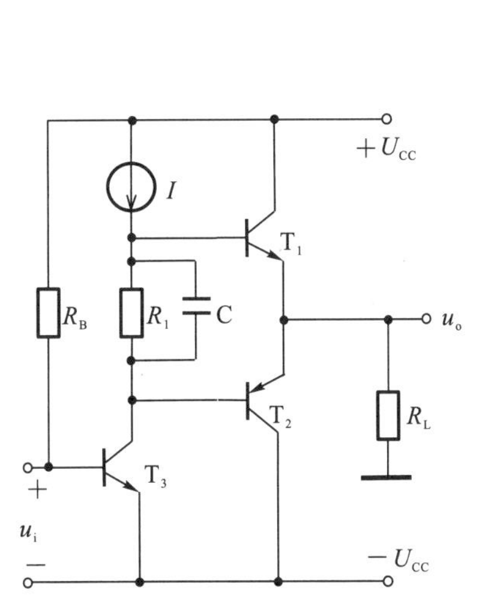

图 6－10　甲乙类互补对称放大电路

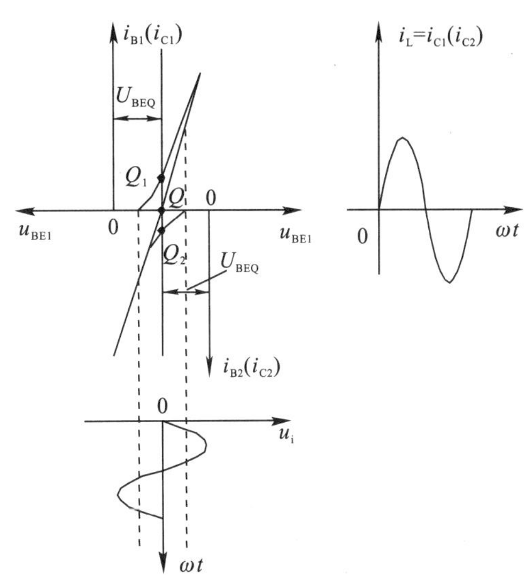

图 6－11　交越失真的消除

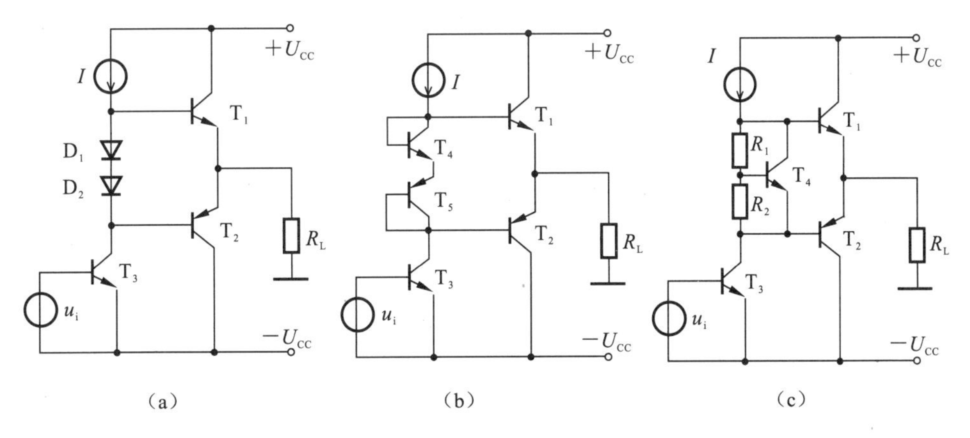

图 6－12　消除交越失真的 OCL 电路

在图 6－12(a)中，由于 T_3 管工作在甲类功率放大电路，电路的二极管 D_1 和 D_2 一直处于导通状态，正好为两功放管提供静态偏置，而两二极管的交流电阻较小，可使两功放管的交流电位基本相同。图 6－12(b)电路的 T_4 和 T_5 是作为二极管使用的，其作用与图 6－12(a)中的 D_1 和 D_2 相同。

在图 6－12(c)中，T_4、R_1、R_2 组成的电路的作用与图 6－12(a)中的 D_1 和 D_2 也相同，都是为两功放管提供静态偏置，只不过在这里其输出电压 U_{CE4} 可通过 R_1、R_2 进行小幅度的调节。假设流过 R_1、R_2 的电流远大于 T_4 基极电流，则不难得到两功放管的偏置电压为

$$U_{CE4} \approx U_{BE4}\left(1+\frac{R_1}{R_2}\right) \tag{6-17}$$

对于交流信号而言，由于 T_4、R_1、R_2 组成深度电压负反馈电路，使得 T_4 的交流输出电阻很小，可使两功放管交流电位相同。

通过电路的改进，为功放管提供适当的静态偏置后，功放管的导通角就不是 90°，而是大于 90°，这时的功率放大电路为甲乙类功率放大电路。

四、功放电路的保护电路

如图 6－6 所示电路中，如果输出端发生对地短路，或是和电源电压 $\pm E_C$ 相连接，输出管可能因流过很大电流而烧毁。因此对功率放大电路要进行过流保护。

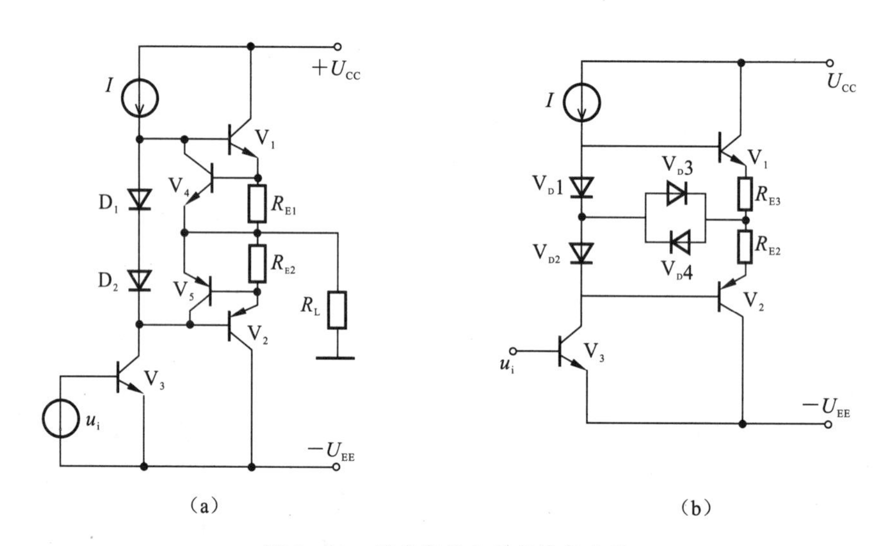

图 6－13　具有保护电路的推挽电路

如图 6－13(a)、(b)所示电路为采取了限流保护的功率放大电路。在图 6－13(a)中 V_4、V_5 为保护管，采用三极管输出限流保护电路；R_{E1}、R_{E2} 为取样电阻。正常情况下，功放管射极电流在取样电阻上的压降不足以使 V_4、V_5 导通，因而处于截止状态，故不起作用。当流过输出管的电流过大时，以 V_1 为例，此时取样电阻 R_{E1} 上的电压也增大，使得 V_4 导通，V_4 导通后便对 V_1 的基极分流，限制了输出电流的进一步增大，从而起到了保护作用。

图 6－13(b)中，采用二极管输出限流保护电路，V_{D1} 与 V_{D2} 为 V_1 和 V_2 提供偏量，V_{D3} 保护 V_1，V_{D4} 保护 V_2。正常情况下，V_{D3} 与 V_{D4} 不工作。当 V_1 输出 I_{e1} 过大时，R_{E1} 两端电压增大，使 V_{D3} 导通，分流 V_1 的一部分基极电流，使 V_1 的输出电流减小，起到保护作用。同理，当 V_2 的输出电流 I_{e2} 过大时，V_{D4} 导通，分流 V_2 一部分基极电流，使 V_2 的输出电流减小，起

到保护 V_2 的作用。

五、功放管的选择

在功率放大电路中，功放管一般工作在极限状态，所以功放管的选择，主要依据其工作时的一些极限条件来决定。在低频时，主要考虑功放管最大反向压降、集电极最大电流和集电极最大功耗等性能指标。下面以图 6－6 所示乙类功放原理图为例进行说明。

1. 最大管压降

由 OCL 功率放大电路工作原理可知，在极限情况下，一管饱和，一管截止，处于截止状态时的晶体管集电极与发射极之间承受着比较大的反向电压，即

$$U_{CEmax}=U_{CC}+(U_{CC}-U_{CES})\approx 2U_{CC} \tag{6-18}$$

因此，功放管的耐压选择必须满足：$BV_{CEO}>2U_{CC}$。

2. 最大集电极电流

由功率放大电路的原理可知，电路晶体三极管的最大集电极电流就是负载上获得的最大输出电流，而最大输出电流是由最大输出电压确定的，功率放大电路的最大输出电压 U_{cemax} 近似等于电源电压 V_{CC}。所以流过晶体管的最大电流为

$$I_{cmax}=\frac{U_{cemax}}{R_L}\approx\frac{U_{CC}}{R_L} \tag{6-19}$$

所以，功放管的集电极最大允许电流必须满足

$$I_{CM}>\frac{U_{CC}}{R_L} \tag{6-20}$$

3. 最大集电极功耗

由式(6－14)可知，当输入信号电压为零时，输出功率最小，集电极电流很小，功放管的损耗也很小；当输入信号电压最大时，输出功率最大，此时由于功放管深度饱和，管压降趋于零，功放管的损耗也很小。可见，当输入信号电压大小变化时，集电极最大功耗不发生在输入信号电压最小时，也不发生在输入信号电压最大时。对式(6－14)求导，并令其导数为零，可得集电极最大功耗为

$$P_{CM}=\frac{U_{CC}^2}{\pi^2 R_L}=\frac{2}{\pi^2}p_{om}\approx 0.2p_{om}=0.2p_{om} \tag{6-21}$$

上式表明，集电极最大功耗为功率放大器最大输出功率的 20%。这通常用来作为选择功率管最大允许功耗 P_{CM} 的依据。选择功放管时，上面分析的几个极限参数都要留有一定余地，例如，要求 $P_{om}=10W$，则每个晶体管的允许集电极功耗至少满足 $P_{CM}\geqslant 2W$。

【例 6－3】 用两只相互匹配的 NPN 和 PNP 功放管组成乙类放大器，原理电路如图 6－6所示。

(1)设功放管的 $P_{CM}=1W$，试求该功率放大器最大输出功率 P_{om}；

(2)当电源电压 $U_{CC}=12V$，输入信号幅度 $U_{im}=9V$ 时，试求在理想情况下放大器此时的效率 η。

解:(1)由式(6-23)得

$$P_{om}=\frac{P_{CM}}{0.2}=\frac{1}{0.2}=5W$$

(2)由题可知,电压利用系数为

$$\xi=\frac{U_{om}}{U_{CC}}=\frac{9}{12}=0.75$$

所以根据式(6-17),效率为

$$\eta=\frac{\pi}{4}\xi=\frac{\pi}{4}\times 0.75=58.87\%$$

【例 6-4】 在图 6-13(a)中,设 $R_{E1}=R_{E2}=0.5\Omega$,$R_L=16\Omega$,$U_{CES}=2V$,$U_{CC}=15V$,I_{CEO} 忽略不计,试求其最大输出功率和效率,并提出选管的主要依据。

解:由于饱和压降的原因,功放管射极输出的最大信号幅值为:$U_{CC}-U_{CES}=15-2=13(V)$,所以放大器输出信号最大幅值为

$$U_{om}=\frac{R_L}{R_L+R_{E1}}\times 13=\frac{16}{16.5}\times 13\approx 12.6(V)$$

电压利用系数最大值为

$$\xi_m=\frac{U_{om}}{U_{CC}}=\frac{12.6}{15}\approx 0.84$$

最大输出功率为

$$P_{om}=\frac{1}{2}\frac{U_{om}^2}{R_L}=\frac{12.6^2}{2\times 16}\approx 5(W)$$

此时效率为

$$\eta=\frac{\pi}{4}\xi=\frac{\pi}{4}\times 0.84\approx 66\%$$

由于选管时应留有充分的余地,所以,一般仍按乙类功率放大器的选管依据选择功放管,即

$$BV_{CEO}>2U_{CC}=30V$$

$$I_{CM}>\frac{U_{CC}}{R_L}=\frac{15}{16}\approx 0.94A$$

$$P_{CM}\geqslant\frac{U_{CC}^2}{\pi^2 R_L}=\frac{15^2}{\pi^2\times 16}\approx 1.4W$$

或

$$P_{CM}\geqslant 0.2\times\frac{1}{2}\frac{U_{CC}^2}{R_L}=0.2\times\frac{15^2}{2\times 16}\approx 1.4W$$

【例 6-5】 如图 6-14 所示输入电压 u_i 为正弦波,电源电压 $U_{CC}=24V$,$R_L=16\Omega$,由 T_3 管组成的放大电路的电压增益 $\Delta u_{C3}/\Delta u_{B3}=-16$,射极输出器的电压增益为 1。

(1)试计算当输入电压有效值 $U_i=1V$ 时,电路的输出功率 P_o、电源供给的功率 P_E、两管的管耗 P_{CM} 以及效率 η。

(2)D_1 与 D_2 的作用?若 D_1 与 D_2 短接会产生什么失真?

解:(1)电路的输出功率 P_o、电源供给的功率 P_E、两管的管耗 P_C 及效率 η 分别为

$$P_o=\frac{U_o^2}{R_L}=\frac{(16U_i)^2}{R_L}=\frac{(16\times 1V)^2}{16\Omega}=16W$$

$U_i=1V$ 时，两管的推挽

$$P_C=\frac{2}{R_L}\left(\frac{U_{CC}U_{om}}{\pi}-\frac{U_{om}^2}{4}\right)$$

$$=\frac{2}{R_L}\left[\frac{U_{CC}\times 16\sqrt{2}U_i}{\pi}-\frac{(16\times\sqrt{2}U_i)^2}{4}\right]$$

$$=\frac{2}{16\Omega}\left[\frac{24V\times 16\sqrt{2}\times 1V}{\pi}-\frac{(16\times\sqrt{2}\times 1V)^2}{4}\right]$$

$$=5.6W$$

$$P_E=P_C+P_o=5.6W+16W=21.6(W)$$

$$\eta=\frac{P_o}{P_V}\times 100\%\approx 74.1\%$$

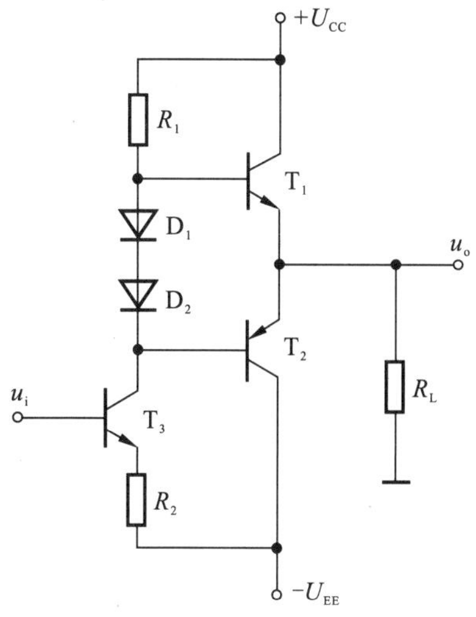

图 6-14

(2)D_1 与 D_2 的作用是给 T_1 和 T_2 提供偏量电压，使 T_1 和 T_2 处于甲乙类工作状态。若 D_1 与 D_2 短接，则 T_1 与 T_1 会出现交越失真。

第四节　功率放大器的其他电路

功率放大器除了以上介绍的乙类互补对称电路外，还有许多其他形式的电路，下面仅介绍几种工作状态为乙类或甲乙类的电路。

一、单电源互补对称功率放大电路——OTL

OCL 电路是没有输出电容的互补对称电路。由于采用双电源供电、没有输出电容直接耦合的方式，输出端直流电位为零，电路具有体积小质量轻、成本低且低频特性好的优点。但是其缺点一是需要两组对称的正、负电源供电，在许多场合下显得不够方便，这对于电源的设计是一个比较苛刻的要求，而一般都是采用单电源设计；二是直接耦合使得电路零点漂移问题比较突出。此类功率放大器一般在对音质要求较高的场合下应用。

图 6-15 为 OTL 电路，它采用单电源供电，与前述 OCL 电路的不同之处在于：功放管的发射极和负载电阻 R_L 之间有一个隔直电容 C。

该电路工作原理为：T_1、R_1、R_2、R_3、R_4 组成推动级，工作在甲类放大状态。T_2、T_3 组成互补推挽功率放大电路。由 T_1 的集电极静态电流在电阻 R_4 两端产生的电压 $U_{BB'}$ 为 T_2、T_3 提供正向偏置电压，使 T_2、T_3 工作在微导通的甲乙类状态，以避免交越失真的产生。

由于 T_2、T_3 两只三极管特性相同且电路对称，在输入信号为零时，$U_E\approx\frac{U_{CC}}{2}$。在输入信号 u_i 的负半周，T_2 导通，T_3 截止时，有正半周的输出信号，负载有电流通过，同时给电容 C

充电；在输入信号 u_i 的正半周，已充电的电容 C 充当 T_3 的电源使用，使 T_3 导通，T_2 截止，有负半周的输出信号，负载有电流通过，电容 C 通过负载放电。

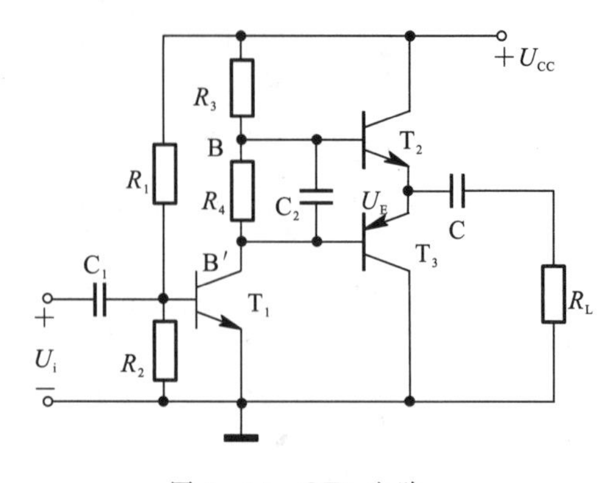

图 6-15　OTL 电路

由于 C 容量很大(通常大于 200μF)，只要 C 充放电时间常数远大于信号的半个周期，在两管轮流导通时，电容器两端电压基本不变，恒等于 $\frac{U_{CC}}{2}$。因此 T_2 和 T_3 两管的等效电源电压为 $\frac{U_{CC}}{2}$，这与图 6-6 正负两组电源供电的情况是相同的。所以，如图 6-14 所示功率放大电路的输出功率、效率、功耗等的计算方法与图 6-6 电路的计算也几乎完全相同，只是用 $\frac{U_{CC}}{2}$ 取代公式中的 U_{CC} 即可。在 OTL 电路中，输出端引入电容，替代一组直流电源，实现单电源供电。OTL 电路的缺点是电容耦合方式，会直接影响放大器频率响应向低频区的扩展。易带来低频带的失真。

二、复合管

互补对称功率放大电路是由两个不同导电类型的功放管构成，为了使输出波形对称，要求功放级 NPN 管和 PNP 管特性完全一致。在要求输出功率大的场合，要找出一对特性完全对称的大功率管往往比较困难。在大功率输出电路中，通常采用复合管互补对称电路来解决这一问题。在这种电路中，输出的一对晶体管采用同一导电型的 PNP 或 NPN 管来完成，常称此电路为准互补对称电路。复合管的复合连接方式有相同导电类型复合连接(NPN 或 PNP，前一只三极管的发射极接后一只三极管的基极)和不同导电型复合连接(NPN 与 PNP，前一只三极管的集电极接后一只三极管的基极)两种，如图 6-16 所示。

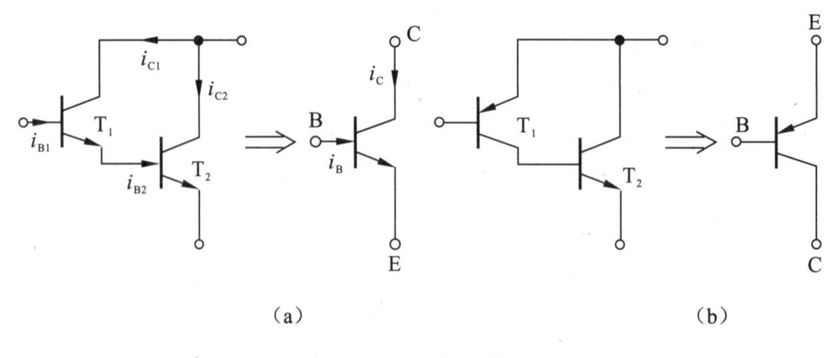

图 6-16　复合管

图 6-15(a)为两只 NPN 管复合连接，等效为一只 NPN 管；图 6-15(b)T_1 为 PNP 管，T_2 为 NPN 管，等效为一只 PNP 管。一般两个相同导电类型三极管复合连接后，仍为原导

电型，两个不同导电类型三极管复合连接后，其导电类型取决于第一个三极管的类型，即取决于驱动管，通常称这种复合管为达林顿管。

下面分析复合管 H 参数与单管参数的关系。

由图 6-15(a)的电路，可得

$$i_C = i_{C1} + i_{C2} = h_{fe1} i_{B1} + h_{fe2} i_{B2}$$

而

$$i_{B1} = i_B, i_{B2} = (1 + h_{fe1}) i_{B1} = (1 + h_{fe1}) i_B$$

所以有

$$i_C = h_{fe1} i_B + h_{fe2}(1 + h_{fe1}) i_B = [h_{fe1} + h_{fe2}(1 + h_{fe1})] i_B$$

因此可得复合管的电流放大系数为

$$h_{fe} = h_{fe1} + h_{fe2}(1 + h_{fe1}) \tag{6-22}$$

由于 T_2 的 h_{ie2} 是 T_1 的射极电阻，故可得复合管的 h_{ie} 为

$$h_{ie} = h_{ie1} + (1 + h_{fe1}) h_{ie2} \tag{6-23}$$

同样的推导，对于图 6-15(b)的电路，可以求出

$$h_{fe} = h_{fe1}(1 + h_{fe2}) \tag{6-24}$$

$$h_{ie} = h_{ie1} \tag{6-25}$$

由以上分析可知，复合管具有很高的电流放大系数，同类型的三极管构成复合管时，其输入电阻会增大。由(6-24)和(6-26)两式中复合管的电流放大系数均可近似等于 $h_{fe1} \cdot h_{fe2}$，从而提高了输出功放管的对称性。

在要求输出功率大的场合，可以采用复合管代替互补对称管，构成准互补对称推挽功率放大器，如图 6-17 所示。

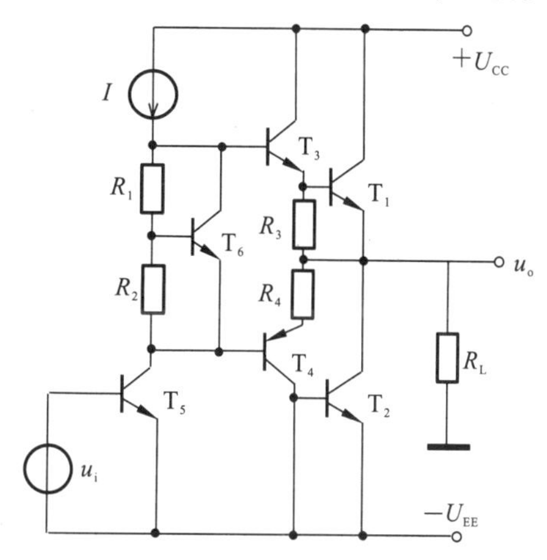

图 6-17 准互补对称电路

三、准互补对称电路

图 6-17 所示，为一准互补对称电路。图中 T_1、T_3 组合相当于 NPN 管，T_2、T_4 组合相当于 PNP 管。互补作用是靠 T_3、T_4 实现的，T_1、T_2 为功率输出管，不具互补性。R_3、R_4 的接入是为了平衡推挽两臂的输入电阻。R_1、R_2、T_6 和 T_5 构成推动级，同时使输出级得到合适的静态工作点，减小失真。这种电路和规范的互补对称电路终究有些不同，故称准互补对称电路。

四、桥式平衡功率放大器

在采用双电源供电的 OCL 电路中，负载上可能得到的最大电压是电源电压，而单电源供电 OTL 电路中，负载上可能得到的最大电压只有电源电压的一半。为了在不使用变压器

和大电容的前提下实现单电源供电，可采用如图 6－18 所示的单电源供电的桥式平衡电路，又称 BTL(Balanced Transformer Less)电路，可实现低电压能输出大功率——平衡式无变压器电路。

图 6－18 为由分立元件构成的桥式平衡功率放大器原理电路。它由 4 只晶体管组成，静态时，R_L 上无电流流过。当输入信号 U_i 为正半周时，V_1、V_4 导通。若忽略它们的饱和压降，则负载 R_L 上的输出电压幅度为 E_C；当 U_i 为负半周时，V_2、V_3 导通，同样 R_L 上的输出电压幅度为 E_C，于是 R_L 上得到的是完整的输出信号波形。在负载一定的条件下，BTL 电路的输出功率可达 OTL 电路的 4 倍，晶体管截止时所承受的反向电压也是 E_C，等于负载上的输出电压极限值。而在非桥式推挽电路中，晶体管截止时所承受的反向电压等于负载输出电压极限值的两倍。

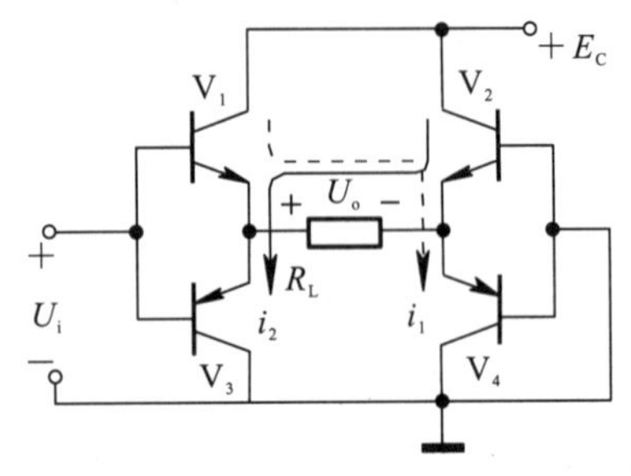

图 6－18　BTL 原理电路

单电源供电的 BTL 电路，不需要输出变压器或输出耦合电容，输出端与负载可直接耦合，负载上的输出电压可接近电源电压，大大地提高了电源电压的利用率。它具有 OTL 或 OCL 电路的所有优点。集成功率放大器则可以充分发挥其接线简单的优点来组装 BTL 放大器。有的集成电路本身包含两个功率放大器，用一个集成块就可直接连成 BTL 电路，其装配和调试都非常简单。缺点是所用三极管数量最多，难以做到 4 个三极管特性完全对称，电路结构比较复杂。

【例题 6－6】 桥式功率放大电路如图 6－19 所示。设图中参数 $R_1=R_3=10\text{k}\Omega$，$R_2=15\text{k}\Omega$，$R_4=25\text{k}\Omega$，$R_L=1.25\text{k}\Omega$，u_i 为正弦波，放大器 A_1、A_2 的工作电源为 ±15V，每个放大器的输出电压峰值限制在 ±13V。试求：

(1) A_1、A_2 的电压增益；

(2) 负载 R_L 能得到的最大功率；

(3) 输入电压的峰值。

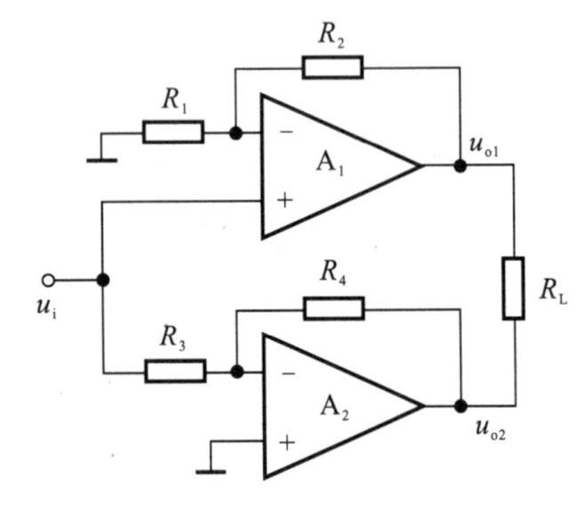

图 6－19　桥式功率放大电路

解：(1) A_1、A_2 的电压增益为

$$A_{u1}=u_{o1}/u_i=1+\frac{R_2}{R_1}=1+\frac{15}{10}=2.5$$

$$A_{u2}=u_{o2}/u_i=-\frac{R_4}{R_3}=-\frac{25}{10}=-2.5$$

(2) 考虑到加到 R_L 上的电压为 $(u_{o1}-u_{o2})$，而 u_{o1} 与 u_{o2} 大小相等，相位相反，因此，加到 R_L 上的峰值电压为 $2\times13\text{V}=26\text{V}$。故负载 R_L 能得到的最大功率为

$$P_{om}=\frac{(26)^2}{2R_L}=\frac{(26)^2}{2\times1200}\text{W}\approx0.28\text{W}$$

(3) 输入电压的峰值

$$U_{im}=\frac{13\text{V}}{A_{u1}}=\frac{13\text{V}}{2.5}=5.2\text{V}$$

五、场效应管功率放大器

1. VMOS 功率场效应管

VMOS 功率场效应管（VMOSFET）简称 VMOS 管或功率场效应管，全称为 V 型槽 MOS 场效应管。它是近年来新出现的高频大功率半导体器件，它集中了电子管、双极晶体管、可控硅的优点，又克服了这两类器件的缺点，得到了飞速发展和广泛的应用。图 6－20 为 VMOS 管的符号与封装外形。VMOS 功率场效应管根据内部沟道形状的不同，还可进一步细分为 VVMOS 管、VUMOS 管及 VDMOS 管，三者的区别是沟槽形状结构不同，VDMOS管是对前两种的改进。下面以 VVMOS 管为例进行简单介绍。

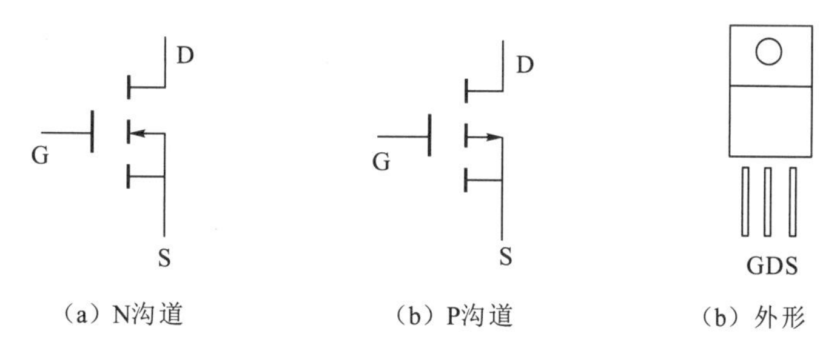

（a）N沟道　（b）P沟道　（b）外形

图 6－20　VMOS 管

VVMOS 功率场效应管的内部结构示意图如图 6－21所示，P 沟道 VMOS 管栅极做成“V”形槽状，使得栅极表面和氧化膜表面的面积较大，有利于大电流控制；由于在栅极与芯片之间有二氧化硅绝缘层，栅极仍然与漏极、源极是绝缘的，因此 VMOS 管也是绝缘栅型场效应管。漏极 D 从芯片上引出。与 MOS 管比较，VMOS 管源极与两极的面积大，并垂直导电（MOS 管是沿表面水平导电），二者决定了 VMOS 管的漏极电流 I_D 比 MOS 管大。由于漏极是从芯片的背面引出，所以 I_D 不是沿芯片水平流动，而是从重掺杂 N^+ 区（源极 S）出发，经过 P 沟道流入轻掺杂 N^- 漂移区，最后垂直向下到达漏极 D。所以，VMOS 管的结构特点是：金属栅极采用 V 型槽结构；具有垂直导电性。因为流通截面积增大，所以能通过大电流。这种管子耐压高、功率大，被广泛用于放大器、开关电源和逆变器中，使用时要注意加装散热器，以免烧坏管子。

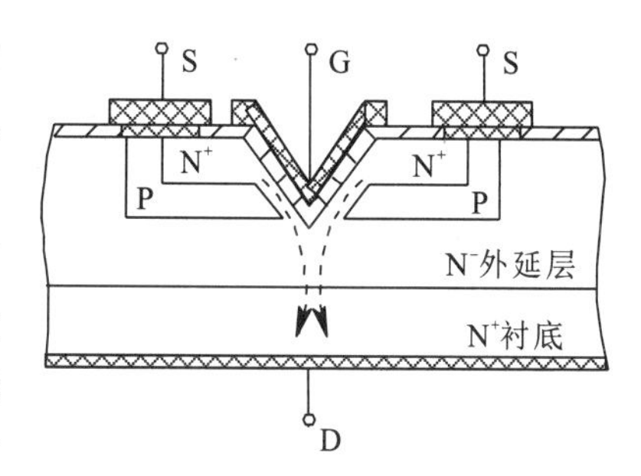

图 6－21　VMOS 管的结构示意图

相比 BJT 和普通的 MOS 管，VMOS 管独特的结构设计使它具有很多优点：

（1）VMOS 管是电压控制器件，输入阻抗高，微功耗驱动，电流增益高。

（2）VMOS 管采用 V 型槽结构，具有垂直导电性，充分利用了硅片面积，可提高输出电流。

（3）N^- 外延层电场强度低，电阻率高，具有较高的击穿电压，提高了整个器件的耐压性；

没有双极晶体管的二次击穿现象，增大了安全工作区，热稳定性好。

(4)N^-外延层的存在，使漏区PN结结宽加大，极间电容减小，同时无少数载流子积累效应，开关速度可达毫微秒级，器件的工作频率及开关速度大大提高，开关损耗也小。

(5)短沟道使该类器件具有良好的线性，失真小。

(6)由衬底和N^-外延层共同构成的漏极使散热面积明显增大，采用垂直导电方式，实现了MOS器件小面积上获得大功率。

综上所述，VMOS器件是一个高频大功率器件，激励功率要求小，阻抗极高，是一个比较理想的高速、高可靠性大功率器件，在计算机接口、通信、微波、雷达等方面被广泛应用。

2. VMOS管功率放大电路

由VMOS管构成的低频功率放大器，电路简单，非线性失真小且具有自保护功能。VMOS管构成的两级低频功率放大器电路如图6－22所示。结型场效应管T_1组成自偏式共源放大器，作为激励级进行电压放大，为功放电路提供大信号输入。VMOS管T_2构成单管变压器耦合功率放大电路，R_5和R_6构成电阻分压式偏置电路，用于提供静态的栅源偏压

$$U_{GSQ}=\frac{R_6}{R_5+R_6}U_{DD} \qquad (6-26)$$

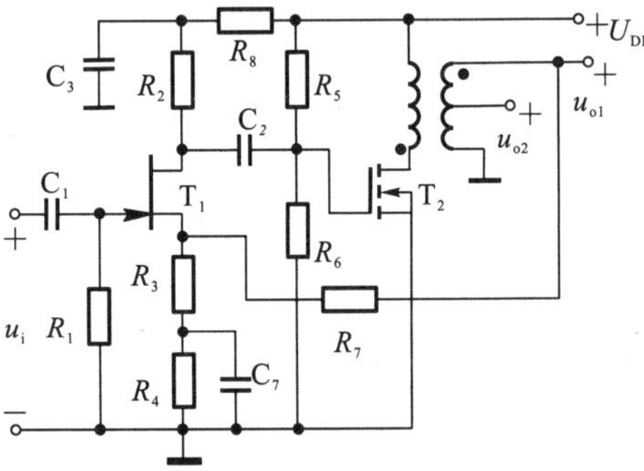

图6－22　VMOS管功率放大器电路

VMOS管功率放大输出为变压器耦合，以便为功放电路提供最佳的阻抗匹配。R_7、R_3为反馈通路，把输出信号反馈回输入端，形成串联电压负反馈，提高输入电阻、降低输出电阻、稳定输出电压，改善放大器性能。

第五节　集成功率放大电路应用举例

随着集成电路制造工艺的进一步提升，元器件的集成化是发展方向。目前，具有体积小、工作稳定可靠、使用方便等优点的集成功放电路不断被半导体厂商推出，各种不同输出功率、不同电压增益的OTL、OCL和BTL电路均有集成芯片，并获得了广泛的应用。

1. LM386集成功率放大器

LM386是美国半导体公司生产的、专为低压应用设计的功率放大器，是一种音频集成功放，具有自身功耗低、更新内链增益可调整、电源电压范围大、外接元件少和总谐波失真小等特点，广泛应用于录音机和收音机中。

电压增益内部默认设置为20，以保证较少的外部元件数。但是，通过调节1脚和8脚间的电阻和电容可以使增益在20～200间调节。输入端以地作为参考，输出端被自动偏置到供电电压的一半，工作电压范围宽，为4～12V或5～18V。在6V电源电压下，它的静态功耗仅为24mW，所以LM386集成功率放大器在电池供电的应用场合是特别适用的。LM386

集成功率放大器的封装形式有塑封 8 引线双列直插式和贴片式。LM386 集成功率放大器的外形和引脚的排列如图 6-23 所示。

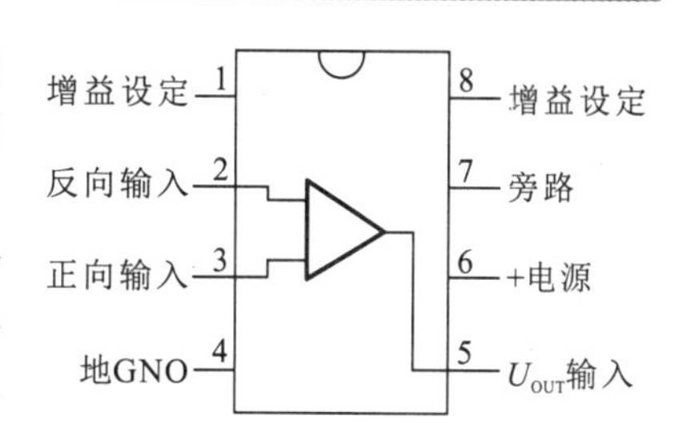

图 6-23　LM386 引脚图

LM386 集成功率放大器的极限参数：电源电压 15V（LM386N - 1，LM386N - 3，LM386M - 1）、22V（LM386N - 4）；封装耗散 1.25W（LM386N）、0.73W（LM386M）、0.595W（LM386MM - 1）；输入电压 ±0.4V；储存温度 −65～+150℃；操作温度 0～+70℃；结温 +150℃。LM386 典型应用电路如图 6-24 所示。

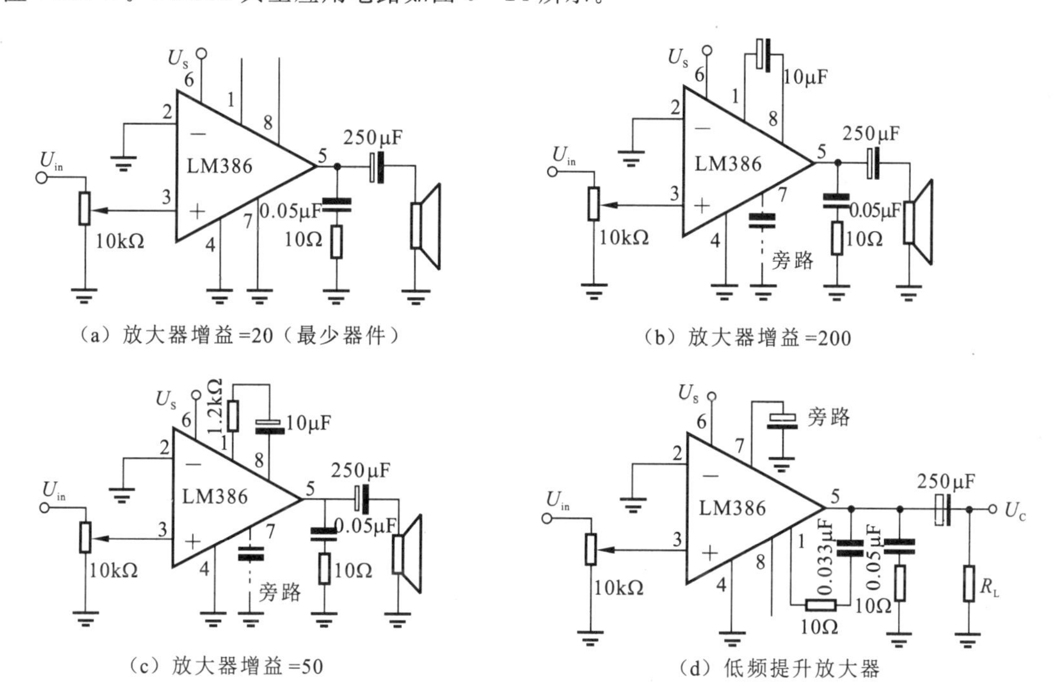

图 6-24　LM386 典型应用电路

2. D2006 集成功率放大器

D2006 是一种内部含有输出短路保护和过热自动闭锁的大功率音频功率放大电路。补偿电容全部在内部，外围元件少，使用方便。该电路在 OCL 方式工作时，采用双电源供电；若用 OTL 方式工作，采用单电源供电。输出功率大，当采用 ±12V 电压，在 OCL 工作时，可获得 12W 的输出功率（$R_L=4\Omega$）。D2006 的外形采用带散热片的单边双列 TO - 220 型 5 脚塑料封装。与它同类型的产品有意大利 SGS 公司生产的 TDA2006。D2006 和 TDA2006 可以直接代换使用。D2006 集成功率放大器在录音机、组合音响等家电设备及自动控制装置中被广泛使用。

D2006 集成功率放大器的主要参数为：输入阻抗 $R_i=5M\Omega$；开环电压增益 $A_{uo}=75dB=5623$ 倍；闭环电压增益 30dB；电源电压为 ±6～±15V；输出功率 $P_o=8W(R_L=8\Omega)$、12W

$(R_L=4\Omega)$。

D2006 集成功率放大器还具有输出电流大、谐波失真和交越失真小等优点。内部设有短路保护和过热保护电路，用以限制功率过载，保护输出晶体管工作在安全范围内。D2006 外形引脚如图6－25所示。D2006 集成功率放大器典型应用电路如图 6－26 和图 6－27 所示。

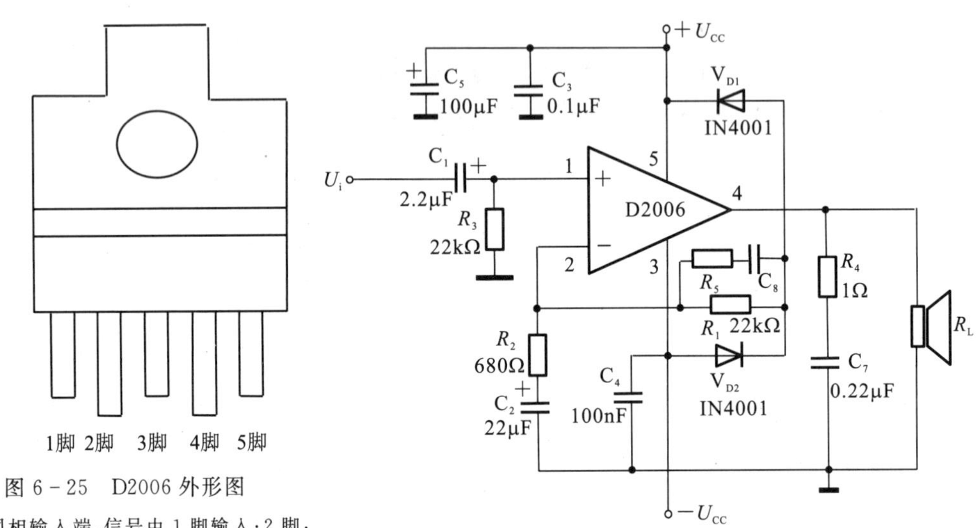

图 6－25 D2006 外形图

1 脚：同相输入端，信号由 1 脚输入；2 脚：反相输入端，负反馈由 2 脚输入；3 脚：负电源 U_{CC} 供给端；4 脚：信号输出端，被放大的信号由 4 脚输出；5 脚：正电源 U_{CC} 供给端

图 6－26 双电源应用电路(OCL)

3. 双电源应用电路(OCL)

D2006 的 OCL 典型应用电路如图 6－26 所示。音频信号经输入隔直耦合电容 C_1 送入同相输入端，即 1 脚。经功率放大后的信号由 4 脚输出，直接送入扬声器以还原声音。电阻 R_1、R_2、C_2 构成负反馈电路，以调节集成电路的闭环增益，$A_{uf}=1+\frac{R_1}{R_2}$，R_1 增大，闭环增益增大。R_3 为同相输入偏置电阻。R_4、C_7 为高频校正网络，用来消除高频寄生振荡。R_5、C_8 为上限截止频率调整，用来展宽或缩小频带。V_{D1}、V_{D2} 起保护作用，可防止输出电压脉冲损坏集成块。C_4 用来消除电源高频干扰。

4. 单电源应用电路(OTL)

D2006 集成功放既可采用正负双电源供电接成 OCL 电路，也可采用单电源供电(3 脚接地)接成 OTL 电路，其典型应用如图 6－27 所示。

图 6－27 中，R_1 和 R_2 为分压电路，使得同相输入端静态电压为$\frac{U_{CC}}{2}$，电容 $C_7=2200\mu F$ 为推挽电路提供电源，电路中其他元件的作用与图 6－26 所示电路相同。

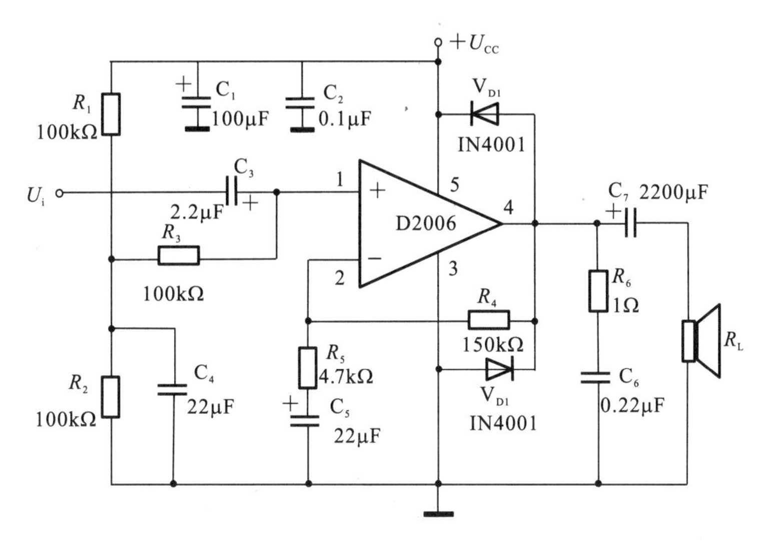

图 6-27　单电源应用电路(OTL)

1. 选择题

(1)功率放大电路的最大输出功率是在输入电压为正弦波时，输出基本不失真情况下，负载上可能获得的最大(　　)。

A. 交流功率　　B. 直流功率　　C. 平均功率

(2)功率放大电路的转换效率是指(　　)。

A. 输出功率与晶体管所消耗的功率之比

B. 最大输出功率与电源提供的平均功率之比

C. 晶体管所消耗的功率与电源提供的平均功率之比

(3)在 OCL 乙类功放电路中，若最大输出功率为 1W，则电路中功放管的集电极最大功耗约为(　　)。

A. 1W　　B. 0.5W　　C. 0.2W

(4)在选择功放电路中的晶体管时，应当特别注意的参数有(　　)。

A. β　　B. I_{CM}　　C. I_{CBO}

D. U_{CEO}　　E. P_{CM}　　F. f_T

(5)若图 6-28 所示电路中晶体管饱和管压降的数值为 $|U_{CES}|$，则最大输出功率 $P_{om}=$(　　)。

A. $\frac{(U_{CC}-U_{CES})^2}{2R_L}$　　B. $\frac{\left(\frac{1}{2}U_{CC}-U_{CES}\right)^2}{R_L}$　　C. $\frac{\left(\frac{1}{2}U_{CC}-U_{CES}\right)^2}{2R_L}$

2. 电路如图 6－29 所示，已知 T_1 和 T_2 的饱和管压降 $|U_{CES}|=2V$，直流功耗可忽略不计。回答下列问题：

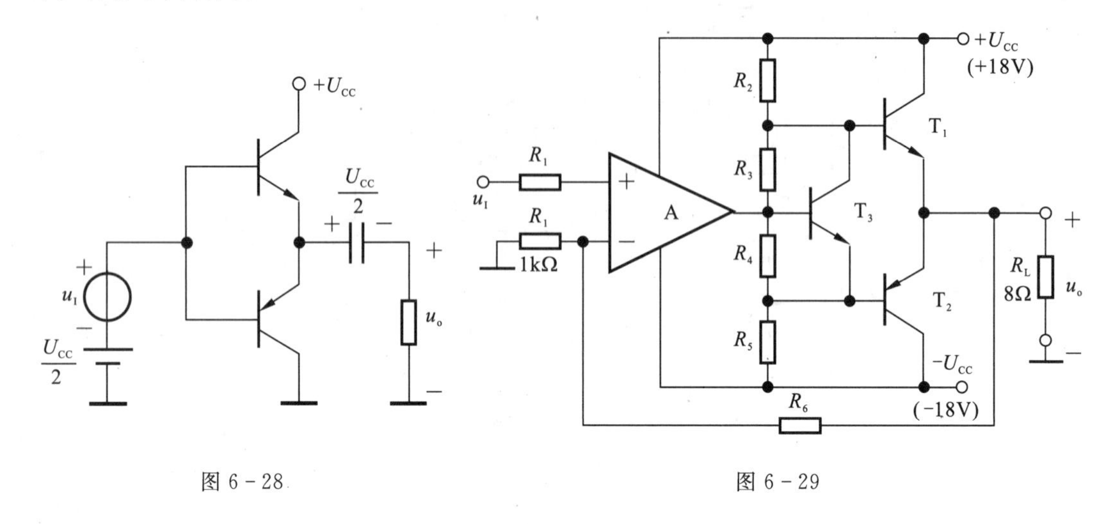

图 6－28　　　　图 6－29

(1)R_3、R_4 和 T_3 的作用是什么？

(2)负载上可能获得的最大输出功率 P_{om} 和电路的转换效率 η 各为多少？

(3)设最大输入电压的有效值为 1V。为了使电路的最大不失真输出电压的峰值达到 16V，电阻 R_6 至少应取多少千欧？

3. 分析下列说法是否正确，对的在括号内打"√"，错的在括号内打"×"。

(1)在功率放大电路中，输出功率愈大，功放管的功耗愈大。（　）

(2)功率放大电路的最大输出功率是指在基本不失真情况下，负载上可能获得的最大交流功率。（　）

(3)当 OCL 电路的最大输出功率为 1W 时，功放管的集电极最大耗散功率应大于 1W。（　）

(4)功率放大电路与电压放大电路、电流放大电路的共同点是：

a)都使输出电压大于输入电压（　）

b)都使输出电流大于输入电流（　）

c)都使输出功率大于信号源提供的输入功率（　）

(5)功率放大电路与电压放大电路的区别是：

a)前者比后者电源电压高（　）

b)前者比后者电压放大倍数数值大（　）

c)前者比后者效率高（　）

d)在电源电压相同的情况下，前者比后者的最大不失真输出电压大（　）

(6)功率放大电路与电流放大电路的区别是：

a)前者比后者电流放大倍数大（　）

b)前者比后者效率高（　）

c)在电源电压相同的情况下，前者比后者的输出功率大　（　　）

4. 已知电路如图 6-30 所示，T_1 管和 T_2 管的饱和管压降 $|U_{CES}|=3V$，$U_{CC}=15V$，$R_L=8\Omega$。选择正确答案填入空内。

(1)电路中 D_1 管和 D_2 管的作用是消除（　　）。

A. 饱和失真　　B. 截止失真　　C. 交越失真

(2)静态时，晶体管发射极电位 U_{EQ}（　　）。

A. $>0V$　　B. $=0V$　　C. $<0V$

(3)最大输出功率 P_{om}（　　）。

A. $\approx 28W$　　B. $=18W$　　C. $=9W$

(4)当输入为正弦波时，若 R_1 虚焊，即开路，则输出电压（　　）。

A. 为正弦波　　B. 仅有正半波　　C. 仅有负半波

(5)若 D_1 虚焊，则 T_1 管（　　）。

A. 可能因功耗过大烧坏　　B. 始终饱和　　C. 始终截止

5. 在图 6-30 所示电路中，已知 $U_{CC}=16V$，$R_L=4\Omega$，T_1 管和 T_2 管的饱和管压降 $|U_{CES}|=2V$，输入电压足够大。试问：

(1)最大输出功率 P_{om} 和效率 η 各为多少？

(2)晶体管的最大功耗 P_{Tmax} 为多少？

(3)为了使输出功率达到 P_{om}，输入电压的有效值约为多少？

6. 在图 6-31 所示电路中，已知二极管的导通电压 $U_D=0.7V$，晶体管导通时的 $|U_{BE}|=0.7V$，T_2 管和 T_4 管发射极静态电位 $U_{EQ}=0V$。

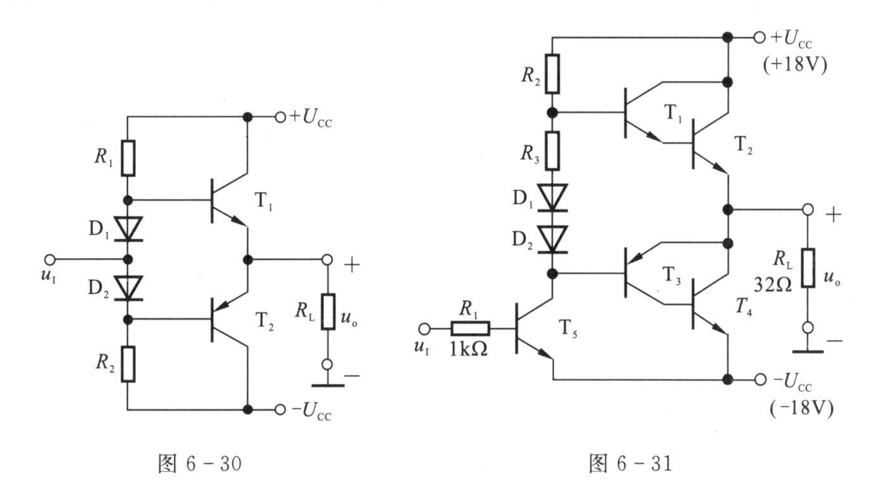

图 6-30　　图 6-31

试问：

(1)T_1 管、T_3 管和 T_5 管基极的静态电位各为多少？

(2)设 $R_2=10k\Omega$，$R_3=100\Omega$。若 T_1 管和 T_3 管基极的静态电流可忽略不计，则 T_5 管集电极静态电流为多少？静态时 u_i 为多少？

(3)若静态时 $i_{B1}>i_{B3}$，则应调节哪个参数可使 $i_{B1}=i_{B2}$？如何调节？

(4)电路中二极管的个数可以是1、2、3、4吗？你认为哪个最合适？为什么？

7. 在图6－31所示电路中，已知 T_2 管和 T_4 管的饱和管压降 $|U_{CES}|=2V$，静态时电源电流可忽略不计。试问负载上可能获得的最大输出功率 P_{om} 和效率 η 各为多少？

8. 为了稳定输出电压，减小非线性失真，请通过电阻 R_f 在图6－31所示电路中引入合适的负反馈；并估算在电压放大倍数数值约为10的情况下，R_f 的取值。

9. 估算图6－31所示电路 T_2 管和 T_4 管的最大集电极电流、最大管压降和集电极最大功耗。

10. 在图6－32所示电路中，已知 $U_{CC}=15V$，T_1 管和 T_2 管的饱和管压降 $|U_{CES}|=2V$，输入电压足够大。求解：

(1)最大不失真输出电压的有效值。

(2)负载电阻 R_L 上电流的最大值。

(3)最大输出功率 P_{om} 和效率 η。

11. 在图6－32所示电路中，R_4 和 R_5 可起短路保护作用。试问：当输出因故障而短路时，晶体管的最大集电极电流和功耗各为多少？

12. 在图6－33所示电路中，已知 $U_{CC}=15V$，T_1 管和 T_2 管的饱和管压降 $|U_{CES}|=1V$，集成运算放大器的最大输出电压幅值为±13V，二极管的导通电压为0.7V。

(1)若输入电压幅值足够大，则电路的最大输出功率为多少？

(2)为了提高输入电阻，稳定输出电压，且减小非线性失真，应引入哪种组态的交流负反馈？请画出图来。

(3)若 $u_i=0.1V$ 时，$u_o=5V$，则反馈网络中电阻的取值约为多少？

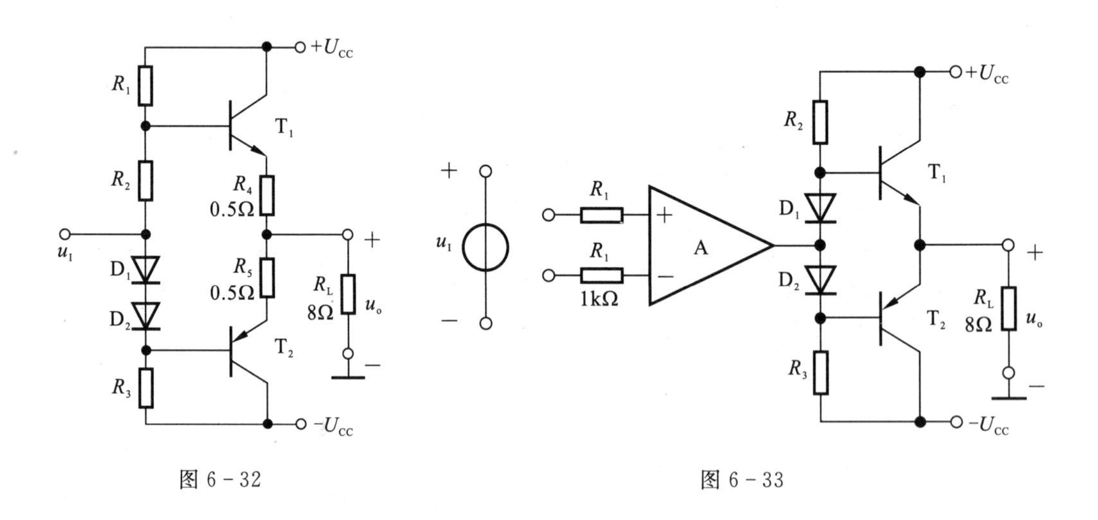

图6－32　　　　图6－33

13. OTL电路如图6－34所示。

(1)为了使最大不失真输出电压幅值最大，静态时 T_2 管和 T_4 管的发射极电位应为多少？若不合适，则一般应调节哪个元件参数？

(2)若 T_2 管和 T_4 管的饱和管压降 $|U_{CES}|=3V$，输入电压足够大，则电路的最大输出功

率 P_{om} 和效率 η 各为多少？

(3) T_2 管和 T_4 管的 I_{CM}、$U_{(BR)CEO}$ 和 P_{CM} 应如何选择？

14. 已知图 6－35 所示电路中 T_1 管和 T_2 管的饱和管压降 $|U_{CES}|=2V$，导通时的 $|U_{BE}|=0.7V$，输入电压足够大。

(1) A、B、C、D 点的静态电位各为多少？

(2) 为了保证 T_2 管和 T_4 管工作在放大状态，管压降 $|U_{CE}|\geq 3V$，电路的最大输出功率 P_{om} 和效率 η 各为多少？

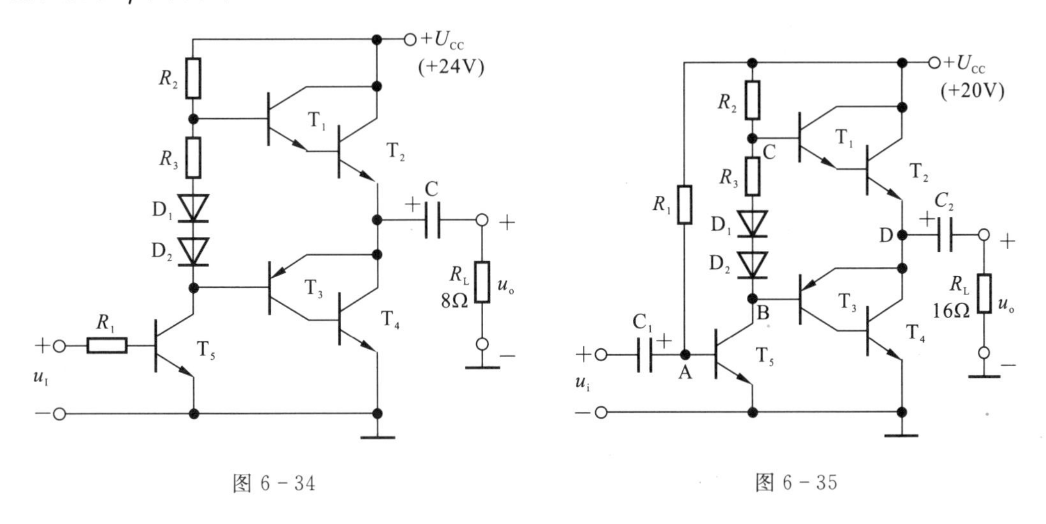

图 6－34　　　　图 6－35

15. 如图 6－36 所示为两个带自举的功放电路。试分别说明输入信号正半周和负半周时功放管输出回路电流的通路，并指出哪些元件起自举作用。

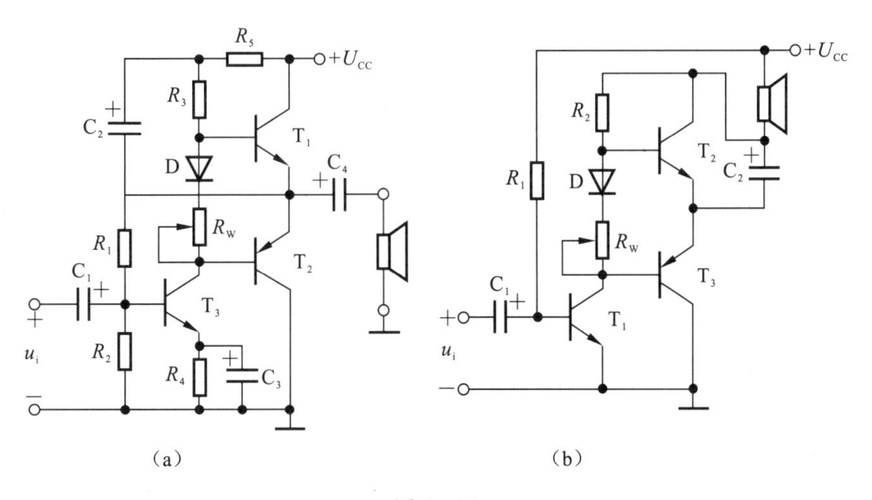

图 6－36

16. 图 6－37 中，LM1877 为两通道低频功率放大电路，单电源供电，最大不失真输出电压的峰值 $U_{OPP}=(U_{CC}-6)V$，开环电压增益为 70dB，电压为 24V，C_1、C_2、C_3 对交流信号可视为短路；R_3 和 C_4 起相位补偿作用，可以认为负载为 8Ω。

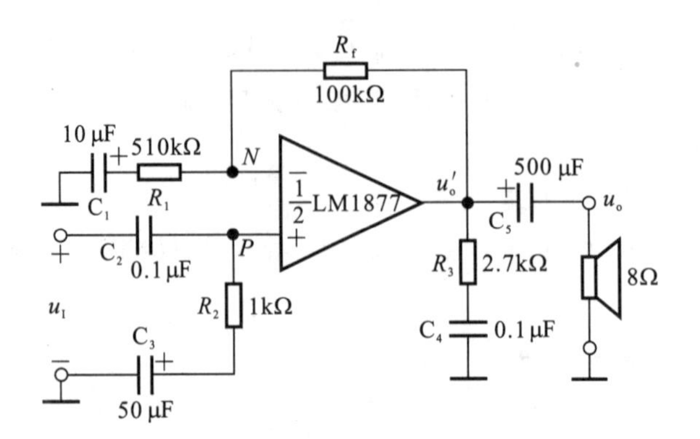

图 6－37

(1)静态时 u_P、u_N、u_o'、u_o 各为多少？

(2)设输入电压足够大，电路的最大输出功率 P_{om}和效率 η 各为多少？

17. TDA1556 为两通道 BTL 电路，如图 6－38 所示为 TDA1556 中一个通道组成的实用电路。已知 U_{CC}=15V，放大器的最大输出电压幅值为 13V。

(1)为了使负载上得到的最大不失真输出电压幅值最大，基准电压 U_{REF}应为多少伏？静态时 u_{o1}和 u_{o2}各为多少？

(2)若 U_i 足够大，则电路的最大输出功率 P_{om}和效率 η 各为多少？

(3)若电路的电压放大倍数为 20，则为了使负载获得最大输出功率，输入电压的有效值约为多少？

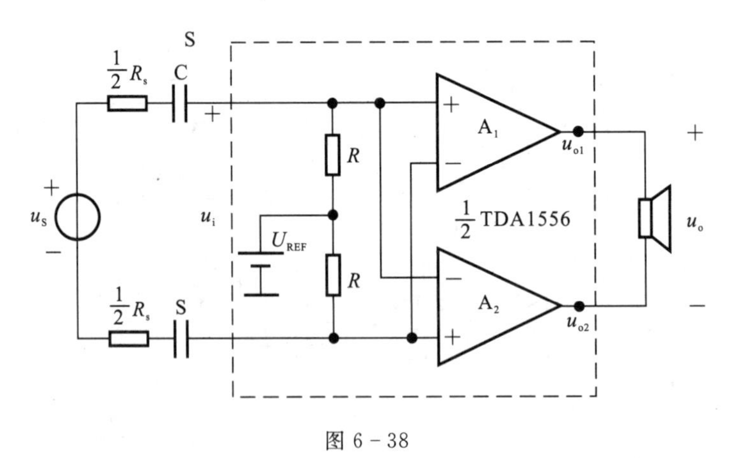

图 6－38

18. TDA1556 为两通道 BTL 电路，如图 6－39 所示为 TDA1556 中一个通道组成的实用电路。已知 U_{CC}=15V，放大器的最大输出电压幅值为 13V。

(1)为了使负载上得到的最大不失真输出电压幅值最大，基准电压 U_{REF}应为多少伏？静态时 u_{o1}和 u_{o2}各为多少伏？

(2)若 u_i 足够大，则电路的最大输出功率 P_{om}和效率 η 各为多少？

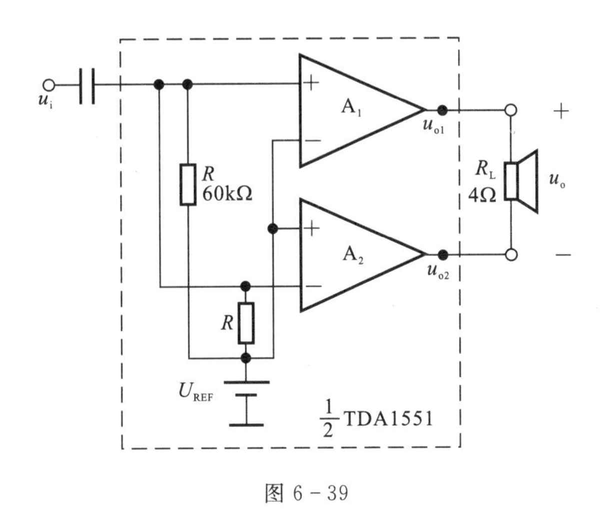

图 6-39

19. 已知型号为 TDA1521、LM1877 和 TDA1556 的电路形式和电源电压范围如表所示，它们的功放管的最小管压降 $|U_{CEmin}|$ 均为 3V。

型号	TDA1521	LM1877	TDA1556
电路形式	OCL	OTL	BTL
电源电压	±7.5～±20V	6.0～24V	6.0～18V

(1) 设在负载电阻均相同的情况下，3 种器件的最大输出功率均相同。已知 OCL 电路的电源电压 $\pm U_{CC}=\pm 10V$，试问 OTL 电路和 BTL 电路的电源电压分别应取多少伏？

(2) 设仅有一种电源，其值为 15V；负载电阻为 32Ω。问 3 种器件的最大输出功率各为多少？

20. 电路如图 6-40 所示，回答下列问题：

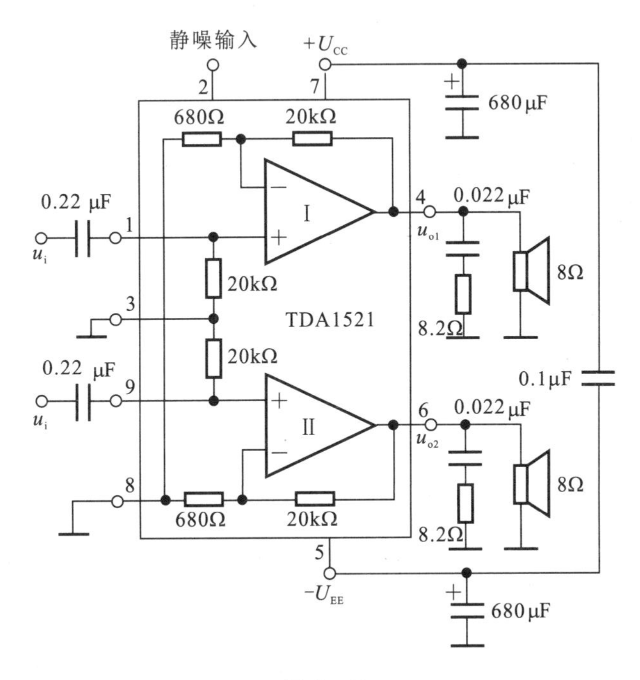

图 6-40

(1) $\dot{A}_u = \dot{U}_{o1}/\dot{U}_i$ 约等于多少？

(2) 若 $U_{CC}=15V$ 时最大不失真输出电压的峰-峰值为 27V，则电路的最大输出功率和效率各为多少？

21. 在甲类、乙类和甲乙类放大电路中，放大管的导通角分别是多少？它们中哪一类放大电路效率最高。

22. 在图 6-41 所示电路中，设 BJT 的 $\beta=100$，$U_{BE}=0.7V$，$U_{CES}=0.5V$，$I_{CES}=0$，电容 C 对交流可视为短路。输入信号 u_i 为正弦波。

(1) 计算电路可能达到的最大不失真输出功率。

(2) 此时 R_b 应调节为多少？

(3) 此时电路的效率 η 为多少？试与工作在乙类的互补对称电路比较。

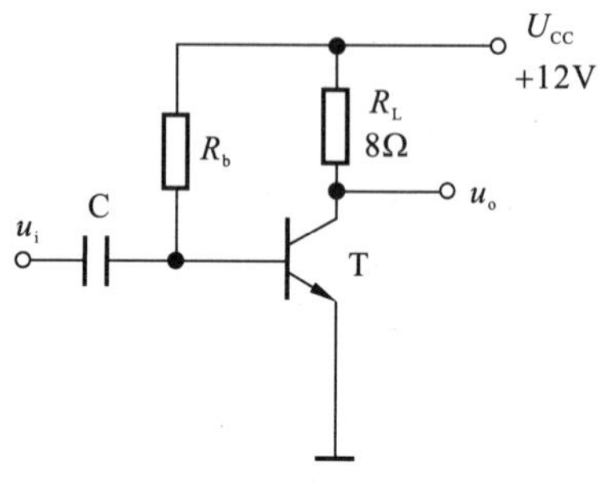

图 6-41

23. 一对电源互补对称电路如图 6-42 所示，已知 $U_{CC}=12V$，$R_L=16\Omega$，u_i 为正弦波。求：

(1) 在 BJL 的饱和压降 U_{CES} 可以忽略不计的条件下，负载上可能得到的最大输出功率为多少？

(2) 每个三极管允许的管耗 P_{CM} 至少应为多少？

24. 在图 6-42 所示电路中，设 u_i 为正弦波，$R_L=8\Omega$，要求最大输出功率 $P_{om}=9W$。试在 BJT 的饱和压降 U_{CES} 可以忽略不计的条件下，求：

(1) 正、负电源的最小值。

(2) 根据所求 U_{CC} 的最小值，计算相应的 I_{CM}、$|V_{(BR)CEO}|$ 的最小值。

(3) 输出功率最大时，电源供给的功率。

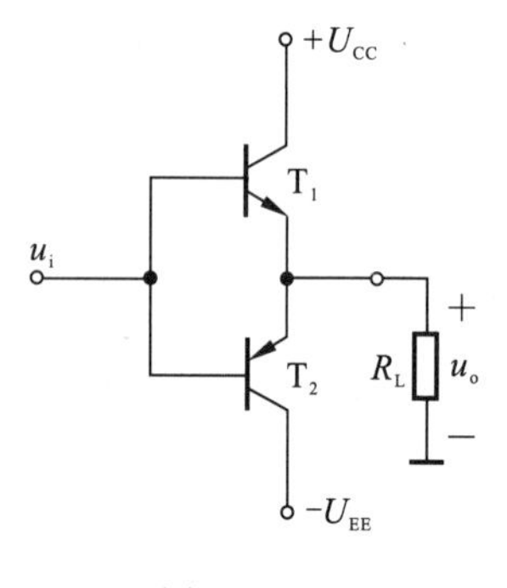

图 6-42

25. 设电路如图 6-42 所示，源电压 $U_{CC}=10V$，负载 $R_L=8\Omega$，试计算：

(1) 在输入信号 $U_i=10V$（有效值）时，电路的输出功率、管耗、直流电源供给的功率和效率。

(2) 当输入信号 $U_i=U_{CC}=20V$ 时，电路的输出功率、管耗、直流电源供给的功率和效率。

26. 一单电源互补对称功放电路如图 6-43 所示，设 u_i 为正弦波，$R_L=8\Omega$，三极管的饱和压降 U_{CES} 可以忽略不计。试求最大不失真输出功率为 9W 时，电源电压 $U_{CC}=10V$ 应为多大？

27. 在如图 6-44 所示的单电源互补电路中，已知 $U_{CC}=35V$，$R_L=35\Omega$，流过负载电阻的电流为 $i_o=0.45\cos\omega t$(A)。求：

(1) 负载上所能得到的功率。

(2) 电源供给的功率。

28. 某集成电路的输出级如图 6-45 所示。试说明：

(1)R_1、R_2、T_3 组成什么电路？在电路中起何作用？

(2)恒流源 I 在电路中起何作用？

(3)电路中引入了 D_1、D_2 作为过载保护，试说明其理由。

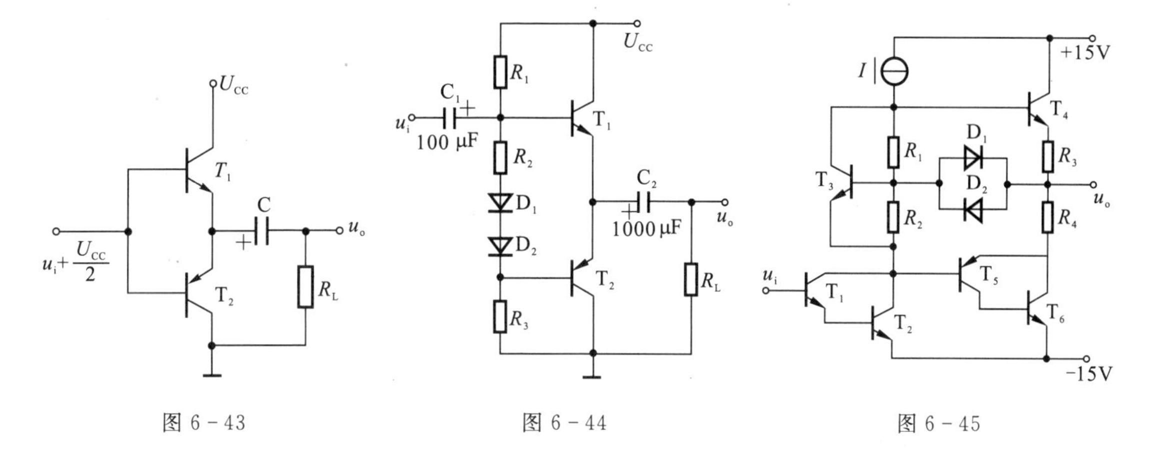

图 6-43　　图 6-44　　图 6-45

第七章 集成运算放大器

知识要点

1. 集成运算放大器的基础知识。
2. 差分放大电路的原理与分析。
3. 基本镜像电流源及其改进电路。
4. 专用放大电路。

集成运算放大器(简称运算放大器,或运算放大器)是一种利用半导体集成电路技术,将一个差分输入、级联、高增益的直接耦合放大电路集中在一个单芯片上的电子元器件。由于该器件通过不同的电路组合而具有数学运算功能,因此得名“运算”二字。

第一节 集成运算放大器概述

一、集成运算放大器的发展概况

集成运算放大器自 20 世纪 60 年代问世以来,飞速发展,目前已经历了四代产品。

第一代产品,基本沿用了分立元件放大电路的设计思想,且仅能集成 PNP 晶体管。尽管如此,但也使用了现代集成电路常见的镜像电流源,与相同功能的分立式晶体管放大电路相比,体积得到显著缩小,且各方面性能得到了显著的提升。代表性的有世界第一款运算放大器——美国仙童公司(2016 年并入美国安森美公司)的 μA702,对应的国产型号为 8FC1。

第二代产品,主要的改进是用有源负载代替了集电极电阻,从而使开环增益相对于第一代运算放大器有较大提高。此外,该代产品还采用了输入级、中间放大级、输出级的三级放大模式。代表性的有 TI 公司的 LM301、μA741、LM324 和国产的 F007、F324、5G24 等,其中的 μA741 至今仍然在生产,是有史以来最成功、最“长寿”的运算放大器。

第三代产品,输入级采用了超 β 管,β 值高达 1000～5000 倍,而且版图设计上考虑了热效应的影响，从而减小了失调电压、失调电流及它们的温漂，增大了共模抑制比和输入电阻。典型产品有国外的 AD508、MC1556 和国产的 F1556、F030 等。

第四代产品，采用了斩波自稳零和动态稳零技术，使各性能指标参数更加理想化，一般情况下不需调零就能正常工作，大大提高了精度。典型产品有国外的 HA2900、SN62088 和国产的 5G7650 等。

经过半个世纪的发展，运算放大器除了常规的通用型以外，还有各种面向特殊用途的专用型产品。

二、集成运算放大器的组成与特点

集成运算放大器作为通用性很强的有源器件，不仅可以用于信号的运算、处理、变换和测量，还可以用来产生正弦或非正弦信号，不仅在模拟电路中得到广泛应用，而且在脉冲数字电路中也得到日益广泛的应用，因此，它的应用电路品种繁多，为了分析这些电路的原理，必须了解运算放大器组成特点及由此决定的基本特性。

1. 集成运算放大器的组成

图 7－1 是运算放大器的典型结构组成框图，它由 4 部分组成：

(1)输入级。为了抑制零漂等共模信号，输入级大多采用两个端子的差动放大电路。

(2)中间级。为了提高放大倍数，一般采用有源负载的共射放大电路。

(3)输出级。为了提高电路驱动负载的能力，一般采用互补对称输出级电路。

(4)偏置电路。为各级放大电路提供偏置，大多数由恒流源电路组成，有的级(如输出级)有时也采用恒压源偏置。

一般要求输入级的输入电阻大、失调和零漂小；中间级的电压放大倍数大；输出级的输出电阻小、带负载能力强，一般采用互补对称功率放大电路作为输出级；偏置电路为各级提供稳定的偏置电流。

对于互不对称功率放大电路在前章已作介绍，本章不再赘述。

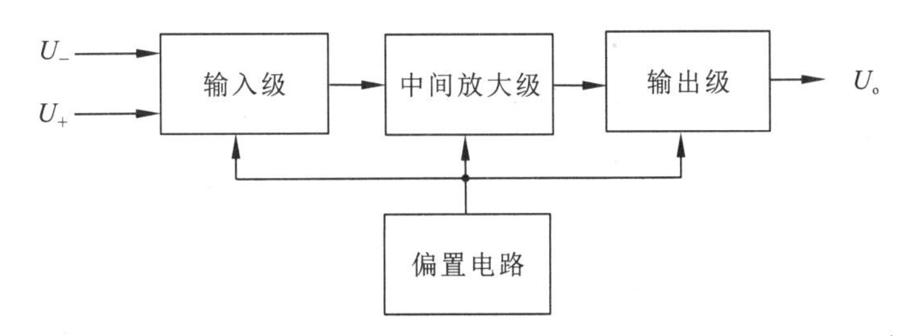

图 7－1　集成运算放大器的组成框图

2. 集成电路中元器件的特点

集成电路是利用半导体生产工艺把整个电路的元器件制作在同一块硅基片上，可以看作是元件、器件和单元电路的混合体，无论在设计思想或电路形式方面都与分立元件电路有很多不同。与分立元件电路相比，集成电路中的元件有如下特点：

(1)相邻元器件的参数一致性和温度一致性较好，很容易制造对称性较高的电路；

(2)有源器件代替无源器件。集成电路的设计思想与分立元件电路正好相反。分立元件电路中总是尽量少用晶体管，以降低成本，但在集成电路中，则应尽量减少电阻、电容等无源器件，用晶体管等有源器件取代它们，原因是集成电路工艺中制造晶体管更容易。

(3)集成电路内的电阻、电容等无源器件不能像分立元件电路那样任意选用。若集成电路内部所需电阻值偏大则将占用硅片较大的面积，不利于集成。

(4)二极管大多由三极管构成。

(5)只能制作小容量的电容器。集成电路中的电容是利用 PN 结的结电容或用二氧化硅层作为电介质做成的，不可能制造几十皮法以上的电容器，所以集成运算放大器电路多采用直接耦合的形式。

第二节 差分放大器

差分放大器是模拟集成器件中广泛应用的一种电路，不但在线性器件中得到了应用，而且在模拟乘法器、数-模转换与模-数转换电路中也得到了应用。

一、直接耦合放大器的特殊问题

在有些应用场合(如温度检测)，需要放大变化极为缓慢的信号，我们将这类信号称为直流信号。放大这类信号一般采用直接耦合方式，另外，由于在集成电路内部不能制作大容量电容，更不可能将变压器集成到器件中去，这就决定了集成运算放大器只能采用直接耦合的电路结构。

直接耦合的放大器，除了具有我们在第二章中介绍的级间静态工作点互相影响的缺点之外，还存在着零点漂移的问题。

一个放大器在正常工作时，如果输入信号为零，则输出信号也应该为零。所谓零点漂移，就是当温度、电压等因素变化时，已设计好的静态工作点发生缓慢变化，又由于直接耦合，前级工作点的这种缓慢变化，会被误当作“信号”，被以后各级所放大，以致在输出端积累到相当可观的数值，造成在输入信号为零时输出零点发生明显变化，如图 7-2 所示。

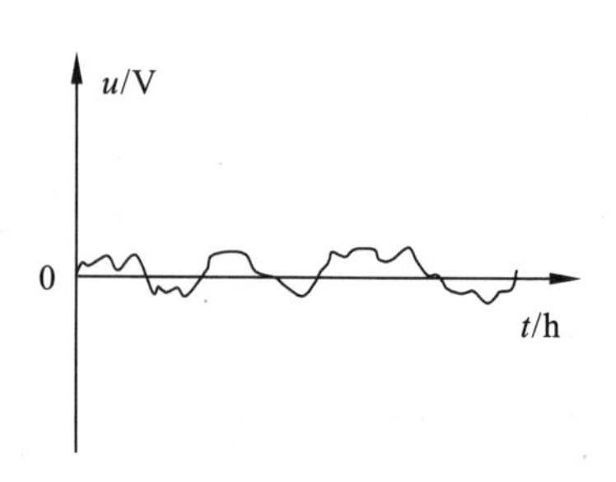

图 7-2 零点漂移现象

图 7-2 是在某段时间范围内记录下的某放大器零点漂移的情况。时间坐标的单位是小时(h)，由图可以看出，零点漂移具有缓慢性和随机性这两个特征。也就是说，零点漂移是变化极其缓慢而又毫无规律的虚假信号，是极其有害的。

1. 产生零漂的外界因素

(1)温度漂移。晶体三极管的参数受温度的影响发生变化,使得输出电压发生变化。

(2)电源电压变化。当电源电压变化时,电路的直流电平偏置发生变化,或受到某种破坏而导致输出零点的变动。

(3)时间漂移。这是由晶体管和其他元器件参数本身的老化而引起的一种漂移。它与电路的设计无关。应尽量选用质量稳定的器件,同时还可以对其进行加电、加温的老化处理。

温度漂移是产生零点漂移的主要因素,也是最难克服的因素。因此,有时候零点漂移也叫温漂。通常,放大器的级数越多,放大倍数越大,零点漂移的现象越严重,而第一级产生的零点漂移经后级放大后,影响尤为严重。高的电压增益和小的零点漂移是直流放大器的主要矛盾。

2. 解决零点漂移的方法

(1)采用特殊的电路形式(如对称电路)使漂移电压互相抵消或减小。如乙类对称功率放大器中,由于电路的对称性负载上的偶次谐波互相抵消了。后面要介绍的差分放大器就是利用电路对称性来抵消零点漂移影响的。

(2)采用调制型直流放大器。将直流信号进行调制,即将直流信号转换为交流信号,然后用交流放大器(可隔直,不存在零漂)放大,通过解调恢复出直流信号。这在工业仪表和自动控制中应用较多。

二、基本差分放大器工作原理及性能指标

1. 电路组成

基本差分放大电路如图 7-3 所示,它是由两个性能完全相同的共发射极电路拼接而成的。电路中的晶体管和元件参数完全对称。输入信号 u_{id} 分成相同的两个部分加到两管的基极,而输出信号取自两管集电极电压之差。

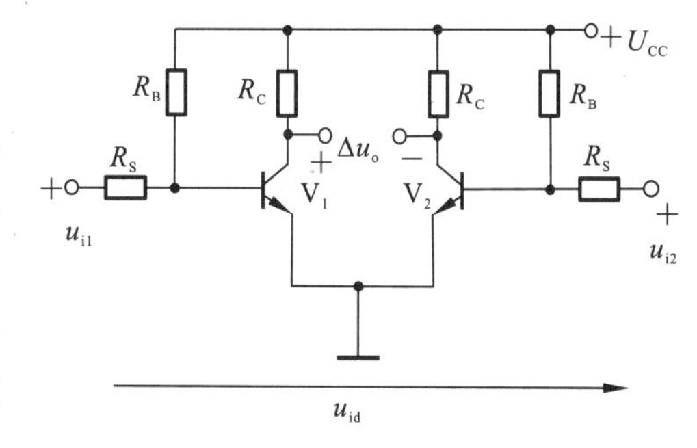

图 7-3　基本形式的差分放大器

由图 7-3 可知,由于电路对称,当输入信号为零时,则 $U_{C1}=U_{C2}$,$\Delta u_o=0$;当输入信号电压从零逐渐增大时,V_1 的集电极电流 i_{C1} 增大,产生 $-\Delta u_{o1}$,而 V_2 的集电极电流 i_{C2} 减小,产生 Δu_{o2},这样在输出端就得到了变化的电压 $\Delta u_o=\Delta u_{o1}-\Delta u_{o2}$,输出电压取自两管集电极电压之差,“差分放大器”由此得名。

2. 差分放大器对差模信号的放大和对共模信号的抑制

由图 7-3 可以看出,在电路对称的条件下,静态时($u_{i1}=u_{i2}=0$),两管的静态工作点是相同的,这时,$U_{C1}=U_{C2}$,所以 $u_o=0$。

输入差模信号时，即 $u_{i1}=-u_{i2}$，两管产生的电流增量的绝对值相同，但方向相反，这时两管集电极输出电压的增量也是大小相等而方向相反的一对差模信号，所以 $u_o=\Delta U_{C1}-\Delta U_{C2}=2\Delta U_{C1}$，也就是说有信号输出，差分放大器对差模信号有放大能力。

输入共模信号时，即 $u_{i1}=u_{i2}$，两管产生的电流增量绝对值相同，方向也相同，这时，两管集电极输出电压的增量也是大小相等且方向相同的一对共模信号，所以 $u_o=\Delta U_{C1}-\Delta U_{C2}=0$，也就是说没有信号输出，差分放大器对共模信号没有放大能力，或者说差分放大器抑制了共模信号。

实际上，在差分放大器对称的条件下，由温度或电源电压变化引起的零点漂移，对两个三极管的影响是相同的，相当于在放大器上输入了一对共模信号，而差分放大器可抑制共模信号，也就是说差分放大器在对称条件下可以抑制零点漂移。

3. 差分放大器的失调与温度漂移特性

1）失调

差分放大器在理想状态下，当输入信号为零（静态）时，其双端输出电压也为零。但对实际差分放大器而言，由于电路不完全对称，因而零输入时，对应的输出电压并不为零。这种现象称为差分放大器的失调，这时的输出电压称为输出失调电压。

输出失调电压的存在，等效于在理想对称的差分放大器的输入端加入一个差模输入电压 U_{os}。为了使输出电压为零，就必须在非对称的差分放大器输入端加上一个差模补偿电压 U_{os}，与电路自身的失调相补偿，使输出为零。失调越大，所需 U_{os} 就越大。因此一般用 U_{os} 作为失调的度量。通常所说的失调指的就是输入失调。

与输入失调电压相似，输出失调可以通过调整两管的基极电流进行补偿。当补偿到输出电压为零时，两管的基极电流将不相等，我们定义输入失调电流指静态输出为零时两管基极电流之差，即

$$I_{os}=|I_{B1}-I_{B2}| \tag{7-1}$$

2）补偿

一般说来，差分放大器的失调可以通过调零电路给予补偿，使得在零输入时输出也为零。图 7-4 为几种常用的调零电路。图 7-4(a)、(b)是通过调整两管基极电流来实现补偿的，其中图 7-4(a)的发射极电阻 R_W 将影响对差模信号的放大；图 7-4(c)是通过直接调整两管集电极电位来实现的。

3）温度漂移

综上所述，差分放大器的失调是由电路中晶体管参数（U_{BE}、β、I_{CBO}）和电阻（如 R_C）等的不对称引起的，而晶体管的参数将随温度的变化发生变化，所以，失调电压和失调电流都将随着温度的变化而变化，这就是失调的温度漂移特性。为了尽可能地减小失调和漂移，要求电路尽可能地对称。

由于失调也会发生漂移，任何调零都不可能是一劳永逸的。

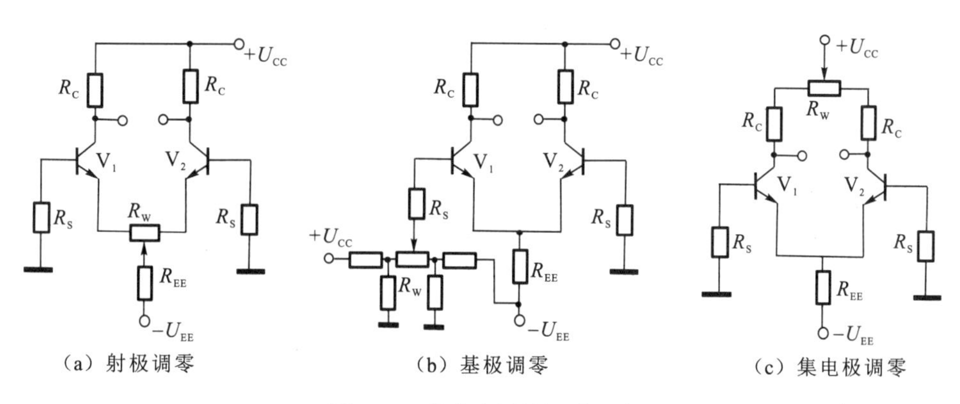

图 7-4　几种常用的调零电路

4. 差分放大器的性能指标

1)直流参数

由于差分放大器是运算放大器的输入级,这里介绍的各直流参数的典型值均为运算放大器的直流参数典型值。

(1)输入失调电压 U_{os}。为静态时使输出电压为零的输入端外加差模电压。输入失调电压一般为毫伏级。场效应管差分放大器的失调电压要高一些。

(2)输入失调电压温漂 dU_{os}/dT。为失调电压的变化与相应的温度变化的比值。其值一般为±(10~20)μV/℃。

(3)输入偏置电流 I_{IB}。为两管输入端的偏置电流的平均值,即

$$I_{IB}=\frac{I_{IB1}+I_{IB2}}{2} \tag{7-2}$$

(4)输入失调电流 I_{OS}。与输入失调电压相似,是静态时使输出电压为零时的输入端外所加的差模电流,或两基极电流之差。由式(7-2)定义,晶体管差分放大器 I_{OS} 为 20~200nA,场效应管差分放大器为几皮安至几十皮安。

(5)输入失调电流漂移 dI_{OS}/dT。为失调电流的变化与相应的温度变化的比值。晶体管器件典型值一般在几十到几百 nA/℃,场效应管器件一般不给出这一参数。

另外,还有最大差模输入电压和最大共模输入电压参数的定义在第一章介绍运算放大器时已经介绍。

2)交流参数

(1)差模电压放大倍数 A_{ud}。差模信号输入时,差分放大器两集电极电压之差与输入电压之比,即

$$A_{ud}=\frac{\Delta U_{C1}-\Delta U_{C2}}{U_{id}}=\frac{U_o}{U_{id}} \tag{7-3}$$

显然,如果信号从单个晶体管集电极输出时,输出信号将只有从两个管集电极输出时的一半,这时的差模电压增益也将是式(7-3)的一半,即

$$A_{ud1}=-A_{ud2}=\frac{A_{ud}}{2} \tag{7-4}$$

(2)差模输入电阻 R_{id}。差模信号输入时，输入电压与输入电流之比，即

$$R_{id}=\frac{U_{id}}{I_{id}} \tag{7-5}$$

(3)差模输出电阻 R_{od}。当差模输入信号为零时，从两管集电极看进去的等效电阻。

(4)共模电压放大倍数 A_{uc}。共模信号输入时，差分放大器两集电极电压之差与输入电压之比。

(5)差模输入电阻 R_{ic}。共模信号输入时，输入电压与输入电流之比。

另外，还有共模抑制比的定义在第一章介绍运算放大器时已经介绍。

【例 7－1】 差分放大器等效电路如图 7－3 所示，试计算差模电压放大倍数 A_{ud}、差模输入电阻 R_{id}、差模输出电阻 R_{od}和共模信号输出。

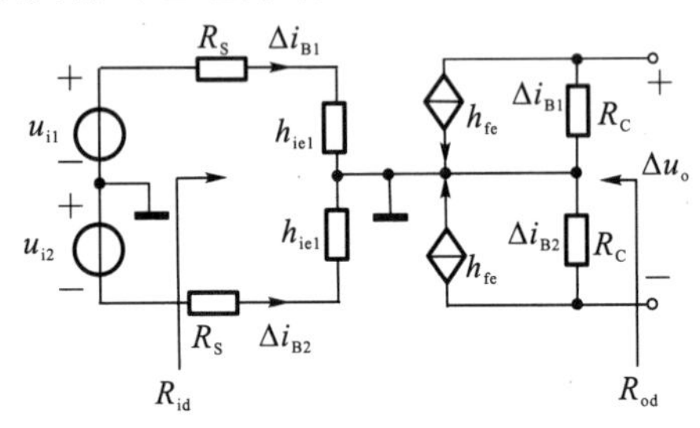

图 7－5　差分放大器微变等效电路

解：由于分析的是动态指标，故先得到微变等效电路如图 7－5 所示。图中假设 R_B 远大于晶体管的输入电阻 h_{ie}，故忽略 R_B。

(1)差模电压放大倍数 A_{ud}：由图 7－5 可以看出，两管的基极电流增量大小相等、符号相反，即

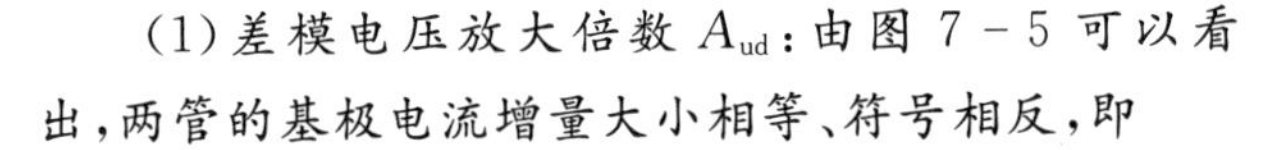

$$\Delta i_{B1}=-\Delta i_{B2}=\frac{\frac{U_{id}}{2}}{R_s+h_{ie}}$$

式中，$U_{id}=U_{i1}-U_{i2}=2\Delta I_{B1}(R_s+h_{ie})$。

当输出电压取自两管集电极之间，输出端任一端都不接地时，则输出电压为

$$\Delta U_o=-h_{fe}R_c\Delta I_{B1}-(-h_{fe}R_c\Delta I_{B1})=-2h_{fe}R_c\Delta I_{B1}$$

此时 ΔU_o 就是差模输出电压 U_o，差分放大器双端输出电压放大倍数为

$$A_{ud}=\frac{U_o}{U_{id}}=-\frac{h_{fe}R_C}{R_s+h_{ie}} \tag{7-6}$$

(2)输入电阻：

$$R_{id}=\frac{U_{id}}{I_{id}}=2(R_s+h_{ie}) \tag{7-7}$$

(3)输出电阻：

$$R_o=2R_c \tag{7-8}$$

(4)共模信号输出：由于电路对称，根据前面的分析，显然共模信号输出为零。

5. 差分放大器的连接形式

差分放大器有两个输入端和两个输出端，所以有 4 种连接形式。

1)双端输入双端输出的差分放大器

如图 7－3 所示的电路就是双端输入双端输出的差分放大器。差分电压增益由式(7－6)给出，在完全对称条件下，共模信号输出为零。

2)单端输入双端输出差分放大器

图 7－6 电路是单端输入双端输出差分放大器原理图，由图可见，当电路完全对称时，必

有 $u_{i1}=-u_{i2}=\frac{u_i}{2}$，所以，实际上就相当于在差分放大器两端加入的是一对差模信号。这时电压增益和双端输入双端输出情况是相同的，在完全对称条件下共模信号输出为零。

3）双端输入单端输出差分放大器

如图 7-7 所示为双端输入单端输出差分放大器原理图，在图中，信号从 V_1 集电极输出，显然，这时在输入信号大小不变的情况下，输出信号只有双端输出的一半，电压增益也为双端输出的一半，即

$$A_{ud1}=\frac{U_{o1}}{U_{id}}=-\frac{1}{2}\frac{h_{fe}R_C}{R_s+h_{ie}} \tag{7-9}$$

如果信号取自 V_2 的集电极，则这时输出电压极性将与 U_{o1} 相反，所以有

$$A_{ud2}=\frac{U_{o2}}{U_{id}}=\frac{1}{2}\frac{h_{fe}R_C}{R_s+h_{ie}} \tag{7-10}$$

显然这种连接形式的差分放大电路即使电路完全对称也不能够抑制共模信号，其共模增益和单边放大电路的增益是相同的。

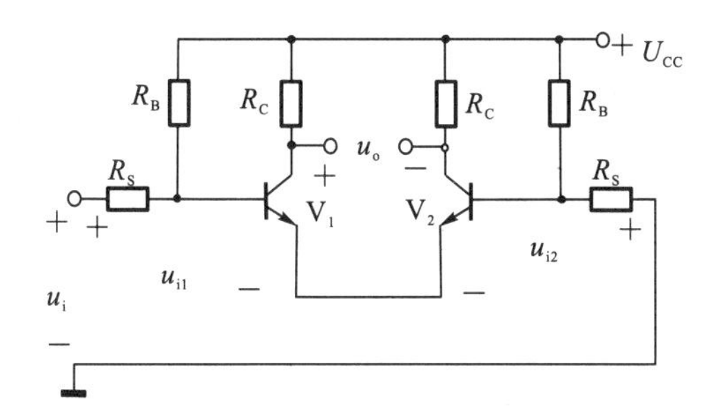

图 7-6　单端输入双端输出差分放大器原理图

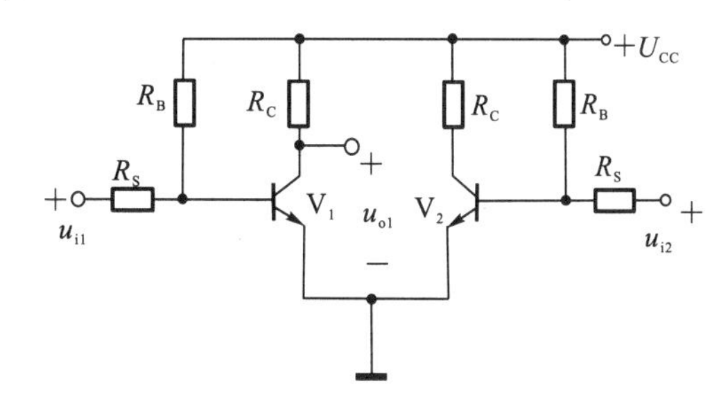

图 7-7　双端输入单端输出差分放大器原理图

4）单端输入单端输出差分放大器

单端输入单端输出和双端输入单端输出情况相同，这里不再赘述。

由此可见，差分放大器抑制零漂的结论是在电路完全对称、双端输出的条件下得出的。但在实际应用中，不仅电路完全对称实现起来非常困难，而且在许多情况下，输出电压不是取自于两管的集电极之间，而是取自于一个晶体管的集电极到公共点之间的电压（即单端输出），这时基本差分放大电路就不具有抑制零漂的优点了。因此，为抑制零点漂移，就需要对基本的差分放大电路进行改进。

三、差分放大电路的改进

1. 发射极接电阻 R_{EE} 的差分放大器——长尾电路

在基本的差分放大器的两管发射极到公共点之间接入电阻 R_{EE}，即得到如图 7-8 所示的长尾电路。假设电路完全对称，则两管的静态工作电流为 $I_{E1}=I_{E2}=\dfrac{U_E-U_{BE}}{\dfrac{R_S}{1+\beta}+2R_{EE}}$

通常，满足$[R_S/(1+\beta)]\ll 2R_{EE}$，则有

$$I_{E1}=I_{E2}\approx\frac{U_E-0.7}{2R_{EE}} \tag{7-11}$$

可见，静态工作电流取决于电源电压和射极耦合电阻R_{EE}。下面分析R_{EE}对输入信号的影响。

1)R_{EE}对差模信号无影响

在差模信号作用下，两管对应各极电流的变化正好相反。当V_1的电流(i_{B1}、i_{C1}和i_{E1})增大时，V_2的对应电流(i_{B2}、i_{C2}和i_{E2})一定减小，且对应的各极电流变化量在数值上正好是一样的。于是流过R_{EE}的信号电流为零，在R_{EE}上也无信号电压。这样，两管的发射极对差模信号来说相当于和公共点相连，如图 7-9 所示。

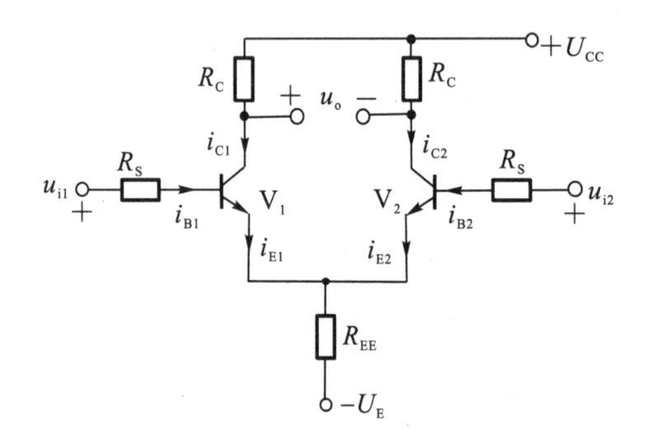

图 7-8　带射极耦合电阻R_{EE}的差分放大器

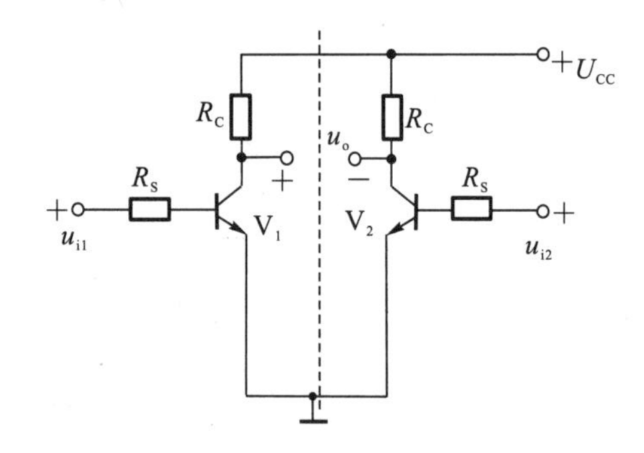

图 7-9　对差模输入信号的等效电路

显然长尾电路的差模电压放大倍数A_{ud}同式(7-6)，即

$$A_{ud}=\frac{U_o}{U_{id}}=-\frac{h_{fe}R_C}{R_S+h_{ie}} \tag{7-12}$$

同理，R_{EE}的接入对差模输入电阻R_{id}也没有影响，即$R_{id}=\frac{U_{id}}{I_{id}}=2(R_s+h_{ie})$

2)R_{EE}对共模信号有抑制作用

在共模信号作用下，两管相对应的各极电流总是相等的，即$i_{E1}=i_{E2}=i_E$。流过R_{EE}上的电流为$2i_E$，产生的电压为$2i_ER_{EE}$，也可写成$i_E(2R_{EE})$，于是就得到如图 7-10 所示的等效电路。由图 7-10 可知，由于电路中接入了R_{EE}，对共模信号来说，每个晶体管都构成了具有电流负反馈的放大器，使得从每个晶体管集电极输出时的共模电压大大减小。同时，从两管集电极输出的共模电压U_{oc}仍为零。

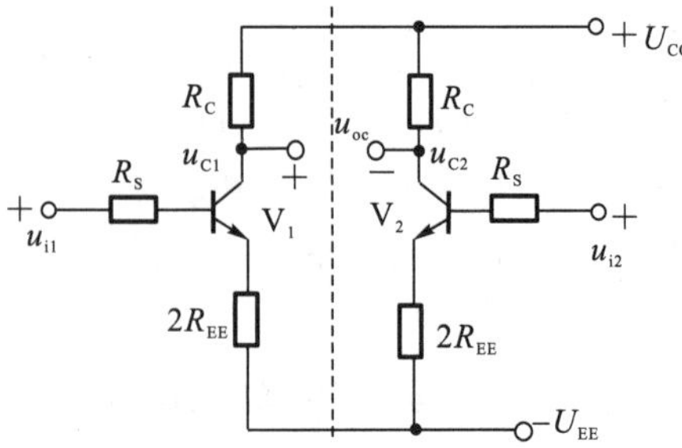

图 7-10　对共模输入信号的等效电路

单端输出时，由图 7-8 结合深度负反馈理论，可以得出

$$u_{oc1}\approx-\frac{R_c}{2R_{EE}}u_{ic}\,;u_{oc2}\approx-\frac{R_c}{2R_{EE}}u_{ic}$$

所以

$$A_{uc}(单)=\frac{u_{oc1}}{u_{ic}}=\frac{u_{oc2}}{u_{ic}}\approx-\frac{R_c}{2R_{EE}} \tag{7-13}$$

3)共模抑制比

(1)单端输出

单端输出时，如果电路对称，根据共模抑制比的定义有

$$\mathrm{CMRR}=\frac{A_{ud}}{A_{uc}}=\frac{\frac{1}{2}h_{fe}R_C}{R_s+h_{ie}}\frac{2R_{EE}}{R_C}=\frac{h_{fe}R_{EE}}{R_s+h_{ie}} \tag{7-14}$$

(2)双端输出

对于电路完全对称的差分放大器，双端输出时，由于 $A_{uc}=0$，所以

$$\mathrm{CMRR}\to\infty \tag{7-15}$$

如果电路不完全对称，两只晶体管的参数有差异，则双端输出时，共模抑制比不为无穷大。这时，如果设两管发射结的导通电压分别为 U_{BE1} 和 U_{BE2}，共发射极短路电流放大倍数分别为 h_{fe1} 和 h_{fe2}，则可证明双端输出时的共模抑制比为

$$\mathrm{CMRR}\approx\frac{2R_{EE}}{R_s\left(\frac{(h_{fe1}-h_{fe2})}{h_{fe1}h_{fe2}}\right)+\frac{U_{BE1}-U_{BE2}}{I_{CQ}}} \tag{7-16}$$

式中，I_{CQ} 为两管静态集电极电流的平均值。

由此可见，要减小共模输出电压，提高共模抑制比，必须：①使电路尽可能对称；②增大长尾 R_{EE}。

实际上，电路完全对称是不可能做到的，所以必须增大 R_{EE}。但是，由式(7-11)可以看出，增大 R_{EE}，由于直流电压源 U_E 有限，必将使静态工作电流 $I_{E1}(I_{E2})$ 减小，甚至小到不能正常工作。为此，我们必须对这一电流进行改进，使之既可以提供一定的偏置电流，又对共模信号呈现较大的电阻。

2. 带恒流源的差分放大器

图 7-11 所示是带恒流源的差分放大器，其中图 7-11(a)是原理电路，在电路对称时，两管的静态偏置电流 $I_{E1}=I_{E2}=I/2$，所以保证了电流的偏置。

输入共模信号时，u_{BE1} 和 u_{BE2} 的增量大小相等极性相同，使得 i_{E1} 和 i_{E2} 有一个变化的趋势，它们方向相同，都是流向或流出电流源，但由于电流源电流不可能发生变化，也就是说电流源对这种变化呈现了无穷大的电阻，使得 i_{E1} 和 i_{E2} 不能发生变化。这样就使每管的集电极电压不可能发生变化，共模信号也就不可能有输出。

图 7-11(b)是带有恒流源差分放大器的简单实现电路，图中恒流源由 V_3 管和电阻 R_1、R_2 以及 R_E 组成。这是一个分压式偏置电路，在直流电压 U_{EE} 不是很大的情况下，也可以产生所需的工作点电流。

另一方面，由晶体管的输出特性可知，晶体管输出端呈现的增量电阻 $1/h_{oe}=\Delta u_{CE}/\Delta i_{CE}$ 的数值一般有几十千欧到几百千欧。不难推导长尾电路呈现的共模电阻近似为

$$R_{eq}\approx\frac{1}{h_{oe3}}\left(1+\frac{h_{fe3}R_E}{R_1/\!/R_2+h_{ie3}+R_E}\right) \tag{7-17}$$

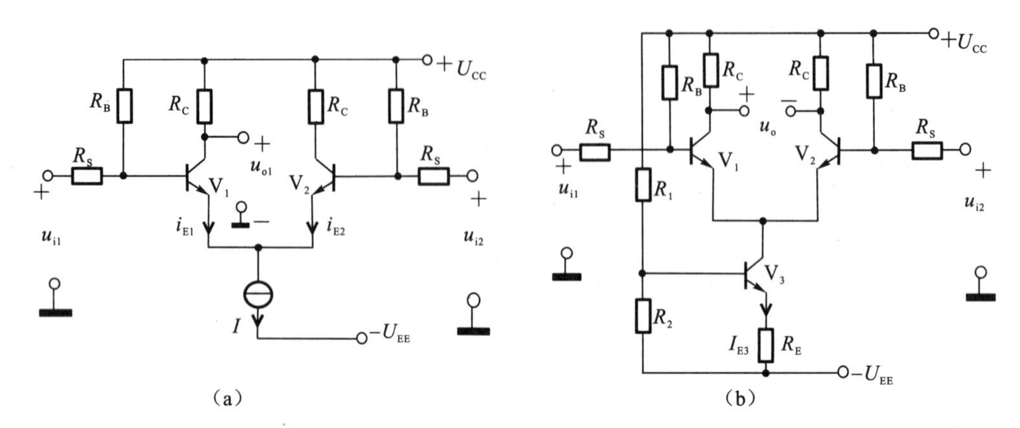

图 7-11　带恒流源的差分放大器

由上式可知，R_{eq}的数值约为几兆欧到十兆欧以上，可以认为是电流源。也就是说，这个电路可以对共模信号进行较强的抑制。

【例 7-2】　电路如图 7-12 所示，假设电路对称，$U_C=U_E=12V$，$R_B=20k\Omega$，$R_C=R_L=R_E=10k\Omega$，晶体管参数 $\beta=50$，$r_{bb'}=300\Omega$，$h_{oe1}=h_{oe2}=0$，$U_{BE}=0.6V$。试计算 A_{ud2}、A_{uc2}及 $CMRR_2$。

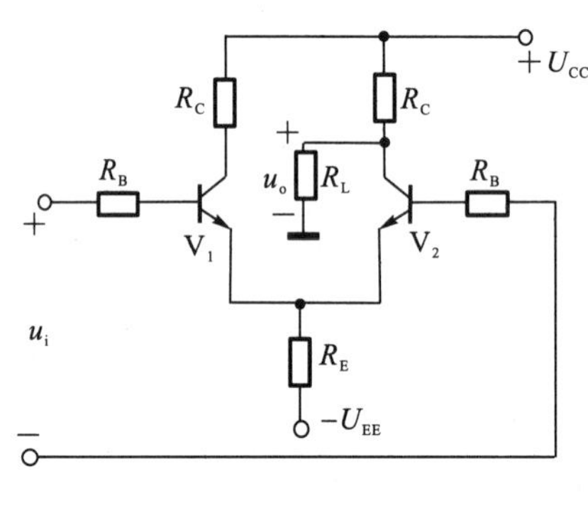

图 7-12

解：(1)先作静态分析

$$I_{B1}=I_{B2}=I_B=\frac{U_E-U_{BEQ}}{R_B+2(1+\beta)R_{EE}}=\frac{12-0.6}{20+2\times51\times10}=0.011mA$$

$$I_{c1}=I_{c2}=I_c=\beta I_B=50\times0.010\,96=0.55mA$$

$$U_{CE1}=U_{CE2}=U_{CE}=U_{CC}+U_{EE}-I_E(R_C+2R_{EE})=12+12-0.55(10+2\times10)=7.50V$$

(2)再作动态分析

$$h_{ie1}=h_{ie2}=h_{ie}=r_{bb'}+\frac{26}{I_B}=300+2\,363.6\approx2.66k\Omega$$

$$A_{ud2}=\frac{\beta(R_C/\!/R_L)}{2(R_b+h_{ie})}=\frac{50\times(10/\!/10)}{2\times(20+2.66)}=5.52$$

$$A_{uc2}=\frac{-\beta(R_C/\!/R_L)}{R_B+h_{ie}+(1+\beta)2R_E}=\frac{-50\times(10/\!/10)}{20+2.66+51\times2\times10}=-0.24$$

$$\text{CMRR}_2=\frac{|A_{ud2}|}{|A_{uc2}|}=\frac{|5.52|}{|-0.24|}=23\text{dB 或 }27.22\text{dB}$$

【例 7-3】 图 7-13 为分立元件恒流源式差分放大器，设 $U_{CC}=U_{EE}=6V$，$R_C=3k\Omega$，$R_S=1k\Omega$，$R_1=30k\Omega$，$R_2=12k\Omega$，$R_3=1k\Omega$，$\beta_1=\beta_2=\beta_3=50$，$U_{BE}=0.6V$，$r_{bb'}=100\Omega$，$1/h_{oe3}=30k\Omega$，$R_L=10k\Omega$，试计算 A_{ud1}、R_{id}、A_{uc1} 及 CMRR。

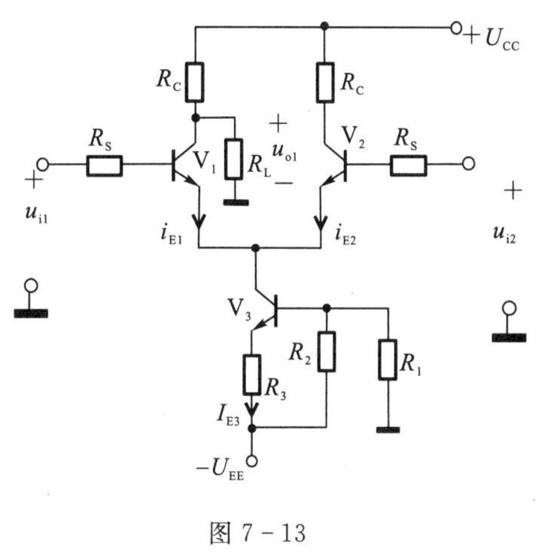

图 7-13

解：(1)静态分析

由图 7-13 可知，恒流源是一分压式偏置电路，按估算法可以求得

$$I_{E3}\approx\frac{\frac{R_2}{R_1+R_2}U_{EE}-U_{BE}}{R_3}$$

$$=\frac{[12/(30+12)]\times6-0.7}{1}\approx1(\text{mA})$$

所以

$$I_{CQ1}=I_{CQ2}\approx0.5I_{E3}=0.5(\text{mA})$$

$$U_{CEQ1}=U_{CEQ2}=U_{CC}-I_{CQ1}R_C+U_{BE}+I_{BQ1}R_S$$

$$=6-0.5\times3+0.6+(0.5/50)\times1\approx5.2(\text{V})$$

(2)动态分析

$$h_{ie1}=h_{ie2}=r_{bb'}+(1+\beta)\frac{26}{I_{EQ1}}\times10^{-3}\approx2.7(\text{k}\Omega)$$

$$h_{ie3}=r_{bb'}+(1+\beta)\frac{26}{I_{EQ3}}\times10^{-3}\approx1.45(\text{k}\Omega)$$

长尾等效电阻

$$R_{eq}=r_{ce3}\left(1+\frac{\beta R_3}{R_1/\!/R_2+h_{ie3}+R_3}\right)=30\times\left(1+\frac{50\times1}{30/\!/12+1.45+1}\right)\approx166(\text{k}\Omega)$$

于是

$$R_{id}=2(R_B+r_{be1})=2\times(1+2.8)==7.6(\text{k}\Omega)$$

$$A_{ud1}=-\frac{1}{2}\frac{\beta R_L'}{R_s+h_{ie1}}=-\frac{1}{2}\times\frac{50\times(3/\!/10)}{3.8}\approx-12.4$$

$$A_{uc1}\approx-\frac{R_L'}{2R_{eq}}=\frac{3/\!/5}{2\times166}\approx0.005\ 64$$

$$\text{CMRR}_1=\left|\frac{A_{ud1}}{A_{uc}}\right|=\frac{12.4}{0.005\ 64}\approx2198\text{dB 或 }68\text{dB}$$

由此可见，采用恒流源偏置差分放大器的共模抑制比得到显著提高。而且恒流源的理想程度越高，抑制共模信号的能力就越强。

在很多场合，为了提高差分放大器的输入电阻，还常用场效应管来构成差分放大器。用结型场效应管作输入级时，其输入电阻可高达 $1\times10^{10}\,\Omega$；用 MOS 场效应管作输入级时，其输入电阻可高达 $1\times10^{15}\,\Omega$。结型场效应管差分放大器电路的工作原理和双极型晶体管差分放大器的工作原理相同。

第三节　电流源电路

电流源在集成运算放大器中有着十分重要的应用，除了给差分放大电路提供偏置电流，提高共模抑制能力外，还可以作为中间放大级的有源负载，用来提高放大电路的电压增益。另外，利用电流源还可以将差分放大电路双端输出转换为单端输出，既保证差分放大器输出接地，又可以充分利用差分放大器双端输出的抑制共模信号能力。

一、镜像电流源

1. 基本镜像电流源

基本镜像电流源电路如图 7-14 所示。在图中，设 V_1、V_2 参数完全相同(即 $\beta_1=\beta_2$，$I_{CEO1}=I_{CEO2}$)。

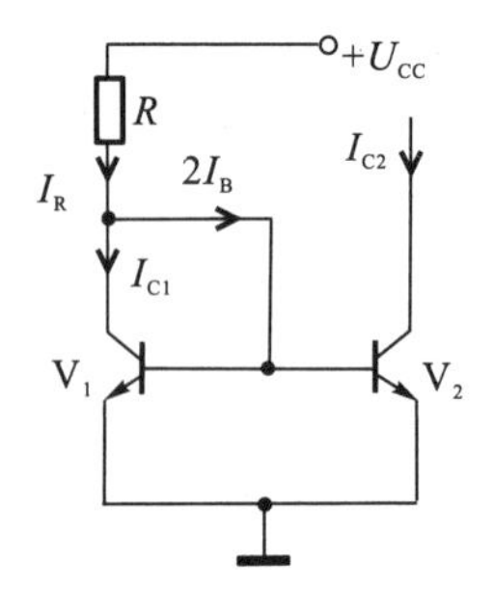

图 7-14　基本镜像电流源

因为 $U_{BE1}=U_{BE2}$，所以 $I_{C1}=I_{C2}$，有

$$I_{REF}=I_{C1}+2I_B=I_{C1}+2\frac{I_{C1}}{\beta} \tag{7-18}$$

所以

$$I_{C1}=\frac{I_{REF}}{1+2/\beta}=I_{C2} \tag{7-19}$$

当 $\beta\gg2$ 时，有

$$I_{C2}=I_{C1}\approx I_{REF}=\frac{U_{CC}-U_{BE}}{R}\approx\frac{U_{CC}}{R} \tag{7-20}$$

基本镜像电流源的优点如下：

(1)$I_{C2}\approx I_{REF}$，即 I_{C2} 不仅由 I_{REF} 确定，且总与 I_{REF} 相等。

(2)V_1 对 V_2 具有温度补偿作用，I_{C2} 温度稳定性能好(设温度增大，使 I_{C2} 增大，则 I_{C1} 增大，而 I_{REF} 一定，因此 I_B 减少，所以 I_{C2} 减少)。

基本镜像电流源的缺点如下：

(1)适用于较大工作电流(毫安级)的场合。若要 I_{C2} 下降，则 R 就必须增大，则在集成电路中因制作大阻值电阻需要占用较大的硅片面积。

(2)输出动态电阻 r_{ce2} 不够大，恒流特性不理想。

(3)I_{C2} 与 I_{REF} 的镜像精度取决于 β。当 β 较小时，I_{C2} 与 I_{REF} 的差别不能忽略。

2. 镜像电流源的改进

1)带有缓冲极的基本镜像电流源

图 7-15 是带有缓冲级的基本镜像电流源,它是针对基本镜像电流源缺点(3)进行的改进,两者不同之处在于它增加了三极管 V_3,其目的是减少三极管 V_1、三极管 V_2 的 I_B 对 I_R 的分流作用,提高镜像精度,减少 β 值不够大带来的影响。

$$\begin{aligned} I_R &= I_{C1}+I_{B3}=\beta_1 I_{B1}+I_{B3}=\beta_1 I_{B1}+I_{E3}/(\beta_3+1) \\ &=\beta_1 I_{B1}+2I_B/(\beta_3+1)=I_B[\beta_1+2/(\beta_3+1)] \\ &=I_B\frac{[2+\beta_1(\beta_3+1)]}{\beta_3+1}=\frac{I_o}{\beta_1}\frac{2+\beta_1(\beta_3+1)}{\beta_3+1} \end{aligned} \tag{7-21}$$

所以有

$$I_o=\frac{1}{1+2/[\beta_1(\beta_3+1)]}I_R\approx I_R \tag{7-22}$$

此时镜像成立的条件为 $\beta_1(\beta_3+1)\gg 2$,这个条件比较容易满足。或者说,要保持同样的镜像精度,允许晶体管的 β 值相对低些。

2)威尔逊(Wilson)电流源

带缓冲极的镜像电流源虽然解决了镜像精度问题,但其输出电阻仍为 r_{ce2}。如图 7-16 所示的威尔逊电流源不但可以较好地解决镜像精度问题,而且还可以大大提高其动态电阻。

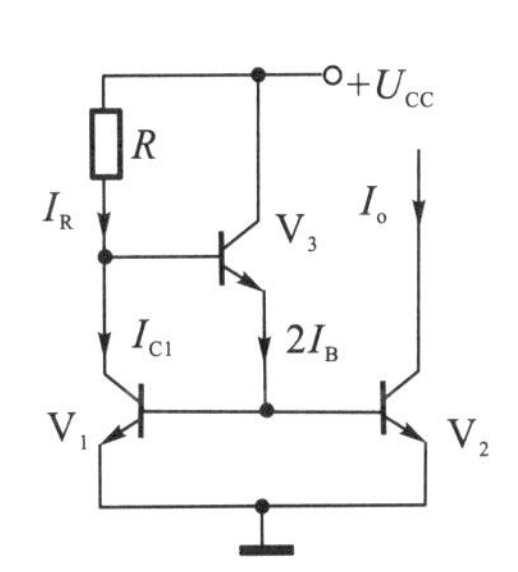

图 7-15　带缓冲的基本镜像电流源

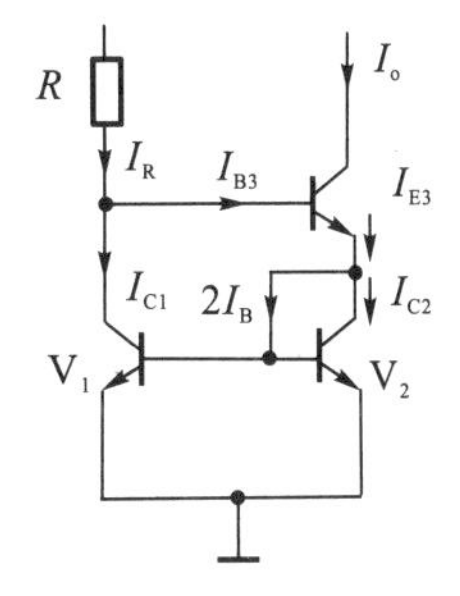

图 7-16　威尔逊电流源

威尔逊电流源能自动稳定电流源电流 I_o,设由于温度或负载等因素变化而使 I_o 增加时,则 I_{E3} 及其镜像 I_{C1} 也跟着增大,促使 U_{C1}(也就是 U_{B3})下降,I_{B3} 减小,从而驱使 I_o 回落。

可以证明,在 3 个晶体管参数相同时,威尔逊电流源的动态输出电阻为

$$R_o\approx\frac{1}{2}(1+\beta)r_{ce} \tag{7-23}$$

输出电流与参考电流之间的关系为

$$\frac{I_o}{I_R}=\frac{\beta^2+2\beta}{\beta^2+2\beta+2}\approx 1 \tag{7-24}$$

可见,威尔逊电流源较大的动态输出电阻和与参考电流之间有较好的镜像关系。

二、比例电流源

图 7－17 是带有发射极电阻的镜像电流源，设两管输对称，由于

$$I_E = I_{ES}(e^{U_{BE}/U_T} - 1) \approx I_{ES} e^{U_{BE}/U_T} \tag{7-25}$$

所以有

$$\frac{I_o}{I_R} \approx \frac{I_{E2}}{I_{E1}} \approx \frac{I_{ES} e^{U_{BE2}/U_T}}{I_{ES} e^{U_{BE1}/U_T}} = e^{\Delta U_{BE}/U_T} \tag{7-26}$$

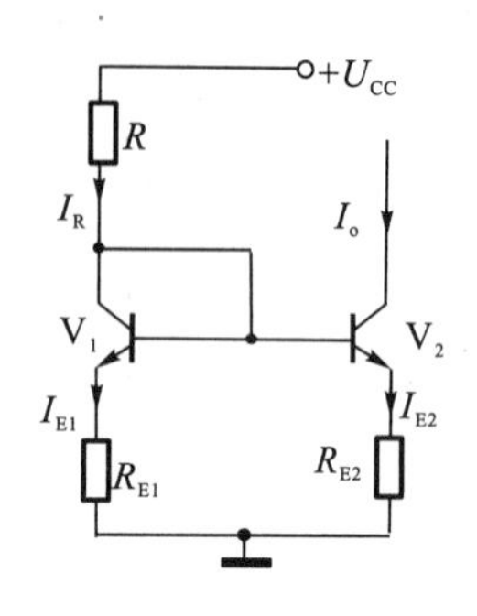

图 7－17　比例电流源电路

式中，$\Delta U_{BE} = U_{BE2} - U_{BE1}$，因为 $U_{BE1} + I_{E1}R_{E1} = U_{BE2} + I_{E2}R_{E2}$，$I_{E1} \approx I_R$，$I_{E2} \approx I_o$，故

$$\Delta U_{BE} \approx I_R R_{E1} - I_o R_{E2} = I_R R_{E1}\left(1 - \frac{I_o R_{E2}}{I_R R_{E1}}\right) \tag{7-27}$$

代入式(7－26)，并整理可得

$$\frac{I_o}{I_R} = \frac{R_{E1}}{R_{E2}}\left[1 - \frac{U_T \ln(I_o/I_R)}{I_R R_{E1}}\right] \tag{7-28}$$

一般，$I_R R_{E1} \gg U_T \ln(I_o/I_R)$，所以有

$$\frac{I_o}{I_R} \approx \frac{R_{E1}}{R_{E2}} \tag{7-29}$$

由图 7－17 可得：$I_R R + U_{BE} + I_{E1} R_{e1} = U_{CC}$，所以

$$I_R \approx \frac{U_{CC} - U_{BE}}{R + R_{E1}} \tag{7-30}$$

式(7－29)表明，电流源输出电流与参考电流存在着一定比例关系，这就是比例电流源名称的由来。另外，从电流源的输出端可以得到等效输出电阻为

$$R_o = r_{ce} + R_{E2} + \frac{R_{E2}}{r_{be} + R_B R_{E2}}(\beta r_{ce} - R_{E2}) \approx r_{ce}\left(1 + \frac{\beta R_{E2}}{r_{be} + R_{E2}}\right) \tag{7-31}$$

可见，比例电流源的输出阻值较大，具有较好的恒流特性。

三、微电流源

有些情况下，要求得到极其微小的输出电流 I_{C2}，这时可令比例电流源中的 $R_{E1} = 0$，如图 7－18 所示即可以在 R_{E2} 不大的情况下得到微电流 I_{C2}。

设两管参数一致，由图 7－18 可知

$I_{C1} \approx I_{E1} \approx I_{ES} e^{U_{BE1}/U_T}$，$I_{C2} \approx I_{E2} \approx I_{ES} e^{U_{BE2}/U_T}$，而 $I_{C1} \approx I_R$，所以可得 $\frac{I_{C2}}{I_R} \approx e^{\Delta U_{BE}/U_T}$，所以，$\Delta U_{BE} \approx U_T \ln \frac{I_R}{I_{C2}}$。

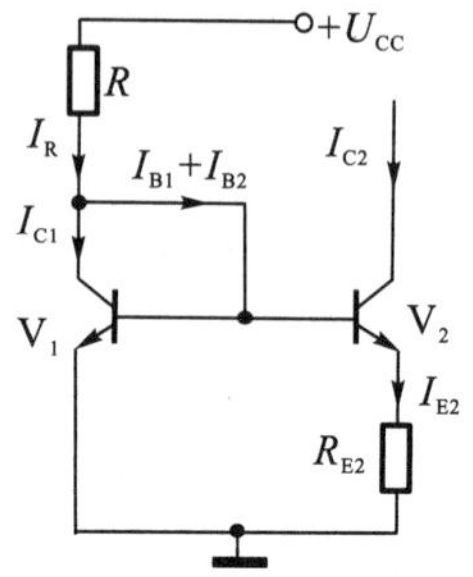

图 7－18　微电流源电路

另一方面，由图 7－18 可得：$\Delta U_{BE} = U_{BE2} - U_{BE1} = I_{E2} R_E \approx I_{C2} R_E$，所以有

$$I_{C2}R_E \approx U_T \ln \frac{I_R}{I_{C2}} \tag{7-32}$$

四、有源负载

用有源电路取代电阻作为放大电路的负载称为有源负载。集成运算放大器中的有源负载大多由电流源组成。所以，电流源不但可以为差分放大器等放大电路提供稳定的电流偏置，而且还可以作为放大电路的有源负载用来提高放大电路的电压增益。

1. 共射极放大电路的有源负载

在图 7－19(a)中，V_2、V_3 和 R 组成电流源电路，电流源从 V_2 输出到 V_1 集电极取代 R_C 作为 V_1 的有源负载。图 7－19(b)是放大电路的微变等效电路。

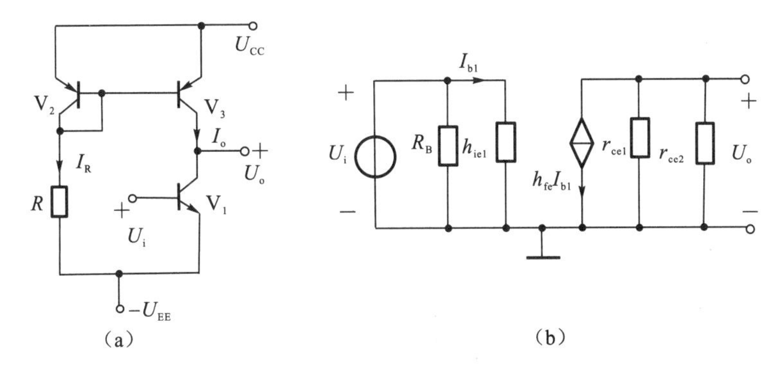

图 7－19　共射极放大电路有源负载

从等效电路可知，由于电流源输出等效电阻 r_{ce2} 比 R_c 大得多，所以，可使放大电路有更高的电压增益，即

$$A_u = -\frac{\beta(r_{ce1} /\!/ r_{ce2})}{h_{ie1}} \tag{7-33}$$

电流源电路还可以在共集电极放大电路中取代射极电阻 R_E 作为有源负载，其基本原理与共射极电路相同。

2. 差分放大器的有源负载

图 7－20 是采用有源负载的差分放大器，其中，图 7－20(a)是晶体管差分放大器，图 7－20(b)是场效应管差分放大器。在图 7－20(a)中的 V_1、V_2 为差分放大器，V_3、V_4 为镜像电流源有源负载，V_5 向镜像电流源提供缓冲。

用镜像电流源作差分放大器的负载还使电路具有一种特殊的功能，就是使差分放大器的双端输出单端化。所谓单端化就是使单端输出的差分放大器具有与双端输出相同的效果，即差模电压增益和抑制共模信号的能力与双端输出相同。

如果电路两边对称，由图 7－20(a)可知，当输入差模信号时，V_1 和 V_2 集电极电流增量大小相等，方向相反(如图中所示均为 Δi_{c1})，由于 V_4 集电极电流与 V_3 集电极电流相等，而 V_3 集电极电流又与 V_1 集电极电流相等，所以，V_4 集电极电流又与 V_2 集电极电流大小相等，方向相反，所以 V_4 的电流增量也为 Δi_{c1}，如图 7－20 所示，这时，流过负载电阻的电流为 $2\Delta i_{c1}$，差模信号得到放大输出。

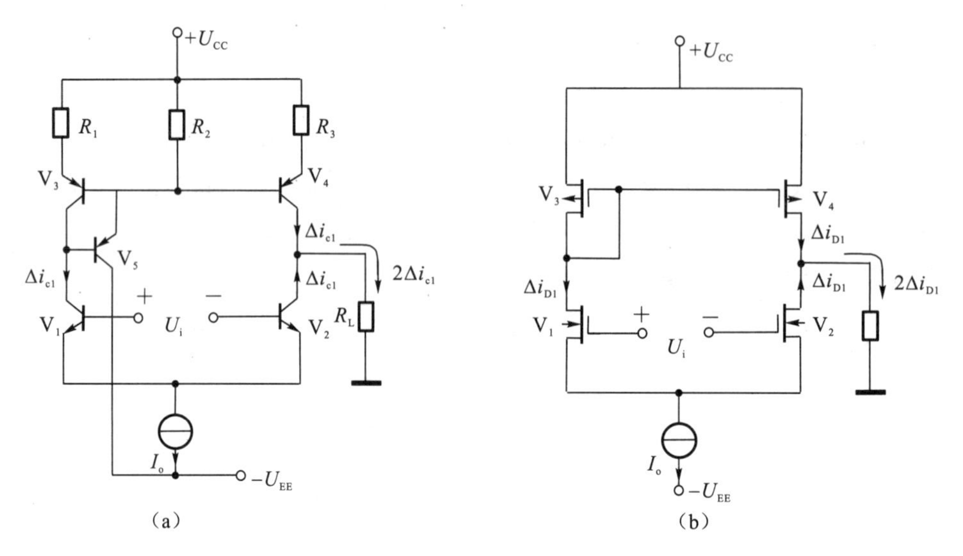

图 7－20　带有源负载的差分放大器

当输入共模信号时，V_1 和 V_2 集电极电流增量大小相等，方向相同，同样的推导可知，V_4 集电极电流与 V_2 集电极电流相等，方向相同，所以，流过负载电阻的电流为零。负载上没有共模信号输出，也就是抑制了共模信号。

第四节　通用型运算放大器

一、通用型集成运算放大器 CF741(μA741)系列

仙童 μA741 通用高增益运算放大器，是早些年最常用的运算放大器之一，应用非常广泛，双列直插 8 脚或圆筒 8 脚封装，如图 7－21 所示。μA741 工作电压最高可达±22V，最大差模电压输入±30V，最大共模输入电压±18V，允许功耗 500mW。普通电路互换范围很宽，其管脚与 OP07(超低失调精密运算放大器)完全一样，可以代换的其他运算放大器有 μA709、LM301、LM308、LF356、OP07、OP37、MAX427 等。同时需要注意的是，μA741 为较早的通用放大器，性能不是很好，但可以满足一般需求。

图 7－22 是 μA741 的内部电路原理图。从图中可以看出，电路由如下部分组成。

(1)输入级。输入级由 V_1—V_4 共集-共基组合差分放大电路组成，引用组合差分放大电路是为了提高运算放大器抑制共模信号的能力。

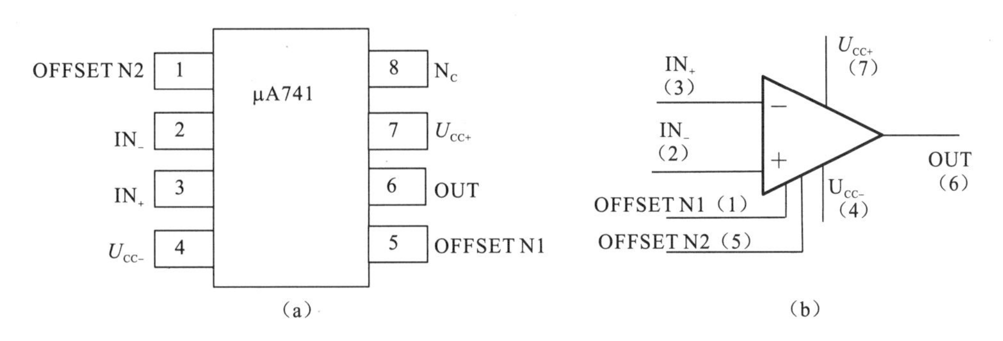

图 7-21　μA741 运算放大器的引脚图

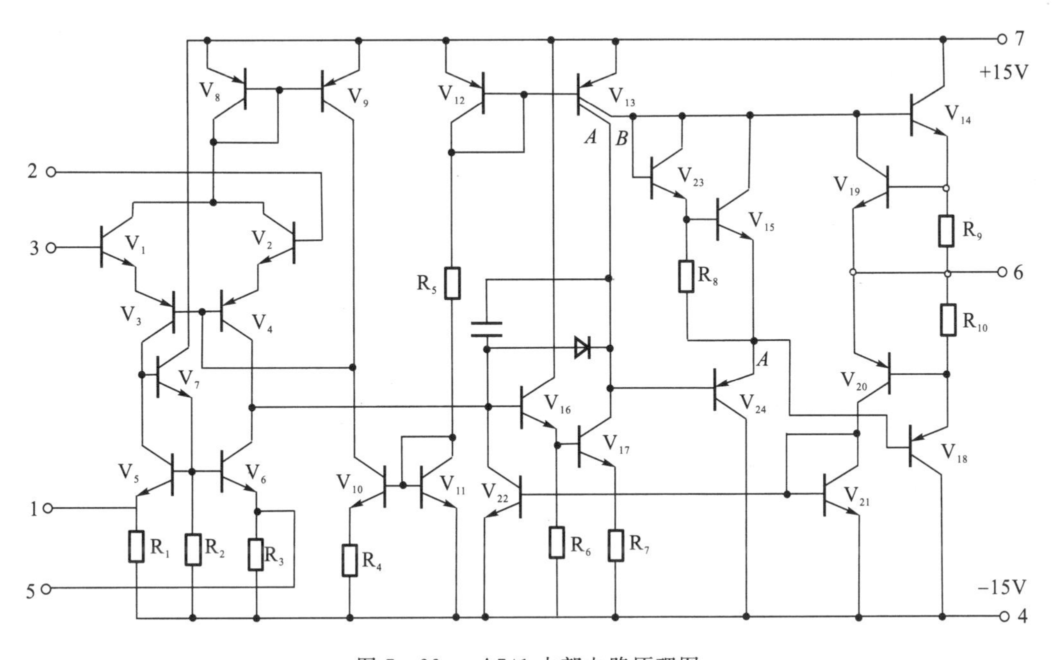

图 7-22　μA741 内部电路原理图

(2)中间放大级。中间放大级由 V_{16}、V_{17} 组成，V_{16} 是射极输出器。放大器输入信号由 V_4 集电极引入，输出信号由 V_{17} 集电极输出到 V_{24} 的基极。

(3)输出级。输出级由 V_{24}、V_{18}、V_{14} 组成。V_{18}、V_{14} 构成互补对称功率放大电路，V_{24A} 是它的推动级。V_{15}、V_{23} 组成恒压源电路，为 V_{18}、V_{14} 提供适当的偏置，以减少交越失真。

(4)电流源电路。图中的镜像电流源有 V_{12} 和 V_{13}，V_{10} 和 V_{11}，V_8 和 V_{19}，V_{22} 和 V_{21}，以及 V_5、V_6 和 V_7，其中 V_5、V_6 和 V_7 是带有缓冲的微电流源。在这些镜像电流源中，基准电流由 V_{12}、V_{11} 和 R_5 提供。V_8 和 V_{19} 的电流源为差分放大电路提供电流偏置，V_{12} 和 V_{13B} 为功率输出级提供电流偏置；V_5、V_6 和 V_7 是差分放大电路的有源负载，V_{12} 和 V_{13A} 是中间放大级 V_{17} 的有源负载；V_{22} 和 V_{21} 为保护电路。

$$I_R=\frac{U_{CC}+U_{EE}-2U_{BE}}{R_5} \tag{7-34}$$

(5)过流保护电路。V_{19}、R_9 是功率管 V_{14} 的过流保护电路，限制了正向电压的过大；

R_{10}、V_{20}、V_{21}和V_{22}是功放管V_{18}的过流保护电路。V_{22}和V_{21}提供保护的原理是：当负向电流过大时，V_{20}导通，启动镜像电流源V_{21}和V_{22}（这个镜像电流源平时断开），使V_{16}基极电流减小，从而使负向电流下降；V_{24B}跨接在中间放大级V_{16}和V_{17}集电极之间，也起过流保护的作用，当V_{16}和V_{17}电流过大，使V_{17}集电极电压下降过大，V_{24B}发射结导通，对V_{16}基极电流分流，从而限制了V_{17}的电流过大。

(6)自激补偿电路。自激补偿电路由电容C来实现。显然这是一个极零点补偿。

μA741的有关电气参数可参考相关资料。

二、BIMOS运算放大器CA3140系列

CA3140由美国无线电公司出产，是一种BJT和MOS工艺相结合的产物。它结合了压电PMOS晶体管工艺和高电压双授晶体管的优点（互补对称金属氧化物半导体），采用MOSFET作为输入级，在大多数场合，它可以直接替换μA741（与μA741引脚几乎完全相同）。其主要特点是：输入阻抗高（典型值为1.5TΩ）、低输入电流（25℃的典型值为10pA）、低输入失调（最大为2mV）；允许输入共模电压范围宽（可比负电源电压再低0.5V）；可单电源工作，也可双电源工作，总电源电压范围宽（可达4～44V）；转换速率S_R高（7～9V/μA，μA741是0.5V/μs）、建立时间t_{set}短（典型值是1.4μs）；开环电压100V。所以，CA3140是一种卓越性能的运算放大器。

CA3140的封装为双列直插8脚或圆筒8脚封装，如图7-23所示。

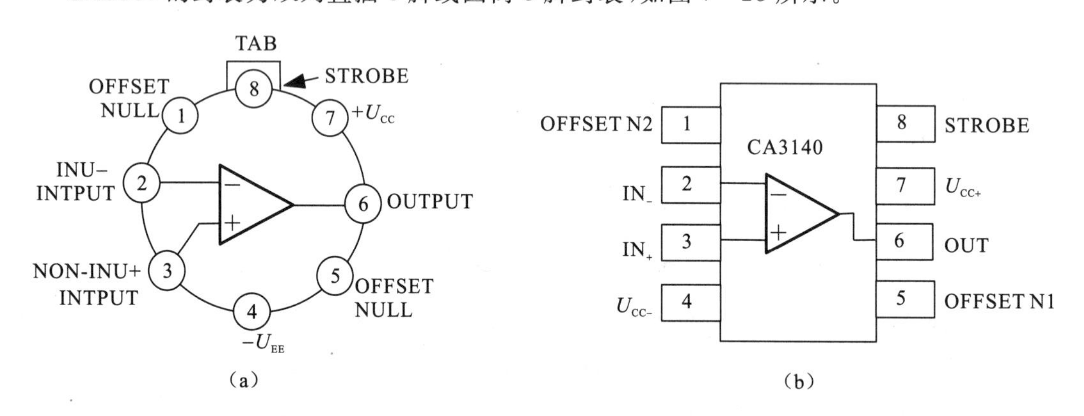

图7-23　CA3140运算放大器的引脚图

CA3140与μA741在功能上有一个区别，就是CA3140的输出级可脉冲选通。引脚⑧就是选通端，若⑧脚以机械的或电气的手段与负电源④相接，此时的输出级便处于截止状态，输出电压被拊定在负电源上，而与信号无关，整个电路处于被“关断”的状态。将⑧脚与④脚脱开，电路就进入“选通”状态，可以正常工作。

CA3140的有关电气参数可参考相关资料。

第五节　专用型运算放大器

一、精密运算放大器

精密运算放大器最显著的特征是具有较低失调电压（V_{OS}＜1mV）、较低温漂的特性（TCV_{OS}＜2μV/℃）；此外，一般还具有较低的噪声水平。这些特性有助于保持输入信号的直流信息精确度。代表性产品有 1975 年上市的世界第一款精密运算放大器 OP07，以及后续的改进型 OP27、OP37、OP177 等。

二、高速宽带放大器

高速宽带放大器的增益带宽积一般可达到 50MHz 以上，也具有较高的压摆率；而通用现运算放大器的带宽不到 1MHz，压摆率也小于 1V/μs。这些特点有助于处理兆赫兹级的高频信号。代表性的产品有 LTC6269（500MHz，400V/μs）。

三、轨至轨放大器

轨至轨放大器输入和输出电压摆幅非常接近或几乎等于电源电压值，因此支持电路以更接近供电轨的摆幅和更宽的动态范围工作；而通用型运算放大器输入或输出电压则通常要求高于负电源某一数值，而低于正电源某一数值。代表性的产品有 LTC6228、AD8244。

四、低噪声放大器

低噪声放大器的噪声通常小于 $10nV/\sqrt{Hz}$，一般用于微弱信号检测领域。代表性的产品有 ADA4898-2（$0.9nV/\sqrt{Hz}$）。

五、低功耗放大器

低功耗放大器的功耗一般小于 1mA/放大器，可以延长电池寿命，简化终端设备的散热管理，降低自发热以使热相关的失调漂移最小，以及降低系统总功耗和成本，一般用于便携式仪器、航空航天仪器中。代表性的产品有 LTC2058（静态电流 950μA）、ADA4077（静态电流 400μA）。

六、高压放大器

高压放大器的电源电压工作范围一般大于±20V，这也使得输出电压的动态范围较宽。代表性的产品有ADA4522(电源电压范围 4.5～55V)、LTC6091(电源电压范围 9.5～140V)，ADHV4702-1(电源电压范围 24～220V)。

七、高输出电流放大器

高输出电流放大器的输出电流一般大于 100mA，同时能够以出色的线性度驱动低阻抗负载。代表性的产品有：AD8392A(输出电流典型值 500mA)、LT1970A(输出电流典型值 800mA)、LT1795(输出电流典型值 1A)。

八、可编程增益放大器

可编程增益放大器，能够提高电路的动态范围，并能够实时调整信号振幅。图 7-24 所示为可编程放大器基本原理。电路中：运算放大器接成同相组态，S_1—S_4 为理想开关(开关闭合时电阻为零)，当不同的开关闭合，放大器的电压增益是不同的。如果能够通过程序来控制开关的闭合，就可以实现可编程放大。代表性的产品有 PGA116(具有 1、2、4、8、16、32、64、128 共 8 种调节范围)，VCA821(大于 40dB 调节范围、dB 线性可变增益)。

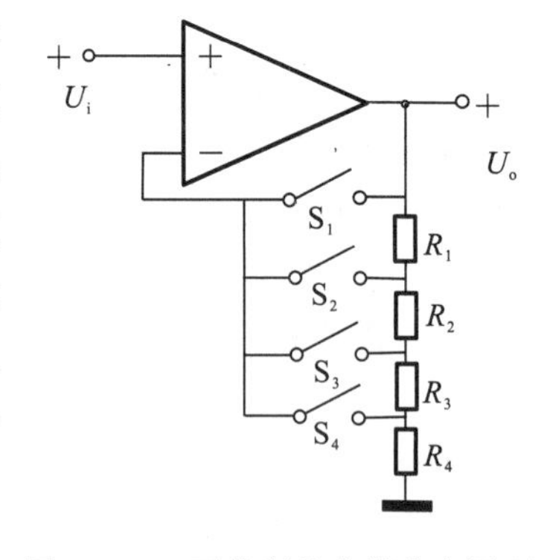

图 7-24　可编程放大器基本原理

当 S_1 闭合时，电压增益 $A_u=1$；

当 S_2 闭合时，电压增益 $A_u=1+R_1/(R_2+R_3+R_4)$；

当 S_3 闭合时，电压增益 $A_u=1+(R_1+R_2)/(R_3+R_4)$；

当 S_4 闭合时，电压增益 $A_u=1+(R_1+R_2+R_3)/R_4$。

开关由一种叫做译码器的电路控制(译码器是一个数字器件，将在数字电路课程中介绍)，译码器又可以称为选择器，它是一个多输入多输出器件，可以根据不同的输入状态，选择其中一个输出为高电平(或低电平)，其余都为低电平(或高电平)。一般来说，如果有 n 个输入，就可以控制 2^n 个输出。在图 7-24 中，有 4 个开关需要控制，因此需要两个输入量。设输入量为 A_0 和 A_1，则它们不同的状态可以与 4 个开关建立如下对应关系：

$A_0A_1=0\times00$，对应 S_1 闭合；

$A_0A_1=0\times01$，对应 S_2 闭合；

$A_0A_1=0\times10$，对应 S_3 闭合；

$A_0A_1=1\times1$，对应 S_4 闭合。

一般情况 0 对应于低电平，1 对应于高电平。因此，只要有程序给出译码器输入量不同的状态，就可以得到不同的电压增益。

九、仪表放大器

仪表放大器在常规放大电路的基础上，在两个输入端分别增加一个同相放大器，组成一个三运算放大器集成放大电路。这种电路的优势可以增加输入阻抗和共模抑制比，已经广泛用于许多工业、测量、数据采集和医疗应用的前置放大器中，这些应用要求在高噪声环境下保持直流精度和增益精度，而且其中存在大共模信号。代表性的产品有美国 TI 公司的 INA128、INA828、INA1620 等。

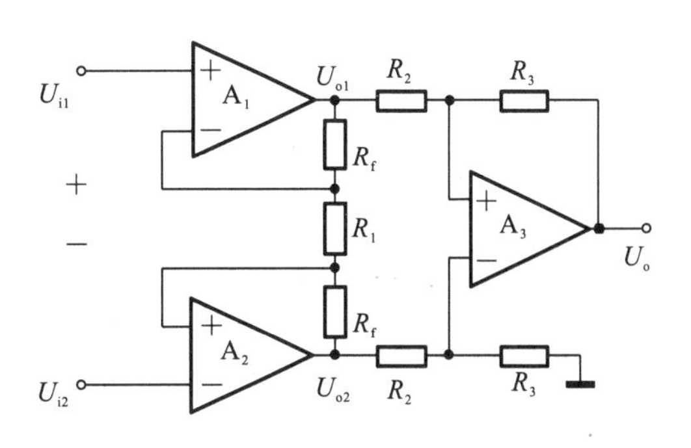

图 7-25　仪表放大器内部原理

图 7-25 为由 A_1、A_2、A_3 3 个运算放大器组成的仪表放大器内部原理图。A_1、A_2 组成双端输入、双端输出差分放大电路，由于信号从两个同相端输入，使输入阻抗高达 10MΩ 以上，第二级采取差分输入。

由图 7-25 可知

$$\frac{U_{o1}-U_{i1}}{R_f}=\frac{U_{i1}-U_{i2}}{R_1}=\frac{U_{i2}-U_{o2}}{R_f} \tag{7-35}$$

由上式可得

$$U_{o1}-U_{o2}=\left(1+\frac{2R_f}{R_1}\right)(U_{i1}-U_{i2}) \tag{7-36}$$

而 A_3 为差动输入，$U_o=-\frac{R_3}{R_2}(U_{o1}-U_{o2})$，代入式(7-36)，得

$$U_o=-\frac{R_3}{R_2}\left(1+\frac{2R_f}{R_1}\right)(U_{i1}-U_{i2}) \tag{7-37}$$

式(7-35)说明，输出 U_o 与输入($U_{i1}-U_{i2}$)之间成线性放大关系，而且调节 R_1 即可方便地改善增益。

在运算放大器参数和电阻(R_3、R_2 和 R_f)严格对称的条件下，电路具有很高的共模抑制能力和低的温漂。由于分立式电路很难保证元件参数具有较高的对称性，因此利用集成电路技术设计的单芯片仪表放大器可以避免这一问题：电路元件制作在一个单晶硅的芯片里，元件参数偏差方向一致，温度均一性好。

INA128 是一款应用较为广泛的通用仪表放大器。该放大器只需一个外接的增益控制电阻就可以设置 1 至 10 000 之间的任意增益值，具有较低的失调电压(250μV)，低噪声 8nV/$\sqrt{\text{Hz}}$，漂移小(3.5μV/℃)，共模抑制比高(最高为 120dB)，高输入电阻(10^{10}Ω)等特点。INA128 采用 8 引脚塑料封装或 SOL-16 表面封装，图 7-26(a)、(b)分别为 INA114 的引脚图(塑料封装)和内部结构图。

INA128 的电压增益由外接电阻 R_G 确定，其电压增益为式(7-38)。此外，如果对 R_G 进行程序控制，就可同时实现仪表放大器和可编程增益放大器。

$$A_u = 1 + \frac{50}{R_G} \tag{7-38}$$

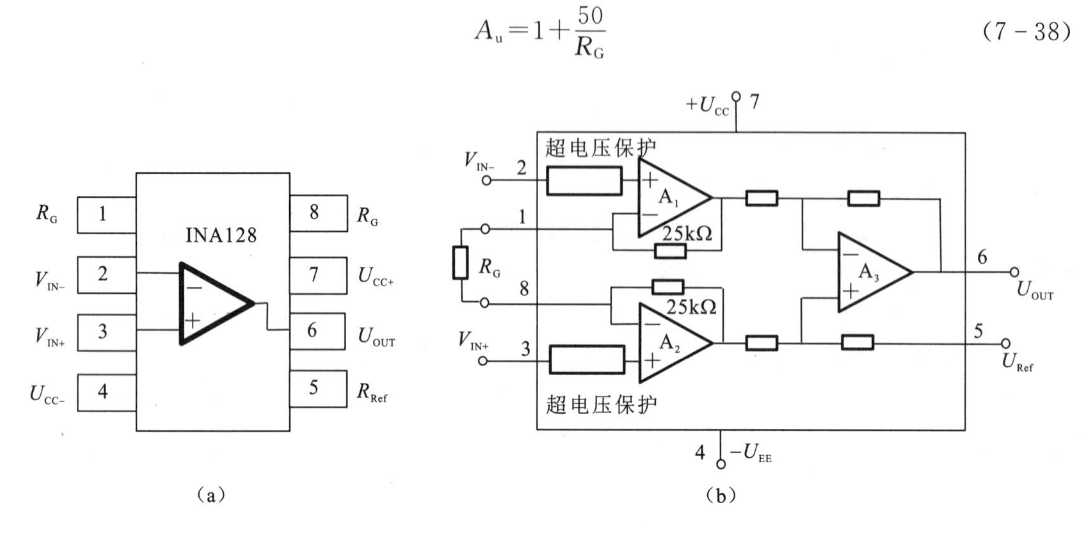

图 7-26　INA128 的引脚图和内部结构图

十、斩波自稳零式运算放大器

斩波自稳零式运算放大器常称为第四代集成运算放大器。前三代产品都是采用参数补偿法来遏制零点漂移，而第四代产品利用现代集成电路工艺的最新成果，将输入失调、共模抑制比、开环增益等主要性能参数都推进到了近于理想的数值。而 CMOS 工艺的介入，充分发挥了它易于将数字与模拟两种技术结合的优点，更是把第四代产品的性能推上了新台阶。

1. 斩波自稳零工作原理

图 7-27 为斩波自稳零放大器工作原理图，它的两组开关 A、B 是在内部振荡器产生的时钟信号的控制下进行交替工作的。根据它的工作过程，可以将它们分成两个阶段，即误差记存阶段和校零放大阶段，其原理图分别为图 7-27(a)、(b)。在图中每一运算放大器除了有同相输入端和反相输入端外，还有一个误差输入端，A_1 的误差输入端为 N_1，A_2 的误差输入端为 N_2。相应地，其误差放大倍数分别为 A_{u1}'和 A_{u2}'。

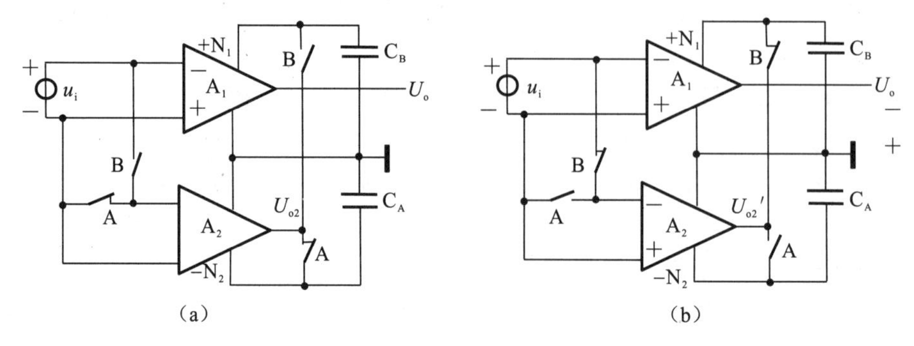

图 7-27　斩波自稳零放大器工作原理图

1)误差记存阶段

当时钟的上半周期,A 组开关接通,B 组开关断开,如图 7-27(a)所示。这时,运算放大器 A_2 输入为零,所以其输出就是失调信号 $U_{o2}=A_{u2}U_{os}-A_{u2}'U_{o2}$,其中,$U_{os}$ 为等效到输入端的输入失调电压。所以,A_2 的输出为

$$U_{o2}=\frac{A_{u2}U_{os}}{1+A_{u2}'} \tag{7-39}$$

这时,由于 A_2 的输出端与电容 C_A 接通,所以这时电容 C_A 的电压与 U_{o2} 相等,这时的电压就是记存的误差。

2)校零放大阶段

在时钟下半周期,A 组开关断开,B 组开关闭合,如图 7-27(b)所示。此时信号 U_i 进入运算放大器 A_2,同时电容 C_A 上记存的误差也通过 N_2 端送入 A_2。此时 A_2 的输出为

$$U_{o2}'=A_{u2}(U_i+U_{os})-A_{u2}'U_{CA}=A_{u2}(U_i+U_{os})-A_{u2}'U_{o2} \tag{7-40}$$

设此时失调电压与误差记存阶段相等,这在开关频率较高时是成立的。

将 U_{o2} 代入上式,可得

$$U_{o2}'=A_{u2}(U_i+U_{os})-A_{u2}'\frac{A_{u2}U_{os}}{1+A_{u2}'}\approx A_{u2}(U_i+U_{os})-A_{u2}U_{os}=A_{u2}U_i \tag{7-41}$$

可见,这时 A_2 的输出中基本没有失调电压,完成了自动调零。

但是在校零放大阶段,由于 A 组开关断开,A_2 是不能输出的,显然如果从 A_2 输出,信号将被中断,输出不连续,这是不行的。实际上,信号的输出是由 A_1 来完成的。

在校零放大阶段,A_2 输出的信号一路送给电容 C_B(C_B 这时的电压等于 U_{o2}'),另一路送给 A_1 的 N_1 端,所以两个运算放大器参数一致的条件下,这时 A_1 的输出为

$$\begin{aligned}U_o&=A_{u1}(U_i+U_{os})+A_{u1}'U_{o2}'=A_{u1}(U_i+U_{os})+A_{u1}'A_{u2}U_i\\&=(A_{u1}+A_{u1}'A_{u2})U_i+A_{u1}U_{os}\end{aligned} \tag{7-42}$$

在误差记存阶段,由于电容 C_B 的电压为 U_{o2}',从 N_1 端输入到 A_1,所以情况和校零放大阶段相同,所以输出电压也由式(7-40)表示。

这时系统总增益为($A_{u1}+A_{u1}'A_{u2}$),故等效的输入失调电压为

$$U_{os}'=\frac{A_{u1}U_{os}}{A_{u1}+A_{u1}'A_{u2}}\approx\frac{U_{os}}{A_{u2}} \tag{7-43}$$

失调电压降低了 A_{u2} 倍,所以共模抑制比也将增加 A_{u2} 倍。

2. 斩波自稳零式 CMOS 运算放大器 ICL7650 简介

图 7-28 所示为 ICL7650 管脚图和原理框图。ICL7650 由主放大器、调零放大器、内部振荡器、输出钳位电路、内调制补偿电路和两组电子开关 A 和 B 所组成。

ICL7650 的 1、2 脚为外界电容端,8 脚为两电容公共端。4 脚、5 脚为信号输入端,10 脚为信号输出端,9 脚为钳位端,防止过载出现放大器阻塞。12 脚、13 脚、14 脚为时钟端,由 14 脚选择内外时钟。当 14 脚接高电位,选择内时钟,并可从 12 脚输出内部时钟;当 14 脚接低电位,选择外时钟。11 脚接正电源,7 脚接负电源。

ICL7650 的特点可归纳为:极低的输入失调电压,在整个工作温度范围(约 100℃)内只有 ±1μA;极高的开环电压增益和共模抑制比,均超过 130dB;极低的失调电压温漂,只有 0.01μV/℃。

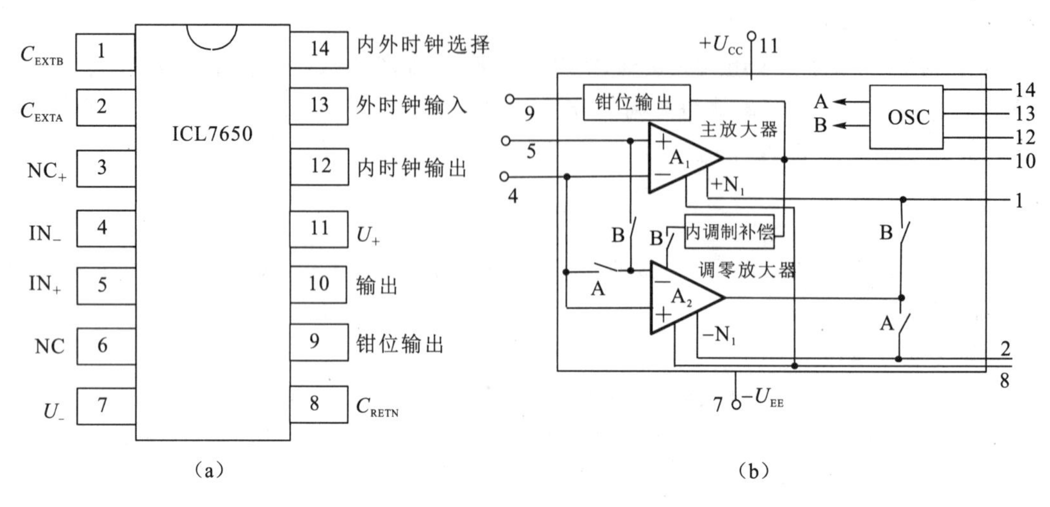

图 7-28 ICL7650 管脚图和原理框图

十一、隔离放大器

隔离放大器是一种特殊的测量放大电路，其输入、输出和电源电路之间没有直接电路耦合，即信号在传输过程中没有公共的接地端，可用于医疗监护仪器、电力测试仪器设备等领域。代表性的产品有 AMC1300、ISO224、AD203、ADUM3190。

1. 已知几个集成运算放大器的参数如表 7-1 所示，试分别说明它们各属于哪种类型的运算放大器。

特性指标	A_{od}	r_{id}	U_{IO}	I_{IO}	I_{IB}	$-3\text{dB}f_H$	K_{CMR}	S_R	单位增益带宽
单位	dB	MΩ	mV	nA	nA	Hz	dB	V/μs	MHz
A_1	100	2	5	200	600	7	86	0.5	
A_2	130	2	0.01	2	40	7	120	0.5	
A_3	100	1000	5	0.02	0.03		86	0.5	5
A_4	100	2	2	20	150		96	65	12.5

2. 对于实际的集成运算放大器，当差模输入信号为零时，其输出电压为零吗？为什么？

3. 集成运算放大器的主要参数中有哪些描述输入级的非对称性？它们和温度有关吗？为什么？

4. 如何将偏置电路从集成运算放大器中分离出来？

5. 根据什么原则来判断集成运算放大电路中各级电路的基本接法？

6. 对于单源供电的集成运算放大器，为了使其输出电压在两个变化的方向上的最大值相等，应如何设置静态工作？画出信号源于集成运算放大器直接耦合和阻容耦合两种方式的电路。

7. 若集成运算放大器的电源电压为±15V，差模放大倍数为1×10^5，则当其差模输入电压为±1uV、±10uV、±100uV、1mV，输出电压各为多少？

8. 共射放大电路采用有源负载时，输出电阻是增大了还是减小了？为什么可以认为采用有源负载能够提高电路的放大能力？

9. 为什么集成运算放大器内部可以采用增加电路复杂性的方法提高性能，而分立元件不能采用同样的方法？

10. 集成运算放大器由哪几部分组成？各部分的作用是什么？

11. 电路如图7-29所示，已知BJT的$\beta_1=\beta_2=\beta_3=50$，$r_{ce}=200\text{k}\Omega$，$V_{BE}=0.7\text{V}$，试求单端输出的差模电压增益$A_{ud2}$、共模抑制比$K_{CMR2}$、差模输入电阻$R_{id}$和输出电阻$R_o$。求：

(1)T_3、R_1、R_2和R_{e3}构成BJT电流源。

(2)AB两端的交流电阻。

12. CMOS源极耦合差分式放大电路如图7-30所示，电路参数为$+U_{DD}=10\text{V}$，$-U_{SS}=-10\text{V}$，$I_o=0.1\text{mA}$，PMOSFET T_3、T_4的$K_P=80\mu\text{A/V}^2$，$\lambda_P=0.015\text{V}^{-1}$，$U_T=-1\text{V}$。NMOSFET T_1、T_2的$K_n=100\mu\text{A/V}^2$，$\lambda_n=0.01\text{V}^{-1}$，$U_T=1\text{V}$。确定差模电压增益$A_{ud2}$为多少？

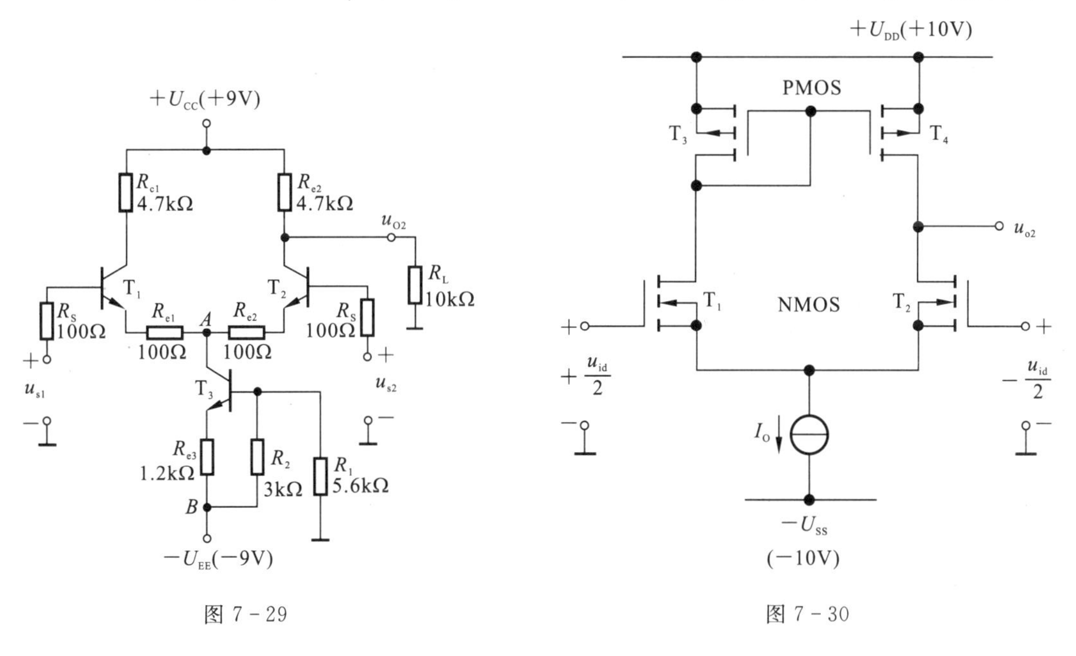

图7-29　　　　图7-30

13. 电路如图7-31所示，输入信号电压$u_{i1}=-v_{i2}=\dfrac{u_{id}}{2}$，当电路中$T_1$—$T_4$的参数已知$g_{m1}=g_{m2}$，$g_{m3}=g_{m4}$，$r_{ds1}=r_{ds2}$，$r_{ds3}=r_{ds4}$，证明电路的电压增益为

$$A_{ud}=\frac{u_{o1}-u_{o2}}{u_{id}}=-(g_{m1}+g_{m2})(r_{ds1}/\!/r_{ds3})$$

14. 电路如图7-32所示，电路中JFET T_1、T_2的$g_m=1.41\text{mS}$，$\lambda_1=0.01\text{V}^{-1}$，BJT的

$r_{ced}=100\text{k}\Omega$，电流源电流 $I_o=1\text{mA}$，动态电阻 $r_o=2000\text{k}\Omega$；$R_L=40\text{k}\Omega$，当 $u_{id}=40\text{mV}$，求输出电压 u_{o2}、共模电压增益 A_{vc2} 和共模抑制比 K_{CMR2}。

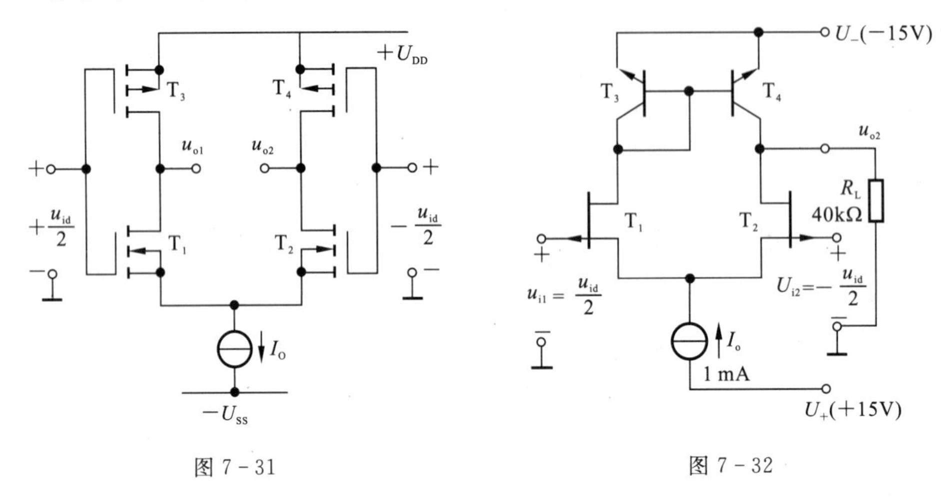

图 7－31　　　　图 7－32

15. 图 7－33 表示一 BJT 集成运算放大器电路。

(1)试判断两管 T_1 和 T_2 的两个基极，哪个为同相端，哪个为反相端？

(2)分辨图中的 BJT 中何者为射极耦合对、射极跟随器、共射极放大器？并指明它们各自的功能。

16. BiJFET 型运算放大器 LH0042 的简化原理电路如图 7－34 所示，运算放大器与 BJT741 型电路相比较，试说明电路的基本组成和工作原理。

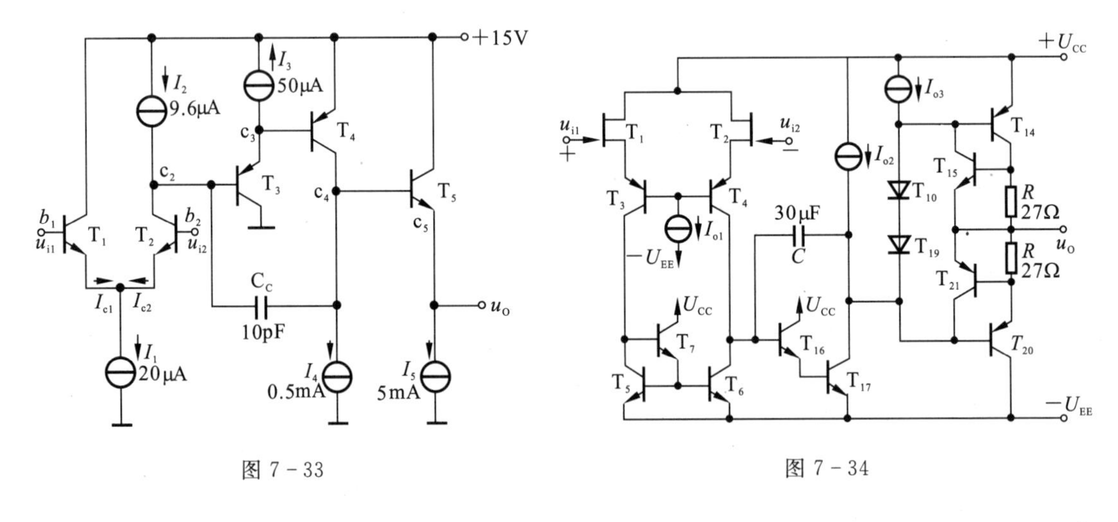

图 7－33　　　　图 7－34

17. I_{IO} 和 I_{IB} 的补偿电路如图 7－35 所示，当运算放大器的 $I_{BN}=90\text{nA}$，$I_{BP}=70\text{nA}$ 时，在运算放大器同相端接入一电阻 $R_5=9\text{k}\Omega$，当时 $u_I=0$ 时，要使输出误差电压为零，补偿电路应提供多大的补偿电流 I_C？

18. 电路如图 7－36 所示，用镜像电流源（T_1、T_2）对射极跟随器进行偏置。设 $\beta\gg1$，求电流 I_O 的值。若 $r_o(r_{ce})=100\text{k}\Omega$。试比较该电路与分立元件电路的优点。设 $U_{CC}=-U_{EE}=10\text{V}$，$U_{BE}=0.6\text{V}$。

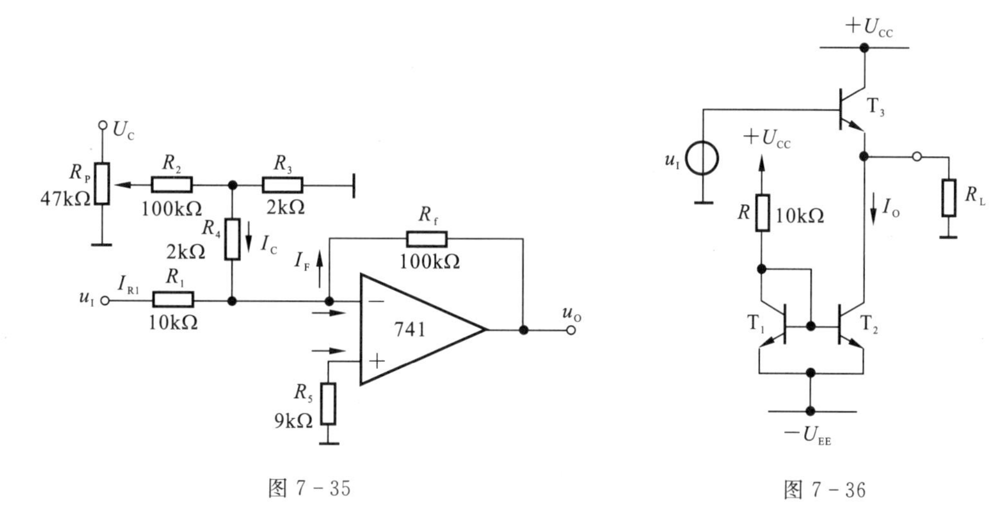

图 7－35　　　　图 7－36

19. 在图 7－37 所示电路中，电流表的满偏电流 I_M 为 $100\mu A$，电表支路的电阻 R_m 为 $2k\Omega$，两管的 $\beta=50$，$U_{BE}=0.7V$，$r_{bb'}=300\Omega$，试计算：

(1)当 $u_{s1}=u_{s2}=0$ 时，每管的 I_C、I_B、V_{CE} 各为多少？

(2)为使电流表指针满偏，需加多大的输入电压？

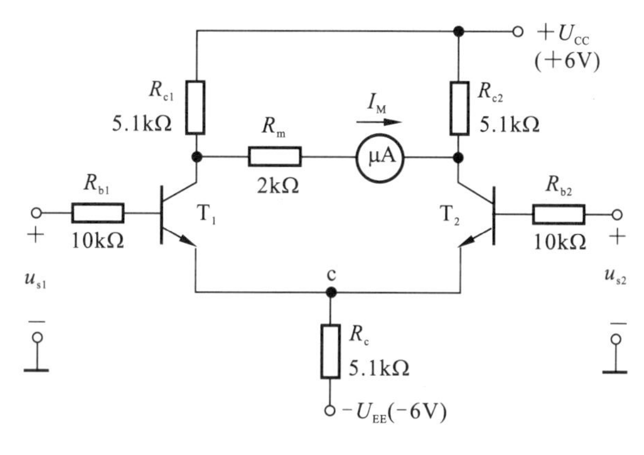

图 7－37

20. 运算放大器 741 的 $I_{IO}=20nA$，$I_{IB}=100nA$，$V_{IO}=5mV$，当 I_{IO}、I_{IB} 和 V_{IO} 为不同取值时，试回答下列问题：

(1)设反相输入运算放大电路如图 7－38(a)所示(未加输入信号 u_i)，若 $V_{IO}=0$，求由于偏置电流 $I_{IB}=I_{BN}=I_{BP}$ 而引起的输出直流电压 V_O；

(2)怎样消除偏置电流 I_{IB} 的影响，如图 7－38(b)所示，电阻 R_2 应如何选择以使 $V_O=0$；

(3)在(2)问的改进电路图 7－38(b)中，若 $I_{BP}-I_{BN}=I_{IO}\neq0$，试计算 V_O 的值。

(4)若 $I_{IO}=0$，则由 V_{IO} 引起的 V_O 为多少？

(5)若 $I_{IO}\neq0$ 及 $V_{IO}\neq0$，求 V_O。

21. 通用型集成运算放大器一般由几部分电路组成，每一部分常采用哪种基本电路？通常对每一部分性能的要求分别是什么？

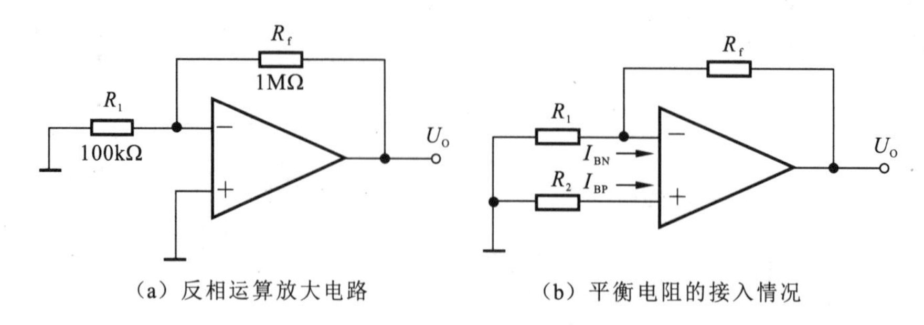

（a）反相运算放大电路　　（b）平衡电阻的接入情况

图 7－38

22. 选择合适答案填入空内。

(1)集成运算放大器电路采用直接耦合方式是因为(　　)。

A. 可获得很大的放大倍数　　B. 可使温漂小　　C. 集成工艺难于制造大容量电容

(2)通用型集成运算放大器适用于放大(　　)。

A. 高频信号　　B. 低频信号　　C. 任何频率信号

(3)集成运算放大器制造工艺使得同类半导体管的(　　)。

A. 指标参数准确　　B. 参数不受温度影响　　C. 参数一致性好

(4)集成运算放大器的输入级采用差分放大电路是因为可以(　　)。

A. 减小温漂　　B. 增大放大倍数　　C. 提高输入电阻

(5)为增大电压放大倍数，集成运算放大器的中间级多采用(　　)。

A. 共射放大电路　　B. 共集放大电路　　C. 共基放大电路

23. 说法是否正确，用"√"或"×"表示判断结果填入括号内。

(1)运算放大器的输入失调电压 U_{IO} 是两输入端电位之差。　(　　)

(2)运算放大器的输入失调电流 I_{IO} 是两端电流之差。　(　　)

(3)运算放大器的共模抑制比 $K_{CMR}=\left|\frac{A_d}{A_c}\right|$　(　　)

(4)有源负载可以增大放大电路的输出电流。　(　　)

(5)在输入信号作用时，偏置电路改变了各放大管的动态电流。　(　　)

24. 如图 7－39 所示，已知 $\beta_1=\beta_2=\beta_3=100$。各管的 U_{BE} 均为 0.7V，试求 I_o 的值。

25. 电路如图 7－40 所示。

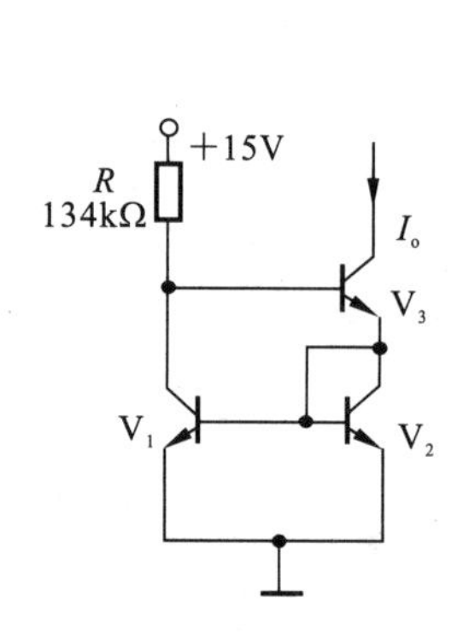

图 7－39

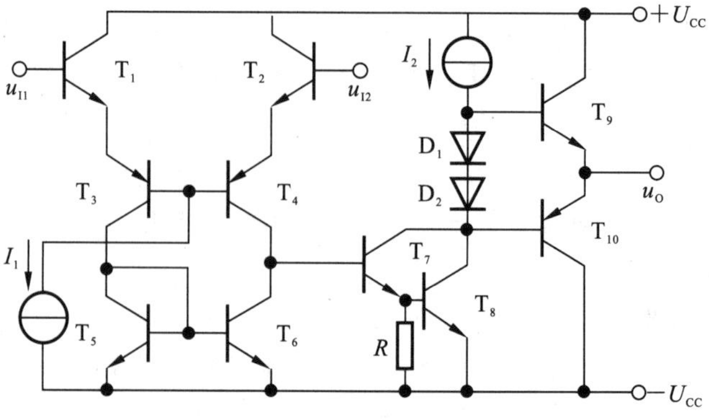

图 7－40

(1)说明电路是几级放大电路，各级分别是哪种形式的放大电路(共射、共集、差分放大器等)。

(2)分别说明各级采用了哪些措施来改善其性能指标(如增大放大倍数、输入电阻等)。

26. 根据下列要求，将应优先考虑使用的集成运算放大器填入空内。已知现有集成运算放大器的类型是：①通用型；②高阻型；③高速型；④低功耗型；⑤高压型；⑥大功率型；⑦高精度型

(1)作低频放大器，应选用(　　)。

(2)作宽频带放大器，应选用(　　)。

(3)作幅值为 1μV 以下微弱信号的量测放大器，应选用(　　)。

(4)作内阻为 100kΩ 信号源的放大器，应选用(　　)。

(5)负载需 5A 电流驱动的放大器，应选用(　　)。

(6)要求输出电压幅值为±80 的放大器，应选用(　　)。

(7)宇航仪器中所用的放大器，应选用(　　)。

27. 已知一个集成运算放大器的开环差模增益 A_{od} 为 100dB，最大输出电压峰-峰值 $U_{opp}=\pm 14$V，分别计算差模输入电压 u_i(即 $u_+ - u_-$)为 10μV、100μV、1mV、1V 和 -10μV、-100μV、-1mV、-1V 时的输出电压 u_o。

28. 多路电流源电路如图 7-41 所示，已知所有晶体管的特性均相同，U_{BE} 均为 0.7V。试求 I_{C1}、I_{C2} 各为多少。

29. 如图 7-42 所示为多集电极晶体管构成的多路电流源。已知集电极 C_0 与 C_1 所接集电区的面积相同，C_2 所接集电区的面积是 C_0 的两倍，$I_{CO}/I_B=4$，$e\sim b$ 间电压约为 0.7V。试求解 I_{C1}、I_{C2} 各为多少？

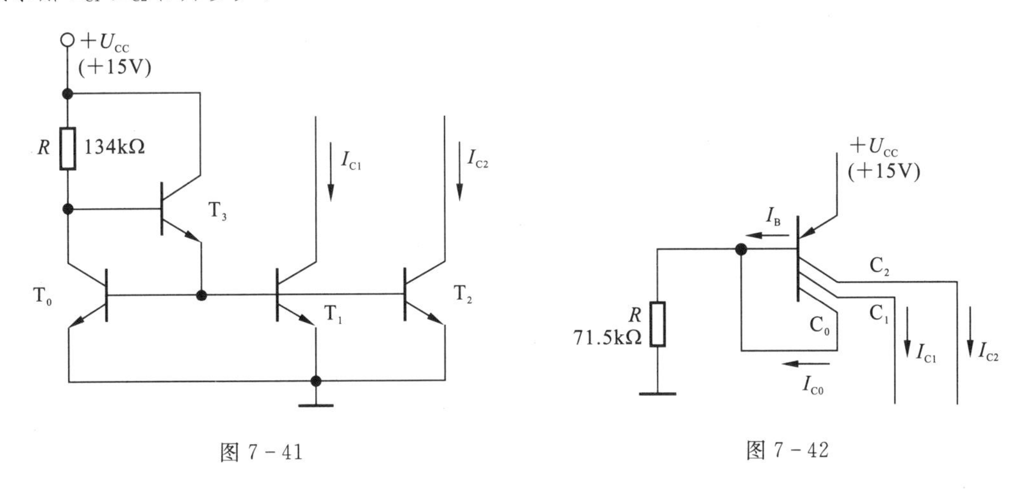

图 7-41　　　　图 7-42

30. 电路如图 7-43 所示，T 管的低频跨导为 g_m，T_1 管和 T_2 管 $d\sim s$ 间的动态电阻分别为 r_{ds1} 和 r_{ds2}。试求解电压放大倍数 $A_u=\Delta u_o/\Delta u_i$ 的表达式。

31. 电路如图 7-44 所示，T_1 管与 T_2 管特性相同，它们的低频跨导为 g_m；T_3 管与 T_4 管特性对称；T_2 管与 T_4 管 $d\sim s$ 间动态电阻为 r_{ds2} 和 r_{ds4}。试求出两电路的电压放大倍数 $A_u=\Delta u_o/\Delta(u_{I1}-u_{I2})$ 的表达式。

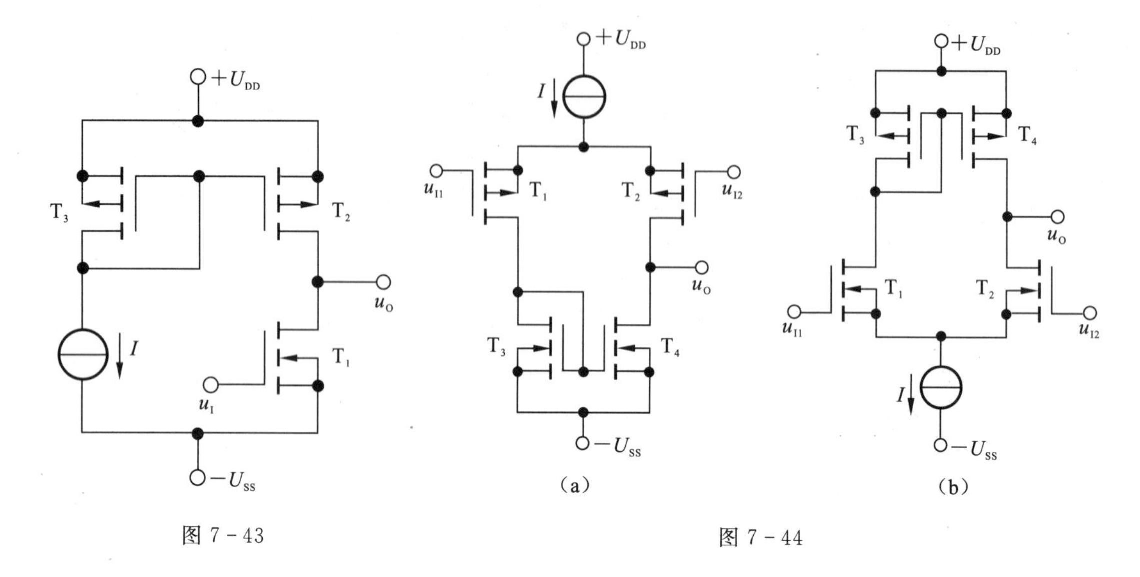

图 7-43

图 7-44

32. 电路如图 7-45 所示，具有理想的对称性。设各管 β 均相同。

(1)说明电路中各晶体管的作用。

(2)若输入差模电压为($u_{I1}-u_{I2}$)，则由此产生的差模电流为 Δi_D，求解电路电流放大倍数 A_i 的近似表达式。

33. 电路如图 7-46 所示，T_1 管与 T_2 管为超 β 管，电路具有理想的对称性。选择合适的答案填入空内。

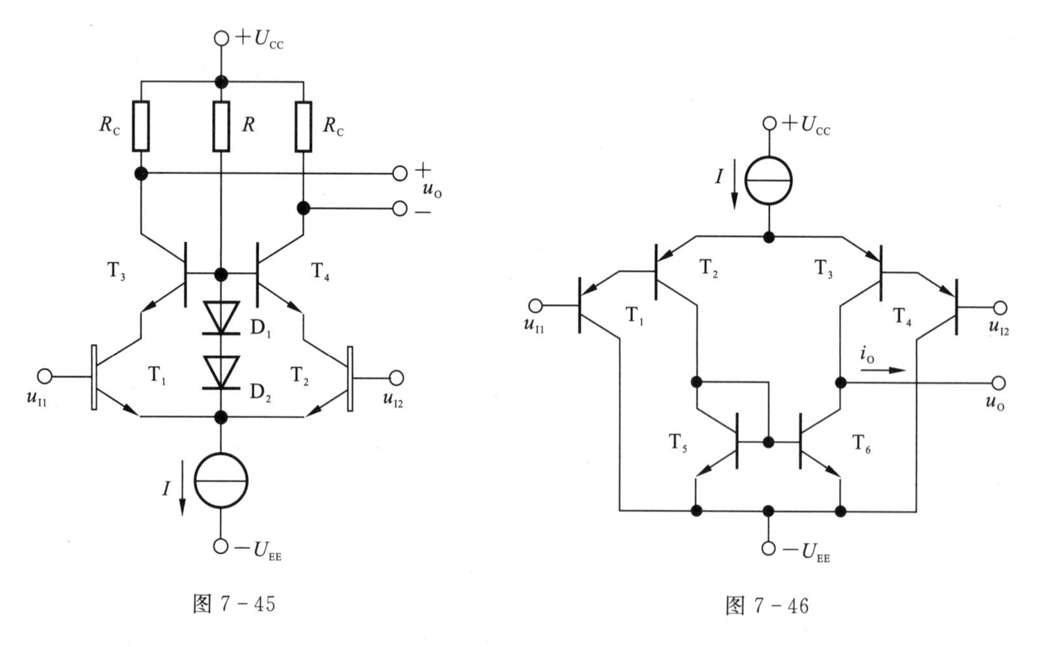

图 7-45

图 7-46

(1)该电路采用了(　　)。

A. 共集-共基接法　　B. 共集-共射接法　　C. 共射-共基接法

(2)电路所采用的上述接法是为了(　　)。

A. 增大输入电阻　　B. 增大电流放大系数　　C. 展宽频带

(3)电路采用超β管能够(　　)。

A. 增大输入级的耐压值　B. 增大放大能力　　C. 增大带负载能力

(4)T_1管与T_2管的静态压降约为(　　)。

A. 0.7V　　B. 1.4V　　C. 不可知

34. 电路如图7-46所示,试问:为什么说D_1与D_2的作用是减少T_1管与T_2管集电结反向电流I_{CBO}对输入电流的影响?

35. 如图7-47所示电路中,已知T_1管、T_2管、T_3管的特性完全相同,$\beta \gg 2$;反相输入端的输入电流为i_{I1},同相输入端的输入电流为i_{I2}。试问:

(1)i_{C2}约为多少?

(2)i_{B2}约为多少?

(3)$A_r = \Delta u_o / (i_{I1} - i_{I2})$约为多少?

36. 比较图7-48所示两个电路,分别说明它是如何消除交越失真和如何实现过流保护的。

37. 如图7-49所示电路是某集成电路的一部分,单电源供电,T_1、T_2、T_3为放大管。试分析:

(1)100μA电流源的作用。

(2)T_4的工作区域(截止、放大、饱和)。

(3)50μA电流源的作用。

(4)T_5管与R的作用。

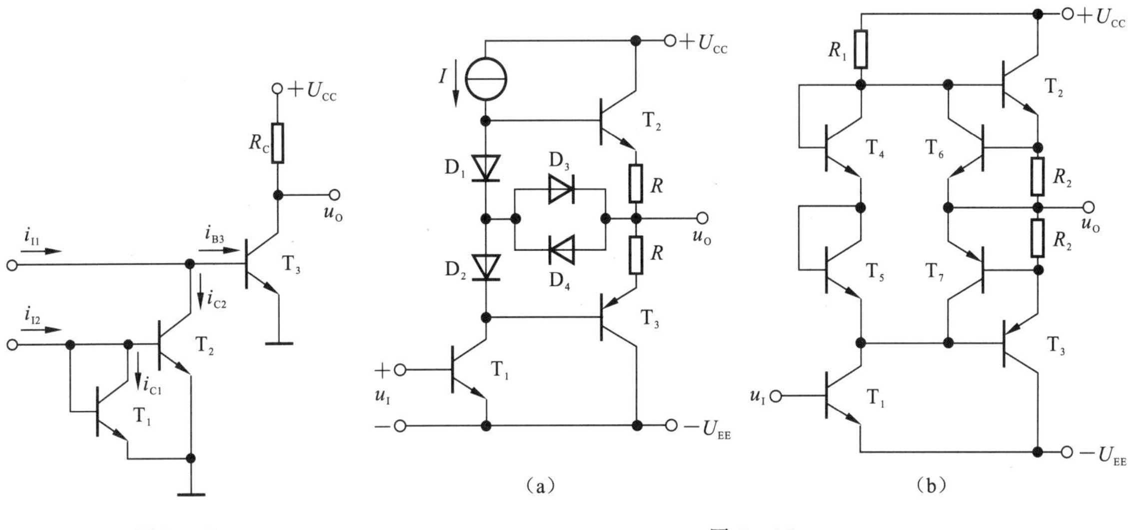

图7-47　　图7-48

38. 电路如图 7－50 所示，试说明各晶体管的作用。

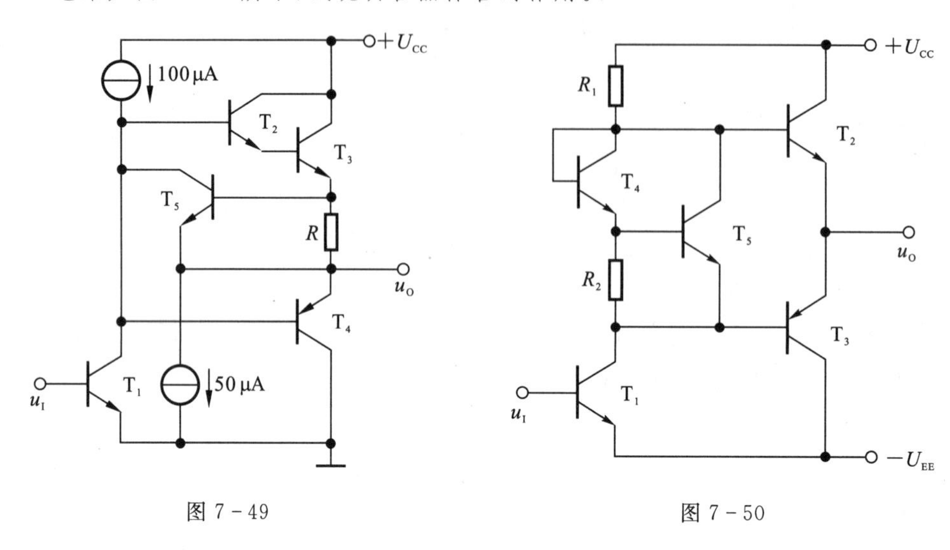

图 7－49　　　　图 7－50

39. 如图 7－51 所示为简化的高精度运算放大器电路原理图，试分析：

(1)两个输入端中哪个是同相输入端，哪个是反相输入端；

(2)T_3 与 T_4 的作用。

(3)电流源 I_3 的作用。

(4)D_2 与 D_3 的作用。

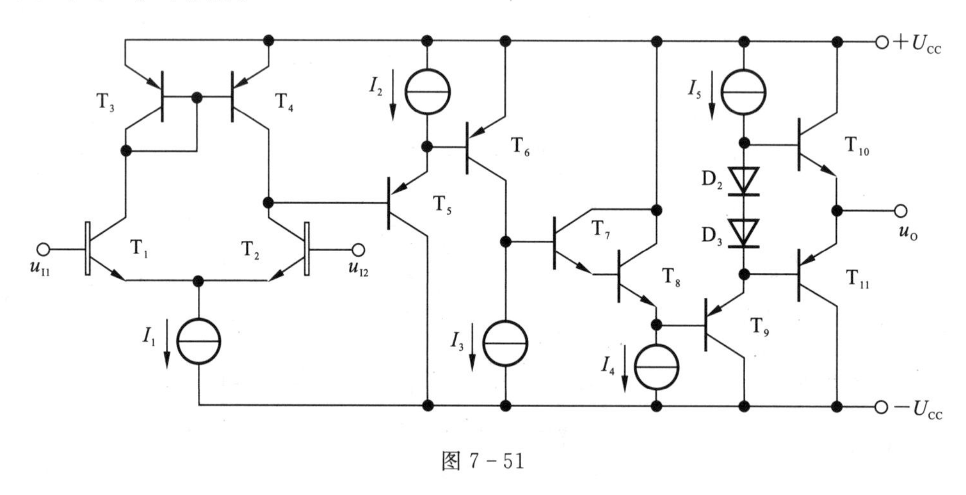

图 7－51

40. 通用型运算放大器 F747 的内部电路如图 7－52 所示，试分析：

(1)偏置电路由哪些元件组成？基准电流约为多少？

(2)哪些是放大管，组成几级放大电路，每级各是什么基本电路？

(3)T_{19}、T_{20} 和 R_8 组成的电路的作用是什么？

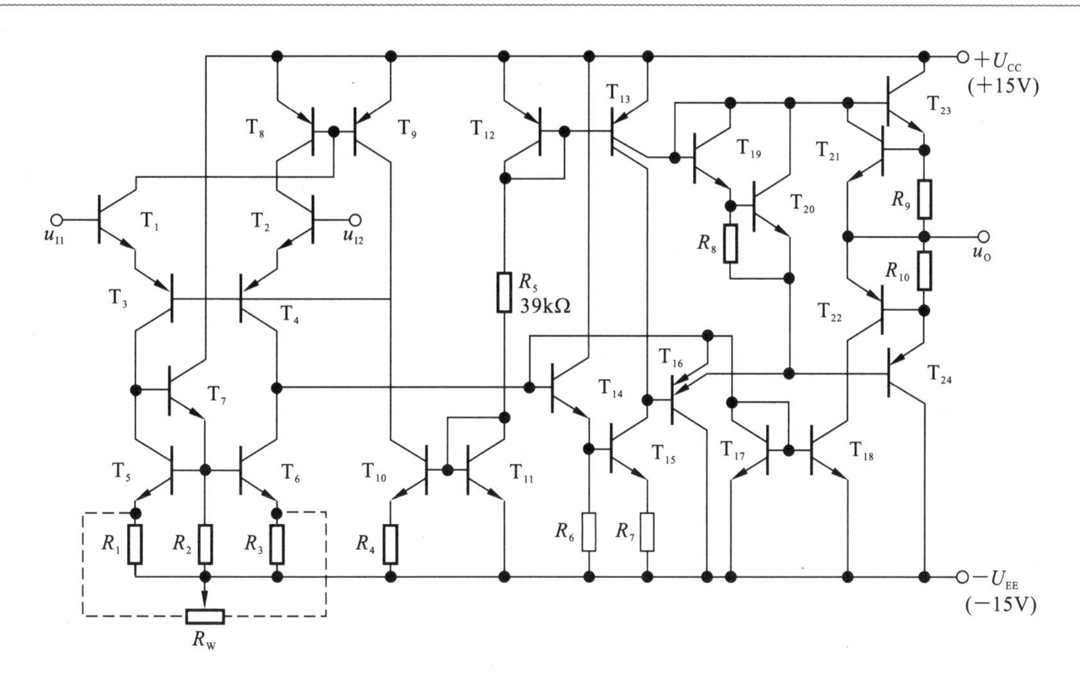

$+U_{CC}$
(+15V)
$-U_{EE}$
(−15V)
u_{I1}
u_{I2}
u_O
T_1
T_2
T_3
T_4
T_5
T_6
T_7
T_8
T_9
T_{10}
T_{11}
T_{12}
T_{13}
T_{14}
T_{15}
T_{16}
T_{17}
T_{18}
T_{19}
T_{20}
T_{21}
T_{22}
T_{23}
T_{24}
R_1
R_2
R_3
R_4
R_5
39kΩ
R_6
R_7
R_8
R_9
R_{10}
R_W

图 7－52

第八章 模拟信号运算电路

知识要点

1. 基本运算放大电路，带负反馈的运算电路。
2. 模拟信号运算电路。
3. 模拟信号放大与检测电路。
4. 模拟乘法器的概念及应用。

运算放大器起始应用于模拟信号的各种运算，故得此名。尽管电子元器件的革新发展非常迅速，但信号之间各种表达式的运算，仍是集成运算放大器一个重要而基本的应用。本章主要介绍集成运算放大器的组成：比例、加减、乘除、积分和微分、对数和指数、多项表达式关系等运算电路，然后介绍应用日益广泛的集成模拟乘法器。运算放大器的实质是实现输出电压与输入电压之间的数学运算关系，即要求运算电路中的集成运算放大器必须工作在线性区。应用运算放大器的关键是紧扣理想运算放大器工作在线性区的两个特点："虚短""虚断"和负反馈。

第一节 运算放大器基础

一、运算放大器的线性运用

运算放大器在实际运用中，其性能与理想运算放大器接近，因此，在理论分析与实际应用中，通常将运算放大器作为理想元器件处理。理想运算放大器在线性运用中的特点可以描述为

$$i_+ = i_- = 0$$

$$u_+ = u_- \tag{8-1}$$

公式(8-1)阐述了理想运算放大器在线性运用时的两个重要特性：

(1)虚开或虚断。流进运算放大器的电流为零,看起来像开路(但又没有开路)。

(2)虚短。运算放大器两个输入端的电压为零,看起来像短路(实际上又没有短路)。

理想运算放大器线性运用时的示意图如图 8-1 所示,图中虚线表示虚短和虚开。实际应用中,运算放大器参数的指标接近于理想器件,若不作特殊说明,一般都按理想器件对待。

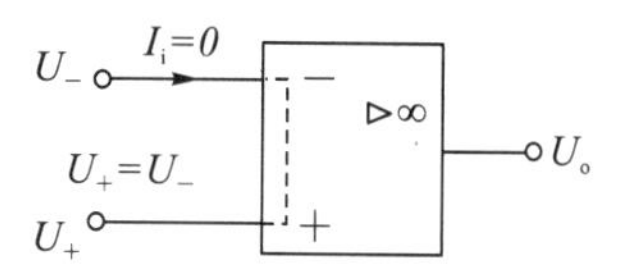

8-1　理想运算放大器线性运用

二、集成运算放大器应用需注意的问题

1. 消振

由第七章的学习可知,集成运算放大器是一高增益多级放大器,在作为信号放大使用中,一般需要构成闭环工作,此时整个电路很容易自激,必须采取相位补偿措施,以保证闭环稳定地工作。集成运算放大器在制造过程中,尽可能地将补偿元件一并制成,使用时不需外接补偿元件,十分方便。这种补偿方式称为内补偿。此外,有许多集成运算放大器在闭环工作时,需要外接补偿元件,可根据器件的说明书进行连接。

2. 调零

运算放大器在理想状态时,应当是输入信号为零,输出信号也为零电平。而实际使用中,由于运算放大器第一级几乎都采用差分放大器,而差分放大器电路不可能完全对称,存在着严重的失调电压和失调电流,导致信号零输入,而输出出现零点漂移现象。

目前较多采用外接电位器调零,如 F007 的 1 和 5 两端为调零端,外接 10kΩ 电位器,如图 8-2(a)所示。并非所有的运算放大器电路都必须调零,为了减少集成运算放大器的管脚数目,便于用标准管壳封装,及提高器件的集成度,目前不设置调零引出端的内补偿多元运算放大器已大量涌现,如 CF747、CF4741、CF149、CF158 等。此类运算放大器本身没有设置调零引出端,可以外加补偿电压来调零,如图 8-2(b)、(c)所示。但由于调零电路体积较大、成本较高,且存在着动触点,对电路的可靠性会有影响。

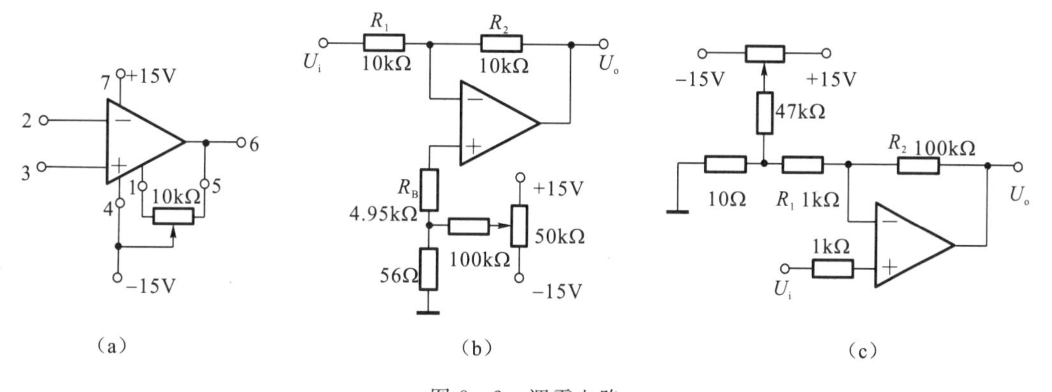

图 8-2　调零电路

多级运算放大器中,前置放大级是否调到零电平对整个电路系统影响最大,后续级相对来说影响小。因此,对多级放大电路,只需对第一级设置调零电路,即可达到较好的调零效

果。一般来说，运算放大器在直流状态和线性应用时必须调零，但电容耦合的交流小信号、脉冲工作状态或精度要求不很高的场合，若器件的失调和本级的增益都不是很大，此时可不必对运算放大器调零。

3. 平衡

运算放大器输入端所接电阻需处于平衡状态，目的是使集成运算放大器两输入端的对地直流电阻相等，运算放大器的偏置电流不会产生附加的失调电压。如一个反相放大器，运算放大器同相端＋为低电位，一般不是将同相端＋直接接在地上，而是接一个电阻再接地，这个电阻就是平衡电阻。

不论是反相放大还是同相放大，在仅考虑失调参数的影响时，可将其表示成图 8－3(a)的等效电路。图中，I_B^+ 和 I_B^- 分别是同相端和反相端基极偏置电流，则其失调电流 I_{os}，输入偏置电流 I_{Bs}分别为

$$I_{Bs}=\frac{I_B^-+I_B^+}{2} \tag{8-2}$$

$$I_{os}=I_B^+-I_B^- \tag{8-3}$$

由于仅考虑失调影响，输入信号为零，输出仅仅是失调电压，即 $U_o=U_{oso}$，如果设开环电压增益 A 为无穷大，用戴维南定理将输出失调电压等效到输入端，则可得到简化的等效电路如图 8－3(b)所示。

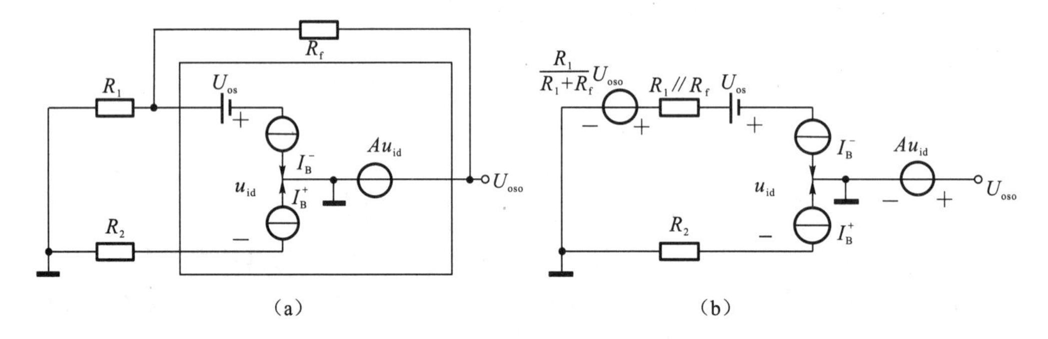

图 8－3　失调等效电路

由图 8－3(b)可得

$$U_{id}=-U_{os}-I_B^-(R_1//R_f)+U_{oso}\frac{R_1}{R_1+R_f}+I_B^+R_2 \tag{8-4}$$

假设完全平衡，则 $U_{id}=0$，所以

$$U_{oso}=\left(1+\frac{R_f}{R_1}\right)U_{os}+I_B^-R_f-I_B^+R_2\left(1+\frac{R_f}{R_1}\right) \tag{8-5}$$

结合式(8－2)和式(8－3)有

$$U_{oso}=\left(1+\frac{R_f}{R_1}\right)U_{os}+I_{Bs}\left[R_f-R_2\left(1+\frac{R_f}{R_1}\right)\right]-\frac{1}{2}I_{os}\left[R_f+R_2\left(1+\frac{R_f}{R_1}\right)\right] \tag{8-6}$$

要使输入偏置电流 I_{Bs}产生的失调电压为 0，则应使

$$R_f-R_2\left(1+\frac{R_f}{R_1}\right)=0 \tag{8-7}$$

即

$$R_2 = R_1 /\!/ R_f \tag{8-8}$$

此时输出失调电压可简化为

$$U_{oso} = \left(1 + \frac{R_f}{R_1}\right) U_{os} + I_{os} R_f \tag{8-9}$$

式(8－6)说明，当 $R_2 = R_1 /\!/ R_f$，即运算放大器反相输入端和同相输入端的直流电阻相等时，运算放大器偏置电流产生的输出失调电压最小，所以在设计运算放大器电路时，一定要使反相输入端和同相输入端直流电阻平衡，满足 $R_- = R_+$。

第二节　模拟信号线性运算电路

集成运算放大器是一个高增益的直接耦合放大器，外接各种反馈网络，形成各具功能的运算电路。在这些运算电路中，一般假定集成运算放大器为理想运算放大器，核心的依据是运算放大器同时具有的“虚短”和“虚断”概念，即两个输入端的净输入电压和净输入电流均为零。在运算电路中，无论是输入电压，还是输出电压，均对“地”而言。在求解运算关系式时，一般采用 KCL 结合欧姆定律，也可以采用节点电位法、叠加原理等电路分析方法，分析和求解过程简单明了。

一、比例运算电路

1. 反相比例运算放大电路

反相输入比例运算放大电路如图 8－4 所示，信号电压 u_s 通过电阻 R_1 加至运算放大器的反相输入端，输出电压 u_o 通过反馈电阻 R_f 反馈到运算放大器的反相输入端，构成电压并联负反馈放大电路。R' 为平衡电阻，应满足 $R' = R_1 /\!/ R_f$。

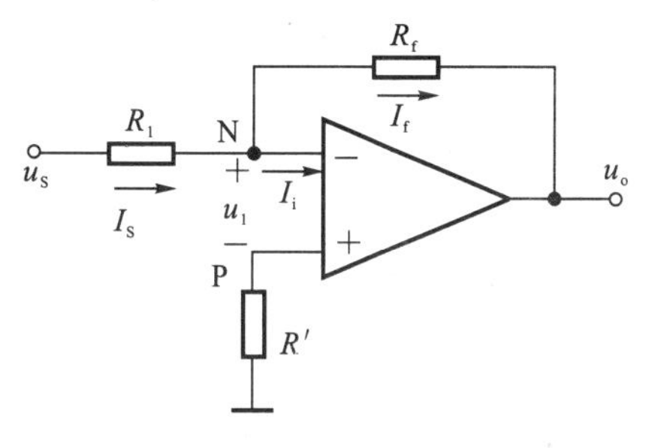

图 8－4　反相比例运算放大电路

1)根据“虚断”和“虚短”，

$i_+ = i_- = 0$，$u_+ = u_-$，$u_+ = 0$，所以，$u_- = u_o$

2)根据一端 KCL，有 $i_s = i_f$，

得 $\dfrac{u_s}{R_1} = -\dfrac{u_o}{R_f}$　，所以 $u_o = -\dfrac{R_f}{R_1} u_s$

3)反相放大电路的特点

(1)运算放大器两个输入端电压相等，电位差近似等于零，只存在差模信号，抗干扰能力强。

(2)反相端虚地连接，不存在共模输入信号，对运算放大器的共模抑制比需求不高，抑制共模信号输出能力强。

(3)电路在深度负反馈条件下，电路的输入电阻为 R_1，输出电阻近似为零。

2. 同相比例运算放大电路

同相输入比例放大电路如图 8－5 所示，信号电压通过电阻 R_s 加到运算放大器的同相输入端，输出电压 u_o 通过电阻 R_1 和 R_f 反馈网络，与运算放大器的反相输入端连接，构成电压串联负反馈放大电路。

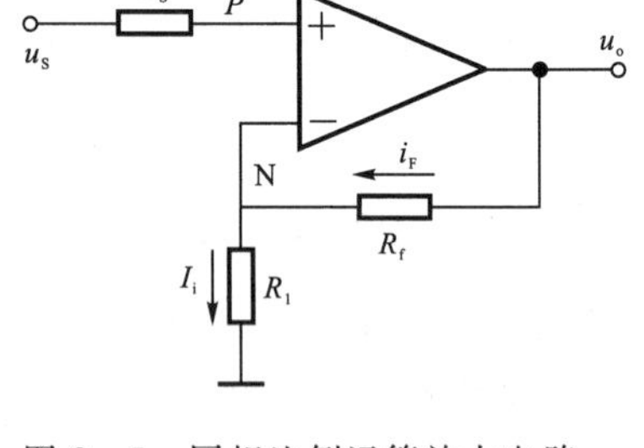

图 8－5　同相比例运算放大电路

1)根据“虚短”和“虚断”

$u_i=u_+=u_-$

2)根据 KCL，$i_f=i_1$；

所以

$$u_-=\frac{R_1}{R_1+R_f}u_o$$

进而有

$$u_i=\frac{R_1}{R_1+R_f}u_o$$

求得

$$u_o=\left(1+\frac{R_f}{R_1}\right)u_o$$

实现了同相比例运算。

3)同相比例运算电路的特点

(1)输入电阻很高，输出电阻很低。

(2)运算放大器两个输入端不存在虚地，且运算放大器存在共模输入信号，因此要求运算放大器有较高的共模抑制比。

二、加减法运算电路

1. 加法电路

在比例运算放大电路的基础上，增加一条或者几条输入支路共接于输入端，便可以组成加法运算电路。

加法运算电路构成的基本原则是：几个加数输入信号必须通过电阻加在运算放大器的同一个输入端，如图 8－6 所示，其中图 8－6(a)为反相加法电路，图 8－6(b)为同相加法电路。由于同相加法电路的共模特性较差，且设计也较为麻烦，所以一般采用反相加法电路。对于图 8－6(a)电路，根据运算放大器的“虚开”和“虚短”特性，我们可以得到

$$\frac{U_{i1}}{R_1}+\frac{U_{i2}}{R_2}+\frac{U_{i3}}{R_3}=-\frac{U_o}{R_f} \tag{8-10}$$

所以可得

$$U_o=-\left(\frac{R_f}{R_1}U_{i1}+\frac{R_f}{R_2}U_{i2}+\frac{R_f}{R_3}U_{i3}\right) \tag{8-11}$$

若 $R_1=R_2=R_3=R_r$，则有

$$U_o=-\frac{R_f}{R_r}(U_{i1}+U_{i2}+U_{i3}) \tag{8-12}$$

如果又有 $R_r=R_f$，则有

$$U_o=-(U_{i1}+U_{i2}+U_{i3}) \tag{8-13}$$

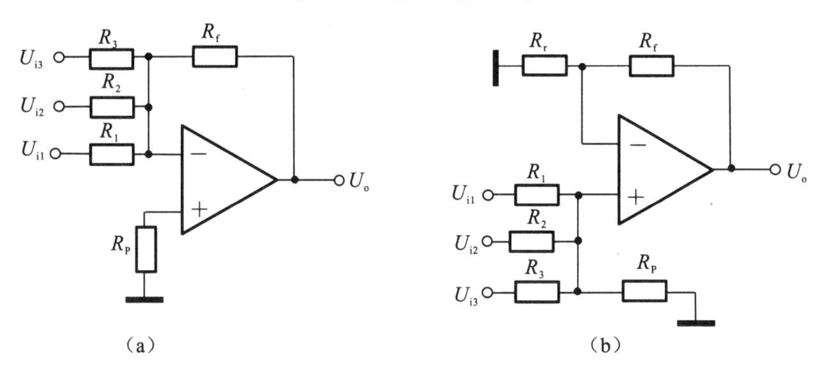

图 8-6 加法电路

式(8-11)说明输出电压 U_o 的绝对值为 3 个输入电压的加权和，其权系数与各自连接电阻有关；式(8-12)说明如果反相端电阻一样的情况下，输出电压 U_o 的绝对值正比于 3 个输入电压之和；而式(8-13)则说明，如果反相端电阻和反馈电阻相等，则输出电压 U_o 的绝对值刚好等于 3 个输入电压之和。

在应用集成运算放大器进行模拟加法运算时，为减小输入失调电流带来的误差，应该按平衡的原则设计同相端电阻，即

$$R_P=R_1/\!/R_2/\!/R_3/\!/R_r \tag{8-14}$$

影响反相加法运算电路的运算精度的因素与反相比例运算电路相同。反相加法运算电路参数调整比较方便，改变某一输入支路的比例系数时，对其他支路的比例关系没有影响。因此此类加法运算电路应用比较广泛。

【例 8-1】 设计一个加法电路，使输出电压 $U_o=-(U_{i1}+2U_{i2}+3U_{i3})$，设 $R_f=100\text{k}\Omega$，试确定各电阻值。

解：根据题目要求，电路可选图 8-6(a)所示电路，由于 $R_f=100\text{k}\Omega$，所以根据 3 个加权因子求得

$$R_1=R_f=100(\text{k}\Omega),R_2=\frac{R_f}{2}=50(\text{k}\Omega),R_3=\frac{R_f}{3}\approx 33(\text{k}\Omega)$$

对于 R_P，根据式(8-10)可得

$$R_P=100/\!/100/\!/50/\!/33\approx 14.3(\text{k}\Omega)$$

2. 减法电路

集成运算放大器电路采用双端输入方式便可以实现减法电路。图 8-7 所示是一个减法运算电路。由图可得

$$U_o=-\frac{R_f}{R_1}U_{i1}+\frac{R_3}{R_2+R_3}\left(1+\frac{R_f}{R_1}\right)U_{i2} \tag{8-15}$$

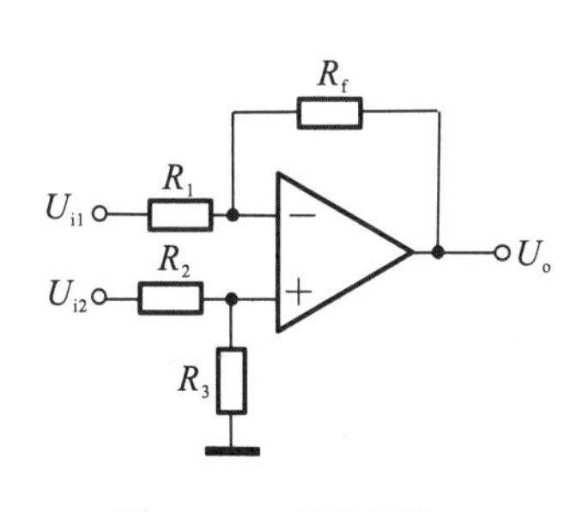

图 8-7 减法电路

当满足 $R_1 /\!/ R_f = R_2 /\!/ R_3$ 时，上式可简化为

$$U_o = -\frac{R_f}{R_1}U_{i1} + \frac{R_f}{R_2}U_{i2} \tag{8-16}$$

如果 $R_1 = R_2 = R_f$，则有

$$U_o = -U_{i1} + U_{i2} \tag{8-17}$$

式(8－16)实现加权减法运算，而式(8－17)则实现减法运算。

【例 8－2】 试用一个运算放大器实现运算关系：$u_o = 2u_{i2} - 4u_{i1}$，要求每路输入电阻不小于 10kΩ，计算各电阻值。

解：根据题目要求建立电路形式如图 8－7 所示。

选 $R_1 = 15\text{k}\Omega$，则根据题目要求，由式(8－16)可得

$$R_f = 4R_1 = 60(\text{k}\Omega)$$

$$R_2 = \frac{R_f}{2} = 30(\text{k}\Omega)$$

由加权条件 $R_1 /\!/ R_f = R_2 /\!/ R_3$，解得 $R_3 = 20\text{k}\Omega$。

【例 8－3】 分析如下复杂电路，电路如图 8－8 所示，其中 $u_{i1} = 0.3\text{V}$，$u_{i1} = 5\text{V}$，$u_{i1} = 1\text{V}$，求输出电压 u_o。

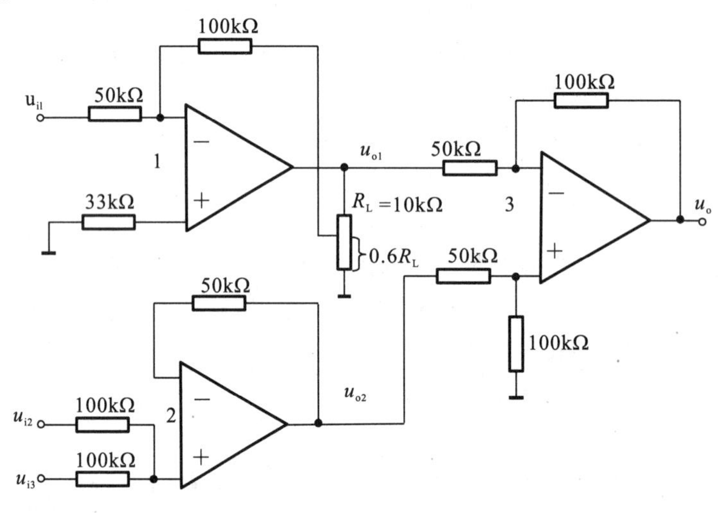

图 8－8　较为复杂的运算放大器电路的分析

解：考虑运算放大器 1

$$\frac{u_{i1} - 0}{50} = \frac{0 - 0.6u_{o1}}{100}$$

所以

$$u_{o1} = -\frac{2u_{i1}}{0.6} = -\frac{10}{3}u_{i1} = -\frac{10}{3} \times 0.3 = -1(\text{V})$$

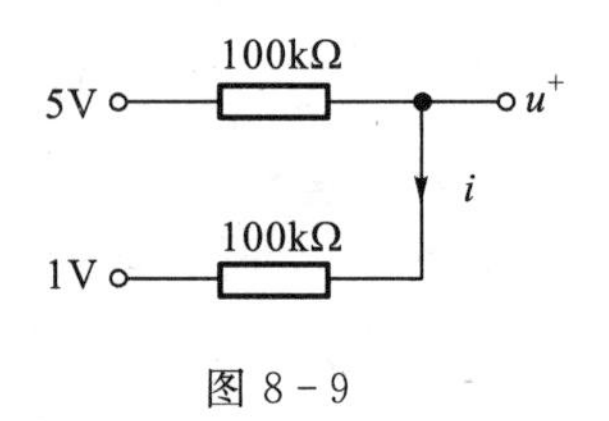

图 8－9

考虑运算放大器 2(图 8－9)

因为 $$i = \frac{(5-1)}{200} = 0.02(\text{mA})$$

可以计算得出

$$u_+ = 1 + 100 \times 10^3 \times 0.02 = 3(\text{V})$$

所以

$$u_{o2} = u_+ = 3(\text{V})$$

考虑运算放大器 3(图 8-10)

可以计算得出

$$u_+ = \frac{100}{50+100} \times 3 = 2(\text{V})$$

而

$$\frac{u_{o1} - u_+}{50} = \frac{u_+ - u_o}{100}, \text{即}: \frac{-1-2}{50} = \frac{2-u_o}{100}$$

所以有

$$u_o = 8(\text{V})$$

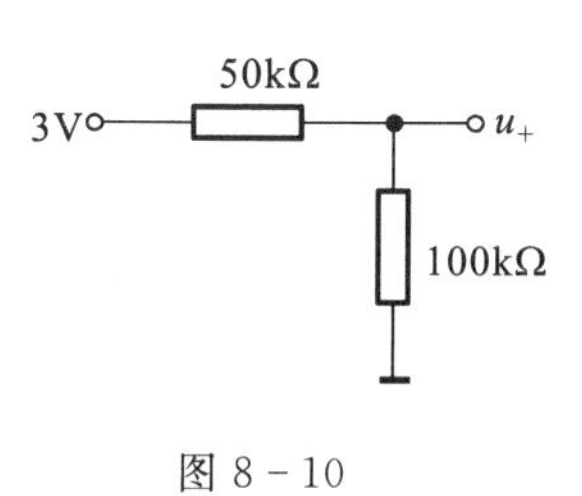

图 8-10

三、积分和微分运算电路

(一)积分运算电路

1. 基本积分运算电路

基本积分电路如图 8-11 所示。由于运算放大器输入电流 $i_i = 0$,所以 $i_1 = i_f$,又因为 $u_- = u_+ = 0$,则有

$$i_1 = \frac{u_i}{R}, i_f = -c\frac{du_o}{dt}$$

即

$$\frac{u_i}{R} = -C\frac{du_o}{dt}$$

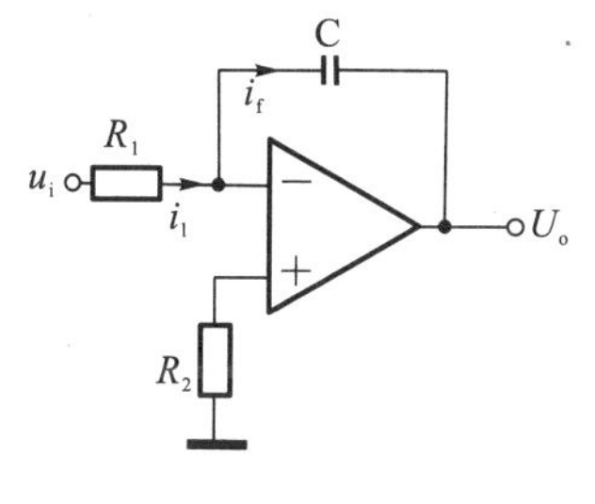

图 8-11　基本积分电路

所以有

$$u_o = -\frac{1}{RC}\int_{t_0}^{t} u_i dt + u(t_0) \tag{8-18}$$

式中,t_0 为积分开始时间,$u(t_0)$为 u 的初始值。式(8-18)说明输出电压与输入电压的积分成正比。如果输入是一直流电压,即 $u_i = E$,那么输出电压 $u_o = -\left(\frac{E}{RC}\right)t$,是一随时间线性增加的电压。

当输出电压达到运算放大器输出最大值时,u_o 最终会受到运算放大器电源电压的限制而进入限幅状态。这种情况表明,如果运算放大器存在失调电压,该电路在开机时即使不输入信号,单单在器件自身失调的作用下经过一段时间后也会使输出达到饱和。在这种情况下,此后再输入信号,电路将会毫无反应。

【例 8-4】 积分电路如图 8-12(a)所示,设运算放大器是理想的,已知初始状态时 $u_c(0) = 0\text{V}$,试回答下列问题:

(1)当 $R = 100\text{k}\Omega$、$C = 2\mu\text{F}$ 时,若突然加入 $u_I(t) = 1\text{V}$ 的阶跃电压,求 1s 的输出电压 u_o 的值。

(2)当 $R=100\text{k}\Omega$、$C=0.47\mu\text{F}$ 时，输入电压波形如图 8－12(b)所示，试画出 u_o 的波形，并标出 u_o 的幅值和回零的时间。

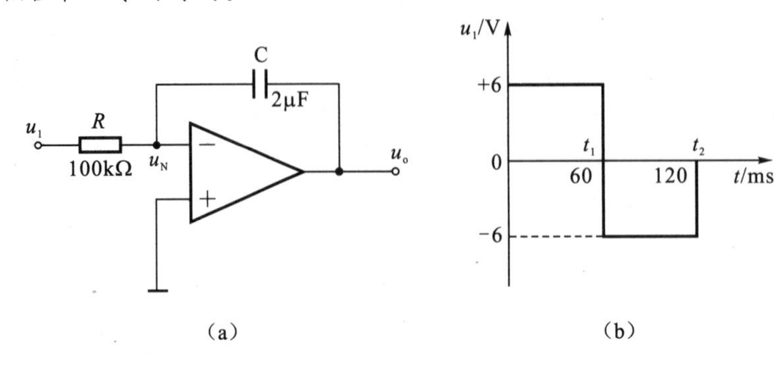

图 8－12

解:(1)当输入电压为 $u_I(t)=1\text{V}$ 的阶跃电压，$t=1\text{s}$ 时，输出电压 u_o 的波形如图 8－13(a)所示，其 u_o 的幅值为

$$u_o=\frac{u_I\cdot t}{RC}=-\frac{1\text{V}}{100\times10^3\Omega\times2\times10^{-6}\text{F}}\times1\text{s}=-5\text{V}$$

(2)当 $R=100\text{k}\Omega$、$C=0.47\mu\text{F}$ 时，u_I 如图 8－12(b)所示，u_o 的波形如图 8－13(b)所示，当 $t_1=60\text{ms}$ 时，u_o 的幅值为

$$u_o(60)=-\frac{u_I\cdot t_1}{RC}=-\frac{+6\text{V}}{100\times10^3\Omega\times0.47\times10^{-6}\text{F}}\times60\times10^{-3}\text{s}=-7.66\text{V}$$

当 $t_2=120\text{ms}$ 时，u_o 的幅值为

$$u_o(120)=u_o(60)-\frac{-6\text{V}}{100\times10^3\Omega\times0.47\times10^6\text{F}}\times(120-60)\times10^{-3}\text{s}$$

$$=-7.66\text{V}+7.66\text{V}=0\text{V}$$

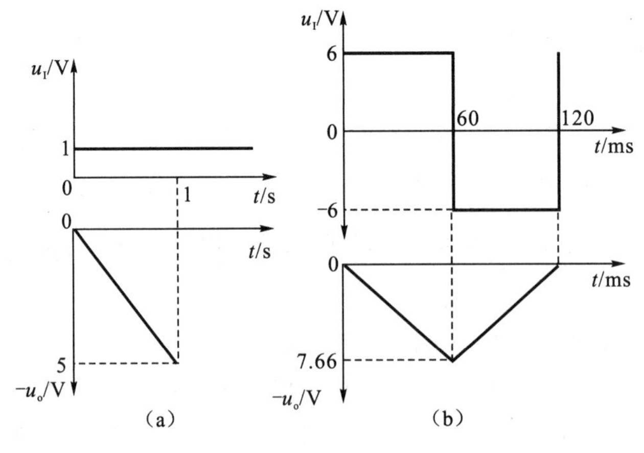

图 8－13

2. 实用运算放大器积分电路

1)连续运算放大器积分器

基本积分电路对直流而言是开环的放大电路，具有很高的增益，所以在很小的失调作用

下就能使输出电压达到饱和。为了能进行长时间的连续积分，可以在积分电容两端并接一电阻，使电路对直流而言也是一个闭环的放大电路，只要电阻选择适当，可使电路避免输出饱和。

图 8-14 是一个实用的连续积分电路。图中与电容并接的电阻为 k_R。由此可得

$$i_1=\frac{u_i}{R}, i_f=-\left(\frac{u_o}{k_R}+C\frac{du_o}{dt}\right)$$

由于 $i_1=i_f$，所以可得

$$k_R C\frac{du_o}{dt}+u_o=-\frac{ku_i}{R} \tag{8-19}$$

解此方程，可得

$$u_o=-k(1-e^{-\frac{t}{k_R C}}) \tag{8-20}$$

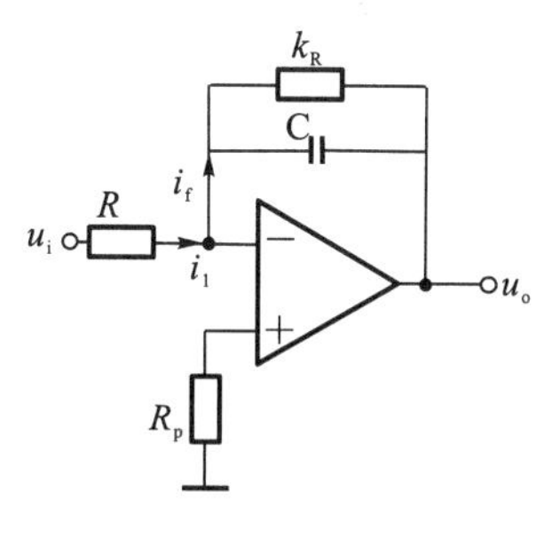

图 8-14　连续积分电路

这是一个按指数规律下降的波形，当 $t\to\infty$，$u_o\to k$V，其中 k 为直流闭环电压增益。很显然，这个积分电路存在着积分误差，而且积分时间越长，误差就越大。如果设 $t\ll k_R C$，则因为

$$e^{-\frac{t}{k_R C}}=1-\frac{t}{k_R C}+\frac{1}{2}\left(\frac{t}{k_R C}\right)^2-\cdots\approx 1-\frac{t}{k_R C}$$

代入式(8-20)有

$$u_o\approx-\frac{t}{RCu_i} \tag{8-21}$$

2)有复位(或置位)和保持功能的运算放大器积分器

当要求积分器具有预置初始条件和保持积分结果的功能，有要求积分的起始和结束时间可控时，可采用如图 8-15 所示电路。它们都具有复位(置位)、积分和保持 3 种功能。工作模式由两个开关 S_1 和 S_2 不同的状态来控制。从图中可以看出，电路功能与两个开关的关系如下。

(1)积分：S_2 闭合，S_1 断开。

(2)复位(置位)：S_2 断开，S_1 闭合，对图 8-15(a)来说，电容通过电阻 R_o 放电复位；对于图 8-15(b)来说，电压源 U_R 通过电阻 R_1 和 R_2 给电容预置电压，其预置电压为 U_R。

(3)保持：S_1 断开，S_2 断开，电容电压保持不变。

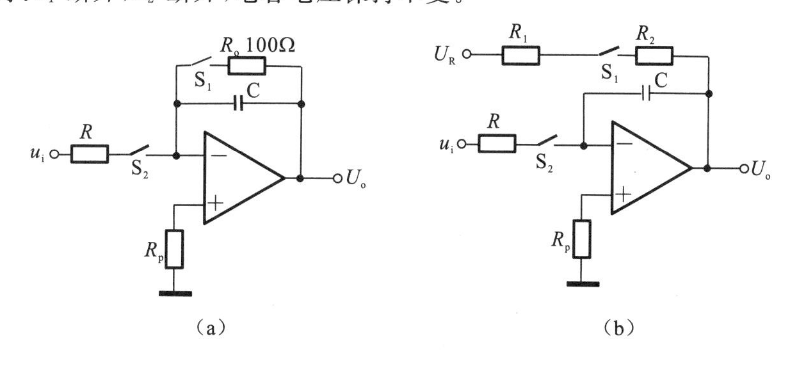

图 8-15　有复位(置位)功能的积分器

【例 8-5】 设计一个可模拟微分方程

$$\frac{d^2u_o}{dt^2}+k_1\frac{du_o}{dt}+k_2u_o-u_1=0$$

的运算电路，式中 u_1 为已知的时间函数，k_1 和 k_2 为正实数。

解：因为 $\frac{d^2u_o}{dt^2}$ 的积分就是 $\frac{du_o}{dt}$，再积分就是 u_o，而

$$\frac{d^2u_o}{dt^2}=u_1-k_1\frac{du_o}{dt}-k_2u_o$$

因此可用积分器来模拟这个方程，其电路如图 8-16 所示，图中设 $RC=1s$。

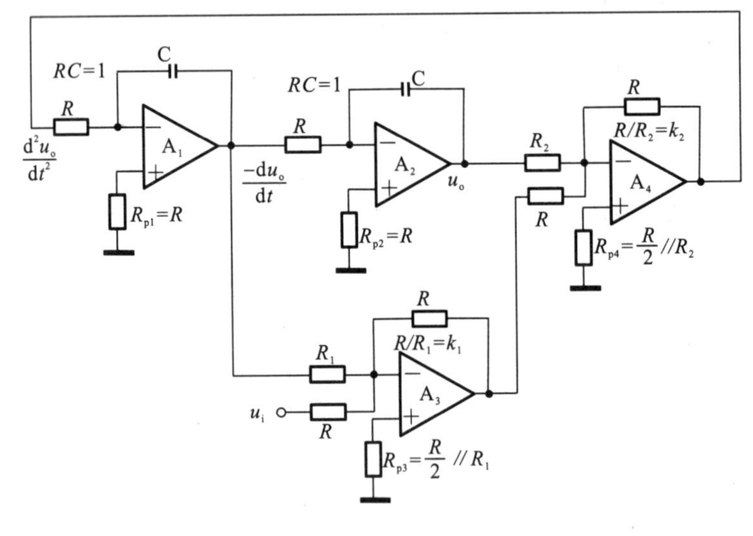

图 8-16

(二)微分运算电路

微分运算是积分运算的逆运算，将图 8-11 中的电容 C 和电阻 R 的位置调换一下，就构成了微分器，如图 8-17 所示。根据运算放大器的两条性质，可得

$$C\frac{du_i}{dt}=-\frac{u_o}{R}$$

所以有

$$u_o=-RC\frac{du_i}{dt} \tag{8-22}$$

图 8-17 微分电路

可见，其输出电压与输入电压的微分成正比。如果输入的是正弦信号 $u_i=U_{im}\sin(\omega t)$，则经微分器后的输出电压 $u_o=-RC\omega U_{im}\cos(\omega t)$，其幅度将随频率的升高而线性增加，即微分电路可能将放大器的高频噪声分量大大地放大，以致将有用信号完全淹没。

式(8-22)表明，u_o 正比于 u_i 的变化率，u_i 的变化率越大，u_o 就越大，但是，u_o 受器件饱和的限制，不可能无限制地增大。所以在电路参数确定的前提下，输入信号的最大变化率就被确定。反过来，如果输入信号的最大变化率确定，则电路参数（电路时间常数 RC）就要受此限制。

当输入信号是一序列方波时，微分电路将方波变成尖顶波。输出信号如图 8－18 所示。

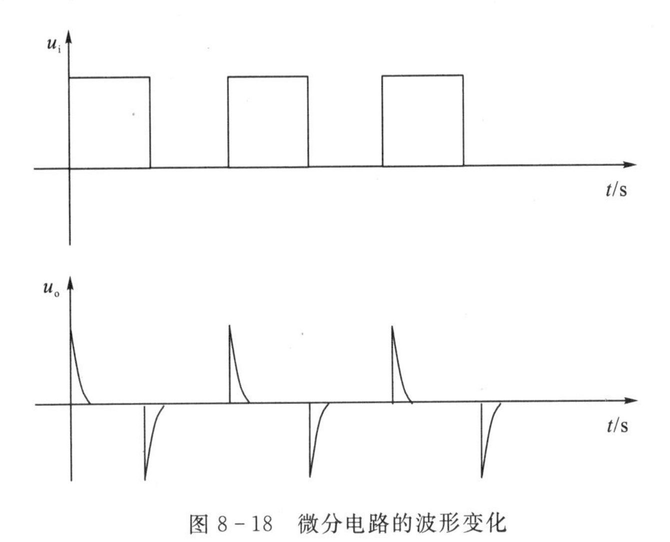

图 8－18 微分电路的波形变化

第三节 对数和指数运算电路

一、对数运算电路

对数运算电路能够让输出电压与输入电压呈对数函数，它是一种十分有用的非线性函数运算电路。把它和反对数运算电路适当组合，可组成不同功能的多种非线性运算电路。

1. 基本对数运算电路

把反相比例电路中 R_f 用二极管或三级管代替，就组成了对数运算电路。图 8－19 为运算放大器和二极管构成的对数运算的基本电路。

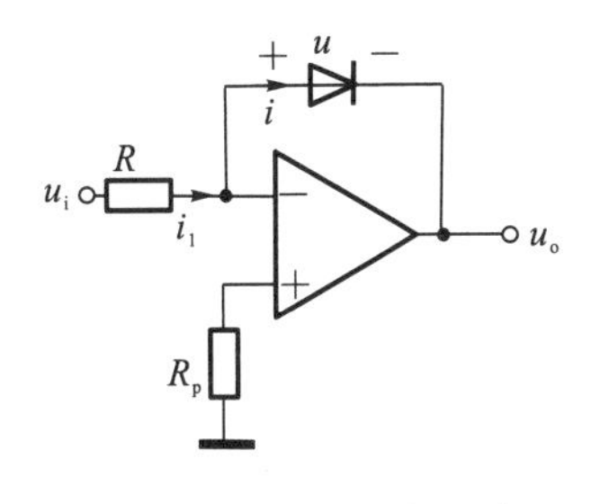

图 8－19 二极管对数电路

由于

$$i = I_s(e^{\frac{u}{U_T}} - 1)$$

其中，I_s 为发射节的反向饱和电流，室温时 $U_T = 26\text{mV}$，因此 i 与 u 为指数运算关系。当 $u \gg U_T$ 时，$i \approx I_s e^{\frac{u}{U_T}}$。

而 $i_1 = \dfrac{u_i}{R} = i$，所以有

$$u_o = -U_T \ln \frac{u_i}{RI_s} \tag{8-23}$$

可见输出电压与输入电压的反对数(指数)成正比。式(8－23)还表明，如果将电流与电压具有指数关系特性的元件接在反相放大电路的负反馈支路中，就可以实现与它相逆的对

数运算。这个结果也给我们一个启示：在反相放大器负反馈支路中接入具有某种数学运算的元件，则整个电路就会具有与之相逆的运算功能。

基本对数运算电路在说明原理时是可用的，但在实际运用中就显示了不足：

(1)在小信号时，如果不满足 $u \gg U_T$，输出输入关系就不可能是对数关系，而且信号越小，运算误差越大。

(2)由于二极管的动态电阻随工作电流的变化而变化，使得反馈深度也随之变动，而反馈深度的变化又直接影响了电路的闭环带宽，所以，运算电路的频带宽度也随信号的大小发生变化。

(3)基本对数运算电路还有一个重大的缺陷，就是温度特性差。在式(8－23)中，有两个参数是与温度有关的，即 U_T 和 I_s，U_T 正比于绝对温度 T，I_s 大约温度每升高 10℃就加大一倍，可见，温度对运算结果影响较大，是误差的主要来源。

利用三极管构建的对数运算电路如图 8－20 所示。由于集成运算放大器的反相输入端为虚地，节点电流方程为

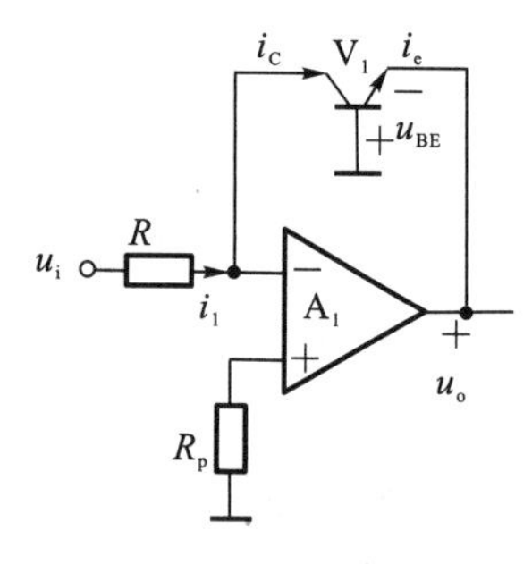

8－20　三极管对数运算电路

$$i_1 = \frac{u_i}{R} = i_c \approx i_e$$

$$i_e = I_s\left(e^{\frac{u_{BE}}{U_T}} - 1\right)$$

同样，当 $u_{BE} \gg U_T$ 时 $i_e \approx I_s e^{\frac{u_{BE}}{U_T}}$

同时 $u_{BE} = -u_o$，所以有

$$u_o = -U_T \ln \frac{u_i}{RI_s} \qquad (8-24)$$

2. 有温度补偿的对数运算电路

图 8－21 是一个有温度补偿的、动态范围较大的实用对数运算电路。电路中采用了对管和热敏电阻 R_4 来进行温度补偿，因而具有较好的温度特性。

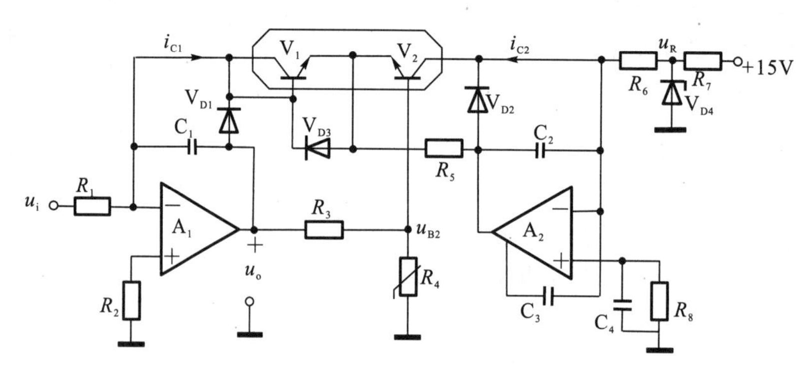

图 8－21　实用对数运算电路

在电路中，用三极管 V_1 作为二极管使用，V_{D1}、V_{D2}、V_{D3} 是钳位保护二极管，使得运算放大器输出电位不超过 0.7V，使 V_1、V_2 不被击穿，在平常它们都是截止的。电容 C_1、C_2、C_3、C_4 为相位补偿电容，不参与运算，它们是用以提高电路的稳定性，防止电路自激的。

根据三极管射极电流与结电压的关系以及运算放大器的特性，有

$$\frac{u_i}{R_1}=i_{C1}\approx i_{E1}\approx I_{ES}e^{\frac{u_{BE1}}{U_T}} \tag{8-25}$$

由于 V_2 集电极与运算放大器 A_2 反相端相接，而 A_2 反相端"虚地"，所以有

$$\frac{u_R}{R_6}=i_{C2}\approx i_{E2}\approx I_{ES}e^{\frac{u_{BE2}}{U_T}} \tag{8-26}$$

其中，I_{ES}为三极管 BE 端 PN 结反相饱和电流，忽略三极管的基极电流 I_{B2}，则有 $u_{B2}=u_oR_4/(R_3+R_4)$，V_1 集电极与运算放大器 A_1 反相端相接，而 A_1 反相端"虚地"，所以可得

$$u_o=\left(1+\frac{R_3}{R_4}\right)u_{B2}=\left(1+\frac{R_3}{R_4}\right)(u_{BE2}-U_{BE1}) \tag{8-27}$$

在式(8-25)和式(8-26)中解出 u_{BE1} 和 u_{BE2}，则有

$$u_o=-\left(1+\frac{R_3}{R_4}\right)U_T\ln\left(\frac{u_iR_6}{U_RR_1}\right) \tag{8-28}$$

如果$\frac{R_6}{U_TR_1}=1$，则有

$$u_o=-\left(1+\frac{R_3}{R_4}\right)U_T\ln u_i \tag{8-29}$$

实现了对数运算。该电路补偿温度特性在于：由于对管 V_1 和 V_2 的温度特性的一致性，消除了 I_{ES}的影响；同时采用了与 U_T 温度特性相反的具有负温度特性的热敏电阻 R_4，可以抵消 U_T 的影响。

3. 集成对数运算电路

在集成对数运算电路中，根据划分电路的基本原理，利用特性相同的两只晶体管进行补偿，消去 I_s 对运算关系的影响。型号为 ICL8048 的对数运算电路如图 8-22 所示，点划线框内为集成电路，框外为外界电阻。

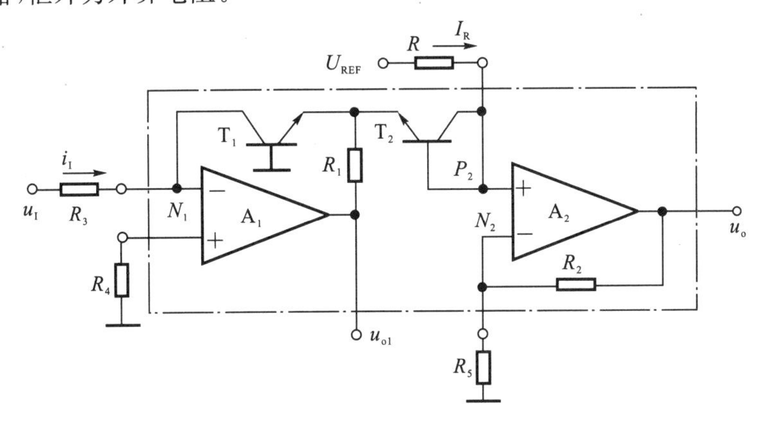

图 8-22　集成对数运算电路

电路分析的思路是：欲知 u_o 需知 u_{P2}，而根据图中所示标注的电压方向，$u_{P2}=u_{BE2}-u_{BE1}$；因为 u_{BE2} 与 I_R 成对数关系，u_{BE1} 与 i_1 成对数关系，而 i_1 与 u_I 成线性关系，故可求出 u_o 与 u_I 的运算关系。

结点 N_1 的电流方向为

$$i_{C1}=i_I=\frac{u_I}{R_3}\approx I_s e^{\frac{u_{BE1}}{U_T}}$$

因而

$$u_{BE1}\approx U_T\ln\frac{u_I}{I_sR_3}$$

结点 P_2 的电流方向为

$$i_{C2}=I_R\approx I_s e^{\frac{u_{BE2}}{U_T}}$$

因而

$$u_{BE2}\approx -U_T\ln\frac{I_R}{I_s}$$

结点 P_2 的电位为

$$u_P=u_{BE2}-u_{BE1}\approx -U_T\ln\frac{u_1}{I_RR_3}$$

$u_P=u_N$，因此输出电压

$$u_o=-\left(1+\frac{R_2}{R_5}\right)U_T\ln\frac{u_I}{I_RR_3}$$

若外接电阻 R_5 为热敏电阻，则可补偿 U_T 的温度特性。R_5 应具有正温度系数，当环境升高时，R_5 阻值增大，使得放大倍数 $\left(1+\frac{R_2}{R_5}\right)$ 减小，以补偿 U_T 的增大，使 u_o 在 u_I 不变时基本不变。

二、指数运算电路

将图 8-20 中的二极管和电阻的位置互换，就构成了反对数（指数）放大器的基本电路，如图 8-23 所示（图中是用三极管来取代二极管）。

当输入电压为正时，有 $i_I\approx I_{ES}e^{\frac{u_i}{U_T}}$，其中，$I_{ES}$ 为三极管 BE 端 PN 结反相饱和电流，而 $i=-\frac{u_o}{R}=i_i$，所以

$$u_o=-R_i=-RI_{ES}\exp\left(\frac{u_i}{U_T}\right) \tag{8-30}$$

所以，输出电压与输入电压的反对数（指数）成正比。

和基本对数运算电路一样，基本指数运算电路也存在着运算误差问题。下面介绍一种实用的指数运算电路。

图 8-24 是一个具有温度补偿的指数运算电路，在电路中，电容 C_1、C_2、C_3、C_4 为相位补偿电容，不参与运算，它们是用以提高电路的稳定性，防止电路自激的。根据运算放大器的特性，可得

$$i_{C1}=\frac{U_R}{R_3}\approx i_{E1}\approx I_{ES}e^{\frac{u_{BE1}}{U_T}} \tag{8-31}$$

$$i_{C2}=\frac{u_o}{R_7}\approx i_{E2}\approx I_{ES}e^{\frac{u_{BE2}}{U_T}} \tag{8-32}$$

忽略三极管的基极电流 I_{B1}，则有，$u_{BE2}=u_{BE1}-\left(\frac{R_2u_i}{R_1+R_2}\right)$，从式(8-31)、式(8-32)中解出 u_{BE1} 和 u_{BE2}，可得

$$u_o=\frac{R_7U_R}{R_3}\exp\left(-\frac{R_2u_i}{R_1+R_2}\right) \tag{8-33}$$

如图 8-24 所示的指数运算电路也是靠对管的参数一致性和热敏电阻进行温度补偿的。

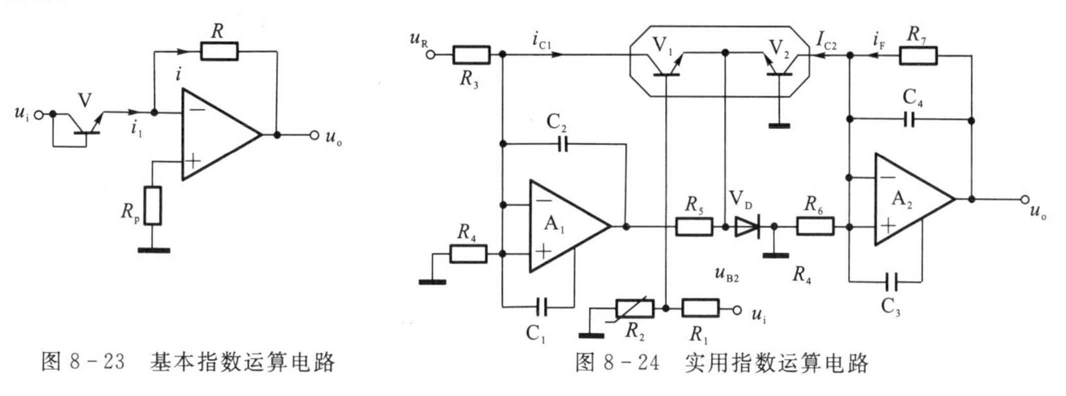

图 8-23　基本指数运算电路

图 8-24　实用指数运算电路

三、对数和指数运算电路的应用

将对数与指数运算电路组合起来，可以实现多种非线性运算。如果假设对数运算和指数运算电路的特性是理想的，即 $u_{o1}=\ln u_{i1}$ 和 $u_{o2}=k\exp u_{i2}$，则我们可用它们组合实现乘方、乘法、除法以及更为复杂的非线性运算。图 8-25 是实现这些运算的原理框图。

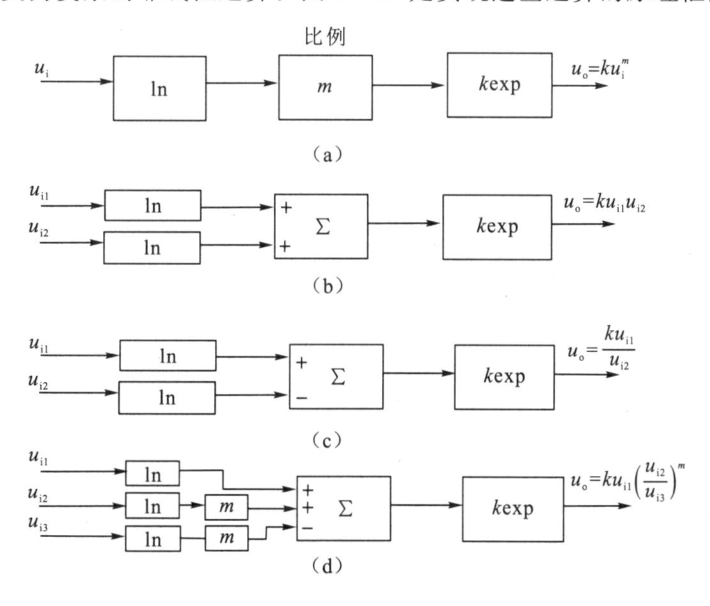

图 8-25　组合运算框图

需要指出的是，用对数运算电路和指数运算电路组合成为乘法电路或除法电路，对输入值有所限制，由于对数运算的输入信号必须为正，所以两个乘数或除数和被除数都必须为正，所以这种乘法器或除法器被称为第一象限乘法器或第一象限除法器，因此其实用范围较小。

第四节　集成模拟乘法器及其应用

随着微电子技术的发展，模拟乘法器已制成单片集成电路，其性能也在不断完善和提高，已在倍频、鉴相、调制解调、幂指数运算、函数发生以及自动控制等电子电路中有着广泛应用。下面讨论模拟乘法器的组成原理及其应用。

一、模拟乘法器

1. 模拟乘法器的符号及等效电路

通常情况下有几种模拟乘法器的表示符号，如图 8－26 所示。在本书中，一律采用国标符号，即图 8－26(a)～(c)所示符号，图 8－26(d)为乘法器等效电路。

理想乘法器的传递函数为

$$u_o = k u_x u_y \tag{8-34}$$

式中，k 为增益系数(或比例系数)，其量纲为 V^{-1}；u_x，u_y 为两个输入端的输入电压。

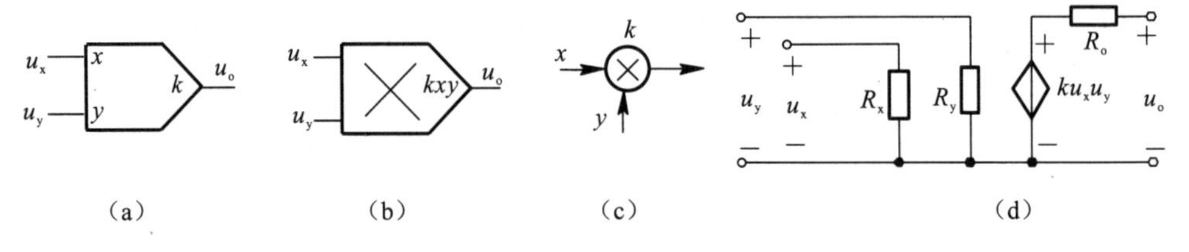

图 8－26　乘法器符号及其等效电路

2. 分类

1)按照输入电压极性限定标准分类

按照输入电压极性限定标准划分(图 8－27)，可分为：

(1)单象限乘法器。两个输入端电压同正或同负，即只能在一个象限之中。

(2)二象限乘法器。其中一个输入信号极性固定，另一个输入信号可正可负。

(3)四象限乘法器。即两个输入端的电压极

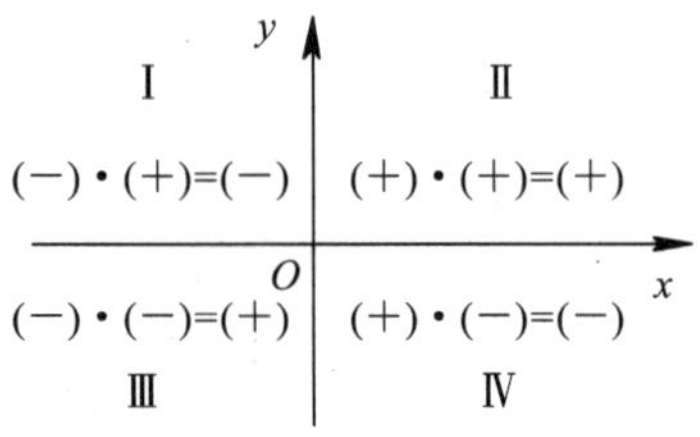

Ⅰ　(－)·(＋)=(－)
Ⅱ　(＋)·(＋)=(＋)
Ⅲ　(－)·(－)=(＋)
Ⅳ　(＋)·(－)=(－)

图 8－27　模拟乘法器输入信号划分的 4 个象限

性均不受限制，均可正可负。

2)按照构成乘法电路的内部结构形式分类

按照构成乘法电路的内部结构形式划分，可分为：

(1)对数-指数乘法器。由对数-指数运算电路构成乘法器的原理框图如图 8-25(b)所示。该类型的乘法器由于单象限的限制和精度上的问题，使用受到了限制。

(2)双平衡性乘法器。如图 8-28 所示为双平衡性乘法器原理电路。图中，V_1—V_6 6 只三极管组成 3 对对管，其中 V_3、V_4 及 V_5、V_6 集电极对应连接，V_1、V_2 由电流源 I 提供偏置，即 $i_{C1}+i_{C2}\approx I$，根据三极管射极电流与发射结电压的关系可得

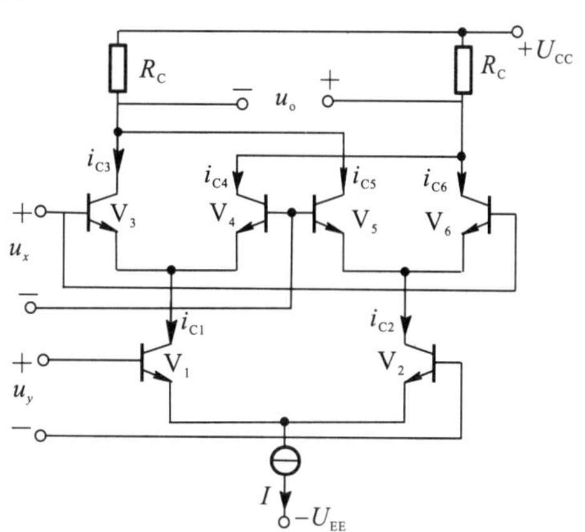

图 8-28　双平衡性乘法器原理电路图

$$i_{C1}\approx i_{E1}\approx I_{ES}e^{\frac{u_{BE1}}{U_T}},i_{C2}\approx i_{E2}\approx I_{ES}e^{\frac{u_{BE2}}{U_T}}$$

而

$$u_y=u_{BE1}-u_{BE2},I=i_{C1}+i_{C2}$$

所以有

$$I=i_{E1}+i_{E2}=i_{E1}\left(1+\frac{i_{E2}}{i_{E1}}\right)=i_{E1}\left(1+e^{\frac{u_{BE2}-u_{BE1}}{U_T}}\right)=i_{E1}\left(1+e^{\frac{-u_y}{U_T}}\right)\tag{8-35}$$

或

$$i_{C1}=i_{E1}=\frac{I}{1+e^{\frac{-u_y}{U_T}}}=\frac{I}{2}\left(1+\text{th}\,\frac{u_y}{2U_T}\right)\tag{8-36}$$

同理可得

$$i_{C2}=i_{E2}=\frac{I}{1+e^{\frac{u_y}{U_T}}}=\frac{I}{2}\left(1-\text{th}\,\frac{u_y}{2U_T}\right)\tag{8-37}$$

又由于 V_1、V_2 的集电极电流分别为 V_3、V_4 及 V_5、V_6 提供偏置。即 $i_{C3}+i_{C4}=i_{C1}$，$i_{C5}+i_{C6}=i_{C2}$。所以同样的推导可得

$$i_{C3}=i_{E3}=\frac{i_{C1}}{2}\left(1+\text{th}\,\frac{u_x}{2U_T}\right)\tag{8-38}$$

$$i_{C4}=i_{E4}=\frac{i_{C1}}{2}\left(1-\text{th}\,\frac{u_x}{2U_T}\right)\tag{8-39}$$

$$i_{C5}=i_{E5}=\frac{i_{C2}}{2}\left(1-\text{th}\,\frac{u_x}{2U_T}\right)\tag{8-40}$$

$$i_{C6}=i_{E6}=\frac{i_{C2}}{2}\left(1+\text{th}\,\frac{u_x}{2U_T}\right)\tag{8-41}$$

所以

$$i_{C3}-i_{C4}=i_{C1}\,\text{th}\,\frac{u_x}{2U_T}$$

$$i_{C6}-i_{C5}=i_{C2}\,\text{th}\,\frac{u_x}{2U_T}$$

而输出电压 u_o 为

$$u_o=(i_{C3}+i_{C5})R_C-(i_{C4}+i_{C6})R_C=[(i_{C3}-i_{C4})-(i_{C6}-i_{C5})]R_C$$

$$=\left(i_{C1}\text{th}\frac{u_x}{2U_T}-i_{C2}\text{th}\frac{u_x}{2U_T}\right)R_C=(i_{C1}-i_{C2})R_C\text{th}\frac{u_x}{2U_T}$$

由式(8-36)和式(8-37)可得

$$i_{C1}-i_{C2}=I\text{th}\frac{u_y}{2U_T}$$

所以

$$u_o=IR_C\text{th}\frac{u_y}{2U_T}\text{th}\frac{u_x}{2U_T} \tag{8-42}$$

当输入信号电压 u_x 和 u_y 远远小于 $2U_T$，则有

$$u_o=IR_C\frac{u_xu_y}{4U_T^2}=ku_xu_y \tag{8-43}$$

式中，$k=\frac{IR_C}{4U_T^2}$。该类型乘法器可四象限工作，但其不足之处有两点：一是信号电压要足够小，二是乘法系数里包含 U_T 的平方，因此受温度影响较大。

(3)可变跨导乘法器。图 8-29 为可变跨导乘法器的原理图。图中，V_{D1}、V_{D2} 是温度补偿二极管。

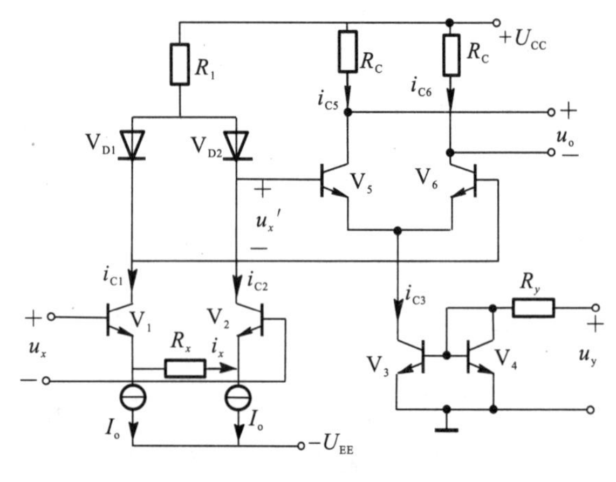

图 8-29 可变跨导乘法器

从电路中可以得到

$$i_{C1}\approx I_o+i_x,\ i_{C2}\approx I_o-i_x$$

考虑到二极管两端电压与电流的关系可得

$$u_x'=U_{D1}-U_{D2}=U_T\ln i_{C1}-U_T\ln i_{C2}$$

$$=U_T\ln\frac{i_{C1}}{i_{C2}}=U_T\ln\frac{I_o+i_x}{I_o-i_x}$$

$$=U_T\ln\frac{1+i_x/I_o}{1-i_x/I_o}=2U_T\text{th}^{-1}\frac{i_x}{I_o}$$

而在 R_x 足够大时

$$i_x=\frac{u_x-(u_{BE1}-u_{BE2})}{R_x}\approx\frac{u_x}{R_x}$$

所以有

$$u_x'\approx 2U_T\text{th}^{-1}\frac{i_x}{R_xI_o} \tag{8-44}$$

V_3 和 V_4 是镜像电流源，可得

$$i_{C3}\approx\frac{u_y}{R_y}$$

根据差分放大器集电极电流与输入电压和偏置电流的关系，如式(8-36)和式(8-37)所示，可得

$$u_o=(i_{C5}-i_{C6})R_C=2i_{C3}R_C\,\mathrm{th}\,\frac{u_x{}'}{2U_T}=2i_yR_C\,\mathrm{th}\,\frac{\mathrm{th}^{-1}\dfrac{u_x}{R_x}}{2U_T}=\frac{2R_C}{I_oR_xR_y}u_xu_y \tag{8-45}$$

由于改变 I_o 可以改变输出电压 u_o，故该乘法器称为可变跨导乘法器，可变跨导乘法器，由于二极管的温度补偿作用，使得输出电压没有包含与温度有关的 U_T，故与温度没有关系，因温度稳定性好，并且 V_{D1}、V_{D2} 和 V_1、V_2 使得 $u_x{}'$ 与 u_x 的关系为反双曲正切函数，补偿了双平衡乘法器的非线性问题，使得乘法器对输入信号没有要求足够小的限制。

二、集成乘法器简介

1. 双平衡四象限模拟乘法器 MC1496 介绍

MC1496 模拟乘法器原理电路及引脚图如图 8－30 所示。由图可知，MC1496 是双平衡四象限的集成模拟乘法器，由 V_1 和 V_2 两个晶体管组成一对差分放大器，V_5 提供偏置电流；又由 V_3 和 V_4 两个晶体管组成第二对差分放大器，V_6 提供偏置电流。V_7 和 V_8 组成镜像电流源，为 V_5、V_6 提供偏置，其偏置电流的大小可通过 5 脚外接到地电阻 R_S 进行调节，可以调节乘法器跨导，从而调节乘法器的增益；从 V_7 和 V_8 两集电极外接电阻 R_E，主要是调节输出电压 u_o 的线性动态范围，也可以调节乘法器增益；相乘输入信号分别从 1 脚、4 脚和 8 脚、10 脚接入，在乘法器用于信号幅度调制时，调制信号从 1 脚、4 脚接入，载频信号从 8 脚接入，10 脚接入控制调制深度的电平；6 脚和 12 脚外接平衡电阻为信号输出端。MC1496 只适用于频率较低的场合，它的工作频率在 1MHz 以下。

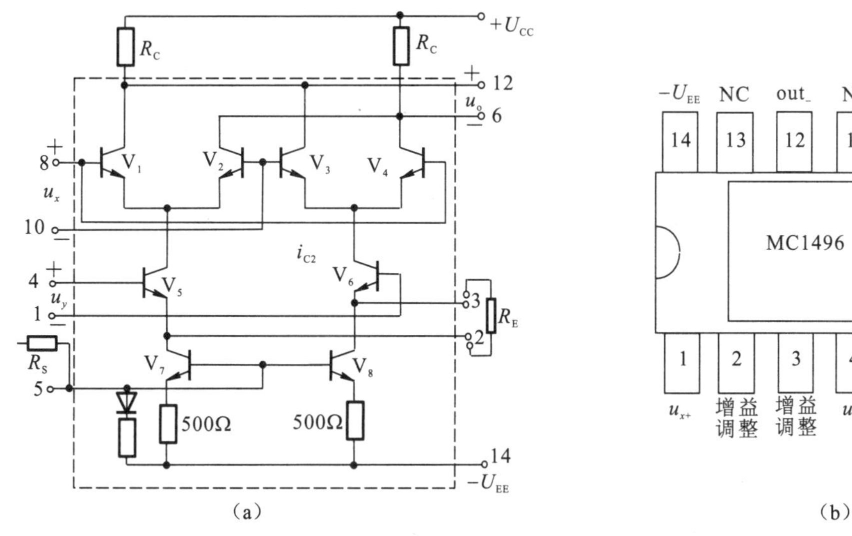

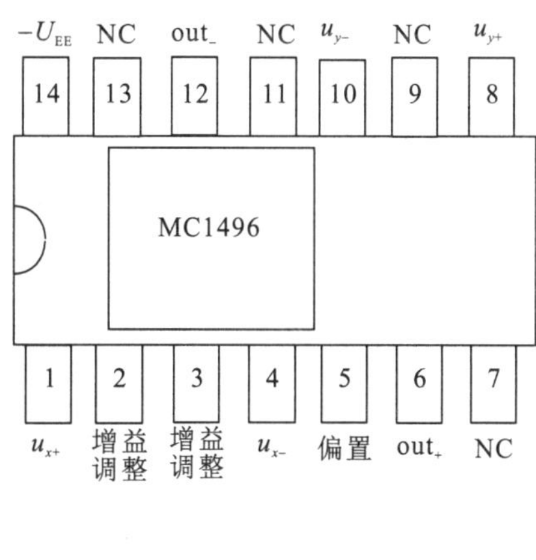

图 8－30　MC1496 乘法器内部原理图及引脚图

2. 宽带线性可变跨导四象限乘法器 MC1495 简介

图 8－29 是宽带线性跨导四象限乘法器 MC1495 的内部电路原理图，它是一个 14 脚集成芯片。从电路可以看出，V_9、V_{10} 为镜像电流源，为 V_1、V_2 两复合差分对管提供偏置，V_{11}、

V_{12}也是镜像电流源，它们为 V_3、V_4 两复合差分对管提供偏置；电路中，V_{D1}、V_{D2}和 V_1、V_2 为温度和非线性补偿电路，V_3—V_8 为双平衡乘法器电路，两路输入分别是 9、10 端的 u_x 和 4、8 端的 u_y，u_y 经过 V_{D1}、V_{D2}和 V_1、V_2 的温度和非线性补偿后从 V_1、V_2 的集电极输入到 V_5、V_6 和 V_7、V_8；输出信号从 2、14 端引出。在使用时，2、14 端分别外接电阻 R_C 带正电源，改变 R_C 可改变乘法器增益；1 端也必须外接电阻到正电压源。另外，改变外接电阻 R_x、R_y 可以改变乘法器跨导，从而改变乘法器增益；外接电阻 R_E 可以调节乘法器输出电压线性动态范围；在乘法器作为幅度调制电路使用时，载波可从 4 端接入，信号从 9 端接入，8 端接控制调制深度的电平，12 端接调零电平。MC1495 的跨导带宽达 80MHz。

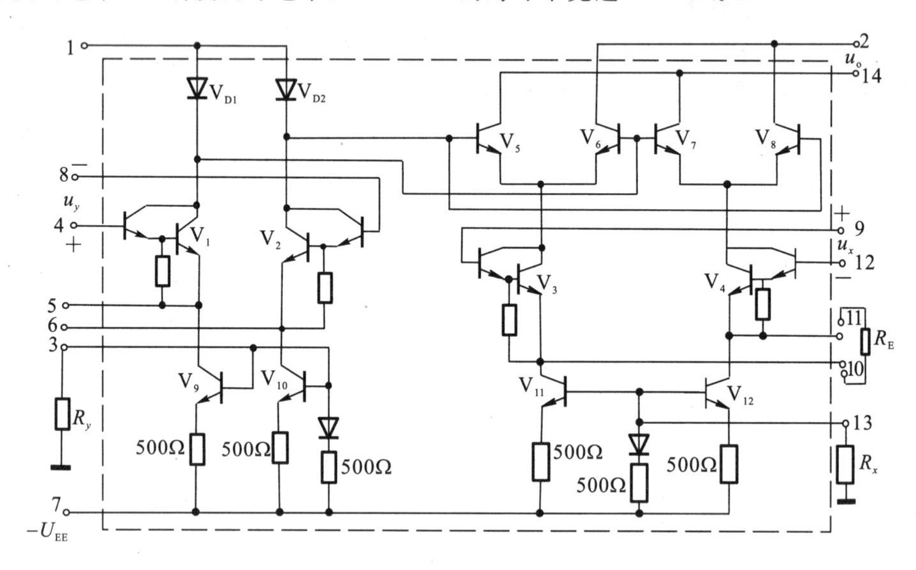

图 8-31　MC1495 原理电路图

应该指出的是，由于乘法器的应用广泛，使得乘法器的品种较多，我们在使用集成模拟乘法器的时候，必然要遇到有关集成模拟乘法器的选取问题，乘法器的选取也就是其参数的选择，参数的选择取决于应用的领域，同样型号的集成模拟乘法器，应用的领域不同，指标要求就不同，相应的价格也就不同。在实际使用中应综合考虑性能与价格因素，选取性价比较高的产品。有关集成模拟乘法器更详尽的使用方法，请参考集成模拟乘法器使用手册。

三、模拟乘法器的应用

1. 乘法器在运算电路中的应用

1)乘方运算电路

图 8-32 为乘方运算电路，其中图 8-32(a)是平方运算电路，图 8-32(b)是奇次方运算电路，图 8-32(c)是偶次方运算电路。设乘法器的标度系数为 k，则图 8-32(a)、(b)、(c)电路的输出分别为

$$u_o = k u_i^2 \qquad (8-46)$$

$$u_o = k^n u_i^{2n-1} \tag{8-47}$$

$$u_o = k^{2^{n-1}} u_i^{2^n} \tag{8-48}$$

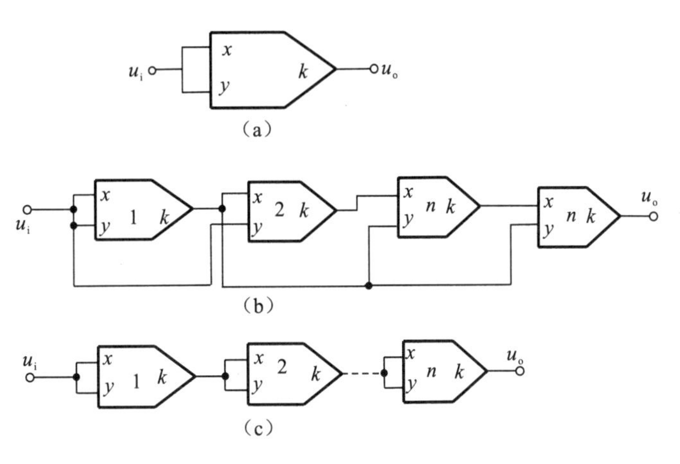

图 8-32　乘方运算电路

2)除法运算电路

我们知道,在运算放大器的负反馈支路上接入具有某种运算关系的器件,则运算放大器的输出电压与输入电压的运算关系是该器件的运算关系的逆运算。根据这个原理,我们可以构成除法运算电路如图 8-33 所示,其中图 8-33(a)中 u_i 是从运算放大器反相端输入,称为反向除法运算器,由电路可知,$u_{of} = k u_R u_o$,而运算放大器同相端接地,反相端"虚地",所以有

$$i_f = \frac{-u_{of}}{R_2} = -\frac{k}{R_2} u_R u_o \tag{8-49}$$

可见,在运算放大器的负反馈支路上,电流是运算放大器输出电压 u_o 与 u_R 的乘积,它们是乘法运算关系。另一方面,由于 $i_1 = \frac{u_i}{R_1}$,所以有 $\frac{u_i}{R_1} = -\frac{k}{R_2} u_R u_o$,可得

$$u_o = -\frac{R_2}{kR_1} \frac{u_i}{u_R} \tag{8-50}$$

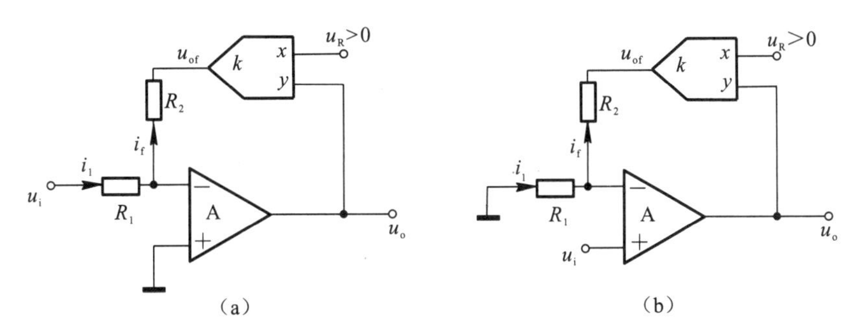

图 8-33　除法运算电路

可见该电路实现了除法运算。

应该指出的是,为保证电路是负反馈,对 u_R 的极性必须有所要求。负反馈要求 i_1 和 i_f

的均值和参考方向一致(或相反),这就要求 u_{of} 与 u_i 的极性相反,而 u_o 总是与 u_i 极性相反,这就要求 u_{of} 与 u_o 的极性相同。要做到这一点,对于同相型乘法器($k>0$),就必须要求 $u_R>0$,对于反相型乘法器($k<0$),就必须要求 $u_R<0$。

图 8-33(a)的反相除法运算电路,由于 u_i 从运算放大器反相端输入,其输入电阻不大,如要求大的输入电阻,则可采用同相输入电路,如图 8-33(b)所示。经过同样的推导,可得

$$u_o=\left(1+\frac{R_2}{R_1}\right)\frac{u_i}{ku_R} \tag{8-51}$$

同相输入除法器对 u_R 的要求与反相输出除法器相同。

3)平方根运算电路

将平方运算电路作为运算放大器的负反馈支路,就可以实现平方运算的逆运算——开平方运算。电路如图 8-34 所示,由电路可知,$u_{of}=ku_o^2$,所以有

$$\frac{u_i}{R_1}=-\frac{k}{R_2}u_o^2$$

$$u_o=\pm\sqrt{-(R_2/kR_1)u_i}=\pm\sqrt{-k'u_i} \tag{8-52}$$

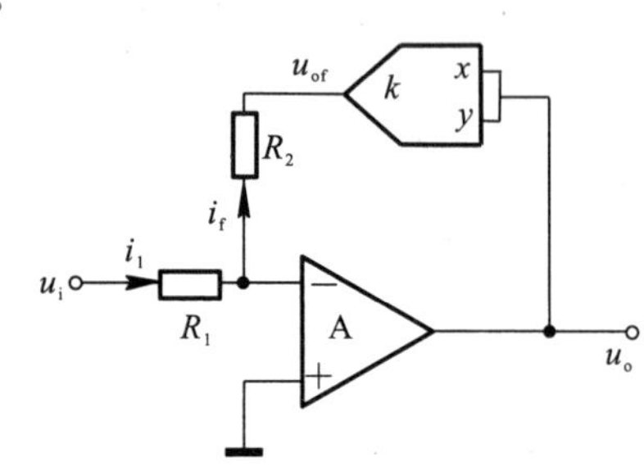

图 8-34　开平方运算电路

式中,$k'=R_2/(kR_1)$。要保证电路是负反馈,并且使式(8-47)有意义,对于同相型乘法器,由于 k 大于零,k' 也大于零,所以应要求 $u_i<0$。而 u_o 总是和 u_i 反相,所以式(8-52)取正号,即

$$u_o=\sqrt{-k'u_i} \tag{8-53}$$

对于反相型乘法器,由于 k 小于零,k' 也小于零,所以应要求 $u_i>0$。而 u_o 总是和 u_i 反相,所以式(8-52)取正号,即

$$u_o=-\sqrt{-k'u_i}=-\sqrt{|k'|u_i} \tag{8-54}$$

【例 8-6】 设计一个求两数均方根电路,设输入信号电压、输出信号电压最大值均为 10V,乘法器标度系数 $k=0.1$ 或 $k=-0.1$。

解: 根据题目要求,运算电路应该是由两个数的平方运算、求和运算和开平方运算组成,设计电路如图 8-35 所示。

图 8-35

从电路可知

$$\frac{k_1u_{i1}^2}{R_1}+\frac{k_2u_{i2}^2}{R_2}=\frac{-k_3u_o^2}{R_3}$$

所以乘法器的标度系数可取为

$$k_1=k_2=0.1,k_3=-0.1$$

并取

$$R_1=R_2=R$$

所以有

$$u_o^2=\frac{R_3}{R}(u_{i1}^2+u_{i2}^2)$$

根据题目要求，当输入电压为10V时，输出电压最大也为10V，所以可得 $R_3=0.5R$
所以如果取

$$R_1=R_2=R=20\text{k}\Omega$$

则

$$R_3=10\text{k}\Omega, R_p=(R_1 /\!/ R_2 /\!/ R_3)=5\text{k}\Omega$$

【例8－7】 如图8－36所示运算电路，已知乘法器标度系数 $k=1$，试给出运算关系。

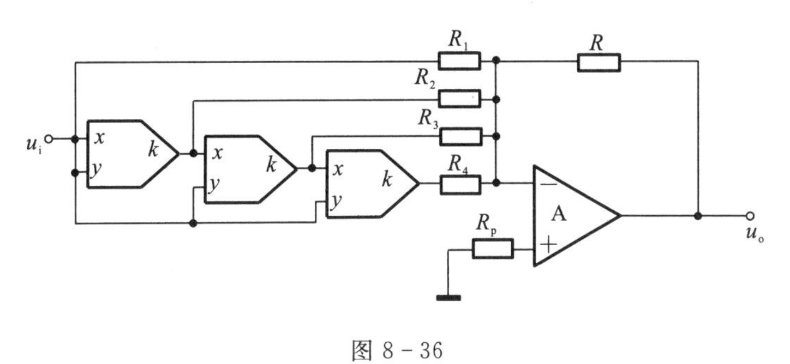

图8－36

解：由电路可知，R_1 接入信号为 u_i，R_2 接入信号为 u_i^2，R_3 接入信号为 u_i^3，R_4 接入信号为 u_i^4。则有

$$\frac{u_i}{R_1}+\frac{u_i^2}{R_2}+\frac{u_i^3}{R_3}+\frac{u_i^4}{R_4}=-\frac{u_o}{R_5}$$

所以，可得运算关系为

$$u_o=-\left(\frac{R_5}{R_1}u_i+\frac{R_5}{R_2}u_i^2+\frac{R_5}{R_3}u_i^3+\frac{R_5}{R_4}u_i^4\right)$$

2. 乘法器在通信电路中的应用

1)频率变换

(1)倍频器

假如在平方运算电路的输入端输入信号为 $u_i=U_{im}\sin(\omega t)$，则输出为

$$u_o=ku_i^2=k\,[U_{im}\sin(\omega t)]^2=\frac{1}{2}kU_{im}^2[1-\cos 2(\omega t)] \tag{8-55}$$

可见平方器的输入中包含了两倍输入信号频率的分量，另一分量是直流分量，只要在平方器后面加一个隔直电路，就可以获得倍频信号。

(2)混频器或变频器

混频器或变频器是无线电接收器中常用到的功能电路元件，用乘法器也可实现混频。设乘法器的两个输入分别为

$$u_{i1}=U_{im1}\cos(\omega_1 t), u_{i2}=U_{im2}\cos(\omega_2 t)$$

则乘法器的输出为

$$\begin{aligned} u_o &=kU_{im1}U_{im2}\cos(\omega_1 t)\cos(\omega_2 t) \\ &=\frac{1}{2}kU_{im1}U_{im2}\left\{\cos[(\omega_1+\omega_2)t]+\cos[(\omega_1-\omega_2)t]\right\} \end{aligned} \tag{8-56}$$

可见,乘法器输出一个两信号的“和频分量”和一个“差频分量”。只要乘法器后接一谐振频率为 $\omega_1-\omega_2$ 的谐振回路,就可以选出其差频分量,实现混频或变频。

2)幅度调制与解调

幅度调制现在还广泛地用于中短波广播通信中,所谓幅度调制,就是用信号电压去调制载波信号幅度大小的变化,这样得到的信号称为已调信号或已调波。解调就是从已调波中恢复原信号。用乘法器可以实现信号的幅度调制和解调。

(1)幅度调制的实现

设载波信号为 $u_c=U_{cm}\cos(\omega_c t)$,$\omega_c$ 为载波频率;调制信号为 $u=U_m\cos(\Omega t)$,其中 Ω 为调制信号频率。$\omega_c\gg\Omega$。利用乘法器实现幅度调制原理电路如图 8-37 所示。

由图 8-37 可知,乘法器的输入为 $u_x=E+U_m\cos(\Omega t)$,$u_y=U_{cm}\cos(\omega_c t)$,所以,乘法器输出为

$$\begin{aligned}u_o&=k[E+U_m\cos(\Omega t)]U_{cm}\cos(\omega_c t)\\&=kE[1+\frac{U_m}{E}\cos(\Omega t)]U_{cm}\cos(\omega_c t)\\&=kEU_{cm}[1+m_c\cos(\Omega t)]\cos(\omega_c t)\\&=U_{\Omega m}[1+m_c\cos(\Omega t)]\cos(\omega_c t)\end{aligned}$$

可见,这时载波信号的大小随着调制信号的变化而变化,实现了幅度调制。式中,$m_c=\frac{U_m}{E}$称为调制深度。改变 E 的大小可以改变调制深度。

(2)幅度调制信号的同步检波解调

同步检波是振幅调制的逆过程,即从调幅波中把低频调制信号恢复出来。用乘法器实现幅度调制信号的解调原理如图 8-38 所示。设 u_i 为已调信号,则乘法器的输入信号为

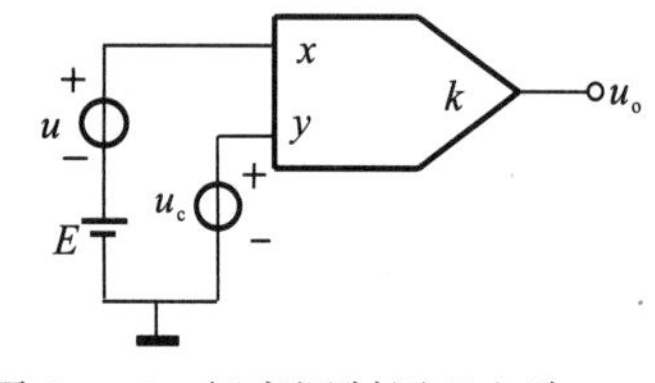

图 8-37　幅度调制原理电路

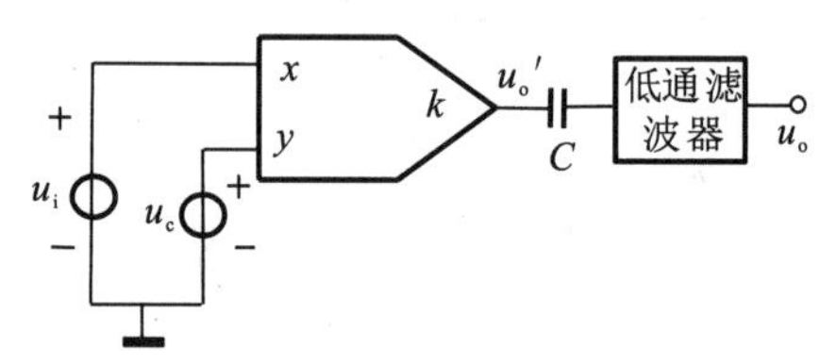

图 8-38　幅度调制信号的解调

$$u_x=U_{\Omega m}[1+m_c\cos(\Omega t)]\cos(\omega_c t),$$
$$u_y=U_{cm}\cos(\omega_c t)$$

则有

$$u_o'=U_{\Omega m}[1+m_c\cos(\Omega t)]\cos(\omega_c t)U_{cm}\cos(\omega_c t)$$

经过三角函数变换,可得

$$u_o'=\frac{1}{2}U_{cm}^2[1+\cos2(\omega_c t)]+\frac{1}{2}U_{\Omega m}U_{cm}m_c\left\{\cos(\Omega t)+\frac{1}{2}\cos[(2\omega_c+\Omega t)]+\frac{1}{2}\cos[(2\omega_c-\Omega)t]\right\}$$

可见,乘法器输出信号里包含了直流分量、二倍载波频率分量、调制信号频率分量以及二倍载波信号频率与调制信号频率的差频与和频分量。调制信号分量$\frac{1}{2}U_{\Omega m}U_{cm}m_c\cos(\Omega t)$

是我们需要的。由于 $\omega_c \gg \Omega$，所以只要加上一个隔直电容器和一个低通滤波器就可以将调制信号分量取出，最后得到 $u_o=\frac{1}{2}U_{\Omega m}U_{cm}m_c\cos(\Omega t)$

3)信号的测量

(1)功率的测量

如果要测量某端口网络的功率，则只要将乘法器的输入端分别接入该端口的端口电压和端口电流，则乘法器的输出就正比于该端口网络的功率，即 $u_o=kiu$。如果是正弦信号，则有

$$u_o=kI_mU_m\cos(\omega t+\theta_i)\cos(\omega t+\theta_u)=kUI[\cos\varphi+\cos(2\omega t+\theta_i+\theta_u)] \quad (8-57)$$

其中，φ 为电压与电流的相位差。如果要得到平均功率，则只要取出乘法器输出的直流分量即可。

(2)有效值的测量

乘法器还可以用来测量信号的有效值，根据有效值的定义，可得其原理电路如图 8-39 所示。

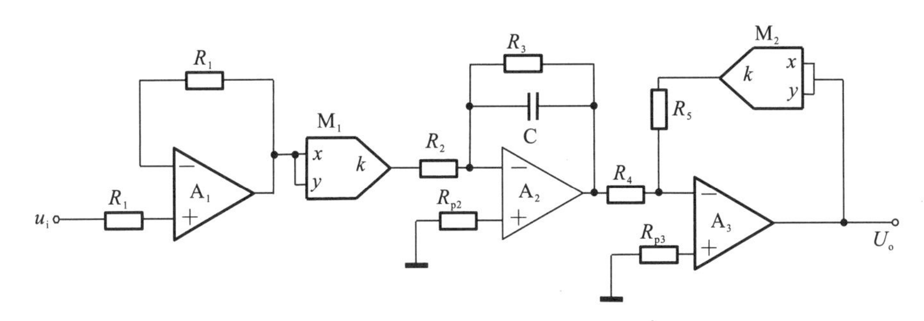

图 8-39　有效值测量电路

从图 8-39 电路可以看出，A_1 是电压输出器，主要是提高输入电阻。M_1 是平方电路，M_1 的输出是 u_i 的平方，即

$$u_{M_1}=ku_i^2$$

A_2 是一个积分电路，主要是对输入信号取平均值，且平均值的放大倍数为 $\left(-\frac{R_3}{R_2}\right)$，即

$$u_{A2}=-\frac{kR_3}{R_2}\overline{u_{M_1}}=-\frac{kR_3}{R_2}\frac{1}{T}\int_0^T u_i^2\,dt\text{（}\overline{u_{M_1}}\text{表示 }u_{M_1}\text{ 的平均值）}$$

A_3 和 M_2 是一个开平方电路，输入输出关系为 $U_o=\sqrt{-\frac{R_5}{kR_4}u_{A_2}}$，所以我们可得

$$U_o=\sqrt{\frac{R_3R_5}{R_2R_4}\frac{1}{T}\int_0^T u_i^2\,dt}=\sqrt{\frac{R_3R_5}{R_2R_4}}U_i \quad (8-58)$$

U_i 为被测信号的有效值。可见图 8-39 电路实现了方均根值(有效值)的计算。如果能够估计被测信号有效值的最大值和输出信号容许的最大值，则可以确定各电阻值。

4)鉴相器

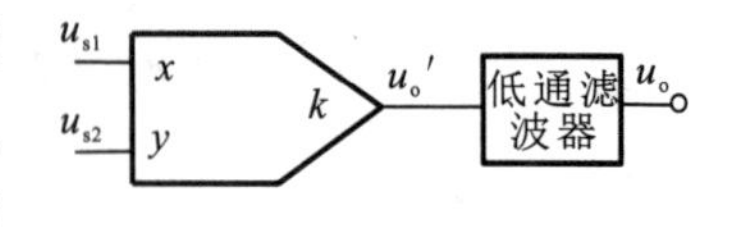

图 8-40　鉴相器原理图

鉴相是把两个信号之间的相位差转换为与之有关的电压的过程。图 8-40 是利用模拟乘法器实现鉴相功能的原理图。相位不同的两个高频信号 u_{s1} 和 u_{s2} 分别加到模拟乘法器的两个输入端口。低频滤波器用来去除反映两个输入信号之间相位差变化的低频电压。

根据加到乘法器输入端信号幅度的大小,鉴相器有 3 种工作状态。

(1)两个输入均为小信号的情况,设两个输入高频信号分别为

$$u_{s1}=U_{cm1}\cos(\omega_c t)$$

乘法器的输出为

$$\begin{aligned} u_o' &= kU_{cm1}U_{cm2}\cos(\omega_c t)[\cos(\omega_c t)+\varphi] \\ &= \frac{1}{2}kU_{cm1}U_{cm2}[\cos(2\omega_c t+\varphi)+\cos\varphi] \end{aligned} \tag{8-59}$$

经低通滤波后只剩下直流分量,即

$$u_o=\frac{1}{2}kU_{cm1}U_{cm2}\cos\varphi$$

由此可见,滤波器的输出与输入之间的相位差 φ 的余弦成正比,故称为余弦鉴相器。当两个输入信号同相或者反相时,鉴相器的输出电压绝对值最大;当两信号正交时,输出电压为零。

(2)两个输入信号中某一个信号为大信号

设一个高频输入信号 $u_{s1}=U_{cm1}\cos(\omega_c t)$ 为大信号。由于乘法器自身的限幅作用,u_{s1} 受到限幅而变成方波信号 u_{s1}',它可以用傅立叶级数表示为

$$u_{s1}'=U_{cm1}'\left[\frac{4}{\pi}\cos(\omega_c t)-\frac{4}{3\pi}\cos(3\omega_c t)+\cdots\right]$$

另一个输入为高频信号 $u_{s2}=U_{cm2}\cos(\omega_c t+\varphi)$

乘法器的输出为 u_{s1}' 和 u_{s2} 的乘积,即

$$u_o'=kU_{cm1}'U_{cm2}\cos(\omega_c t+\varphi)\left[\frac{4}{\pi}\cos(\omega_c t)-\frac{4}{3\pi}\cos(3\omega_c t)+\cdots\right] \tag{8-60}$$

经过低通滤波器之后,只剩下直流分量

$$u_o=\frac{2}{\pi}KU_{cm1}'U_{cm2}\cos\varphi$$

可见,鉴相器的输出 u_o 与 $\cos\varphi$ 成正比,仍属于余弦鉴相器。

(3)两个输入信号均为大信号

由于乘法器的限幅作用,两个输入信号均为方波信号。可以证明,这种情况下,鉴相器可以获得如图 8-41 所示的鉴相特性。

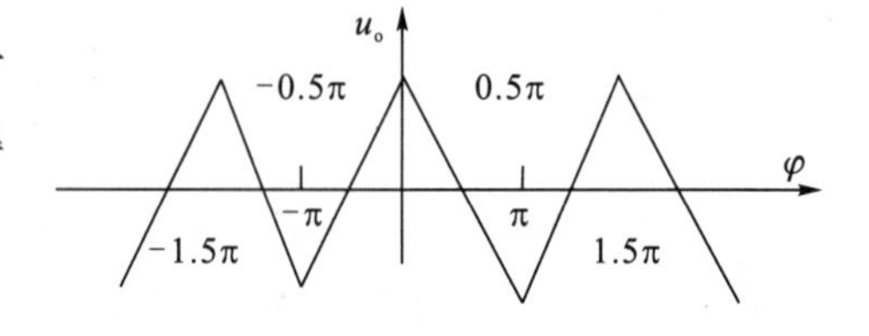

图 8-41　大信号工作状态的鉴相特性

1. 判断下列说法是否正确,用"√"或"×"表示判断结果。

(1)运算电路中一般均引入负反馈。 (   )

(2)在运算电路中,集成运算放大器的反相输入端均为虚地。 (   )

(3)凡是运算电路都可利用"虚短"和"虚断"的概念求解运算关系。 (   )

(4)各种滤波电路的通带放大倍数的数值均大于1。 (   )

2. 现有电路

A. 反相比例运算电路　　B. 同相比例运算电路　　C. 积分运算电路

D. 微分运算电路　　E. 加法运算电路　　F. 乘方运算电路

3. 选择一个合适的答案填入空内。

(1)欲将正弦波电压移相+90°,应选用________。

(2)欲将正弦波电压转换成二倍频电压,应选用________。

(3)欲将正弦波电压叠加上一个直流量,应选用________。

(4)欲实现 $A_u=-100$ 的放大电路,应选用________。

(5)欲将方波电压转换成三角波电压,应选用________。

(6)欲将方波电压转换成尖顶波电压,应选用________。

4. 填空

(1)为了避免50Hz电网电压的干扰进入放大器,应选用________滤波电路。

(2)已知输入信号的频率为10~12kHz,为了防止干扰信号的混入,应选用________滤波电路。

(3)为了获得输入电压中的低频信号,应选用________滤波电路。

(4)为了使滤波电路的输出电阻足够小,保证负载电阻变化时滤波特性不变,应选用________滤波电路。

5. 已知图8-42所示各电路中的集成运算放大器均为理想运算放大器,模拟乘法器的乘积系数 k 大于零。试分别求解各电路的运算关系。

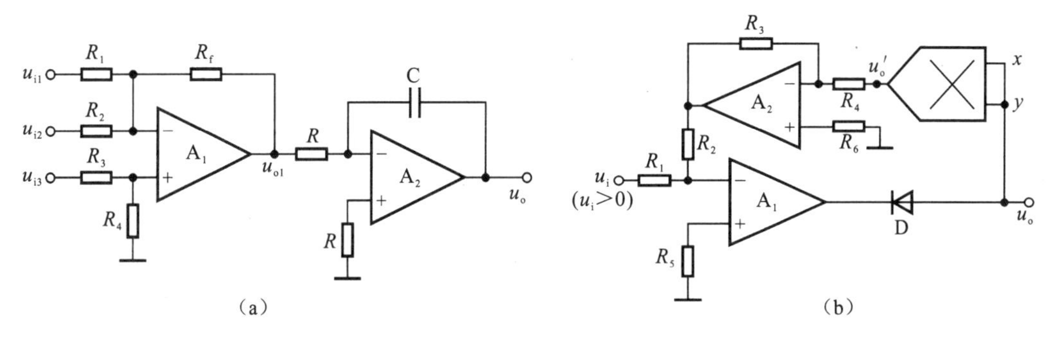

图8-42

6. 电路如图 8-43 所示，T_1、T_2 和 T_3 的特性完全相同，在空白处填入合适答案。

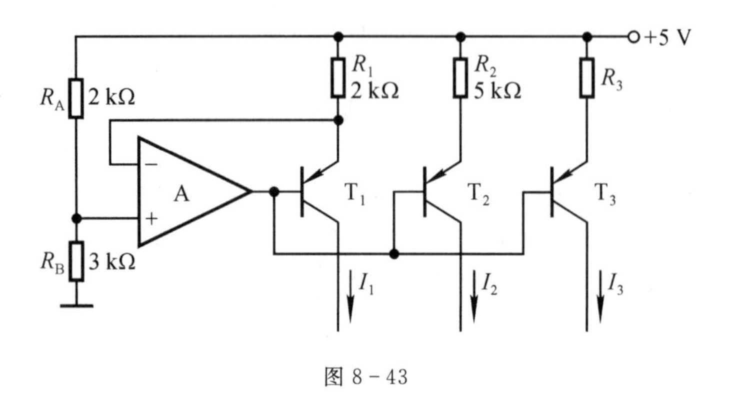

图 8-43

(1) $I_1 \approx$ ______ mA，$I_2 \approx$ ______ mA；

(2) 若 $I_3 \approx 0.2\text{mA}$，则 $R_3 \approx$ ______ kΩ。

7. 试求图 8-44 所示各电路输出电压与输入电压的运算关系式。

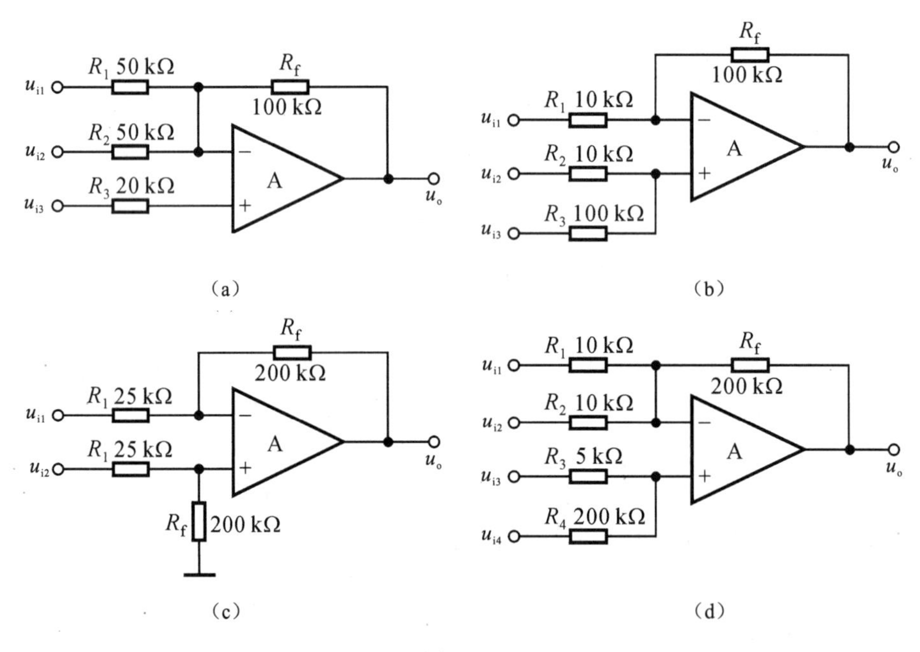

图 8-44

8. 在图 8-44 所示各电路中，是否对集成运算放大器的共模抑制比要求较高？为什么？

9. 在图 8-44 所示各电路中，运算放大器输入的共模信号分别为多少？试写出表达式。

10. 图 8-45 所示为恒流源电路，已知稳压管工作在稳压状态，求负载电阻中的电流。

11. 电路如图 8-46 所示。

(1) 写出 u_o 与 u_{i1}、u_{i2} 的运算关系式。

(2) 当 R_W 的滑动端在最上端时，若 $u_{i1}=10\text{mV}$，$u_{i2}=20\text{mV}$，则 u_o 为多少？

(3)若 u_o 的最大幅值为 $\pm14V$,输入电压最大值 $u_{i1max}=10mV$,$u_{i2max}=20mV$,最小值均为 0V,则为了保证集成运算放大器工作在线性区,R_2 的最大值为多少?

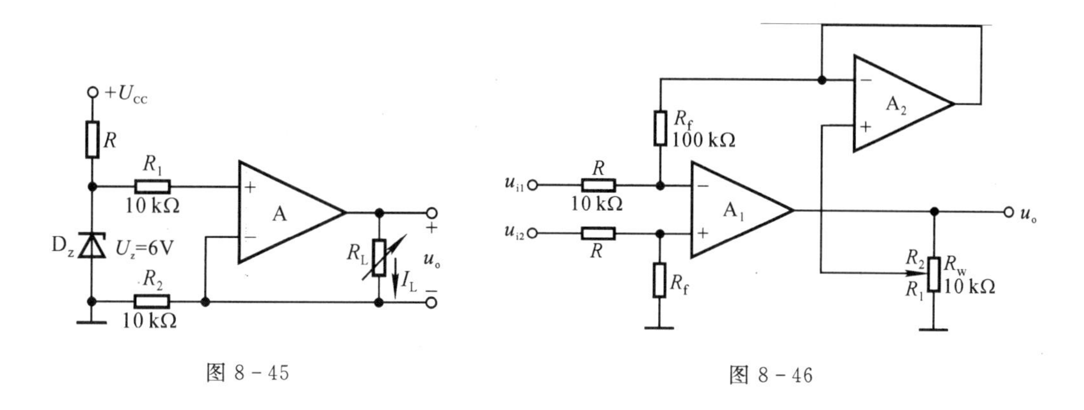

图 8-45　　　　图 8-46

12. 分别求解图 8-47 所示各电路的运算关系。

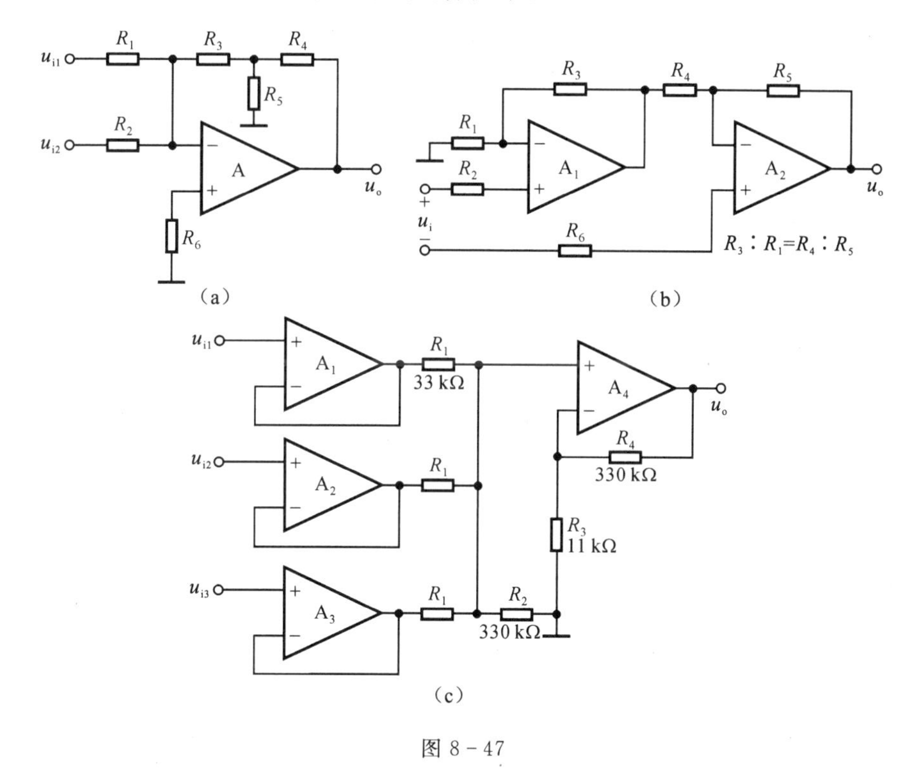

图 8-47

13. 在图 8-48(a)所示电路中,已知输入电压 u_i 的波形如图 8-48(b)所示,当 $t=0$ 时,$u_o=0$。试画出输出电压 u_o 的波形。

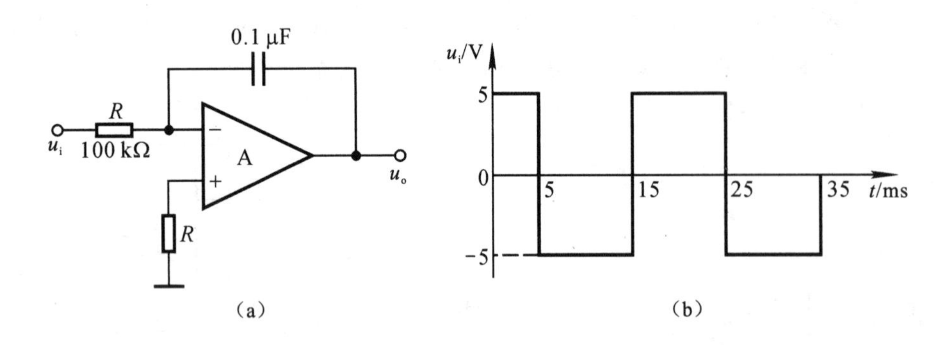

（a）　　（b）

图 8－48

14. 已知图 8－49 所示电路输入电压 u_i 的波形如图 8－48(b)所示，且当 $t=0$ 时，$u_o=0$。试画出输出电压 u_o 的波形。

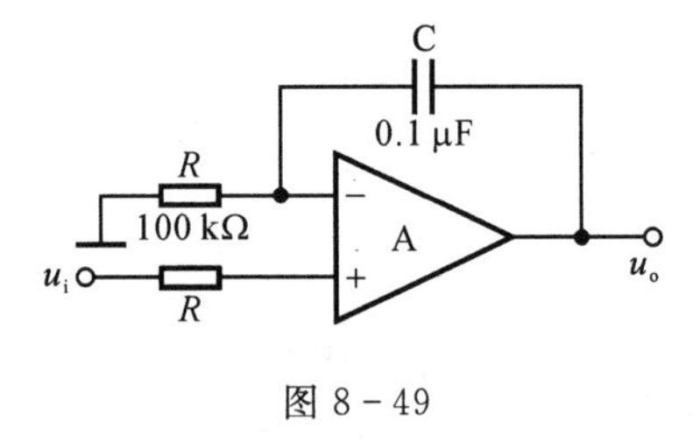

图 8－49

15. 试分别求解图 8－50 所示各电路的运算关系。

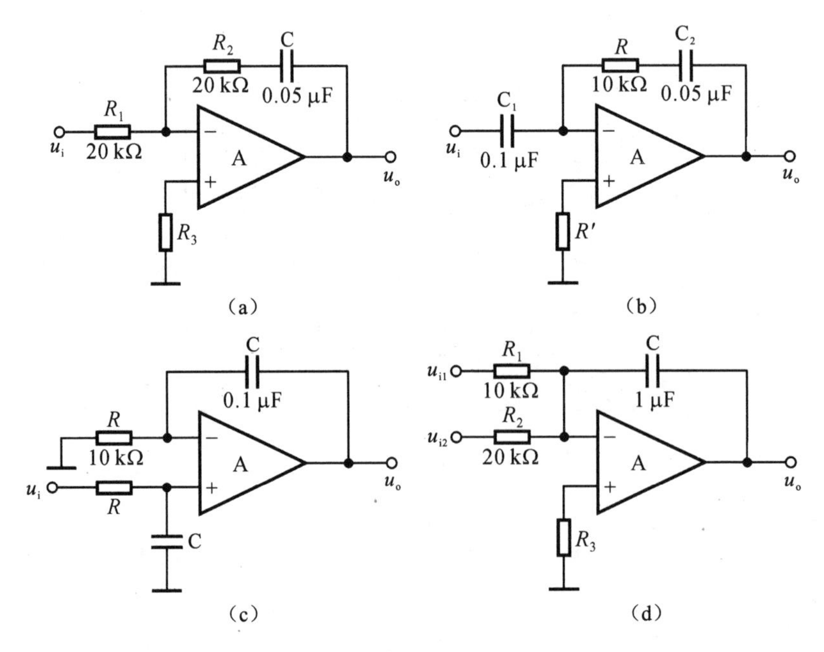

（a）　　（b）

（c）　　（d）

图 8－50

16. 在图 8－51 所示电路中，已知 $R_1=R=R'=100\text{k}\Omega$，$R_2=R_f=100\text{k}\Omega$，$C=1\mu\text{F}$。

(1)试求出 u_o 与 u_i 的运算关系。

(2)设 $t=0$ 时 $u_o=0$，且 u_i 由零跃变为 -1V，试求输出电压由零上升到 $+6\text{V}$ 所需要的时间。

17. 试求出图 8－52 所示电路的运算关系。

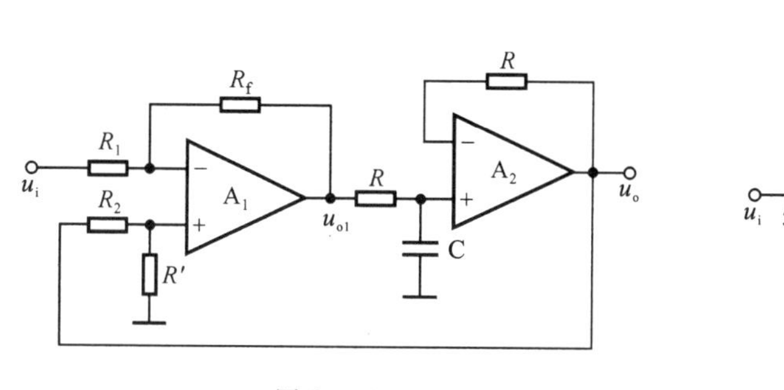

图 8－51

图 8－52

18. 在图 8－53 所示电路中，已知 $u_{i1}=4\text{V}$，$u_{i2}=1\text{V}$。回答下列问题。

(1)当开关 S 闭合时，分别求解 A、B、C、D 和 u_o 的电位；

(2)设 $t=0$ 时 S 打开，问经过多长时间 $u_o=0$？

19. 画出利用对数运算电路、指数运算电路和加减运算电路实现除法运算的原理框图。

20. 为了使图 8－54 所示电路实现除法运算。

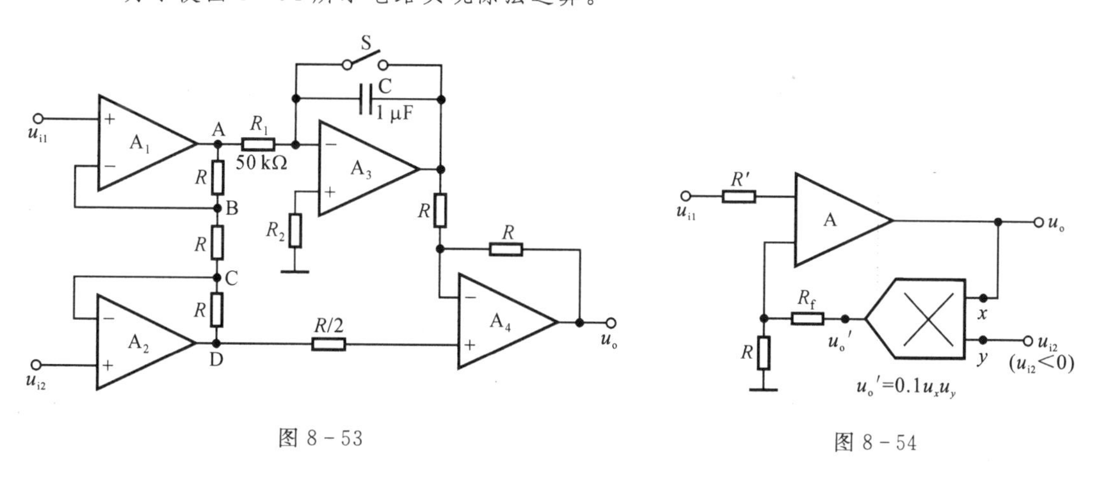

图 8－53

图 8－54

(1)标出集成运算放大器的同相输入端和反相输入端；

(2)求出 u_o 和 u_{i1}、u_{i2} 的运算关系式。

21. 求出图 8－55 所示各电路的运算关系。

22. 设计一个运算电路，要求输出电压和输入电压的运算关系是为：

$$u_o=10u_{i1}-5u_{i2}-4u_{i3}$$

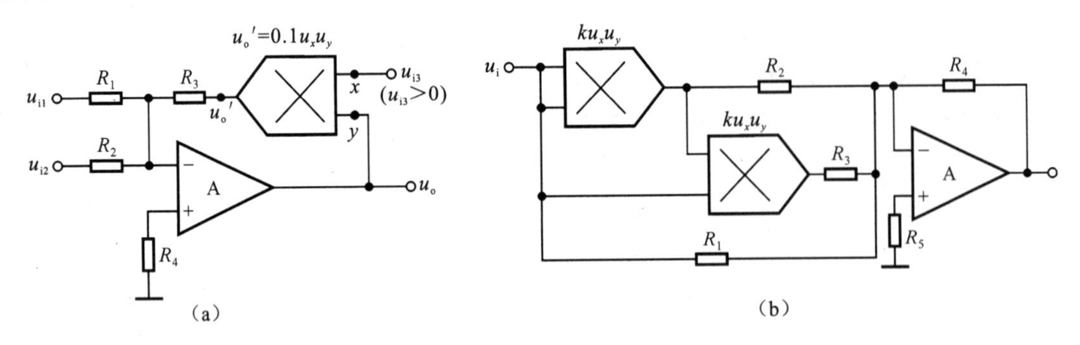

图 8－55

23. 设图 8－56 中的 A 为理想，试求出图 8－56(a)、(b)、(c)、(d)中电路输出电压 u_o 的值。

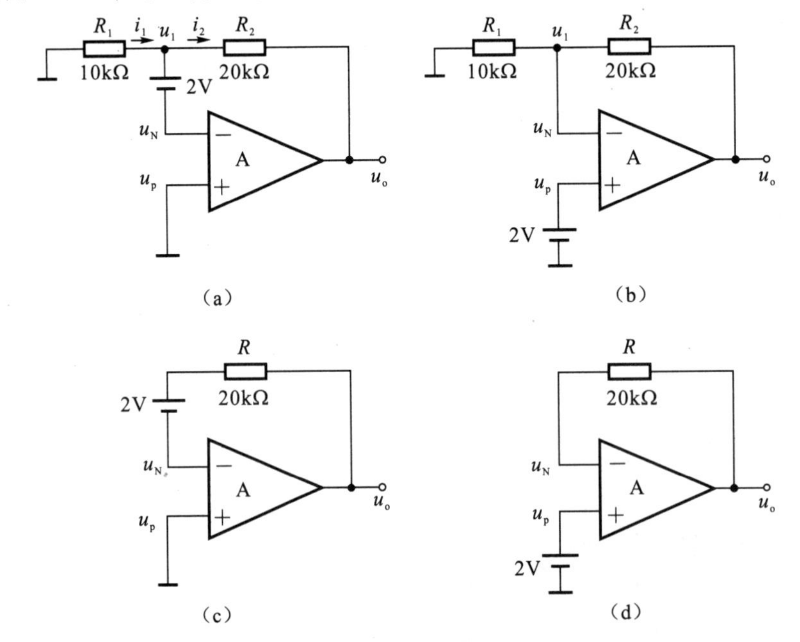

图 8－56

24. 在自动控制系统中，常采用如图 8－57 所示的 PID 调节器。试分析输出电压与输入电压的运算关系式。

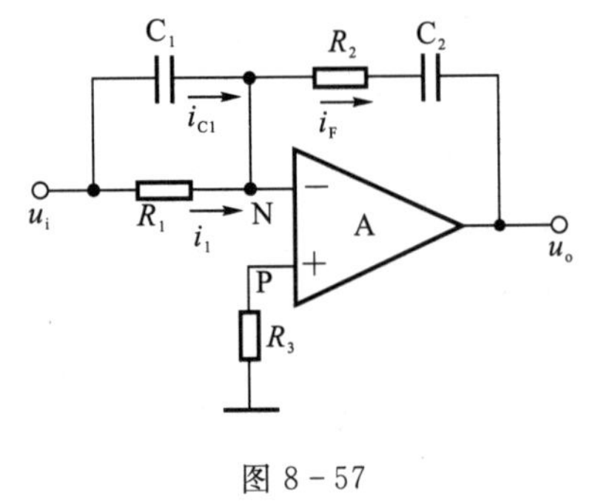

图 8－57

25. 如何识别电路是否为运算电路？为什么两个运算电路在相互连接时可以不考虑前后级之间的影响？

26. 如何分析运算电路输出电压与输入电压之间的运算关系式？

27. 设计一个电路，要求输出电压与输入电压运算关系式为 $u_o=k_1u_{i1}-k_2u_{i2}$，且两个信号源 u_{i1} 和 u_{i2} 的输出电流均为零。

28. 电路如图 8－58 所示，集成运算放大器输出电压的最大幅值为±14V，在下表空白处填入正确答案。

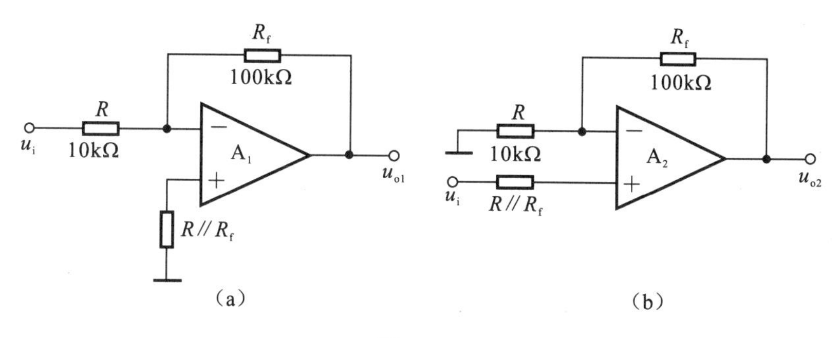

图 8－58

u_i/V	0.1	0.5	1.0	1.5
u_{o1}/V				
u_{o2}/V				

29. 设计一反相加法器，使其输出电压 $u_o=-(7u_{i1}+14u_{i2}+3.5u_{i3}+10u_{i4})$，允许使用的最大电阻为 280kΩ，求各支路的电阻。

30. 加减法电路如图 8－59 所示，求输出电压 u_o 的表达式。

31. 电路如图 8－60 所示，设运算放大器是理想的，试求 u_{o1}，u_{o2}，u_{o3} 的值。

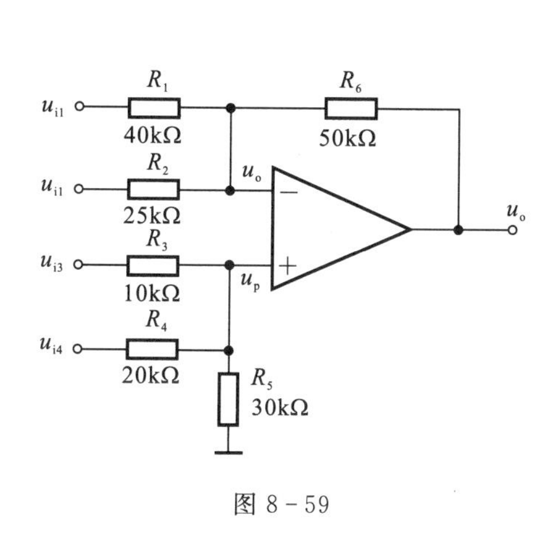

图 8－59

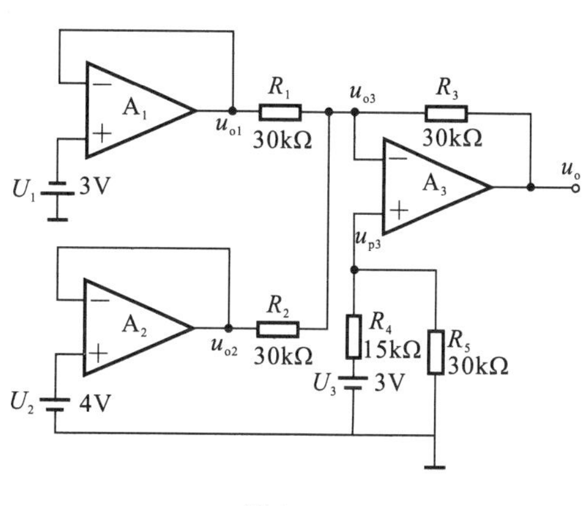

图 8－60

32. 微分电路如图 8-61(a)所示，输入电压 u_1 如图 8-61(b)所示，设 $R=10\text{k}\Omega$，$C=100\mu\text{F}$，设运算放大器是理想的，试画出输出电压 u_o 的波形，并标出 u_o 的幅值。

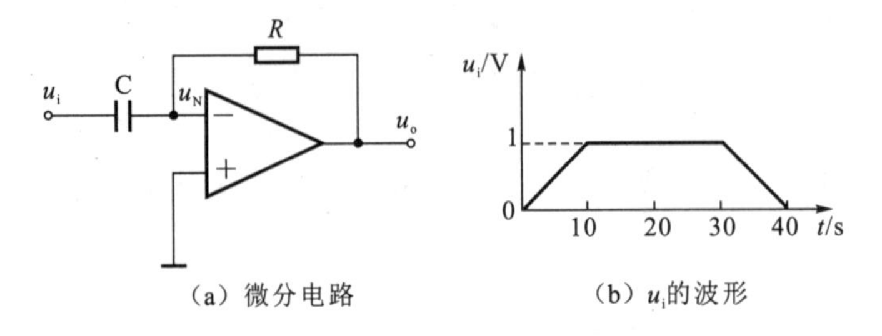

(a) 微分电路　　(b) u_i的波形

图 8-61

33. 差分式积分运算电路如图 8-62 所示，设运算放大器是理想的，电容器 C 上的初始电压$u_c(0)=0\text{V}$，且 $C_1=C_2=C$，$R_1=R_2=R$，若 u_{i1} 和 u_{i2} 已知。求：

(1)当 $u_{i1}=0$ 时，推导 u_0 与 u_{i2} 的关系式。

(2)当 $u_{i2}=0$ 时，推导 u_0 与 u_{i1} 的关系式。

(3)当 u_{i1}、u_{i2} 同时加入时，写出 u_0 与 u_{i1}、u_{i2} 的关系式，并说明电路功能。

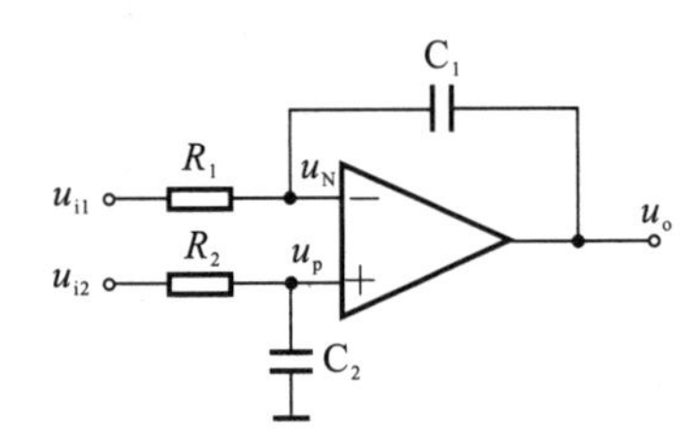

图 8-62

34. 电路如图 8-63(a)所示。设运算放大器是理想的，电容器 C 上的初始电压为零，$u_c(0)=0\text{V}$。$u_{i1}=-0.1\text{V}$，u_{i2} 的幅值为±3V，周期为 $T=2\text{s}$ 的矩形波。

(1)求出 u_{o1}、u_{o2}、u_o 的表达式。

(2)当输入电压 u_{i1}，u_{i2} 如图 8-63(b)所示时，画出 u_o 的波形。

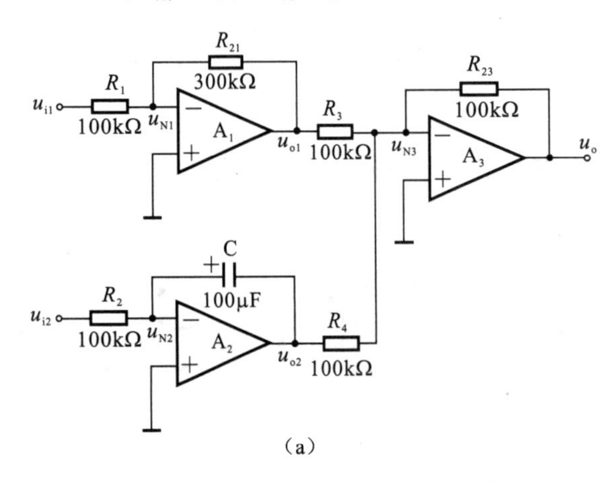

(a)

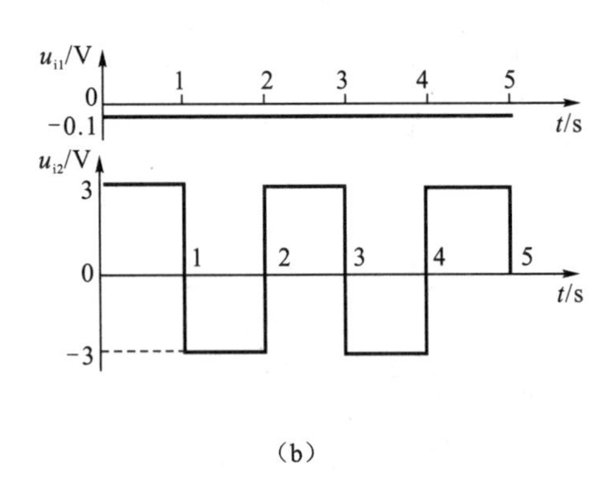

(b)

图 8-63

35. 运算电路如图 8-64 所示。已知模拟乘法器的运算关系式为 $u_o'=ku_xu_y=-0.1\text{V}^{-1}u_xu_y$。

(1)电路对 u_{i3} 的极性是否有要求？简述理由。

(2)求解电路的运算关系式。

36. 电路如图 8－65 所示，试求输出电压 u_o 的表达式。

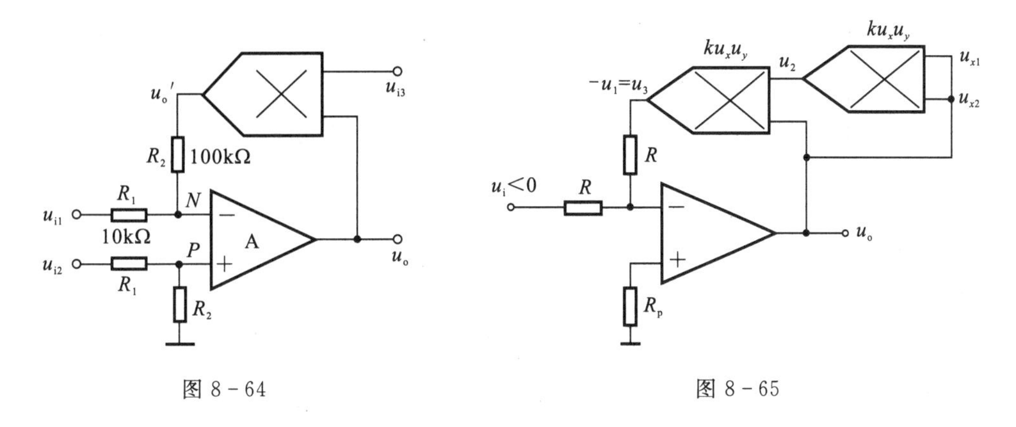

图 8－64　　　　图 8－65

37. 有效值检测电路如图 8－66 所示，若 $R_2=\infty$，试证明：$u_o=\sqrt{\frac{1}{T}\int_0^T u_o^2\,\mathrm{d}t}$，式中 $T=\frac{CR_1R_3k_2}{R_4k_1}$。

38. I_{1o}、I_{1B} 的补偿电路如图 8－67 所示，当运算放大器的 $I_{BN}=90\text{nA}$，$I_{BP}=70\text{nA}$ 时，在运算放大器同相端接入一电阻 $R_5=9\text{k}\Omega$，当 $u_1=0$ 时，要使输出误差电压为零，补偿电路应提供多大的补偿电流 I_C？

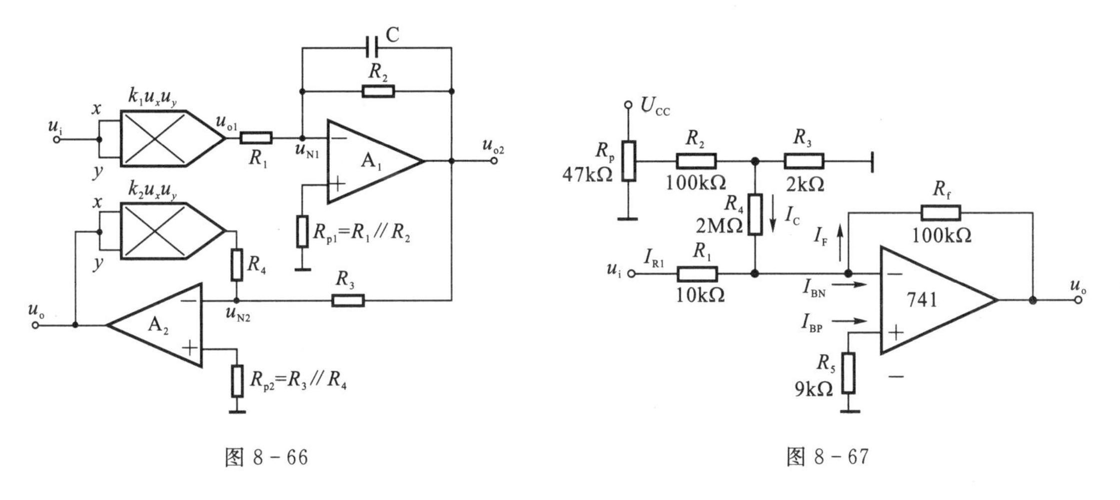

图 8－66　　　　图 8－67

第九章 波形发生与转换电路

知识要点

1. 电压比较器。
2. 正弦信号发生电路。
3. 精密整流电路。
4. 非正弦波发生电路。
5. 函数发生器。
6. 电压-电流、电压-频率转换电路。
7. 有源滤波电路。
8. 开关电容滤波器。

第一节 正弦波发生电路

正弦波发生电路也称为正弦波振荡电路或正弦波振荡器。正弦波发生电路能产生正弦波输出,它是在放大电路的基础上加上正反馈而形成的,无需外加激励信号就能够输出具有某一特定频率的等幅正弦振荡信号,它是各类波形发生器和信号源的核心电路,广泛应用于广播、通信、测量及自动控制等许多技术领域。

一、正弦波产生的条件

1. 正弦波发生电路的组成

为了产生正弦波,必须在放大电路里加入正反馈,因此放大电路和正反馈网络是振荡电路的最主要部分。但是,这样两部分构成的振荡器一般得不到正弦波,这是由于很难控制正反馈的量。如果正反馈量大,则增幅,输出幅度越来越大,最后由三极管的非线性限幅,这必然产生非线性失真。反之,如果正反馈量不足,则减幅,可能停振,为此振荡电路要有一个稳幅电路。为了获得单一频率的正弦波输出,应该有选频网络,选频网络往往和正反馈网络或放大电路合而为一。选频网络由 R、C 和 L、C 等电抗性元件组成。正弦波振荡器的名称一般由选频网络来命名。

正弦波发生电路的组成:放大电路、正反馈网络、选频网络、稳幅电路。

2. 产生正弦波的条件

产生正弦波的条件与负反馈放大电路产生自激的条件十分类似,只不过负反馈放大电路中是由于信号频率达到了通频带的两端,产生了足够的附加相移,从而使负反馈变成了正反馈。在振荡电路中加的就是正反馈,振荡建立后只是一种频率的信号,无所谓附加相移。

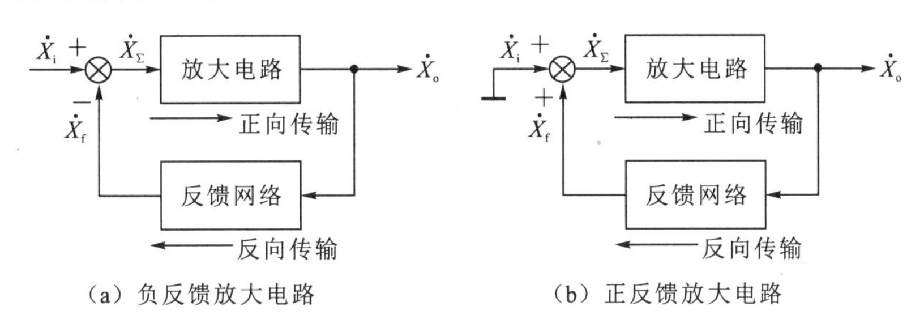

图 9-1　振荡器的方框图

比较图 9-1(a)、(b),可以看出负反馈放大电路和正反馈振荡电路的区别。由于振荡电路的输入信号 $\dot{X}_i=0$,所以 $\dot{X}_\Sigma=\dot{X}_f$。由于正、负号的改变,有反馈的放大倍数为

$$\dot{A}_f=\frac{\dot{A}}{1+\dot{A}\dot{B}} \tag{9-1}$$

振荡条件

$$\dot{A}\dot{B}=1 \tag{9-2}$$

幅度平衡条件

$$|\dot{A}\dot{B}|=1$$

相位平衡条件

$$\varphi_{AB}=\varphi_A+\varphi_B=\pm 2n\pi$$

3. 起振条件和稳幅原理

前述的分析中,是先假定有一个输入信号经放大后,再由反馈网络送回到输入端而形成稳定振荡的,实际上自激振荡的起振不需要外加信号激励,而是利用电源接通或元件的起伏噪声引起的扰动,作为起始激励信号。振荡器在刚刚起振时,为了克服电路中的损耗,需要正反馈强一些,即要求 $|\dot{A}\dot{B}|>1$,这称为起振条件。既然 $|\dot{A}\dot{B}|>1$,起振后就要产生增幅振荡,需要靠三极管大信号运用时的非线性特性去限制幅度的增加,这样电路必然产生失真。这就要靠选频网络的作用,选出失真波形的基波分量作为输出信号,以获得正弦波输出。

振荡建立起来之后,如果一直保持 $|\dot{A}\dot{B}|>1$ 的话,振荡就会无限制地增强,所以,可以在反馈网络中加入非线性稳幅环节,用以调节放大电路的增益,从而达到稳幅的目的。这将在下面具体的振荡电路中加以介绍。

二、RC 正弦波振荡电路

1. RC 网络的频率响应

RC 正弦波振荡电路适用于产生频率较低的振荡信号，常用的 RC 振荡电路有移相式和 RC 串并联网络(桥式)两种，移相式振荡电路选频作用较差，振幅不够稳定，频率调节不便，因此本节主要介绍 RC 串并联网络(桥式)振荡电路。RC 串并联网络的电路如图 9－2 所示。RC 串联臂的阻抗用 Z_1 表示，RC 并联臂的阻抗用 Z_2 表示。其频率响应如下

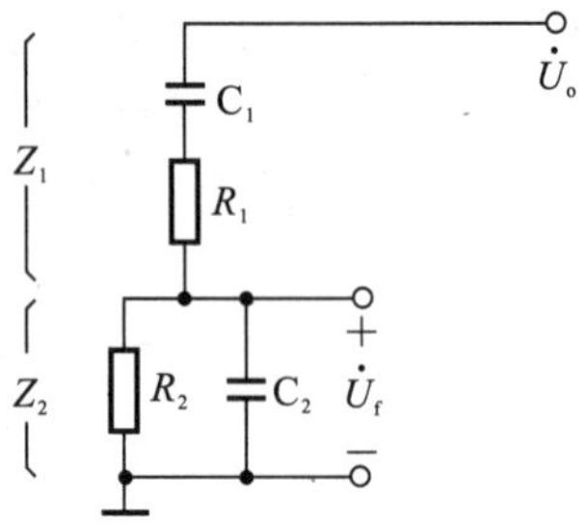

图 9－2　RC 串并联网络选频

$$Z_1=R_1+\frac{1}{j\omega C_1},Z_2=R_2//\frac{1}{j\omega C_2}=\frac{R_2}{1+j\omega R_2C_2}$$

$$\dot{B}(j\omega)=\frac{\dot{U}_f}{\dot{U}_o}=\frac{Z_2}{Z_1+Z_2}=\frac{\dfrac{R_2}{(1+j\omega R_2C_2)}}{R_1+\left(\dfrac{1}{j\omega C_1}\right)+\left(\dfrac{R_2}{1+j\omega R_2C_2}\right)}$$

$$=\frac{R_2}{\left[R_1+\left(\dfrac{1}{j\omega C_1}\right)\right](1+j\omega R_2C_2)+R_2}$$

$$=\frac{R_2}{R_1+\left(\dfrac{1}{j\omega C_1}\right)+j\omega R_1R_2C_2+\dfrac{R_2C_2}{C_1}+R_2}$$

$$=\frac{1}{\left(1+\dfrac{R_1}{R_2}+\dfrac{C_2}{C_1}\right)+j\left(\omega R_1C_2-\dfrac{1}{\omega R_2C_1}\right)} \tag{9-3}$$

谐振频率为

$$f_0=\frac{1}{2\pi\ \sqrt{R_1R_2C_1C_2}} \tag{9-4}$$

当 $R_1=R_2,C_1=C_2$ 时，谐振角频率和谐振频率分别为 $\omega_0=\dfrac{1}{RC}$　　$f_0=\dfrac{1}{2\pi RC}$则

$$B(j\omega)=\frac{j\omega RC}{1-(\omega RC)^2+3j\omega RC}=\frac{1}{3+j\left(\dfrac{\omega}{\omega_0}-\dfrac{\omega_0}{\omega}\right)} \tag{9-5}$$

幅频特性

$$\mathrm{B}(\omega)=\frac{1}{\sqrt{\left(1+\dfrac{R_1}{R_2}+\dfrac{C_2}{C_1}\right)^2+\left(\omega R_1C_2-\dfrac{1}{\omega R_2C_1}\right)^2}}=\frac{1}{\sqrt{3^2+\left(\dfrac{\omega}{\omega_0}-\dfrac{\omega_0}{\omega}\right)^2}} \tag{9-6}$$

相频特性

$$\varphi_B=-\arctan\frac{\omega R_1C_2-\dfrac{1}{\omega R_2C_1}}{1+\dfrac{R_1}{R_2}+\dfrac{C_2}{C_1}}=-\arctan\frac{\dfrac{\omega}{\omega_0}-\dfrac{\omega_0}{\omega}}{3} \tag{9-7}$$

当 $f=f_0$ 时，反馈系数：$|B|=\dfrac{1}{3}$，且与频率 f_0 的大小无关，此时的相角为零，即调节谐振频率不会影响反馈系数和相角，在调节频率的过程中，不会停振，也不会使输出幅度改变。

2. RC 文氏桥振荡电路

1)RC 文氏桥振荡电路的构成

RC 文氏桥振荡器的电路如图 9－3 所示，RC 串并联网络是正反馈网络，另外还增加了 R_3 和 R_4 负反馈网络。

C_1、R_1 和 C_2、R_2 正反馈支路与 R_3、R_4 负反馈支路正好构成一个桥路，称为文氏桥。当 $C_1=C_2$、$R_1=R_2$ 时

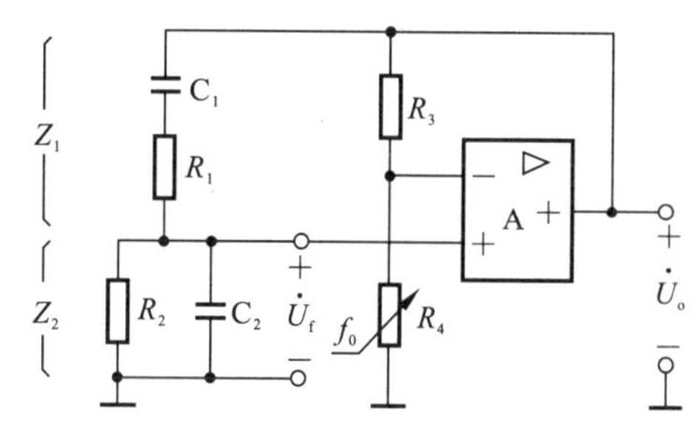

图 9－3　RC 文氏桥振荡器

$$|B|=\frac{U_f}{U_o}=\frac{1}{3}$$

$$\varphi_B=0°$$

$$f_o=\frac{1}{2\pi RC} \tag{9-8}$$

为满足振荡的幅度条件 $|\dot{A}\dot{B}|=1$，则 $A_f\geqslant 3$。加入 R_3R_4 支路，构成电压串联负反馈

$$A_f=1+\frac{R_3}{R_4}\geqslant 3 \tag{9-9}$$

2)RC 文氏桥振荡电路的稳幅过程

RC 文氏桥振荡电路的稳幅作用是靠热敏电阻 R_4 实现的。R_4 引入电压串联深度负反馈，不仅使波形改善、稳定性提高，还使电路的输入电阻增加和输出电阻减小，同时减小了放大电路对选频网络的影响，增强了振荡电路的负载能力。R_4 是正温度系数热敏电阻，当输出电压升高，R_4 上所加的电压升高，即温度升高，R_4 的阻值增加，负反馈增强，输出幅度下降。若热敏电阻是负温度系数，应放置在 R_3 的位置，如图 9－3 所示。

采用反并联二极管的稳幅电路如图 9－4 所示。电路的电压增益为

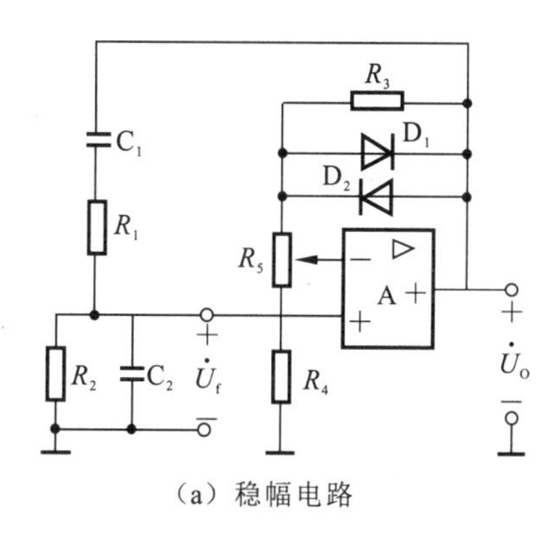

(a) 稳幅电路

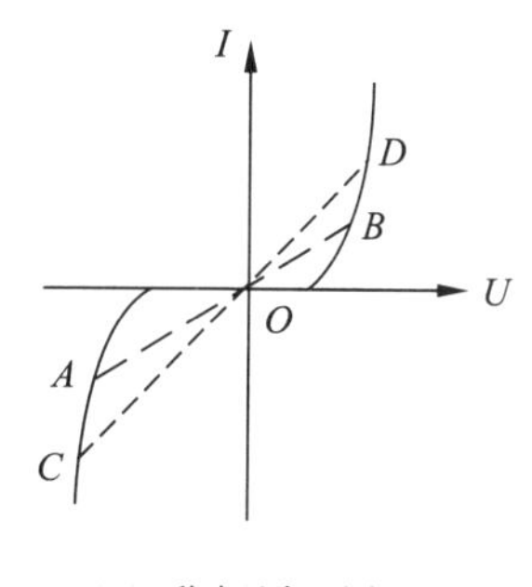

(b) 稳幅原理图

图 9－4　反并联二极管的稳幅电路

$$A_{uf}=1+\frac{R_p''+R_3'}{R_p'+R_4} \quad (9-10)$$

式中，R_p'' 是电位器上半部的电阻值，R_p' 是电位器下半部的电阻值。$R_3'=R_3 /\!/ R_D$，R_D 是并联二极管的等效平均电阻值。当 U_O 大时，二极管支路的交流电流较大，R_D 变小，A_{uf}变小，于是 U_o 下降。由图 9－4(b)可看出，二极管工作在 C、D 点所对应的等效电阻，小于工作在 A、B 点所对应的等效电阻，所以输出幅度小。二极管工作在 A、B 点，电路的增益较大，引起增幅过程。当输出幅度大到一定程度，增益下降，最后达到稳定幅度的目的。

文氏桥振荡电路的优点是：不仅振荡较稳定，波形良好，而且振荡频率在较宽的范围内能方便地连续调节。

三、LC 正弦波振荡电路

LC 正弦波振荡电路的构成与 RC 正弦波振荡电路相似，包括放大电路、正反馈网络、选频网络和稳幅电路。这里的选频网络是由 LC 并联谐振电路构成，正反馈网络因不同类型的 LC 正弦波振荡电路而有所不同。

1. LC 并联谐振电路的频率响应

LC 并联谐振电路如图 9－5(a)所示。显然输出电压是频率的函数

$$U_o(\omega)=f[U_i(\omega)] \quad (9-11)$$

输入信号频率过高，电容的旁路作用加强，输出减小；反之频率太低，电感将短路输出。并联谐振曲线如图 9－5(b)所示。

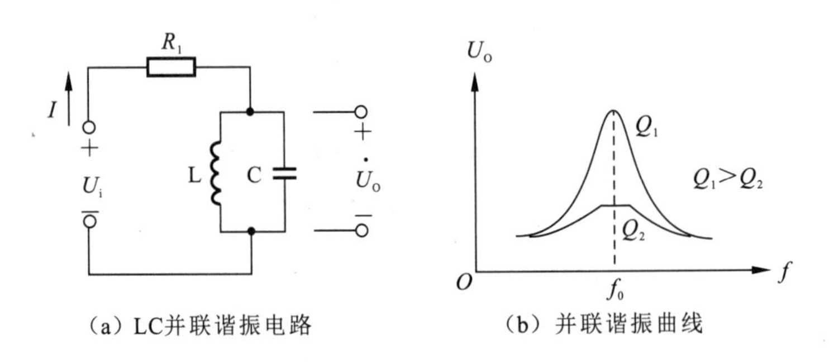

(a) LC并联谐振电路　　(b) 并联谐振曲线

图 9－5　并联谐振电路及其谐振曲线

谐振时

$$\omega_0 L-\frac{1}{\omega_0 C}=0 \quad (9-12)$$

谐振频率

$$f_0=\frac{1}{2\pi\sqrt{LC}} \quad (9-13)$$

考虑电感支路的损耗，用 R 表示，如图 9－6 所示。谐振时，电感支路电流或电容支路电流与总电流之比，称为并联谐振电路的品质因数。

$$Q=\frac{I_L}{I}=\frac{I_C}{I}=\frac{\omega_0 L}{R}=\frac{1}{\omega_0 CR} \tag{9-14}$$

对于图 9-5(b)的谐振曲线，Q 值大的曲线较陡较窄，图中 $Q_1>Q_2$。发生谐振时，LC 并联谐振电路相当一个电阻。

$$Z_0=\frac{L}{RC}=Q\omega_0 L=\frac{Q}{\omega_0 C}=Q\sqrt{\frac{L}{C}} \tag{9-15}$$

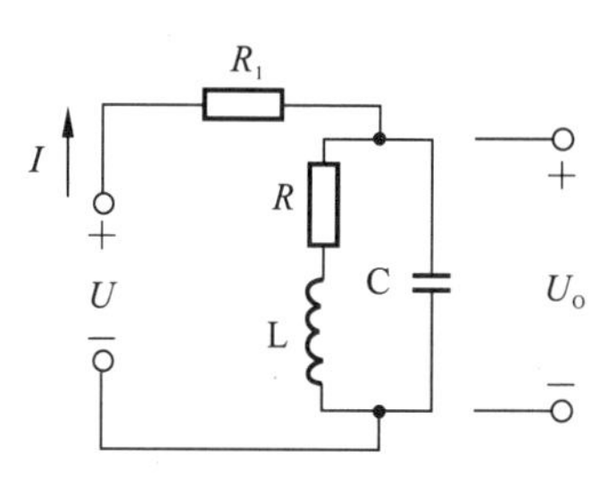

图 9-6 有损耗的谐振电路

2. 变压器反馈 LC 振荡电路

变压器反馈 LC 振荡电路如图 9-7 所示。L_1C 并联谐振电路作为三极管的负载，反馈线圈 L_2 与电感线圈 L_1 相耦合，将反馈信号送入三极管的输入回路。交换反馈线圈的两个线头，可改变反馈的极性。调整反馈线圈的匝数可以改变反馈信号的强度，以使正反馈的幅度条件得以满足。有关同名端的极性请参阅图 9-8。

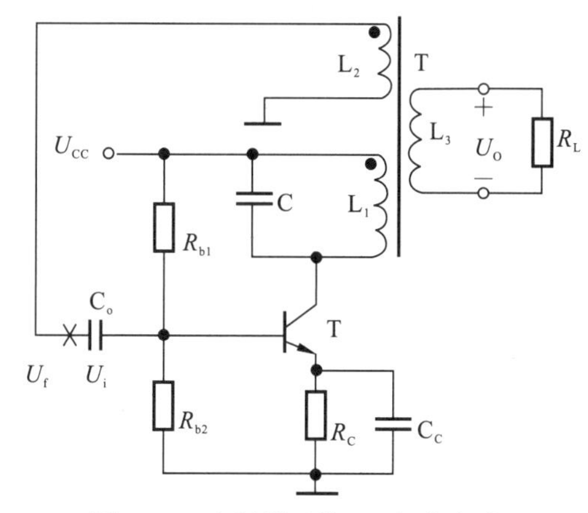

图 9-7 变压器反馈 LC 振荡电路

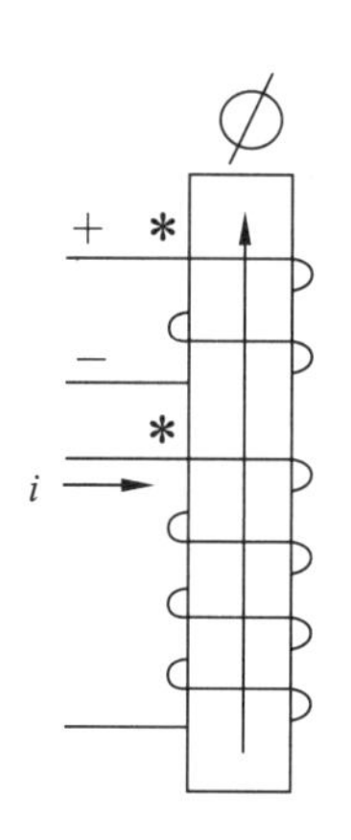

图 9-8 同名端的极性

变压器反馈 LC 振荡电路的振荡频率与并联 LC 谐振电路相同，为

$$f_o=\frac{1}{2\pi\sqrt{L_1C}} \tag{9-16}$$

3. 电感三点式 LC 振荡电路

图 9-9 为电感三点式 LC 振荡电路。电感线圈 L_1 和 L_2 是一个线圈，两点是中间抽头。如果设某个瞬间集电极电流减小，线圈上的瞬时极性如图所示。反馈到发射极的极性对地为正，图中三极管是共基极接法，所以使发射结的净输入减小，集电极电流减小，符合正反馈的相位条件。图 9-10 是共射极(CE)电感三点式 LC 振荡电路。

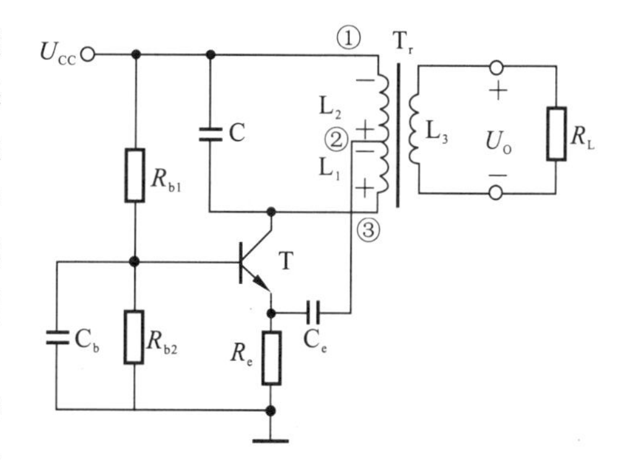

图 9-9 电感三点式 LC 振荡电路(CB)

分析三点式 LC 振荡电路常用如下方法，将谐振回路的阻抗折算到三极管的各个电极之间，有 Z_{be}、Z_{ce}、Z_{cb}，如图 9-11 所示。对于图 9-9，Z_{be} 是

L_2、Z_{ce}是 L_1、Z_{cb}是 C。可以证明，若满足相位平衡条件，Z_{be}和 Z_{ce}必须同性质，即同为电容或同为电感，且与 Z_{cb}性质相反，即满足“射同基(集)反”或“射同余异”的原则。

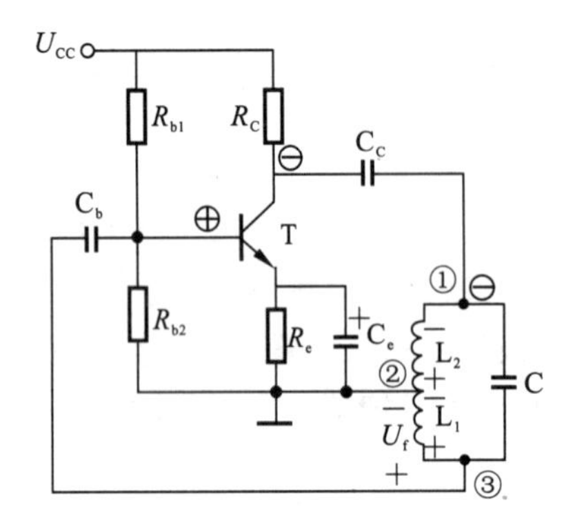

图 9-10　电感三点式 LC 振荡电路(CE)

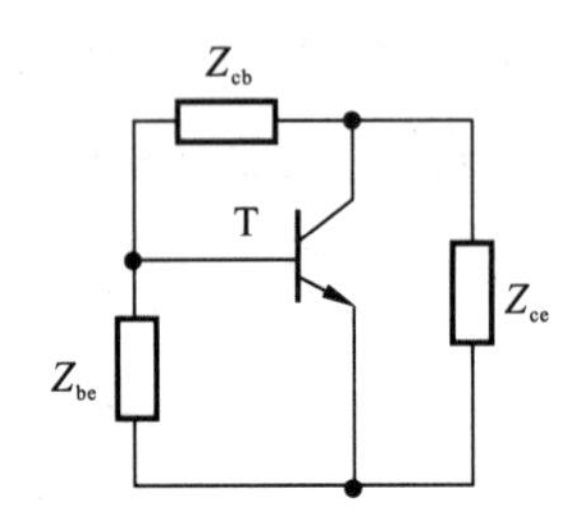

图 9-11　三点式振荡电路

4. 电容三点式 LC 振荡电路

与电感三点式 LC 振荡电路类似的有电容三点式 LC 振荡电路(图 9-12，图 9-13)。可以看出，图 9-12 所示电路符合三点式振荡电路“射同余异”的构成原则，满足自激振荡的相位平衡条件。

在 LC 谐振回路 Q 值足够高的条件下，电路的振荡频率为

$$f_0 \approx \frac{1}{2\pi\sqrt{LC}} \tag{9-17}$$

其中

$$C=\frac{C_1 C_2}{C_1+C_2} \tag{9-18}$$

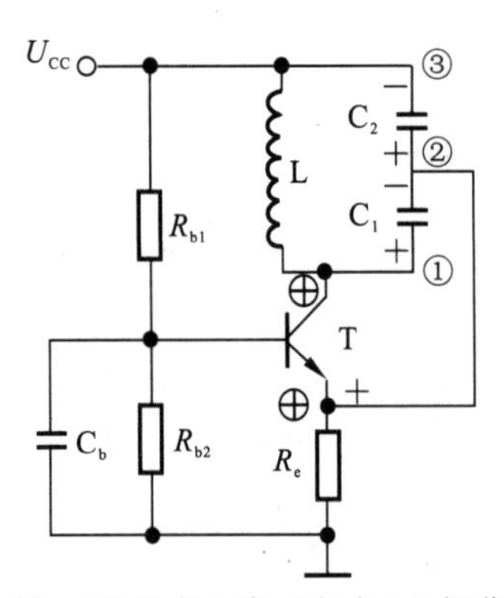

图 9-12　CB 组态电容三点式 LC 振荡电路

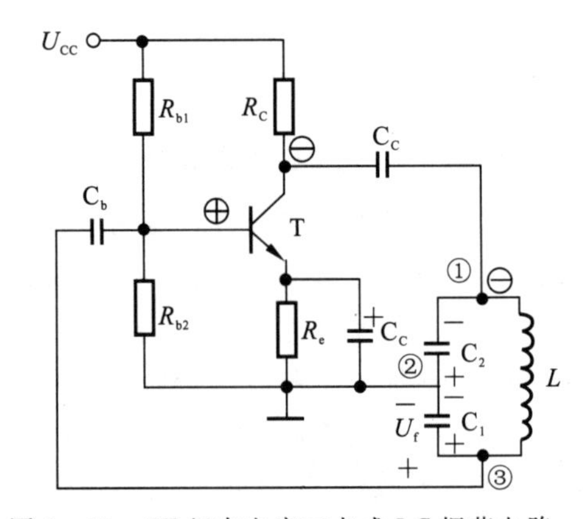

图 9-13　CE 组态电容三点式 LC 振荡电路

这种振荡电路的特点是振荡频率可以做得比较高，一般可以达到 100MHz 以上，由于 C_1 对高次谐波阻抗小，使反馈电压中的高次谐波成分较小，因而振荡波形较好。电路的缺

点是频率调节不便，这是因为调节电容来改变频率时，C_1 和 C_2 难以按比例变化，从而引起电路工作状态不稳定。因此，该电路只适宜产生固定频率的振荡。

四、石英晶体正弦波振荡电路

石英晶体具有"压电效应"，即在晶片两面加上电场，晶片就会产生形变。相反，若在晶片上施加机械压力，则在晶片的相应方向上会产生一定的电场。因此，当晶片的两极加上交变电压时，晶片就会产生机械振动，同时晶片的机械振动又会产生交变电场。从外电路来看，这就相当于有一个交变电流通过晶片。在一般情况下，晶体机械振动的振幅是非常微小的，只有在外加交变电压的频率等于晶体的固有振动频率时，振动的振幅和交变电流才突然增至最大，这种现象称为压电谐振。利用石英晶体高品质因数的特点，构成 LC 振荡电路，如图 9－14 所示。

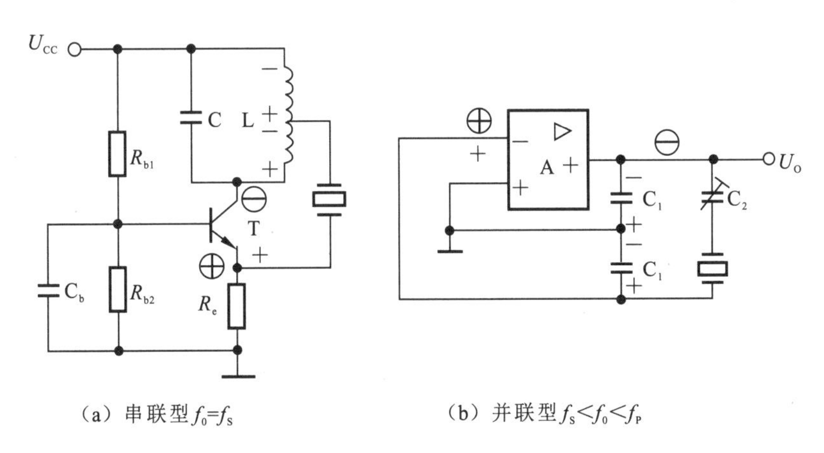

(a) 串联型 $f_0=f_s$　　(b) 并联型 $f_s<f_0<f_p$

图 9－14　石英晶体振荡电路

石英晶体的阻抗频率特性曲线见图 9－15，它有一个串联谐振频率 f_s，一个并联谐振频率 f_p，二者十分接近。图 9－14(a)的电路与电感三点式振荡电路相似。要使反馈信号能传递到发射极，石英晶体应处于串联谐振点，此时晶体的阻抗接近为零。

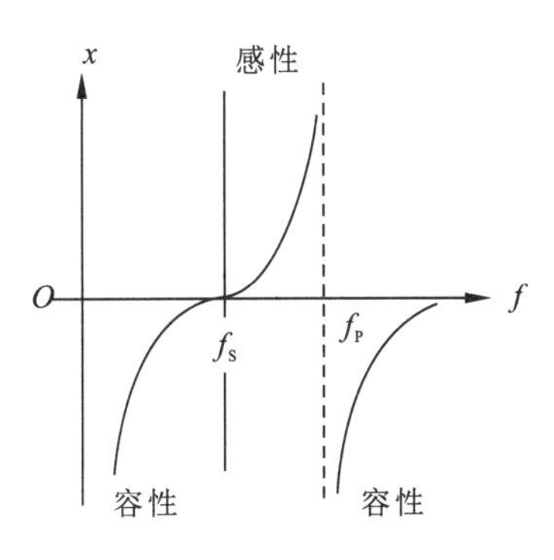

图 9－15　石英晶体的电抗曲线

图 9－14(b)的电路满足正反馈的条件，因此，石英晶体必须呈电感性才能形成 LC 并联谐振回路，产生振荡。由于石英晶体的 Q 值很高，可达到几千以上，所以电路可以获得很高的振荡频率稳定性。

【例 9－2】 分析判断图 9－16 的振荡电路能否产生振荡，若产生振荡石英晶体处于何种状态？

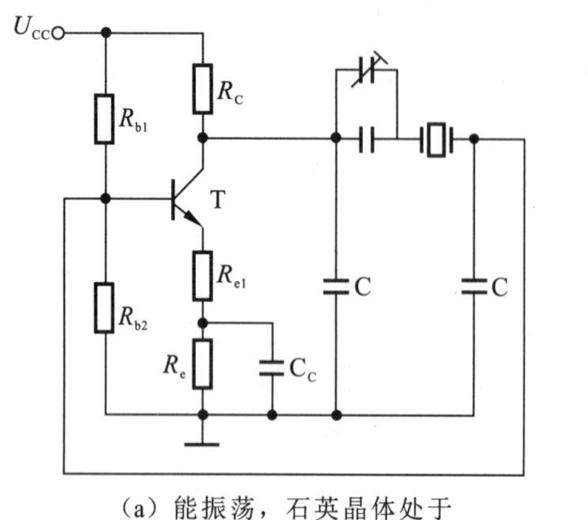

(a) 能振荡，石英晶体处于并联谐振状态

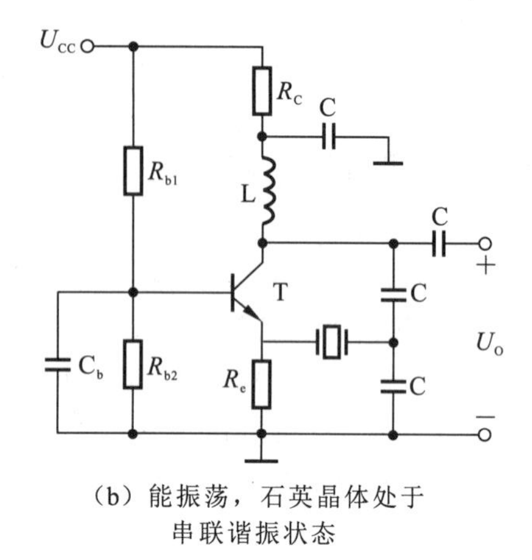

(b) 能振荡，石英晶体处于串联谐振状态

图 9－16 石英晶体正弦波振荡电路

第二节 电压比较器

电压比较器广泛用于信号处理和检测电路、波形产生电路、A/D 和 D/A 转换电路等，可作为模拟电路和数字电路之间的接续电路使用。下面将介绍几种不同比较特性的电压比较器电路及其应用。其中，电压比较器可用普通的运放器件实现，也可用专门的比较器芯片。用作比较器时，运放工作在"开环"或正反馈状态，而用在比例放大场合，则工作负反馈状态。

一、单门限电压比较器

比较器是一种用来比较输入信号 u_i 和参考电压大小 U_{REF} 的器件，图 9－17 为其基本电路。参考电压 U_{REF} 加于运算放大器的反相端，它可以是正值，也可以是负值，图中给出的为正值。输入信号 u_i 加于运算放大器的同相端，此时运算放大器处于开环工作状态，具有很高的开环电压增益。电路的传输特性如图 9－18 实线所示，当输入信号电压 u_i 小于参考电压 U_{REF}，即差模输入电压 $u_{id}=u_i-U_{REF}<0$ 时，运算放大器处于负饱和状态，比较器输出电压 $u_o=U_{OL}$；当输入信号电压 u_i 升高，略大于参考电压 U_{REF} 时，差模输入电压 $u_{id}=u_i-U_{REF}>0$，运算放大器立即进入正饱和状态，比较器输出电压 $u_o=U_{OH}$，其中 U_{OL}、U_{OH} 是运算放大器输出的负向和正向饱和输出电压。

该传输特性表明，输入信号电压 u_i 在参考电压 U_{REF} 附近有微小的增加时，输出电压 u_o 将从负的饱和值 U_{OL} 跳变为正的饱和值 U_{OH}；若有微小的减小，输出电压 u_o 将从正的饱和值 U_{OH} 跳变为负的饱和值 U_{OL}。

使比较器输出电压 u_o 从一个电平跳变到另一个电平时所对应的输入信号电压 u_i 值称为门限电压或阈值电压，用 U_{th} 表示。图 9－17 所示电路，$U_{th}=U_{REF}$，由于 u_i 从同相端输入且只有一个门限电压，故称为同相输入单门限电压比较器。反之，当输入信号电压 u_i 从反相端输入，参考电压 U_{REF} 接在同相端时，则称之为反相输入单门限电压比较器，其传输特性如图 9－18 虚线所示，图中 U_{OL} 与 U_{OH} 跳变为斜线，指运放输出的高电平与低电平，需要反应时间，若假定理想情况下，则传输特性立刻翻转，上下垂直过渡。

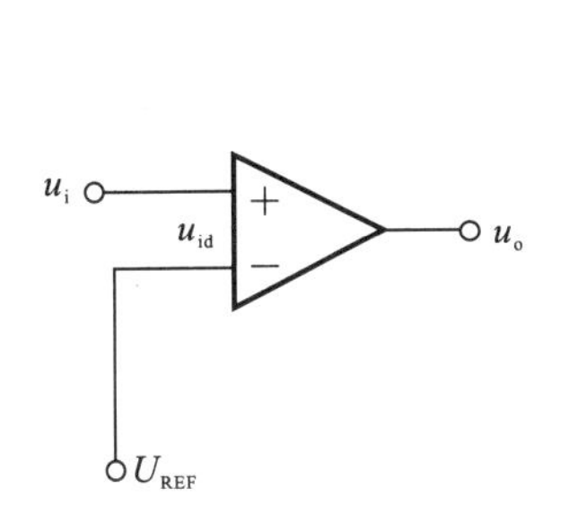

图 9－17　同相单门限电压比较器

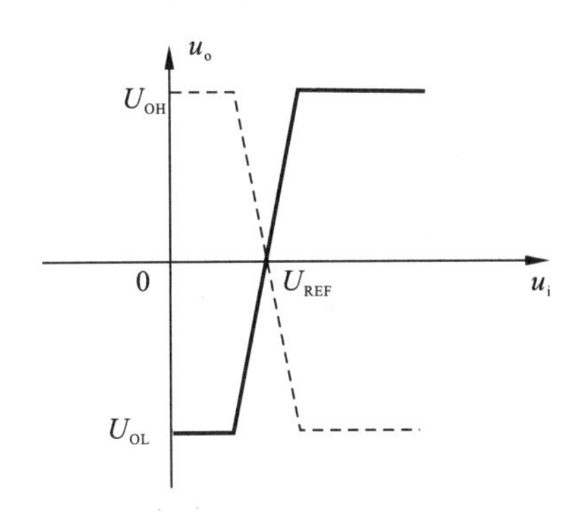

图 9－18　单门限电压比较器传输特性

如果参考电压 $U_{REF}=0$，则输入信号电压 u_i 每次过零时，输出就要产生突然的变化，这种比较器称为过零比较器。过零比较器可作为模拟电路和数字电路之间的接口电路，有着广泛的应用。

二、迟滞比较器

单门限电压比较器具有电路简单、响应速度快等优点，但其抗干扰能力差。如图 9－19 所示，当输入信号 u_i 在门限电压 U_{th} 附近有微小的干扰时，输出电压 u_o 将产生相应的抖动，导致比较器输出不稳定，也就是说，这种比较器抗干扰能力差。提高比较器抗干扰能力的一种比较好的方法是采用迟滞比较器。

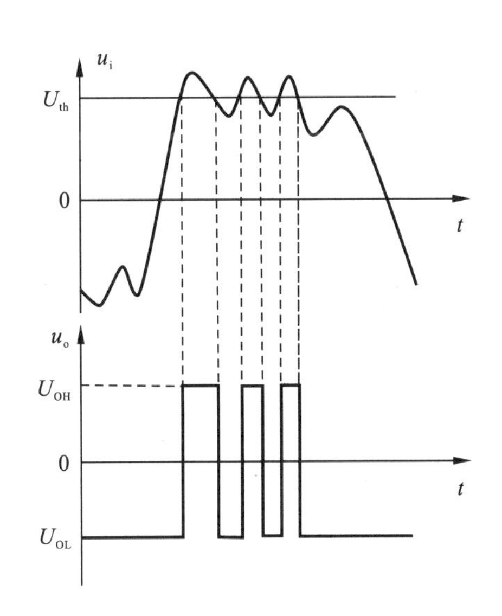

图 9－19　单门限电压比较器中的错误阶跃

1. 迟滞比较器的传输特性

顾名思义，迟滞比较器是一个具有迟滞回环传输特性的比较器。在理想情况下，迟滞比较器的传输特性如图 9－20 所示，它有两个门限电压，分别称为上门限电压 U_{th+} 和下门限电压 U_{th-}，两者的差值称为门限宽度或迟滞宽度，即

$$\Delta U=U_{th+}-U_{th-} \tag{9-19}$$

假设比较器的起始状态为 $u_i=0$，$u_o=U_{OH}$，门限电压为 U_{th+}。

当输入电压 u_i 从零开始增加，直到接近上门限电压 U_{th+} 前，输出 u_o 一直保持 $u_o=U_{OH}$

不变。当 u_i 增加到略大于上门限电压，则 u_o 下跳为 $u_o=U_{OL}$，门限电压变为 U_{th-}。u_i 再增加，u_o 保持 $u_o=U_{OL}$ 不变。随 u_i 增加，迟滞比较器输出 u_o 的变化如图 9-20 实线箭头所示。

当输入电压 u_i 减小时，只要 u_i 大于下门限电压 V_{th-}，即 $u_i>U_{th-}$，u_o 保持 $u_o=U_{OL}$ 不变；只有当 $u_i<U_{th-}$ 时，输出 u_o 才会跃变为 U_{OH}。随 u_i 减小，迟滞比较器输出 u_o 的变化如图 9-20 虚线箭头所示。

由此可见，只要迟滞比较器输入信号 u_i 的噪声和干扰的大小处于迟滞宽度内，就不会引起错误的干扰。

2. 迟滞比较器的电路构成及门限电压估算

将单门限电压比较器的输出电压通过反馈网络加到运算放大器的同相输入端，形成正反馈，待比较电压 u_i 从反相端输入，就构成了具有双门限值的反相输入迟滞比较器，又称施密特触发器，如图 9-21 所示。由于正反馈的作用，这种比较器的门限电压是随输出电压 u_o 的变化而变化的。

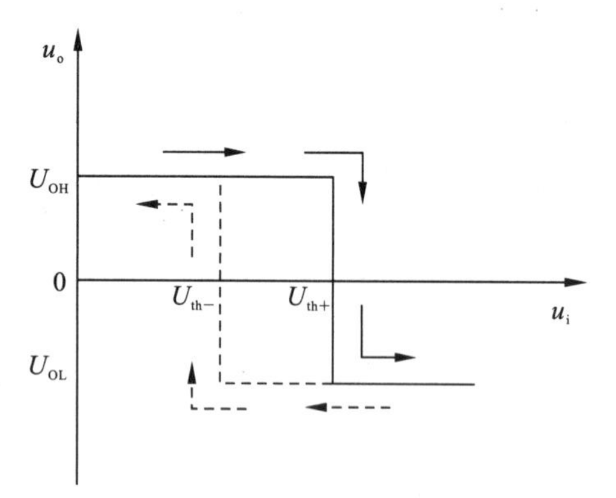

图 9-20　反相输入迟滞比较器的传输特性

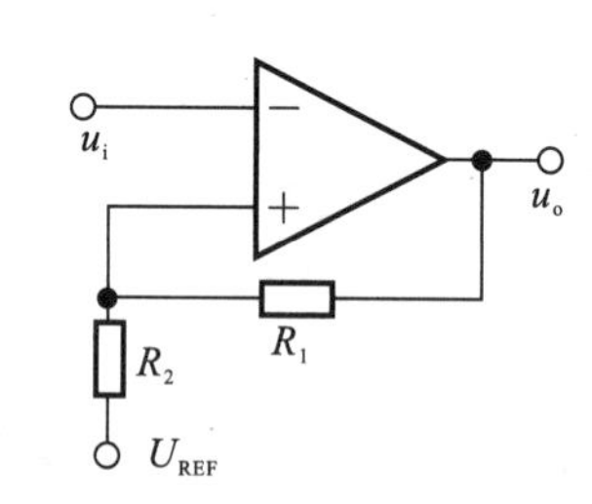

图 9-21　具双门限值的反相输入迟滞比较器

当输出电压 $u_o=U_{OH}$ 时，根据叠加定理，U_{OH} 和 U_{REF} 共同加到同相输入端形成的合成电压为

$$U_+=\frac{R_2}{R_1+R_2}U_{OH}+\frac{R_1}{R_1+R_2}U_{REF} \tag{9-20}$$

当输入电压 u_i 由小增大至略大于 U_+ 时，输出 u_o 将从 U_{OH} 下跳为 U_{OL}，可见 U_+ 为迟滞比较器的上门限电压 U_{th+}，即 $U_{th+}=U_+$。

当比较器的输出 u_o 由 U_{OH} 下跳为 U_{OL} 时，运算放大器同相输入端的合成电压也将相应改变，此时

$$U_+'=\frac{R_2}{R_1+R_2}U_{OL}+\frac{R_1}{R_1+R_2}U_{REF} \tag{9-21}$$

当输入电压 u_i 由大减小至略小于 U_+' 时，输出 u_o 将从 U_{OL} 上跳为 U_{OH}，可见 U_+' 为比较器的下门限电压 U_{th-}，即 $U_{th-}=U_+'$。

由式(9-20)可知，迟滞比较器的迟滞宽度(或门限宽度)为

$$\Delta U=U_{th+}-U_{th-}=U_+-U_+'=\frac{R_2}{R_1+R_2}(U_{OH}-U_{OL}) \tag{9-22}$$

调节 R_1 和 R_2，可以改变迟滞宽度 ΔU。

三、窗口比较器

窗口比较器用来判断输入信号是否处于指定门限之间，其理想传输特性如图 9－22(a)所示，当输入信号 u_i 位于下门限电压 U_{th-} 和上门限电压 U_{th+} 之间时，输出 $u_o=U_{OL}$；而当输入信号 u_i 小于下门限电压 U_{th-} 或大于上门限电压 U_{th+} 时，输出 u_o 均为 U_{OH}。图 9－22(b)为双限比较器实例，图 9－22(c)为其传输特性曲线。

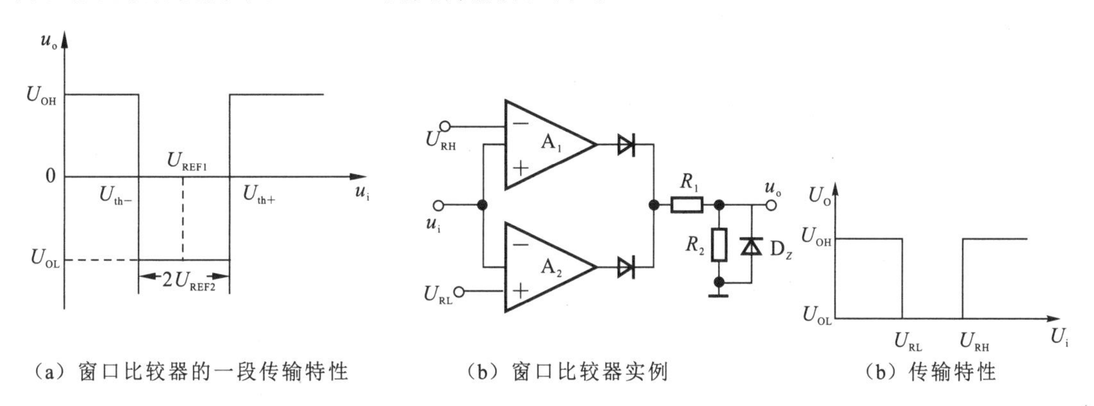

(a) 窗口比较器的一段传输特性　(b) 窗口比较器实例　(b) 传输特性

图 9－22　窗口比较器的传输特性

【例 9－3】　图 9－23 为一窗口比较器电路，A_1 为精密整流电路，A_2 为过零检测器，其中 A_2 反相输入端的输入信号有 4 个，即 u_i、U_{REF1}、U_{REF2} 和 u_o'，同相输入端接地。试分析图 9－23电路的工作过程和窗口宽度。

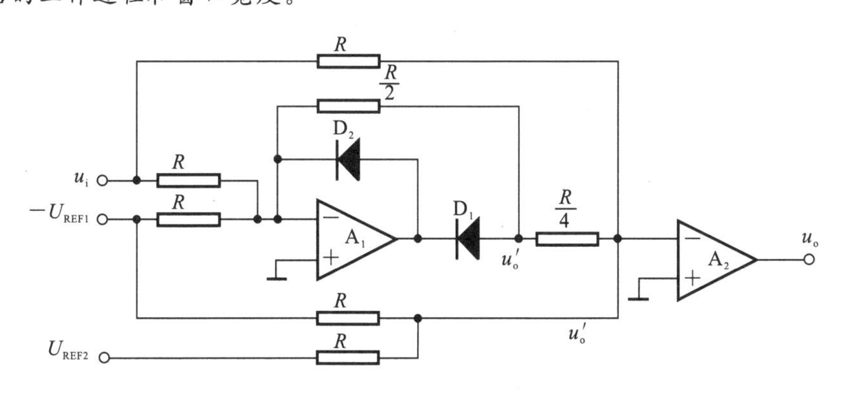

图 9－23　窗口比较器电路

解：1. 当 $u_i-U_{REF1}<0$，即 $u_i<U_{REF1}$ 时，运算放大器 A_1 反相输入端电压为负，则其输出电压为正值，此时 V_{D2} 导通，V_{D1} 截止，$u_o'=0$，图 9－23 电路可以简化为图 9－24 所示电路。过零检测器 A_2 的反相输入端信号为 u_i、$-U_{REF1}$、U_{REF2}，因此：

(1) 当 $[(u_i-U_{REF1}+U_{REF2})/R]<0$，即 $u_i<(U_{REF1}-U_{REF2})$ 时，输出 $u_o=U_{OH}$；

(2) 当 $[(u_i-U_{REF1}+U_{REF2})/R]>0$，即 $u_i>(U_{REF1}-U_{REF2})$ 时，输出 $u_o=U_{OL}$。

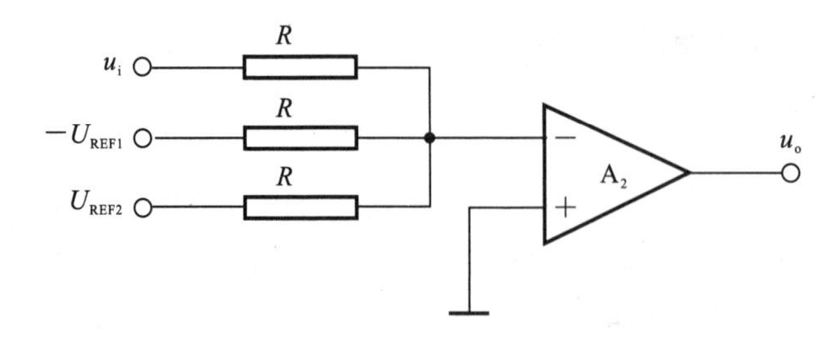

图 9-24　$u_i<U_{REF1}$时图 9-23 简化的窗口比较器电路

可见,窗口比较器的下门限电压 $U_{th-}=U_{REF1}-U_{REF2}$。此处解题思路为 A_2 反相端的 KCL。

2. 当 $u_i-U_{REF1}>0$,即 $u_i>U_{REF1}$时。

运算放大器 A_1 反相输入端电压为正,则其输出电压为负值,此时 V_{D2} 截止,V_{D1} 导通,相应的 u_o' 为

$$u_o'=-\frac{R/2}{R}(u_i-U_{REF1})=-\frac{1}{2}(u_i-U_{REF1}) \tag{9-23}$$

图 9-23 电路可以简化为图 9-25 所示电路。

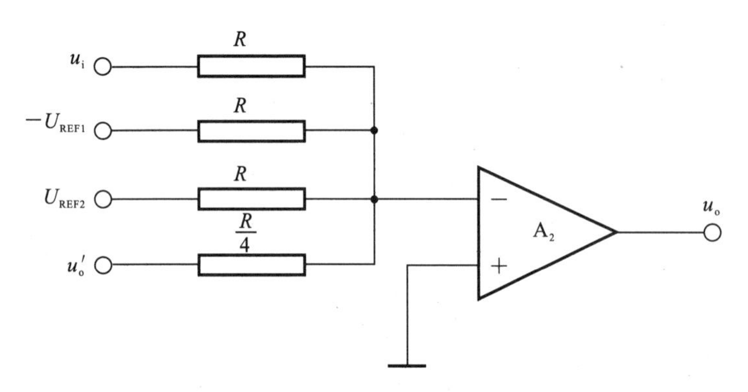

图 9-25　$u_i>U_{REF1}$时图 9-23 简化电路

过零检测器 A_2 的反相输入端信号为 u_i、$-U_{REF1}$、U_{REF2}、u_o',因此:

(1) 当$\frac{u_i}{R}-\frac{U_{REF1}}{R}+\frac{U_{REF2}}{R}+\frac{u_o'}{R/4}>0$,即 $u_i<U_{REF1}+U_{REF2}$时,输出 $u_o=U_{OL}$;

(2) 当$\frac{u_i}{R}-\frac{U_{REF1}}{R}+\frac{U_{REF2}}{R}+\frac{u_o'}{R/4}<0$,即 $u_i>U_{REF1}+U_{REF2}$时,输出 $u_o=U_{OH}$。

可见,窗口比较器的上门限电压 $U_{th+}=U_{REF1}+U_{REF2}$。窗口的宽度为

$$\Delta U=U_{th+}-U_{th-}=2U_{REF2} \tag{9-24}$$

窗口的中心位置为 U_{REF1},如图 9-22 所示。

四、单片集成比较器

集成电压比较器具有精度高、传输延时小、兼容逻辑电路、使用方便等优点,得到了广泛

的应用，图 9－26 为几种常用集成电压比较器。

1. 单电压比较器 LM311

LM311 能在 5～30V 单电源下工作，或在±15V 双电源下工作，可以驱动 DTL（二极管晶体管逻辑）、RTL（电阻晶体管逻辑）、TTL、MOS 逻辑，也可用于驱动继电器、灯或螺线管。其应用电路如图 9－27 所示。

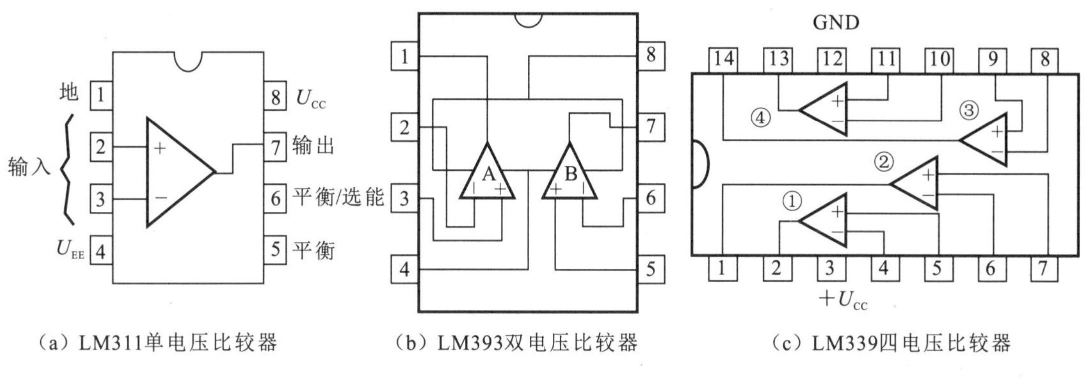

（a）LM311单电压比较器　（b）LM393双电压比较器　（c）LM339四电压比较器

图 9－26　常用电压比较器

2. 低功率低失调双电压比较器 LM393

LM393 是由两个独立的、高精度电压比较器组成的集成电路，失调电压低。它专为获得宽电压范围、单电源供电而设计，也可以双电源供电，无论电源电压大小，电源消耗的电流都很低。

其工作特性如下。

（1）电源电压范围宽：单电源 2～36V；双电源±1～±18V。

（2）电源电流消耗低：0.4mA。

（3）输入偏置电流低：25nA。

（4）输入失调电流低：±5nA。

（5）最大输入失调电压：±3mV。

（6）差模输入电压范围等于电源电压。

（7）输出电平兼容 TTL、DTL、ECL（发射极耦合逻辑）、MOS 和 CMOS 逻辑。

其应用电路如图 9－27 所示。

3. 四电压比较器 LM339

LM339 集成块内部装有 4 个独立的电压比较器，该电压比较器的特点是：

（1）失调电压小，典型值为 2mV。

（2）电源电压范围宽，单电源为 2～36V，双电源电压为±1～±18V。

（3）差动输入电压范围较大，大到可以等于电源电压。

（4）输出端电位可灵活方便地选用。

其应用电路如图 9－27 所示。

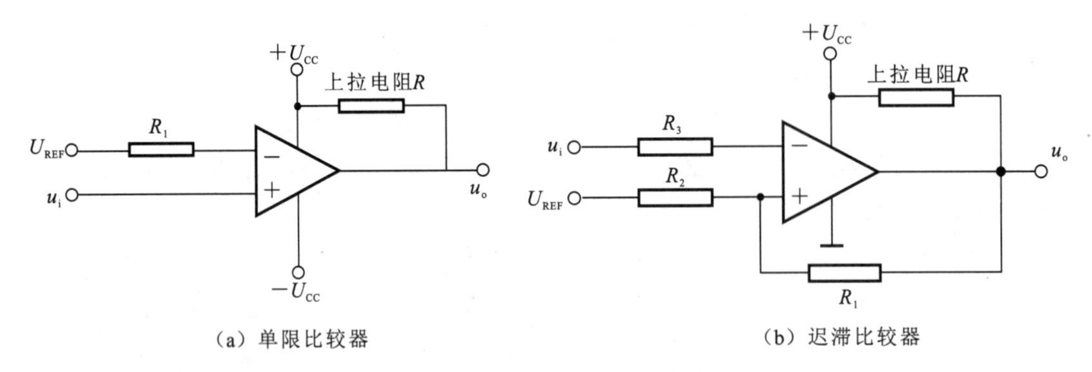

（a）单限比较器　　（b）迟滞比较器

图 9-27　LM311/339/393 应用电路

【例 9-4】 比较器电路如图 9-27(b)所示，已知 $R_1=10\text{k}\Omega$，$R_2=5\text{k}\Omega$，$U_{REF}=3\text{V}$，比较器输出电压为±9V。

(1)试画出比较器的传输特性曲线，并求出门限宽度。

(2)若输入电压 $u_i=10\sin(\omega t)$，试画出比较器输出波形。

解：(1)先求出上、下门限电压，根据电路可知，当 $u_o=U_{OH}=+9\text{V}$ 时

$$U_{th+}=\frac{R_2}{R_1+R_2}U_{OH}+\frac{R_1}{R_1+R_2}U_{REF}=5(\text{V})$$

当 $u_o=U_{OL}=-9\text{V}$ 时

$$U_{th+}=\frac{R_2}{R_1+R_2}U_{OL}+\frac{R_1}{R_1+R_2}U_{REF}=-1(\text{V})$$

所以可得门限宽度为 $\Delta U=U_{th+}-U_{th-}=6(\text{V})$；比较器传输特性曲线如图 9-28(a)所示。

(2)当 $u_i=10\sin(\omega t)$时，比较器输出波形如图 9-28(b)所示。

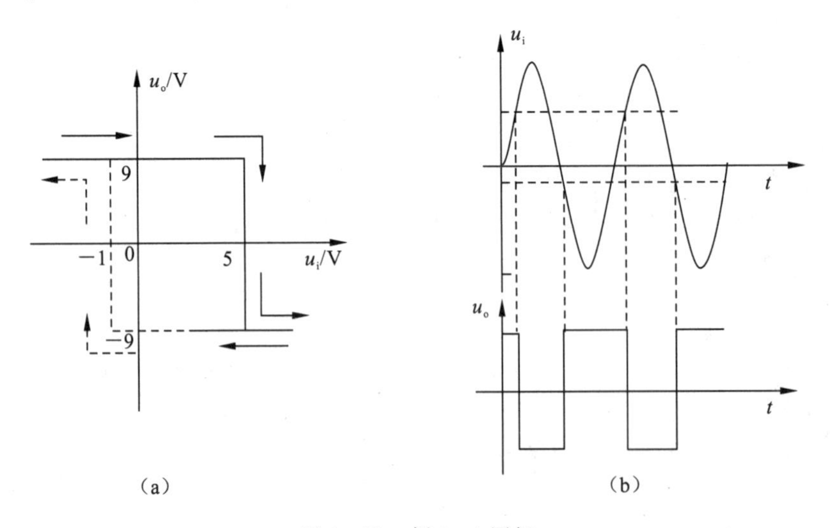

(a)　　(b)

图 9-28　例 9-4 图解

第三节　非正弦波发生电路

一、矩形波发生电路

1. 方波产生电路

方波发生器是由迟滞比较器和 RC 电路构成的。方波产生电路输出只有两个状态，即高电平和低电平，两个状态自动地相互转换，从而产生自激振荡。由于方波包含丰富的谐波，因此这种电路又称为多谐振荡电路。

图 9－29 为方波发生电路，它由反相输入的迟滞比较器和 RC 电路组成。RC 回路既作为延迟环节，又作为反馈网络，通过 RC 充放电实现输出状态的自动转换。

设图 9－29 中迟滞比较器的输出电压为$\pm U_Z$，则门限电压为

$$\pm U_{th}=\pm\frac{R_2}{R_1+R_2}U_Z=\pm FU_Z \qquad (9-25)$$

其中 $F=\frac{R_2}{R_1+R_2}$。

接通电源的瞬间，电容 C 的初始电压为零，电路输出电压 u_o 是高电平还是低电平是随机的，假设输出电压为高电平，即 $u_o=U_Z$，则运算放大器的同相输入端电位 $U_{th}=FU_Z$。

(1)首先，u_o 通过 R_f 对电容 C 正向充电，使 u_c 增加，当 u_c 上升到略大于 U_{th}时，比较器输出电压发生翻转，u_o 由$+U_Z$ 变为$-U_Z$，同相端的门限电压也由$+U_{th}$变为$-U_{th}$。

(2)随后，u_o 通过 R_f 对电容反向放电，使 u_c 减小，当 u_c 减小到略小于$-U_{th}$时，比较器输出电压再次发生翻转，u_o 由$-U_Z$ 变为$+U_Z$，同相端的门限电压也由$-U_Z$ 变为$+U_Z$。其过程如图 9－30 所示。

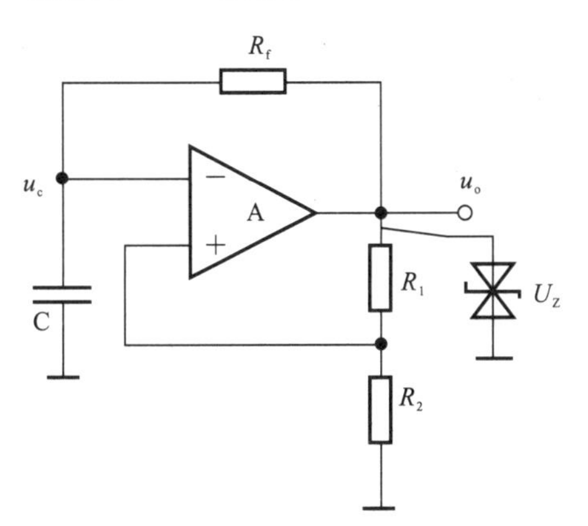

图 9－29　方波产生电路

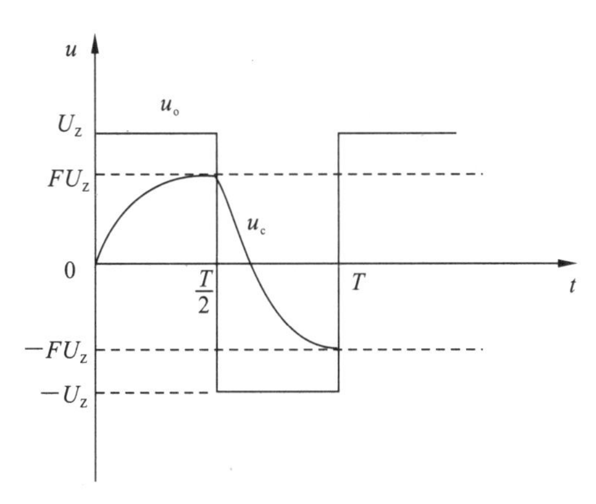

图 9－30　输出电压与电容器端电压波形图

上述过程周而复始，电路产生了自激振荡，形成一系列的方波输出。

根据一阶 RC 电路的暂态相应可得电容端电压随时间变化的规律为

$$\begin{aligned}&\text{上升期}:u_c(t)=U_Z[1-(1+F)e^{-\frac{t}{R_fC}}]\\&\text{下降期}:u_c(t)=U_Z[-1+(1+F)e^{-\frac{t}{R_fC}}]\end{aligned}\tag{9-26}$$

由图 9-30 可知，当 $t=\frac{T}{2}$ 时，$u_c\left(\frac{T}{2}\right)=FU_Z$，代入上式求解可得

$$T=2R_fC\ln\left(1+2\frac{R_2}{R_1}\right)\tag{9-27}$$

适当选取 R_1、R_2 的值，使 $\ln\left(1+\frac{2R_2}{R_1}\right)=1$，则有

$$\text{振荡周期 } T=2R_fC \text{ 或振荡频率 } f=\frac{1}{T}=\frac{1}{2R_fC}\tag{9-28}$$

通常将矩形波高电平的持续时间与振荡周期 T 之比称为占空比，对称方波的占空比为 50%。利用二极管的单向导电性使电容正、反向充电的通路不同，从而使它们的时间常数不同，即可改变输出电压的占空比，用图 9-31 所示电路代替图 9-29 中的 R_f 即可。此时的振荡周期为

$$T=(R_{f1}+R_{f2})C\ln\left(1+2\frac{R_2}{R_1}\right)\tag{9-29}$$

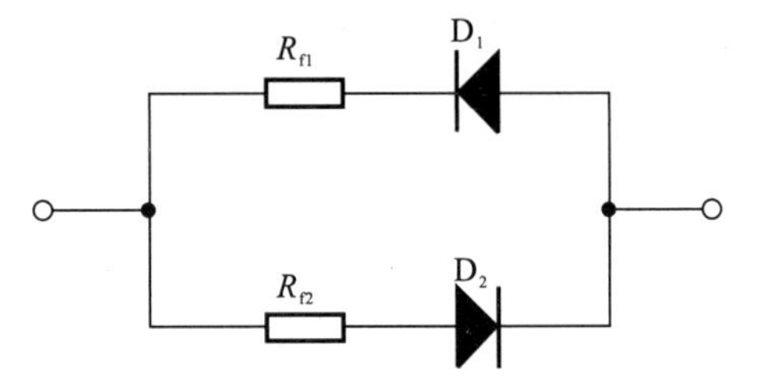

图 9-31 改变电容正、反向充电时间常数网络

【例 9-5】 图 9-32(a)为一方波和三角波发生器电路，方波由 A_1 输出，三角波由 A_2 输出，试分析其工作过程，并画出输出波形 u_{o1} 和 u_o。

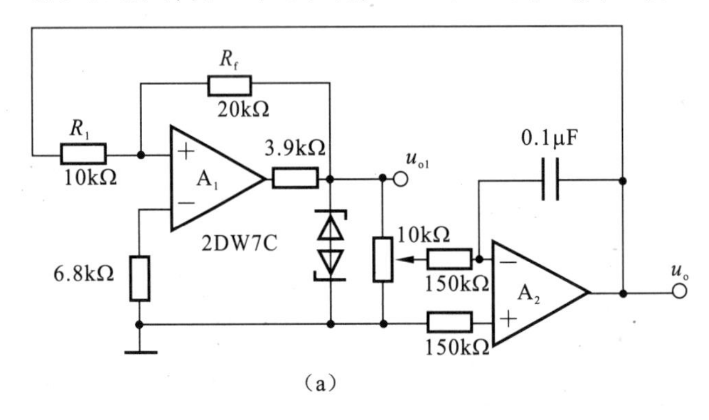

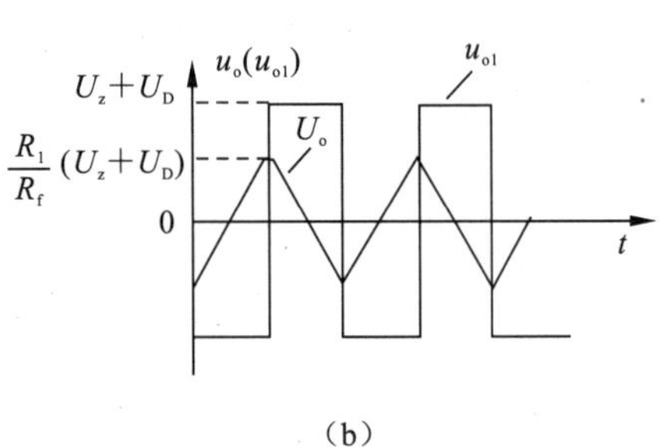

图 9-32

解：由图 9-32 可知，A_1 为过零比较器，A_2 为积分电路。当 $u_{1+}>0$ 时，u_{o1} 为高电平，$u_{o1}=U_Z+U_D$；当 $u_{1+}<0$ 时，u_{o1} 为低电平，$u_{o1}=-U_Z+U_D$。

假设 u_{o1} 为低电平，有

$$u_{1+}=\frac{R_f}{R_1+R_f}u_o+\frac{R_1}{R_1+R_f}u_{o1}=\frac{R_f}{R_1+R_f}u_o-\frac{R_1}{R_1+R_f}(U_Z+U_D)\tag{9-30}$$

A_2 为反相积分器，所以当 $u_{o1}=-(U_Z+U_D)$ 时，u_o 线性增加，当 u_o 增加到使 $U_{1+}=0$，即 $u_o=\frac{R_1}{R_f}(U_Z+U_D)$ 时，A_1 发生翻转，由低电平变为高电平。这时

$$U_{1+}=\frac{R_f}{R_1+R_f}u_o+\frac{R_1}{R_1+R_f}u_{o1}=\frac{R_f}{R_1+R_f}u_o+\frac{R_1}{R_1+R_f}(U_Z+U_D) \quad (9-31)$$

A_2 对 $u_{o1}=U_Z+U_D$ 反相积分，使 u_o 线性减小，当 u_o 减小到又使 $U_{1+}=0$，即 $u_o=-\frac{R_1}{R_f}(U_Z+U_D)$时，$A_1$ 发生翻转，由高电平变为低电平。周而复始，循环往复，其波形图如图 9-32(b)所示。

2. 占空比可调的矩形波电路

为了改变输出方波的占空比，应改变电容器 C 的充电和放电时间常数。占空比可调的矩形波电路如图 9-33 所示。

当 C 充电时，充电电流经电位器的上半部、二极管 D_1 和 R_1；

当 C 放电时，放电电流经 R_1、二极管 D_2、电位器的下半部。

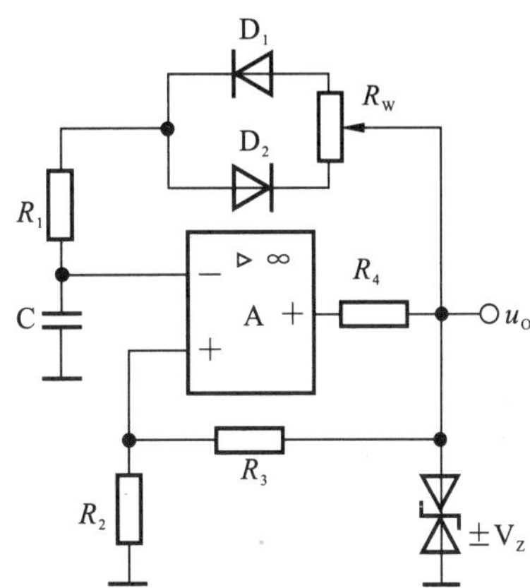

图 9-33　占空比可调的矩形波发生电路

占空比为：

$$\frac{T_1}{T}=\frac{\tau_1}{\tau_1+\tau_2} \quad (9-32)$$

$$\tau_1=(R_W'+r_{D1}+R_1)C \quad (9-33)$$

其中，R_W' 是电位器中点到上端电阻，r_{D1} 是二极管 D_1 的导通电阻。

$$\tau_2=(R_W-R_W'+r_{d2}+R_1)C \quad (9-34)$$

其中，r_{D2} 是二极管 D_2 的导通电阻。即改变 R_W 的中点位置，占空比就可改变。

二、三角波发生电路

三角波发生器的电路如图 9-34 所示，与例 9-5 近似。它是由滞回比较器和积分器闭环组合而成的。积分器的输出反馈给滞回比较器，作为滞回比较器的。当 $U_{o1}=+U_Z$ 时，则电容 C 充电，同时 U_o 按线性逐渐下降，当使 A_1 的 U_p 略低于 U_N 时，U_{o1} 从 $+U_Z$ 跳变为 $-U_Z$。波形图参阅图 9-35。

在 $U_{o1}=-U_z$ 后，电容 C 开始放电，U_o 按线性上升，当使 A_1 的 U_P 略大于零时，U_{o1} 从 $-U_z$跳变为 $+U_Z$，如此周而复始，产生振荡。U_o 的上升、下降时间相等，斜率绝对值也相等，故 U_o 为三角波。其中，输出峰值 U_{om}的正向峰值 $U_{om}=\frac{R_1}{R_2}U_Z$，负向峰值 $U_{om}=-\frac{R_1}{R_2}U_Z$。

振荡周期为

$$\frac{1}{C}\int_0^{\frac{T}{2}}\frac{U_z}{R_4}\mathrm{d}t=2U_{om}$$

$$T=4R_4C\frac{U_{om}}{U_z}=\frac{4R_4R_1C}{R_2} \quad (9-35)$$

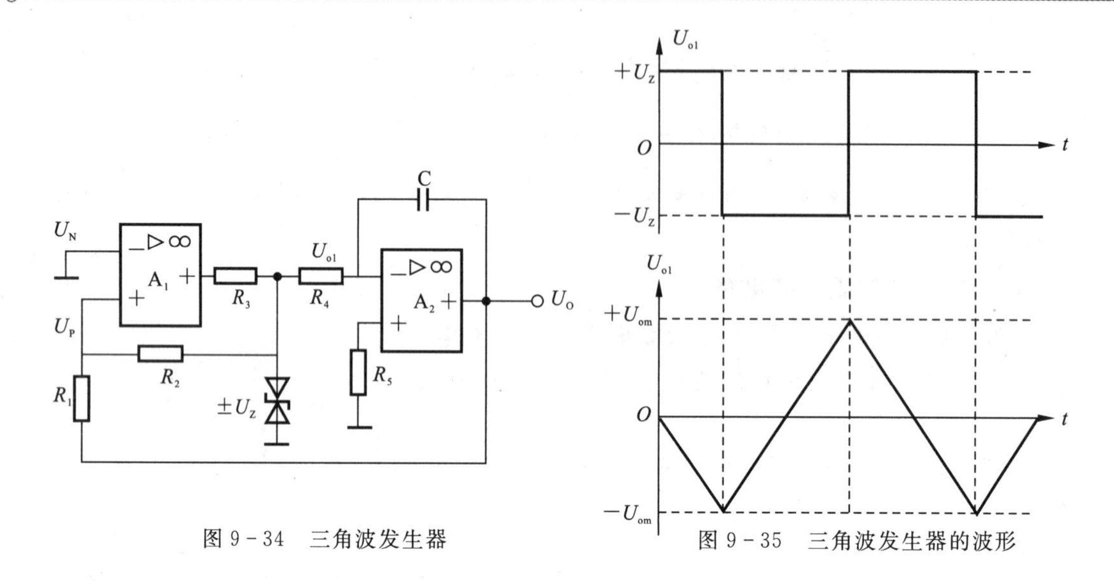

图 9-34　三角波发生器

图 9-35　三角波发生器的波形

三、锯齿波发生电路

锯齿波发生器的电路如图 9-36 所示，显然为了获得锯齿波，应改变积分器的充电、放电时间常数。图中的二极管 D 和 RC 将使充电时间常数减小为$(R//R')C$，而放电时间常数仍为 RC。锯齿波电路的波形图如图 9-37 所示。

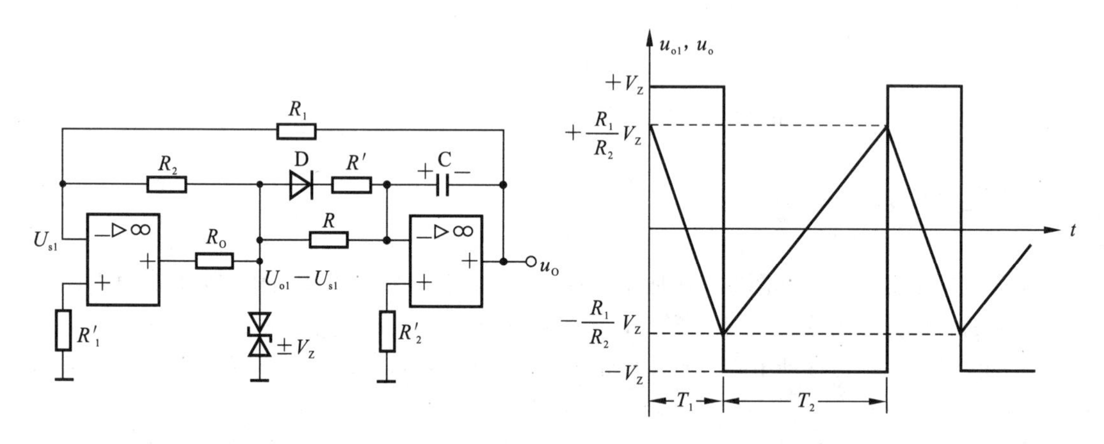

图 9-36　锯齿波发生器电路图

图 9-37　锯齿波发生器的波形

锯齿波的周期可以根据时间常数和锯齿波的幅值求得，锯齿波的幅值为

$$u_{o1m}=|U_z|\frac{R_2}{R_1}u_{om}$$

$$u_{om}=\frac{R_1}{R_2}U_z \tag{9-36}$$

于是有

$$\frac{U_z}{RC}\cdot T_2=\frac{2R_1}{R_2}U_z$$

$$T_2=\frac{2R_1RC}{R_2}$$

$$T_1=\frac{2R_1}{R_2}(R/\!/R')C \tag{9-37}$$

第四节　波形变换电路

一、精密整流电路

二极管构成的整流电路中，输入电压幅值必须大于二极管的导通电压，电路才能工作，当输入信号的峰值小于二极管的导通电压时，输出为零，即此类电路对微弱信号不起作用。若采用集成运算放大器构成整流电路，利用集成运算放大器的高差模电压增益，就可有效克服二极管导通电压的影响，实现对微小信号的整流，这种电路称为精密整流电路。

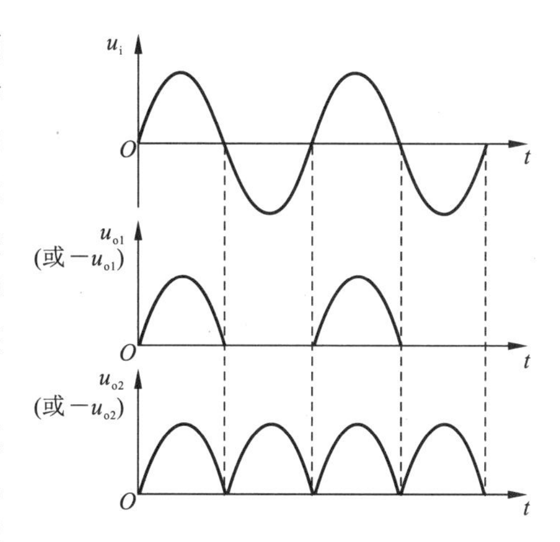

图 9-38　整流电路输出电压波形

将交流电转换为直流电，称为整流。精密整流电路的功能是将微弱的交流电压转换为直流电压。整流电路的输出保留输入电压的形状而仅仅改变输入电压的相位。当输入电压为正弦波时，半波整流电路和全波整流电路的输出电压波形如图 9-38 中 u_{o1} 和 u_{o2} 所示。

在如图 9-39(a)所示的一般半波整流电路中，由于二极管的伏安特性如图 9-39(b)所示，当输入电压 u_i 幅值小于二极管的开启电压 U_{on} 时，二极管在信号的整个周期均处于截止状态，输出电压始终为零。即使 u_i 幅值足够大，输出电压也只反映 u_i 大于 U_{on} 的那部分电压的大小。因此，该电路不能对微弱信号整流。

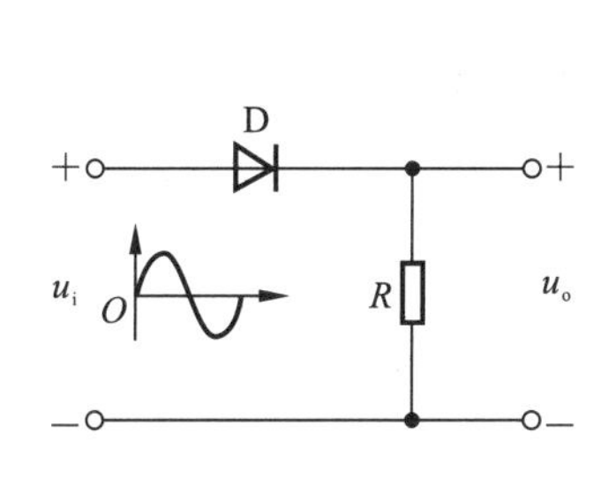

(a) 一般半波整流

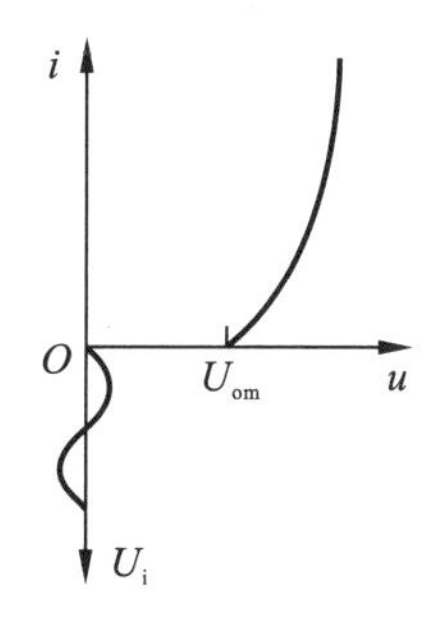

(b) 二极管伏安特性曲线

图 9-39　一般半波整流电路及二极管伏安特性曲线

1. 精密半波整流电路

精密半波整流电路如图 9-40 所示，D_1、D_2、R_f 构成反馈网络，u_i 从反相端输入。

当输入电压 $u_i=0$ 时，运算放大器输出端电压为零，二极管 D_1、D_2 均截止，电路输出 $u_o=0$。

当输入电压 $u_i>0$ 时，运算放大器输出端电压 $u_o'<0$，二极管 D_1 导通，由于运算放大器的反相端"虚地"，u_o' 被钳位于 $-0.7V$ 左右，D_2 截止，电路输出 $u_o=0$。

当输入电压 $u_i<0$ 时，运算放大器输出端电压 $u_o'>0$，二极管 D_1 截止，D_2 导通，电路为反相放大器，输出 $u_o=-\frac{R_f}{R_1}u_i$。电路输入、输出波形如图 9-41 所示，波形只在负半周得到线性整流，故称半波线性整流器。

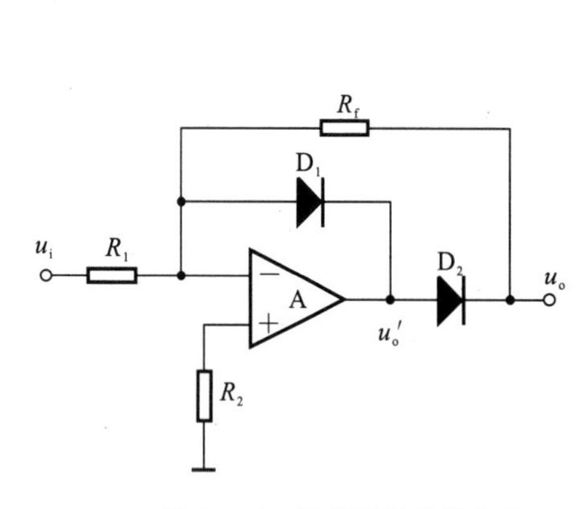

图 9-40　精密半波整流电路

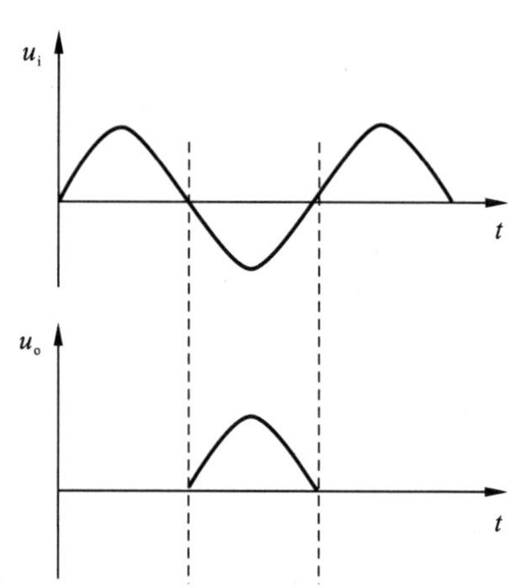

图 9-41　精密半波整流输入、输出波形

2. 精密全波整流电路

在半波整流的基础上，加上一级加法器，就构成了精密全波整流电路，如图 9-42 所示。

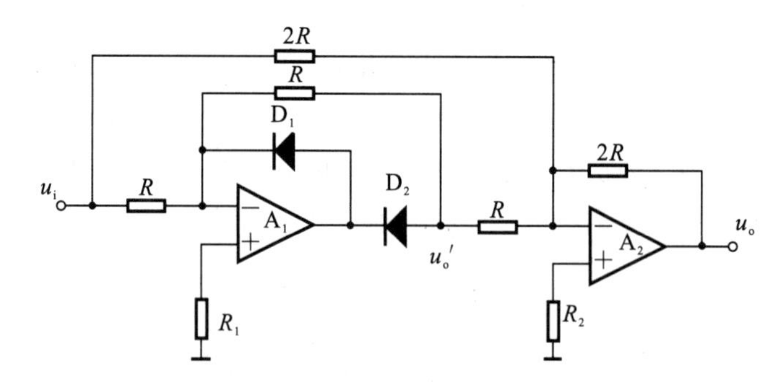

图 9-42　精密全波整流电路

由图 9-42 可知，运算放大器 A_2 构成的加法电路的输出为

$$u_o=-\left(\frac{2R}{2R}u_i+\frac{2R}{R}u_o'\right)=-(u_i+2u_o') \tag{9-38}$$

当 $u_i>0$ 时，D_1 截止，D_2 导通，$u_o'=-u_i$，代入上式可得，$u_o=u_i$。

当 $u_i<0$ 时，D_1 导通，D_2 截止，$u_o'=0$，代入式(9-38)可得，$u_o=-u_i$。

从上面的分析可以看出，不论输入 u_i 的极性如何，均能得到 $u_o=|u_i|$，电路的输入输出波形如图 9-43所示。

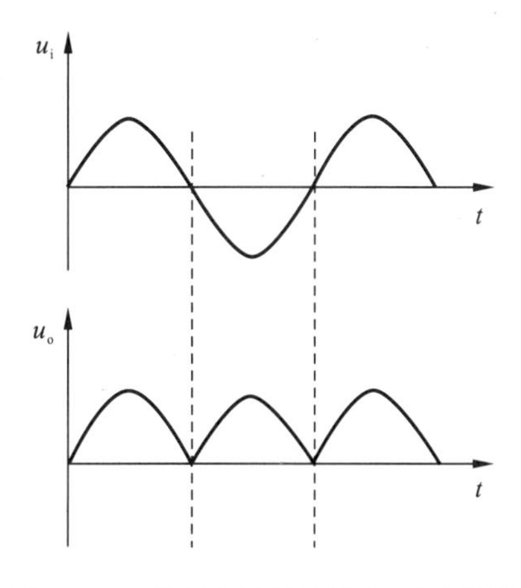

图 9-43　精密全波整流输入、输出波形

二、函数发生器

1. 基于 ICL8038 的函数发生器

函数发生器是一种可以同时产生方波、三角波和正弦波的专用集成电路。当调节外部电路参数时，还可以获得占空比可调的矩形波和锯齿波。因此，广泛用于仪器仪表之中。下面以 ICL8038 集成函数发生器芯片为例，介绍其电路结构、工作原理、参数特点和使用方法。

1)电路结构

函数发生器 ICL8038 的电路结构如图 9-44 虚线框内所示，共有 5 个组成部分。两个电流源的电流分别为 I_{S1} 和 I_{S2}，且 $I_{S1}=I$，$I_{S2}=2I$；两个电压比较器 Ⅰ 和 Ⅱ 的阈值电压分别为 $\frac{2}{3}U_{CC}$ 和 $\frac{1}{3}U_{CC}$。它们的输入电压等于电容两端的电压 u_C，输出电压分别控制触发器的 S 端和 $\overline{R}$ 端；RS 触发器的状态输出端 Q 和 $\overline{Q}$ 用来控制开关 S，实现对电容 C 的充放电；两个缓冲放大器用于隔离波形发生电路和负载，使三角波和矩形波输出端的输出电阻足够低，以增强带负载能力；三角波变正弦波电路用于获得正弦波电压。

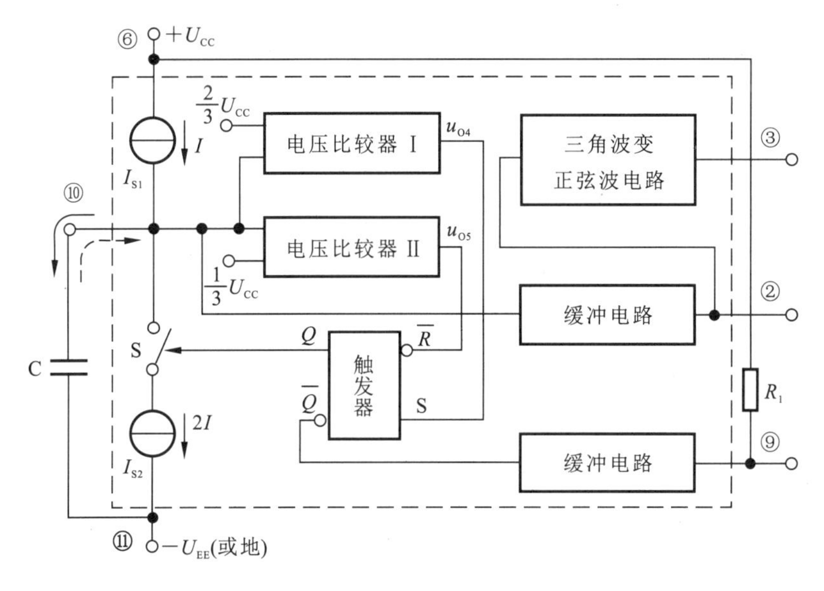

图 9-44　ICL8038 函数发生器原理框图

除了 RS 触发器外，其余部分均可由前面所介绍的电路实现。RS 触发器是数字电路中具有存储功能的一种基本单元电路。Q 和 $\overline{Q}$ 是一对互补的状态输出端，当 Q 为高电平时，$\overline{Q}$

为低电平；当 Q 为低电平时，$\overline{Q}$ 为高电平。S 和 $\overline{R}$ 是两个输入端，当 S 和 $\overline{R}$ 均为低电平时，Q 为低电平，$\overline{Q}$ 为高电平；反之，当 S 和 $\overline{R}$ 均为高电平时，Q 为高电平，$\overline{Q}$ 为低电平；当 S 为低电平且 $\overline{R}$ 为高电平时，Q 和 $\overline{Q}$ 保持原状态不变，即储存 S 和 $\overline{R}$ 变化前的状态。

2)电压传输特性

两个电压比较器的电压传输特性如图 9-45 所示。

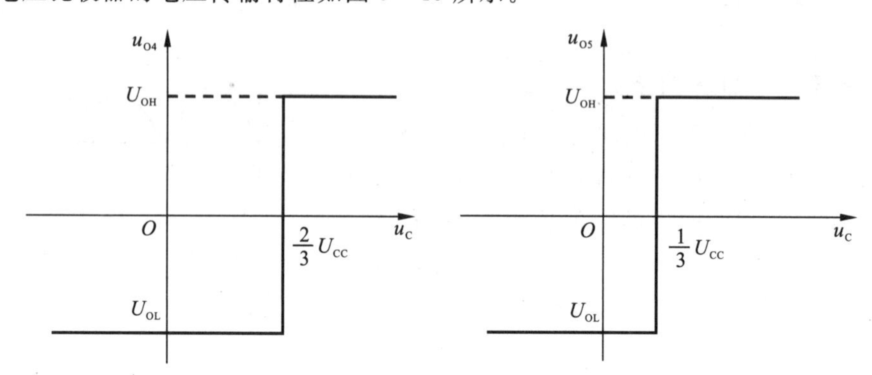

(a) 电压比较器Ⅰ电压传输特性曲线　　(b) 电压比较器Ⅱ电压传输特性曲线

图 9-45　ICL8038 函数发生器中两个电压比较器的电压传输特性

当给函数发生器 ICL8038 通电时，电容 C 的电压为 0V，根据图 9-45 所示的电压传输特性，电压比较器Ⅰ和电压比较器Ⅱ的输出电压均为低电平；因而 RS 触发器的输出 Q 为低电平，$\overline{Q}$ 为高电平；当开关 S 断开，电流源 I_{S1} 对电容充电，充电电流为

$$I_{S1}=I \tag{9-39}$$

因为充电电流为恒流，所以，电容上电压 u_C 随时间的增长而线性上升。当 u_C 上升到 $\frac{1}{3}U_{CC}$ 时，虽然 RS 触发器的 R 端从低电平跃变为高电平，但其输出不变。一直到 u_C 上升到 $\frac{2}{3}U_{CC}$，使电压比较器Ⅰ的输出电压跃变为高电平，Q 才变为高电平（同时 $\overline{Q}$ 变为低电平），导致开关 S 闭合，电容 C 开始放电，放电电流为

$$I_{S2}-I_{S1}=I \tag{9-40}$$

因放电电流是恒流，所以电容上电压 u_c 随时间的增长而线性下降。起初，u_c 的下降虽然使 RS 触发器的 S 端从高电平跃变为低电平，但其输出不变。一直到 u_c 下降到 $\frac{1}{3}U_{CC}$，使电压比较器Ⅱ的输出电压跃变为低电平，Q 才变为低电平（同时 $\overline{Q}$ 为高电平），使得开关 S 断开，电容 C 又开始充电，重复上述过程，周而复始，电路产生了自激振荡。由于充电电流与放电电流数值相等，因而电容上电压为三角波，Q 和 $\overline{Q}$ 为方波，经缓冲放大器输出。三角波电压通过三角波变正弦波电路输出正弦波电压。

通过以上分析可知，改变电容充放电电流，可以输出占空比可调的矩形波和锯齿波。但是，当输出不是方波时，输出也得不到正弦波。

3)性能特点

ICL8038 是性能优良的集成函数发生器，可以单电源供电，即将引脚 11 接地，引脚 6 接

$+U_{CC}$，U_{CC}为10～30V；也可以用双电源供电，即将引脚11接$-U_{EE}$，引进6接$+U_{CC}$，它们的值为±5～±15V。频率的可调范围为0.001Hz～300kHz。

输出矩形波的占空比可调范围为2%～98%，上升时间为180ns，下降时间为40ns。

输出三角波（斜坡波）的非线性小于0.05%。

输出正弦波的失真度小于1%。

4）常用接法

图9－46所示为ICL8038的引脚图，其中引脚8为频率调节（简称调频）电压输入端，电路的振荡频率与调频电压成正比。引脚7输出的调频偏置电压数值是引脚7与电源$+U_{CC}$之差，它可作为引脚8的输出电压。

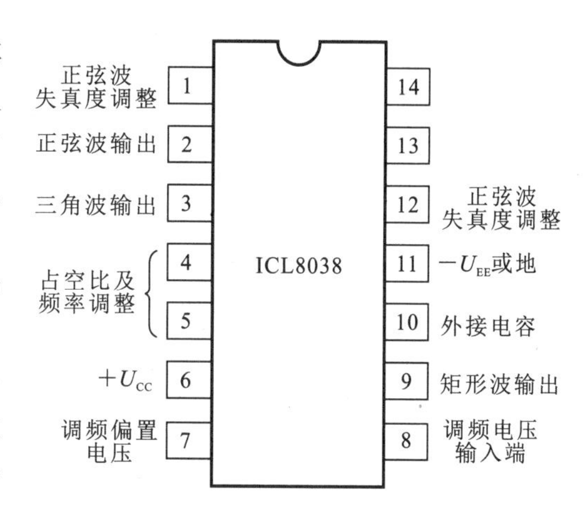

图9－46 ICL8038的引脚图

图9－47所示为ICL8038最常见的两种基本接法，矩形波输出端为集电极开路形式，需外接电阻R_L至$+U_{CC}$。在如图9－47(a)所示电路中，R_A和R_B可分别独立调整。在如图9－47(b)所示电路中，通过改变电位器R_w滑动端的位置来调整R_A和R_B的数值。当$R_A=R_B$时，各输出端的波形如图9－48(a)所示，矩形波的占空比为50%，因而为方波。当$R_A\neq R_B$时，矩形波不再是方波，引脚2也就不再是正弦波了。图9－48(b)所示为矩形波占空比是15%时各输出端的波形图。根据ICL8038内部电路和外接电阻可以推导出占空比的表达式为

$$\frac{T_1}{T}=\frac{2R_A-R_B}{2R_A} \tag{9-41}$$

故$R_B<2R_A$。

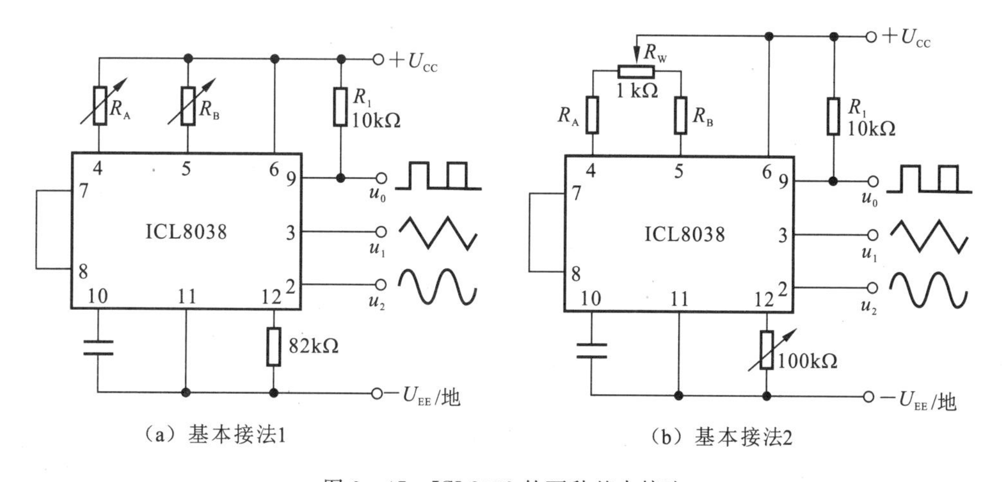

图9－47 ICL8038的两种基本接法

在图9－47(b)所示电路中用100kΩ的电位器取代了图9－47(a)所示电路中的82kΩ电

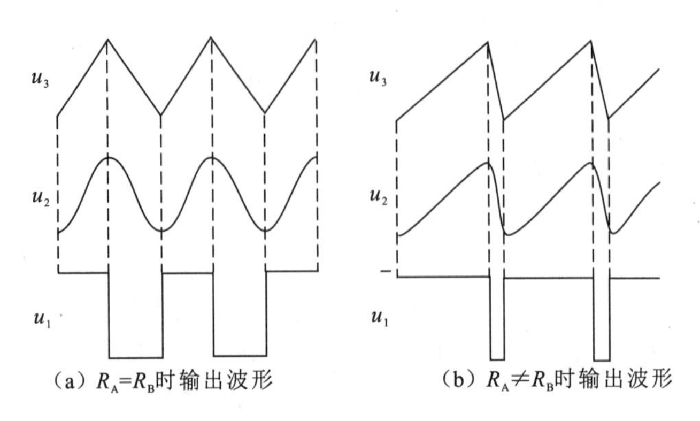

(a) $R_A=R_B$时输出波形　　(b) $R_A \neq R_B$时输出波形

图 9－48　ICL8038 的输出波形

阻，调节电位器可减小正弦波的失真度。如果要进一步减小正弦波的失真度，可采用图 9－49 所示电路中两个 100kΩ 的电位器和两个 10kΩ 电阻所组成的电路，调整它们可使正弦波的失真度减小到 0.5%。在 R_A 和 R_B 不变的情况下，调整 R_{W2} 可使电路振荡频率最大值与最小值之比达到 100∶1。也可在引脚 8 与引脚 6(即调频电压输入端和正电源)之间直接加输入电压调节振荡频率，最高频率与最低频率之比可达 1000∶1。

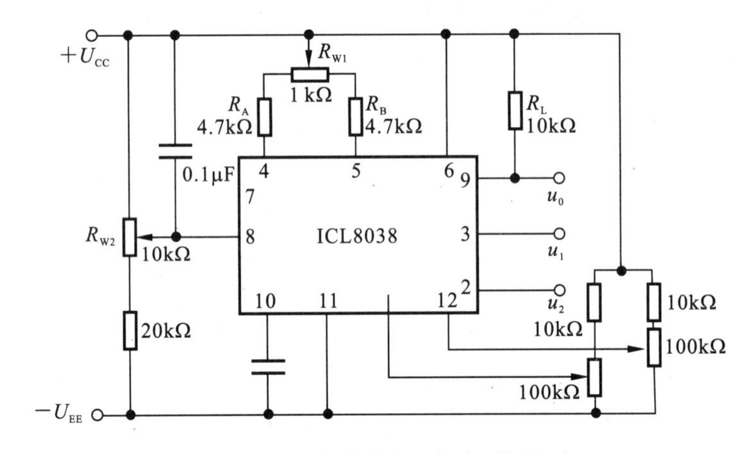

图 9－49　失真度减小和频率可调电路

2. 方波-三角波-正弦波发生器

采用分立元件和简单运算放大器，通过过零比较器＋反相积分器＋差分放大器来分别产生方波、三角波和正弦波。原理如图 9－50 所示。

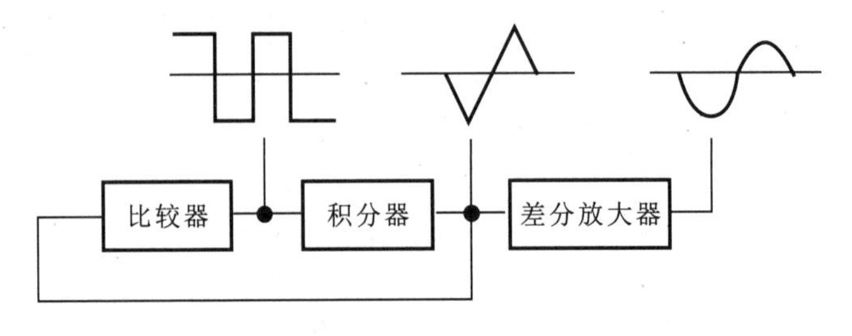

图 9－50　采用分立元件和运算放大器构成的函数发生器

函数发生器完整电路如图 9-51 所示。

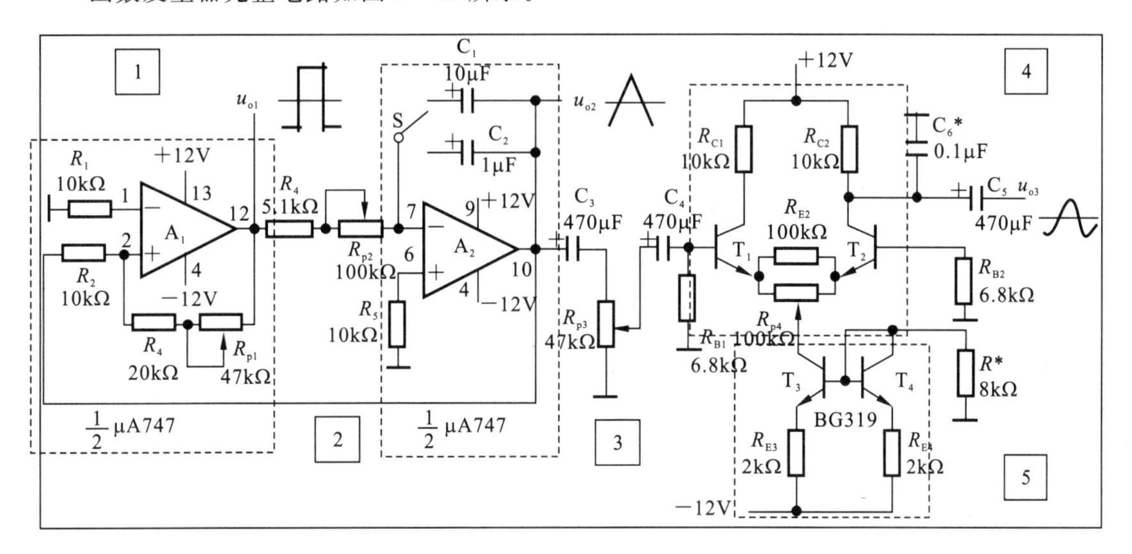

图 9-51　函数发生器电路原理图

1. 过零比较器；2. 反相积分器；3. 调节输入信号；4. 差分放大器；5. 镜像恒流源

方波信号仿真波形如图 9-52 所示。

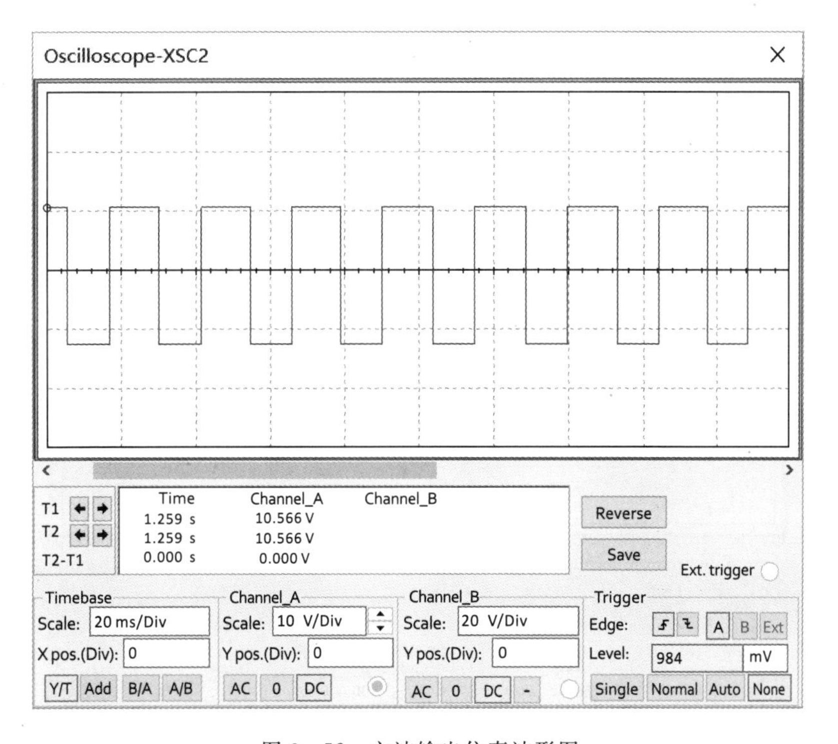

图 9-52　方波输出仿真波形图

三角波信号仿真波形如图 9 - 53 所示。

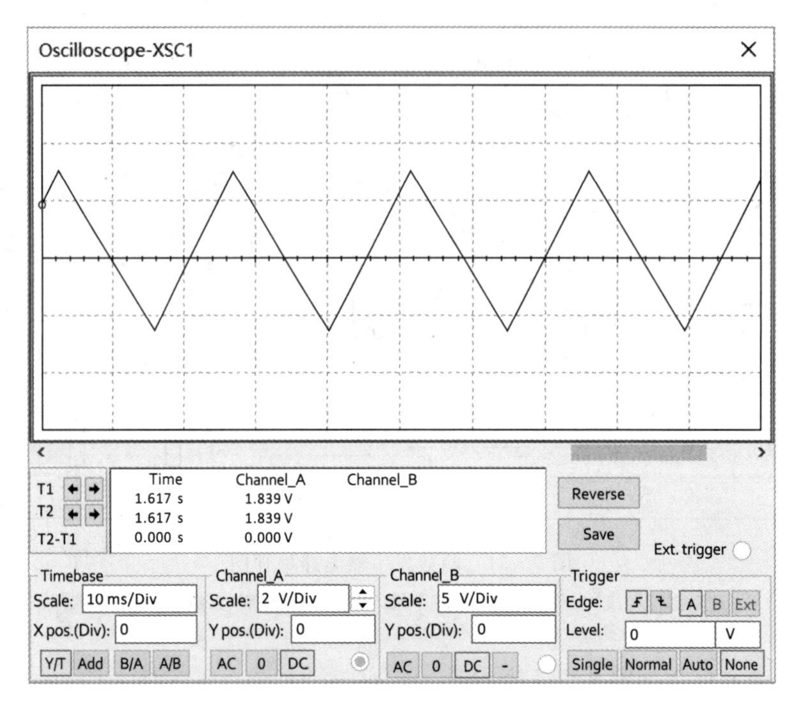

图 9 - 53　三角波输出仿真波形图

正弦波信号仿真波形如图 9 - 54 所示。

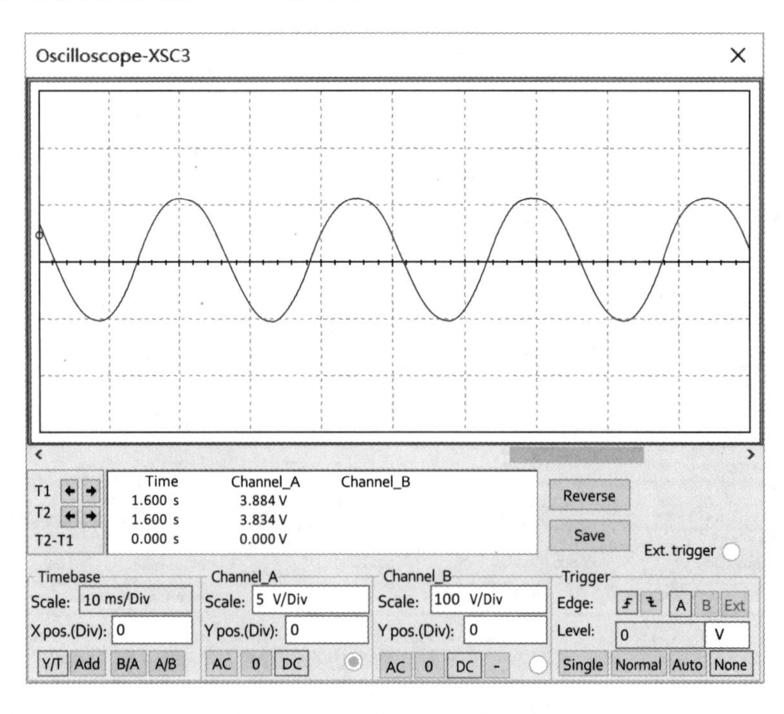

图 9 - 54　正弦波输出仿真波形图

3. RC 桥式正弦振荡-比较器-积分器产生 3 种波形

RC 振荡电路原理如图 9－55 所示，各输出信号仿真波形如图 9－56 所示。

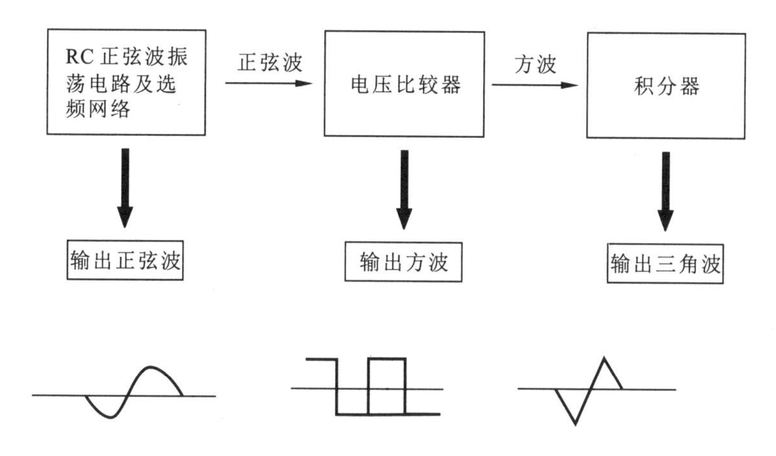

图 9－55　RC 振荡电路原理框图

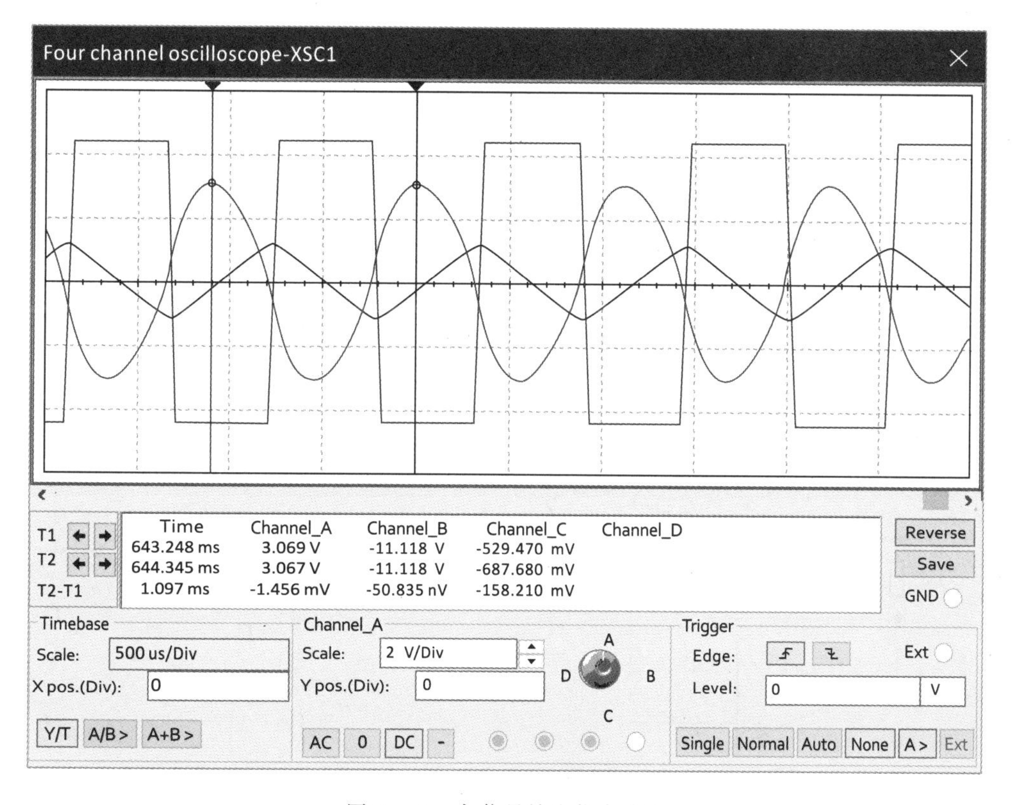

图 9－56　各信号输出仿真波形

三、电压-电流转换电路

1. 电压-电流转换电路

在控制系统中，为了驱动执行机构，如记录仪、继电器等，常需要将电压转换成电流；而在监测系统中，为了数字化显示，又常将电流转换成电压，再接数字电压表。在放大电路中引入合适的反馈，就可实现上述转换。图 9－57 所示为一种负载接地点的实用电压-电流转换电路。A_1、A_2 均引入了负反馈，前者构成同相求和运算电路，后者构成电压跟随器。图中 $R_1=R_2=R_3=R_4=R$，因此

$$u_{o2}=u_{P2}$$

$$u_{P1}=\frac{R_4}{R_3+R_4}\cdot u_1+\frac{R_3}{R_3+R_4}\cdot u_{P2}=0.5u_1+0.5u_{P2} \tag{9-42}$$

$$u_{o1}=\left(1+\frac{R_2}{R_1}\right)u_{P1}=2u_{P1}$$

将式(9－42)代入上式，$u_{o1}=u_{P2}+u_1$，R_o 上的电压

$$u_{R_o}=u_{o1}-u_{P2}=u_1$$

所以

$$i_o=\frac{u_1}{R_o} \tag{9-43}$$

2. 电流-入压转换电路

集成运算放大器引入电压并联负反馈即可实现电流-电压转换，如图 9－58 所示，在理想运算放大器条件下，输入电阻 $R_{if}=0$，因而 $i_f=i_S$，故输出电压

$$u_o=-i_S R_f \tag{9-44}$$

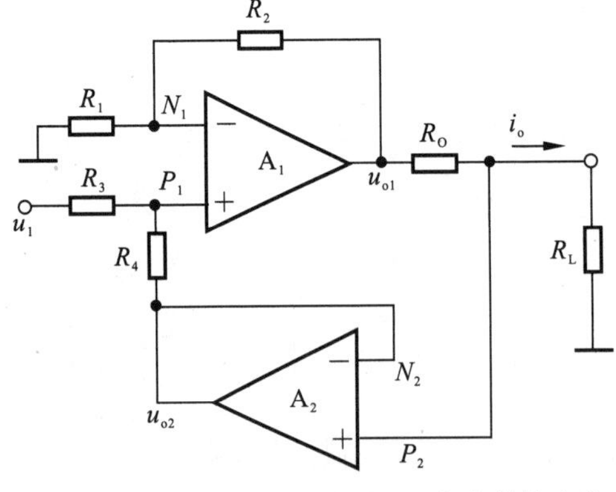

图 9－57　实用的电压-电流转换电路

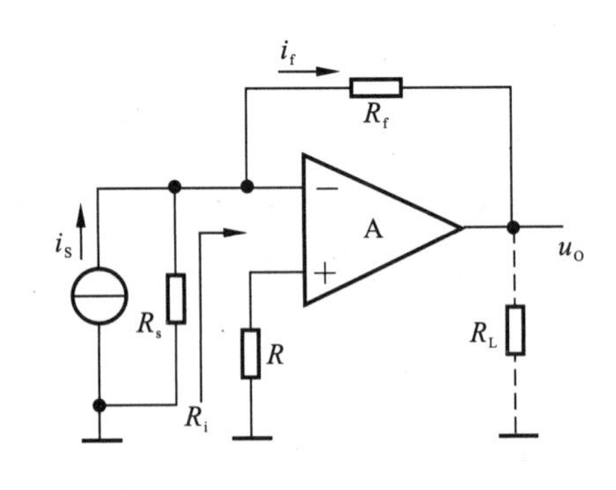

图 9－58　电流-电压转换电路

应当指出，因为实际电路的 R_{if} 不可能为零，所以 R_S 比 R_{if} 大得越多，转换精度越高。

四、电压-频率转换电路

电压-频率转换电路(VFC)的功能是将输入直流电压转换成频率与其数值成正比的输出电压，故也称为电压控制振荡电路(VCO)，简称压控振荡电路。通常，它的输出是矩形波。可以想象，如果任何物理量通过传感器转换成电信号后，经预处理变换为合适的电压信号，然后去控制压控振荡电路，再用压控振荡电路的输出驱动计数器，使之在一定时间间隔内记录矩形波个数，并用数码显示，那么都可以得到该物理量的数字式测量仪表，如图 9－59 所示。因此，可以认为电压-频率转换电路是一种模拟量到数字量的转换电路，即模/数转换电路。电压-频率转换电路广泛应用于模拟/数字信号的转换，调频、遥控遥测等各种设备之中。其电路形式很多，这里仅对基本电路加以介绍。

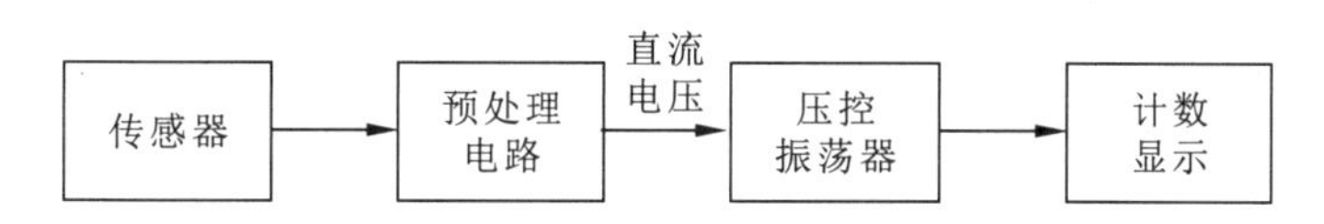

图 9－59　电压-频率转换电路工作模式

1. 由集成运算放大器构成的电压-频率转换电路

1)电荷平衡式电路

电荷平衡式电压-频率转换电路由积分器和滞回比较器组成，它的一般原理框图如图 9－60所示。图中 S 为电子开关，受输出电压 u_o 的控制。

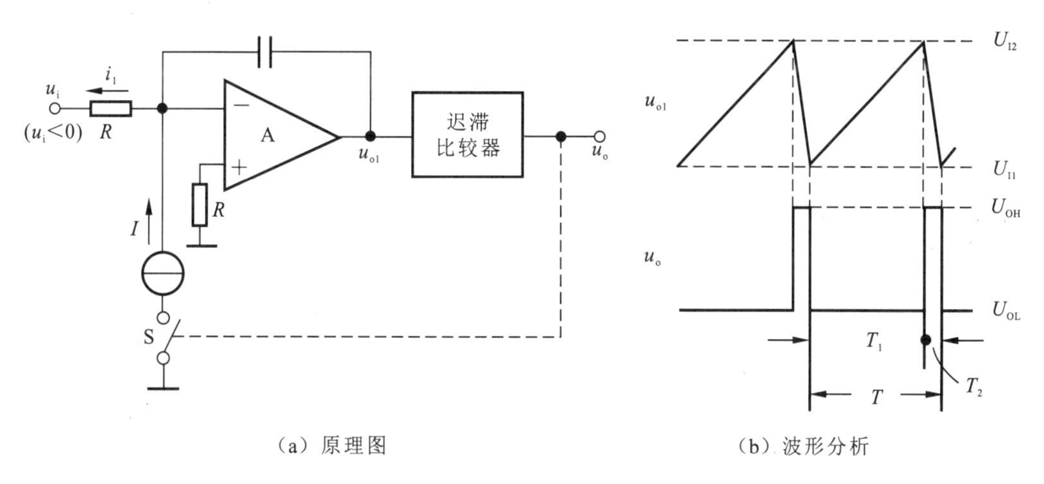

(a) 原理图　　(b) 波形分析

图 9－60　电荷平衡式电压-频率转换电路的原理框图及波形分析

设 $u_i<0$，$|I|\gg|i_1|$；u_o 的高电平为 U_{OH}，u_o 的低电平为 U_{OL}；当 $u_o=U_{OH}$时 S 闭合，当 $u_o=U_{OL}$时 S 断开。若初态 $u_o=U_{OL}$，S 断开，积分器对输入电流 i_1 积分，且 $i_1=u_i/R$，u_{o1} 随时间逐渐上升；当增大到一定数值时，u_o 从 U_{OL}跃变为 U_{OH}，使 S 闭合，积分器对恒流源电流 I 与 i_1 的差值积分，且 I 与 i_1 的差值近似为 I，u_{o1} 随时间下降；因为 $|I|\gg|i_1|$，所以 u_{o1} 下降速

度远大于其上升速度；当 u_{o1} 减小到一定数值时，u_o 从 U_{OH} 跃变为 U_{OL}，回到初态，电路重复上述过程，产生自激振荡，波形如图 9－60(b)所示。由于 $T_1 \gg T_2$，可以认为振荡周期 $T \approx T_2$。而且，u_1 数值愈大，T_1 愈小，振荡频率 f 愈高，因此实现了电压-频率转换，或者说实现了压控振荡。由于电流源 I 对电容 C 在很短时间内放电（或称反向充电）的电荷量等于 i_1 在较长时间内充电（或称正向充电）的电荷量，故称这类电路为电荷平衡式电路。如图 9－61所示，这是电荷平衡式电压-频率转换电路的一种。在实际电路中，将图 9－61(a)中的 D_2 省略，将 R_W 换为固定电阻，并习惯画成如图 9－61(b)所示电路，两个集成运算放大器输出电压的波形如图 9－61(c)所示。图 9－61(b)所示电路中滞回比较器的阈值电压为

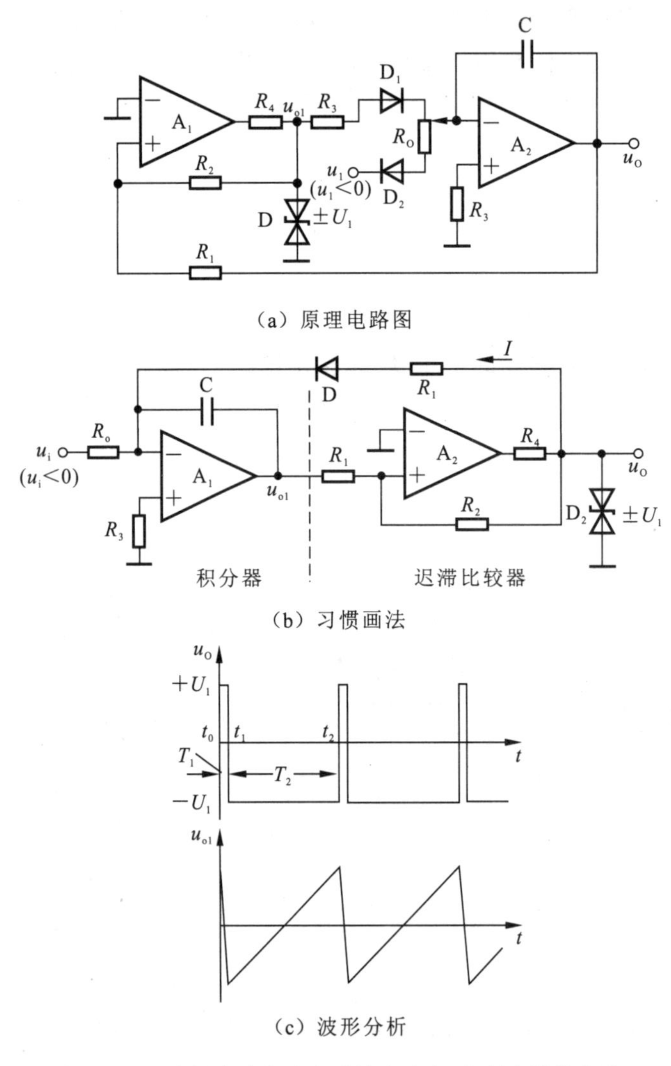

图 9－61 由锯齿波发生电路演变为电压-频率转换电路

$$\pm U_T = \pm \frac{R_1}{R_2} \cdot U_Z$$

在图 9－61(c)波形中的 T_2 时间段，u_{o1} 是对 u_i 的线性积分，其起始值为 $-U_T$，终了值

$+U_T$，因而 T_2 应满足

$$U_T=\frac{1}{R_W C}\cdot u_i T_2-U_T$$

解得

$$T_2=\frac{2R_1 R_W C}{R_2}\cdot\frac{U_Z}{|u_i|}$$

当 $R_W \gg R_3$ 时，振荡周期 $T\approx T_2$，故振荡频率

$$f=\frac{1}{T_2}=\frac{R_2}{2R_1 R_W C U_z}\cdot|u_i| \tag{9-45}$$

振荡频率受控于输入电压。

2)复位式电路

复位式电压-频率转换电路的原理框图如图 9-62 所示，电路由积分器和单限比较器组成，S 为模拟电子开关，可由晶体管或场效应管组成。设输出电压 u_o 为高电平 U_{OH} 时 S 断开，u_o 为低电平 U_{OL} 时，S 闭合。当电源接通后，由于电容 C 上电压为零，即 $u_{o1}=0$，使 $u_o=U_{OH}$，S 断开，积分器对 u_i 积分，u_{o1} 逐渐减小；一旦 u_{o1} 过基准电压 $-U_{REF}$，u_o 将从 U_{OH} 跃变为 U_{OL}，导致 S 闭合，使 C 迅速放电至零，即 $u_{o1}=0$，从而 u_o 从 U_{OL} 跃变为 U_{OH}；S 又断开，重复上述过程，电路产生自激振荡，波形如图 9-62(b)所示。u_i 越大，u_{o1} 从零变化到 U_{REF} 所需时间越矩，振荡频率也就越高。

如图 9-63 所示为复位式电压-频率转换电路，读者可比照图 9-62 所示原理框图分析该电路，其振荡周期 T 和频率 f 为

$$T\approx R_1 C\cdot\frac{U_{REF}}{u_i} \tag{9-46}$$

$$f\approx\frac{R_1 C u_i}{U_{REF}} \tag{9-47}$$

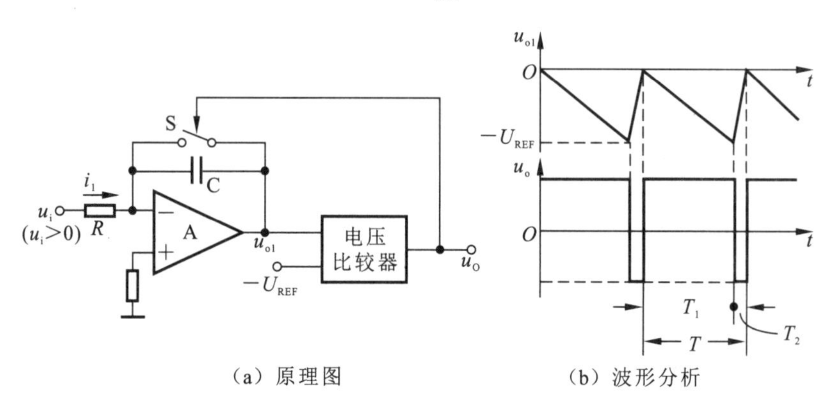

图 9-62　复位式电压-频率转换电路的原理框图

2. 集成电压-频率转换电路

集成电压-频率转换电路分为电荷平衡式（如 AD650、VFC101）和多谐振荡器式（如

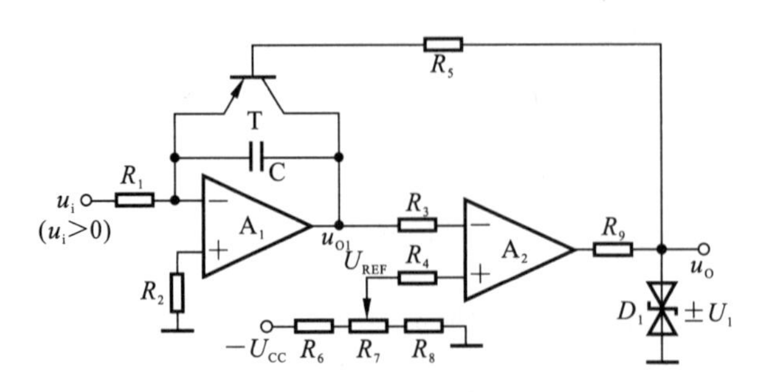

图 9-63　复位式电压-频率转换电路

AD654)两类,它们的性能比较见表 9-1。

表 9-1　集成电压-频率转换电路的主要性能指标

指标参数	单位	AD650	AD654
满刻度频率	MHz	1	0.5
非线性	%	0.005	0.06
电压输入范围	V	−10～0	0～(U_s−4)(单电源供电) −U_s～(U_s−4)(双电源供电)
输入阻抗	kΩ	250	250×10^3
电源电压范围	V	±9～±18	单电源供电:3.6～4.5 双电源供电:±5～±18
电源电流最大值	mA	8	3

表 9-1 中参数表明,电荷平衡式电路的满刻度输出频率高,线性误差小,但其输入阻抗低,必须正、负双电源供电,且功耗大。多谐振荡器式电路功耗低,输入阻抗高,而且内部电路结构简单,输出为方波,价格便宜,但不如前者精度高。

很多集成电压-频率转换电路均可方便地实现频率-电压转换,如型号为 AD650 和 AD654 的集成电路,这里不再详细介绍。

第五节　有源滤波电路

一、滤波器的特点与分类

滤波器实际上是一种选频电路，它允许某一部分频率的信号顺利的通过，而另外一部分频率的信号则受到较大的抑制。根据选择频率的范围不同，滤波器可分为低通滤波器、高通滤波器、带通滤波器和带阻滤波器 4 种。它们的幅频特性曲线如图 9 - 64 所示。

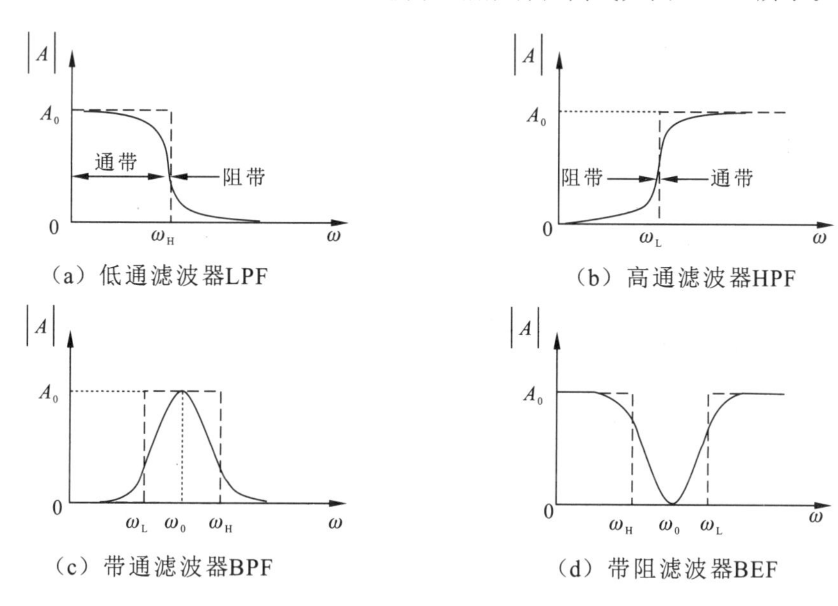

图 9 - 64　滤波器的幅频特性曲线

滤波器中，通常把信号能够通过的频率范围，称为通频带，反之，信号受到很大衰减或完全被抑制的频率范围称为阻带，通带和阻带之间的分界频率称为截止频率，如图 9 - 64 所示，ω_H、ω_L 分别为各滤波器截止角频率。理想滤波器在通带内的电压增益为常数，在阻带内的电压增益为零，理想特性曲线如图 9 - 64 虚线所示。实际滤波器的通带和阻带之间存在一定频率范围的过渡带，其特性曲线如图 9 - 64 实线所示。

仅由无源元件 R、L 和 C 组成的滤波器叫无源滤波器，它是利用电容和电感元件的电抗随频率的变化而变化的原理构成的，如图 9 - 65 所示的 RC 网络即为无源滤波器。

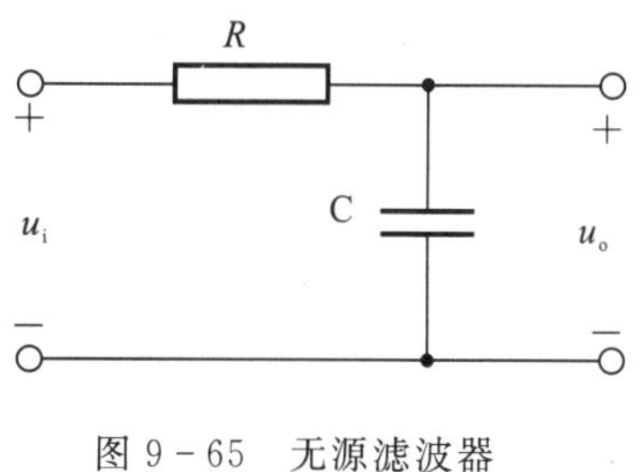

图 9 - 65　无源滤波器

无源滤波器具有电路简单、不需要直流电源供电、可靠性高等优点，但也有很多缺点，例如：

(1)通带内的信号有能量损耗；

(2)带负载能力差，当负载 R_L 变化时，输出信号的幅值将随之改变，滤波特性也随之变化；

(3)过渡带宽，幅频特性不理想。

二、一阶有源滤波器

为了克服无源滤波器的缺点，可将 RC 无源滤波电路的输出端加上一个电压跟随器或同相比例放大电路，使之与负载很好地隔离开，如图 9－66 所示。因为运算放大器为有源器件，所以称这种电路为有源滤波器。

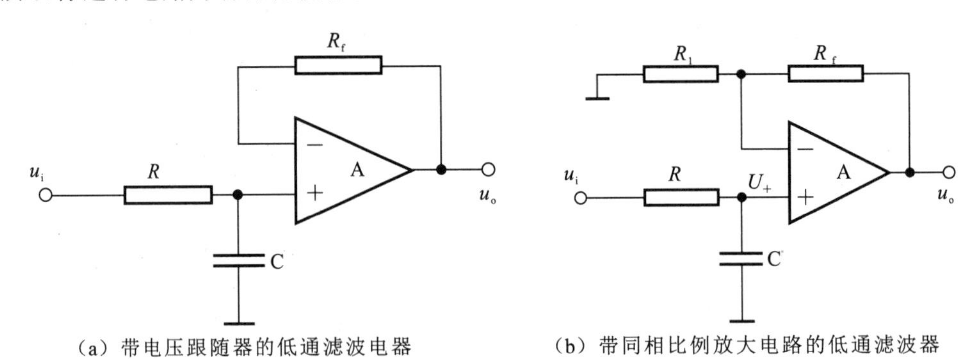

(a) 带电压跟随器的低通滤波电器　　(b) 带同相比例放大电路的低通滤波器

图 9－66　一阶低通有源滤波器

图 9－66(a)为带电压跟随器的低通滤波器，由于电压跟随器的输入阻抗很高、输出阻抗很低，因此，它对 RC 电路的影响可以忽略不计，而且带负载能力很强。图 9－66(b)为带同相比例放大电路的低通滤波器，它不仅具有前者的优点，而且能起放大作用，可以使通带放大倍数增大。下面分析带同相比例放大电路低通滤波器的性能。

由图 9－66(b)可知，运算放大器 A 的同相输入端信号为

$$U_+(j\omega)=\frac{\frac{1}{j\omega C}}{R+\frac{1}{j\omega C}}U_i(j\omega)=\frac{1}{1+j\omega RC}U_i(j\omega) \tag{9-48}$$

因此，滤波器的输出为

$$U_o(j\omega)=A_{uf}U_+(j\omega) \tag{9-49}$$

其中，A_{uf} 为同相比例放大电路的电压增益

$$A_{VF}=1+\frac{R_f}{R_1} \tag{9-50}$$

将式(9－49)和式(9－50)代入式(9－49)，可得

$$U_o(j\omega)=\left(1+\frac{R_f}{R_1}\right)\frac{1}{1+j\omega RC}U_i(j\omega) \tag{9-51}$$

由式(9－51)可得该低通滤波器的传递函数为

$$A(j\omega)=\frac{U_o(j\omega)}{U_i(j\omega)}=\left(1+\frac{R_f}{R_1}\right)\frac{1}{1+j\omega RC} \tag{9-52}$$

由于式中分母为 ω 的一次幂，故上式所示滤波器为一阶低通有源滤波器。

令 $\omega_0=\frac{1}{RC}$，则有

$$A(j\omega)=\left(1+\frac{R_f}{R_1}\right)\frac{1}{1+j\frac{\omega}{\omega_0}} \tag{9-53}$$

由此可得该低通滤波器的幅频特性为

$$|A(j\omega)|=\frac{\left|1+\frac{R_f}{R_1}\right|}{\sqrt{1+\left(\frac{\omega}{\omega_0}\right)^2}}=\frac{A_{uf}}{\sqrt{1+\left(\frac{\omega}{\omega_0}\right)^2}} \tag{9-54}$$

分析式(9－54)，可得：

(1)当 $\omega=0$ 时，$|A|=A_{uf}$，即该低通滤波器的通带电压增益 $A_0=A_{uf}$；

(2)当 $\omega=\omega_0$ 时，$|A|=0.707A_{uf}$，ω_0 为截止角频率；

(3)当 $\omega>\omega_0$ 时，$|A|$减小，该频率范围内的信号受到抑制。其幅频特性曲线如图 9－67 所示。

一阶低通有源滤波器的性能比无源滤波器好，但该电路通带与阻带之间的界限仍不明显，它的衰减率只是 20dB/10dec，滤波性能仍然不理想，一般只用于对滤波要求不高的场合。

高通滤波器和低通滤波器具有对偶关系，将图 9－66 电路中的 R、C 交换位置，就可得到一阶高通有源滤波器，这里不再详细讨论。

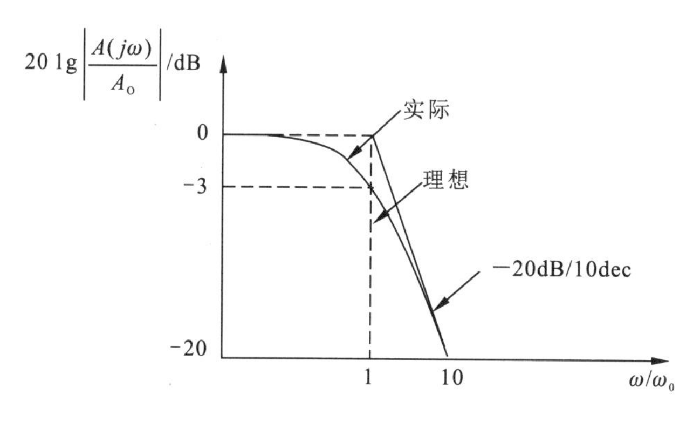

图 9－67　一阶低通滤波器幅频特性

三、二阶有源滤波器

为了让滤波效果更理想，可以采用二阶有源滤波器。如图 9－68 所示电路为二阶低通

有源滤波器，它由两节 RC 滤波电路和同相比例放大电路组成。下面分析它的性能。

对于同相比例放大电路，有

$$U_o(j\omega)=A_{uf}U_+(j\omega) \quad (9-55)$$

其中，A_{uf} 为同相比例放大电路电压增益，根据前面的分析可知其与低通滤波器的通带电压增益相等，即 $A_o=A_{uf}$。运算放大器同相输入端电压 $U_+(j\omega)$ 与 A 点电压 U_A 的关系为

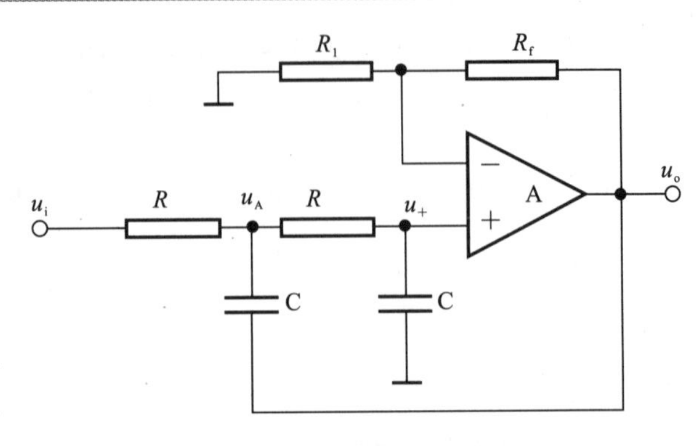

图 9-68　二阶低通有源滤波器

$$U_+(j\omega)=\frac{\frac{1}{j\omega C}}{R+\frac{1}{j\omega C}}U_A(j\omega)=\frac{1}{1+j\omega RC}U_A(j\omega) \quad (9-56)$$

在 A 点，由 KCL，可得

$$\frac{U_i(j\omega)-U_A(j\omega)}{R}-\frac{U_A(j\omega)-U_o(j\omega)}{\frac{1}{j\omega C}}-\frac{U_A(j\omega)-U_+(j\omega)}{R}=0 \quad (9-57)$$

联立式(9-55)～式(9-57)求解，可得该二阶低通滤波器的传递函数为

$$A(j\omega)=\frac{U_o(j\omega)}{U_i(j\omega)}=\frac{A_{uf}}{1+(3-A_{uf})j\omega RC+(j\omega RC)^2} \quad (9-58)$$

令

$$\omega_0=\frac{1}{RC}$$

$$Q=\frac{1}{3-A_{uf}}$$

则有

$$A(j\omega)=\frac{A_{uf}{\omega_0}^2}{(j\omega)^2+\frac{\omega_0}{Q}j\omega+{\omega_0}^2}=\frac{A_0{\omega_0}^2}{(j\omega)^2+\frac{\omega_0}{Q}j\omega+{\omega_0}^2} \quad (9-59)$$

式中，ω_0 为截止角频率，Q 为等效品质因数。

由式(9-59)可得该二阶低通滤波器的幅频特性为

$$20\lg\left|\frac{A(j\omega)}{A_0}\right|=20\lg\frac{1}{\sqrt{\left[1-\left(\frac{\omega}{\omega_0}\right)^2\right]^2+\left(\frac{\omega}{\omega_0 Q}\right)^2}} \quad (9-60)$$

由式(9-60)可得到图 9-69 所示幅频特性曲线，当 $\omega=0$ 时，$|A|=A_{uf}=A_o$；当 $\omega\to\infty$ 时，$|A|\to 0$；$\omega=\omega_0$ 为截止角频率。

再来分析等效品质因数 Q，由图 9-69 可见，当 $Q=0.707$ 时，幅频响应较平坦，而当 $Q>0.707$ 时，将出现峰值，故 $Q=0.707$ 时的曲线是一条较理想的响应曲线。

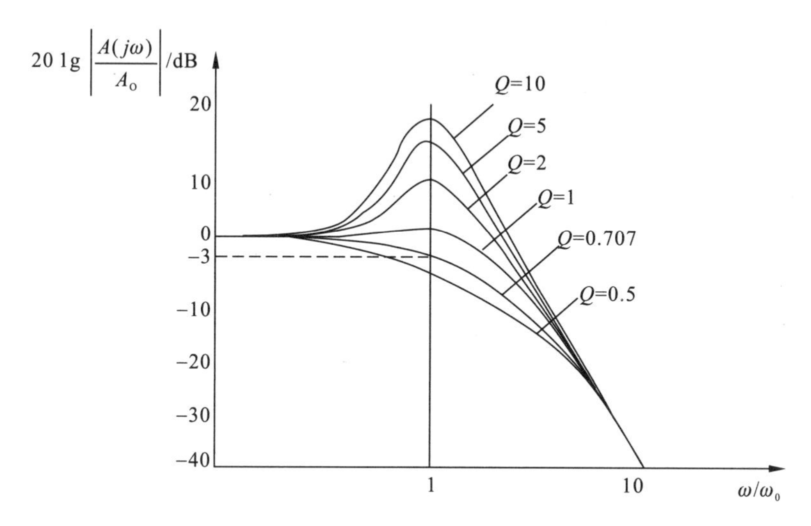

图 9-69 二阶低通滤波器幅频特性曲线

二阶低通有源滤波器电路结构简单，衰减率为 40dB/10dec，其滤波性能远优于一阶低通有源滤波器。

【例 9-6】已知截止频率 $f_H=100\text{Hz}$，试选择和计算如图 9-68 所示二阶低通滤波电路的参数。

解：(1)选择电容 C 的容量，计算电阻 R 的阻值。

通常选择 C 的容量在微法数量级以下，R 的阻值一般为几百千欧以内，这里选择 $C=0.047\text{uF}$，则由 $\omega_0=\dfrac{1}{RC}$ 可得

$$R=\frac{1}{2\pi f_H C}=\frac{10^6}{2\pi\times100\times0.047}\approx33.863\text{k}\Omega$$

(2)求 R_1、R_f 的值。

由上面的分析可知，当 $Q=0.707$ 时，该二阶低通滤波器有理想的响应曲线，即

$$Q=\frac{1}{3-A_{VF}}=0.707$$

由此可得

$$A_{uf}=1+\frac{R_f}{R_1}=3-\frac{1}{Q}=3-\sqrt{2}\approx1.586$$

因此有

$$R_f=0.586R_1$$

为了使运算放大器 A 的两输入端电阻对称，满足平衡条件，有 $R_f /\!/ R_1=R+R=67.726\text{k}\Omega$，因此可求得 $R_1=183.299\text{k}\Omega$，$R_f=107.413\text{k}\Omega$。

(3)将电阻 R、R_1、R_f 的值取标准值，可得 $R=33\text{k}\Omega$，$R_1=180\text{k}\Omega$，$R_f=110\text{k}\Omega$。

(4)联调修正参数。

根据高通滤波器和低通滤波器的对偶关系，将图 9-68 中的 R、C 的位置调换，就可得到二阶高通有源滤波器，其电路如图 9-70 所示。

同理可得其幅频特性曲线，如图 9－71 所示。

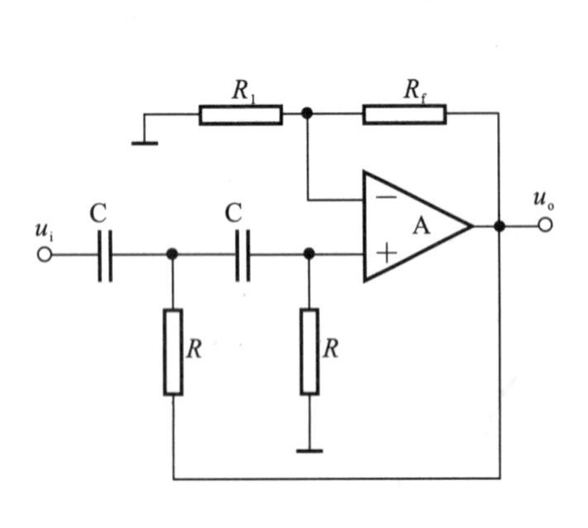

图 9－70　二阶高通有源滤波器

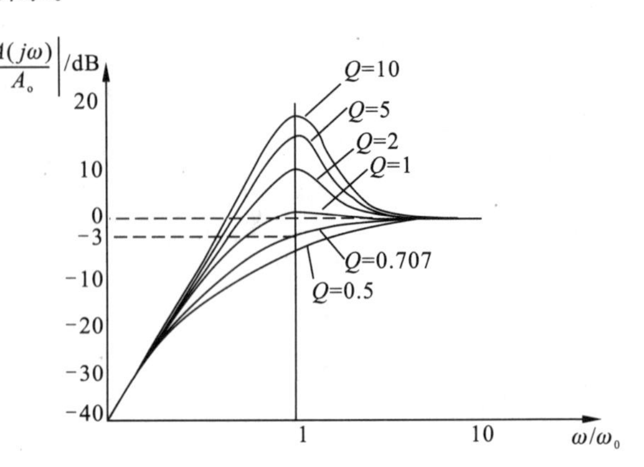

图 9－71　二阶高通滤波器幅频特性曲线

第六节　开关电容滤波器

有源滤波器通常需要很大的电容和非常精确的 RC 时间常数，很难做成单片集成的 IC 电路。随着 MOS 工艺的迅速发展，由 MOS 开关电容和运算放大器组成的开关电容滤波器很好地解决了上述问题。

一、基本原理

电路两节点之间的电容，在很高频率的充放电状态下可以等效为一个电阻，开关电容滤波器是建立在这一概念上。图 9－72(a)所示为一有源 RC 积分器。在图 9－72(b)中，用一个接地电容 C_1 和两个 MOS 晶体管构成的开关代替电阻 R_1。

图 9－72(b)所示的两个 MOS 开关受两个不重叠的时钟信号驱动，图 9－72(c)给出了时钟波形。假设时钟频率 $f_c\left(f_c=\dfrac{1}{T_c}\right)$远大于积分器输入的信号频率，这样在 φ_1 时钟阶段，输入源的变化很小，可以忽略，电容 C_1 接通输入信号源 u_i，被充电至 u_i

$$q_{c1}=C_1 u_i \tag{9-61}$$

接下来，在 φ_2 时钟阶段，电容 C_1 接至运算放大器的输入端，如图 9－72(d)所示。此时 C_1 放电，将先前的电荷 qc_1 转移到 C_2 上。

由此可见，每一个时钟周期 T_c 内，电荷 $q_{c1}=C_1 u_i$ 从输入信号源 u_i 中被取出，然后提供给积分电容 C_2，因此输入节点 1 和虚地节点 2 之间流过的平均电流为

$$i_{av}=\frac{C_1 u_i}{T_c} \tag{9-62}$$

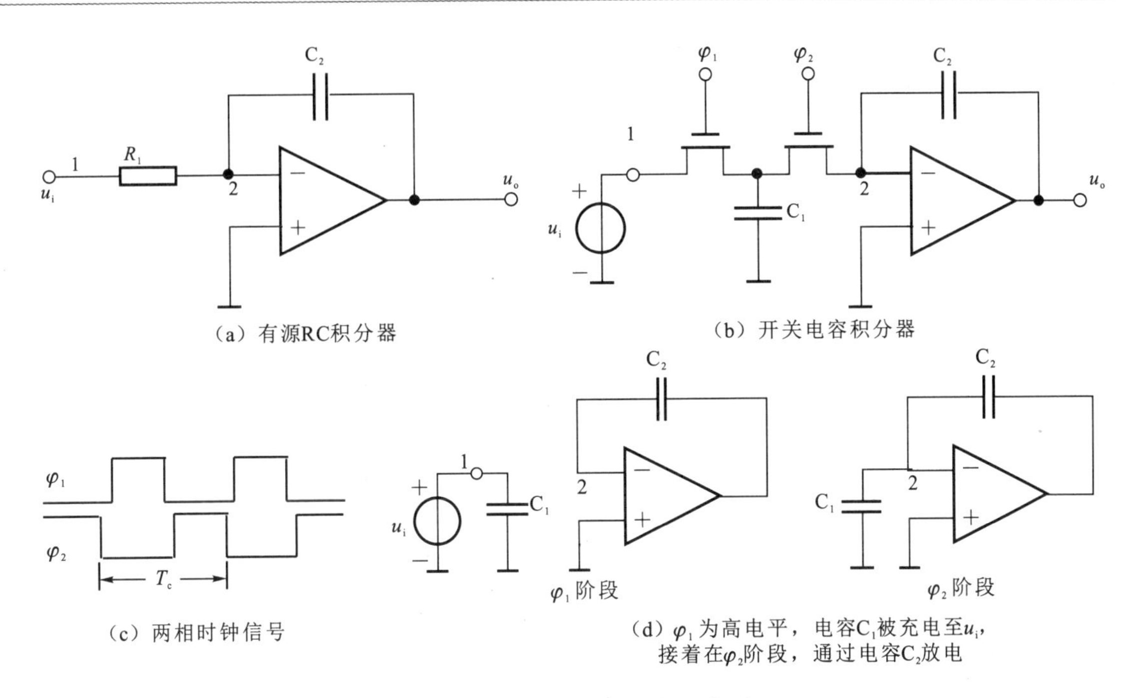

(a) 有源RC积分器　(b) 开关电容积分器　(c) 两相时钟信号　(d) φ_1为高电平，电容C_1被充电至u_i，接着在φ_2阶段，通过电容C_2放电

图 9－72　开关电容滤波器的基本原理

如果 T_c 非常短，则可以认为上述过程是连续的，因而可以在两节点之间定义一个等效电阻 R_{eq}，即

$$R_{eq}=\frac{u_i}{i_{av}}=\frac{T_c}{C_1} \tag{9-63}$$

由此可得积分器的等效时间常数 τ 为

$$\tau=R_{eq}C_2=T_c\frac{C_2}{C_1} \tag{9-64}$$

因此，决定滤波器频率响应的时间常数不是与电容的绝对数值有关，而是与时钟周期 T_c 和电容比值$\frac{C_2}{C_1}$有关，在 MOS 工艺里，这两个参数在 IC 设计中都是很容易控制的参数。

二、同相开关电容积分器和反相开关电容积分器

图 9－73 所示为开关电容积分器电路。由图 9－73(a)可知，当 φ_1 为高电平时，T_1、T_3 导通，u_i 对 C_1 充电。假设 u_{C_1} 的参考方向如图 9－73(a)所示，当 u_i 为正时，充电结果 u_{C_1} 为负电压。当 φ_2 为高电平时，u_{C_1} 加到运算放大器的反相输入端，使 u_o 为正，从而与 u_i 同相，因此，图 9－73(a)为同相积分电路。如果将 T_3 和 T_4 的时钟相位反相，可得反相积分电路，如图9－73(b)所示。

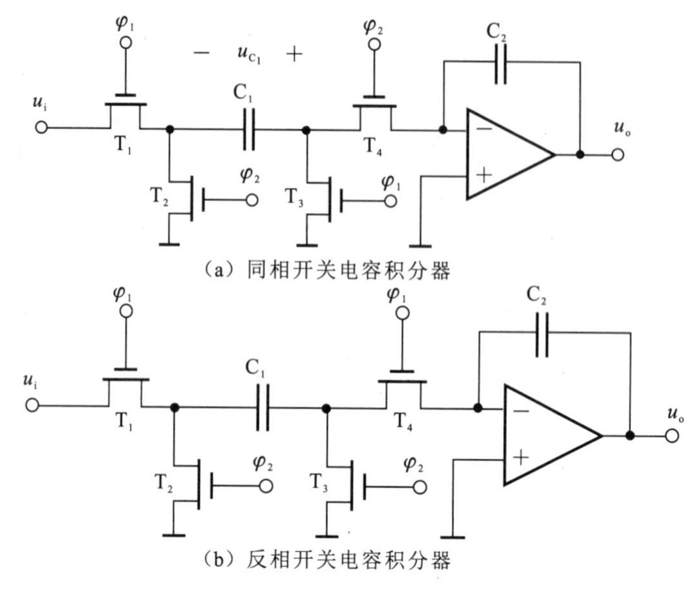

（a）同相开关电容积分器

（b）反相开关电容积分器

图 9－73　开关电容积分器

三、实际电路

图 9－74(a)所示是有源 RC 双积分环电路，积分器 2 和反相器级联构成一个同相积分器。对于输入信号 u_i 来说，u_{bp}具有二阶带通特性，而 u_{LP}具有低通特性。用开关电容等效电路替换每一个电阻便可得到图 9－74(b)所示的开关电容带通滤波器电路和低通滤波器电路。

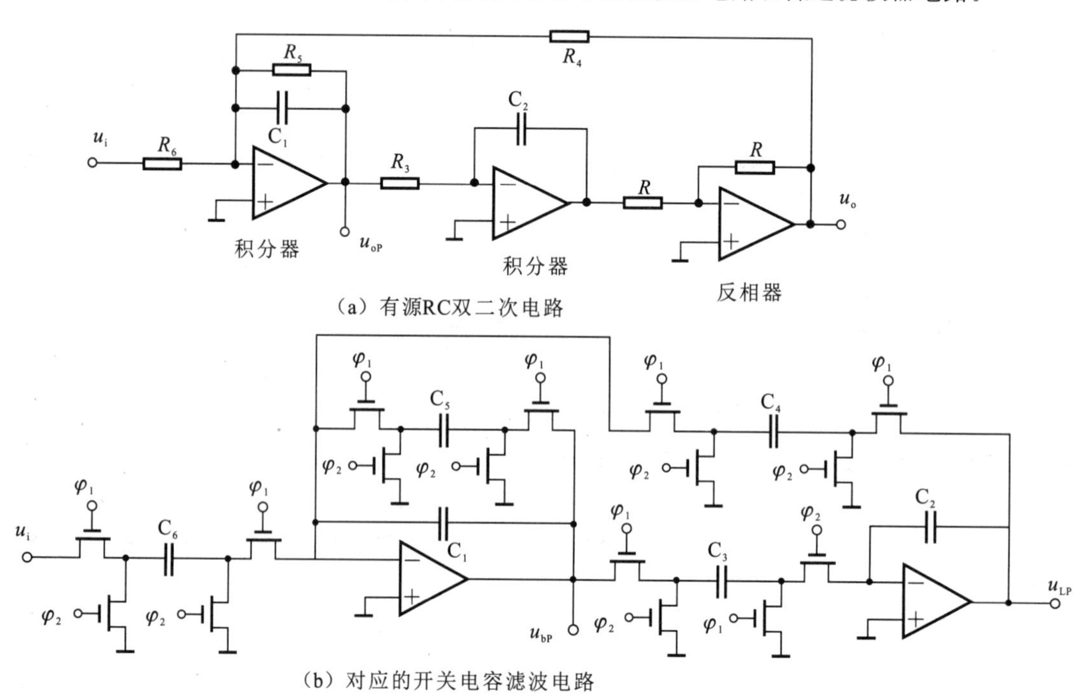

（a）有源RC双二次电路

（b）对应的开关电容滤波电路

图 9－74

四、单片集成开关电容滤波器

MAX260/261/262 是 MAXIM 公司采用 CMOS 工艺制造的开关电容通用滤波器。它是一种微处理器，可编程通用有源滤波器，可由微处理器精确控制滤波器函数，构成巴特沃思、切比雪夫、贝塞尔、椭圆函数等类型的低通、高通、带通、带阻和全通滤波器，且均不需要外部元件，具有电路实现简单、参数调整方便、不受外部参数影响的优点。在程序控制下，可以实现滤波参数的动态变化，应用方便、灵活。

图 9－75 是它们的原理图。MAX260/261/262 由两个二阶滤波器（A 和 B）、两个可编程 ROM 及逻辑接口组成，每个滤波器部分又包括两个级联的积分器和一个加法器。

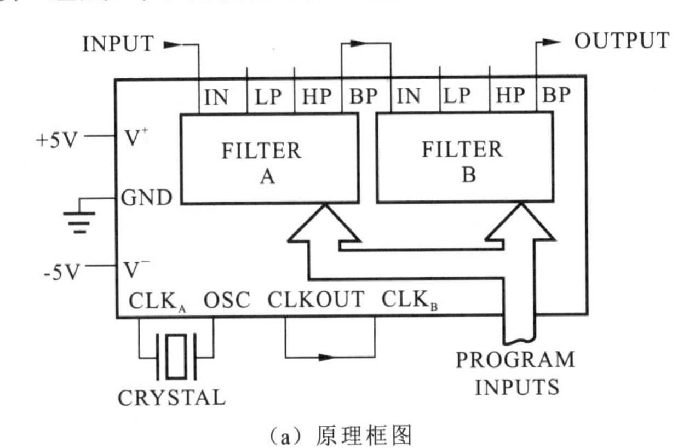

（a）原理框图

（b）滤波器二阶节组件框图

图 9－75　MAX260/261/262 原理图

该电路的主要特性如下：

（1）配有滤波器设计软件，带有微处理器接口；

（2）可控制 64 个不同的中心频率 f_0、128 个不同的品质因数 Q 及 4 种工作模式；

（3）对中心频率 f_0 和品质因数 Q 可独立编程；

（4）时钟频率与中心频率比值（f_{clk}/f_0）可达到 1%（A 级）；

(5)中心频率 f_0 的范围为 75kHz(MAX262)。

MAX260/261/262 的引脚排列如图 9－76 所示，各管脚的功能如下：

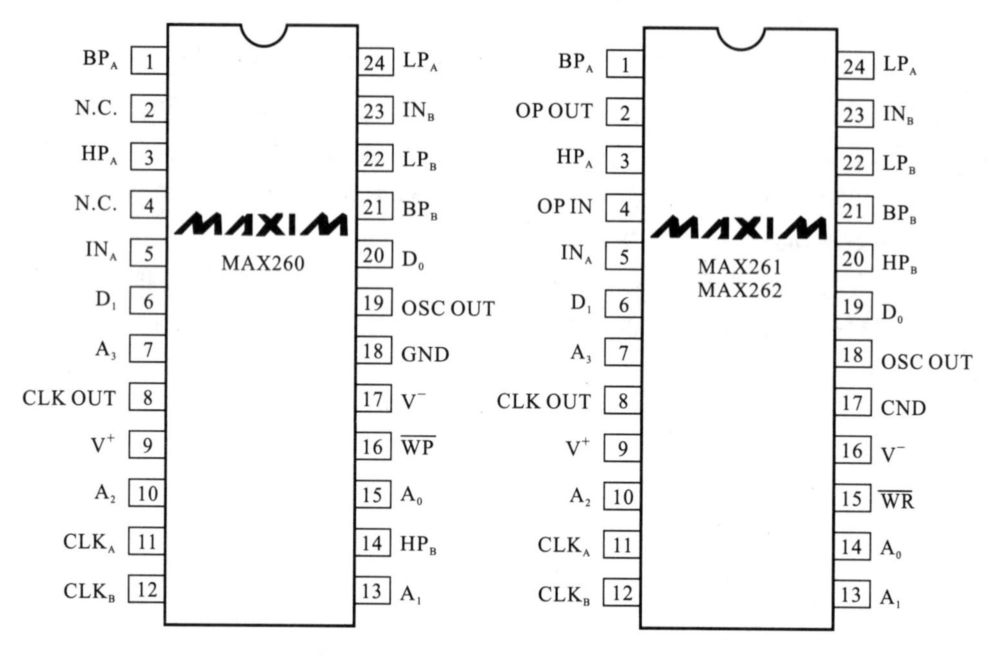

图 9－76　MAX260/261/262 管脚图

(1)V^+：正电源输入端；

(2)V^-：负电源输入端；

(3)GND：模拟地；

(4)CLK_A：外接晶体振荡器和滤波器 A 的时钟输入端，在滤波器内部，时钟频率被 2 分频；

(5)CLK_B：滤波器 B 的时钟输入端，在滤波器内部，时钟频率被 2 分频；

(6)CLK OUT：晶体振荡器和 RC 振荡的时钟输出端；

(7)OSC OUT：与晶体振荡器或 RC 振荡器相连，用于自同步；

(8)IN_A，IN_B：滤波器的信号输入端；

(9)BP_A，BP_B：带通滤波器输出端；

(10)LP_A，LP_B：低通滤波器输出端；

(11)HP_A，HP_B：高通、带阻、全通滤波器输出端；

(12)$\overline{WR}$：写入有效输入端。$\overline{WR}$为 V^+ 时，输入数据无效；为 V^- 时，数据可通过逻辑接口输入，以完成滤波器的工作模式、f_0 及 Q 的设置；

(13)A_0、A_1、A_2、A_3：地址输入端，用来完成对滤波器的工作模式、f_0 及 Q 的设置；

(14)D_0、D_1：数据输入端，用来对滤波器的工作模式、f_0 及 Q 的相应位进行设置；

(15)OP OUT：MAX261/262 的放大器输出端；

(16)OP IN：MAX261/262 的放大器反向输入端。

图 9－75(b)中，M_0、M_1 设定滤波器的工作方式(对应有 4 种工作方式)，F_0—F_5 决定时钟频率 f_{clk}与中心频率 f_0 的比值 f_{clk}/f_0，Q_0—Q_6 决定滤波器的 Q 值。

对于 MAX260/261，在工作方式 1、3、4 下

$$\frac{f_{clk}}{f_0}=(64+N_F)\frac{\pi}{2},Q=\frac{64}{(129-N_Q)}$$

在工作方式 2 下

$$\frac{f_{clk}}{f_0}=1.110\ 72\times(64+N_F),Q=\frac{90.51}{(129-N_Q)}$$

其中，$N_F=0\sim63$，为 F_0—F_5 二进制代码的十进制等效值；$N_Q=0\sim127$，为 Q_0—Q_6 二进制代码的十进制等效值。

MAX260/261/262 的工作原理如图 9－77 所示，图中 2 位数据在 4 位地址位的控制下，在$\overline{WR}$的下降沿经逻辑接口给滤波器 A、B 中的$\frac{f_{clk}}{f_0}$、Q 及工作模式控制字分别赋予不同的值，从而实现各种功能的滤波。地址分配表如表 9－2 所示。

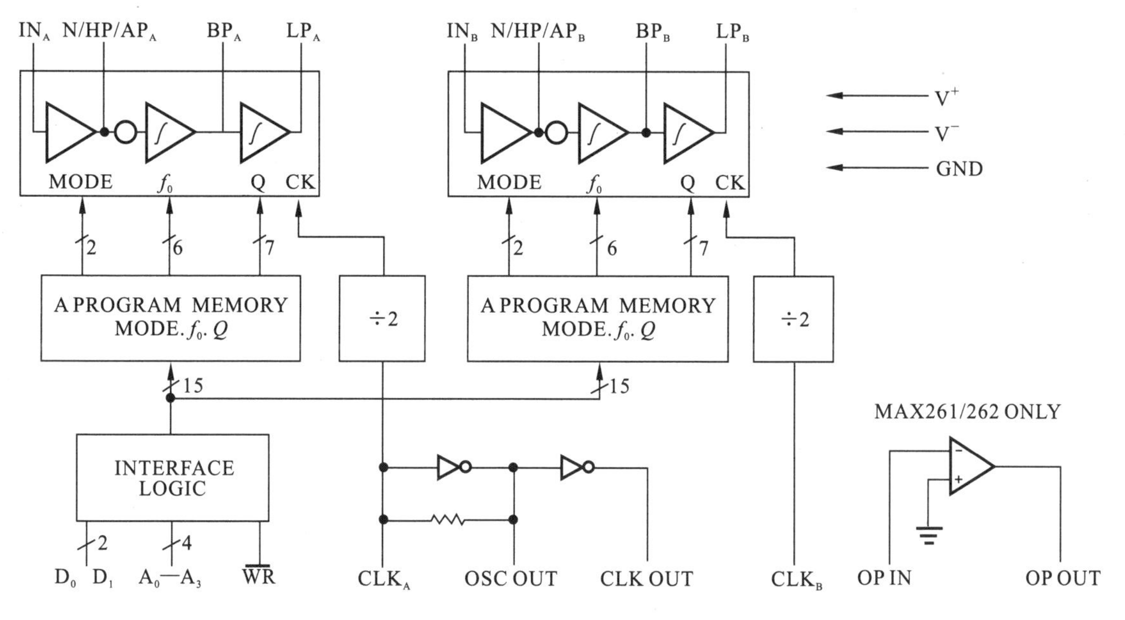

图 9－77　MAX260/261/262 工作原理图

表 9－2　地址分配表

数据位		地址				键值	数据位		地址				键值
D_0	D_2	A_3	A_2	A_1	A_0		D_0	D_2	A_3	A_2	A_1	A_0	
滤波器 A							滤波器 B						
$M0_A$	$M1_A$	0	0	0	0	0	$M0_B$	$M1_B$	1	0	0	0	8
$F0_A$	$F1_A$	0	0	0	1	1	$F0_B$	$F1_B$	1	0	0	1	9

续表 9-2

数据位		地址				键值	数据位		地址				键值
D_0	D_2	A_3	A_2	A_1	A_0		D_0	D_2	A_3	A_2	A_1	A_0	
滤波器 A							滤波器 B						
$F2_A$	$F3_A$	0	0	1	0	2	$F2_B$	$F3_B$	1	0	1	0	10
$F4_A$	$F5_A$	0	0	1	1	3	$F4_B$	$F5_B$	1	0	1	1	11
$Q0_A$	$Q1_A$	0	1	0	0	4	$Q0_B$	$Q1_B$	1	1	0	0	12
$Q2_A$	$Q3_A$	0	1	0	1	5	$Q2_B$	$Q3_B$	1	1	0	1	13
$Q4_A$	$Q5_A$	0	1	1	0	6	$Q4_B$	$Q5_B$	1	1	1	0	14
$Q6_A$		0	1	1	1	7	$Q6_B$		1	1	1	1	15

习题九

1. 由3个理想运算放大器组成的电路如图9-78所示，$u_i=5\sin(\omega t)$，$t=0$时，积分电容上的电压为零，试画出对应的u_{o1}、u_{o2}和u_{o3}的波形，并在图上标出幅值的大小。

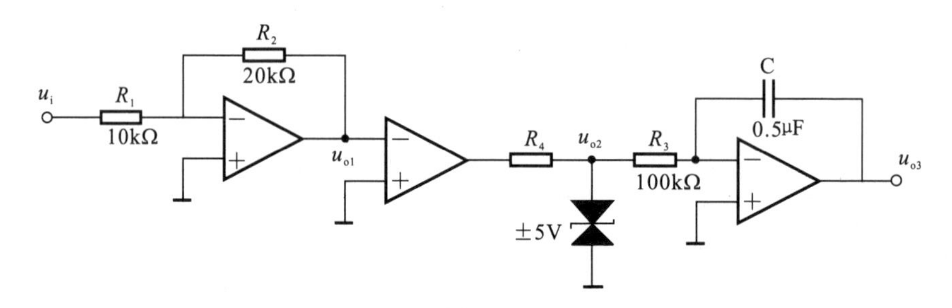

图 9-78

2. 试求图9-79所示振荡电路的振荡频率f_{osc}和满足振幅起振条件所需R_f的最小值，运算放大器为理想运算放大器。

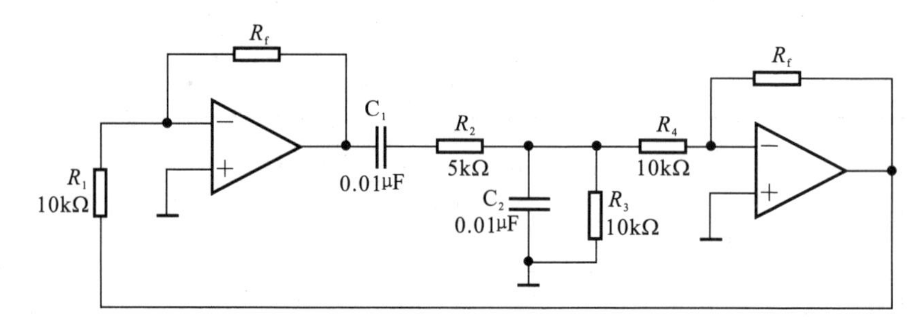

图 9-79

3. 正弦波振荡电路如图 9-80 所示，已知 $R_1=4\text{k}\Omega$，$R_2=5\text{k}\Omega$，R_p 在 $0\sim5\text{k}\Omega$ 范围内可调，设运算放大器是理想的，振幅稳定后二极管的动态电阻近似为 $r_d=500\Omega$，求 R_p 的阻值。

4. 设运算放大器是理想的，试分析图 9-81 所示正弦波振荡电路。

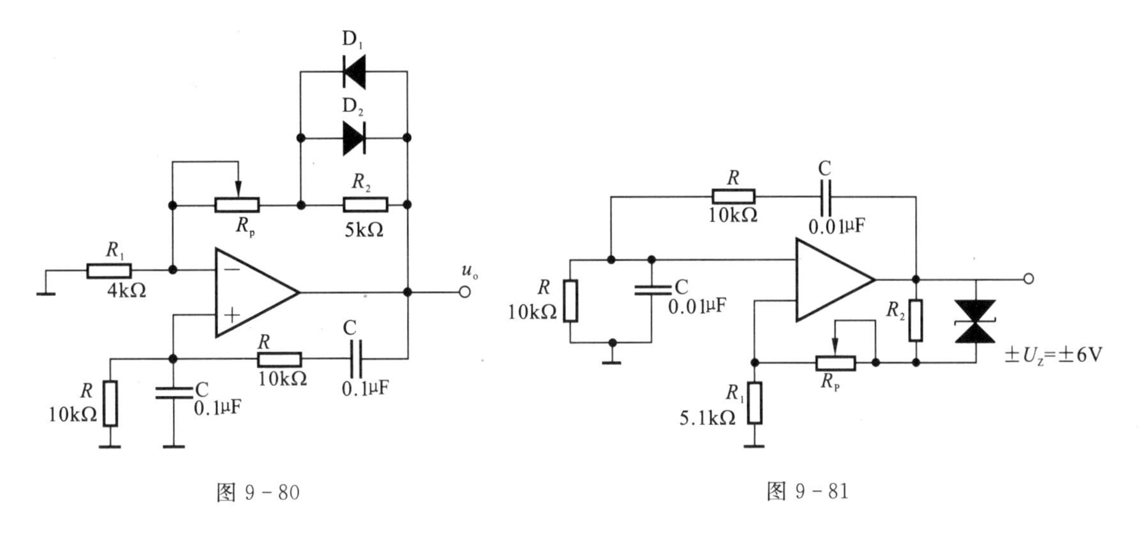

图 9-80　　　　图 9-81

(1)为满足振荡条件，试在图中用＋、－标出运算放大器的同相端和反相端。

(2)为能起振，R_p 和 R_2 两个电阻之和应大于何值？

(3)此电路的振荡频率 f_0 为多少？

(4)试证明稳定振荡时输出电压的峰值为 $U_{om}=\dfrac{3R_1}{2R_1-R_p}U_Z$。

5. 一比较器电路如图 9-82 所示，设运算放大器是理想的，且 $U_{REF}=-2\text{V}$，$U_Z=12\text{V}$，试求门限电压值 U_{th}，画出比较器的传输特性。

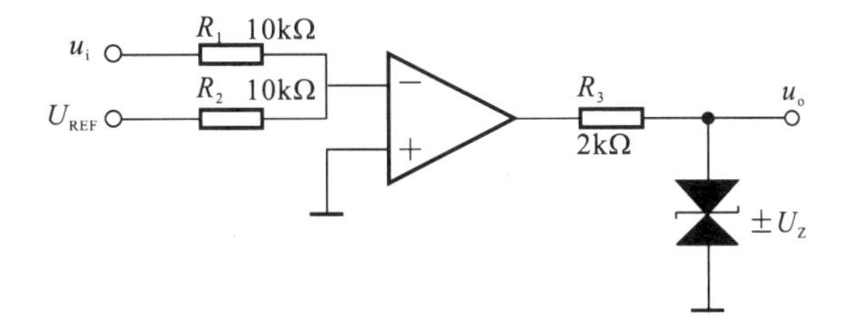

图 9-82

6. 设运算放大器为理想器件，试求如图 9-83 所示电压比较器的门限电压，并画出它的传输特性曲线，图中 $U_Z=9\text{V}$，$R_1=2\text{k}\Omega$，$R_2=6\text{k}\Omega$，$R_3=2\text{k}\Omega$。

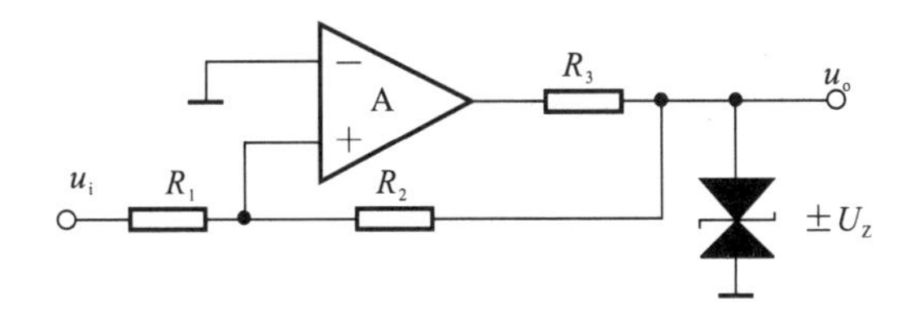

图 9-83

7. 如图 9-84 所示电路为方波-三角波产生电路，试求其振荡频率，并画出 u_{o1}、u_{o2} 的波形。图中 $U_z=8\text{V}$，$R_1=5\text{k}\Omega$，$R_2=30\text{k}\Omega$，$R_3=2\text{k}\Omega$，$R=5\text{k}\Omega$，$C=0.05\text{uF}$。

8. 用集成运算放大器组成的精密整流电路如图 9-85 所示。试分析它的工作原理，并求出输出电压与输入电压的关系。

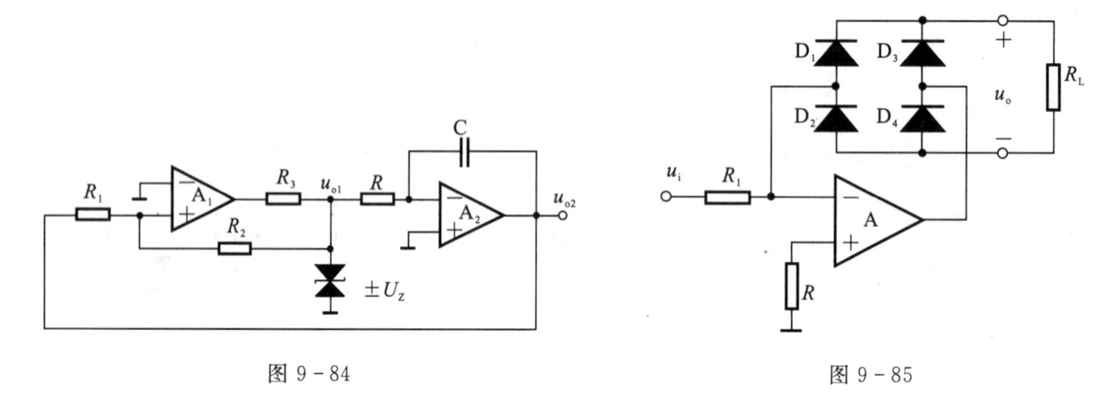

图 9-84　　　　图 9-85

9. 试分析具有迟滞特性的比较器电路，电路如图 9-86(a)所示，输入三角波如图 9-86(b)所示。设输出饱和电压 $U_{omax}=\pm10\text{V}$，画出输出波形图。图中，$R_2=50\text{k}\Omega$，$R_f=100\text{k}\Omega$。

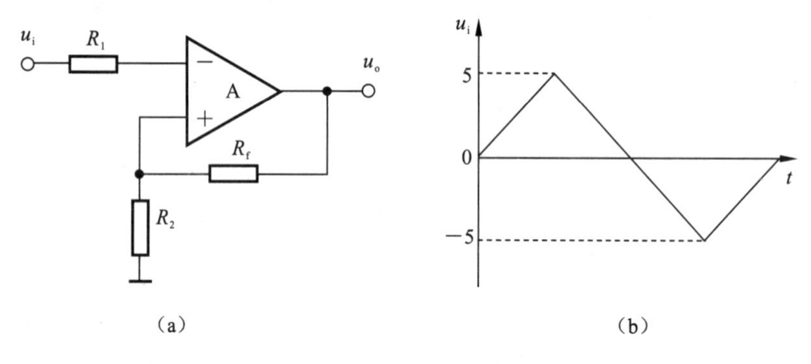

(a)　　　　(b)

图 9-86

10. 由理想运算放大器组成的电路如图 9-87(a)所示，输入信号 u_i 为三角波，波形如图 9-87(b)所示，试画出对应的输出波形。

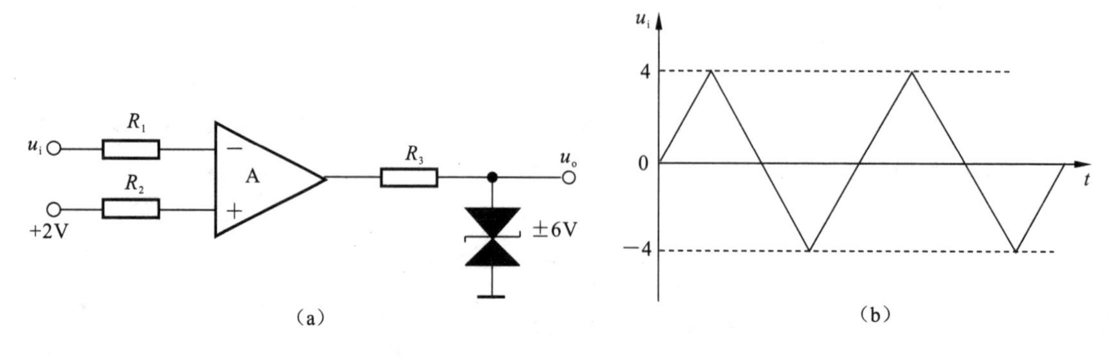

(a)　　　　(b)

图 9-87

11. 迟滞比较器的电路如图 9-88 所示，图中稳压管的双向限幅值为 $U_z=\pm6V$，$R_2=15k\Omega$，$R_3=30k\Omega$。

(1)试画出电路的传输特性。

(2)画出幅值为 5V 的正弦信号 u_i 所对应的输出电压波形。

12. 理想运算放大器组成的矩形波发生电路如图 9-89 所示，已知 $U_z=\pm6V$，$R_1=10k\Omega$，$R_2=20k\Omega$，$R=6.7k\Omega$，$C=0.01uF$，求电路振荡周期 T。

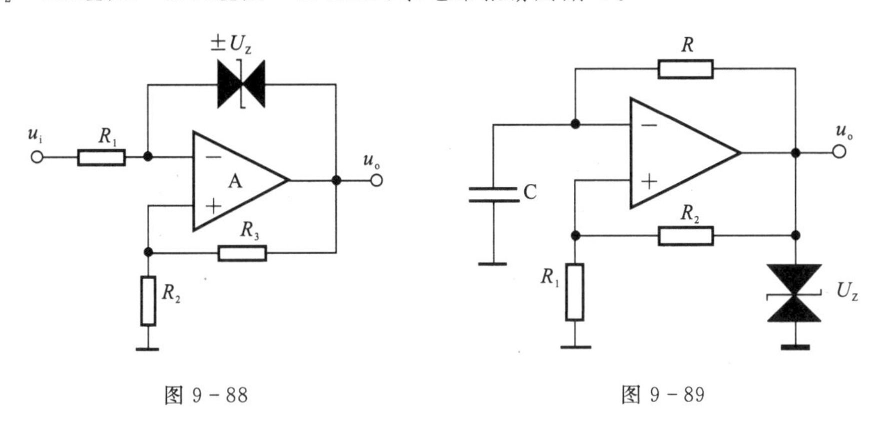

图 9-88　　　　图 9-89

13. 三角波发生电路如图 9-90 所示。

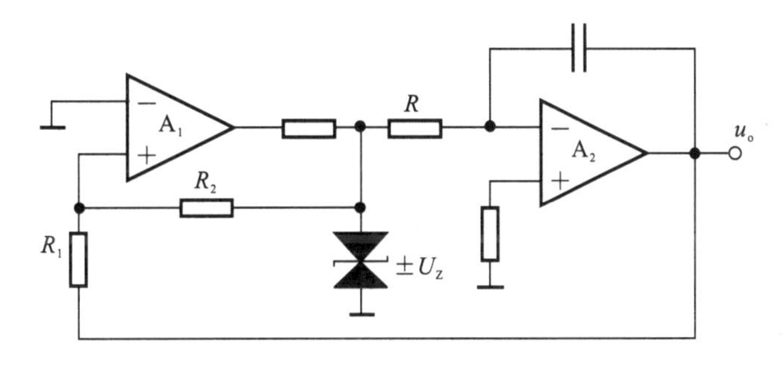

图 9-90

(1)说明电路的组成。

(2)定性画出 u_o 的波形，并标出幅值。

14. 在下列几种情况下，应分别采用哪种类型的滤波电路(低通、高通、带通、带阻)?

(1)有用信号频率为 100Hz；

(2)有用信号频率低于 400Hz；

(3)希望抑制 50Hz 交流电源的干扰；

(4)希望抑制 500Hz 以下的信号。

15. 设运算放大器为理想器件。在下列几种情况下，它们应分别属于哪种类型的滤波电路(低通、高通、带通、带阻)? 并定性画出其幅频特性。

(1)理想情况下，当 $f=0$ 和 $f\to\infty$ 时的电压增益相等，且不为零；

(2)直流电压增益就是它的通带电压增益；

(3)在理想情况下,当 $f\to\infty$ 时的电压增益就是它的通带电压增益;

(4)在 $f=0$ 和 $f\to\infty$ 时,电压增益都等于零。

16. 图 9-91 所示为一阶低通滤波器电路,设运算放大器为理想运算放大器,试推导电路的传递函数,并求出其-3dB 的截止角频率 ω_0。其中,$R=10\text{k}\Omega$,$C=0.015\text{uF}$。

17. 在图 9-92 所示的低通滤波电路中,设 $R_1=10\text{k}\Omega$,$R_f=5.86\text{k}\Omega$,$R=100\text{k}\Omega$,$C_1=C_2=0.1\text{uF}$,试计算截止角频率 ω_0 和通带电压增益。

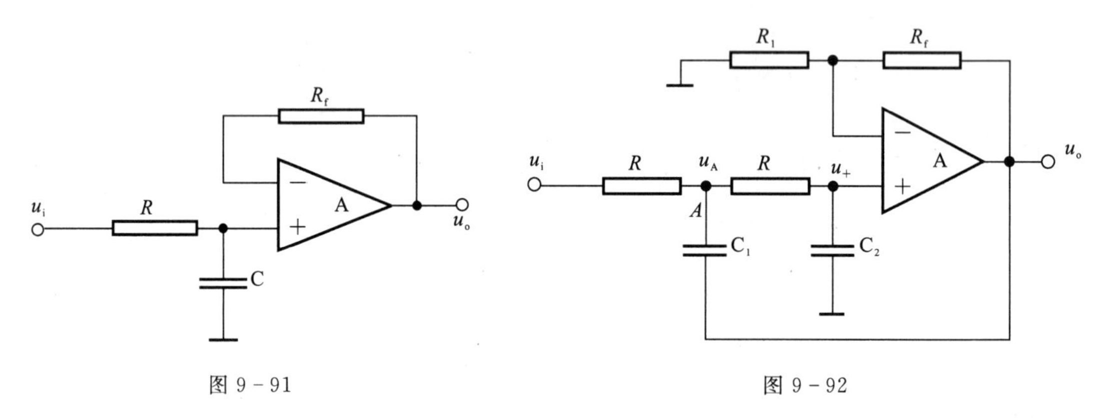

图 9-91　　图 9-92

18. 已知截止频率 $f_0=500\text{Hz}$,试选择和计算如图 9-92 所示二阶低通滤波电路的参数。

19. 设 A 为理想运算放大器,试写出如图 9-93 所示电路的传递函数,指出这是一个什么类型的滤波电路。

20. 设 A 为理想运算放大器,试写出如图 9-94 所示电路的传递函数,指出这是一个什么类型的滤波电路。

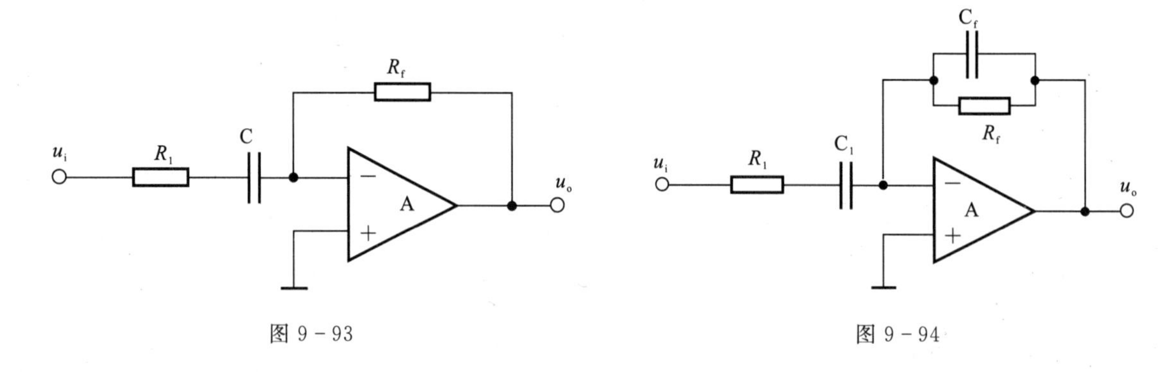

图 9-93　　图 9-94

21. 影响开关电容滤波器频率响应的时间常数取决于什么?为什么时钟频率 f_c 通常比滤波器的工作频率(例如截止频率 f_0)要大得多(例如$\frac{f_c}{f_0}>100$)?

22. 开关电容滤波器与一般 RC 有源滤波电路相比有何主要优点?

23. 图 9-95 所示是一阶全通滤波电路的一种形式。

(1)试证明电路的电压增益表达式为

$$A_v(j\omega)=\frac{V_o(j\omega)}{V_i(j\omega)}=-\frac{1-j\omega RC}{1+j\omega RC}$$

(2)试求它的幅频响应和相频响应,说明当 ω 由 $0\rightarrow\infty$ 时,相角 φ 的变化范围。

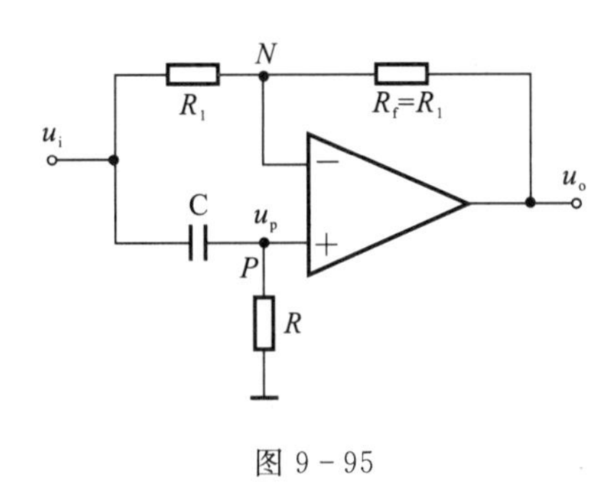

图 9-95

24. 在图 9-96 所示带通滤波电路中,设 $R=R_2=10\text{k}\Omega$,$R_3=20\text{k}\Omega$,$R_1=38\text{k}\Omega$,$R_f=(A_{VF}-1)R_1=20\text{k}\Omega$,$C_1=C=0.01\mu\text{F}$,试计算中心频率 f_0 和带宽 BW,画出其选频特性。

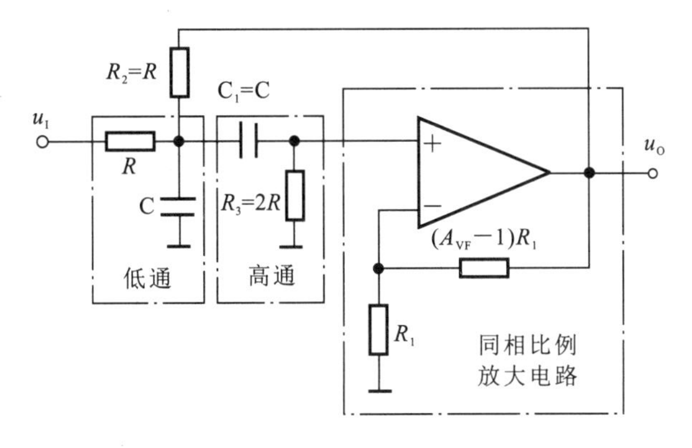

图 9-96

25. 电路如图 9-97 所示,设 A_1、A_2 为理想运算放大器。

(1)求 $A_1(s)=\dfrac{u_{o1}(s)}{u_i(s)}$ 及 $A(s)=\dfrac{u_o(s)}{u_i(s)}$。

(2)根据导出的 $A_1(s)$ 和 $A(s)$ 表达式,判断它们分别属于什么类型的滤波电路。

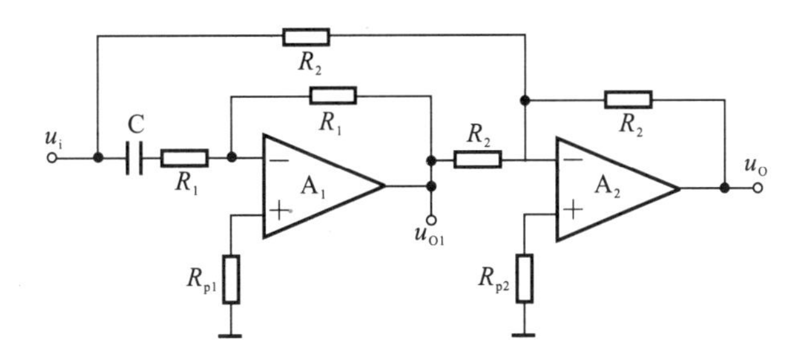

图 9-97

26. 已知某有源滤波电路的传递函数为

$$A(s)=\frac{V_o(s)}{V_i(s)}=\frac{-s^2}{s^2+\frac{3}{R_1C}s+\frac{1}{R_1R_2C^2}}$$

(1)试定性分析该电路的滤波特性(低通、高通、带通或带阻)(提示:可从增益随角频率变化情况判断)。

(2)求通带增益 A_0、特征角频率 ω_c 及等效品质因数 Q。

27. 高通电路如图 9-98 所示。已知 $Q=1$,试求其幅频响应的峰值,以及峰值所对应的角频率。设 $\omega_c=2\pi\times200\text{rad/s}$。

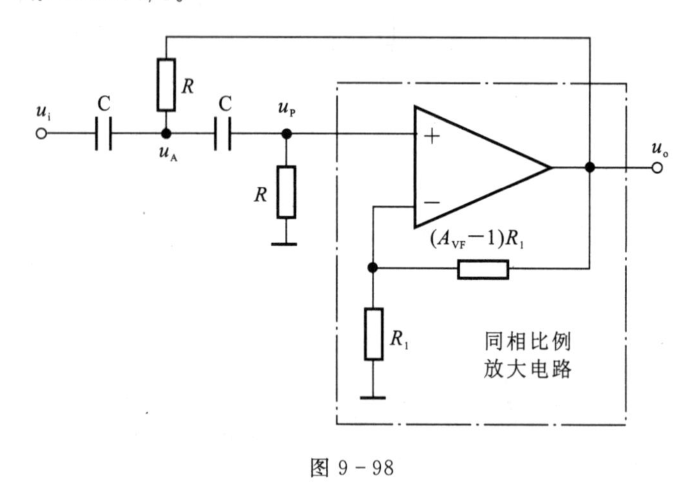

图 9-98

28. 试画出下列传递函数的幅频响应曲线,并分别指出各传递函数表示哪一种(低通、高通)滤波电路(提示:下面各式中的 $S=s/\omega_c=j\omega/\omega_c$)。

(1)$A(s)=\dfrac{1}{S^2+\sqrt{2}S+1}$;

(2)$A(s)=\dfrac{1}{S^3+2S^2+2S+1}$;

(3)$A(s)=\dfrac{S^3}{S^3+2S^2+2S+1}$。

29. 由一阶全通滤波器组成的移相式正弦波发生器电路如图 9-99 所示。

(1)试证明电路的振荡频率 $f_0=\dfrac{1}{(2\pi C\ \sqrt{R_4R_5})}$。

(2)根据全通滤波器的工作特点,可分别求出 $\dot{U}_{o1}$ 相对于 $\dot{U}_{o3}$ 的相移和 $\dot{U}_o$ 相对于 $\dot{U}_{o1}$ 的相移,同时在 $f=f_0$ 时 $\dot{U}_{o3}$ 与 $\dot{U}_o$ 之间的相位差为 $-\pi$,试证明在 $R_4=R_5$ 时,$\dot{U}_{o1}$、$\dot{U}_o$ 间的相位差为 90°,即 $\dot{U}_{o1}$ 若为正弦波,则 $\dot{U}_o$ 就为余弦波。

提示:A_1、A_2 分别组成一阶全通滤波器。A_3 为相反器。对于 A_1、A_2 分别有 $A_1(j\omega)=-\dfrac{1-j\omega R_4C}{1+j\omega R_4C}$ 和 $A_2(j\omega)=-\dfrac{1-j\omega R_5C}{1+j\omega R_5C}$,$A_1$、$A_2$ 只要各产生 90°相移,就可满足相位平衡条件,并产生正弦波振荡。

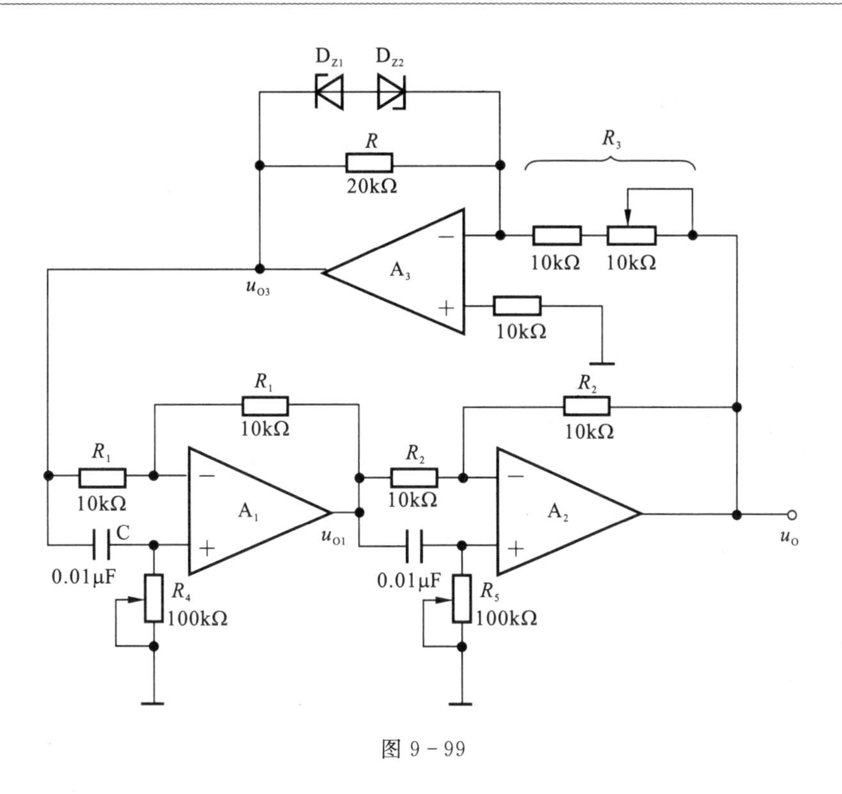

图 9-99

30. 对图 9-100 所示的各三点式振荡器的交流通路(或电路),试用相位平衡条件判断哪个可能振荡,哪个不能,指出可能振荡的电路属于什么类型。

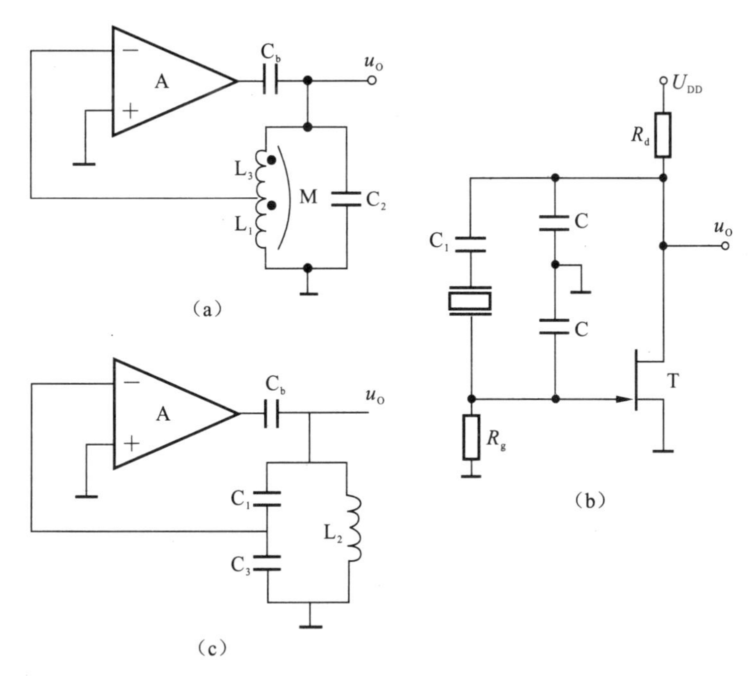

图 9-100

31. 电路如图 9-101 所示，A_1 为理想运算放大器，C_2 为比较器，二极管 D 也是理想器件，$R_b=51k\Omega$，$R_c=5.1k\Omega$，BJT 的 $\beta=50$，$U_{CEO}\approx 0$，$I_{CEO}\approx 0$，试求：

(1) 当 $u_I=1V$ 时，u_o 为多少？

(2) 当 $u_I=3V$ 时，u_o 为多少？

(3) 当 $u_I=5\sin(\omega t)(V)$ 时，试画出 u_{o1}、u_{o2} 和 u_o 的波形。

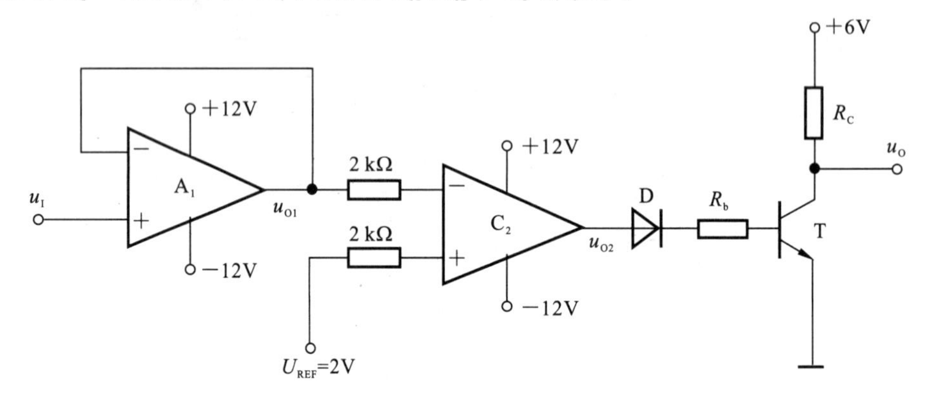

图 9-101

32. 电路如图 9-102(a)所示，其输入电压的波形如图 9-102(b)所示，已知输出电压 u_o 的最大值为±10V，运算放大器是理想的，试画出输出电压 u_o 的波形。

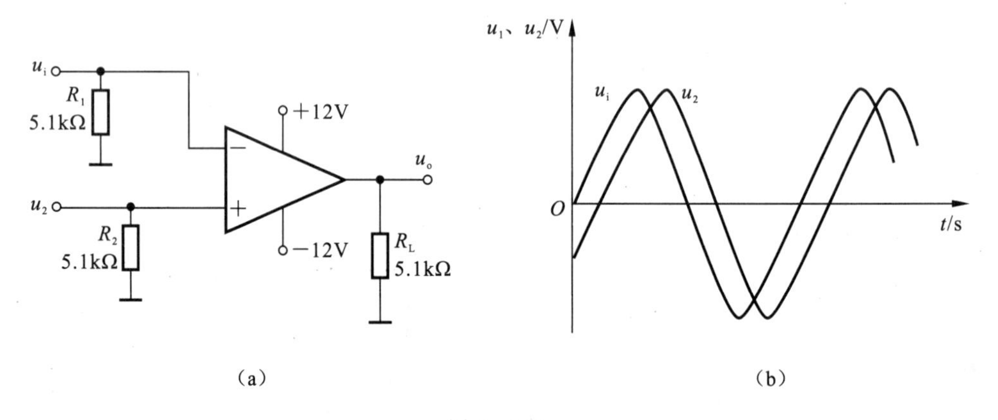

(a)　　　　(b)

图 9-102

33. 一比较器电路如图 9-103 所示。设运算放大器是理想的，且 $V_{REF}=-1V$，$V_z=5V$，试求门限电压值 U_T，画出比较器的传输特性 $u_o=f(u_i)$。

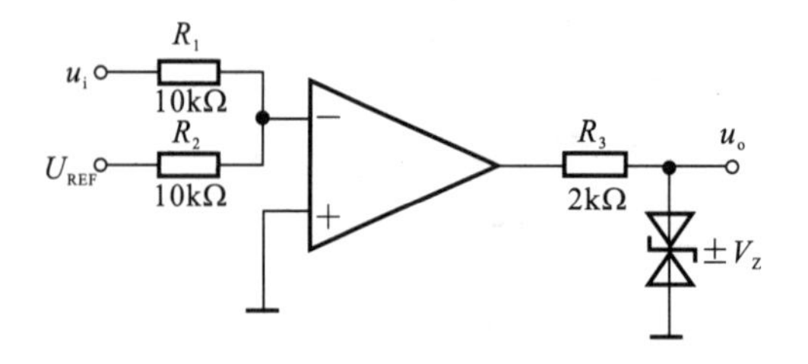

图 9-103

34. 如图 9-104 所示为一波形发生器电路，试说明，它是由哪些单元电路组成的，各起什么作用，并定性画出 A、B、C 各点的输出波形。

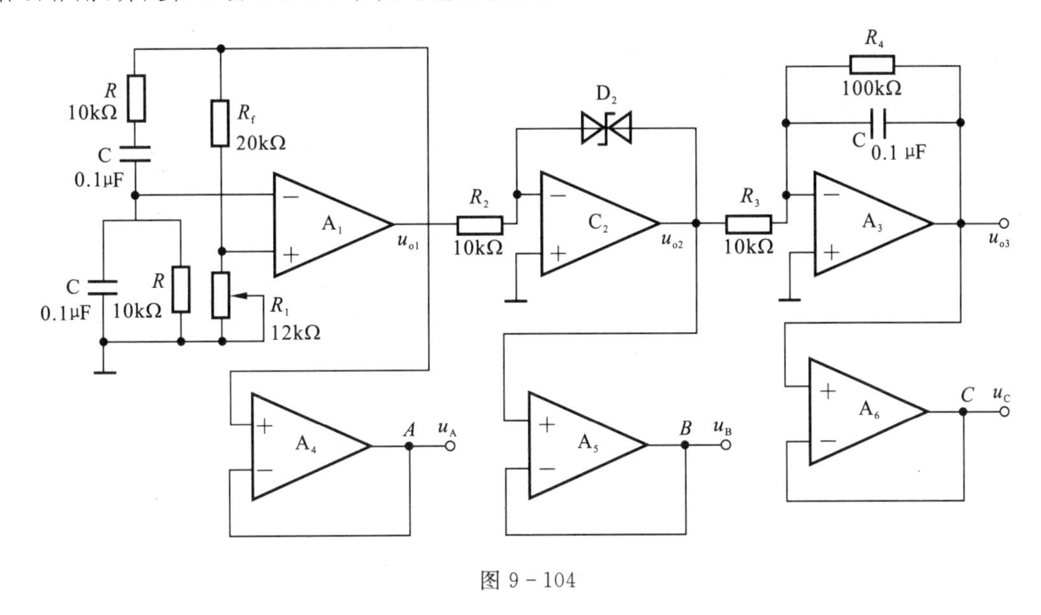

图 9-104

第十章 直流稳压电源

知识要点

1. 直流稳压电源的构成及功能。
2. 单相整流电路，桥式整流电路。
3. 滤波电路。
4. 倍压电路，多倍压电路。
5. 稳压电路，串联型稳压电路，三端固定式集成稳压电路。
6. 开关型稳压电路。

第一节 直流稳压电源的组成及功能

通常把能为负载提供稳定直流电源的电子装置称为直流稳压电源，即直流稳压电源的作用是把外输入的交流电转变为平滑、稳定的直流电。它一般由变压、整流、滤波和稳压电路 4 个单元组成，各环节电压输出波形如图 10－1 所示。

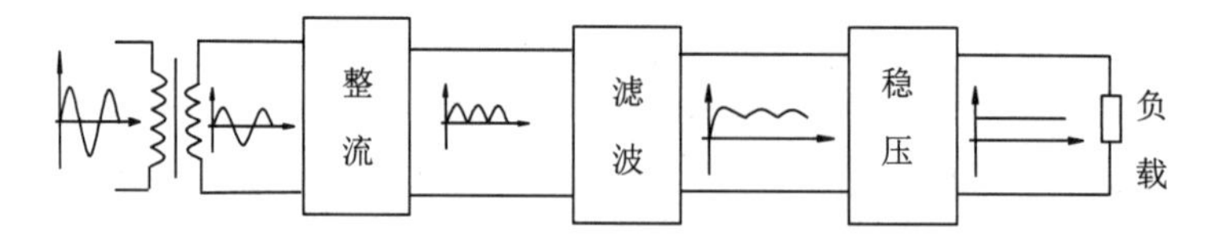

图 10－1 直流稳压电源组成框图

直流稳压电源的功能各异，种类繁多。按输出电源的信号类型，可分为直流稳压电源和交流稳压电源；按与负载的连接方式，可分为串联稳压电源和并联稳压电源；按调整管的工作状态，可分为线性稳压电源和开关稳压电源；按电路稳压类型，可分为简单稳压电源和反馈型稳压电源等。直流稳压电源各部分的功能如下：

(1)电源变压器。是降压变压器，它将电网交流电压变换成符合需要的交流电压，并送给整流电路。

(2)整流电路。利用单向导电元件整流管，把 50Hz 的工频交流电压变换成脉动的直流电压。

(3)滤波电路。将整流电路输出电压中的大部分交流成分滤除，增加直流成分，得到比较平滑的直流电压。

(4)稳压电路。对整流后的直流电压采用负反馈技术进一步稳定直流电压，使输出的直流电压稳定，基本不随交流电网电压和负载的变化而变化。

第二节 整流电路

一、双极性变单极性

双极性通常是指信号同时具有正半波和负半波，在幅度数值上有正有负，具有正负两个极性；单极性是指信号只有一个方向的幅度波形，可以是正半波也可是负半波。直流稳压电源的目的就是将双极性交流信号整理为平滑稳定的单极性直流电压输出。

整流单元是直流电源的第二个环节，将经过变压后的低压双极性交流电变为单极性的脉动直流信号，实现手段是利用整流二极管的单向导电特性。如图 10－2 所示为整流过程中电流的流动示意图，采用了 4 个二极管搭建成桥式功能整流电路，后级负载用电阻来代替，输入信号在电路左边，正负半波交替变化。图 10－2(a)中，在交流电的正半周，电流流向自上而下，图 10－2(b)中，交流电的负半周，电流流向依然是自上而下。由此，图 10－2 所示电路，无论正半周还是负半周，流过负载电阻的电流方向均为从上向下流，负载获得相同的电流和电压方向，即完成了对输入双极性电压转变为输出负载单极性电压波形的变换过程。

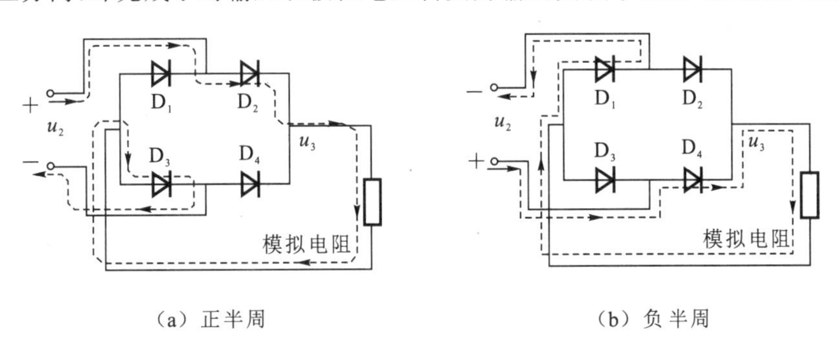

(a) 正半周　　(b) 负半周

图 10－2 整流电路的双极性变单极性

整流后的单极性输出电压不仅包含有用的直流分量，同时还含有交流分量，如图 10－3 所示。u_3 波形虽然已经由双极性变为了单极性电压，但波形变化的幅度过大，即包含了其他交流成分，需要进一步消除这种被称为“纹波”的电压波动。后面还需要利用滤波电路滤去交流分量，取出直流分量，得到比较平滑的直流电压。由于采用滤波器的目的只是为了得到一个平滑的直流，故滤波器又称平滑滤波器。

整流电路一般可分为半波、全波、桥式和倍压等整流电路。

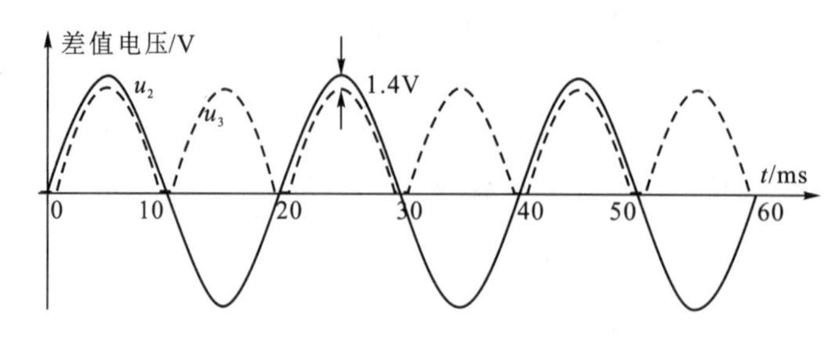

图 10－3　整流输入输出的差值电压波形

二、半波整流电路

1. 电路组成及波形

半波整流电路如图 10－4(a)所示，选取交流电信号的一相来分析，常称为单相整流电路。图中电源变压器是将电网中的交流电压转变成整流电路所需的数值，它的初级和交流电网相接。V_D 为整流二极管，R_L 为等效负载。波形图如图 10－4(b)所示。根据图 10－4 可知，输出电压在一个工频周期内，在正半周时(即 u_2 为正值时)，二极管 V_D 被加上正向电压导通，电流流过负载 R_L；在负半周时(即 u_2 为负值时)，二极管 V_D 被加上反向电压而不导通，负载 R_L 上没有电流。可见，由于二极管的单向导电作用，只有一个方向的电流流过负载 R_L。若略去二极管 V_D 的起始导通电压，当输入交流电源电压为正弦波时，输出电压 u_o 将是半个正弦波，半波整流由此得名。

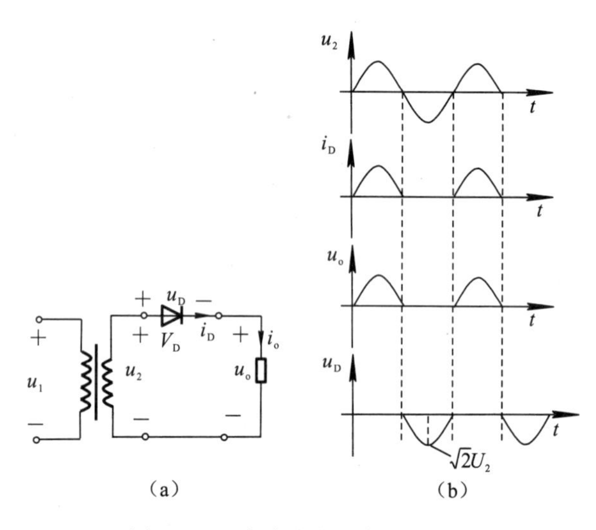

图 10－4　半波整流电路及波形

2. 主要参数计算

负载上输出平均电压为

$$U_o = \frac{1}{2\pi}\int_0^{\pi}\sqrt{2}U_2\sin(\omega t)\mathrm{d}(\omega t) = \frac{\sqrt{2}}{\pi}U_2 = 0.45U_2 \tag{10-1}$$

从图 10－4 可知，流过负载 R_L 和二极管 V_D 的电流相同，这一电流平均值为

$$I_D = I_L = \frac{U_o}{R_L} = \frac{\sqrt{2}U_2}{\pi R_L} = \frac{0.45U_2}{R_L} \tag{10-2}$$

由图 10－4(b)可知，二极管所承受的最大反向电压

$$U_{\mathrm{Rmax}}=\sqrt{2}U_2 \tag{10－3}$$

3. 单相半波整流电路的缺点

由上述半波整流电路分析可知，虽然半波整流电路的优点是结构简单，但其缺点也较为明显，主要有：

(1)输出电压的纹波电压大，输出电压的负半波翻转到正半波，纹波电压变化范围从零至振幅；

(2)两个整流二极管轮流工作，利用率低，交流电源的半个周期未被利用；

(3)输出平均电压较低。

三、全波整流电路

1. 电路组成及波形

为克服半波整流电路的上述缺点，采用全波整流的工作思想，利用两个晶体管交替工作，构成全波整流电路。全波整流电路如图 10－5(a)所示，两个整流二极管为 V_{D1} 和 V_{D2}，但是次级变压器具有中心抽头，抽头引出的导线连接负载的一端，两个整流二极管分别连接次级变压器的两端，再同时连接负载电阻 R_L 的一端，波形如图 10－5(b)所示。

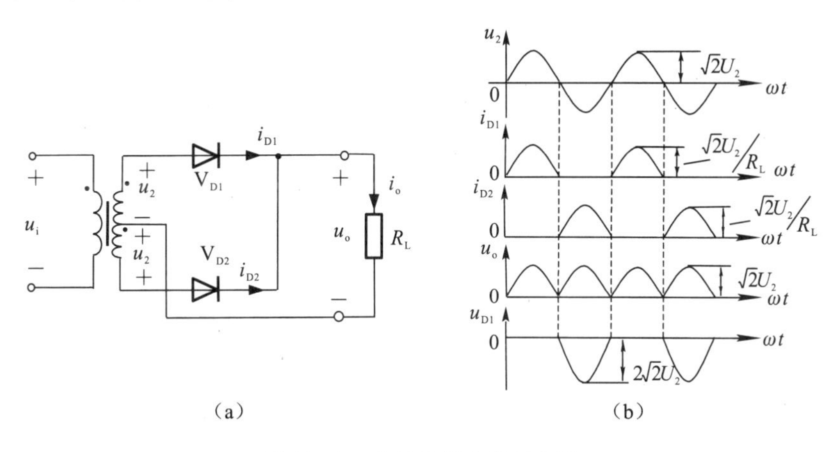

图 10－5　全波整流电路及波形

图 10－5(a)中，在次级电压的正半周期间，V_{D1} 导通而 V_{D2} 截止，电流通过 V_{D1}、负载 R_L，再回到变压器次级线圈的中心抽头；在次级电压的负半周期间，V_{D2} 导通而 V_{D1} 截止，电流通过 V_{D2}、负载 R_L，再回到变压器次级线圈的中心抽头。

全波整流电路中，就每个二极管而言，其导通情况与半波整流电路相同；但从负载 R_L 看，由于两个整流二极管轮流导电，使得在交流电源的正、负半周期间，负载 R_L 上均有电流通过，且始终是同一个方向。

2. 主要参数计算

全波整流电路输出平均电压为

$$U_o=U_L=\frac{1}{\pi}\int_0^{\pi}\sqrt{2}U_2\sin(\omega t)\mathrm{d}(\omega t)=\frac{2\sqrt{2}}{\pi}U_2=0.9U_2 \tag{10-4}$$

流过负载的平均电流为

$$I_o=I_L=\frac{2\sqrt{2}U_2}{\pi R_L}=\frac{0.9U_2}{R_L} \tag{10-5}$$

二极管所承受的最大反向电压为

$$U_{Rmax}=2\sqrt{2}U_2 \tag{10-6}$$

本章交流电压的大小通常采用有效值的形式，如式(10－4)—式(10－6)中的 U_2 是变压器次级半个线圈的交流电压的有效值。

3. 单相全波整流电路的特点

就工作状态而言，全波整流电路中的二极管与半波整流电路相比，其特点有：

(1)电流最大值相同，流过整流二极管的电流最大值和负载上的电流最大值是相同的；

(2)电流平均值不同，流过二极管的电流平均值只有负载电流平均值的一半；

(3)全波整流电路中，二极管反向最大电压为单相半波整流电路的 2 倍。忽略导电二极管的正向压降，则次级线圈两半边的电压几乎全加在不导电的二极管上。

单相全波整流电路的优点为：全波整流电路克服了半波整流电路的一些缺点，充分利用了电源电压的两个半周，减小了纹波，提高了输出电压。但它和半波整流电路一样，存在一个共同缺点，就是变压器的次级线圈只有一半时间导电(在全波整流电路中是两个半次级线圈轮流导电)，设备没有得到充分利用。另外，全波整流电路中，整流二极管承受的最大反向电压较高，增加了电路应用的风险性。

四、桥式整流电路

1. 电路组成及波形

桥式整流电路如图 10－6 所示。如图 10－6(a)所示，用 4 个整流二极管按照一定连接规律组成一个电桥，变压器次级线圈的两端和负载 R_L 的两端分别接到电桥的对角线的两端。交流电压通过次级线圈加到电桥的一个对角线两端，从另一对角线两端取出整流后的脉动直流电压。这里，变压器没有中心抽头，其次级两端均不接地。图 10－6(b)为电路中的波形图，图 10－6(c)为桥式整流电路的简化画法。

2. 工作原理及参数计算

图 10－6(a)电路图中，忽略二极管正向压降，则有：

当正半周时，二极管 V_{D1}、V_{D3} 导通，V_{D2}、V_{D4} 截止，负载电阻上电压 $u_o=u_2$。

当负半周时，二极管 V_{D2}、V_{D4} 导通，V_{D1}、V_{D3} 截止，负载电阻上电压 $u_o=-u_2$。

在 u_i 输入一个完整波形时，负载电阻 R_L 上得到一个同方向的单向脉动电压。单相桥

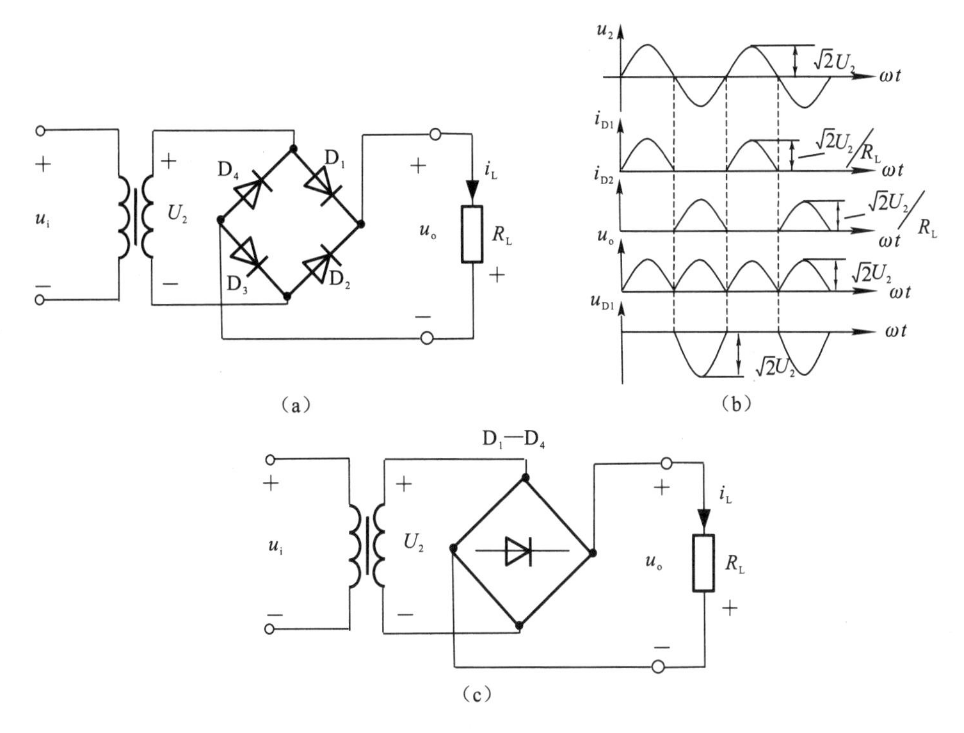

图 10－6　桥式整流电路

式整流电路的波形图见图 10－6(b)。

根据图 10－6(b)可知，输出电压是单相脉动电压。通常用它的平均值与直流电压等效。输出平均电压为

$$U_o = U_L = \frac{1}{\pi}\int_0^{\pi}\sqrt{2}U_2\sin(\omega t)\mathrm{d}(\omega t)$$

$$= \frac{2\sqrt{2}}{\pi}U_2 = 0.9U_2 \tag{10-7}$$

流过负载的平均电流为

$$I_L = \frac{2\sqrt{2}U_2}{\pi R_L} = \frac{0.9U_2}{R_L} \tag{10-8}$$

流过二极管的平均电流为

$$I_D = \frac{I_L}{2} = \frac{\sqrt{2}U_2}{\pi R_L} = \frac{0.45U_2}{R_L} \tag{10-9}$$

二极管中所承受的最大反向电压

$$U_{Rmax} = \sqrt{2}U_2 \tag{10-10}$$

3. 单相桥式整流电路的特点

桥式整流电路具有全波整流的多种优点，广泛应用于直流电源之中。

(1)桥式整流电路中每一个二极管所承受的最大反向电压比全波整流时小了一半；

(2)单相桥式整流电路的变压器中只有交流电流流过,而半波和全波整流电路中均有直流分量流过,所以单相桥式整流电路的变压器效率较高;

(3)桥式电路中所用的二极管数目较全波整流电路增加了1倍。

总的来说,单相桥式整流电路的总体性能优于单相半波和全波整流电路,是直流电源设计中的首选方案。

五、倍压整流电路

桥式整流电路是性能不错的选择方案,可以获得较大的整流输出电压,其极限值为$\sqrt{2}U_2$。但在变压器次级电压u_2的大小受到限制的情况下,若想获得较高的整流输出电压,我们可以采用倍压整流电路。倍压整流电路适用于小电流场合,输出较高的直流电压,如供给示波器中示波管的高压。下面简要介绍二倍压和三倍压整流电路。

1. 二倍压整流电路

二倍压整流电路如图10-7所示,它由电源变压器T,电容器C_1、C_2以及负载R_L组成。在u_2开始的第一个正半周内,变压器a端的极性为正,b端为负,二极管V_{D1}正偏导通,V_{D2}反偏截止,电容C_1经V_{D1}被充电,C_1上的充电电压u_{c1}最大可达到u_2的峰值,其极性为左正右负。在u_2开始的第一个负半周内,变压器a端的极性为负,b端为正,二极管V_{D1}反偏截止,V_{D2}正偏导通。此时,二极管V_{D2}与C_1上的充电电压u_{c1}方向一致,它们相叠加后经二极管V_{D2}给电容C_2充电,而电容C_1则放电,如果C_1较大,放电电流较小,忽略放电引起的压降损失,则电容C_2上的充电电压u_{c2}最大值可达到$2\sqrt{2}U_2$,即$u_{c2max}=2\sqrt{2}U_2$,其极性为左正右负。若负载R_L阻值较大,则C_1的放电电流和C_2的充电电流均很小,C_1、C_2上的电压变化不大,基本可以保证$u_{c1}=\sqrt{2}U_2$和$u_{c2}=2\sqrt{2}U_2$不变,负载R_L上的电压$u_o \approx u_{c2}=2\sqrt{2}U_2$,实现二倍压的整流电压输出。

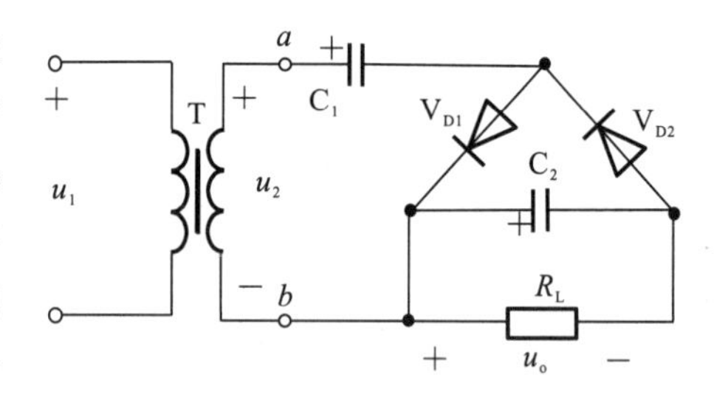

图10-7 二倍压整流电路

2. 三倍压整流电路

图10-8(a)中所示电路是一种常用的三倍压整流电路,其工作原理可由图10-8(b)、(c)和(d)来说明。

(1)当交流电压u_2为正半周时(第一个半周,这时1端为正,2端为负),V_{D1}导通,电容C_1被充电到U_{2m},极性如图10-8(b)所示。

(2)当u_2为负半周时(第二个半周,这时1端为负,2端为正),V_{D1}截止,于是u_2与C_1上的电压串联在一起,经V_{D2}对电容C_2充电,使C_2上电压达到$2U_{2m}$,极性如图10-8(c)所示。

(3)当u_2的第三个半周(正半周)时,u_2与C_1、C_2上电压相串联,经V_{D3}对C_3进行充电,使C_3上电压达到$2U_{2m}$,极性如图10-8(d)所示。这样,在1、3两端的电压(C_1、C_3电压相串联)将等于$3U_{2m}$,从而实现了三倍压整流。该电路中每个整流管所承受的最大反向电压均

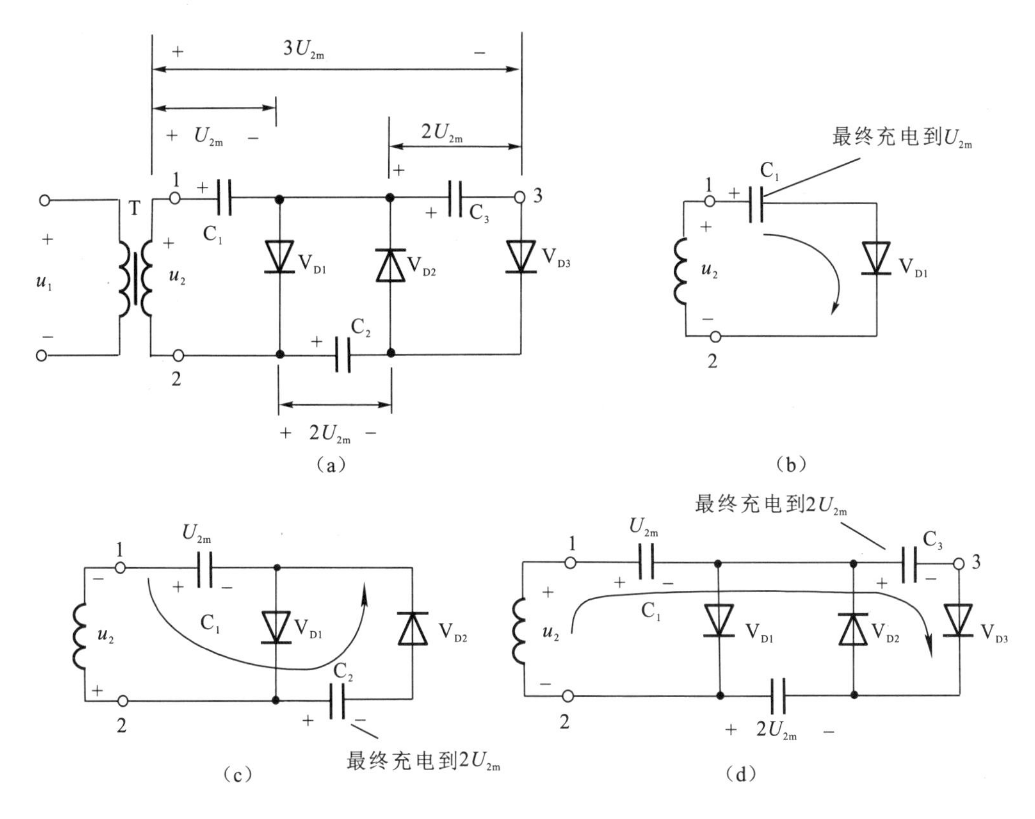

图 10－8　三倍压整流电路

为 $2U_{2m}$，每个电容所承受的最大电压不高于 $2U_{2m}$。

3. 多倍压整流电路

多倍压整流电路的电阻组成可参照二倍压和三倍压的结构原理，如图 10－9 所示。该电路的主要优点是结构、器件简单，可以用一个低压变压器、整流管、电容器组成，获得 nU_{2m} 的高直流输出电压。但这种电路仅适用于高电压、小电流的场合，否则会因负载电流过大而使电容放电加快，不能保持 nU_{2m} 的电压输出。同时，需要注意的是，由于二极管存在压降，实际多倍压整流电路的效率往往较低。

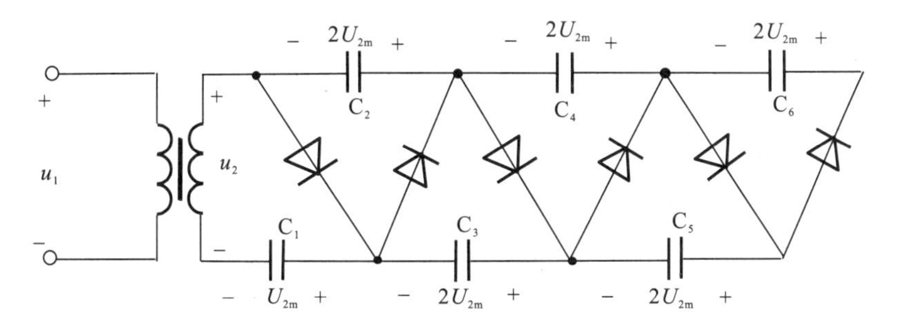

图 10－9　多倍压整流电路

第三节　滤波电路

滤波是电路结构和信号处理中的一个重要概念，简单地说，滤波就是利用动态元件对交流、直流信号呈现不同的电抗大小，将整流电路输出电压的交流成分滤除掉。由电路分析知识可知，动态元件的电容器 C 对直流开路，而对交流呈现的阻抗小，所以 C 应该并联在负载两端；电感器 L 对直流阻抗小，对交流阻抗大，因此 L 应与负载串联。在各种滤波电路中，电容滤波是常用的方案。

一、电容滤波电路

1. 工作原理

整流电路后接滤波电容，滤波电容 C 与负载电阻并联，就构成了简单的电容滤波电路，如图 10－10 所示。

(1)在 u_2 第一个正半周，二极管 V_{D2}、V_{D4}导通，u_2 给电容器 C 充电。此时 C 相当于并联在 u_2 上，所以输出波形与 u_2 相同。

(2)当 u_2 到达 90°时，u_2 开始下降。二极管截止，电容 C 通过负载 R_L 以指数规律放电，放电时间常数为 R_LC。

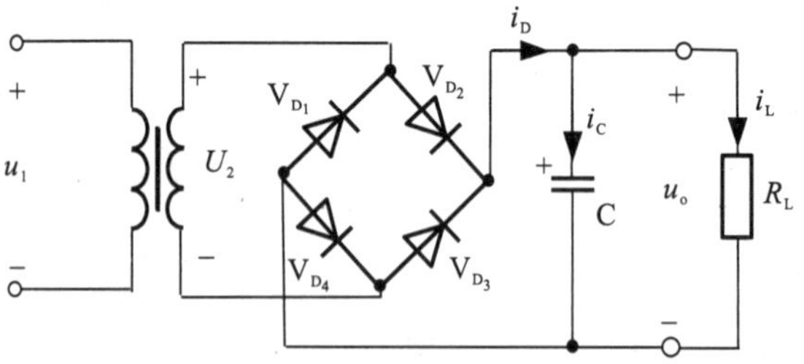

图 10－10　单相桥式电容滤波整流电路

(3)当 u_2 的负半周，u_2 增加到 $|-u_2|>u_C$，二极管重新导通，C 被充电，$u_C=-u_2$；

(4)当$|-u_2|$到达最大值后开始减小，二极管又截止，电容 C 又通过负载 R_L 以指数规律放电，其波形如图 10－11 所示。

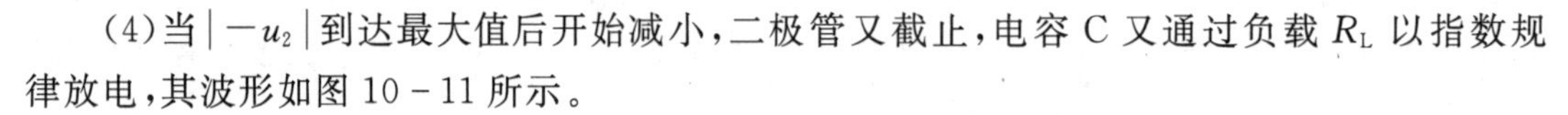

2. 电容滤波的计算

电容滤波电路中，放电时间常数 R_LC 对滤波器输出波形影响较大。当放电时间常数 R_LC 增加时，二极管导通时间减小，输出波形较平坦；反之，R_LC 减少时，二极管导通时间增加，输出波形起伏较大。由此，时间常数 R_LC 大，滤波的效果就好，如图 10－12 所示，电容滤波适合输出电流较小的场合。

时间常数的取值可计算如下

$$R_LC=\frac{(3\sim5)T}{2} \qquad (10-11)$$

式中，T 为电源电压周期。在这种条件下，全波整流滤波器电压输出为

$$U_L=U_o=1.2U_2 \qquad (10-12)$$

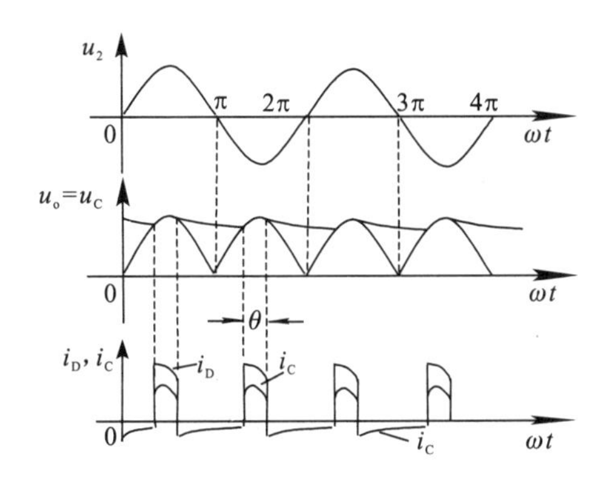

图 10-11　桥式整流、电容滤波时的电压、电流波形

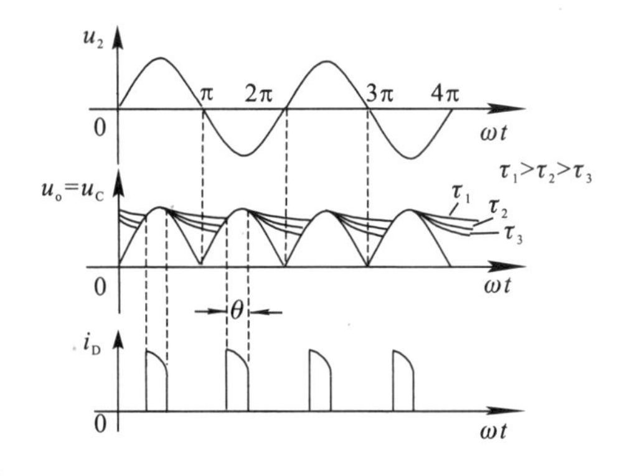

图 10-12　$\tau=R_LC$ 不同时 u_o 的波形

半波整流滤波器电压输出为

$$U_L=U_o=1.0U_2 \tag{10-13}$$

二、电感滤波电路

电感器 L 是动态元件，或称之为储能元件，在电压有界的前提下，电流不能突变。电感型滤波电路正是利用电感的这一性质，把电感 L 与整流电路的负载 R_L 相串联，维持输出负载电流的稳定性，起到滤波的作用。电感滤波电路如图 10-13 所示，电感滤波的波形图如图 10-14 所示。

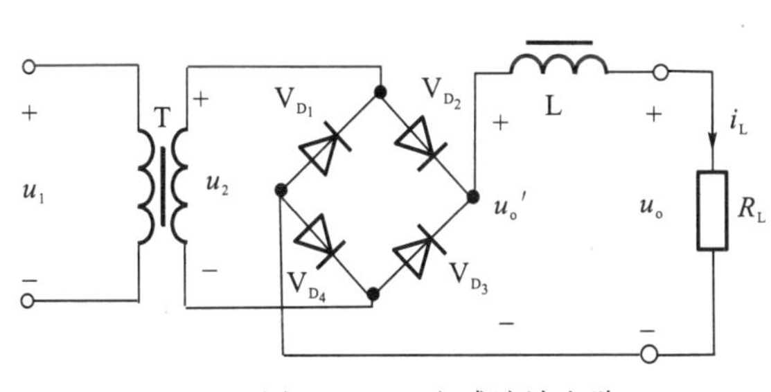

图 10-13　电感滤波电路

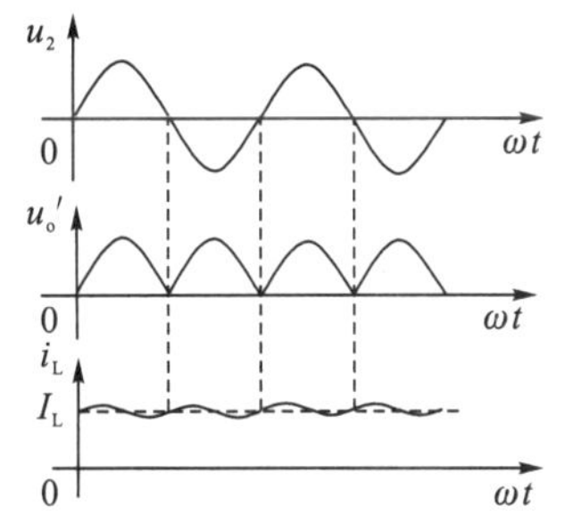

图 10-14　电感滤波的波形

滤波过程为：

(1)当 u_2 正半周时，V_{D2}、V_{D4} 导电，电感中的电流将滞后 u_2。

(2)当 u_2 负半周时，电感中的电流将经由 V_{D1}、V_{D3} 提供。因桥式电路的对称性和电感中电流的连续性，4 个二极管 V_{D1}、V_{D3} 和 V_{D2}、V_{D4} 的导通角都是 180°。

三、常见滤波器的主要性能比较

几种常见滤波器的主要性能比较如表 10-1 所示。

表 10－1　常用平滑滤波器的比较

类型	电路形式	滤波效果	对整流管的冲击电流	带负载能力
电容滤波器		小电流较好	大	差
CRCΠ 型滤波器		小电流较好	大	很差
CLCΠ 型滤波器		适应性较强	大	较差
电感滤波器		大电流较好	小	强
LC 滤波器		适应性较强	小	强

【例 10－1】 设计一个桥式整流电容滤波电路，用 220V、50Hz 交流供电，要求输出直流电压 $U_o=45V$，负载电流 $I_L=200mA$。

解：(1)电路如图 10－15 所示

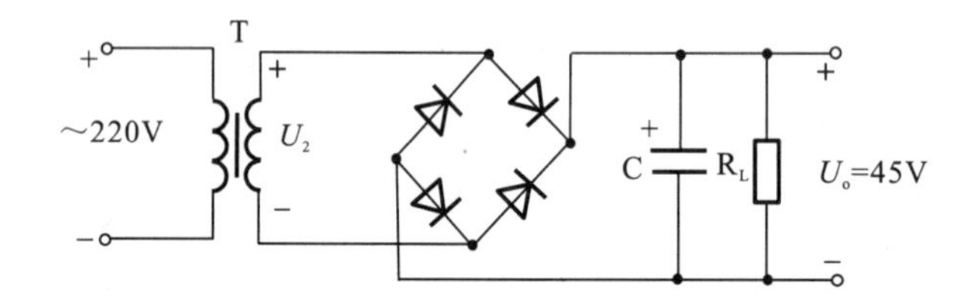

图 10－15　桥式整流电容滤波电路

(2) 整流二极管的选择

$$I_D=0.5I_L=0.5\times200=100\ mA$$

$$U_o=1.2U_2$$

所以

$$U_2=\frac{U_o}{1.2}=\frac{45}{1.2}=37.5V$$

每个二极管承受的最大反向电压

$$U_{Ramx}=\sqrt{2}U_2=1.4\times37.5=52.5V$$

根据 I_D 和 $U_{R\,max}$ 进行选管。可选用整流二极管 2CP31B(最大整流电流为 250mA，最大反向工作电压为 100V)。

(3)滤波电容 C 的确定。一般应使放电时间常数 R_LC 大于电容 C 的充电周期的 3～5

倍。对桥式整流来说，C 的充电周期等于交流电网周期的一半，即

$$R_L C > \frac{(3-5)T}{2}$$

取

$$R_L C = \frac{4T}{2} = 2T$$

式中

$$R_L = \frac{U_o}{I_L} = \frac{45}{0.2} = 225\Omega$$

$$T = \frac{1}{f} = \frac{1}{50} = 0.02\text{s}$$

所以

$$C = 2\times\frac{0.02}{225} = 178\mu\text{F}$$

取

$$C = 200\mu\text{F}/50\text{V}$$

(4)对电源变压器 T 的要求。变压器次级线圈电压的有效值 U_2 在前面已经求出，为 37.5V。变压器次级线圈电流有效值 I_2 比 I_L 大，I_2 与 I_L 的关系取决于电流脉冲波形的形状，波形愈尖，有效值越大。一般取 $I_2 \approx (1.1\sim3)\ I_L$。这里取

$$I_2 = 1.5\ I_L = 1.5\times200 = 300\text{mA}$$

这样就对电源变压器的绕制提出了依据。

【例 10－2】 变压器全波整流电路如图 10－16 所示，副边电源电压为 $u_{2a} = -u_{2b} = \sqrt{2}U_2\sin(\omega t)$，假定忽略二极管的正向压降和变压器内阻：

(1)试画出 u_{2a}、u_{2b}、i_{D1}、i_{D2}、i_L、u_L 及二极管承受的反向电压 u_R 的波形；

(2)已知 U_2(有效值)，求 U_L、I_L(均为平均值)；

(3)计算整流二极管的平均电流 I_D、最大反向电压 U_{Rmax}；

(4)若已知 $U_L = 30\text{V}$，$I_L = 80\text{mA}$，试计算 U_{2a}、U_{2b} 的值，并选择整流二极管。

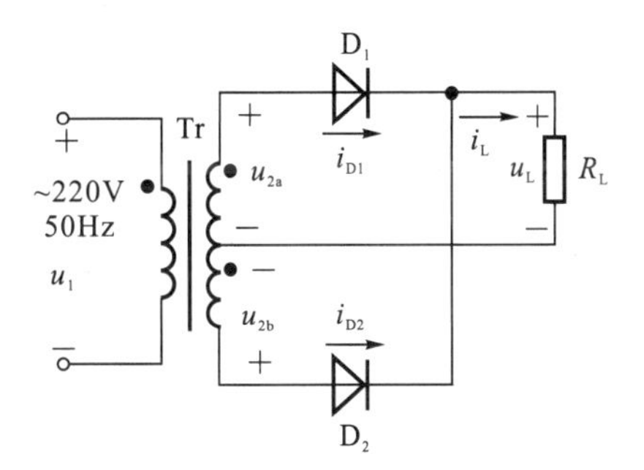

图 10－16 变压器-全波整流电路

解：(1)u_{2a}、u_{2b}、i_{D1}、i_{D2}、i_L、u_L 及二极管的反向电压 u_R 的波形如图 10－17 所示。

(2)负载电压 U_L 和负载电流 I_L(平均值)

$$U_L = \frac{1}{\pi}\int_0^{\pi} u_L \text{d}(\omega t) = \frac{1}{\pi}\int_0^{\pi}\sqrt{2}U_2\sin(\omega t)\text{d}(\omega t) = 0.9\text{U}_2$$

$$I_L = \frac{U_L}{R_L} = \frac{0.9\text{U}_2}{R_L}$$

(3)整流二级管的平均电流 I_D 和最大反向电压 U_{max}

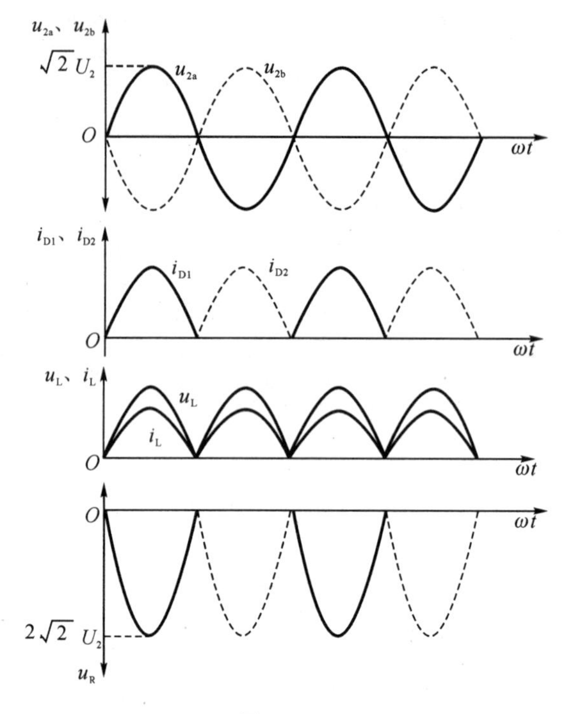

图 10－17

$$I_D=\frac{1}{2\pi}\int_0^{\pi}\frac{u_L}{R_L}d(\omega t)=\frac{1}{2\pi}\int_0^{\pi}\frac{\sqrt{2}U_2}{R_L}\sin(\omega t)d(\omega t)=\frac{I_L}{2}$$

$$U_{Rmax}=2\sqrt{2}U_2$$

(4)当 $U_L=30V$,$I_L=80mA$ 时

$$U_{2a}=U_{2b}=\frac{U_L}{0.9}=1.11U_L=1.11\times30V=33.3V$$

此时二极管电流

$$I_D=\frac{I_1}{2}=\frac{80mA}{2}=40mA$$

$$U_{Rmax}=2\sqrt{2}V_2=2\sqrt{2}\times33.3V\approx94.2V$$

选用 2CP6A($I_{Dmax}=100mA$,$U_{Bmax}=100V$)。

第四节　稳压电路

经过整流电路和滤波电路之后,输出的直流电压已经有所改善,但是电容或电感的滤波过程,依然含有较大的纹波,如由于电容容值和电阻值的限制,充放电依然带来不小的输出波形起伏变化。所以,滤波之后,还需要进一步提高输出电压的稳定性。同时,除了电路本身，外在因素也会造成电压不稳定，主要原因有两个：一是由于交流电网的电压不稳定；二是负载的变化，使电源内阻上的压降变化，从而使输出电压不稳。为了得到稳定的直流电压，可以在负载和整流滤波输出之间插入一个稳压电路，如图10－18所示。各种稳压电路的使用，已经是目前常用的稳定输出电压的手段。

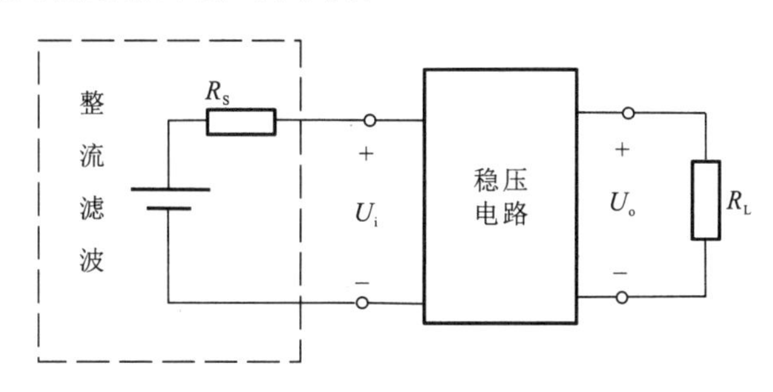

图10－18 输出电压变化原因示意图

一、稳压电路工作原理及性能指标

(一)稳压电路的主要参数

稳压电路的主要参数主要分为3种：

(1)质量指标：用来衡量输出直流电压的稳定程度，包括稳压系数、输出电阻、温度系数及纹波电压等；

(2)工作指标：包括允许的输入电压、输出电压、输出电流及输出电压调节范围等；

(3)极限工作参数：主要指保证稳压器安全工作所允许的最大输电压和电流。

这些指标的含义，简述如下。

1. 质量指标

用稳压电路的质量指标去衡量稳压电路性能的高低。ΔU_I 和 ΔI_o 引起的 ΔU_o 可用下式表示

$$\Delta U_o \approx \frac{\partial U_o}{\partial U_I}\Delta U_I + \frac{\partial U_o}{\partial I_o}\Delta I_o = S_r \Delta U_I + R_o \Delta I_o \tag{10-14}$$

其中，式(10－12)中各参数描述如下。

1)稳压系数 S_r

$$S_r = \frac{\partial U_o}{\partial U_I} \approx \left.\frac{\Delta U_o}{\Delta U_I}\right|_{\Delta I_o = 0} \tag{10-15}$$

有时稳压系数也用式(10－14)定义

$$S_r = \left.\frac{\Delta U_o / U_o}{\Delta U_I / U_I}\right|_{\Delta I_o = 0} \tag{10-16}$$

2)电压调整率 S_U(一般特指 $\Delta U_i / U_i = \pm 10\%$ 时的 S_r)

$$S_U=\frac{1}{U_o}\frac{\Delta U_o}{\Delta U_I}\bigg|_{\Delta I_o=0}\times 100\% \tag{10-17}$$

3)输出电阻 R_o

$$R_o=\frac{\Delta U_o}{\Delta I_o}\bigg|_{\Delta U_I=0} \tag{10-18}$$

4)电流调整率 S_I

$$S_I=\frac{\Delta U_o}{U_o}\bigg|_{\Delta U_I=0}\times 100\% \tag{10-19}$$

当输出电流从零变化到最大额定值时，输出电压的相对变化值。

5)纹波抑制比 S_{rip}(输入电压交流纹波峰峰值与输出电压交流纹波峰峰值之比的分贝数)。

$$S_{rip}=20\ \lg\frac{U_{ip-p}}{U_{op-p}} \tag{10-20}$$

6)输出电压的温度系数 S_T

$$S_T=\frac{1}{U_o}\frac{\Delta U_o}{\Delta T}\bigg|_{\Delta I_o=0,\Delta U_I=0}\times 100\% \tag{10-21}$$

如果考虑温度对输出电压的影响，则输出电压是输入电压、负载电流和温度的函数

$$U_o=f(U_I,I_o,T) \tag{10-22}$$

2. 工作指标

稳压电路的工作指标是指稳压器能够正常工作的工作区域以及保证正常工作所必须的工作条件，这些工作参数取决于构成稳压器的元件性能。

1)输出电压范围

符合稳压器工作条件情况下，稳压器能够正常工作的输出电压范围，该指标的上限由最大输入电压和最小输入输出电压差决定，而其下限由稳压器内部的基准电压值决定。

2)最大输入-输出电压差

该指标表征在保证稳压器正常工作条件下稳压器所允许的最大输入-输出之间的电压差值，其值主要取决于稳压器内部调整晶体管的耐压指标。

3)最小输入-输出电压差

该指标表征在保证稳压器正常工作条件下，稳压器所需的最小输入-输出之间的电压差值。

4)输出负载电流范围

输出负载电流范围又称为输出电流范围，在这一电流范围内，稳压器应能保证符合指标规范所给出的指标。

3. 极限参数

1)最大输入电压

该电压是保证稳压器安全工作的最大输入电压。

2)最大输出电流

该电流是保证稳压器安全工作所允许的最大输出电流。

(二)稳压电路的工作原理

1. 串联反馈式稳压电路的工作原理

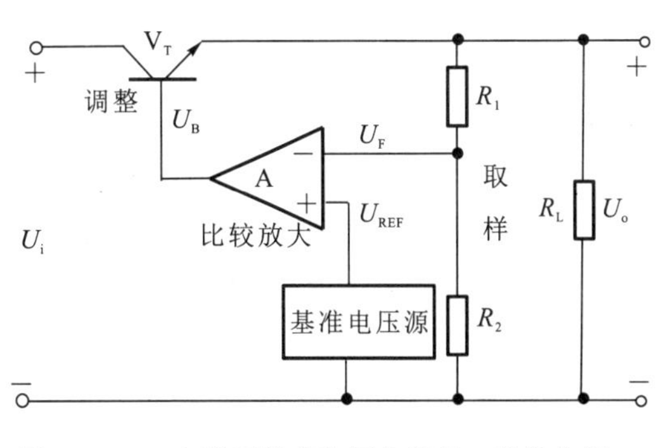

图 10－19　串联反馈式稳压电路的一般结构图

图 10－19 是串联反馈式稳压电路的一般结构图,由采样(取样)、基准电压源、比较放大和调整管等单元组成。图中 U_o 是整流滤波电路的输出电压,V_T 为调整管,放大器 A 为比较放大功能,U_{REF} 为基准电压,R_1 与 R_2 组成对输出电压的采样反馈网络,用来反映输出电压的变化(取样)。

图 10－19 中,稳压电路的主回路是起到输出调整作用的三极管 V_T 与输出负载回路,比较放大器的输出 U_B 与 U_i、V_T 串联,故称为串联式稳压电路。输出电压的变化量由反馈网络取样经放大器放大后去控制调整管 V_T 的 $c-e$极间的电压降,从而达到稳定输出电压 U_o 的目的。

稳压原理可简述如下:当输入电压 U_i 增加(或负载电流 I_o 减小)时,导致输出电压 U_o 增加,随之反馈电压 $U_F = R_2U_o/(R_1+R_2) = B_uU_o$ 也增加(B_u 为反馈系数)。U_F 与基准电压 U_{REF} 相比较,其差值电压经比较放大器放大后使 U_B 和 I_C 减小,调整管 T 的 $c-e$ 极间的电压 U_{CE} 增大,使 U_o 下降,从而维持 U_o 基本恒定。同理,当输入电压 U_i 减小(或负载电流 I_o 增加)时,亦将使输出电压基本保持不变。

由第五章反馈的知识可知,本电路属于电压串联负反馈电路,调整管 V_T 连接成射极跟随器,输出电压 U_o 为调整管 V_T 的跟随电压,为基极电压 U_B 发射极和 U_E 的电压差 U_{BE}

$$U_o = U_B - U_E \approx U_B = A_u(U_{REF} - B_uU_o)$$

或

$$U_o = A_u \frac{U_{REF}}{(1+A_uB_u)}$$

比较放大器的电压放大倍数 A_u,考虑了所带负载的影响,A_u 与开环放大倍数 A_{uo}不同。在深度负反馈条件下,当反馈深度 $F=1+A_uB_u \gg 1$ 时,有

$$B_u = U_{REF}/U_o$$

即

$$U_o = U_{REF}/B_u \tag{10-23}$$

在串联反馈式稳压电路中,输出电压U_o 与基准电压 U_{REF} 近似成正比,与反馈系数 B_u 成反比,当 U_{REF} 及 B_u 一定时,U_o 也就确定了。

图 10－19 所示电路的串联反馈式稳压电路是闭环有差调整系统,电路中调整管 V_T 的调整作用,是依靠 U_{REF} 及 B_u 之间的偏差来实现的,即必须有偏差才能调整。如果 U_o 绝对不变,调整管 U_{CE} 也绝对不变,那么电路也就不能起调整作用了。所以 U_o 不可能达到绝对稳定,只能是基本稳定。因此,如图 10－19 所示的系统是一个闭环有差调整系统。当反馈越深时,调整作用越强,输出电压 U_o 也越稳定,电路的稳压系数和输出电阻 R_o 也越小。

2. 基准电压源

基准电压源一般可以用稳压管组成的稳压源来承担，但目前有很多基准电压集成电路，这些电路稳压性能非常好，被广泛用作高性能稳压电源的基准电源，或 A/D 和 D/A 转换器的参考电源。常用的型号是 MC1403、MC1503 和 TL431。

基准集成电路 TL431 及其应用电路如图 10－20 所示，TL431 是一个性能优良的基准电压集成电路。该器件主要应用于稳压、仪器仪表、可调电源和开关电源中，是稳压二极管的良好替代品，其主要特点是：可调输出电压 2.5～36V，典型输出阻抗 0.2Ω，吸收电流 1～100mA，温度系数 30×10^{-6}/℃，多种封装形式。图 10－20(a)为 TL431 器件的图形符号，图 10－20(b)是使用 TL431 的稳压电路。图 10－20(b)电路中，最大稳定电流 2A，输出电压的调节范围为 2.5～24V。在图中发光二极管作为稳压管使用，使 V_2 的发射结恒定，从而使电流 I_1 恒定，保证当输入电压变化时，TL431 不会因电流过大而损坏。当输入电压变化时，TL431 的参考电压 U_{REF} 随之变化，当输出电压上升时，TL431 的阴极电压随 U_{REF} 上升而下降，输出电压随之下降。

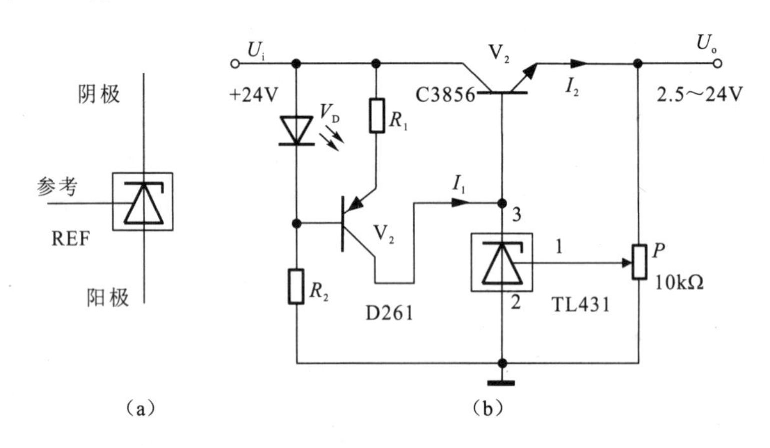

图 10－20　基准集成电路 TL431 及其应用电路

二、三端固定电压式集成稳压器

集成器件由于其自身的多种优点，成为电路中广受青睐的器件。如在稳压器中，集成稳压器与一般分立元件的稳压器比较，具有稳压性能好、可靠性高、组装和调试方便等优点。目前集成稳压器已发展到了数百个品种，常用的有三端固定电压式集成稳压器、三端电压可调式集成稳压器和正、负跟踪可调式集成稳压器等。三端集成稳压电路的外部有 3 个外接端：输入端、输出端和公共端，芯片内部有过流、过热及短路保护等电路单元，该种芯片具有使用安全可靠、接线简单、维护方便、价格低廉等优点，被广泛采用。同时，在稳压电路的工作过程中，要求调整管始终处在放大状态。通过调整管的电流等于负载电流，需选用适当的大功率管作调整管，并按规定安装散热装置。为了防止短路或长期过载烧坏调整管，在直流稳压器中一般还需设计短路保护和过载保护等电路。

1. 符号及外形

集成稳压器通常是将串联稳压电源和保护电路集成在一起，外引线有 3 个：输入端、输出端和公共端，故而称之为三端集成稳压器。电路符号如图 10－21 所示，集成稳压器的通用外形如图 10－22 所示。常用的是 CW7800、CW7900 系列。

图 10－21　三端集成稳压器电路符号　　图 10－22　三端集成稳压器外形

W7800 系列输出正电压，其输出电压有 5V、6V、7V、8V、9V、10V、12V、15V、18V、20V 和 24V 共 11 个档次。该系列的输出电流分 5 档，7800 系列是 1.5A，78M00 是 0.5A，78L00 是 0.1A，78T00 是 3A，78H00 是 5A。W7900 系列与 W7800 系列所不同的是输出电压为负值。

三端固定集成稳压电路的特点是输出电压固定。

三端固定稳压器的工作原理与前述串联反馈式稳压电源的工作原理基本相同，由采样、基准、放大和调整等单元组成。输入端接整流滤波电路，输出端接负载；公共端接输入、输出的公共链接点，通常为公共地。三端式固定稳压器的链接形式较为固定，为使它工作稳定，在输入端、输出端与公共端之间并接一个电容，同时需注意加散热器。

2. 典型应用电路

1)三端固定电压集成稳压器的典型应用

三端固定电压集成稳压器的典型应用电路如图 10－23 所示。在图 10－23 中，输入端电容 C_1 用来减小输入电压中的纹波，一般选用 0.33μF 的电容；输出端电容 C_2 用来改善瞬态负载响应特性，一般选用 1μF 的电容。在实际应用中，应按要求的输出电压和输出电流选用适当的型号。图 10－23 中，电压和电流的限定要求

$$U_i - U_o \geqslant (2\sim3)\text{V}, I_o \leqslant 0.1\text{A}$$

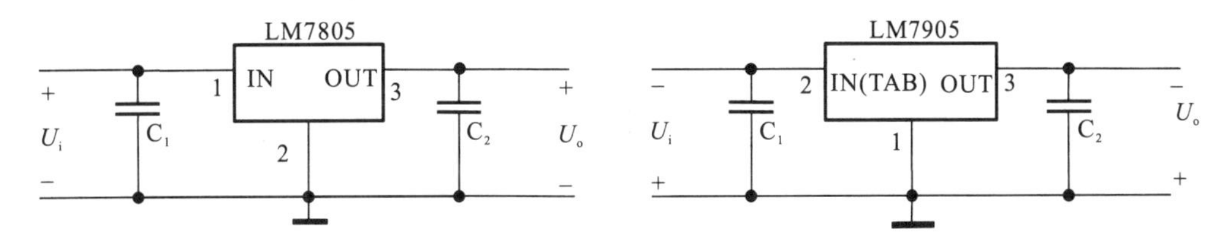

图 10－23　三端固定电压集成稳压电路典型应用

2)扩大输出电流的应用电路

三端固定电压集成稳压器的典型应用电路的输出电流通常小于 0.1A，若需要大于 0.1A 的输出电流时，可以采用其他型号的集成电路，或使用如图 10－24 所示的扩流电路。

经过扩展后，该电路的输出电流为 I_o，则

$$I_o = I_{o1} + I_{o2}$$

近似的有

$$I_{o1} = I_{c1}, I_{o2} \approx \frac{0.7V}{R_1}$$

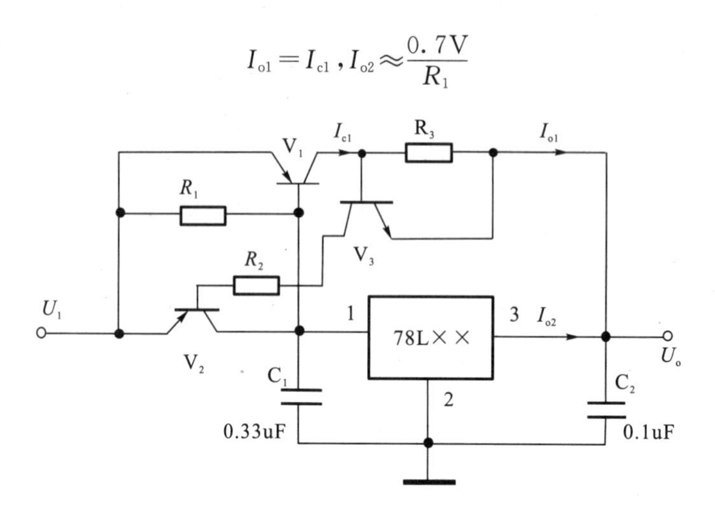

图 10－24　扩展输出电流电路

如图 10－24 所示的扩流电路具有过流保护功能，正常工作时，V_2、V_3 截止；当 I_o 过流时，I_{o1} 增大，限流电阻 R_3 的压降增大使 V_3、V_2 相继导通，V_1 的 U_{BE} 降低，限制了 V_1 的 I_{C1}，保护 V_1 不致因过流而损坏。保护过程总结为：I_{o1} 增大，U_{R3} 增加，V_3 导通，V_2 导通，V_2 的 U_{EC} 下降，$U_{E2}(U_i)$ 假定不变，则有，U_{C2} 电位上升，U_{EB1} 下降，所以，I_{C1} 下降，I_{o1} 下降，实现保护功能。

三、三端可调式集成稳压器

三端可调式集成稳压器是以三端固定式集成稳压器为基础，既保留了三端稳压器的简单结构形式，又克服了固定式输出电压不可调的缺点，从内部电路设计上及集成化工艺方面采用了先进的技术，性能指标比三端固定稳压器的高一个数量级，输出电压在 1.25～37V 范围内连续可调。稳压精度高、价格便宜，称为第二代三端式稳压器。有正、负两种电压输出：正电压输出 LM117、LM217 和 LM317 系列，负电压输出 LM137、LM237 和 LM337 系列。这类稳压器是依靠外接电阻来调节输出电压，为保证输出电压的精度和稳定性，可选择精度高的电阻，同时电阻要紧靠稳压器，防止输出电流在连线上产生误差电压。三端可调式集成稳压器的典型电路也比较简单，且可构成单一输出电路和多电压输出电路。

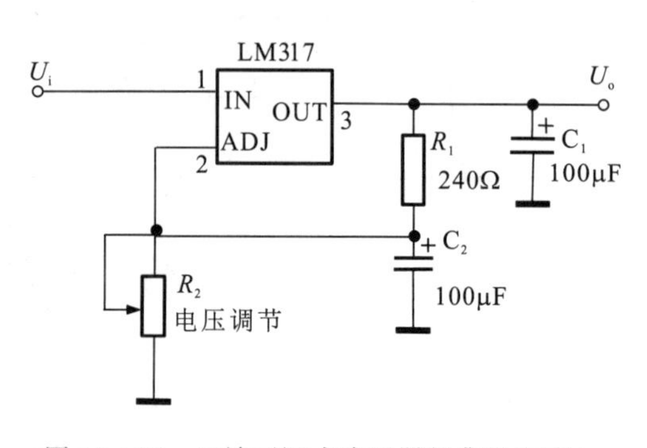

图 10－25　三端可调式稳压器的典型电路

1. 三端可调式集成稳压器典型应用电路

如图 10－25 所示的三端可调式集成稳压器，采用 LM317 元件，可输出 1.5A 电流，输出

电压范围为1.25～37V。输出电压的近似表达式是

$$U_o = U_{REF}\left(1+\frac{R_2}{R_1}\right) \tag{10-24}$$

其中$V_{REF}=1.25$V。如果$R_1=240\Omega$，$R_2=2.4\text{k}\Omega$，则输出电压近似为13.75V。U_{REF}是U_o与U_{ADJ}之间的固有电压。

2. 正、负输出电压可调稳压电路

由LMl17和LM137两个元件，可组成正、负输出电压可调的稳压电路。该电路输入电压分别为±25V，则输出电压可调范围±(1.2～20)V。该电路结构简单，具有对称性。

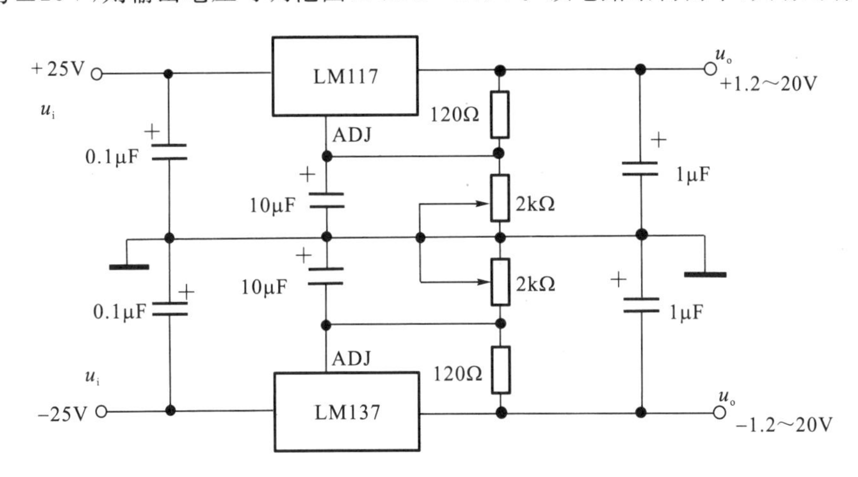

图10-26　正、负输出电压可调稳压器电路

3. 并联扩流型稳压电路

如果想提高输出电流，可采用两个可调式稳压器LM317组成并联扩流稳压电路，如图10-27所示。该电路的输入电压$U_i=25$V，输出电流$I_o=I_{o1}+I_{o2}=3$A，输出电压可调范围为1.2～22V。电路中的集成运算放大器741是用来平衡两稳压器的输出电流。如LM317-1输出电流I_{o1}大于LM317-2输出电流I_{o2}时，电阻R_1上的电压降增加，运算放大器的同相端电位$U_P=(U_i-I_1R_1)$降低，运算放大器输出端电压U_{AO}降低，通过调整端adj1使输出电压U_o下降，输出电流I_{o1}减小，恢复平衡；反之亦然。改变电位器电阻R_5可调节输出电压的数值，该电路可扩展输出电流，增加了电路的适用性。

四、低压差三端稳压器

通常，三端稳压器有一个限定输入电压大小的缺点，输入输出之间必须维持2～3V的电压差才能正常的工作，在电池供电的装置中不能使用。例如，7805在输出1.5A时自身的功耗达到4.5W，不仅浪费能源还需要散热器散热。Micrel公司生产的三端稳压电路MIC29150，具有3.3V、5V和12V 3种电压，输出电流1.5A，具有和7800系列相同的封装，与7805可以互换使用。该器件的特点是：压差低，输出电压由于压差的限制，使输出电压下

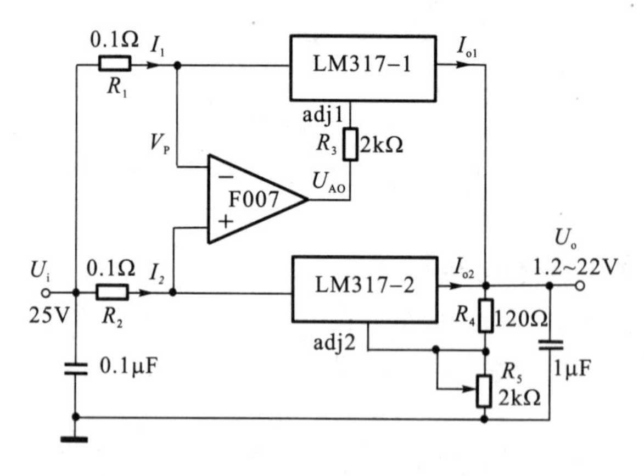

图 10-27　并联扩流型稳压电

降 1%，输出 1.5A 时的压差典型值为 350mV，最大值为 600mV；输出电压精度±2%；最大输入电压可达 26V，工作温度－40～125℃；有过流保护、过热保护、电源极性接反及瞬态过压保护（－20～60V）功能。该稳压器输入电压为 5.6V，输出电压为 5.0V，功耗仅为 0.9W，比 7805 的 4.5W 小得多，可以不用散热片。如果采用市电供电，则变压器功率可以相应减小。MIC29150 的使用与 7805 完全一样。在使用三端式稳压电路时，需要注意输入电压的大小。

五、正、负跟踪可调式稳压电路

稳压源经常需要同时提供正、负两种电压输出，同时，在外界电网电压波动及负载电流发生变化时，具备良好的正、负电压跟踪特点，以及电压输出的稳定性。如图 10-28 所示正、负跟踪可调稳压电路是其中的解决方案之一。

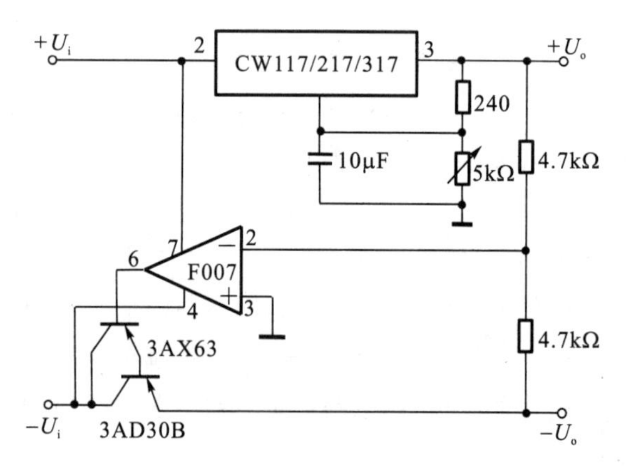

图 10-28　正、负跟踪可调稳压电路

正、负跟踪可调稳压电路的功能指的是，电路输出的负电压（$-U_o$）跟踪电路输出的正电压（$+U_o$），电路结构如图 10-28 所示。在电路中，运算放大器 F007 为过零比较器，当负电压大于或小于正电压时，通过两个 4.7kΩ 的电阻分压取样，送到过零比较器反相输入端进行比较，比较器电压输出通过复合调整管（3AX63 和 3AD30B）调整负输出电压 $-U_o$，最终是正、负电压相等。具体过程是：当 $|-U_o|>|+U_o|$ 时，取样电阻分压使得比较器 F007 的输入电压比地低，比较器输出电压向正的方向调整，$|-U_o|$ 减小，最终使得正、负电压相等。如图 10-28 所示的输出电压，是通过调整 5kΩ 电位器实现的，其调整过程同可调三端电压调整过程相同。

【例 10-3】 并联稳压电路如图 10-29(a)所示，稳压管 D_Z 的稳定电压 $U_Z=6V$，$U_I=18V$，$C=1000\mu F$，$R=1k\Omega$，$R_L=1k\Omega$。

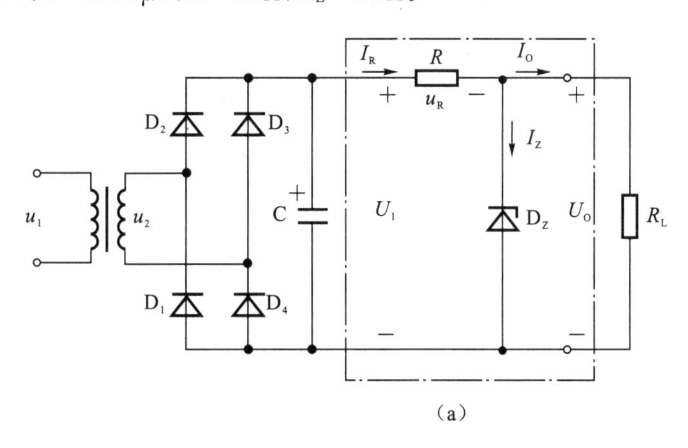

(a)

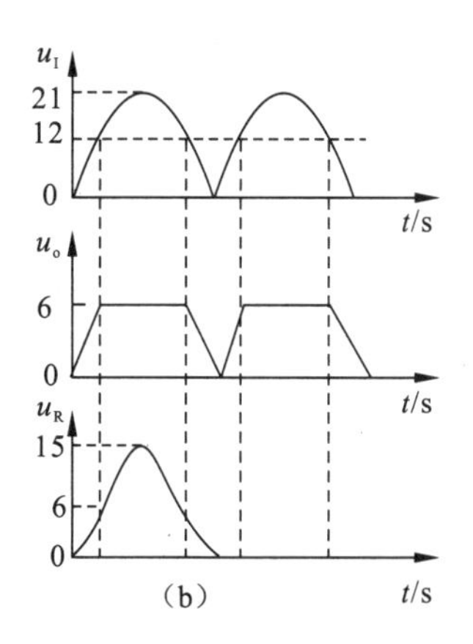

(b)

图 10-29　并联稳定电路

(1)电路中稳压管接反或限流电阻 R 短路，会出现什么现象？

(2)求变压器二次电压有效值 U_2、输出电压 U_o 的值。

(3)若稳压管 D_Z 的动态电阻 $r_Z=20\Omega$，求稳压电路的内阻 R_o 及 $\Delta U_o/U_I$ 的值。

(4)将电容器 C 断开，试画出 u_I、u_o 及电阻 R 两端电压 u_R 的波形。

解：(1)稳压管 D_Z 接反使 U_o 降低到约为 0.7V；而限流电阻 R 短路，$r_Z \ll R_L$，I_R 电流过大，使 I_Z 电流超过允许值会使稳压管烧坏。

(2)$U_o=U_Z=6V$，有

$$U_2=\frac{U_I}{1.2}=\frac{18V}{1.2}=15V, U_{2max}=\sqrt{2}U_2=21V$$

(3)$r_Z=20\Omega$，$R=1k\Omega$，稳压电路内阻

$$R_o=r_Z /\!/ R \approx r_Z=20\Omega$$

一般 $R_L \gg r_Z$，由 $R_L=1k\Omega$ 有

$$\frac{\Delta U_o}{\Delta U_I}=\frac{r_Z /\!/ R_L}{R+r_Z /\!/ R_L}\approx\frac{r_Z}{R+r_Z}=0.02$$

(4)电容器 C 断开，u_I，u_o 和 u_R 波形如图 10-29(b)所示，其中

$$u_I=u_o+u_R$$

第五节　开关型稳压电源

前述的线性稳压电源是目前较为普遍的电源方案，具有稳定性、纹波小、瞬态响应快、线路简单、工作可靠等优点。然而，由于功率调整器件串联在负载回路里，工作状态处于线性区，功率转换效率比较低。为了提高效率，同时降低稳压电源的重量和体积，从 20 世纪 60

年代开始，开关稳压电源在国内外得到迅速的发展和广泛的应用。开关稳压电源的特点是，电路中的调整管始终处于开、关两种工作状态，即由截止到饱和或由饱和到截止两种状态，有效地减小了功耗。开关稳压器还可以将低电压变成稳定的高电压，或者转换极性等。它的主要缺点是输出电压纹波较大，电路比较复杂。下面简单介绍开关稳压电源的基本原理、波形变化及集成开关稳压器。

一、开关稳压电源的基本原理

串联反馈式稳压电路由于调整管工作在线性放大区，因此在负载电流较大时，调整管的集电极损耗（$P_C=U_{CE}I_o$）比较大，电源效率（$\eta=P_o/P_I=U_oI_o/U_II_I$）较低，为 40%～60%，有时还要配备庞大的散热装置。为了克服上述缺点，可采用串联开关式稳压电路，电路中的串联调整管工作在开关状态，即调整管主要工作在饱和导通和截止两种状态。由于二极管饱和导通时管压降 U_{CES} 和截止时二极管的电流 I_{CEO} 都很小，管耗主要发生在状态转换过程中，电源效率可提高到 80%～90%，所以它的体积小、重量轻。它的主要缺点是输出电压中所含纹波较大。但由于优点突出，目前应用广泛。

开关型稳压电路原理如图 10－30 所示。

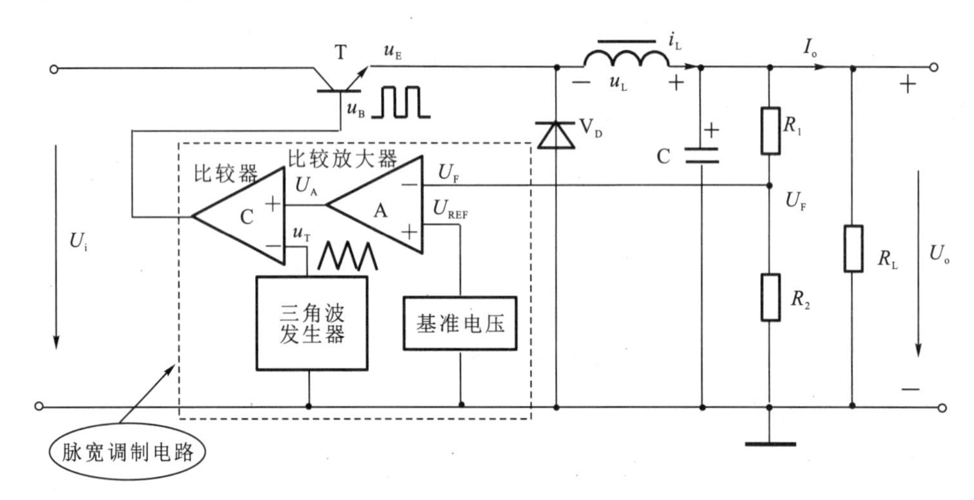

图 10－30　开关型稳压电路原理

开关型稳压电路与串联反馈式稳压电路相比，增加了 LC 滤波电路以及产生固定频率的三角波电压（u_T）发生器和比较器 C 组成的驱动电路，该三角波发生器与比较器组成的电路又称为脉宽调制电路（PWM），目前有各种集成脉宽调制电路。图中 V_I 是整流滤波电路的输出电压，u_B 是比较器的输出电压，利用 u_B 控制调整管 T 将 U_i 变成断续的矩形波电压 u_E（u_D）。当 u_B 为高电平时，T 饱和导通，输入电压 U_i 经 T 加到二极管 V_D 的两端，电压 u_E 等于 U_I（忽略管 V 的饱和压降），此时二极管 V_D 承受反向电压而截止，负载中有电流 I_o 流过，电感 L 储存能量。当 u_B 为低电平时，V 由导通变为截止，滤波电感产生自感电势（极性如图 10－28 所示），使二极管 V_D 导通，于是电感中储存的能量通过 V_D 向负载 R_L 释放，使

负载 R_L 继续有电流通过，因而常称 V_D 为续流二极管。此时电压 u_E 等于 $-U_D$（二极管正向压降）。由此可见，虽然调整管处于开关工作状态，但由于二极管 V_D 的续流作用和 L、C 的滤波作用，输出电压是比较平稳的。图 10－31 画出了电流 i_L、电压 $u_E(u_D)$ 和 u_o 的波形。图中 t_{on} 是调整管 T 的导通时间，t_{off} 是调整管 T 的截止时间，$T=t_{on}+t_{off}$ 是开关转换周期。显然，在忽略滤波电感 L 的直流压降的情况下，输出电压的平均值为

$$U_o=\frac{t_{on}}{T}(U_i-U_{CES})+(-U_D)\frac{t_{off}}{T}\approx U_i\frac{t_{on}}{T}=qU_i \tag{10-25}$$

式中，$q=\dfrac{t_{on}}{T}$ 为脉冲波形的占空比。由此可见，对于一定的 U_i 值，通过调节占空比即可调节输出电压 U_o。

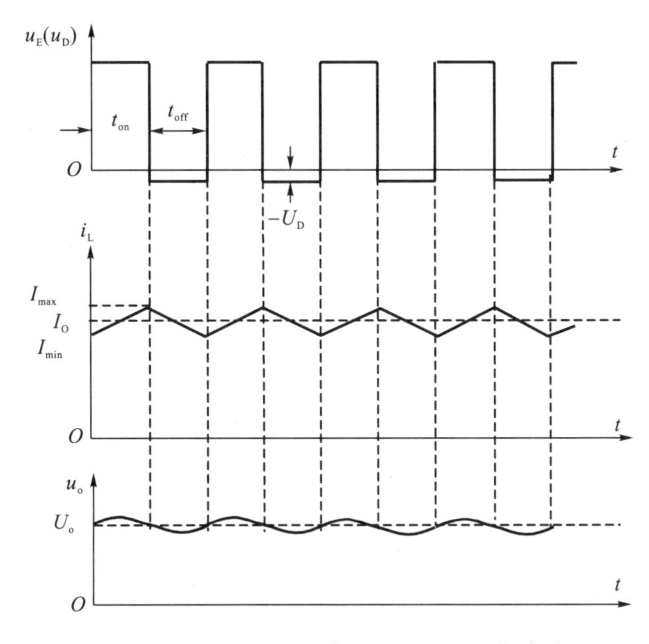

图 10－31　图 10－30 中 $u_E(u_D)$、i_L、u_o 的波形

闭环情况下，电路能自动地调整输出电压。设在某一正常工作状态时，输出电压为某一预定值 U_{set}，反馈电压 $u_F=F_UU_{set}=U_{REF}$，比较放大器输出电压 U_A 为零，比较器 C 输出脉冲电压 U_B 的占空比 $q=50\%$，U_T、u_B、u_E 的波形如图 10－32(a)所示。当输入电压 U_i 增加致使输出电压 U_o 增加时，$u_F>U_{REF}$，比较放大器输出电压 u_A 为负值，u_A 与固定频率三角波电压 u_T 相比较，得到 u_B 的波形，其占空比 $q<50\%$，使输出电压下降到预定的稳压值 U_{set}。此时，u_T、u_B、u_E 的波形如图 10－32(b)所示。同理，U_i 下降时，U_o 也下降，$u_F<U_{REF}$，U_A 为正值，u_B 的占空比 $q>50\%$，输出电压 U_o 上升到预定值。总之，当 U_i 或 R_L 变化使 U_o 变化时，可自动调整脉冲波形的占空比使输出电压维持恒定。开关型稳压电源的最低开关频率 f_T 一般在 10～100kHz 之间。f_T 越高，需要使用的 L、C 值越小。这样，系统的尺寸和重量将会减小，成本将随之降低。另一方面，开关频率的增加将使开关调整管单位时间转换的次数增加，使开关调整管的管耗增加，而效率将降低。

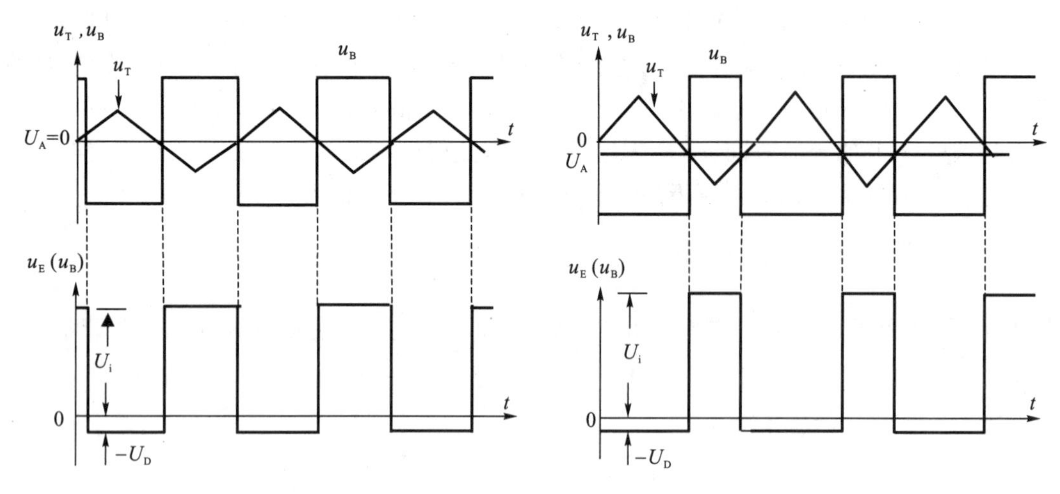

图 10-32　图 10-30 中 U_i、U_o 变化时 u_T、u_B、u_E 的波形

二、集成开关稳压器

集成 PWM 电路是开关电源的发展趋势，其特点是电路简化、使用方便、工作可靠、性能提高。它将基准电压源、三角波电压发生器、比较器等集成到一块芯片上，做成各种封装的集成电路，习惯上又称为集成脉宽调制器。使用 PWM 的开关电源，既可以降压，又可以升压，既可以把市电直接转换成需要的直流电压（AC-DC 变换），还可以用于使用电池供电的便携设备（DC-DC 变换）。

1. PWM 电路 MAX668

MAX668 是 MAXIM 公司的产品，被广泛用于便携产品中。该电路采用固定频率、电流反馈型 PWM 电路，脉冲占空比由 $(U_{out}-U_{in})/U_{in}$ 决定，其中 U_{out} 和 U_{in} 是输出输入电压。输出误差信号是电感峰值电流的函数，内部采用双极性和 CMOS 多输入比较器，可同时处理输出误差信号、电流检测信号及斜率补偿纹波。MAX668 具有低的静态电流（220μA），工作频率可调（100～500kHz），输入电压范围 3～28V，输出电压可高至 28V。用于升压的典型电路如图 10-33 所示，该电路把 5V 电压升至 12V，该电路在输出电流为 1A 时，转换效率高于 92%。

MAX668 的引脚说明：

（1）引脚 1（LDO），该引脚是内置 5V 线性稳压器输出，该引脚应该连接 1μF 的陶瓷电容；

（2）引脚 2（FREQ），工作频率设置；

（3）引脚 3（GND），模拟地；

（4）引脚 4（REF），1.25V 基准输出，可提供 50μA 电流；

（5）引脚 5（FB），反馈输入端，FB 的门限为 1.25V；

（6）引脚 6（CS+），电流检测输入正极，检测电阻接到 CS+与 PGND 之间；

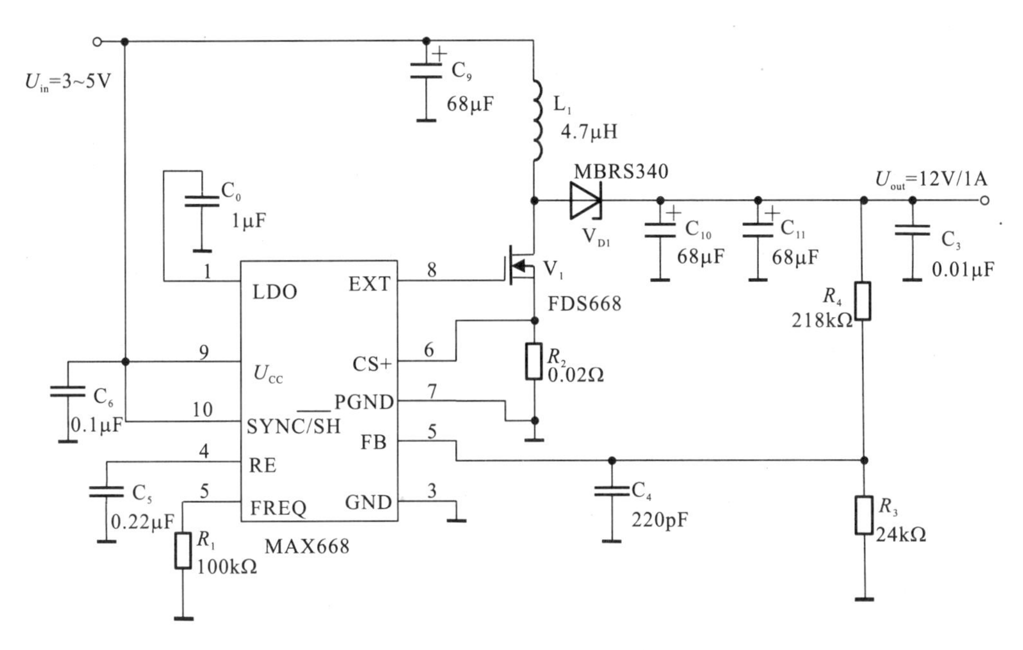

图 10－33　由 MAX668 组成的升压电源

(7)引脚 7(PGND),电源地;

(8)引脚 8(EXT),外部 MOSFET 门极驱动器输出;

(9)引脚 9(U_{CC}),电源输入端,旁路电容选用 0.1μF 电容。

(10)引脚 10,SYNC/$\overline{\text{SHDN}}$停机控制与同步输入,有两种控制状态;

(11)低电平输入,DC－DC 关断;

(12)高电平输入,DC－DC 工作频率由 FREG 端的外接电阻 R_{OSC}确定。

2. TOP Switch 系列开关电源电路

目前使用 PWM 脉宽调制的集成电路芯片很多,它们的共同特点是工作电压均较低,十几伏至几十伏,最高工作频率为几万赫兹。因此,要实现对高压的调制只能运用分立的高压、高频及大功率器件或者功率控制模块及外围较复杂的控制电路。这种高压调制电路因寄生参数的影响,尖峰电压一般较高、功率器件损坏较多,造成电路故障率较高。TOP Switch 系列开关电源电路是美国 Power Integration 公司的产品,该产品集控制电路和功率变换电路于一体,具备 PWM 电源的全部功能,很好地解决了高压、高频及大功率应用的问题。该系列电源有很多型号,其功率、封装形式因型号的不同而不同,它的输入电压范围为 85～265V,功率范围为 2～100W。TOP 系列电路采用 CMOS 制作工艺,而功率变换器采用场效应管实现能量转换。

TOP Switch 系列芯片的外部有 3 个引脚,它们是:漏极端 D——主电源输入端;控制端 C——控制信号输入端;源极端 S——电源接通的基准点,也是初级电路的公共端,如图 10－34 所示。

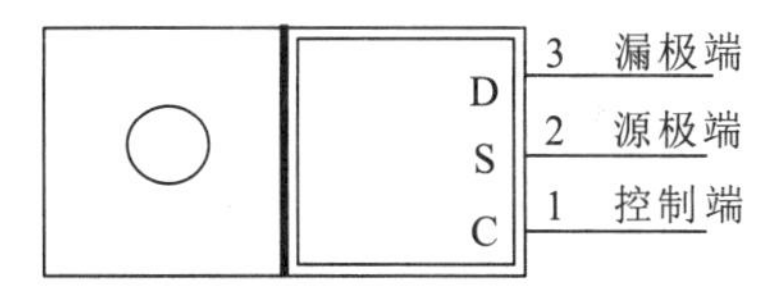

图 10－34　TOP220 芯片引脚示意

TOP Switch 系列芯片的内部框图如图 10－35 所示。它主要由 10 部分构成：①控制电压源；②带隙基准电源；③振荡器；④并联调整器/误差放大器；⑤脉宽调制（PWM）器；⑥门驱动级和输出级；⑦过流保护电路；⑧过热保护及上电复位电路；⑨关断/自动启动电路；⑩高压电流源。芯片内部带有高频、高压 N 型 MOSFET 功率器件和振荡器高达 100kHz 的电压模式 PWM 脉宽调制器很好地解决了高压、高频及大功率应用的问题。该电路以线性控制电流来改变占空比，具有过流保护电路和热保护电路，使器件工作的稳定性、可靠性得到保证。

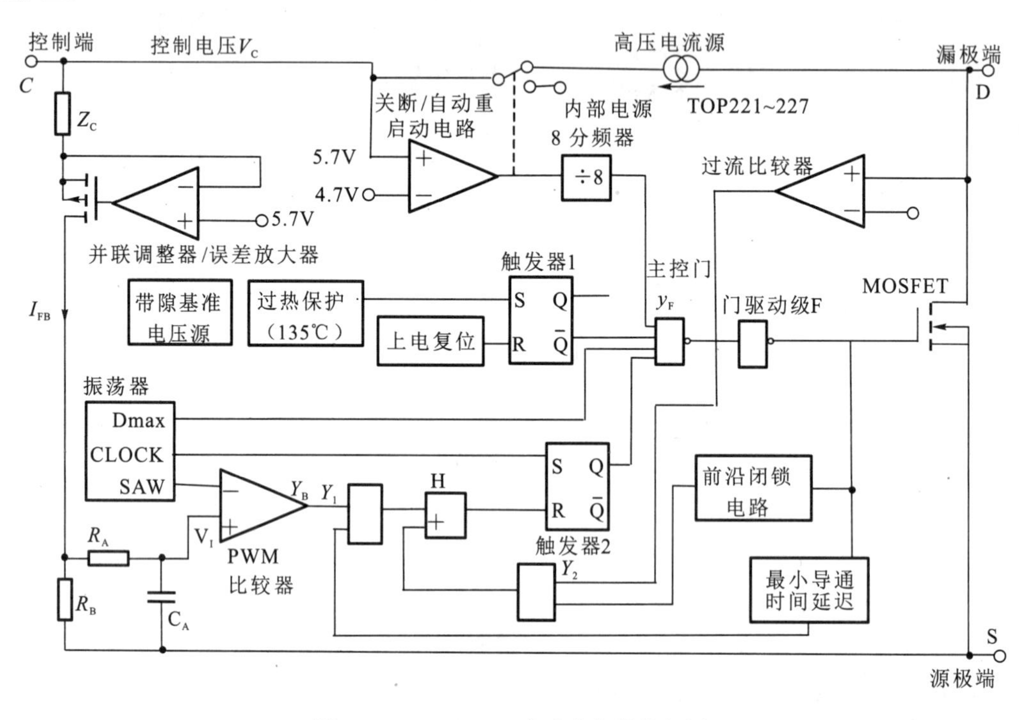

图 10－35　TOP220 芯片内部结构框图

TOP Switch 系列芯片实现 PWM 脉宽调制的工作原理描述如下：启动操作时，漏极端由内部电流源提供偏置电流流入芯片，提供开环输入。该输入通过旁路调整/误差放大器时，控制端实现闭环调整，通过改变 I_{FB}，经由 PWM 控制的 MOSFET 的输出占空比，达到动态平衡，实现脉宽调制的原理。由此可见，该芯片在内部电路结构、功能、提高效率、可靠性等方面均优于分立元件组成的高压、高频 PWM 电路。所以，TOP Switch 系列芯片是实现高效开关稳压电源的非常理想的器件。

TOP Switch 系列芯片的常用型号有 TOP200～204/214；TOP221～217。该电路的参数如下：

输出频率 10kHz	漏极电压 36～700V
占空比 2%～67%	控制电流 100mA
控制电压－0.3～8V	工作结温－40～150℃
热关闭温度 145℃	截止状态电流 500μA

动态阻抗 15Ω

如图 10－36 所示电路是 TOP220YAI 设计的 12V/30W 的高精度开关稳压电源，其工作电压范围较大，为 65～265V。电路中采用了 TOP220YAI(U_1)、光电耦合器 4N35(U_2)、可调稳压器 TL431(U_3)3 片集成电路和高频脉冲变压器等主要元件。利用可调稳压器 TL431 和光电耦合器 4N35 构成外部误差放大器，它与 TOP220YAI 的内部误差放大器配合使用，即可对 TOP220YAI 的控制极端电压 U_c 进行自动调节，大大改善稳压性能。串联在光电传感器发光管回路的 TL431 是一只可调精密基准源，其控制端的电压变化可以控制流过它的电流变化，因此改变反馈深度，这样调整可变电阻 V_{R1} 就可以调节输出电压。并联在开关变压器上的由 R_1、C_2、V_{D5} 组成的反向电压泄放电路，用于消除变压器关断瞬间形成的反向高压，以保护 TOP Switch 开关电源。

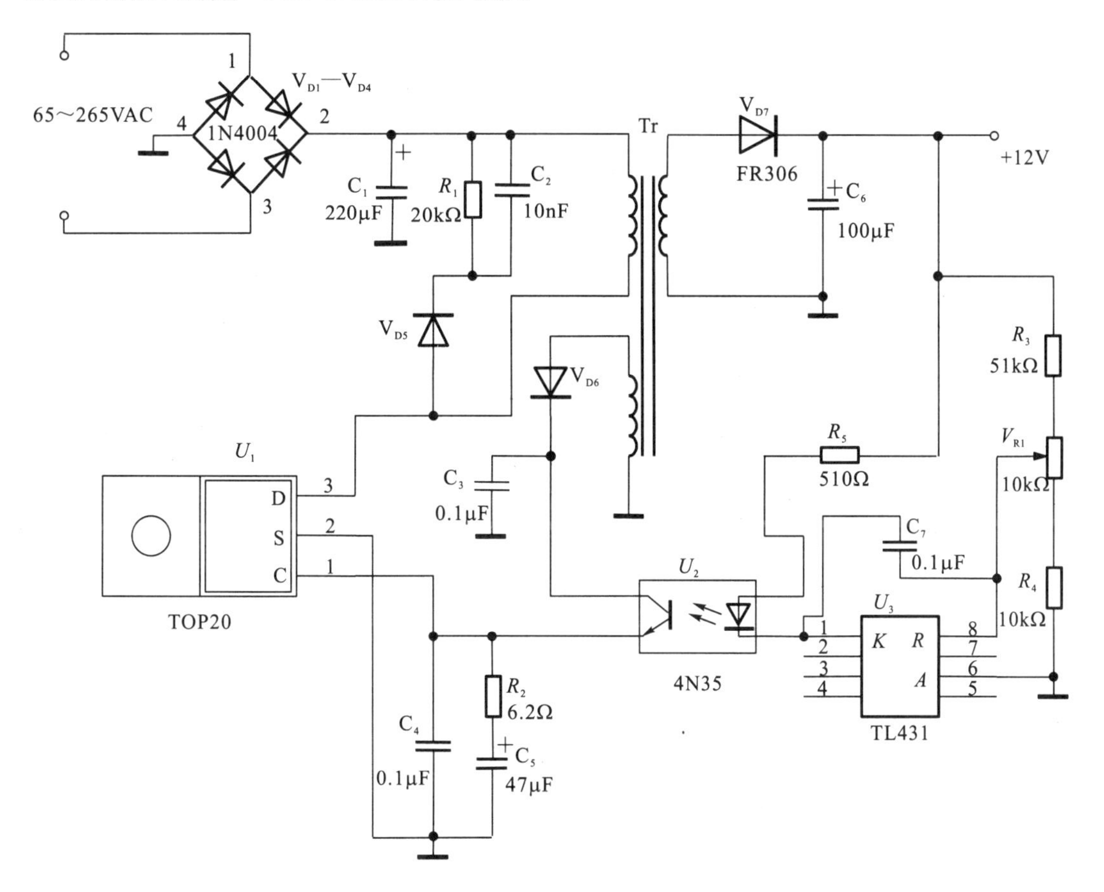

图 10－36　TOP Switch 构成的稳压电源

【例 10－4】 电路如图 10－37 所示，开关调整管 T 的饱和压降 $U_{CES}=1V$，穿透电流 $I_{CEO}=1mA$，u_T 是幅度为 5V、周期为 60μs 的三角波，它的控制电压 u_B 为矩形波，续流二极管 D 的正向电压 $U_D=0.6V$。输入电压 $U_I=20V$，u_E 脉冲波形的占空比 $q=0.6$，周期 $T=60\mu s$，输出电压 $U_o=12V$，输出电流 $I_o=1A$，比较器 C 的电源电压 $U_{CC}=\pm 10V$，试画出电路中，当在整个开关周期 i_L 连续情况下 u_T、u_A、u_B、u_E、i_L 和 u_o 的波形(标出电压的幅度)。

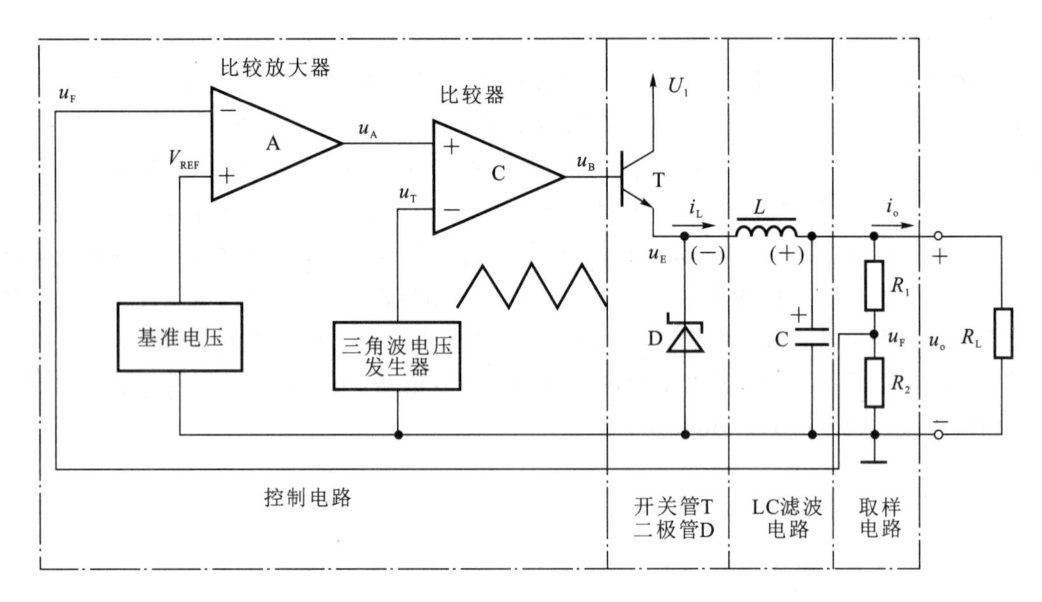

图 10-37

解：比较放大器输出电压 u_A 与三角波发生器输出电压 u_T（幅值为±5V，$T=60\mu s$）比较，从比较器输出矩形波电压 u_B（幅值为±10V，$T=60\mu s$，$q=0.6$），开关调整管 T 由 u_B 控制，T 输出矩形波电压 u_E，再经 LC 滤波电路得到 i_L（$I_L=1A$）和输出电压 $u_o=12V$。根据给定 u_T、u_A 和参数可画出电路中电压 u_B、u_E、u_o 和电流 i_L 的波形，如图 10-37 所示。u_B 幅值为±10V（忽略比较器输出级三极管的饱和压降），图中电压 U_E 的幅值在 T 导通时

$$U_E=20-U_{CES}=19V$$

T 截止时

$$U_E=U_D=-0.6V$$

$$U_o=qU_1=0.6\times20V=12V$$

$$I_L=1A$$

1. 判断题

(1)直流电源是一种将正弦信号转换为直流信号的波形变换电路。（　　）

(2)直流电源是一种能量转换电路，它将交流能量转换为直流能量。（　　）

(3)在变压器副边电压和负载电阻相同的情况下，桥式整流电路的输出电流是半波整流电路输出电流的 2 倍。因此，它们的整流管的平均电流比值为 2∶1。（　　）

(4)若 U_2 为电源变压器副边电压的有效值，则半波整流电容滤波电路和全波整流电容滤波电路在空载时的输出电压相等。（　　）

(5)当输入电压 u_i 和负载电流 I_L 变化时，稳压电路的输出电压是绝对不变的。（　　）

(6)一般情况下,开关型稳压电路比线性稳压电路效率高。（　　）

(7)整流电路可将正弦电压变为脉动的直流电压。（　　）

(8)电容滤波电路适用于小负载电流,而电感滤波电路适用于大负载电流。（　　）

(9)在单相桥式整流电容滤波电路中,若有一只整流管断开,输出电压平均值变为原来的一半。（　　）

(10)对于理想的稳压电路,$\Delta U_o/\Delta U_I=0$,$R_o=0$。（　　）

(11)线性直流电源中的调整管工作在放大状态,开关型直流电源中的调整管工作在开关状态。（　　）

(12)因为串联型稳压电路中引入了深度负反馈,因此也可能产生自激振荡。（　　）

(13)在稳压管稳压电路中,稳压管的最大稳定电流必须大于最大负载电流;（　　）而且,其最大稳定电流与最小稳定电流之差应大于负载电流的变化范围。（　　）

2. 选择题

(1)整流的目的是(　　)。

A. 将交流变为直流　　B. 将高频变为低频　　C. 将正弦波变为方波

(2)在单相桥式整流电路中,若有一只整流管接反,则(　　)。

A. 输出电压约为 $2U_D$　　B. 变为半波直流　　C. 整流管将因电流过大而烧坏

(3)直流稳压电源中滤波电路的目的是(　　)。

A. 将交流变为直流　　B. 将高频变为低频

C. 将交流、直流混合量中的交流成分滤掉

(4)滤波电路应选用(　　)。

A. 高通滤波电路　　B. 低通滤波电路　　C. 带通滤波电路

(5)若要组成输出电压可调、最大输出电流为 3A 的直流稳压电源,则应采用(　　)。

A. 电容滤波稳压管稳压电路　　B. 电感滤波稳压管稳压电路

C. 电容滤波串联型稳压电路　　D. 电感滤波串联型稳压电路

(6)串联型稳压电路中的放大环节所放大的对象是(　　)。

A. 基准电压　　B. 采样电压　　C. 基准电压与采样电压之差

(7)开关型直流电源比线性直流电源效率高的原因是(　　)。

A. 调整管工作在开关状态　　B. 输出端有 LC 滤波电路

C. 可以不用电源变压器

(8)在脉宽调制式串联型开关稳压电路中,为使输出电压增大,对调整管基极控制信号的要求是(　　)。

A. 周期不变,占空比增大　　B. 频率增大,占空比不变

C. 在一个周期内,高电平时间不变,周期增大

3. 串联型稳压电路如图 10－38 所示,稳压管 D_Z 的稳定电压为 5.3V,电阻 $R_1=R_2=200\Omega$,晶体管 $V_{BE}=0.7V$。

(1)试说明电路如下 4 个部分分别由哪些元器件构成(填空):

(a)调整管＿＿＿＿＿＿＿＿＿＿。

(b)放大环节＿＿＿＿＿＿＿＿，＿＿＿＿＿＿＿＿。

(c)基准环节＿＿＿＿＿＿＿＿，＿＿＿＿＿＿＿＿。

(d)取样环节＿＿＿＿＿＿＿＿，＿＿＿＿＿＿＿＿。

(2)当 R_W 的滑动端在最下端时 $U_o=15V$，求 R_W 的值。

(3)当 R_W 的滑动端移至最上端时，U_o 为多少？

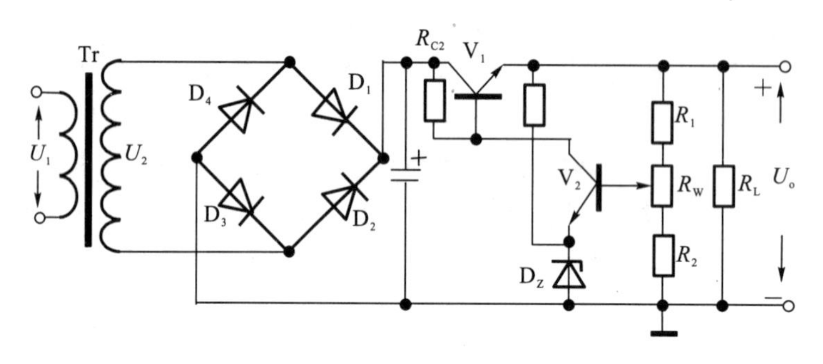

图 10－38

4. 试将上题中的串联型晶体管稳压电路用 W7800 代替，并画出电路图；若有一个具有中心抽头的变压器，一块全桥，一块 W7815，一块 W7915，和一些电容、电阻，试组成一个可输出±15V 的直流稳压电路。

5. 在如图 10－39 所示稳压电路中，已知稳压管的稳定电压 U_Z 为 6V，最小稳定电流 I_{Zmin} 为 5mA，最大稳定电流 I_{Zmax} 为 40mA；输入电压 U_I 为 15V，波动范围为±10%；限流电阻 R 为 200Ω。

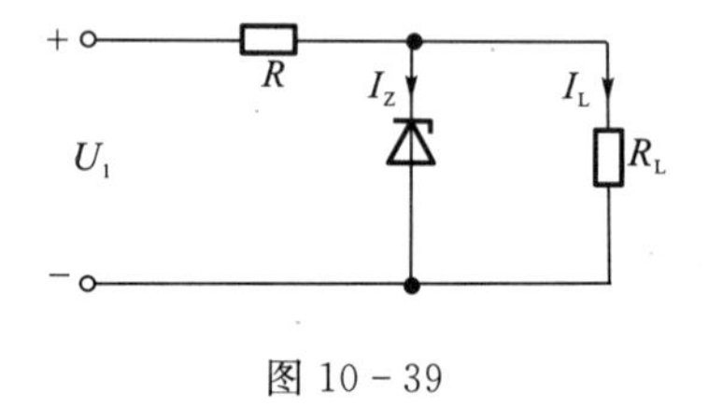

图 10－39

(1)电路是否能空载？为什么？

(2)作为稳压电路的指标，负载电流 I_L 的范围为多少？

6. 电路如图 10－40 所示，变压器副边电压有效值为 $2U_2$。

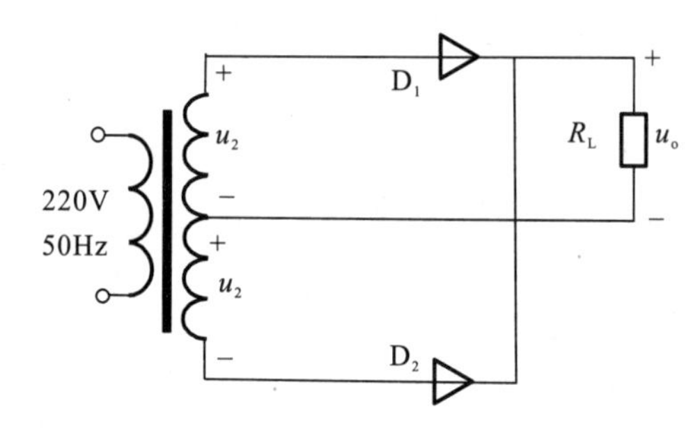

图 10－40

(1)画出 u_2、u_{D1} 和 u_o 的波形。

(2)求出输出电压平均值 $U_{O(AV)}$ 和输出电流平均值 $I_{L(AV)}$ 的表达式。

(3)求二极管的平均电流 $I_{D(AV)}$ 和所承受的最大反向电压 U_{Rmax} 的表达式。

7. 电路如图 10－41 所示,变压器副边电压有效值 $u_{21}=50V$,$u_{22}=20V$。试问:

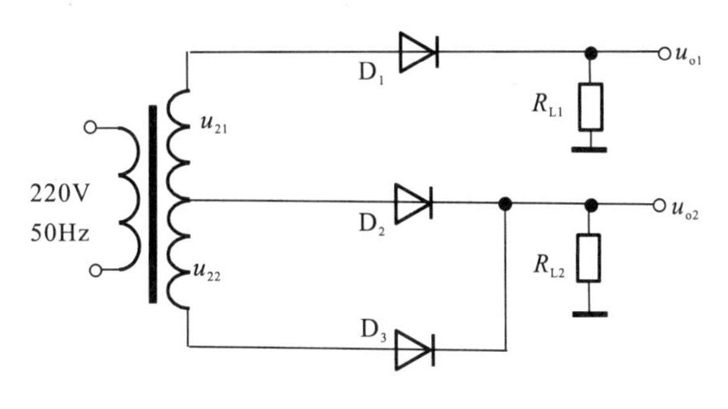

图 10－41

(1)输出电压平均值 $u_{o1(AV)}$ 和 $u_{o2(AV)}$ 各为多少?

(2)各二极管承受的最大反向电压为多少?

8. 电路如图 10－42 所示。

(1)分别标出 u_{o1} 和 u_{o2} 对地的极性。

(2)u_{o1}、u_{o2} 分别是半波整流还是全波整流?

(3)当 $u_{21}=u_{22}=20V$ 时,$u_{o1(av)}$ 和 $u_{o2(av)}$ 各为多少?

(4)当 $u_{21}=18V$,$u_{22}=22V$ 时,画出 u_{o1}、u_{o2} 的波形;并求出 $u_{o1(av)}$ 和 $u_{o2(av)}$ 各为多少?

9. 三端稳压器扩展输出电流电路如图 10－43 所示,试说明扩大输出电流原理。

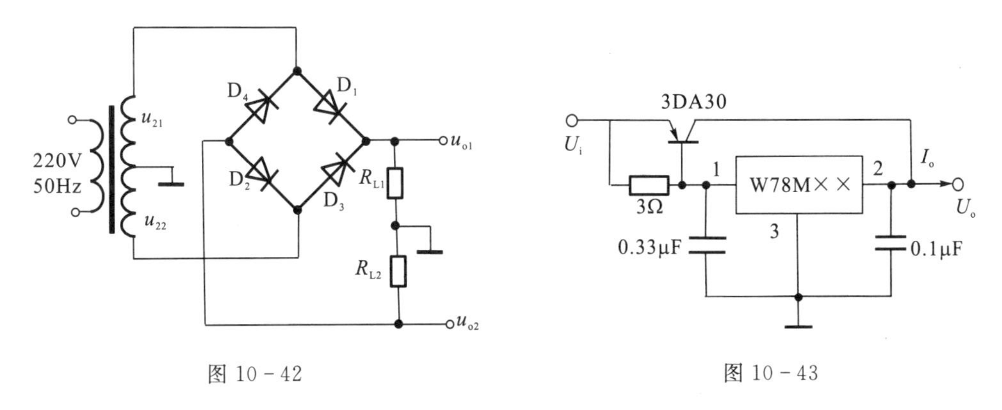

图 10－42　　　　图 10－43

10. 试说明开关稳压电源的工作原理,它主要有哪些缺点?

11. 电路参数如图 10－44 所示,图中标出了变压器二次电压(有效值)和负载电阻值,若忽略二极管的正向压降和变压器内阻,试求:

(1)R_{L1}、R_{L2} 两端的电压 V_{L1}、V_{L2} 和电流 I_{L1}、I_{L2}(平均值)。

(2)通过整流二极管 D_1、D_2、D_3 的平均电流和二极管承受的最大反向电压。

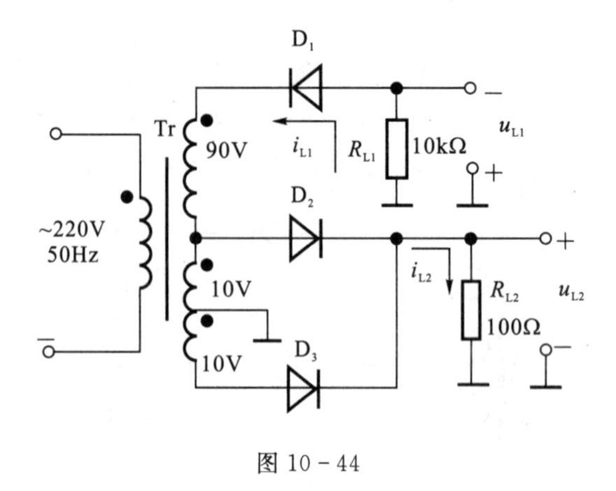

图 10-44

12. 桥式整流、电容滤波电路如图 10-45 所示，已知交流电源电压 $u_1=220\text{V}$、输入信号频率 50Hz，$R_L=50\Omega$，要求输出直流电压为 24V，纹波较小。

(1)选择整流管的型号。

(2)选择滤波电容器(容量和耐压)。

(3)确定电源变压器的二次电压和电流。

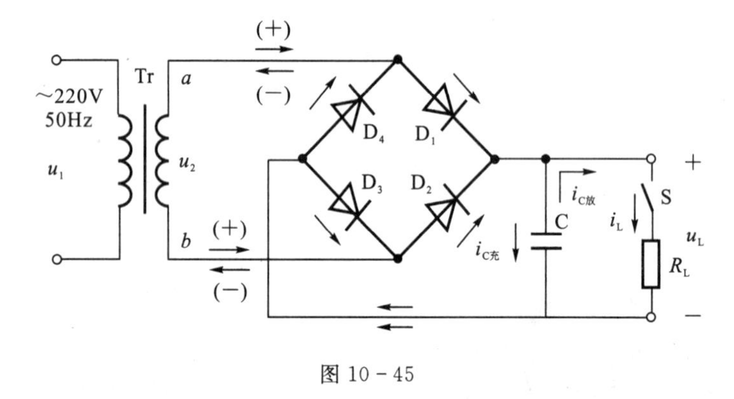

图 10-45

13. 如图 10-46 所示倍压整流电路，要求标出每个电容器上的电压和二极管承受的最大反向电压；求输出电压 V_{L1}、V_{L2} 的大小，并标出极性。

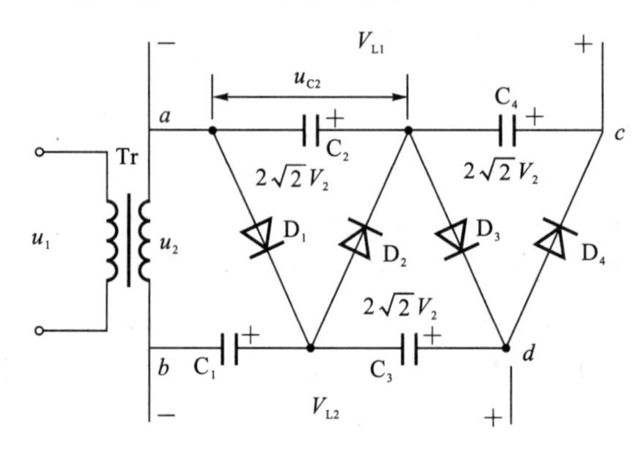

图 10-46

14. 图 10－47 是一高输入阻抗交流电压表电路，设 A、D 都为理想器件，被测电压 $u_i=\sqrt{2}V_i\sin(\omega t)$。

(1)当 u_i 瞬时极性为正时，标出流过表头 M 的电流方向，说明哪几个二极管导通。

(2)写出流过表头 M 电流的平均值的表达式。

(3)表头的满刻度电流为 $100\mu A$，要求当 $V_i=1V$ 时，表头的指针为满刻度，试求满足此要求的电阻 R 值。

(4)若将 1V 的交流电压表改为 1V 的直流电压表，表头指针为满刻度时，电路参数 R 应如何改变？

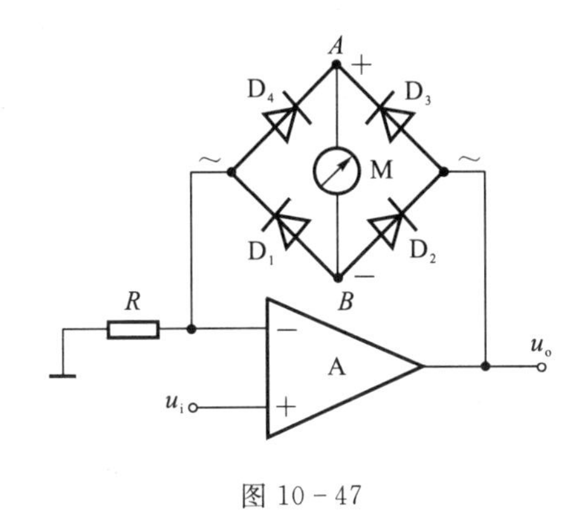

图 10－47

15. 如图 10－48 所示电路中，A_1 组成一线性半波整流电路，A_2 组成一加法电路，二者构成一线性全波整流电路。

(1)试画出其输入-输出特性 $u_o=f(u_s)$。

(2)试画出 $u_s=10\sin(\omega t)$ 时 u_{o1}' 和 u_o 波形。

(3)说明此电路具有取绝对值的功能。

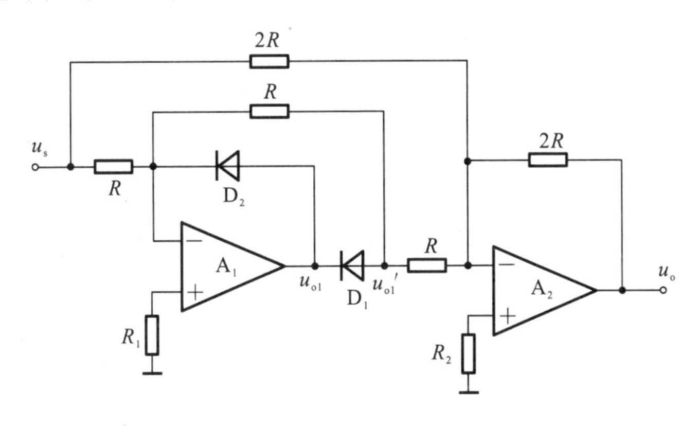

图 10－48

16. 直流稳压电路如图 10－49 所示，已知 BJT T_1 的 $\beta_1=20$，T_2 的 $\beta_2=50$，$V_{BE}=0.7V$。

(1)试说明电路的组成有什么特点。

(2)电路中电阻 R_3 开路或短路时会出现什么故障？

(3)电路正常工作时输出电压的调节范围为多少?

(4)当电网电压波动10%时,问电位器R_p的滑动端在什么位置时,T_1管的U_{CE1}最大,其值为多少?

(5)当$U_o=15V$,$R_L=50\Omega$时,T_1的功耗P_{C1}为多少?

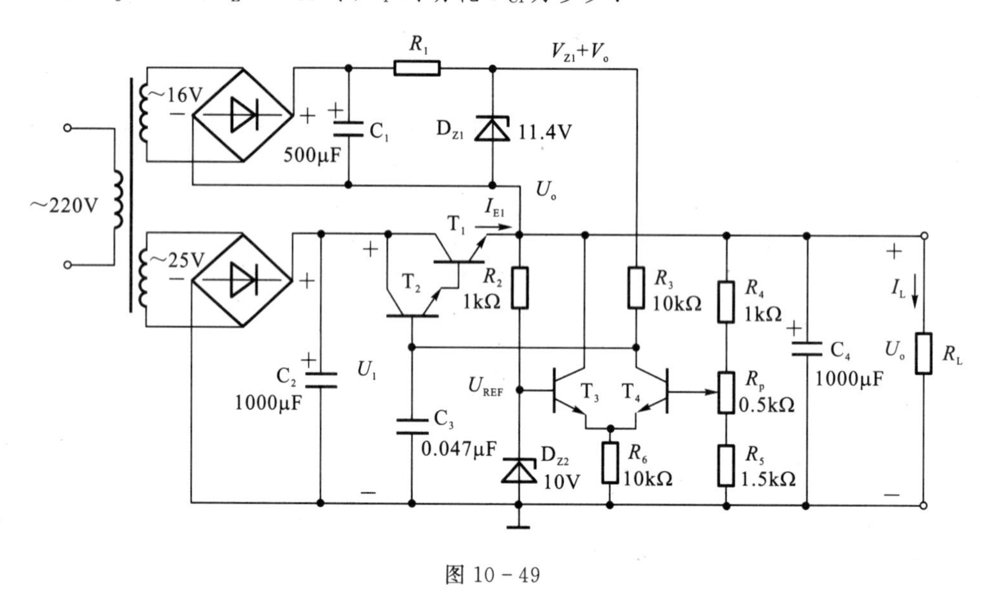

图 10-49

17. 图10-50是具有跟踪特性的正、负电压输出的稳压电路,78L××为正电源输出电压$+U_o$,试说明用运算放大器741和功放管T_1、T_2使$-U_o$跟踪$+U_o$变化的原理(正常时$+U_o$和$-U_o$是绝对值相等的对称输出)。

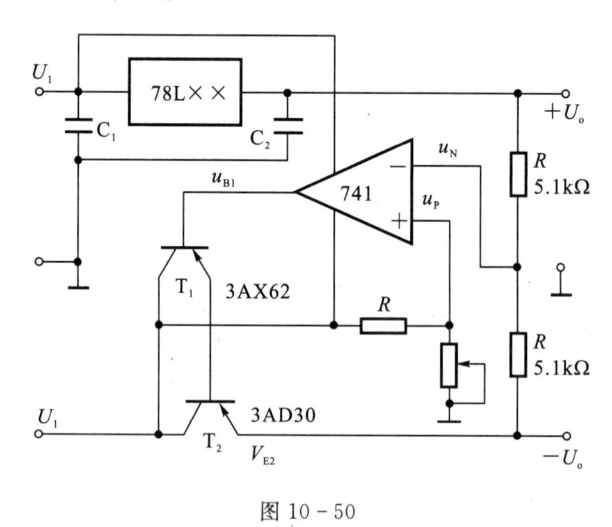

图 10-50

18. 反相(反极性)型开关稳压电路的主回路如图10-51所示,已知$U_1=12V$,$U_o=-15V$,控制电压u_G为矩形波,电路中L、C为储能元件,D为续流二极管。

(1)试分析电路的工作原理。

(2)已知 U_I 的大小和 u_G 的波形，画出在 u_G 作用下，在整个开关周期 i_L 连续情况下 u_D、u_{DS}、u_L、i_L 和 u_o 的波形，并说明 u_o 与 u_I 极性相反。

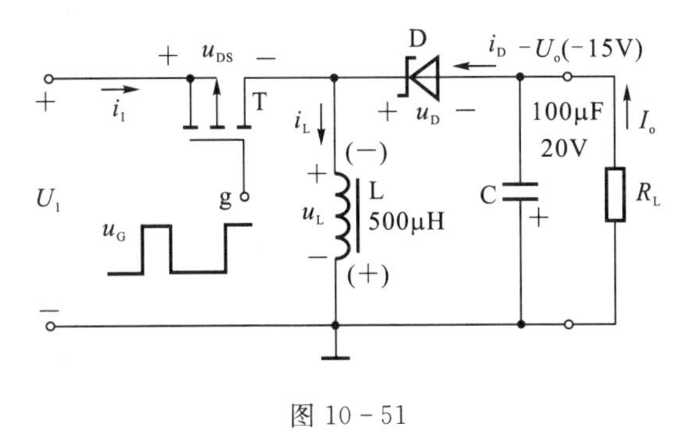

图 10 - 51

参考文献

傅丰林,陈健,原志强,等. 电子线路基础[M]. 西安:西安电子科技大学出版社,2001.

华成英. 模拟电子技术基本教程[M]. 北京:清华大学出版社,2005.

康华光,陈大钦. 电子技术基础模拟部分(4版)[M]. 北京:高等教育出版社,1999.

李启炎,李维波. 模拟信号处理[M]. 北京:中国电力出版社,2005.

童诗白. 模拟电子技术基础(2版)[M]. 北京:高等教育出版社,1988.

徐海军,苏智信. 电子技术基础同步辅导模拟部分[M]. 北京:航空工业出版社,2004.

张友纯,沈俐娜,郝国成,等. 模拟电子线路[M]. 武汉:华中科技大学出版社,2009.

Donald A. Neamen. Microelectronics Circuit Analysis and Design(3版)[M]. 北京:清华大学出版社,2007.

附录　符号说明

一、基本原则

1. 电流和电压(以集电极电流为例)

$I_{C(AV)}$	表示平均值
$I_C(I_{CQ})$	大写字母、大写下标,表示直流量(或静态电流)
i_C	小写字母、大写下标,表示包含直流量的瞬时总量
I_c	大写字母、小写下标,表示交流有效值
i_c	小写字母、小写下标,表示交流瞬时值
$\dot{I}_c$	表示交流复数值
Δi_C	表示瞬时值的变化量

2. 电阻

R	电路中的直流电阻或等效电阻
r	器件内部的等效电阻或交流电阻

二、基本符号

1. 电压和电流

U,u	电压的通用符号
I,i	电流的通用符号
I_f,U_f	反馈电压、电流
$\dot{I}_i,\dot{U}_i$	正弦交流输入电流、电压
$\dot{I}_o,\dot{U}_o$	正弦交流输出电流、电压
I_Q,U_Q	电流、电压静态值
i_+,u_+,I_+,U_+	集成运放同相输入电流、电压
i_-,u_-,I_-,U_-	集成运放反相输入电流、电压

u_{i_c}	共模输入电压
u_{i_d}	差模输入电压
$\dot{U}_s$	交流信号源电压
U_{th}	电压比较器的阈值电压、PN 结电流方程中温度的电压当量
U_{OH},U_{OL}	电压比较器的输出高电平和输出低电平
U_G,U_D	场效应管栅极回路电源和漏极回路电源
U_{BB},U_{CC},U_{EE}	晶体管基极回路电源电压、集电极回路电源电压和发射极回路电源电压

U_{REF}参考电压

2. 电阻、电导、电容、电感

R	电阻通用符号
G	电导通用符号
C	电容通用符号
L	电感通用符号
R_b,R_c,R_e	晶体管基极、集电极、发射极外接电阻
R_g,R_d,R_s	场效应管栅极、漏极、源极外接电阻
R_i	放大电路的输入电阻
R_o	放大电路的输出电阻
R_{if},R_{of}	负反馈放大电路的输入电阻和输出电阻
R_L	负载电阻
R_N	集成运放反相输入端外接的等效电阻
R_P	集成运放同相输入端外接的等效电阻,平衡电阻
R_s	信号源内阻

3. 放大倍数、增益

A	放大倍数或增益的通用符号
A_{uc}	共模电压放大倍数
A_{ud}	差模电压放大倍数
$\dot{A}_u$	电压放大倍数的通用符号
$\dot{A}_{ul}$,$\dot{A}_{um}$,$\dot{A}_{uh}$	低频、中频、高频电压放大倍数
$\dot{A}_{up}$	有源滤波电路的通带放大倍数
$\dot{A}_{us}$	考虑信号源内阻时的电压放大倍数的通用符号,$\dot{A}_{us}=\dot{U}_o/\dot{U}_s$
$\dot{A}_u$,$\dot{A}_i$,$\dot{A}_r$,$\dot{A}_g$	电压放大倍数,电流放大倍数,跨阻放大倍数,跨导放大倍数
$\dot{B}$,B	反馈系数通用符号

4. 功率和效率

P	功率通用符号
p	瞬时功率
P_o	输出交流功率
P_{om}	最大输出交流功率
P_T	晶体管耗散功率
P_V	电源消耗的功率

5. 频率

f	频率通用符号
f_{BW}	通频带
f_c	单位增益带宽
f_H	放大电路的上限截止频率(3dB 带宽)
f_L	放大电路的下限截止频率(3dB 带宽)
f_p	滤波电路的截止频率
f_o	电路的振荡频率、中心频率
ω	角频率通用符号

三、器件参数型号

1. 二极管

D,VD	二极管(场效应管的漏极)
I_D	二极管的整流平均电流
I_R	二极管的反向电流
I_S	二极管的反向饱和电流
r_d	二极管导通时的动态电阻,微变电阻
U_{OD}	二极管的开启电压
$U_{(BR)}$	二极管的击穿电压

2. 稳压二极管

D_Z	稳压二极管
I_Z,I_{ZM}	稳定电流、最大稳定电流
r_z	稳压管工作在稳压状态下的动态电阻
U_Z	稳定电压

3. 双极型管晶体三极管

T,V	晶体管
b,c,e	基极、集电极、发射极
$\bar{\beta},\beta$	晶体管共射极直流电流放大系数和交流电流放大系数
$\bar{a},a$	晶体管共基极直流电流放大系数和交流电流放大系数
$C_{b'c}$	混合 π 等效电路中集电结的等效电容
$C_{b'e}$	混合 π 等效电路中发射结的等效电容
f_{β}	晶体管共射接法电流放大系数的上限截止频率
f_{T}	晶体管的特征频率，即共射接法下使电流放大系数为 1 的频率
g_{m}	跨导
$h_{ie},h_{fe},h_{oe},h_{re}$	晶体管 h 参数等效电路的四个参数
I_{CBO},I_{CEO}	发射极开路时 $b-c$ 间的反向电流、基极开路时 $c-e$ 间的穿透电流
I_{CM}	集电极最大允许电流
P_{CM}	集电极最大允许功耗
$r_{bb'},r_{b'e},r_{be}$	基区体电阻、发射结动态等效电阻、$b-e$ 间动态电阻
U_{CEO}	基极开路时 $c-e$ 间的击穿电压
U_{CES}	晶体管饱和管压降
U_{on}	晶体管 $b-e$ 间的开启电压，二极管的导通电压

4. 单极性场效应管

$d,g,s;D,G,S$	漏极、栅极、源极
C_{GS},C_{GS},C_{GD}	D－S 间等效电容、G－S 间等效电容、G－D 间等效电容
g_{m}	跨导
I_{DM}	最大漏极电流
I_{DSS}	耗尽型场效应管 $U_{GS}=0$ 时的漏极饱和电流
P_{DM}	漏极最大允许功率损耗
r_{ds}	D－S 间的微变等效电阻，输出电阻
R_{GS}	直流输入电阻，即 $R_{GS}=U_{GS}/I_{G}$
V_{P}	场效应管的预夹断电压
U_{TH},V_{TH}	增强型场效应管的开启电压
BV_{GS}	栅源击穿电压
BV_{DS}	漏源击穿电压

5. 集成运算放大器

A_{ud}	开环差模增益
A_{uc}，A_c	开环共模增益
Z_{id}，R_{id}	差模输入阻抗，差模输入电阻
Z_{ic}	共模输入阻抗
R_o	输出电阻
f_b	−3dB 带宽
I_{IB}	输入级偏置电流
I_{IO}，dI_{IO}/dT	输入失调电流及其温漂
U_{IO}，dU_{IO}/dT	输入失调电压及其温漂
CMRR，K_{CMR}	共模抑制比
SR	转换速率
U_{sat}	输出饱和电压

四、其他符号

K	热力学温度
Q	静态工作点
T	周期、温度
η	效率，等于输出功率与电源提供的功率之比
τ	时间常数
θ	二极管导通角
φ，φ	相位角
NF	噪声系数
S_r	稳压电路的稳压系数

图书在版编目(CIP)数据

模拟电路/郝国成主编．—武汉：中国地质大学出版社，2019.12
ISBN 978-7-5625-4697-9

Ⅰ.①模…
Ⅱ.①郝…
Ⅲ.①模拟电路-高等学校-教材
Ⅳ.①TN710.4

中国版本图书馆CIP数据核字(2019)第257719号

模拟电路 郝国成 **主编**

责任编辑：彭钰会 选题策划：易 帆 责任校对：周 豪

出版发行：中国地质大学出版社(武汉市洪山区鲁磨路388号) 邮政编码：430074
电 话：(027)67883511 传 真：(027)67883580 E-mail：cbb @ cug.edu.cn
经 销：全国新华书店 http://cugp.cug.edu.cn

开本：787毫米×1 092毫米 1/16 字数：570千字 印张：22.25
版次：2019年12月第1版 印次：2019年12月第1次印刷
印刷：武汉市籍缘印刷厂 印数：1—1500册

ISBN 978-7-5625-4697-9 定价：42.00元